国家出版基金项目
NATIONAL PUBLICATION FOUNDATION

"十三五"国家重点出版物出版规划项目

小麦工业手册

（第四卷）

面制品

总主编◎卞　科
主　编◎陈　洁

中国轻工业出版社

图书在版编目（CIP）数据

小麦工业手册．第四卷，面制品／陈洁主编；卞科总主编．— 北京：中国轻工业出版社，2021.12
“十三五”国家重点出版物出版规划项目
ISBN 978-7-5184-3393-3

Ⅰ．①小… Ⅱ．①陈… ②卞… Ⅲ．①面食—食品加工—手册 Ⅳ．①S512.1-62②TS211-62

中国版本图书馆 CIP 数据核字（2021）第 027047 号

责任编辑：马 妍 潘博闻
策划编辑：马 妍　　责任终审：白 洁　　封面设计：锋尚设计
版式设计：砚祥志远　　责任校对：朱燕春　　责任监印：张 可

出版发行：中国轻工业出版社（北京东长安街 6 号，邮编：100740）
印　　刷：三河市万龙印装有限公司
经　　销：各地新华书店
版　　次：2021 年 12 月第 1 版第 1 次印刷
开　　本：787×1092　1/16　印张：31.75
字　　数：730 千字
书　　号：ISBN 978-7-5184-3393-3　定价：180.00 元
邮购电话：010-65241695
发行电话：010-85119835　传真：85113293
网　　址：http://www.chlip.com.cn
Email：club@chlip.com.cn
如发现图书残缺请与我社邮购联系调换
201207K1X101ZBW

丛书编委会

总 主 编　卞　科

编　　委　王殿轩　郑学玲　陈　洁　温纪平

本书编委会

主　　编　陈　洁

副 主 编　汪　磊　李志建

参编人员（按照姓氏笔画排列）

王远辉　刘长虹　张小梅　潘　丽

丛书前言

民为国基，谷为民命。粮食产业是关系国计民生的根本产业。保障国家粮食安全是一个永恒课题，任何时候这根弦都不能松。粮食安全包含粮食数量安全和粮食质量安全，如何从粮食产后环节减损、提质、增效，是实现粮食高质量发展，建设粮食产业强国的重要手段。以“粮头食尾”和“农头工尾”为抓手，围绕国家粮食安全战略和乡村振兴战略“两大战略”，突出产业链、价值链、供应链“三链协同”，大力推动粮食产业高质量发展，着力构建现代化粮食产业体系，实现粮食安全和现代高效农业相统一，不断提高农业质量效益和竞争力，确保国家粮食安全。

小麦是我国主要的粮食作物，2020 年产量为 1.34 亿吨，在口粮中占有重要地位。世界上约有 35%的人口以小麦作为主粮，中国的口粮消费总量中小麦约占 43%，小麦是人类食物的重要来源。小麦的储藏、加工和利用对确保我国粮食安全具有重要意义。

《小麦工业手册（四卷本）》围绕小麦产业链中小麦储藏、小麦加工、小麦淀粉、面制品四个环节组织编写，分别为：《小麦工业手册（第一卷）：小麦储藏》《小麦工业手册（第二卷）：小麦加工》《小麦工业手册（第三卷）：小麦淀粉》《小麦工业手册（第四卷）：面制品》。

本丛书由河南工业大学卞科教授担任总主编，组织粮食行业专家共同编写。其中，《小麦工业手册（第一卷）：小麦储藏》由王殿轩教授组织编写；《小麦工业手册（第二卷）：小麦加工》由温纪平教授组织编写；《小麦工业手册（第三卷）：小麦淀粉》由郑学玲教授组织编写；《小麦工业手册（第四卷）：面制品》由陈洁教授组织编写。在编写过程中，作者团队根据多年来科研与实践经验积累，结合国内外小麦工业领域大量的科技成果与文献资料，注重应用，突出理论实践相结合，力求反映小麦工业领域的新知识、新工艺、新设备、新成果，做到内容实用、重点突出、特色明显。对于指导小麦科学储藏、加工和利用发挥着重要的作用。

本丛书入选“十三五”国家重点出版物出版规划项目，可作为粮食行业工程技术人员参考用书，也可作为粮食领域科研人员和相关院校师生的参考书。

感谢国家小麦产业技术体系、河南省小麦产业技术体系提供的持续专项资金资助以及其他专项资金资助，感谢河南工业大学粮油食品学院以及相关单位为本书编写提供的技术和文献资料支持。

鉴于编者知识水平有限，本丛书不足和谬误之处，恳请广大读者给予批评指正，以便改进和完善，不胜感激。

卞科

2021 年 1 月

前言

《小麦工业手册（四卷本）》丛书围绕小麦工业中的小麦储藏、小麦加工、小麦淀粉、面制品四个关键工业环节分为四个分册进行编写，涉及储藏、小麦粉加工、淀粉加工以及面制品加工。《小麦工业手册（第四卷）：面制品》是本套丛书四卷中的第四卷。面制品是以小麦粉为原料通过加工得到的产品，属于小麦深加工范畴，是小麦工业中的重要一环，对延长小麦产业链、提升价值链具有重要意义。

面制品是人类的主要食品之一，在人们的日常膳食中占有非常重要的地位，是小麦最主要的消费途径；面制品也是人们赖以生存的基本食物来源，为人体提供热量和主要营养成分。发展面制品工业对于农产品转化、提高人民的生活水平具有重要意义。随着加工技术、工业智能化和信息技术的迅猛发展，面制品加工工业也快速发展，涌现出了许多新的加工技术、工艺及设备，不仅促进了新的面制品加工产业链的形成，而且为传统面制品加工提供了新的动力。但是，目前系统介绍面制品加工的基本理论与实践的书籍非常缺乏，为了更好地服务面制品生产，推动行业发展，我们编写了《小麦工业手册（第四卷）：面制品》。在编写过程中，作者根据多年来科研与实践经验积累，结合国内外面制品工业领域大量的科技成果，注重应用，突出理论实践相结合，力求反映面制品工业领域的新知识、新工艺、新设备、新成果，做到内容实用、重点突出、特色鲜明。

本书由河南工业大学陈洁教授担任主编，汪磊、李志建担任副主编。具体编写分工如下：第二章、第四章、第七章、第八章由河南工业大学陈洁、汪磊编写，第一章、第三章第一、二、三节由河南工业大学李志建编写，第三章第四节由河南工业大学刘长虹编写，第五章、第九章由河南工业大学潘丽编写，第六章由郑州工程技术学院张小梅编写，第十章由河南工业大学王远辉编写。全书由河南工业大学卞科、陈洁统稿。

本书从服务社会和行业发展出发，在兼顾介绍面制品加工理论的同时，更加注重对面制品生产工艺、技术和设备介绍，并对典型生产过程和设备进行阐述。具体包括：面制品原料，面制品辅料及添加剂，馒头、面条、面包、饼干、糕点加工工艺及设备，面制品品质分析与评价，面制品质量控制与安全生产，面制品的流通与监管。本书内容侧重于面制品工程技术应用，可作为面制品行业及相近领域工程技术人员、从业人员和相关院校师生的参考书，适应多层次读者的需要。

本书在编写过程中参阅了诸多国内外专家和学者的优秀论著及公开发表的文献资料，并得到了河南东方面机集团有限公司、青岛正亚机械科技有限公司、荷兰雷德马克公司、济南赛百诺科技开发有限公司、中国农业机械化科学研究院、河南海弗星换热科技有限公司、中原粮食集团多福多食品有限公司、山东白鸽食品机械有限公司、河南省新乡食品机械有限公司、广州市钢得不锈钢设备有限公司、北京微讯超技仪器技术有限公司和中国焙烤食品糖制品工业协会的大力支持和帮助，在此表示衷心的感谢。

由于本书涉及内容范围广，加之编者水平和能力有限，书中难免有谬误不妥之处，敬请同行专家和广大读者批评指正，以便不断修改完善。

编　者

2021 年 1 月

目 录

第一章
面制品原料

第一节 小麦粉化学成分

小麦（禾本科，小麦属），是世界上最早栽培、分布最广、面积最大、总产最高、最重要的谷物资源之一。中国是农业大国，小麦在中国的农业生产中占有重要地位，是中国北方地区现今最主要的粮食作物。

小麦粉（Wheat Flour）是小麦经过研磨与筛理制成的粉状物，可加工成各种面制品。现代制粉的基本过程是将胚乳与小麦的皮层和胚分离后，将胚乳研磨成粒度符合规定标准的小麦粉，而皮层和胚则作为副产品用于其他方面。由于脂质、维生素和矿物质等营养成分主要存在于皮层和胚中，所以小麦粉的主要成分是淀粉和面筋蛋白，二者赋予了小麦粉特殊的加工品质，食用后主要用于提供能量；另一方面，脂质、维生素和矿物质等营养成分在小麦粉中大量减少，例如，与全麦粉相比，特二粉中的蛋白质、维生素 B_1、维生素 B_2、烟酸、铁、钙、锌等分别损失 15%、83%、67%、50%、80%、50% 和 80%。

小麦粉的化学成分不仅与其营养价值有关，而且在很大程度上决定了其加工性能及其产品的品质特性，下面就小麦粉中的蛋白质、淀粉、脂质、酶类、粗纤维、矿物质、糖类和维生素等主要化学成分分别进行介绍。

一、蛋白质

（一）小麦粉蛋白质组成与特性

1. 小麦籽粒中蛋白质分布与类型

小麦籽粒中的蛋白质含量占全粒的 8.0%~17.0%，具体含量的多少与品种及生长条件等因素有很大关系。一般情况下，以硬麦中蛋白质含量为高、粉质的软麦为低，例如，加拿大硬质春麦和美国红春麦中的蛋白质含量在 13.0%~17.0%，而普通软麦为 8.0%~12.0%。中国小麦中的蛋白质含量大部分在 12.0%~14.0%，最低为 9.9%，最高能达到 17.6%。中国北方冬小麦的平均蛋白质含量为 14.1%，而南方冬小麦的平均蛋白质含量只有 12.5%，中国春小麦的平均蛋白质含量为 13.7%，低于世界主要产麦国的春小麦。小麦粉中的蛋白质含量基本与小麦中的含量成正比，为 8.0%~15.0%。

根据溶解性，小麦籽粒中的蛋白质组分分为：麦清蛋白（Albumin）、麦球蛋白（Globulin）、麦醇溶蛋白（Gliadin）和麦谷蛋白（Glutenin）。不同小麦籽粒中各个组分的蛋白质分布规律基本一致，麦醇溶蛋白和麦谷蛋白为小麦籽粒中的主要蛋白质组分。

春小麦和冬小麦籽粒中的主要蛋白质组成如表 1-1 所示。

表 1-1　小麦籽粒中的主要蛋白质组成　单位:%

蛋白质名称	春小麦	冬小麦	蛋白质名称	春小麦	冬小麦
麦醇溶蛋白	3.96	3.90	麦清蛋白	0.39	0.36
麦谷蛋白	4.68	4.17	麦球蛋白	0.62	0.63

小麦籽粒中的蛋白质含量在各个不同部分的分布是不均匀的，以胚部含量最高，果皮中含量最低，糊粉层中略低于胚部。虽然胚乳部分的蛋白质含量较低，但由于胚乳占小麦籽粒的比例最高，达到 82.5%，所以在小麦籽粒蛋白质总量上，胚乳占有最高比例，合计达到 72%，其次为糊粉层，为 16%。由于糊粉层和胚部的蛋白质含量高于胚乳，因而出粉率高、精度低的小麦粉其蛋白质含量往往高于出粉率低而精度高的小麦粉。

英国小麦籽粒各组成部分蛋白质的分布比例如表 1-2 所示。

表 1-2　英国小麦籽粒各组成部分蛋白质的分布　单位:%

组成部分	占籽粒质量的百分比	蛋白质占籽粒组成部分质量的百分比	蛋白质占籽粒蛋白质总量的百分比
果皮	5.8	2.8	1.7
种皮	2.3	9.7	2.3
糊粉层	7.0	18.0	16.0
胚乳外层	12.5	12.5	19.0
胚乳中层	12.5	8.0	12.0
胚乳内层	57.5	5.7	41.0
胚	0.9	30.4	3.5
盾片	1.5	24.3	4.5

小麦各个部分的蛋白质不仅在数量上有所不同，而且种类也不同，例如，在小麦皮层的蛋白质中，麦醇溶蛋白占 31%、麦清蛋白占 16%、麦球蛋白占 13%，而不含麦谷蛋白；而在胚乳中，蛋白质主要由麦醇溶蛋白和麦谷蛋白组成，麦清蛋白和麦球蛋白的数量则很少。

2. 小麦蛋白质品质

小麦蛋白质品质是决定小麦营养品质和加工品质的主要因素和品质指标。小麦的蛋白质品质包括含量与质量两个方面，常用蛋白质含量、蛋白质组分和面筋含量等来描述小麦的蛋白质品质。

蛋白质含量是衡量蛋白质品质（小麦营养品质和加工品质）的基本指标，是品质育种的主要指标，也是商品小麦品质检测的重要指标。小麦蛋白质品质不仅取决于蛋白质含量，也取决于蛋白质的质量，即蛋白质各组分的类型、含量及比例。关于小麦蛋白质组分与食品加工品质关系的研究发现，蛋白质含量相同的不同小麦品种，其面包体积却有很大差异，所以不同蛋白质组分所反映的蛋白质质量上的差异对面包品质产生了重要影响。

小麦蛋白质中的麦醇溶蛋白和麦谷蛋白为储藏蛋白，二者富含谷氨酰胺和脯氨酸，约占蛋白质总量的90%，而赖氨酸含量较低，对小麦粉加工品质有重要的影响。麦醇溶蛋白占种子蛋白质的40%~50%，为单链蛋白质，相对分子质量较小，分子无亚基结构，呈球形，无肽链间二硫键，依靠氢键、疏水键及分子内二硫键（—S—S—）维持结构形态，形成结构较紧密的三维结构，它多由非极性氨基酸组成，故富于黏性和膨胀性，具有良好的延伸性，主要为面团提供延展性和黏着性，但缺乏弹性；麦谷蛋白占种子蛋白的30%~40%，是一种非均质的具有一定“刚性”的大分子聚合体，分子质量大，其聚合体相对分子质量高达数百万。每个麦谷蛋白分子由17~20个不同的具有三级结构多肽链（亚基）的分子组合而成，靠分子内和分子间的二硫键连接，呈纤维状，它赋予面团一定的弹性和韧性，但缺乏延伸性。

麦清蛋白和麦球蛋白为非面筋蛋白，约占总量的10%，主要是生理活性蛋白质，作为蛋白酶类参与各种代谢反应。二者为单体蛋白质，分子质量较小，可溶性强，富含赖氨酸、色氨酸和甲硫氨酸等氨基酸，营养价值较高。

麦醇溶蛋白和麦谷蛋白不溶于水和稀盐溶液，称为不溶性蛋白质；麦球蛋白、麦清蛋白可溶于水或稀盐溶液，称为可溶性蛋白质。麦醇溶蛋白可溶于60%~70%的乙醇中，但不溶于无水乙醇。

小麦中各种蛋白质的性质如表1-3所示。

表1-3 小麦蛋白质的性质

蛋白质种类	含量/%	溶解性	吸水性	pI	分子结构特点
麦谷蛋白	30.0~40.0	溶于稀碱或稀酸	有限膨胀	6.0~8.0	相对分子质量较大，10万~300万，富含谷氨酰胺和脯氨酸，有链内和链间二硫键
麦醇溶蛋白	40.0~50.0	溶于60%~70%的乙醇	有限膨胀	6.4~7.1	相对分子质量较小，3万~10万，含谷氨酰胺和脯氨酸，以链内二硫键为主
麦球蛋白	5.0~8.0	溶于水或稀盐溶液	无限膨胀	5.5	含多种组分，精氨酸含量高
麦清蛋白	2.5~4.0	溶于水或稀盐溶液	无限膨胀	4.5~4.6	含多种组分，色氨酸含量高

3. 小麦粉中的蛋白质与面筋

当小麦粉中加入适量的水进行搅拌时，其中的麦醇溶蛋白和麦谷蛋白微粒会吸水溶胀，体积增大，微粒之间相互黏结，并随着搅拌的进行，逐渐成为一个连续的、结实的、富有弹性的膜状网，即面筋网络结构。小麦粉中的淀粉、脂肪、非面筋蛋白、纤维素、矿物质等充填在其中，共同构成了具有弹性和延伸性的面团。将面团泡在水里揉搓

30~60min，用清水将其中的大部分淀粉、可溶性的蛋白质及纤维素等物质洗去，剩下的像橡皮似的具有弹性的软胶状物质即为湿面筋，将其水分去掉后即得到干面筋。面筋是小麦粉蛋白质重要的组成成分，正是因为它的存在，小麦粉才能够形成具有特殊物理性质的面团。虽然小麦粒中心部分的蛋白质含量比较低，但是面筋蛋白的品质较好。

湿面筋质量占小麦粉质量的百分比即为湿面筋的含量。湿面筋中含有大量的水分，一般水分约占湿面筋的 2/3，干物质仅占 1/3。干面筋中粗蛋白的含量约占总质量的 80%，其余为淀粉、脂肪、矿物质与纤维素等。湿面筋中的主要蛋白质成分为胚乳蛋白中具有良好伸展性与强黏性的麦醇溶蛋白和富有弹性的麦谷蛋白，并夹裹和吸附少量麦清蛋白与麦球蛋白。

湿面筋与干面筋的化学组成如表 1-4 所示。

表 1-4　湿面筋与干面筋的化学组成　单位：%

面筋种类	水分	粗蛋白质	淀粉	粗脂肪	灰分	粗纤维
湿面筋	67	26.1	3.3	2.0	1.0	0.3
干面筋	—	80	10	6	3	1

在面制品加工时，一般都会先加水制作面团，而在面团形成过程中，小麦粉中的麦醇溶蛋白和麦谷蛋白吸水膨胀，彼此之间通过二硫键的形成或断裂，以及一些共价或非共价键的作用连接在一起，形成连续、紧密、三维多孔的面筋网状结构，赋予面团特有的流变学特性。面团中的面筋富有弹性和延伸性，有保持面团发酵时产生的二氧化碳气体的作用，使蒸制的馒头或烘焙的面包多孔、松软，这一特性是小麦所独有的。

典型的面团中面筋蛋白分子模型如图 1-1 所示。

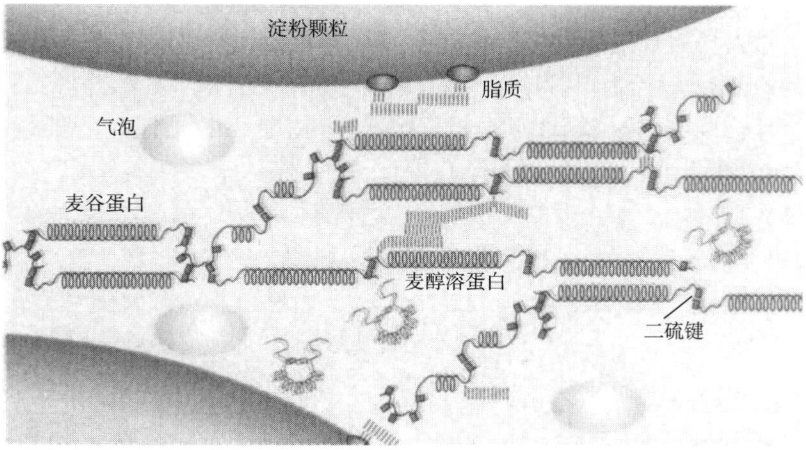

图 1-1　面团中面筋蛋白分子模型

在本模型中，麦谷蛋白肽链之间通过链外二硫键（—S—S—）相连，而麦醇溶蛋白则主要靠次级作用力与麦谷蛋白作用形成面筋蛋白网络以构成面团的骨架结构。

小麦粉中面筋蛋白的含量及其质量对面制品的品质影响极大，因此，面筋具有制约小麦粉品质的基本特性。影响小麦粉面团中湿面筋形成的因素有很多，除了小麦粉新陈程度以及蛋白质含量以外，面团制作时的加水量、加水温度和静置时间等因素都会产生一定的影响。对同一等级的小麦粉来说，蛋白质的含量越高，则面筋的含量也越高，而对于不同等级的小麦粉，蛋白质含量和面筋含量之间则不一定呈正相关的关系。面筋质量是通过弹性、延伸性、比延伸性、韧性和可塑性等性质进行综合评定的，优良的面筋不仅弹性好，而且延伸性大或适中，中等的面筋虽然弹性好，但是延伸性小，或弹性中等，比延伸性小，劣质的面筋则弹性小且韧性差，完全没有弹性，在冲洗面筋时易于流散不黏结，会因为本身重力而自然延伸，甚至断裂。面筋的性能常常与其胀润时的吸水能力有关，活性面筋蛋白的吸水量为自身重（干物）的2.8倍左右。

一般情况下，优良的产品品质还是要求以一定的蛋白质含量为基础。不同食品对小麦粉中面筋含量的要求不同，对面筋的工艺性能要求也不同。例如，在制作面包时，小麦粉面团的弹性和延伸性要好，而制作糕点、饼干时，则要求小麦粉面团不能有太高的弹性、韧性和延伸性，但可塑性要求良好。我国北方种植的小麦平均湿面筋含量较高，一般为31.4%，特别是近几年种植的高产优质品种能够达到32%以上，有的还高达40%。美国小麦的湿面筋含量平均值为33.2%。小麦中的面筋含量与小麦的品种关系密切，一般情况下硬质麦的面筋含量不但高而且品质好。

面筋蛋白主要存在于小麦的胚乳中，而且在胚乳中的分布也不均匀，尤其是在软麦中，面筋蛋白主要集中分布在胚乳外层。小麦经过发芽、霉变、虫蚀、发热、冻伤后，其面筋蛋白的数量与质量都要大大降低。

4. 小麦蛋白质的性质

蛋白质是两性电解质。小麦粉中各类蛋白质的等电点差别比较大，麦醇溶蛋白的等电点为pH 6.4~7.1，麦谷蛋白为pH 6.0~8.0，麦球蛋白为pH 5.5左右，麦清蛋白为pH 4.5~4.6（表1-3）。在等电点时，蛋白质的溶解度减小到最小，黏度也达到最低，膨胀性最差。

蛋白质的水溶液称为胶体溶液或溶胶，这种溶胶稳定，不易沉淀。在一定条件下，如胶体浓度增加或温度降低，则溶胶因为失去流动性而呈软胶状态。这个过程称为蛋白质的凝胶作用，形成的软胶称为凝胶。凝胶进一步失水，则变成固体干凝胶。小麦粉中的蛋白质即属干凝胶。干凝胶吸水膨胀而重新形成凝胶，若能够继续吸水则形成溶胶，称为无限膨胀；若不继续吸水，就称为有限膨胀。在利用小麦粉洗面筋时，麦醇溶蛋白和麦谷蛋白属于有限膨胀；而麦清蛋白和麦球蛋白则属于无限膨胀（表1-3）。蛋白质吸水膨胀称为胀润作用，蛋白质脱水称为离浆作用，这两种作用对改良剂作用下的面团调制、面条干燥和小麦粉理化性质的变化具有重要意义。

蛋白质是一种链状结构，在链的一侧分布着大量包括氨基（$—NH_2$）和羧基

(—COOH)等在内的亲水性基团，在链的另一侧则分布着大量疏水性基团，如烃基类(—R)等。当蛋白质遇水时，由于自身的亲水和疏水作用，就弯曲成螺旋形球状体，疏水性基团分布在螺旋体的核心，亲水性基团则分布在螺旋体的外围。

图 1-2 为蛋白质的螺旋体结构图。

当面团中的蛋白质与水接触时，水分子首先与蛋白质外围的亲水基团相互作用，吸水量较少，面团体积增加不大，当水分子扩散到蛋白质内部时，蛋白质胶粒中的低分子可溶性物质溶解，浓度增加，在渗透压的作用下，加速并增加了蛋白质的吸水量，使面团体积和黏度增大。

图 1-2　蛋白质的螺旋体结构

小麦中不同蛋白质的吸水能力和膨胀能力如表 1-5 所示。

表 1-5　小麦中不同蛋白质的吸水能力和膨胀能力　单位：mL/100g

蛋白质种类	吸水能力	膨胀能力	蛋白质种类	吸水能力	膨胀能力
面筋	168	147	α-麦醇溶蛋白	76	127
小麦蛋白	223	231	β-麦醇溶蛋白	119	180
麦醇溶蛋白	83	135			

蛋白质吸水量与蛋白质相对分子质量成正比，蛋白质的相对分子质量越大，表现出来的吸水能力越强，α-麦醇溶蛋白吸水能力最小。此外，蛋白质吸水量还与温度有关系，在 30℃条件下，麦醇溶蛋白吸水膨胀的能力最大，温度偏高或偏低时，其膨胀能力均有所下降，这对面团搅拌工艺的优化有重要意义。

在高温、高压、搅拌、有机溶剂、强酸或强碱等理化因素的作用下，蛋白质的特殊空间结构被破坏，其物理和化学性质发生变化，这种现象称为蛋白质的变性作用。蛋白质的热变性对面制品加工有重要影响，当加热面制品时，天然蛋白质分子会失去其中的水分，同时，加热破坏了蛋白质分子的排列方式，从而导致蛋白质变性。小麦粉面团中的蛋白质在变性之后，吸水能力减弱，溶解度变小，膨胀能力也大大减退，导致面团弹性和延伸性消失，面团的加工性能受到严重影响。

5. 小麦粉中蛋白质的氨基酸组成

氨基酸是构成人体蛋白质的基本单位，因此，小麦粉中蛋白质的氨基酸组成决定着小麦粉蛋白质的营养价值。通过跟踪分析小麦及其制粉产品的氨基酸组成的变化情况可以看出，小麦的不同部位及不同等级小麦粉中的氨基酸组成情况显著不同。

小麦、小麦粉、麸皮和胚芽中的氨基酸组成如表 1-6 所示。

表 1-6 小麦、小麦粉、麸皮和胚芽中的氨基酸组成 单位：g/16g 氮

氨基酸	小麦	一等粉	低等粉	细麸	粗麸	胚芽
丙氨酸	3.37	2.75	3.10	4.74	4.65	5.23
精氨酸	4.71	3.87	4.68	6.85	6.60	6.88
天冬氨酸	4.85	3.86	4.50	6.95	6.64	7.48
胱氨酸	1.80	1.85	1.67	1.36	1.52	1.04
谷氨酸	29.3	34.7	29.6	16.6	16.2	14.0
甘氨酸	3.94	3.25	3.70	5.33	5.12	5.22
组氨酸	2.19	2.06	2.14	2.20	2.22	2.26
异亮氨酸	3.78	4.02	3.72	3.31	3.29	3.48
亮氨酸	6.52	6.59	6.33	5.64	5.51	5.75
赖氨酸	2.67	1.94	2.54	4.18	3.77	5.28
甲硫氨酸	1.74	1.71	1.67	1.62	1.48	1.91
苯丙氨酸	4.43	5.04	4.64	3.44	3.58	3.38
脯氨酸	9.94	11.75	10.16	6.03	6.11	5.03
丝氨酸	5.22	5.32	5.12	4.96	4.58	4.60
苏氨酸	2.76	2.73	2.76	3.03	2.86	3.42
色氨酸	1.13	1.01	1.01	1.29	1.58	0.98
酪氨酸	3.19	3.35	3.25	2.82	2.82	2.85
缬氨酸	4.69	4.44	4.45	4.84	4.69	4.90

小麦粉中的赖氨酸、丙氨酸、甘氨酸、精氨酸以及天冬氨酸含量均比小麦中的低，而这些氨基酸在麸皮和胚芽等部位中的含量则高于小麦。经过磨粉加工后，小麦粉中的苯丙氨酸、谷氨酸和脯氨酸的含量比小麦中的含量增加，而下脚料中的含量有所减少。从营养角度来看，细麸皮的氨基酸组成很有价值，但是细麸皮中纤维含量过高，不利于消化吸收。另外，小麦和小麦粉中含量最多的是非必需氨基酸，如谷氨酸和脯氨酸等，而人类必需的氨基酸如赖氨酸、甲硫氨酸、苏氨酸、色氨酸等的含量则比较低，尤其是赖氨酸在小麦粉中只含有极少量，因此，小麦粉中的蛋白质属于不完全蛋白质。在小麦制品中添加适量的氨基酸，特别是赖氨酸，使其成为含有较完全蛋白质的食品则越来越普遍。

小麦中不同蛋白质的氨基酸含量如表 1-7 所示。

表 1-7 小麦中不同蛋白质的氨基酸含量 单位：g/16g 氮

氨基酸	麦谷蛋白	麦醇溶蛋白	麦球蛋白	麦清蛋白
丙氨酸	3.1	2.3	4.3	5.6
精氨酸	4.2	2.7	14.5	7.5

续表

氨基酸	麦谷蛋白	麦醇溶蛋白	麦球蛋白	麦清蛋白
天冬氨酸	3.9	3.0	6.3	7.9
半胱氨酸	2.5	3.1	12.6	6.7
谷氨酸	34.1	40.0	5.9	17.7
甘氨酸	4.5	1.8	5.6	3.1
组氨酸	2.4	2.3	2.2	4.3
异亮氨酸	3.9	4.5	1.4	4.1
亮氨酸	6.9	7.2	9.2	10.7
赖氨酸	2.3	0.7	1.2	11.0
甲硫氨酸	1.7	1.5	0.4	0
苯丙氨酸	4.8	5.6	3.2	5.0
脯氨酸	11.0	14.7	3.3	8.4
丝氨酸	5.9	5.1	9.1	4.7
苏氨酸	3.3	2.3	4.5	2.9
色氨酸	2.1	0.7	—	—
酪氨酸	3.6	2.6	2.3	3.4
缬氨酸	4.5	4.4	2.2	8.1

麦醇溶蛋白和麦谷蛋白的氨基酸组成相似，都含有一定量的半胱氨酸，使面筋蛋白分子内和分子间的交联结合比较容易。半胱氨酸含有的巯基（—SH）可以和二硫键（—S—S—）迅速交换位置，使蛋白质分子间容易相对移动，赋予面团黏性和伸展性，但是当—SH 含量较多时则会造成面筋蛋白结构中的—S—S—结合点无法固定，面团发黏，缺乏弹性，不易操作，而且会减弱面团持气性，使成品体积小且组织粗糙。另外，—SH氧化后可成为—S—S—，能够增加面筋的弹性和强度。

（二）小麦粉蛋白质与面团品质

小麦区别于其他禾谷类作物的一个独特之处就是其含有特有的面筋蛋白，独特的面筋蛋白赋予面团以弹性、延展性和胀发性，从而赋予了小麦粉广泛的用途，能制作出多种食品，如蒸煮类的面条和馒头等，烘烤类的面包、蛋糕和饼干等。这些食品的性质与小麦粉面团的性质有着密切的联系，而面团特性主要取决于小麦粉中蛋白质的种类、性质和相互之间的数量之比。

小麦粉形成面团的过程中，小麦粉中的麦醇溶蛋白和麦谷蛋白吸水膨胀、相互接触，通过彼此之间的—S—S—断裂、重组，以及一些共价或非共价键的作用连接在一起，形成巨大而连续的面筋网络，从而也形成了具有弹性和延伸性的小麦粉面团。当面团产生气体时，在网状组织内会形成小气泡，在蒸制或者焙烤条件下，这些小气泡内气体会逐渐胀大，直至面团的蛋白质凝固，熟制完成后即成松软如海绵状的制品。之所以只有小麦可以做成馒头和面包，就是因为它含有其他谷物所没有的面筋蛋白。

除了麦醇溶蛋白和麦谷蛋白的含量之外，它们之间的比例也与面制品品质密切相关。当小麦粉中麦谷蛋白含量过多时，面团的弹性大、韧性强，发酵时受到的阻力也大，从而导致产品体积小。麦醇溶蛋白含量多时，面团的筋力变弱，面筋网络结构也变得不牢固，这种面团容易出现顶部塌陷，导致产品变形。由此可见，只有麦醇溶蛋白和麦谷蛋白的总量适中，比例平衡的情况下，才能形成既具有黏弹性又具有延伸性等特性的面筋，才能加工出高品质的食品。虽然某些小麦粉湿面筋含量比较高，但是因为其中的面筋蛋白组分比例不合理，同样难以形成良好的加工品质特性。

表 1-8 列出了三种面团的品质状况。

表 1-8　三种面团的品质指标

序号	蛋白质含量/%	湿面筋含量/%	粉制指标					拉伸指标			
			吸水率/%	形成时间/min	稳定时间/min	弱化度/BU	评价值	延伸性/cm	抗拉力/BU	粉力/cm^2	拉力比数
1	14.5	30.6	56.0	2.5	7.5	70	51	20.3	230	101.5	1.13
2	15.5	39.8	64.8	4.5	4.5	55	59	25.0	130	72.6	0.52
3	14.8	37.2	61.8	3.0	3.5	100	43	19.3	105	56.2	0.54

1 号面团中的湿面筋含量相对来说比较低，只有 30.6%，但是具有较高的稳定时间、适中的抗拉力和延伸性，是一种理想的中筋力面团，2 号和 3 号面团中的湿面筋含量均比较高，但是 2 号面团延伸性过大，抗延伸性阻力过小，持气能力较差，容易粘手，不具备理想的加工品质，3 号面团延伸性和抗延伸性阻力都比较小，品质较差。所以，湿面筋的含量不能全面反映小麦粉筋力的强度，判断小麦粉加工性能时不仅要看面筋蛋白的数量，也要看其质量。对小麦粉进行品质分析时，要对其粉制、拉伸等特性指标进行综合考察。

一般来说，高蛋白质、筋力强的小麦适合制作面包粉，低蛋白质、筋力弱的小麦适合制作饼干和糕点粉。加工面包的小麦粉要求蛋白质含量在 13.5%以上，面筋蛋白含量过低，则面团的持气性差，制得的面包塌陷变性，加工馒头的小麦粉要求在 12.5%左右为宜，加工面条的小麦粉要求在 12%～13%，加工糕点的小麦粉则要求低于 11%。小麦粉中的蛋白质对产品的感官品质也有一定的影响，例如蛋白质含量与面条色泽、咀嚼韧劲、煮面强度高度相关，面条色泽随着小麦籽粒蛋白质含量的增加而有变暗的趋势。

另外，水溶性与非水溶性蛋白质之间的比例也会影响面团的稳定性，而且，除了面筋蛋白之外，其他组分，如脂质对于面筋网络结构的黏着力有重要作用，面筋的脂蛋白复合体状态能够更好地把二氧化碳包裹起来。

二、淀粉

（一）小麦粉淀粉组成与特性

淀粉是小麦籽粒中含量最多的成分，占整个小麦籽粒质量的57%~67%，约占胚乳质量的70%。一般情况下，小麦粉中淀粉含量在67%以上，小麦粉制品的蒸煮和烘焙等加工品质除了与面筋含量和质量有关外，在很大程度上还取决于淀粉的性质。

1. 小麦淀粉的颗粒特性

淀粉的颗粒特性主要指淀粉颗粒的形态、大小、轮纹、偏光十字和晶体结构等，不同来源的淀粉其颗粒特性有明显差异。谷物淀粉的颗粒形状一般为圆形、椭圆形、多角形等，淀粉粒表面有轮纹结构，与树木年轮相似，又称层状结构，各轮纹层围绕的一点称作“粒心”或“脐点”，不同种类淀粉根据粒心和轮纹情况可分为单粒、复粒、半复粒和假复粒四种。

植物的淀粉粒如图1-3所示。

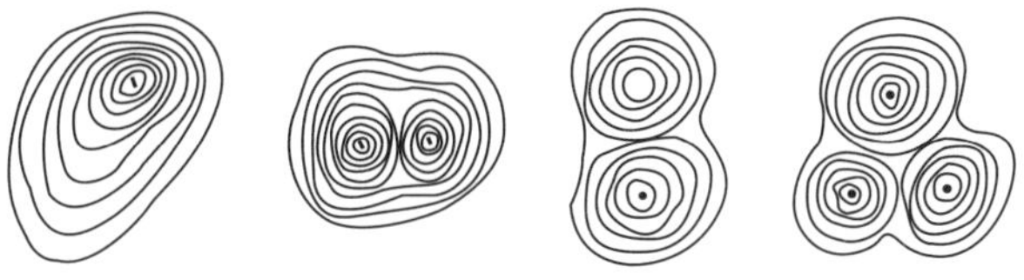

图1-3　植物的淀粉粒

另外，淀粉颗粒还具有双折射性，在偏光显微镜下可以观察到将颗粒分成四个白色区域的黑色十字，称为偏光十字，不同品种淀粉粒的偏光十字的位置、形状和明显程度有差别。

小麦淀粉的偏光十字显微图像如图1-4所示。

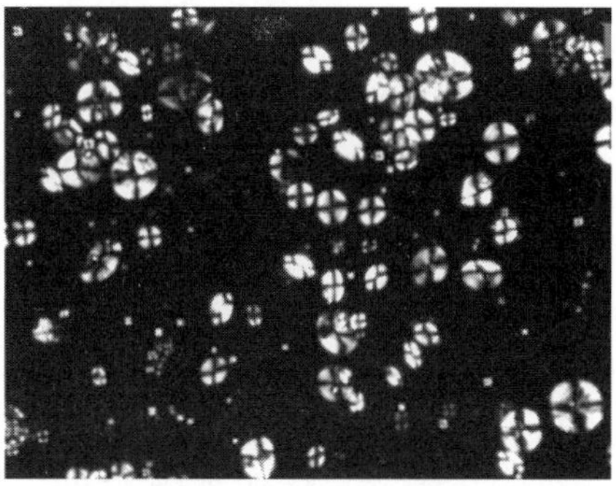

图1-4　小麦淀粉的偏光十字显微图像

用显微镜观察小麦淀粉，可以发现其中的淀粉颗粒分为大、小颗粒两种，大的形状如鹅卵石（25~35μm），质量占胚乳淀粉的70%~80%，但是数量却不到总数的10%，小的接近球形（2~8μm），数量占淀粉粒的90%以上，而质量却不到30%。小麦淀粉的粒度分布主要受到遗传基因的控制，环境因素也会产生一定的影响，一般情况下，各类型小麦的淀粉粒度按从大到小的顺序排列为：软麦淀粉粒>硬麦淀粉粒>杜仑麦淀粉粒。

由于小麦粉自身化学组成、加工工艺的不同，小麦淀粉生产过程中会产生两类淀粉，第一类淀粉是一种精制淀粉，含蛋白质等杂质很少，可进一步深加工成淀粉糖、变性淀粉等淀粉衍生物；第二类淀粉是生产第一类淀粉留下来的“废料”，又称尾淀粉或淤渣淀粉，由小的淀粉粒、戊聚糖、破损淀粉粒和细胞壁物质等组成，它们色泽深，利用困难，尤其是戊聚糖，是淀粉过滤困难的主要原因之一。

2. 小麦粉中淀粉的分子特性

（1）直链淀粉（Amylose）分子和支链淀粉（Amylopectin）分子　淀粉是葡萄糖的自然聚合体，根据葡萄糖分子之间的连接方式的不同，分为直链淀粉和支链淀粉两种。小麦淀粉由直链淀粉分子和支链淀粉分子有序集合而成，直链淀粉一般为19%~26%，支链淀粉占74%~81%。

直链淀粉由300~1000个葡萄糖单位组成，相对分子质量较小，为1万~20万，支链淀粉由许多通过α-1,6糖苷键连接的直链淀粉链构成，其相对分子质量很大，一般在100万以上，有的高达600万。

支链分子的侧链和直链分子趋于平行排列，经氢键结合形成散射状结晶“束”，淀粉特有的偏光十字与X射线衍射图样便是因为这种特殊结构而产生。氢键力很弱，但是淀粉颗粒中的氢键数量众多，因此使结晶“束”具有一定的强度，也使淀粉颗粒的结构非常稳定。结晶束与结晶束之间的区域为非结晶区（无定形区），其间的分子排列较杂乱，无规则。支链淀粉庞大的分子能够穿过多个结晶区和非结晶区，为淀粉颗粒结构的稳定起到了骨架作用。结晶区占淀粉颗粒体积的25%~50%，其余为无定形区，它们之间并没有明确的分界线。

淀粉颗粒中的分子结构示意图如图1-5所示。

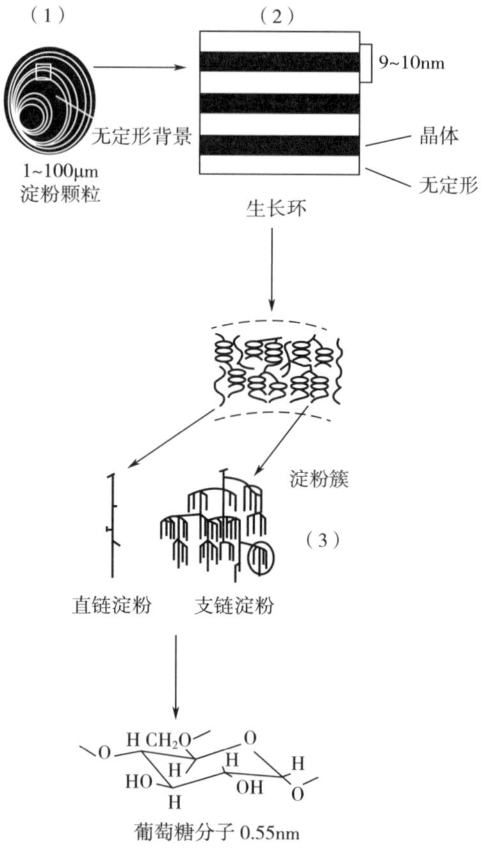

图1-5　淀粉颗粒结构示意图

（1）淀粉颗粒的半结晶层和无定形层生长环
（2）半结晶层中的无定形片层和结晶片层
（3）支链淀粉双螺旋结构形成的结晶片层，分支点构成无定形片层

（2）破损淀粉（Damaged Starch）　在小麦制粉过程中，磨辊表面的碾压、摩擦等机械损伤作用，会造成少量淀粉粒表面薄膜的损伤，形成破损淀粉。由于失去了天然薄膜屏障的保护，破损淀粉粒容易受酶的作用分解成为麦芽糖和葡萄糖等低分子糖。小麦制粉时产生的破损淀粉含量越多，则在面团中发生的

酶促作用就越强烈。

破损淀粉对面团的发酵、蒸煮和烘焙品质有一定的影响，主要作用和意义表现在以下两个方面：

①提供发酵时微生物生长代谢的碳源：面团发酵时，破损淀粉能够提供酵母赖以生长的糖分，充分地产生二氧化碳气体，这对于馒头和面包等发酵面制品的生产来讲是非常有利的。

②决定面团的吸水量：破损淀粉对于面团在发酵、烘焙期间的吸水作用具有重要的影响，破损淀粉的吸水率是完整淀粉粒的 4 倍，可达到 200%。

但是，小麦粉中的破损淀粉也不是越多越好。例如，破损淀粉过多将使馒头和面包等发酵面食产品气室壁组分中的糊化淀粉含量增加，从而减弱面团的持气能力，导致产品体积减小。小麦粉中最佳的破损淀粉程度应在 4. 5%~8. 0%，一般来讲，春麦比冬麦、硬麦比软麦磨制的小麦粉中的破损淀粉含量高。

表 1-9 中指出了不同种类小麦粉中的破损淀粉含量。

表 1-9　不同小麦及小麦粉中的破损淀粉含量　单位：%

小麦种类	小麦粉种类	破损淀粉含量（平均值±标准偏差）
硬红春麦	面包粉	28. 1±4. 4
	家用小麦粉	29. 9±3. 1
	硬面包粉	26. 3±3. 0
硬红冬麦	面包粉	22. 3±2. 2
	家用小麦粉	27. 9±4. 6
软麦	蛋糕粉	3. 4±5. 2
	饼干粉	7. 0±8. 4

注：破损淀粉含量以完整淀粉计。

（3）淀粉糊的特性　小麦淀粉的相对密度为 1. 486~1. 507，若将其置于冷水中搅拌成淀粉乳后停止搅拌，则经一定时间后，淀粉粒会因为密度相对较大而沉淀。

若将淀粉加水调成的淀粉乳加热到一定温度，则水分子会进入淀粉粒的非结晶区与一部分淀粉分子相结合，破坏它们的氢键。随着淀粉乳温度的继续增加，到一定温度后，淀粉粒内结晶区的氢键也被破坏，淀粉会迅速、不可逆地吸收大量的水分，颗粒突然膨胀，体积突然增大，原来的悬浮乳液则变成了黏稠的淀粉糊，这时的淀粉粒大部分都已经破裂，失去了原有的结构。这时即使停止搅拌，淀粉也不会再沉淀，这种黏稠的糊状物称为淀粉糊，这种现象称为淀粉的糊化。淀粉在工业上的许多应用都是基于其淀粉糊的特性，例如糊化特性、凝胶特性、冻融稳定性、透明度和溶解特性等都是淀粉糊性质的重要方面。

淀粉的糊化是一个复杂的过程，通常伴有黏度变化、透明度变化以及再结晶等现象。淀粉的糊化特性主要是指淀粉糊的黏度性质、热力学性质和流变学性质等，也包括淀粉糊的透光率、凝沉性和酶解率等。糊化作用的本质是淀粉有序态晶体和无序态非晶体结构中的淀粉分子间的氢键断裂，淀粉分子分散在水中形成亲水性胶体溶液。一般情况下，淀粉糊中不仅含有膨胀的淀粉颗粒，还含有被溶解的直链淀粉分子、分散的支链淀粉分子以及部分的微晶束。淀粉粒糊化伴随着晶体结构解体和双折射现象消失，小麦淀粉双折射偏光十字消失5%、50%和95%时的糊化温度分别为58℃、61℃和64℃。

糊化状态的淀粉称为α-淀粉，未糊化的淀粉称为β-淀粉。面制品经加热由生到熟的过程，实际上就是其中的β-淀粉变成α-淀粉的过程。一般情况下，这种转变在65℃时要经过十几个小时，90℃时需要3h，100℃时只要20min。

糊化的淀粉稀溶液在低温下条件下静置一段时间后，溶液变浑浊而且有沉淀析出，如果淀粉溶液浓度较大，则沉淀物可以形成不能再溶解的硬块，也不易被酶作用分解，这种α-淀粉在低温下放置时，逐渐变为β-淀粉的现象称为淀粉的凝成作用，也称为淀粉的老化作用或淀粉的回生。其机理是加热形成的α-淀粉，在冷却和储藏的过程中，分子间相邻的羟基重新形成氢键缔结，挤出水分子，恢复微晶状结构。熟制面制品的老化就是其中的α-淀粉回生为β-淀粉所致。

小麦粉中的淀粉也具有硬质和软质之分，一般情况下，小麦籽粒质地硬，淀粉粒也有硬质倾向，相反，籽粒质地软的小麦中的淀粉粒同样也是软质，但也有个别品种例外，例如，有的春麦是硬麦，而淀粉粒却是软质。澳大利亚小麦最软，淀粉粒却是硬质；美国白麦是软质，淀粉粒却是硬质。淀粉粒的软硬对淀粉的糊化程度和老化程度有直接影响，例如，软质淀粉吸水快，糊化时间短，而且不易老化。淀粉粒硬质还是软质可以通过测定淀粉的糊化时间来判断，一般糊化时间长、不易糊化的淀粉粒是硬质，反之是软质。

黏度仪（Viscograph）可测定小麦淀粉在吸水膨胀、加热糊化和冷却回生过程中的黏度阻力，自动绘出的曲线可表示小麦粉在整个过程中的黏度的变化情况，以此来确定其化学组成及理化性质。

凝胶特性是指浓度较大的淀粉糊冷却后形成的一种固体凝胶的质构特性，如淀粉凝胶的硬度、强度和弹性等。淀粉凝胶的形成速度和黏弹性主要受颗粒大小和分布、颗粒硬度、直链淀粉含量、淀粉乳浓度、溶胀程度以及分子链缠绕状态等的影响，如直链淀粉含量高的淀粉形成凝胶的速度会很快。

（二）小麦粉淀粉对面团品质的影响

小麦粉中淀粉的性质与面团以及最终产品的品质特性密不可分。例如，馒头等小麦粉产品之所以能保持一定的形状，就与淀粉的作用有关。就像盖房子浇筑钢筋混凝土一样，面筋的作用类似于钢筋，起着骨架作用，淀粉则像水泥一样填充在钢筋之间，从而形成了一个稳定的组织结构。

面团形成时，小麦淀粉充塞于面筋网络结构中，形成一个稳定的组织结构。在面制品熟制过程中，淀粉颗粒从面团体系内部大量吸水，体积逐渐膨胀，由于淀粉糊化所需要的水是从面筋转移而来，这使面筋蛋白在逐步失水状态下逐渐变性，面筋网状结构变得更有黏性和弹性，糊化的淀粉被固定在面筋的网络结构中，也成为面制品结构的重要组成部分。整个过程也会受发酵及熟制最初阶段 α-淀粉酶的影响。

由上可知，当面团在发酵阶段时，面筋是面团的骨架，但在产品熟制的过程中，实际上是由淀粉在维持产品的体积和形态。淀粉胶体性质的增大和受热凝固，会限制面团的膨胀，使产品的体积和组织均不良。如果淀粉酶的活性过大，使淀粉分解为糖的速度加快，则淀粉会被过量降解，淀粉胶体性质也降低，使其无法忍受面团内气泡所增加的压力，小气孔破裂合并成为大气室，气体溢出比例增加，产品体积变小，中心发黏。在小麦面制品的加工及熟制过程中，由于配料组分与制作工艺等方面的差异，淀粉的糊化程度以及在食品的结构形成中所起到的功能作用均不相同。

小麦淀粉粒的大小、形状也与小麦粉的品质指标、面团性质以及产品质量有密切的关系。由于大、小淀粉的结构组成、所占比例、淀粉颗粒形态、化学组成、平均分子质量、表面结合物等理化性质的不同，造成了面团特性、面制品品质以及淀粉功能特性方面存在诸多差异。例如，大颗粒淀粉粒度较小的品种，直链淀粉含量较高，支链淀粉含量较低，膨胀势较低，面团强度小，面包烘烤品质较差；反之则较好。另外，小麦粉中的淀粉与面筋蛋白也存在着一定相互作用，硬质麦中，面筋与淀粉间的相互作用较小，而软麦中的面筋与淀粉间的相互作用较大。

三、脂质

（一）小麦粉脂质组成与特性

脂质是小麦籽粒的重要组成成分。小麦籽粒中的脂质含量为 2.0%~4.0%，胚部脂质含量最高，达 12.0%~18.0%，糊粉层的含量为 8.0%~10.0%，麸皮中的含量为 4.0%~6.0%，胚乳的含量较少，仅为 0.8%~1.5%，种皮的油脂含量最低，在 1.0%以下，小麦粉中的脂质含量为 1.4%~2.0%。

表 1-10 列出了小麦及其制粉产品中的脂质含量。

表 1-10 小麦及其制粉产品中脂质含量 单位：%

	小麦	特等粉	一等粉	低等粉	粗麸	细麸	胚芽
脂质的质量分数（水分 13.5%）	3.0	1.3	2.7	3.2	6.5	7.5	15.5

根据极性，脂类可以分为极性脂质和非极性脂质。小麦粉中大约有 0.2%的极性脂质，主要是糖脂、磷脂、甘油单酯，其中糖脂的含量大约是磷脂的 3 倍，非极性脂类主要是甘油三酯和游离脂肪酸。小麦胚所含脂质以磷脂为主，小麦籽粒的磷脂含量为 0.3%~0.6%，而胚中可高达 1.6%，这些磷脂所含的脂肪酸主要是亚油酸、软脂酸和油

酸。在麦麸所含的极性脂中，磷脂含量多于糖脂，相反，胚乳中的磷脂含量低于糖脂。

根据小麦粉中的脂质对不同极性萃取剂和萃取条件的表现，分为游离脂质和结合脂质，小麦粉中含有的游离脂质和结合脂质大约分别为 0.8%和 0.6%。当小麦粉与水和成面团时，能够提取的脂量比在小麦粉中的要少，这是因为大约有 0.2%的极性脂和 0.3%的非极性脂在和面的过程中变成结合状态，一是与蛋白质形成脂-蛋白复合体，二是与淀粉形成脂-淀粉复合体。在面团中参与形成面筋网络的脂类物质与面筋蛋白存在两种类型的结合力：一是极性脂类分子通过疏水键与麦谷蛋白结合，二是非极性脂类分子通过氢键与麦醇溶蛋白分子结合，通过这两种结合力，游离脂结合到“麦醇溶蛋白-脂-麦谷蛋白”复合体中。脂质和淀粉的结合主要是通过其与淀粉螺旋内部的疏水基团发生疏水相互作用的结果。

小麦的脂质多由不饱和脂肪酸组成，亚油酸比例高达 58%左右，很容易发生水解或者氧化，小麦或小麦粉储藏过程中，油脂在脂肪酶或酸的作用下水解成甘油或脂肪酸，脂肪酸进一步生成醛、酮类等物质，使小麦粉酸败变苦，黏度增加，从而使其食用品质下降。由于小麦的脂肪主要存在于胚和糊粉层中，所以在制粉过程中一般都要尽可能除去脂质含量高的胚芽和麸皮，减少小麦粉的脂肪含量，提高其储藏稳定性。出粉率高的小麦粉含胚和麸屑较多，脂质含量也高，易酸败而引起异味，安全储藏期缩短。高温和高水分促进了脂肪酶的作用，温度越高，脂肪分解越快，因此小麦粉在高温高湿季节储藏，品质容易变差。一般也利用脂质酸败的特征，如通过测定小麦粉中的脂肪酸值或碘价来判别小麦粉的新鲜程度，GB/T 1355—1986《小麦粉》中规定小麦粉的脂肪酸值（湿基）不得超过 80mg KOH/100g。

（二）小麦粉脂质对面团品质的影响

小麦粉中的脂质对面团的性质有很大影响。首先，在面团形成时，脂类物质会影响面筋网络的黏着力，当小麦粉加水和成面团时，极性脂和非极性脂与面筋蛋白形成脂-蛋白复合体，研究表明麦醇溶蛋白和麦谷蛋白分别结合小麦粉脂质的 27.5%~39.8%和 13.3%~21.7%，因此脂质是形成面筋的重要组成部分。另外，极性脂与面筋蛋白结合后，面筋蛋白就能通过其极性基团与水、淀粉或戊聚糖产生相互作用，从而影响面团特性，如增加面团弹性，改善面团强度等，进而对面团的加工性能产生影响。一般来讲，极性脂质对面筋的形成是有利的，而非极性脂质不利于面筋的形成。

脂类物质还能够影响小麦淀粉的糊化特性。在添加适量的非极性脂的条件下，直链淀粉的峰值黏度增加，一般认为，这是由于脂质和直链淀粉形成的复合体使淀粉颗粒更加稳定，从而抑制了淀粉颗粒的肿胀破裂，最终影响了淀粉的糊化。脂类物质还会影响面团的流变学特性，例如，脱脂小麦粉制作的面团的形成时间会显著增加。另外，一些脂类，如卵磷脂，还是良好的乳化剂，具有使面包产品组织柔软和防止老化的作用。

储藏过程中，不饱和脂肪酸的氧化酸败变质会使小麦粉面团延伸性降低，持气性减退，从而使产品蒸煮或烘焙品质变差，例如，制作的馒头或面包体积小，易裂开，风味不佳等。脂质引起的有害影响，可以通过去除变质小麦粉中脂质的方法来改变。

四、酶类

（一）小麦粉酶类组成与特性

有生命的小麦籽粒含有多种酶类，包括淀粉酶、蛋白酶、脂肪酶、脂肪氧化酶及植酸酶等，这些酶类与小麦粉、面团以及最终产品的性质有着密切的关系。由于淀粉和蛋白质是小麦粉的主要成分，因此，淀粉酶与蛋白酶对小麦粉的加工和食用品质影响最大，其他酶类也有一定的实践指导意义，例如，在小麦粉储藏和面制品的加工过程中通常会出现物料的黄色被漂白的现象，过氧化物酶和脂肪酶等是引起失色的因素，植酸酶的应用可以提高矿物质的利用率等。下面就小麦粉中常见的一些酶类进行介绍。

1. 淀粉酶

小麦粉的主要组成部分是淀粉，小麦粉的蒸煮和烘焙品质除了与面筋蛋白的含量和质量有关外，在一定程度上还受到淀粉的糊化特性和淀粉酶活性的影响。小麦粉中的淀粉酶主要有两类，即α-淀粉酶和β-淀粉酶。

α-淀粉酶的作用特点是能够从淀粉内部随机水解α-1,4 糖苷键，因此，它作用后的产物是一系列相对分子质量较小的糊精、麦芽糖和葡萄糖。淀粉液中加入α-淀粉酶后，其黏度会急剧下降，因此，α-淀粉酶又称液化酶。正常小麦中的α-淀粉酶含量很少，而且其酶活性会随着储藏时间的延长而逐渐降低。当小麦发芽时，大量的α-淀粉酶会产生出来，一般情况下，发芽小麦的麦胚中的α-淀粉酶活性最高，然后依次为糊粉层、外层胚乳和内部胚乳。

α-淀粉酶的最适 pH 为 4.5~7.0。在一定的温度范围内，酶活力随着温度的升高而增强，一般在40℃时达到最大。在面团发酵中，温度每升高 1℃，酶活力就增长约 1%。α-淀粉酶有比较好的热稳定性，在加热到 70℃的条件下，仍能起到水解淀粉的作用，当温度大于 95℃时，α-淀粉酶开始钝化。

β-淀粉酶与α-淀粉酶一样，也只能水解淀粉分子的α-1,4 糖苷键，但有所不同的是，β-淀粉酶不是从淀粉分子的内部进行水解，而是作用于淀粉分子的非还原末端，每次水解下来一分子的麦芽糖，所以β-淀粉酶又称端切酶。当β-淀粉酶水解淀粉时，会迅速形成大量的麦芽糖，面团中的还原能力不断增加，因此又称“糖化酶”。小麦籽粒中含有一定量的β-淀粉酶，发芽时其含量会增加 2~3 倍。

β-淀粉酶的最适 pH 为 5.0~6.0，它的热稳定性较差，当加热到 70℃时，其酶活力就会减少 50%，几分钟后就会钝化，由于β-淀粉酶的热稳定性不如α-淀粉酶，因此，它基本上只能在面团发酵阶段起水解淀粉的作用。不同小麦粉中的β-淀粉酶含量有较为显著的差异。

正常的小麦粉含有足够的β-淀粉酶，含量及活性完全能满足烘焙的需要，而α-淀粉酶常在小麦粉高精度加工过程中产生很大损失，造成小麦粉中 α-淀粉酶含量过低，活性不足。为解决这一问题，小麦粉生产企业通常的做法是在生产的小麦粉中添加麦芽粉或 α-淀粉酶，用来提高小麦粉中 α-淀粉酶的活性，以改善和提高发酵面制品等食品的质地、色泽、风味和结构等品质。另外，也可以在产品制作时，在面团的配料中加入一定数量的 α-淀粉酶制剂或者麦芽粉。

向小麦粉中添加 α-淀粉酶的优点：

（1）在面团发酵期间保证有足够的碳源供酵母使用，以利于二氧化碳气体正常产生。

（2）使产品内部组织黏度适宜。

（3）使产品内部组织松软，色泽稳定。

（4）有利于面包等产品冷却后切片。

需要说明的是，淀粉酶含量也不能过大，如果淀粉酶的活性过大，会使大量的长链淀粉分子支解断裂，使面团发黏，操作困难，产品也出现粘牙等不良品质。

目前，α-淀粉酶的使用比麦芽粉更为普遍，其添加起来更容易，需要量也少。依据来源不同，小麦粉品质改良中应用的 α-淀粉酶主要分为真菌 α-淀粉酶和细菌 α-淀粉酶两种。在小麦粉中，两种 α-淀粉酶在作用原理上基本一致，但因两者耐热性不同，因而在面团和产品品质改良方面的效果也不同。大多数国家都采用将真菌 α-淀粉酶添加到面包粉中的方法，来提高小麦粉与面团中的 α-淀粉酶的活性。真菌类 α-淀粉酶是从米曲霉等真菌的发酵产物中提取纯化出来的，与惰性填充料混合后具有良好的分散性，易于在食品中应用，简称为 FAA。

不同来源的 α-淀粉酶对面包品质的影响如表 1-11 所示。

表 1-11　不同来源的 α-淀粉酶对面包品质的影响

淀粉酶	加入量/（mg/100g 小麦粉）	面包体积/cm^3	面包感官评价	
			形状	性质
FAA	63	3188	较好	面团黏
麦芽粉	2500	3075	好	良好
细菌淀粉酶	632	2968	好	面团、面包黏

在比较的三种淀粉酶中，以添加麦芽粉的效果最佳，但是它的添加量也最多，添加 FAA 制作的面包体积最大，添加量也最小。但是，所用的 FAA 中还含有蛋白酶，使面筋蛋白过度分解，导致面团发黏，面包组织结构稍差。

FAA 中的淀粉酶活力比麦芽粉高 30~40 倍，在实际应用中，向小麦粉中添加少量的、高浓度、高活性的 FAA 时很容易操作和控制，相对而言，麦芽粉不仅用量多，而且黏度大，常引起进料等操作上的困难。

小麦粉中存在的天然淀粉酶活性会随着储藏时间的延长而减弱，通过添加外源 FAA

的方式可恢复并提高小麦粉的淀粉酶活性，获得更优的加工品质。添加麦芽粉的小麦粉容易发生虫类和微生物污染，而 FAA 却具有防止小麦粉被污染的性能。

α-淀粉酶活性可用 α-淀粉酶测定仪（Amylograph）、黏度仪（Viscograph）和降落数值（Falling Number，FN）进行测定。α-淀粉酶测定仪和黏度仪测定小麦粉中的 α-淀粉酶活性的工作原理是：在 α-淀粉酶的作用下，淀粉糊在搅拌加热过程中液化，其黏度降低，仪器可根据小麦粉黏度与温度的函数关系反映出 α-淀粉酶在加热过程中的影响情况，也能测定连续变温时的黏度变化。一般情况下，小麦粉的最高黏度值越大，则 α-淀粉酶活性越小，最高黏度值越小，则酶活性越高。淀粉糊化的难易与淀粉性质有关，直链淀粉分子间的结合力较大，糊化所需时间较长。

降落数值的定义是：在黏度管中小麦粉与水的混合物加热得到糊化物，糊化物在 α-淀粉酶的作用下发生液化，使搅拌器通过该糊化物，测定其通过特定距离的时间（从黏度管浸入水浴中开始计算），即为降落数值，以秒计。酶活力高，淀粉凝胶液化快，黏度小，降落数值小。对面包而言，降落数值为 200～300s 比较正常，若降落数值大于 300s，则酶活力过低。

2. 蛋白酶

蛋白酶也是最早应用于小麦粉工业的酶制剂之一。应用于小麦粉中的蛋白酶可分为两类：一类是分解天然蛋白质的蛋白酶，另一类能是将蛋白质分解的多肽再分解的多肽酶。根据作用方式，蛋白酶又可分为内肽酶和外肽酶，内肽酶作用于蛋白质内部的肽键，使大分子蛋白质成为分子量较小的多肽碎片，外肽酶可以从蛋白质或多肽链的两端将氨基酸残基逐一地水解下来，生成游离的氨基酸。

小麦粉中应用的蛋白酶主要是中性蛋白酶，其最适 pH 为 5.5～7.5，最适温度在 65℃左右。蛋白酶可以水解弱化面筋，使面团变软，从而改善面团的黏弹性、延伸性和流动性等加工品质，同时还能缩短面团混合时间，以适应产品生产工艺的需要。

正常小麦籽粒和小麦粉中蛋白酶的含量很少，而在发芽籽粒中蛋白酶活力很高，这是因为在麦胚中含有大量的半胱氨酸和还原性谷胱甘肽等巯基化合物，而这些巯基化合物是蛋白酶的激活剂。

3. 脂酶

脂酶是指能够水解脂键的一类酶，对小麦粉品质有较大影响的主要是脂肪酶、脂肪氧化酶和植酸酶。

（1）脂肪酶　脂肪酶也称脂肪水解酶，是一种对脂质起水解作用的水解酶。一般小麦内的脂肪酶活力主要集中在小麦籽粒的糊粉层，胚乳部分的酶活力仅占总酶活力的 5%。小麦籽粒中的脂肪酶活性与水分呈正相关的关系，如果储藏温度较高，而且水分也高，那么脂肪酶的活性也会大大提高。

脂肪酶的最适 pH 为 7.5，最适温度为 30～40℃。正常情况下，在小麦籽粒细胞中，脂肪酶与其作用的底物彼此有各自相对固定的位置，不发生反应，但是当小麦籽粒破损后，尤其是经过研磨制成小麦粉后，脂肪酶与脂肪相互接触的机会大大增加。因此，加工精度不高的小麦粉，由于含有较多细小的、脂肪含量相对较高的糊粉层和麦胚粉粒，其中的脂肪在储藏期间非常容易受到脂肪酶的作用而水解，从而增加在小麦粉储藏期间的游离脂肪酸的数量，使小麦粉酸败，并对面筋蛋白的品质产生一定的负面影响，导致小麦粉食用品质和加工品质降低，而加工精度高的小麦粉，由于脂肪酶含量很少，因此储藏稳定性比低级粉高很多。

（2）脂肪氧化酶　脂肪氧化酶又称脂肪氧合酶，在小麦籽粒中含量较少。脂肪氧化酶的确切作用机制十分复杂，目前认为它可催化小麦粉中的含有戊二烯 1，4 双键的油脂发生氧化，形成氢过氧化物。

这种氧化物能氧化蛋白质分子中的—SH 形成—S—S—，从而引起面筋蛋白分子聚合，起到强化筋力的作用。脂肪氧化酶的催化作用是在含有胡萝卜素的耦合氧化反应中进行的，通过这种氧化作用能够破坏掉胡萝卜素的双键结构，使胡萝卜素变成无色，因此，脂肪氧化酶也是一种能使小麦粉变白的酶促漂白剂。同时，上述氧化作用还可以抑制小麦粉中的蛋白酶激活因子的活性，防止面筋蛋白水解。

需要说明的是，由于小麦粉本身内源的脂肪氧化酶含量很少，无法起到小麦粉强筋和漂白的要求，因此，一般通过添加酶含量较高和酶活力较大的全脂豆粉的方式来满足实际需要。在面制品生产中，在小麦粉中加入 1%的大豆粉就能改进小麦粉与产品的颜色和质量，例如，全脂大豆粉应用于馒头制作时，可以增加馒头白度，改善馒头的组织结构和风味，但是，脂肪氧化酶也能引起产品中芳香成分的减少，并导致异味物质含量的增加，使食品质量下降。

（3）植酸酶　植酸酶是一类能够水解植酸产生无机磷的酶。植酸，又称肌醇六磷酸酯，是存在于植物组织，尤其是种子中的含磷有机化合物。

植酸的分子构型如图 1-6 所示。

小麦糊粉层中含有大量植酸，因为植酸可以与钙形成难以溶解的植酸钙，所以，摄入过多的植酸，会降低生物对钙的利用率。此外，植酸还可以与蛋白质中的碱性氨基酸形成化合物，不仅会降低蛋白质的消化率，还会对生命活动所需酶的功能产生负面影响。

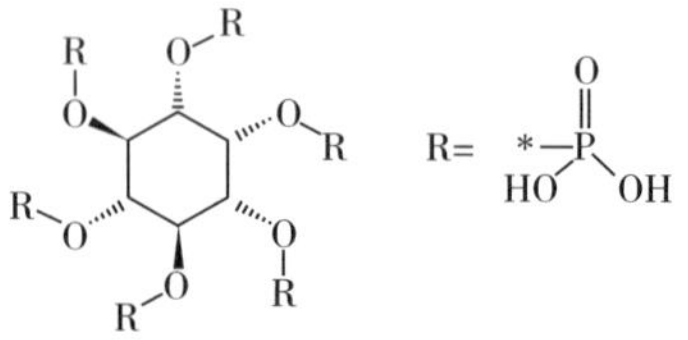

图 1-6　植酸的分子构型

植酸酶可以催化植酸中磷酸单酯键断裂，将植酸水解为低磷酸肌醇和正磷酸盐，不仅可以减少植酸与钙、镁、铁及其他金属形成非溶性复合物，进而降低其对人体吸收营养成分的不利影响，而且还可生成人体所需的营养物质——肌醇。基于植酸酶作用于植酸肌醇环位点的不同，可以将植酸酶区分为 3-植酸酶和 6-植酸酶，其中 3-植酸酶来源于微生物，6-植酸酶来源于高等植物及其种子。

小麦籽粒中含有一定量植酸酶，一般硬质小麦中的酶活力高于软质小麦。植酸酶在小麦籽粒的分布比例为：糊粉层为 39. 5%、胚乳为 34. 1%、盾片为 15. 3%。植酸主要存在于糊粉层和麸皮中，胚乳中只含有 15%左右。由于受到小麦粉研磨过程中的破坏，以及面制品制作过程中的温度、湿度等条件的影响，小麦粉中的内源性植酸酶对食品中植酸的降解效果极其微弱，因此，对于一些植酸含量较高的小麦粉，可以通过加入外源植酸酶的方法来降低面制品中的植酸含量。另外，在小麦粉和面团中添加钙或含钙辅料有助于克服植酸的有害影响。

4. 多酚氧化酶

多酚氧化酶在自然界分布极广，能够催化天然底物酚类化合物，使其发生氧化而形成棕褐色的醌类物质和水，醌类物质发生自身聚合或与蛋白质发生反应，产生褐色或黑色的沉积物。小麦中的多酚氧化酶主要分布在糊粉层和皮层中，所以在精制小麦粉中含量很少，仅占籽粒总多酚氧化酶含量的3%左右，即便如此，它却是引起小麦粉储藏和面制品加工过程中颜色褐变的主要原因。

5. 过氧化氢酶

过氧化氢酶是一种催化过氧化氢分解，生成氧和水的氧化还原酶，这种酶在小麦和小麦粉中也有存在，它可以防止发芽期间在小麦组织中过氧化氢积聚过多，它也能起到漂白胡萝卜素的作用。

6. 抗坏血酸氧化酶

抗坏血酸氧化酶的作用是催化抗坏血酸氧化为脱氢抗坏血酸，在小麦粉或面团中加入抗坏血酸可以改善其烘焙性能。在有适当的还原酶时，脱氢抗坏血酸能起到氧化剂的作用。

7. 戊聚糖酶

戊聚糖酶可以水解小麦粉中的水溶性戊聚糖（Water Extractable Arabinoxylan，WEAX）和不溶性戊聚糖（Water Unextractable Arabinoxylan，WUAX），对小麦粉具有良好的改良效果。戊聚糖酶水解WUAX，使其降解为WEAX，还可以进一步将其水解，得到更小分子量的WEAX。WEAX在提高面团气体保持能力、增大面包体积以及防止面包老化方面均有较好的作用。

8. 其他酶制剂

随着生物技术水平的不断提高，目前可应用于小麦粉行业的新型酶制剂不断增加，其中，葡萄糖氧化酶（Glucose Oxidase，GOD）和谷氨酰胺转氨酶等就是非常有代表性的两种新型酶制剂。葡萄糖氧化酶作为新型的酶制剂，主要应用于面包专用粉，其作用主要是提高面团的面筋强度，增强弹性，对机械冲击有更好的承受力，在面包烘烤中使面团有良好的入炉急胀性，从而增大面包体积。谷氨酰胺转氨酶能催化蛋白质分子之间和分子内酰基的转移，使蛋白质分子之间或分子内形成异肽键［ε-（γ-谷氨酰基）赖氨酸］，使小麦粉蛋白质从团粒结构变成网状结构，从而改善蛋白质的功能特性和面制品的口感，提高了面制品的弹性和持水能力。谷氨酰胺转氨酶可以提高面条韧性所需要的黏性和弹力，使面皮制品耐冷冻，不易破碎，在面条专用小麦粉和饺子专用小麦粉中都有很好的应用前景。

（二）小麦粉酶类对面团品质的影响

淀粉酶、蛋白酶、脂肪氧化酶和植酸酶等酶类主要分别作用于小麦粉中的淀粉、蛋白质、脂肪及植酸等组分，从而对小麦粉面团的特性产生影响。

上面已经介绍，α-淀粉酶可以在某些结构点上把可溶性淀粉切割降解成糊精，后者再分解成麦芽糖，这些糖类可以作为供给酵母发酵的主要能量来源，因此，小麦粉中含有适当的酶活性，不仅可提高面团发酵能力，而且可以改善面包等面制品的风味、体积、芯部质地和消化特性。

蛋白酶具有弱化小麦面筋的作用。使用发芽、发霉或虫蚀小麦制成的小麦粉中蛋白酶活性较高，会对面筋蛋白的性质造成很大影响，导致面筋弱化。当然，在小麦粉中适量地添加蛋白酶也可以调节小麦粉的面筋强度，有助于面筋完全扩展，并缩短和面时间和改变面团黏稠性，例如，应用蛋白酶可以改善生产饼干专用小麦粉的焙烤品质。蛋白酶也可用来控制面包的质地并改良风味，早在1975年，美国就已应用米曲霉产的蛋白酶来生产白面包。

脂肪酶对小麦粉的品质也具有一定的改良作用，可以用于面包专用小麦粉、馒头专用小麦粉及面条专用小麦粉中。在面包专用小麦粉中加入脂肪酶可以得到更好的面团加工性能，提高面团过度发酵时的稳定性，虽然在粉质和拉伸曲线上表现的不明显，但添加脂肪酶的面团烘焙膨胀性增加，面包体积也显著增大。脂肪酶也能改善小麦粉制品的蒸制品质，在改进制品组织结构、色泽和加工性能等方面具有一定的作用，对我国使用老面发酵的情况，脂肪酶可以有效地防止发酵过度，保证产品质量；在面条专用小麦粉中加入脂肪酶，可以减少面团上出现的斑点，提高面带压片过程中颜色的稳定性，使面条不粘连，不易断，咬劲足，表面光亮滑爽。脂肪酶对饼干的制作影响不大，但它可分解已调配好的蛋糕粉中的脂肪为脂肪酸，引起酸败，缩短储藏时间，从而产生影响。

面团中植酸的抗氧化活性和络合蛋白质的特性可以破坏蛋白质中的二硫键，影响小麦粉中麦谷蛋白聚合的活性，从而影响小麦粉的加工特性和产品品质。植酸酶可以降低面团中植酸含量，增加面团中SDS不溶性麦谷蛋白的含量，有助于面团中面筋蛋白的形成，改善面团特性。在面团发酵过程中，植酸酶对植酸的降解可以使面团中铁、镁和锌等无机盐离子利用率上升，增加面团的营养特性。

五、粗纤维

（一）小麦粉粗纤维组成与特性

现代营养学赋予了粗纤维类物质新的功能，粗纤维已被认为是人类健康所必需的营养成分，这也引起了人们对小麦中粗纤维的研究与开发。

小麦的粗纤维是小麦籽粒细胞壁的主要成分，占籽粒干物质总重的2.3%~3.7%。小麦粗纤维又可分为纤维素和半纤维素两种。纤维素坚韧、难溶、难消化。与淀粉相似，纤维素也是由许多葡萄糖分子连接而成的一种线性高分子多糖类化合物。但不同种类的天然纤维素的纯度、聚合度、结晶形态及微细结构各有不同。纤维素的链上每个葡萄糖基环上有三个活泼的羟基：1 个伯羟基和 2 个仲羟基。因此，纤维素能发生很多与羟基有关的化学反应，如交联、醚化、胺化等反应。纤维素含有分子间和分子内大量的氢键，使纤维素分子相互聚集，造成了原纤维结构的差异性，并且以很特殊的方式构成了结晶度很高的纤维素纤维。

纤维素的分子结构如图 1-7 所示。

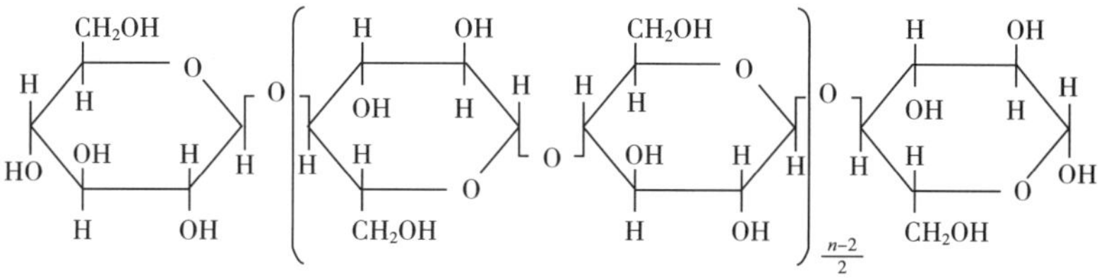

图 1-7　纤维素的分子结构

半纤维素是多缩戊糖和己糖的混合物，常与纤维素伴生。根据在水中的溶解度不同，半纤维素可分为水溶性半纤维素和非水溶性半纤维素两类。

小麦籽粒中，不同部位的纤维素和半纤维素含量占总碳水化合物含量的百分比有所差异，在麦麸、胚芽和胚乳中，纤维素的含量分别为 35. 2%、16. 8%和 0. 3%，半纤维素分别为 43. 1%、15. 3%和 2. 4%。

因为麸皮中的纤维素含量很高，而且会影响小麦粉的质量，所以小麦制粉工艺中会尽量降低小麦粉中的麸皮含量。纤维素的含量可作为小麦粉加工精度的指标，出粉率越高，则纤维素的含量越高，反之，出粉率越低，则纤维素含量越低。我国标准粉的纤维素含量为 0. 8%左右，加工精度较高的特一粉中的含量为 0. 2%左右。

小麦粉中的粗纤维是膳食纤维的重要组成部分，虽然它们对人体无直接营养价值，还会影响产品的外观和口感，但一定数量的它们有利于肠胃的蠕动，也能促进机体对其他营养成分的消化吸收。膳食纤维是非淀粉类多糖，即人体不可消化的多糖类碳水化合物和木质素的总称，膳食纤维有“第七营养元素”之称，是小麦麸皮的重要组成成分。

小麦麸皮的主要组成成分如表 1-12 所示。

表 1-12　小麦麸皮的主要组成成分　单位：%

成分	粗蛋白	粗脂肪	淀粉	灰分	膳食纤维
含量	12~18	3~5	10~15	4~6	35~50

根据膳食纤维在热水中的溶解性，可分为可溶性膳食纤维（Soluble Dietary Fibre，SDF）和不溶性膳食纤维（Insoluble Dietary Fibre，IDF）两类。小麦麸皮中的水溶性膳

食纤维和水不溶性膳食纤维的比例约为1：9，纤维素和半纤维素是构成不溶性膳食纤维的重要组分。

（二）小麦粉粗纤维与面团品质

随着生活水平的提高，人们的饮食要求也逐渐有所提升，为了满足更广大人群的健康饮食要求，从事食品研究开发的工作者想到将富含粗纤维的小麦麸皮添加到面包、饼干、馒头等日常饮食中，这样不但能增强产品的营养、改善产品的风味，而且达到了补充食物中纤维素、氨基酸和无机盐等营养素的目的，经常食用还具有一定的保健功效，但是，麸皮成分的加入却对小麦粉面团的加工品质有着显著的负面影响。

面筋的网络结构与面团流变学特性及面制品品质密切相关，改善面筋网络结构的成分对面制品品质具有改善作用，而破坏面筋网络结构的成分则起到劣化作用。由于麸皮中的纤维素等粗纤维成分与小麦粉中的蛋白质性质完全不同，添加到小麦粉中会稀释其中的蛋白质含量，减少面团中形成的面筋含量，同时，纤维之间的微纤丝结构形成的空间障碍也会限制面筋网络的充分形成，并破坏淀粉-蛋白体系，使面团网络结构疏散弱化，从而引起面团流变学特性以及面制品品质的恶化，但也有研究报道认为，这些不利影响是源于麸皮中的粗纤维与面筋蛋白之间的相互作用，而不是由于面筋结构的稀释和破坏；不溶性膳食纤维的添加降低了面团的稳定时间和拉伸特性，而且在面团调制与成型过程中无法很好地与水及小麦粉中的组分相融，造成了面团表面颗粒物明显、颜色泛黄等现象，从而影响面制品的可接受度。将粗纤维经高压处理或超微粉碎处理后添加到食品中，可降低其劣化水平，甚至改善面制品的工艺特性。

六、矿物质

（一）小麦粉灰分组成与特性

小麦粉中的矿物质，如钙、铁、锌等，主要以盐类形式存在，当小麦粉完全燃烧后，会剩下以矿物质盐类为主的灰分残留物，因而小麦粉中的矿物质是以灰分来表示的。

小麦中的矿物质在籽粒各部分的分布很不均匀，大部分存在于麸皮中，胚乳中的灰分很少，仅为0.28%~0.39%，皮层的灰分含量是胚乳的20倍左右，皮层中糊粉层的灰分最高，占整个麦粒灰分总量的56%~60%，胚的灰分含量占5%~7%，也远高于胚乳。

小麦及其产品的灰分（干基）含量如表1-13所示。

表1-13 小麦及其产品的灰分（干基）含量 单位：%

项目	小麦	特等粉	低等粉	细麸	粗麸	胚芽
灰分	1.96	0.48	1.93	4.07	5.64	7.28

小麦籽粒不同部位灰分的差异为检查制粉效率和小麦粉质量提供了一种简便的方法，小麦粉的灰分越高说明小麦粉中混入的皮层越多，小麦粉的加工精度越低，所以，通常以灰分含量为指标来表示麦皮的去除程度，并规定小麦粉的等级。GB/T 1355—1986《小麦粉》中规定特制一等粉中的灰分应低于 0.70%，特制二等粉灰分不得超过 0.85%，标准粉和普通粉的灰分含量应分别小于 1.10%和 1.40%。GB/T 8607—1988《高筋小麦粉》将高筋小麦粉分成 2 个等级，灰分分别不高于 0.70%和 0.85%，GB/T 8608—1988《低筋小麦粉》将低筋小麦粉分成 2 个等级，灰分分别不高于 0.60%和 0.80%。

（二）小麦粉灰分与面团品质

灰分主要来自小麦粒的皮层，脱皮后加工的小麦粉的灰分含量降低，精度和白度均上升。除了小麦粉、面团及产品色泽外，灰分还会影响面团的品质特性。首先，阳离子会对面团流变学性质产生影响。例如，Ca^{2+}、Mg^{2+}能够减小面团的拉伸阻力，Ca^{2+}对面团的延伸度没有显著影响，而 Mg^{2+}在 0.4mmol/g 时能够显著增大延伸度。添加 Na^+和 K^+后，面团的筋力强度得到增强，面团不易流变，富有弹性，耐搅拌性也增强，二价离子在面筋强度的影响方面不及 Na^+、K^+这两种单价离子，Ca^{2+}、Mg^{2+}使面团更容易发生流变、不易成型。另外，灰分对面团的发酵特性也有明显的影响，矿物质一方面可以提供微生物发酵所需的营养，另一方面可增强面团的韧性，但是过量的离子浓度反而会导致面筋韧性太强，抑制发酵产气。

七、糖类

（一）小麦粉糖类组成与特性

小麦中除了淀粉和纤维素外，还含有少量可溶性的游离糖类，约占小麦籽粒的 2.5%。这些糖类包括单糖中的葡萄糖、果糖和半乳糖，二糖中的蔗糖、蜜二糖和麦芽糖，还有三糖中的棉子糖等，另外，还包含多糖类的葡萄果聚糖、水溶性戊聚糖等。小麦籽粒中的葡萄糖含量为 0.01%~0.04%，果糖含量为 0.02%，蔗糖含量为 0.84%，麦芽糖含量为 0.05%~0.07%，蜜二糖含量为 0.18%，棉子糖含量为 0.33%，葡萄果聚糖含量为 1.45%，水溶性戊聚糖含量为 0.45%~0.60%，从中可以看出，蜜二糖和水溶性戊聚糖含量也较多，是小麦中的主要糖类。

可溶性的游离糖类在小麦籽粒各部分的分布不均匀，小麦麸皮的含糖量约为 5%，主要是蔗糖和棉子糖，胚的含糖量为 2.96%，也主要为蔗糖和棉子糖，而胚乳中含量最低，仅为 0.88%。葡果聚糖主要集中在胚乳中，胚和麸皮中很少。小麦出粉率越低，小麦粉的含糖量越低，反之，出粉率越高，小麦粉含糖量越高。

小麦粉中还含有少量的糊精，含量在 0.1%~0.2%，其分子质量大小介于小分子糖和淀粉之间。麦芽中富含 α-淀粉酶，可把淀粉水解成低分子的糊精，所以，含麦芽的小麦粉，其糊精含量会明显增加。

小麦粉中除了含淀粉、蛋白质、脂类和粗纤维等大分子外，还含有一种非淀粉黏胶状多糖大分子，即戊聚糖，根据其溶解性可分为：水溶性戊聚糖和水不溶性戊聚糖两大类，两者所占比例约为1∶2。小麦籽粒含8%~9%的戊聚糖，小麦粉中的戊聚糖含量略低，在2%~3%，其中有20%~25%是水溶性的，虽然戊聚糖在小麦粉中含量很低，但对小麦粉品质，面团流变性以及面制品的质量有显著的影响。

（二）小麦粉糖类与面团品质

小麦粉中的可溶性糖类是发酵面食中酵母菌重要的碳源，它能使酵母在有效的时间内产生大量的二氧化碳气体，使面团膨胀，形成细腻的海绵状结构，从而赋予发酵面制品疏松的组织结构和松软的口感。

对小麦粉面团流变学等特性影响较大的还是一些大分子的糖类聚合物，例如，戊聚糖有增加面团强度，防止成品老化的功能。水溶性戊聚糖（WEAX）的水溶液黏度很高，在同某些面团组分起作用后形成不可逆的凝胶体，给予面团一定程度的刚性。高分子量水溶性戊聚糖（HMW）和低分子量水溶性戊聚糖（LMW）均能提高小麦粉的吸水率和面团形成时间，其中HMW作用的效果更为显著，另外，HMW和LMW均可增大面包的体积，而且，前者能使面包保持更高的水分含量。虽然添加WEAX后会导致淀粉的快速老化，但会使储藏的面包对照组更柔软。

有关非水溶性戊聚糖（WUAX）在烘焙中的作用仍存在分歧，得到的一些结论甚至相矛盾。有研究表明，向相对弱筋的小麦粉中添加2%的小麦或黑麦的WUAX，面包的体积可以提高30%~45%，同时面包的其他一些指标，如均一性及弹性都得到了改善，添加1%的WUAX能改善面团的稳定时间、弱化度及终端稠度中的两项指标；然而，也有研究显示WUAX对于增大面包体积没有任何有利作用。另据报道，WUAX可能会对面团起改良和恶化双重作用，在一定范围内，随着添加比例的增加，抗延伸性和最大抗延伸性拉力比数增加，当添加比例过大时，WUAX就开始起恶化作用。这些矛盾结论的出现可能与不同研究者选用的小麦粉和WUAX的品质特性存在差异有关。

八、维生素

（一）小麦粉维生素组成与特性

维生素是维持人体物质代谢和正常生理功能不可缺少的低分子有机化合物，是酶系统构成的重要组分，它们需要量少，人体自身不能合成，必须由食物供给。小麦和小麦粉中主要的维生素是维生素E和复合维生素B，维生素A的含量很少，几乎不含维生素C和维生素D。

小麦与小麦粉的维生素含量如表1-14所示。

表 1-14　　小麦与小麦粉的维生素含量　　单位：mg/100g 干重

维生素种类	小麦	小麦粉	维生素种类	小麦	小麦粉
维生素 B_1	0.40	0.104	泛酸	1.73	0.59
维生素 B_2	0.16	0.035	维生素 B_6	0.049	0.011
烟酸	6.95	1.38	肌醇	340.0	47.0
生物素	0.016	0.0021	对氨基苯甲酸	0.51	0.050
胆碱	216.0	208.0			

在小麦加工成小麦粉后，维生素显著减少，这是因为小麦中的维生素主要集中在糊粉层和胚芽，因此，出粉率低、精度高的小麦粉中的维生素含量低于出粉率高，精度低的小麦粉。

不同出粉率和维生素存留率的关系如图 1-8 所示。

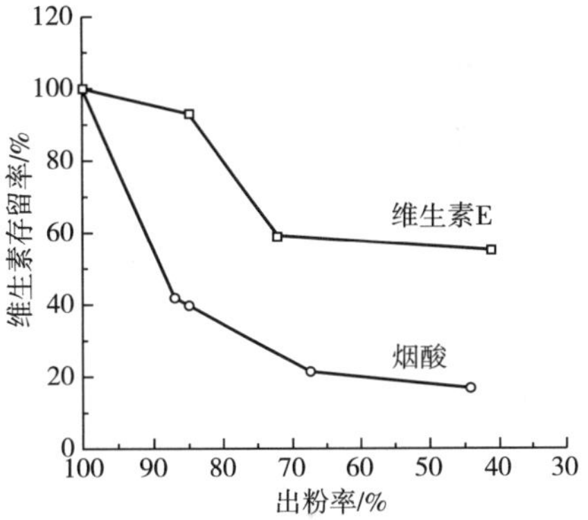

图 1-8　不同出粉率和维生素存留率的关系

小麦粉中的维生素含量除了在制粉过程中会显著减少外，在食品加工过程中也会因为受到加热等因素而被破坏减少。为了弥补小麦粉中维生素的不足，目前多采用添加维生素的方式强化小麦粉和食品的营养。

小麦籽粒中的各种维生素分布很不均匀，水溶性 B 族维生素主要存在于胚和糊粉层中，维生素 B_1 主要分布在盾片，烟酸在糊粉层的含量最多，为总含量的 62%，维生素 B_6 也主要集中在糊粉层，为总含量的 61%，在胚乳中含量非常少，维生素 B_2 和泛酸分布比较均匀。脂溶性维生素 E 在小麦粉中的含量很低，主要集中在胚内，因此，麦胚是提取维生素 E 的宝贵资源。除上述维生素外，每克小麦籽粒中还含有 0.1 μg 生物素、0.5 μg 叶酸和 0.001 μg 维生素 B_{12} 等。

（二）添加维生素对面团品质的影响

小麦粉含有多种维生素，其制品也是人体为维持正常代谢和功能而获取维生素的一个重要途径。维生素也是影响面团性质的重要组成成分，例如，加入维生素 C 降低了面团弱化度，增加了面团的形成时间和吸水率，对面团稳定时间没有显著影响，在一定程度上能够增加面团拉伸阻力、拉伸面积和拉伸比值，降低面团延伸性；另外，添加适量复合维生素也可以改善小麦粉面团的拉伸特性，并使小麦粉白度增加。目前，维生素 C 已被广泛应用于小麦粉改良中，由于小麦品种、加工工艺及配粉不同，小麦粉的品质也不尽相同，因此，如何有效添加并利用维生素 C 改善面团品质应依据小麦粉性质而定。

第二节
小麦粉分类及储藏特性

随着国民生活水平的提高以及食品工业的快速发展，为满足不同面制品对小麦粉品质的要求，出现了多种不同分类和等级的小麦粉，这些小麦粉在被加工为下游产品之前，在生产加工、市场流通以及食品生产厂家库存等情况下都需要经过储藏保管过程，因此对小麦粉的分类与储藏特性的研究，有助于满足日益精细化、高质量的面制品加工需求。

一、工业小麦粉分类

工业小麦粉的分类和等级与国民生活水平、食品业的要求以及人们的饮食消费习惯有着密切的联系，目前，在我国生产的小麦粉可分为三大类：通用小麦粉、专用小麦粉和特制小麦粉，下面分别予以介绍。

（一）通用小麦粉

1. 小麦粉的等级

最初生产的小麦粉没有具体、特定的产品用途定位，可用于生产制作各种面制品，因此小麦粉没有分类，仅有加工精度的区别。加工精度越高，小麦出粉率就越低，其中含有的麦皮量就越少，灰分也越低，色泽也就越白，面筋含量相对越高，相应的小麦粉的等级就越高。

因为没有内在品质的质量要求，所以同样加工精度的小麦粉，其食品加工品质与食用品质可能存在明显的差异，这是因为食品的制作及品质与小麦粉的化学成分密不可分，而其化学成分组成会随着小麦品种、气候、产区和栽培条件的不同而呈现较大的差异，尤其是蛋白质的含量差异明显。

我国部分小麦整粒麦的化学成分如表 1-15 所示。

表 1-15　　我国部分小麦整粒麦的化学成分　　单位:%

小麦品种	水分	蛋白质	脂肪	碳水化合物	灰分
华北白小麦	12.35	10.04	2.11	73.54	1.60
华北花小麦	13.14	10.99	1.84	72.48	1.61
西北白小麦	12.02	10.73	2.05	73.37	1.83
西南红小麦	12.98	11.62	2.39	71.96	1.08

续表

小麦品种	水分	蛋白质	脂肪	碳水化合物	灰分
华东红小麦	13.06	10.89	2.19	71.95	1.91
华东白小麦	12.95	10.62	2.03	72.92	1.48
中南红小麦	12.96	12.19	2.22	71.93	1.60
中南白小麦	12.56	13.04	1.97	70.62	1.45

目前国内市场上生产的小麦粉参照的是 GB/T 1355—1986《小麦粉》，在标准中，将小麦粉分为特制一等粉、特制二等粉、标准粉和普通粉 4 种。普通粉是加工精度比较低、出粉率比较高的小麦粉，因此，允许在粉中混入一定量的麸屑，即允许有较高的灰分和较差的粉色。由于普通粉的加工精度不高，因此其制粉工艺相对比较简单，我国从 20 世纪 60 年代后期到 80 年代末期，基本上是以生产普通粉和标准粉为主，目前，普通粉和标准粉的生产仍占有一定的比例。一般将加工精度比标准粉高的各个等级的小麦粉称为等级粉，由于等级粉加工精度比较高，生产时必须防止麸屑混入粉中，因此其灰分低、粉色好。等级粉的制粉工艺比较复杂，粉路也较长。目前，人们习惯上把这些小麦粉称作通用小麦粉或多用途小麦粉。

目前，小麦粉的生产已不再局限于小麦粉国家标准制定的 4 个等级，越来越多的小麦粉加工企业都开发了新的小麦粉产品，不仅有加工精度界于特制一、二等粉之间的各种产品品种，而且有些小麦粉生产企业还推出了精度高于特制一等粉的特精粉、精制粉等，形成了自己的产品特色。

GB/T 1355—1986《小麦粉》中所列的小麦粉的质量指标有 9 项：加工精度、灰分、粗细度、面筋、含砂量、磁性金属物、水分、脂肪酸值、气味和口味。

（1）加工精度　加工精度是小麦粉最基本、最直观，也是小麦粉加工企业及消费者一致追求的质量指标之一。小麦粉的加工精度以麸星、粉色表示，小麦粉的加工精度越高，则小麦的出粉率就会越低，那样小麦粉中麸皮含量就越低，生产出来的小麦粉颜色就越白，反之，加工精度低，出粉率高，麸皮含量高，小麦粉不白。小麦粉加工精度高，则麦心含量高，面筋质量相对比较好，所以食用品质也较好。

色泽是小麦粉非常重要的一项外观质量指标，因为它给人的印象是直观的。正常的小麦粉带一点浅黄色，一方面是因为小麦粉中存在少量麦皮，使小麦粉外观发暗，呈褐色或灰褐色，另一方面，小麦胚乳中含有的胡萝卜素，黄色色素，叶黄素等在制粉过程中是去不掉的，这些色素使小麦粉不是很白，略带颜色。

由于小麦粉的加工精度是衡量小麦粉质量最主要的指标之一，因此，对小麦粉加工精度的准确检测就显得至关重要。GB/T 5504—2011《粮油检验　小麦粉加工精度检验》，是我国现行通用的小麦粉精度检验方法，是按实物标准样品进行对照，通过感官评价来确定小麦粉加工精度的检验方法，共有 5 种方法，分别是干法、湿法、湿烫法、干烫法和蒸馒头法。特制一等粉、特制二等粉和标准粉的加工精度以国家制定的标准样品为准，普通粉的加工精度标准样品由省、自治区、直辖市制定。检验时按实物标准样品对比粉色和麸星，粉色是最低标准，麸星是最大限度，这种方法耗时较长，且操作过程复杂，主要依靠肉眼观察，受主观因素影响大，容易出现偏差，在准确性、快速性等方面也均存在明显的不足。随着科技的发展和其他行业的参与，现已可以采用数字化的仪器测定，例如已经开始使用色度计测定小麦粉的粉色，使用小麦粉麸星仪测定麸星数。

经济的发展和生活水平的提高使人们对小麦粉加工精度的要求在上升，虽然小麦粉的加工精度越高，粉色就越浅，感官效果就越好，但相对应的营养价值也降低了，所以适度的加工成为越来越重要的命题。

（2）灰分　小麦籽粒的不同组成部分灰分含量有明显的差异，胚乳的灰分含量很低，麦皮、麦胚的比较高，通过测定小麦粉的灰分可以反映小麦粉中含麦皮的多少，从而衡量小麦粉的加工精度，灰分含量高，则含麸星多，说明小麦加工精度低，清理效果差。

（3）粗细度　粗细度指小麦粉的颗粒大小。GB/T 1355—1986《小麦粉》中规定的粗细度是要求能通过指定的筛绢，筛上剩余物，用感量 1/10 天平称量不出数，这实际上是规定了粉粒的最大尺寸，但没有对小麦粉的平均颗粒大小做出规定。小麦粉的粗细度与其吸水率、吸水的均匀性以及色泽等密切相关，自然也会对食用品质有一定的影响。

（4）面筋　面筋是小麦粉品质非常重要的指标，其数量的多少和质量的高低，对小麦粉在各种面制品的生产应用方面有重要影响。不同面制品所要求的面筋数量和质量有所不同，有的要求数量多，筋力强一些，有的要求数量少，筋力弱一点。

（5）含砂量　小麦粉中含有的细砂的质量称为含砂量。小麦粉含砂量高时，会造成牙碜，影响食用品质。

（6）磁性金属物　磁性金属物有碍人体健康，影响食品加工，因此，对各种等级的小麦粉中的磁性金属物含量都有严格的上限限制。

（7）水分　水分是一项很重要的小麦粉的质量指标。水分太高，则小麦粉容易变质，不耐储藏，水分过低，则会影响出粉率和粉色，还影响经济效益。

（8）脂肪酸值　虽然小麦粉的脂肪含量不高，但是很容易氧化、分解，使小麦粉中的游离脂肪酸量增加，产生劣变，甚至出现令人生厌的“哈味”。脂肪酸值与小麦粉的新鲜程度和储存时间有一定的关系，可以反映小麦粉的新陈程度。

（9）气味和口味　气味和口味指的是一般小麦粉固有的综合气味、口味。小麦粉应该没有不正常的气味和口味。小麦粉若存放不当，会混入或产生不良的味道，从而严重影响小麦粉的综合气味，甚至口味。

不同等级小麦粉的差别主要在加工精度、灰分、色泽和面筋含量等指标方面，小麦粉的定等基础项目为加工精度，即小麦粉的粉色与麸星。小麦粉是所有人的必需消费品，与广大消费者的利益、营养健康和生命安全有直接关系，所以小麦粉国家标准是强制性标准，产品指标必须达到规定的要求。

2. 不同等级小麦粉的化学组成

小麦粉的化学成分不仅随品种和栽培条件而异，而且与小麦粉的等级密切相关，这是因为不同等级小麦粉中的化学成分含量差异非常显著。

表1-16所示为标准粉与特制粉化学组成的对比情况。

表1-16　不同等级小麦粉的化学组成　单位：%

成分	标准粉	特制粉	成分	标准粉	特制粉
水分	12~14	13~14	钙	31~38	19~24
碳水化合物	73.0~75.6	75.0~78.2	磷	184~268	85~101
蛋白质	9.9~12.2	7.2~10.5	铁	4.0~4.6	2.7~3.7
粗纤维	0.6	0.2	维生素 B_1	0.26~0.46	0.06~0.31
脂肪	1.5~1.8	0.9~1.3	维生素 B_2	0.06~0.11	003~0.07
矿物质	0.8~1.4	0.5~0.9	烟酸	2.2~2.5	1.1~1.5

注：水分、碳水化合物、蛋白质、粗纤维、脂肪和矿物质单位为质量分数：%；其他均为mg/100g。

3. 小麦粉面筋的含量

食品工业的发展，进一步将小麦粉的内在品质与面制品的质量联系在了一起。面制品种类很多，特性千差万别，因此，不同的面制品对小麦粉品质的需求也不尽相同，而在众多的小麦粉品质指标中，小麦粉的面筋含量和质量影响力最大，其中质量比数量表现得更为重要。

虽然种类繁多的面制品对小麦粉面筋的含量和质量的有不同的要求，但是经过长期的生产实践，人们发现特定的食品对小麦粉面筋含量的要求比较类似，有的面制品，需要面筋含量高、筋力强的小麦粉，而有的面制品，则要求小麦粉的面筋含量低、筋力弱。研究归类后总结得出，主要面制品对面筋的含量要求从高到低依次为：面包、饺子、面条、馒头、饼干、糕点等，即制作面包时，小麦粉的面筋含量要高、筋力要强，制作面条、馒头类食品时，中等筋力的小麦粉即可满足需求，而制作饼干、蛋糕类时，则必须使用面筋含量低、筋力弱的小麦粉。因此，人们开始依据面制品对小麦粉面筋含量和质量需求的不同，将小麦粉进行分类，一般分为三类：第一类要求面筋多而强，第二类要求面筋中等数量和质量，第三类要求面筋少而弱。依据这种方式，小麦粉分为：高筋粉、中筋粉和低筋粉或强力粉、中力粉、薄力粉，也有人更加细化地将小麦粉分为四类：强筋粉、准强筋粉、中筋粉和弱筋粉。

正是基于一些食品对蛋白质或面筋含量和质量的特殊要求，我国于1988年颁布了GB/T 8607—1988《高筋小麦粉》和GB/T 8608—1988《低筋小麦粉》，这表明我国小麦粉的生产开始向专用小麦粉生产的方向发展。高筋小麦粉和低筋小麦粉国家标准中共有10项指标，其差异主要在于蛋白质和面筋的不同，其他指标分别与GB/T 1355—1986《小麦粉》中的特制一等粉和特制二等粉比较类同，这是我国首次将蛋白质的含量列为小麦粉的一项质量指标，高筋小麦粉国家标准规定高筋小麦粉面筋含量应大于30%，蛋白质含量要求大于12.2%，适用于制作面包、饺子等食品，需采用硬质小麦加工，低筋小麦粉国家标准规定低筋小麦粉面筋含量应低于24%，蛋白质含量要求小于等于10.0%，适用于饼干、糕点等食品，一般采用软质小麦加工。

不同筋力的小麦粉主要作为食品工业的基础小麦粉，当制作食品的过程中，可以根据不同食品特点和加工要求，选取其中的一种或两种进行使用，例如，当采用二次发酵制作面包时，采用高筋粉制作种子面团，采用中筋粉制作主面团，或将两种小麦粉重新组合进行使用，如生产油炸面包圈时，可将高筋粉与低筋粉按比例混合组成准强筋粉等。在食品工业中，就是通过这几种基础小麦粉的重新组合与配粉来满足各类食品的特殊需求的。

（二）专用小麦粉

随着食品工业的迅速发展，尤其是烘焙和传统主食产业的迅速壮大，我国原有的通用小麦粉不可能同时满足各种面制品的要求。虽然不同筋力小麦粉的生产基本满足了食品工业大多数主要食品对小麦粉的需求，也为食品加工的机械化和自动化奠定了基础，然而，从本质上来讲，除了小麦粉面筋或蛋白质的含量和质量这一关键因素之外，还有诸多其他因素会对面制品的品质产生影响，所以各种面制品对小麦粉的要求也必然是有差异的，因此，人们将小麦粉的品质指标进一步细化，缩小每一类或每一种小麦粉的适用范围，得到更为精细的分类，使用起来也更为便捷，于是，出现了各种专用小麦粉，又称为食品专用粉，简称专用粉。专用小麦粉与通用小麦粉之间的差异主要在于用途的针对性，这种专一用途小麦粉的设计理念，积极带动了小麦粉生产企业针对不同面制品的加工性能和品质要求而开发生产专用的小麦粉。

这里的“专用”有多重的含义，既涵盖有广义上的“专用”，泛指某一类食品的专用，如面包专用小麦粉，又包括狭义上的“专用”，特指某一种食品的专用，如汉堡包专用小麦粉。从严格意义上讲，既然产品的名称称作面包专用小麦粉，那么这种小麦粉就应该能够适用于各类面包的制作，但是现实中很难做到这一点，面包的种类繁多，不同的面包有不同的制作方法和风味特点，即使是同一种面包，如果采用不同的发酵方法，那么对小麦粉的品质要求也不相同，因此，一种小麦粉不可能完全满足所有面包的品质需求。在加工面包粉时，一般按照最高的面包质量标准要求进行组织生产，制作其他面包时根据需要进行相应调整。

按照用途不同，专用小麦粉可以分为：面包粉、面条粉、饺子粉、馒头粉、饼干粉、糕点粉等。1993年，原商业部发布了专用小麦粉行业标准（LS/T 3201～3210—1993），由于面筋含量在食品加工中占有极其重要的位置，因此，这些标准主要是根据湿面筋含量等指标进行专用粉的区分。LS/T 3201—1993《面包用小麦粉》要求湿面筋含量≥30%（普通级），LS/T 3202—1993《面条用小麦粉》要求湿面筋含量≥26%（普通级），LS/T 3203—1993《饺子用小麦粉》要求湿面筋含量在28%～32%，LS/T 3204—

1993《馒头用小麦粉》（普通级）要求湿面筋含量在25%~30%，LS/T 3205—1993《发酵饼干用小麦粉》的湿面筋含量24%~30%，LS/T 3206—1993《酥性饼干用小麦粉》的湿面筋含量在22%~26%，LS/T 3207—1993《蛋糕用小麦粉》和LS/T 3208—1993《糕点用小麦粉》的湿面筋含量小于24%。下面分别对用途较广的几种专用小麦粉进行介绍。

面包为发酵烤制小麦粉食品，为了形成多孔、质地柔软的蜂窝状结构，面包用小麦粉要求含有较高的湿面筋含量，其中的面筋形成的网络结构能随二氧化碳气体的膨胀而膨胀，并能阻止二氧化碳气体的溢出，使面团体积增大，从而生产出体积大、结构细密而均匀的面包。小麦粉中的面筋蛋白含量及质量与面包的质量和体积成正比，为此，制作面包用的小麦粉，必须具有数量多而质量好的面筋蛋白。新生小麦粉中的蛋白质凝聚力差，形成的面筋比较软，因此，小麦粉刚生产出来后，必须放置一段时间经过熟化后才适宜做面包，这时，小麦粉中的面筋强度和保水性都会有所提高。

面条用小麦粉是指生产各类湿面、干面、挂面和方便面用的小麦粉。面条用小麦粉一般含有中等偏上的蛋白质和筋力，湿面筋的含量要求在28%左右。如果小麦粉的蛋白质含量过高，则加工起来比较困难，而且在蒸煮的过程中表面容易破裂，煮熟后口感较硬，适口性低；若蛋白质含量过低，则在生产过程中容易断裂，耐煮性差，韧性和咬劲都会有所不足。面条用小麦粉的色泽要白，灰分含量低，延展性较好，淀粉酶活性较小，这样煮熟的面条白亮、不粘连、弹性好，煮的过程中不宜糊汤、干物质损失少。

中国的传统食品水饺是以小麦粉或其他富含淀粉的原料加工成面制皮，用肉类、蛋、蔬菜、水产品、香辛料等原料的一种或多种做馅，用面制皮包裹馅而成型的食品。饺子用小麦粉要求筋力在中等范围内，如果筋力太强，则揉制费劲，展开后容易回缩，并且煮熟后口感较硬，如果筋力较弱，则在蒸煮的过程中容易破皮、浑汤，口感较黏。饺子用小麦粉和成的面团要求光滑有弹性，延伸性好易擀制，不收缩，制成的饺子要表皮光滑、晶莹透亮、有光泽，熟制时耐煮，食用时口感筋道，咬劲足。

馒头为发酵蒸制小麦粉食品，其质地膨松柔软。原商业部谷物油脂化学研究所通过对全国1035份小麦样品的理化特性与加工品质的分析表明，大多数小麦粉均能制作出正常质量的馒头。但是，当需要制作高品质的馒头时，还是需要高质量的小麦粉作为原料，与饺子用小麦粉类似，馒头对小麦粉的面筋的数量和质量有较高要求，加工馒头的小麦粉蛋白质含量在10%~13%，筋力中等为宜，南方馒头较北方馒头要求的蛋白质含量和筋力稍低，一般以中筋力或中等偏弱筋力的小麦粉为宜，粉质曲线稳定时间要求在3min以上，蛋白质含量过高且筋力强的小麦粉制作的馒头表面易皱缩、孔隙易开裂，而蛋白质含量过低、筋力太差的小麦粉制作的馒头则体积小、咬劲差。另外，馒头用小麦粉的白度要高，在82左右，灰分含量要小于0.6%。

不同种类的饼干配以不同品质的小麦粉作原料，才能体现出各类饼干的特点。制作发酵饼干时，一般会经过较长时间的发酵，为了使面团在发酵后弹性不会过度降低，小麦粉中的湿面筋含量相对来说应在比较高的水平，如果小麦粉原料中的面筋含量过低，饼干易出现酥而不脆现象，相反，如果面筋含量过高，则饼干容易收缩变形，口感脆而不酥。酥性饼干在面团调制过程中需要形成较少的面筋，以使面团缺乏延伸性和弹性，而具有良好的可塑性和黏结性。

制作蛋糕时需要用低筋的小麦粉。在调制蛋糕糊的过程中会形成面筋，形成适度的面筋对蛋糕的品质有重要的影响，如果面筋形成不足，那么蛋糕骨架强度则会不够，会造成蛋糕结构致密，体积小，如果面筋形成太多，则会使蛋糕产品的组织僵硬，并限制烘烤时鸡蛋泡沫的膨胀程度。

糕点种类也很多，它们的品质特性也与小麦粉的性质密切相关，大多数糕点要求小麦粉具有较低的蛋白质和面筋含量，因此，一般采用低筋小麦加工糕点粉。蛋白质含量在9%~11%的中筋粉适于制作派和肉馅饼等，而蛋白质含量为7%~8.5%的低筋粉，则适于制作甜酥点心和大多数中式糕点。

（三）特制小麦粉

为了满足消费者或者是食品加工企业的特殊需求而生产的小麦粉称为特制小麦粉，一般包括：营养强化小麦粉、全麦粉、预混合小麦粉和颗粒小麦粉等。

1. 营养强化小麦粉

随着我国经济的迅速发展，居民的生活水平日益提高，人们对小麦粉的要求不再仅仅停留在外观、口感等方面，对其营养价值也越来越重视。虽然高加工精度小麦粉的外观和食用品质比较好，但随着加工精度的提高，小麦中的营养素也损失严重。因此，在小麦粉中添加补充人体必需的营养成分，如氨基酸、维生素和微量元素等，可促进人们的营养平衡，提升小麦粉营养价值。

食品营养强化的概念是在20世纪20年代初发展起来的，而后在欧洲和美国提出了主食的营养强化。小麦粉是非常适合矿物质和维生素等微量营养素强化的原料，因为小麦粉的营养素强化在其生产过程中就能操作，工艺简单，安全有效，另外，在我国2/3区域内的居民都以面制品为主食，覆盖面积广，人均摄入量大。从加工和储藏的角度看，小麦粉具有良好的流动性，分散性，生产集中，成本低、质量易控制。

国家公众营养与发展中心和国家公众营养改善项目办公室组织国内营养专家，参照国际营养强化标准，针对中国人群的特点确定了“7+1”营养强化小麦粉配方，其营养成分符合中国营养学会推荐的中国居民膳食营养素参考摄入量（Dietary Reference Intakes，DRI）标准，即基础配方的模式，其中“7”为基础配方，包括铁、锌、钙、维生素 B_1、维生素 B_2、叶酸、烟酸，“1”指的是维生素 A。该配方是建议性的配方，不强制所有小麦粉都添加，但是一旦添加，必须按照小麦粉中建议的营养强化剂的添加量添加。

营养强化小麦粉推荐配方如表1-17所示。

表 1-17　营养强化小麦粉推荐配方

营养素名称	添加量/（mg/kg）	备注	营养素名称	添加量/（mg/kg）	备注
铁	20		维生素 B_2	3.5	
锌	25		叶酸	2.0	
钙	1000		烟酸	35	
维生素 B_1	3.5		维生素 A	2	根据需要添加

2008 年 1 月 1 日，GB/T 21122—2007《营养强化小麦粉》正式实施，成为推广营养强化小麦粉的政策依据，也宣告了小麦粉进行营养强化的必要性和安全性。

维生素 B_1、维生素 B_2、维生素 A 和叶酸等维生素容易受环境，如光照、温度、湿度的影响，所以它们的含量在小麦粉储藏及加工过程中会有所损失，因此，提高营养强化剂在小麦粉中的稳定性是小麦粉营养强化中要解决的重要问题。

2. 全麦粉

全麦粉，顾名思义是指将整粒的小麦粉碎后加工而成的小麦粉，是一种重要的全谷物食品。在 LS/T 3244—2015《全麦粉》中给出的全麦粉定义是：以整粒小麦为原料，经制粉工艺制成的，且小麦胚乳、胚芽与麸皮的相对比例含量与天然完整颖果基本一致的小麦全粉。在精制小麦粉中，胚乳的保留程度高，而麸皮与胚芽则往往被去掉，全麦粉则与之不同，它的特点就是保留了精制小麦粉中未保留的组分，虽然胚芽与麸皮在小麦籽粒中的含量仅占 3%和 15%左右，但是在二者中富含膳食纤维，另外还有各种微量元素和生物活性物质。

小麦、麸皮及小麦粉营养成分的比较数据如表 1-18 所示。

表 1-18　小麦及其制品营养成分含量

项目	小麦	麸皮	小麦粉
热量/kJ	1413	1179	1501
蛋白质/g	11.9	15.8	12.4
脂肪/g	1.3	4	1.7
碳水化合物/g	75.2	61.4	74.1
膳食纤维/g	10.8	31.3	0.8
维生素 B_1/mg	0.4	0.3	0.2
维生素 B_2/mg	0.1	0.3	0.06
烟酸/mg	4	12.5	1.57
维生素 E/mg	1.82	4.47	0.66
钙/mg	34	206	28

续表

项目	小麦	麸皮	小麦粉
磷/mg	325	682	136
钾/mg	289	862	185
钠/mg	6.8	12.2	3.1
铁/mg	5.1	9.9	1.4
锰/mg	3.1	10.85	0.37
锌/mg	2.33	5.98	0.69
铜/mg	0.43	2.03	0.23

注：每 100g 中的含量。

小麦中所含的膳食纤维是小麦粉的 10 倍以上，维生素类大部分超出 1 倍以上，铁、锌和锰等矿物质超出 2 倍以上，矿物质和维生素能够促进人体生长发育，膳食纤维有降低血糖、血脂、胆固醇及改善消化功能的作用，可预防癌症的发生。因此，与普通小麦粉相比，全麦粉含有整粒小麦全部的营养物质，适合人们对不同营养的需求。

当前全麦粉加工并不完全成熟，以直接粉碎法和回添法为主要方式。直接粉碎法是将整个全麦籽粒直接进行磨碎处理，主要分为两类，分别为石磨粉碎法和撞击磨粉碎法。回添法则是将制粉后的皮层、胚芽添回到精制小麦粉中，按照比例进行混合，以此来制备全麦粉。我国市场上的全麦粉主要是从精制小麦粉加工粉路中收集部分麸皮，将麸皮经粉碎等加工处理后回添至小麦粉中均匀混合所得。国外大多数小麦粉加工厂普遍采用辊式制粉机先将麸皮和胚芽与小麦粉分离，然后用锤式粉碎机、盘式粉碎机或卧式研磨机（球磨机）将麸皮与胚芽部分粉碎成非常细小的颗粒，再将这些粉碎的麸皮与胚芽按一定比例添加到小麦粉中，与小麦粉均匀混合，形成复合型全麦粉。另外一种全麦粉是先将小麦除去 5%左右的粗麸皮，然后再磨制成粉，因而粗纤维含量相对低些。

全麦粉中的麸皮导致全麦粉面团特征、加工水平方法以及产品质量特性等与非全麦粉之间存在比较明显的差异，尤其是颗粒较大的麸皮对面团面筋网络结构的连续性有着非常强的破坏性作用和稀释作用，致使小麦面筋蛋白没有办法形成网络结构；另外，麦麸中的膳食纤维与面筋网络分支发生的摩擦会损害面筋网络的均匀性，并引起面团延展性的下降；此外，麦麸膳食纤维具有强大的吸水能力，在面团形成的过程中会与面筋蛋白争夺水分，从而导致面筋网络结构发育不完全，以上这些作用都使全麦粉面团特性发生显著的改变，大大劣化了全麦制品的加工品质。因为全麦粉中麸皮会对面筋网络产生破坏作用，所以制作面包时一般要添加一些活性面筋来改善其品质。

全麦粉中麸皮的精细度对其加工品质也有一定影响，因此，麸皮的粒度大小需要一个合适的范围标准，以达到感官评价与营养水平相协调的目的，在一般情况下，粒度较小，添加量较少的麸皮使面团有更柔软的手感、较好的糊化特性和更好的面团凝聚力。

在加工磨制全麦粉时，可以根据产品的需求来调整麸皮的粒度大小。

全麦粉中还保留了胚芽，小麦胚芽的脂肪大多为不饱和脂肪酸，很容易氧化变质，从而影响小麦粉的质量，另外，全麦粉含有大量的内源酶如脂肪酶、多酚氧化酶等，加速了全麦粉酸败变质，再者，全麦粉含有一些细菌、霉菌等微生物，这些也都影响了其质量，这些因素综合起来大大缩短了全麦粉的耐储藏性，夏季保质期较短，其他季节略长。

虽然全麦粉的营养价值很高，但是其中含有大量的植酸和不溶性膳食纤维，植酸是抗营养因子，含量过多的话会降低人体对营养物质的吸收，不溶性膳食纤维除了会影响面制品的加工特性外，还会降低全麦粉制品的适口性和可接受程度，因此在口感和营养上对全麦粉品质进行改良具有巨大的发展空间。

3. 预混合小麦粉

预混合小麦粉是将小麦粉与制作某些面制品所需的辅料，如发酵剂、糖、脂肪、改良剂和香料等预先混合的小麦粉，这种预混合小麦粉在美国等发达国家的面包糕点厂中很流行。食品厂或者个体消费者制作食品时，不需要熟练的技巧，只需加入水或其他个别辅料就能较有把握地制作出质量较好的食品，由于使用操作简单，加工时间缩短，所以预混合小麦粉特别适用于现做、现烤烘焙食品的加工。

预混合小麦粉一般分为三种：通用预混粉、基本预混粉和浓缩预混粉。通用预混粉包含除了发酵剂和水以外的全部主、辅料；基本预混粉辅料浓度相对来说有所提高，除了发酵剂和水外，仅含有总配方中的辅料和 1/3 或 1/2 的小麦粉，在使用的时候，需另添外加小麦粉；浓缩预混粉则是由基本辅料与少量小麦粉混合而成，这是因为有的辅料数量很少，食品制作时不便称量，还有一些改良剂在与其他原料混合时会发生化学反应，降低使用效果，所以将部分辅料先与少量小麦粉混合制成浓缩预混粉，使用时再加入总配方中所需的小麦粉和其余辅料。

面包总配方与预混粉配方示例如表 1-19 所示。

表 1-19　面包总配方及预混粉配方　单位：份

原料名称	总配方	通用预混粉	基本预混粉	浓缩预混粉
小麦粉	100	100	40	10
糖	6	6	6	—
油	6	6	6	—
乳粉	5	5	5	5
盐	2.13	2.13	2.13	2.13
改良剂	0.25	0.25	0.25	0.25
乳化剂	0.25	0.25	0.25	0.25

续表

原料名称	总配方	通用预混粉	基本预混粉	浓缩预混粉
防腐剂	0.37	0.37	0.37	0.37
酵母	3	—	—	—
水	65	—	—	—
混合后总量	188	120	60	18
小麦粉	—	—	60	90
糖	—	—	—	6
油	—	—	—	6
干料总量	—	120	120	120
酵母	—	3	3	3
水	—	65	65	65
总量	188	188	188	188

使用预混粉具有以下优点：

（1）可使制作的面制品质量稳定，具有一致性和连续性。

（2）简化了制作工艺，减少了称量等很多操作环节，节省了劳动力和劳动时间，有利于小型面包和糕点店的发展，消费者能够吃到新鲜的烘焙食品。

（3）制作食品中的原料损耗少。可减少称量不准、包装残留等造成的损耗。

（4）所占空间少，减少车间面积。

（5）有利于减少污染，改善车间卫生条件。

（6）价格相对稳定，提高企业经济效益。

预混合小麦粉将是面制主食品工业使用的主要原料，我国也会很快大力发展，推广使用。比如，我们现在使用的自发小麦粉就属于预混合小麦粉的一种，它是以小麦粉为原料，添加食用膨松剂，不需要发酵便可以制作馒头（包子、花卷）以及蛋糕等膨松食品的方便食料（LS/T 3209—1993《自发小麦粉》）。自发小麦粉中的膨松剂在一定的水和温度条件下，发生反应生成二氧化碳气体，通过加热后面团中的二氧化碳气体膨胀，形成疏松的多孔结构。

如果要生产预混合小麦粉，其技术关键是要先了解各种面食品对小麦粉的品质要求以及消费者的期望，进而根据食品的制作工艺，开发出合适的预混合小麦粉的配方，最后进行预混合小麦粉生产工艺的设计优化，并提出产品的质量标准。

4. 颗粒小麦粉

颗粒小麦粉又称沙子粉、沙子面，颗粒小麦粉研磨次数比普通小麦粉的少，因此对小麦胚乳的组织结构的破坏也小，使小麦的营养成分最大程度地得到保留。颗粒有粗、中、细之分，其粗细度应在小麦粉国家标准范围内，而且每一种规格的颗粒小麦粉粒度都应该相对比较均匀，“颗粒”是颗粒小麦粉外在特征，“粉”才是其本质。目前市场上供应的颗粒小麦粉主要有精制级和特一级两种，以精制级为主。一般认为：小麦粉的粒度越细，加工精度越高，小麦粉越白，而颗粒小麦粉则是其比例越高，小麦粉颗粒感越强，加工精度越高，小麦粉的色泽则越好。颗粒小麦粉一般呈乳黄色，松散不粘手、筋力大、韧性强，制成的食品色白净、耐蒸煮、味香甜。

颗粒粉质量的推荐标准如表 1-20 所示。

表 1-20　　颗粒粉质量标准（推荐值）　　单位：%

等级	水分	灰分（干基）	湿面筋	粗细度 全通过 CB36 留存 CB42	含砂量
精制级	≤14.5	≤0.55	≤28	≤5	≤0.016
特一级	≤14.0	≤0.70	≤30	≤3	≤0.020

生产颗粒小麦粉需要选用上等的含蛋白质高的硬小麦，由一般硬麦生产的颗粒小麦粉可作饺子粉，采用杜伦麦加工成的颗粒小麦粉是制作通心粉的最好原料，另外，要有分离颗粒小麦粉的设备及合适的加工工艺。

二、小麦粉的后熟与陈化

（一）小麦粉的后熟

粮食从收获成熟到生理成熟所发生的变化过程，称为后熟作用，大多数粮食具有后熟作用。粮粒成熟收获后，胚的发育还没有结束，生理上没有完全成熟，主要表现为呼吸旺盛，发芽率很低，耐储性差，加工与食用品质差等方面，当储藏一段时间后，以上指标会发生明显改善，达到生理上的完全成熟。

小麦具有明显的后熟作用和较长的后熟期。小麦收获以后处在后熟期，期间的生理变化是种子成熟期变化的继续，主要表现为呼吸强度高，酶活性大，生理代谢旺盛且发芽率低等。小麦后熟过程中合成作用与分解作用同时进行，主要以合成作用为主，具体包括：可溶性糖、非蛋白质氮、水分、游离脂肪酸等物质的含量继续减少，淀粉、蛋白质与脂肪等大分子物质的含量增加，加工与食用品质改善；酶活力降低，呼吸逐渐减弱，种胚成熟度提高，随之的发芽率显著提高。因此，完成后熟作用的小麦籽粒代谢水平下降，营养物质含量暂时趋于稳定，储藏稳定性增强，呼吸强度相对变弱，完成由量变到质变的进程，干物质达到最高含量，品质有所改善。尤其是完成后熟后，小麦发芽率大大提高，据此，在日常的生产实践中，人们通常以发芽率是否达到 80%~90% 为标准来判断后熟作用是否完成。

小麦后熟期间的生物化学变化如表 1-21 所示。

表 1-21 小麦后熟期间的生物化学变化

时间	水分/%	发芽率/%	非蛋白质氮占总氮/%	淀粉酶活力/（U/g）
收获后	16.1	19.5	10.0	150
收获后 20d	12.7	98.0	7.5	136
收获后 60d	11.3	99.0	5.7	140

小麦后熟期的长短随品种、储藏条件不同有很大差异，新收获的小麦大约有两个月的后熟过程。影响后熟作用的因素主要包括温度、湿度、通气状况、籽粒成熟度。小麦不仅有明显的后熟期，而且有生理后熟和工艺后熟之分。通常将小麦在储藏过程中加工工艺品质、食用品质逐步提高的过程称为工艺后熟。

小麦粉刚磨制出来时，吸水能力小、黏度大，蒸煮和烘焙品质差，用这种小麦粉制作的馒头或面包的组织结构相对紧密、体积小，外形很差，制作面条粗细不均，但储藏一段时间后，上述现象就能逐步改善，因此，小麦粉也有明显的后熟作用，小麦粉的这种后熟作用属于工艺后熟。新磨制的小麦粉在 20℃ 和 38℃ 条件下储藏时，其烘焙和蒸煮品质会随着储藏时间的延长逐渐改善和提高。在常规储藏条件下，小麦粉的工艺后熟时间为 1~2.5 个月，但工艺后熟时间还跟小麦品种、小麦粉的水分、品质、环境温度、湿度和气调方法有关。一般情况下，高温储藏的小麦粉比低温储藏的成熟快，常规储藏比密闭、缺氧储藏成熟快。

小麦粉磨制时，由于机械力的作用，其中的蛋白质二硫键断裂成为巯基，因此，刚磨制好的小麦粉，面团发黏，持气性下降，筋力减弱，制作困难。巯基依靠氧化作用还可以转化成二硫键，虽然在小麦粉磨制后，这种氧化作用就开始了，但速度比较慢，因此，自然后熟的过程大约需要经历几个月的时间才能完成。在小麦粉中添加熟化剂，如抗坏血酸等可以加快这个过程。

刚磨好的小麦粉呈浅黄色，一方面是因为小麦粉中少量麦皮的存在，另外一方面则是因为那些在制粉过程中去不掉的小麦胚乳中的黄色色素。在小麦粉自然后熟的过程中，会发生一些氧化反应，从而使其中的色素慢慢消失，这也是为什么将磨制好的小麦粉存放一段时间以后其色泽会逐渐变白的原因。采用化学漂白处理的方法可以加速这种自然后熟的过程。

（二）小麦粉的陈化

粮食籽粒后熟后，随着储藏时间的延长，自身生理会发生衰退，虽然没有发热霉变，但是籽粒内部的酶活性下降，生活力也随之减弱，种用品质和加工食用品质也都发生劣变，这个变化的过程称作粮食的陈化作用。陈化作用是一个自然发生的过程，是不可避免的，不以人的意志为转移，即使在正常良好的储藏条件下，这种陈化作用也会发生。

在完成后熟后的一段时间内，小麦粉的品质基本保持稳定，但随着储藏时间的进一步延长，其品质会缓慢地下降，发生陈化作用。小麦粉陈化以后，对蒸煮品质、烘焙品质及营养价值都有负面影响，陈化的小麦粉制作面条时，面条易褪色，颜色发暗，口感发硬、发黏，而且有煮不熟的感觉；与面条类似，制成的饺子皮口感硬，颜色暗；制作的馒头和面包表皮容易起皮，易收缩，体积小，硬度大，颜色较暗。因此，常将小麦粉的陈化过程及现象归纳为劣变的范畴。

小麦粉的陈化受到很多因素的影响，不但有储藏温度、湿度、时间以及虫害等外在因素，还包括小麦粉自身的蛋白质、淀粉和游离脂肪酸的质量等内在因素，这些因素相互影响、共同作用，使小麦粉中的细胞结构受到破坏，化学组分发生改变，最终导致小麦粉发霉生虫、品质劣变，蒸煮和烘焙等加工品质急剧下降，失去食用品质。一般情况下，高温、高湿的环境不利于小麦粉的储藏，会使其陈化速度加快，相反，低温、干燥的条件可延缓陈化进程，虫霉危害也能加速陈化过程。

三、小麦粉的储藏变化

小麦是重要的粮食品种之一，全球每年95%以上小麦被加工成为小麦粉，然后作为直接加工面制品的重要原料。小麦粉作为我国的主要成品粮之一，一般是以销定产，不作长期储藏，但是它在被加工为下游产品之前，由于存在原料加工、市场供应、商品流通等环节，所以一般情况下会有一段时期的储藏管理过程，另外，为了应付突发事件，也必须储藏一定数量的小麦粉，以保证有充足的小麦粉能够满足日常和紧急情况下的供应。

（一）小麦粉的储藏特性

为了能够实现小麦粉的安全储藏，一般会先使小麦粉达到安全水分，然后在低温与干燥的条件下储藏。小麦粉在储藏过程中的储藏特性有以下几点。

1. 吸湿性强

同小麦相比，小麦粉完全失去了保护组织，而且其粉粒细小，比表面积大，大大增大了其组分与外界环境的接触面积，空气更容易与活性成分发生作用。另外，小麦粉与周围空气在湿度上保持一种动态的平衡，在储藏期间，小麦粉平衡水分的大小决定了小麦粉的吸湿能力，当小麦粉的水分含量在12%，储藏的环境湿度超过60%时，小麦粉就会吸湿，使其含水量增加。

2. 传热阻碍性强

小麦粉粉粒细小，它们之间的空隙率低，这一性质阻碍了气体在其之间的流动，使热传导的效率也很慢。如果将小麦与小麦粉在同一高温条件下处理后再一同转入低温仓内进行储藏，那么要使它们的温度降到仓温，小麦只需要2~3d的时间，而小麦粉则需要4~6d，小麦粉需要的时间明显增加。

3. 易受害虫侵染

小麦粉是供人们直接食用的成品粮，因此应该保持清洁，防止外界污染，但是小麦粉失去了保护性组织，直接暴露于外界环境，所以非常容易感染害虫，尤其是拟谷盗、锯谷盗和黄粉虫等的侵害。要预防小麦粉生虫，首先要做好原粮、小麦粉加工厂以及各种与小麦粉有接触的机械设备的清洁消毒，然后应在干燥、低温的条件下储藏小麦粉，尤其要认真做好防潮工作。

（二）小麦粉在储藏期间物理性质的变化

小麦粉由复杂的天然高分子有机物组成，它在储藏、加工过程中会发生极为复杂的变化，这些变化直接影响到小麦粉及其制品的营养、口感、风味、色泽及卫生指标等各种品质。为解决温饱问题，过去相当长的时间里，我们国家对于粮食的工作重点是保证“量”，因此，对于小麦粉的质量，只是简单的通过杂质、发霉和生虫等外在指标进行判断，而对其食用品质及变化则关注得很少，更不用说小麦粉在储藏期间的具体品质变化情况了。随着社会的进步，人们对小麦粉的品质要求越来越高，这就要求我们必须充分认识小麦粉在储藏过程中的变化规律，既能保证小麦粉的适当储备，又不降低小麦粉品质。

1. 颜色发生变化

新磨制小麦粉中的胡萝卜素会使其略显微黄色，而胡萝卜素极易受到空气和小麦粉中酶的作用而发生氧化，所以，在一定的储藏时间内，小麦粉的色泽会逐渐变白，但是，储藏时间过长，小麦粉可能会因为微生物的作用而颜色变暗。不但从外观颜色上看，小麦粉品质有所下降，而且它的营养价值也有所降低。

2. 结块与成团

采用堆垛储藏时，在储藏过程中，堆垛下层的小麦粉常常会因为来自中上层的长期的压力作用而出现压紧现象。当小麦粉的含水量超过14%时，再加上环境湿度大，压紧的下层小麦粉就会发生结块，这时小麦粉品质受到的影响不大，一般搓松后可继续使用。如果小麦粉结块的同时发热升温，则会出现霉菌的生长，在真菌菌丝体黏结力的作用下，小麦粉的粉粒则会变成十分结实的粉团，这时的小麦粉不仅有霉味，而且搓松仍有小硬块，小麦粉的品质显著降低，不能食用。

3. 酸败变哈和味道变苦

小麦粉中的脂肪会在酶的作用下分解为游离脂肪酸，同时淀粉也会分解产生水溶性酸，在二者的联合作用下，其酸度逐渐上升，因此，小麦粉的酸度会随着储藏时间的延长而逐渐升高，甚至酸败变哈。通常情况下，如果使用霉变、冻伤或者生芽的小麦来加工小麦粉，则其中的游离脂肪酸含量普遍比较高，容易发生酸败；当加工精度比较低时，小麦粉含有的脂类物质较多，酸度也会增加较快；另外，在强光照射的条件下，脂肪的氧化作用会有所加速，所以应尽量避免日光直接照射小麦粉，减轻小麦粉酸败变哈的程度。

当小麦粉在过湿或高温等不正常的条件下长期储藏时，一般都会出现变苦的现象，有“苦涩”的味道出现。这种现象也与脂肪的氧化分解作用有着紧密的联系，氧气与不饱和脂肪酸的双键发生反应时，不饱和脂肪酸会形成过氧化物，进而分解成为难闻的醛类和酮类物质，从而使小麦粉变苦。

（三）小麦粉在储藏期间的生物化学变化

新磨的小麦粉存放一段时间后性质才比较稳定是因为小麦粉需要在这期间发生一定的生物化学变化完成后熟作用，这些生物化学变化与储藏的环境温度、湿度、小麦粉含水量等因素关系密切，下面就三个比较典型的生物化学变化加以论述。

1. 氧化作用

小麦粉具有十分明显的氧化作用，除了其中的微生物外，小麦粉本身也在吸氧并发生氧化作用，例如，小麦粉中碳水化合物以及胡萝卜素的氧化分解，另外，小麦粉中脂类物质的氧化也与吸氧量有着密切关系。

2. 小麦粉储藏中流变学特性变化

小麦粉储藏后粉质和流变学特性的改善也与小麦粉的“后熟作用”有关。在常规不密闭的条件下储藏 45d 后，小麦粉的粉质特性有所改善，但是当储藏时间大于 45d 时，粉质特性则随着储藏期的延长而下降。这是因为储藏时间对小麦粉的蛋白质有显著的影响，一般情况下，小麦粉的蛋白质在储藏期间有三种变化：首先是蛋白质被部分分解，其次是蛋白质的溶解性降低，最后是蛋白质的消化性降低，这些蛋白质的变化主要与酶的作用有关，另外，也会受到储藏温度及时间的影响。因此，长期储藏小麦粉中的面筋蛋白呈颗粒状，形成胶状物质的能力减弱，而且容易拉断破裂，这样的小麦粉制作的面团必然失去弹力，进而粉质和流变学品质特性下降。

发霉的小麦粉流变学特性也有着巨大的改变。发霉后的小麦粉中的面筋产出率会大为减少，而且弹性降低，延伸性减小，从而使面团流变学性质也有相应的劣变。

3. 小麦粉储藏中酸度和脂肪酸值的变化

小麦粉储藏过程中酸度非常容易升高，尤其是在温度较高的情况下，酸度升高更为剧烈，一般分两种情况。

第一种情况是水分高的小麦粉在不良储藏条件下的酸度增高。这种条件下，主要是由于高水分引起微生物，特别是霉菌的生长繁殖，从而导致小麦粉的发热、腐败及酸度升高。在发霉条件下，小麦粉酸度的增高取决于水解性有机酸的积累，这些有机酸主要源于微生物活动转化的碳水化合物部分。小麦粉发霉，腐败开始时，脂肪含量减少，总酸度显著升高，若继续储藏，总酸度反而可能会因为蛋白质分解产生碱性物质而下降，这种情况下，小麦粉带的不是酸味，而是一种“泥土气”味。

第二种情况是小麦粉在干燥、正常储藏条件下的酸度增高。这时小麦粉酸度的增高和高水分小麦粉酸度的增高显著不同，酸性物质的类别和性质也与其有较大区别。在干燥条件下，小麦粉酸度的增高主要与脂肪水解为甘油与脂肪酸有关，所以，这种储藏条件下的小麦粉中的脂肪酸值可以成为判断小麦粉新鲜度的指标。小麦粉脂肪酸值的增加表明其中的脂肪已经发生水解，小麦粉已不新鲜。

除了储藏条件以外，小麦粉中脂肪的水解作用与小麦粉原料的品质也有紧密的关联，例如，如果小麦粉是由发过芽、冻伤或自热麦粒制成，那么其中的脂肪分解作用要比正常麦粒制成的小麦粉剧烈得多。

不同脂肪酸值的高低对小麦粉质量产生的影响不同。在脂肪酸值小于 40mg KOH/100g 时，对小麦粉的品质具有改善作用，面筋变得坚实、有韧性，面团流散性降低，物理性状良好，加工品质也有所改善。但是，当脂肪酸值超过 80mg KOH/100g 时，小麦粉不仅有哈味，而且加工食用品质变差。GB/T 1355—1986《小麦粉》规定小麦粉中脂肪酸值应该小于等于 80mg KOH/100g（以湿基计），大于这个值即可认为小麦粉品质劣变，不能食用。小麦粉中脂肪酸值的变化与水分和温度都有密切的关系，一般情况下，当小麦粉中的水分含量越高和储藏温度越高时，其脂肪酸值增加得越快。

（四）小麦粉的虫害与微生物污染

1. 虫害污染

随着城市规模的不断扩大，小麦粉供应量也随之扩大，储藏的量也相应增多，有的情况下甚至需要长期储藏与度夏储藏。小麦粉颗粒细小，并直接与空气接触，因此，在储藏过程中极易感染害虫，使产品品质劣化。害虫感染既可以造成粮食数量的减少和营养品质的下降，也可以影响小麦粉的加工品质，如面团的流变学特性等，例如，小麦粉在感染赤拟谷盗后，制作的面团筋力减弱，加工和食用品质下降。

在小麦粉加工厂，常见的害虫的来源主要包括两部分：一部分是粉食性害虫，这类害虫以破碎的粮食及粉屑等为食，适宜在粉体环境中生长繁殖，主要来源于生产设备内部，如赤拟谷盗、锈赤扁谷盗、锯谷盗、书虱及螨类等；另一部分是蛀食性害虫，它们多侵染原粮，以较完整的粮粒为主要食物，并在其中生长繁殖，如玉米象、麦蛾和谷蠹等。

作为一种商品，小麦粉主体成分以外的其他物质都可认为是污染物，害虫及其分泌物和排泄物更是人们不可接受的污染物，它们不仅影响卫生，而且也会导致小麦粉品质下降。例如，小麦粉如果在储藏过程中受到拟谷盗、锯谷盗或黄粉虫的侵染，制作的产品就会带有异味。因此，绝不能轻视害虫对小麦粉品质的影响，在小麦粉生产及储藏过程中，必须严格防控害虫的滋生。

小麦粉中的害虫防治方法具有特殊性。在小麦粉生产及储藏过程中，既不能出现活虫也不能有死虫存在，所以，在有害生物防治策略上既要防止活的有害生物滋生，也要完全避免死虫尸体、分泌代谢物以及排泄物等污染物的出现。另外，小麦粉颗粒细小，吸附能力较强，对于有可能引起下游食品加工品质、食用品质及风味品质改变的防治方法需要谨慎使用；而且，小麦粉是馒头、面条等主食品加工的主要原料，为了保证食品安全卫生，应避免使用对人体有害的化学药剂防治害虫。

2. 微生物污染

微生物在自然界中无处不在，小麦从田间成熟开始，经过收割、脱壳、晾晒，一直到入仓储藏或进入工厂磨粉加工，每一个环节都会感染大量的不同种类的微生物。因此，在生产实践中，不存在无菌的小麦与小麦粉，可以说，微生物是小麦与小麦粉的天然伴侣。小麦与小麦粉中的微生物种类很多，从大类分，主要有真菌（包括霉菌与酵母菌）和细菌等，其中造成劣变的微生物主要是霉菌。

农田土壤中存在大量的储藏型霉菌，比如镰刀菌、链格孢霉和枝孢霉等，这些霉菌会附在收获的小麦上，每克小麦上的霉菌数量最少的有几百个，多的能达到几千到几万个，甚至上百万个。在储藏条件安全的条件下，这些霉菌都不会生长，但是当储藏条件不安全时，这些霉菌就会生长。所以，在合适的条件下，霉菌就会利用小麦中的碳水化合物、蛋白质、脂肪及无机盐等营养物质大量生长繁殖，个数在短时间内迅速增加。这些污染微生物不仅能引起小麦的品质劣变，而且还会产生大量的微生物毒素，造成严重的生物安全问题。另外，混于小麦粉加工机械中的污染微生物也有重要影响，比如，积留于磨粉机内的每克小麦粉中含有的霉菌数量为5000～2456000个，因此，它们也可能是小麦粉中霉菌的重要来源。

小麦粉发生霉变有多方面的原因，综合看来，小麦粉中的水分含量，环境温度和湿度是影响霉菌生长的主要影响因子，一般情况下，水分含量越高，安全储藏期就越短，例如，当小麦粉含水量小于12%时，一般不易霉变，而当小麦粉的含水量在13%～14%，在常温下只能安全储藏4～5个月。

多数霉菌最适的生长温度为20～40℃，如果将高温未经散热的小麦粉堆成大垛，则会因为热量的积累而导致发热，如果这时小麦粉的水分含量比较高，而且外界环境湿度比较大，那么小麦粉就会吸湿生霉，品质劣变，甚至丧失食用价值。所以，目前多数的粮仓都通过降低仓库温度的办法来抑制霉菌等微生物的生长。现在我国主要采用的机械通风降温方式有正负通风、轴流风机和排风扇等，这些降温方式不仅能破坏霉菌的生长条件，而且能扰乱害虫的生理机能，可以有效防治虫霉滋生。

（五）小麦粉储藏技术的研究

小麦粉粉粒外露，与空气中的氧气和水汽直接接触，在储藏过程中极易吸湿氧化，发生劣变，导致品质下降，另外，小麦粉中存在的有害虫类和微生物也会对小麦粉产生不利的影响，因此，小麦粉安全储藏成为人们不断探索的课题。目前，小麦粉主要的储藏技术有常规储藏、密闭储藏、低温储藏和气调储藏等，下面对这几种储藏方法进行简单的介绍。

1. 常规储藏

目前我国95%的小麦粉为袋装，一般采用的是实垛储藏或通风垛储藏。储藏方式依小麦粉水分大小而定，水分低于13%以下时，可以采用实垛储藏，水分在13%～15%时，可以进行通风垛储藏。刚生产出来的小麦粉有一定的温度，在仓库中袋装储藏时应堆成小垛，并在小垛之间留通风道，提高湿热散发效果。堆放时袋口要向内，堆面平整，铺垫好堆底，防止小麦粉吸湿生霉。若小麦粉要长期储藏，则要适时调换上下位置，防止结块，另外，新陈小麦粉应该分开堆放管理，及时推陈出新。

小麦粉不适宜长期储藏，储藏的地方要有良好通风设备，干净整洁，没有老鼠，温度控制在 18~24℃，相对湿度在 55%~65%，小麦粉不可靠近墙壁。

2. 密闭储藏

小麦粉吸湿性强，根据这一特性可采用密闭储藏的办法来延长小麦粉的安全储藏期，密闭储藏的方法不仅能解决防潮以及霉变的问题，还能减少空气与小麦粉的接触，防止小麦粉的氧化变质，同时减少感染害虫的风险。根据不同情况，密闭方法可采用仓库密闭法和薄膜密闭法。应当注意，新出磨的小麦粉必须经过降温和熟化的过程才能进行密闭储藏或者缺氧储藏。

3. 低温储藏

低温储藏是防止小麦粉生虫、霉变以及品质劣变的最有效途径，经低温储藏后的小麦粉，不仅能保持良好的品质和口味，而且储藏效果也明显优于其他储藏方法，一般情况下，小麦粉在低温储藏条件下的安全储藏期要远远大于常温密闭储藏。

4. 气调储藏

气调储藏是通过改变储粮环境的正常气体成分或配比来达到杀虫抑霉，延缓粮食品质变化的储藏技术。气调储藏作为一种科学的储藏保鲜方法，基本属于“绿色”储粮的范畴，因此，在小麦与小麦粉的储藏中已经得到了广泛应用。气调储藏主要包括自然缺氧、抽真空、充 N_2、CO_2和臭氧等，例如，改变包装粮粮堆中的 N_2、CO_2和 O_2的比例的方法可以有效地增强粮食储藏稳定性，含有臭氧的储藏环境明显能够延缓小麦粉的陈化作用，保证小麦粉的安全储藏。

小麦粉的保存效果与储藏方式、方法及环境条件关系密切。我国小麦粉的包装历来以袋装为主，最近十几年来也大都以塑料编织袋的形式进行储藏和运输，随着小麦粉工业和食品生产社会化程度的提高，近些年，我国小麦粉生产企业增加了后处理工段，开始采取散装方式储藏、运输小麦粉，这也是我国小麦粉储藏发展方向。

由于面制品的加工特性需要，国内外学者在探讨影响小麦加工品质和食用品质的因素方面投入了大量的精力，其目的是研究培育出适合制作中国食品的小麦及改进小麦粉加工工艺，但是对小麦粉储藏与加工品质关系的研究还远远不够。随着社会的进步，在我国越来越重视粮食安全的大背景下，研究小麦及小麦粉储藏品质与加工品质对于现在的我们来说更具有意义。

（六）小麦粉常见质量问题

小麦粉的质量安全是人民群众关注的焦点之一，从生产领域和流通领域的监督抽查情况来看，小麦粉产品常见的质量问题主要有三个方面。

（1）使用非法添加剂　一些不法人员，为了达到对小麦粉增白和熟化的效果，会加入一些具有氧化、脱色漂白等作用的添加物质，这样不仅造成了食品的安全隐患，而且会破坏小麦粉中维生素 A、维生素 E 和维生素 B_1等营养成分，降低小麦粉质量。

（2）理化项目不合格　如小麦粉中脂肪酸值超标，灰分超标，含砂量超标和磁性金属物超标等。例如，脂肪酸值是反映小麦粉中游离脂肪酸含量的指标，脂肪酸值超过国家标准规定的要求，说明小麦粉已发生劣变。

（3）外包装标签标注不合格　标签标注要严格按照 GB 7718—2011《食品安全国家标准　预包装食品标签通则》进行标注。使用虚假标签、以次充好等“造假”现象仍然存在，这些不规范的标签标示会传递错误信息，误导消费者，并产生不良的后果。

第二章
面制品辅料及添加剂

第一节
面制品辅料

食品辅料是指经深加工过的或用量较小的食物，本身都是天然物质，而不是食品添加剂使用标准中所列品种，一般无用量限制，具有改善食品品质和提高加工性能的作用。在面制品加工中，很多时候都会用到辅料，除了主要原料小麦粉，为了提高食品的口感、色泽、感官及营养品质，通过添加辅料，使添加的用料发挥应有的功效和作用，使生产的面制品达到应有的品质。

一、水

（一）水的来源

水是人体所必需的，在自然界中广泛存在。水主要来源主要有自来水、地下水及地面水。自来水是经过水厂处理后直接供给，减少了水处理设备，技术简单，一次性投资省时省力，水质可靠，但水价较高，经常性费用大，地下水可就地直接取用，水质稳定，且不易受外部污染，理化指标变化小，水温低，基本终年恒定。取水构筑物简单，一次性投资不大，经常性费用低，但水中往往含有多种矿物质，硬度可能过高，甚至可能含有某种有害物质，同时大量抽取地下水会影响地面沉降。地面水，水中溶解物少，但容易污染，净水系统技术管理复杂，取水构筑物多，一次性投资大，水质、水温随季节变化大。

食品生产用水按供水方式可分为直接供水和间接供水。

（1）直接供水　从城市供水管网直接由管道取水，水直接来自城镇输配水管网，不经过任何中间环节，污染的可能性小，水质能符合 GB 5749—2006《生活饮用水卫生标准》的要求。

（2）间接供水　使用工厂自备的地下水、地面水或由城镇输配水管网供应的水先进入蓄水池、塔、槽等中间环节后再进入。

尽管城市供水进入蓄水池的水是符合 GB 5749—2006《生活饮用水卫生标准》的要求，但在池、塔、槽等中间环节蓄水过程中存在水质被污染的可能性，会使水质下降，用此水来加工食品对产品可能带来潜在的危害，所以生产企业必须对这些中间环节的设施、设备在加强管理的同时，还要对此水进行加氯处理或用其他方法消毒。

（二）水的性质

水是制面的主要原料之一，水的 pH、硬度和温度以及微生物对制面工艺和面制品质量起着重要甚至关键性的作用。因而一些面制品生产企业在选择制面生产用水时，除了要求达到一般饮水标准外，对水质方面提出了更高的要求，通过对水质的进一步处理，使水质标准提高，以期得到更高品质的面制品。

1. pH

水的pH是水中氢离子浓度的负对数值，所以pH有时也称为氢离子指数。由水中氢离子的浓度可知道水溶液是呈碱性、酸性还是中性。水的pH对面制品生产工艺和质量有影响，若pH较低，酸性条件下会导致面筋蛋白和淀粉分解，从而导致面团加工性能降低。和面用水的碱性不能太大，否则会使面筋被部分溶解，使面团的弹性降低，进而使其加工性能降低，用水浸泡时，水中可溶性物质增加。pH为6~8的水符合制面类用水的标准要求。如果水的酸性过大或碱性过大，都会影响面团的调制，遇此情况，需加入适量的碱或酸性物质以中和酸性过高或碱性过大的水。面制品的种类繁多，配比成分也不一样，即使水的pH相同，制成产品的质量也不一样。

2. 硬度

水的硬度是指溶解在水中的盐类物质的含量，即钙盐与镁盐含量的多少。1L水中含有钙镁离子的总和相当于10mg时，称为“1度”。通常根据硬度的大小，把水分成硬水与软水：8度以下为软水，8~16度为中水，16度以上为硬水，30度以上为极硬水。又可分为暂时硬度和永久硬度。暂时硬度和永久硬度之和称为总硬度。

水的硬度高将使小麦粉的亲水性能变差，和面时小麦粉吸水慢，从而延长和面时间，削弱和面效果。硬水中的钙、镁离子与小麦粉中的蛋白质结合，会降低面筋的弹性和延伸性，降低面团的黏度工艺性能，而会增强面筋的韧性，所以不能用硬度太高，即氧化钙含量过多的硬水和面。极软水会使面团过于柔软和发黏。

（三）水处理工艺

面制品生产对水质有一定的要求，当水质达不到要求时，要进行水处理。水处理包括物理和化学处理方法，通过不同的处理方法，使水质达到食品加工的要求，主要目的是消除水中的悬浮物、颜色、过高的碱度和硬度，并进行脱盐、杀菌。食品厂可根据水质要求选择水处理工艺。

1. 水的悬浮物消除

水的悬浮物主要是不溶于水中的无机物、有机物及泥沙、黏土、微生物等主要采用混凝沉淀的方式，通过添加混凝剂后，胶体颗粒表面电荷被中和，破坏了胶体稳定性，促使小颗粒变成大颗粒而下降，从而得到澄清。

2. 水的过滤

水的过滤是使水中的胶粒、悬浮物被截留在滤层的孔隙中或表面。过滤的方法适合于浑浊度低、污染比较轻的水的处理。常用的滤料有：天然砂、人工破碎的石英砂、活性炭等。

3. 水的软化和硬化

水的软化主要是降低水中钙、镁等离子的含量，使硬水软化为软水。常用的是离子交换法，利用具有一定化学反应活性的离子交换型材料，将硬水中的钙、镁离子吸附到固体材料中，从而降低水的硬度，达到软水的目的。

对于极软的水，可以添加微量磷酸钙或者硫酸钙，以增加其硬度。

4. 水的除盐

水的除盐是降低全部阴、阳离子含量。主要采用的反渗透和电渗析等方法。

5. 水的消毒

水的消毒是杀灭水中的病原菌及水中的其他有害微生物，防止因水中的致病菌导致消费者产生疾病，并非将所有微生物全部杀灭。主要采用的有紫外杀菌，臭氧杀菌等方法。

（四）水在制面工艺中的作用

1. 水对蛋白质的作用

水在制面工艺中起着非常重要的作用，水能够使小麦粉中的蛋白质吸水膨胀，相互黏结，形成强大的面筋网络结构，经过揉搓或者轧延后，使形成的面筋有规则排列。面筋主要由蛋白质组成，面筋网络即形成蛋白质骨架。

2. 水对淀粉的作用

小麦粉中的淀粉吸水湿润和膨胀，可转化为有可塑性的物质，填充在面筋网络中，从而使面团产生黏弹性、韧性和延伸性，为面团的成型准备条件。淀粉吸水加热后能提高糊化度，形成黏性的糊状，并使面制品产生良好的口感。水可调节面团的湿度和温度，从而调节面团的软硬程度，以便成型和提高面制品加工性能。

3. 水对辅料的作用

水可以溶解盐、糖、碱和增稠剂等可溶性的辅料。

（五）水温对面团品质的影响

1. 冷水和面

一般指用25℃以下的水和面，称为冷水和面。由于用冷水或温度较低的水和面，小麦粉中的蛋白质不能发生热变性，从而形成较多和较强的面筋。淀粉在低温下不会发生膨胀糊化，因此所形成面团质地比较硬，筋力足，韧性强，拉力大，面片内部无空洞，体积膨胀小，又称“死面”。冷水面的特点是成品色泽较白，比较耐煮，吃起来爽口有咬劲，不需要发面，比较节省时间。

2. 温水和面

一般指用40～50℃的水和面，称作温水和面。由于水温高于冷水，水分子扩散加快，从而使面筋的形成受到一定限制，而淀粉的吸水性却有所增加，这种和面形成的面团，由于水温高，蛋白质吸水快、膨胀快，掺入的水温与蛋白质热变性和淀粉膨胀糊化温度接近，因此温水和面本质是淀粉和蛋白质都在起作用，此时蛋白质没有完全变性，它还能形成面筋网络，淀粉虽已膨胀，吸水性增强，还只是部分糊化阶段，面团较黏柔。温水和面软硬适中，可塑性强，可以做成各种造型，而且还不易变样。口感比较软，比较膨松，容易消化。

3. 热水和面

一般指用60~100℃的水和面，又称烫面。由于在热水的作用下，小麦粉中的蛋白质凝固，蛋白质热变性，面筋受到破坏，淀粉大量吸收水分而膨胀糊化并分解出单糖和双糖，因此就形成了热水面团黏、柔软，成品呈半透明状，色泽较差，但口感细腻、富有甜味，小麦粉有一部分提前被烫熟，加热也容易成熟的特点，缺点是面团较黏。

水温与面筋及淀粉变化的关系如表2-1所示。

表2-1 水温与面筋及淀粉变化的关系

水温/℃	面筋变化	淀粉变化
30	吸水量正常，筋力最好	吸水量很少
40	吸水量高，筋力下降	吸水量开始增高，逐渐膨胀
60	吸水量饱和，筋力继续下降	吸水量，膨胀率均饱和
70	吸水量下降、筋力丧失、部分熟化	糊化
80	全部熟化	糊化

二、油脂

（一）油脂的种类

油脂是油和脂肪的统称。自然界中的油脂是多种物质的混合物，其主要成分是一分子甘油与三分子高级脂肪酸脱水形成的酯，称为甘油三酯。食品中常用的油脂种类有植物油、动物油、氢化油、人造奶油、起酥油等。

1. 植物油

以植物资源为原料的油脂占食用油脂的85%以上。植物油中主要含有不饱和脂肪酸，其营养价值高于动物油脂，但加工性能不如动物油脂或固体脂。

（1）大豆油　大豆油简称豆油，是世界上消费最多的食用原料油，常作为油炸油、色拉油以及人造油脂的原料。大豆油中不饱和脂肪酸占80%以上，其中作为必需脂肪酸的亚油酸含量高达53%~56%，仅次于红花油和向日葵油。大豆油是一种很好的营养食用油，消化率高达95%，长期食用对人体动脉硬化有预防作用。大豆油起酥性比动物油或固体脂差，颜色较黄。

（2）玉米油　玉米油，也称玉米胚芽油，玉米油可用于人造奶油、起酥油、色拉油（凉拌油）、调味剂、煎炸油、快餐食品、面包、糕点、家庭烹调等方面。玉米油的脂肪酸组成中饱和脂肪酸占15%，不饱和脂肪酸占85%，不饱和脂肪酸主要是油酸和亚油酸，其中油酸含量为20%~30%，亚油酸含量为55%~60%，软脂酸含量为10%~12%，硬脂酸含量为2%~3%，亚麻酸含量极少（2%以下）。另外，玉米油中维生素E的含量很高，并且含有一定量的阿魏酸酯使其氧化稳定性较好。

（3）棕榈油　棕榈油是单位面积产油量最高的油料作物，目前主要作为食品工业的原料油和加工用油。棕榈油是油炸面包、糕点、方便面、锅巴及其他油炸类食品用量最大的油脂之一。棕榈油在常温下呈半固态，其稠度和熔点在很大程度上取决于游离脂肪酸的含量。市场上常把低酸值的棕榈油称作软油，高酸值的油则称作硬油。棕榈油含有饱和与不饱和脂肪酸酯。50%的饱和脂肪酸，40%的单不饱和脂肪酸；10%的多不饱和脂肪酸。棕榈油的特点是发烟点高，不易氧化，气味清淡透明，无异味，稳定性很好，所以耐储存。人体对棕榈油的消化和吸收率超过97%，棕榈油本身不含有胆固醇，棕榈油中富含的天然维生素 E 及三烯生育酚（600～1000mg/kg）、类胡萝卜素（500～700mg/kg）和亚油酸（10%），对人体的健康十分有益。

（4）葵花籽油　葵花籽油含有十分丰富的营养物质。葵花籽油90%是不饱和脂肪酸，其中亚油酸占66%左右，还含有维生素E，植物固醇、磷脂、胡萝卜素等营养成分。亚油酸的含量高于大豆油、花生油、棉籽油、芝麻油。天然维生素 E 含量在所有主要植物油中含量最高，每 100g 中含 100～120mg。含有较多的维生素 B_3，胡萝卜素约0.045%；植物甾醇0.4%；磷脂0.2%，葵花籽油能降低血清中胆固醇水平，降低甘油三酯水平，有降低血压的作用。并且，葵花籽油清淡透明、烹饪时可以保留天然食品风味，它的烟点也很高，可以免除油烟对人体的危害。

（5）菜籽油　菜籽油中含花生酸0.4%～1.0%，油酸14%～19%，亚油酸12%～24%，芥酸31%～55%，亚麻酸1%～10%，以及生育酚和菜籽固醇等，从营养价值方面看，人体对菜籽油消化吸收率可高达99%，并且有利胆功能。芥酸和油酸含量高，饱和脂肪酸（棕榈酸、硬脂酸等）含量较低，一烯脂肪酸含量较高。具有一定的软化血管、延缓衰老的功效。但芥酸有一定副作用，食用应采用低芥酸的菜籽油。

（6）芝麻油　芝麻油具有特殊的香气，俗称香油，其中小磨麻油香气醇厚，品质最佳。芝麻油中含有芝麻酚、维生素 E，使其带有特殊的香气，这些物质的抗氧化能力极强，因此芝麻油比其他植物油更宜储存。由于芝麻油中富含及亚麻酸、亚油酸、棕榈酸等不饱和脂肪酸，容易被人体吸收，芝麻油价格较贵，多用于高档糕点的馅料中，也用于饼干和糕点的皮料中作为增香剂。

（7）花生油　花生油的饱和脂肪酸含量较高，含有软脂酸，硬脂酸和花生酸等饱和脂肪酸达13%～22%，含不饱和脂肪酸80%以上（其中含油酸41.2%，亚油酸37.6%）。花生油的脂肪酸构成比较好，易于人体消化吸收，还含有固醇、麦胚酚、磷脂、维生素E、胆碱等对人体有益的物质。因此，在我国北方地区，春、夏、秋三季，花生油为液态，冬季则成为白色半固体，故花生油是人造奶油的良好原料。

（8）椰子油　椰子油是椰子果实中提取出来的，椰子油是我们日常食用油中唯一由中链脂肪酸组成的油脂，中链脂肪分子比其他食物的长链脂肪分子小，椰子油的脂肪酸组成中饱和脂肪酸含量达90%以上，但熔点只有24～27℃，经氢化后提高至45℃左右，这与它含有大量的低分子质量饱和脂肪酸有关。当升高温度时，椰子油并不是逐渐软化，而是在几摄氏度的温度范围内，由脆性固体骤然转变为液体。这种现象与它的脂肪酸构成有关。椰子油的不饱和度较低，因此氧化酸败较慢。在糕点中，多用椰子油代替人造奶油使用。

2. 动物油

动物油中常用的是奶油和猪油。大多数动物油都具有熔点高，可塑性强，起酥性好的特点。

（1）奶油　动物奶油是由牛乳中的脂肪分离获得的。又称黄油或白脱油。它因有特殊的芳香和营养价值而受到人们的普遍欢迎。丁酸是奶油特殊芳香的主要来源。奶油中含有较多的饱和脂肪酸甘油酯和磷脂，它们是天然乳化剂，使奶油具有良好的稳定性。奶油熔点为28~34℃，凝固点为15~25℃，在常温下呈固态，在高温下软化变形，奶油在高温下易受细菌和霉菌的污染，其中的酪酸首先被分解而产生不愉快的气味。奶油中的不饱和脂肪酸易被氧化而酸败，高温和光照也会促进氧化的进行。因此，奶油应在冷藏库或冰箱中贮存。加工过程中又充入1%~5%的空气，使奶油具有一定的硬度和可塑性，适于西式糕点的装饰和保持糕点外形的完整。

（2）猪油　猪油主要由饱和高级脂肪酸甘油酯与不饱和高级脂肪酸甘油酯组成，其中饱和高级脂肪酸甘油酯含量更高。该脂肪于过低室温即会凝固成白色固体。猪油熔点为28~48℃。精制猪油色泽洁白，可塑性强，起酥性好，制出的产品品质细腻，口味肥美。在面包中添加4%的精制猪油，相当于添加0.5%硬脂酰-2-乳酸钠（SSL）乳化剂的效果。猪油在中式糕点中用量很大，它的使用也很普遍。

（3）牛、羊油　从牛脂肪层提炼出的油脂称牛油，从羊的内脏附近和皮下含脂肪的组织提炼出来的油脂称羊油。牛、羊油都有特殊气味，需经熔炼脱臭后才能使用。这两种油熔点高，前者为40~46℃，后者为43~55℃，可塑性强，起酥性较好，便于成型和操作。但由于熔点高于人的体温，故不易消化。

3. 氢化油

氢化油也称硬化油。通过油脂氢化使不饱和脂肪酸分子中的双键与氢原子结合，使液体油转变成饱和度和熔点较高的固体脂。油脂氢化使不饱和脂肪酸变为饱和脂肪酸，液体油变为固体脂，油脂可塑性、起酥性、熔点提高，有利于加工和操作。氢化油多以已氢化的植物油和部分动物油为原料，如棉籽油，葵花籽油、大豆油、花生油、椰子油、猪油、牛油和羊油等。氢化油很少直接食用，多作为人造奶油，起酥油的原料。但由于氢化油富含反式脂肪酸，氢化油的使用在一些国家受到限制。

4. 人造奶油

人造奶油是指精制用植物油添加水及其他辅料，经乳化、急冷捏合成具有天然奶油特色的可塑性制品。是目前食品工业使用最广泛的油脂品种之一。它的软硬度可根据各成分的配比来调整，乳化性能和加工性能比奶油好，是奶油的良好代用品。人造奶油的种类较多，按其形状分为硬质、软质、液状和粉末。按其用途分为家庭用及食品工业用，前者又分餐用、涂抹面包用、烹调用和制作冰淇淋，后者又分面包糕点用、制作酥皮点心用及制作馅饼用。其主要区别是配方、使用的原料油脂和改质的要求不同。

5. 起酥油

起酥油是指经精炼的动植物油脂、氢化油或上述油脂的混合物，经急冷、捏合而成的固体脂，或不经急冷、捏合而成的固态或流动态的油脂产品。起酥油具有可塑性、酪化性、起酥性、乳化性、吸水性等加工性能，一般不宜直接食用，而是用于加工糕点、面包或煎炸食品，因而必须具备各种食品加工性能。起酥油与人造奶油的主要区别是起酥油中没有水相。起酥油的品种很多，主要有通用型起酥油、乳化型起酥油、高稳定型起酥油、面包用液体起酥油，可以用于所有的食品中，其中以加工糕点、面包、饼干的用途最广。

（二）油脂的性质

1. 熔点

固体脂肪变为液体油的温度称为油脂的熔点，每种油脂都有熔点，油脂的熔点与油脂起酥性、可塑性和润滑性等加工特性有重要关系。油脂的熔点不仅可以影响其加工性能，同时可以影响人体内的消化吸收。油脂若含有较多的高熔点饱和甘油三酯，则这类脂肪口溶性差，风味不好，而且熔点高于40℃，不易为人体消化吸收。

2. 油脂的发烟点、闪点和燃点

（1）发烟点　发烟点是指油脂在加热过程中开始冒烟的最低温度。

（2）闪点　闪点是指油脂在加热时有蒸气挥发，其蒸气与明火接触瞬时内发生火光而又立即熄灭时的最低温度。

（3）燃点　燃点是指油脂发生火光而继续燃烧的最低温度。

油脂的发烟点、闪点和燃点与油脂的种类和精制程度有关，游离脂肪酸含量越高，发烟点、闪点和燃点就越低，应选用游离脂肪酸少，烟点、闪点和燃点等较高的油脂。反复使用的油脂发烟点、闪点和燃点会下降。并且会使油脂部分变质。应该是越稳定越好，也就是烟点、闪点和燃点越高越好。

油脂的发烟点、闪点和燃点如表2-2所示。

表2-2　油脂的发烟点、闪点和燃点

油脂名称	发烟点/℃	闪点/℃	燃点/℃
大豆油	195~230	282	232
橄榄油	167~175	225	310
菜籽油	186~227	263	315
芝麻油	172~184	—	—
玉米油	222~229	275	343
棉籽油	216~229	262	340
黄 油	208	—	—
猪 油	190	242	335
牛 油	—	265	—

3. 固体脂肪指数（SFI）

固体脂肪指数（SFI），又称固体脂指数：测定若干温度时 25g 油脂固态和液态时体积的比值，除以 25 即为固体脂肪指数。人造奶油和起酥油在一定的温度下都含有一定比率的固体脂和液体油。油脂的起酥性、可塑性、稠度及塑性范围等重要性质都和其中固体脂肪的含量、结晶的大小以及同质多晶现象等因素有关，其中以固体脂肪含量最为关键。

SFI 为 40~50 时，油脂过硬，基本没有可塑性；SFI<5 时油脂过软，接近液体油。人造奶油与起酥油的 SFI 一般要求在 15~20，此时具有较好的起酥性、可塑性等加工性能。

4. 油脂的热学性质

油脂的热学性质对油炸面制品尤为重要。单位质量的油脂温度升高 1℃ 所需的热量为油脂的热容量，一般用 J/(g·℃) 来表示。不同种类的油脂在不同温度下其热容量不同，但其差异很小。油脂的热容量平均为 2.05J/(g·℃)，而水的热容量为 4.18J/(g·℃)，可见油脂的热容量较小。油脂的热容量与脂肪酸有关。液体油的热容量随其脂肪酸链长的增加而增高，随其不饱和度的降低而减小。固体脂的热容量很小。油脂的热容量随温度升高而增加，在相同温度下，固体脂的热容量小于液体油。在供给相同热量和相同质量的情况下，油的温度比水的温度可提前升高一倍。因此，油炸食品要比水煮或蒸制品成熟快得多。生产中的炸制油，既是加热介质又是油炸食品的营养成分。当炸制食品时，油能将热量迅速而均匀地传给食品表面，使食品很快成熟。同时，还能防止食品表面马上干燥和可溶性物质流失。所以不同油脂的热学性质决定油脂加工的效率。

（三）油脂加工工艺性能

油脂的工艺性能在面制品的加工中起着很重要的作用，具有良好的起酥性、可塑性、充气性、乳化性、润滑性等性能，特别是烘烤食品中如面包、糕点的加工生产中，油脂的工艺性能发挥着重要的作用，可以直接影响到面制品的品质。

1. 油脂的起酥性

在调制酥性面团时，加入大量油脂后，由于油脂的疏水性会限制面筋蛋白的吸水作用，使油脂在面团中可以阻止面筋的形成，面团中含油越多其吸水率越低。一般每增加 1%的油脂，小麦粉吸水率相应降低 1%。油脂能覆盖于小麦粉的周围并形成油膜，除了降低小麦粉吸水率，限制面筋形成外，还由于油脂的隔离作用，使已形成的面筋不能互相黏合而形成大的面筋网络，也使淀粉和面筋之间不能结合，从而降低了面团的弹性和韧性，增加面团的可塑性。油脂渗入面筋纤维里，形成薄膜并产生有光泽的组织。油脂在面团组织构造中能显现出润滑的效果、改良面团的延展性及增强气体的保持力，油脂能一层一层地分布在面团中，使面包、糕点、饼干产生层次，口感酥松，入口易化。

影响油脂起酥性的因素：

（1）固体脂比液体油的起酥性好。固体脂中饱和脂肪酸占绝大多数，稳定性好。固体脂的表面张力较小，油脂在面团中呈片条状分布，覆盖小麦粉颗粒表面积大，起酥性状好，而液体油表面张力大，油脂在面团中呈点状、球状分布，覆盖小麦粉颗粒表面积小，并且分布不均匀，故起酥性差。因此，制作有层次的食品时使用奶油、人造奶油、起酥油、猪油起酥性是比较好的。

（2）油脂的用量越多，起酥性越好。

（3）温度影响油脂的起酥性。油脂中的固体脂肪指数和可塑性与温度密切相关，而可塑性又直接影响油脂对小麦粉颗粒的覆盖面积。

2. 油脂的可塑性

人造奶油、奶油、起酥油、猪油有良好的可塑性。可塑性是指油脂在外力作用下可以改变自身形状，甚至可以像液体一样流动的性质。体脂以极细的微粒分散在液体油中，由于内聚力的作用，以致液体不能从固体脂中渗出。固体脂在糕点、饼干面团中能呈片状、条状及薄膜状分布，而在相同条件下液体油可能分散成点状、球状。因此，固体脂要比液体油能润滑更大的面团表面积。用可塑性好的油脂加工面团时，面团的延展性好，制品的质地、体积和口感都比较理想。例如表现在有良好的涂抹性（涂抹黄油等）和可塑性（用于蛋糕的裱花）。油脂可塑性还与温度有关，温度升高，部分固体脂熔化，油脂变软，可塑性变大；温度降低，部分液体油固化，未固化的液体油黏度增加、油脂变硬，可塑性变小。

3. 油脂的充气性

油脂在空气中经高速搅拌起泡时，空气中的细小气泡被油脂吸入，这种性质被称为油脂的充气性，油脂的充气性尤其对饼干面团组织及饼干夹心质量有很大影响。

油脂充气性是制作糕点、饼干、面包时的重要加工性能。这种性能对面团组织有很大的影响，在调制酥类制品的面团时，首先要搅打油脂、糖和水，使其充分乳化。在搅打过程中，油脂中会结合一定量的空气。油脂结合空气的量与搅打程度和糖的颗粒状态有很大的关系。糖的颗粒越细，搅拌越充分，油脂中结合的空气就越多。当面团经和面、成型，进行烘焙时，油脂受热流散，气体膨胀并向两相的界面流动。此时由于烘烤面团中产生的水蒸气，也向油脂流散的界面聚结，使制品成为片状或椭圆形的多孔结构，使产品体积膨大、酥松。

油脂的充气性与其成分及特性有关。起酥油的充气性比人造奶油好，猪油的充气性较差。此外，还与油脂的饱和程度有关，饱和程度越高，搅拌时吸入的空气量越多。

4. 油脂的乳化性

油脂属于非极性化合物，而水属于极性化合物。根据相似相溶的原则，这两类物质是互不相溶的。但在食品加工中经常要遇到油和水混合的问题。如果在油脂中添加一定量的乳化剂，则有利于油滴在水相中的稳定分散，或水相均匀地分散在油相中，使加工出来的产品组织酥松，风味好。因此，添加了乳化剂的起酥油、人造奶油最适宜制作各种重糖、重油类的面包、糕点和饼干。这些油脂能够起到均匀分散，润滑面筋网络的作用，同时使面包体积变大，面团持气性变强，面包组织结构柔软。

5. 油脂的润滑作用

油脂在面包及糕点生产中的重要作用之一，是充当面筋和淀粉之间的润滑剂。油脂能在面筋和淀粉之间的分界面上形成润滑膜，使面筋网络在发酵过程中的摩擦阻力减小，有利于面团的膨胀，增加面团的延伸性。固体脂的润滑作用优于液体油。

（四）油脂的劣化

油脂暴露在空气中会自发进行氧化而产生异臭和苦味的现象称为酸败。油脂空气氧化包括自动氧化、酶促氧化和光氧化几种。酸败是含油食品变质的最大原因之一，因为它是自发进行的，所以难以完全防止。酸败的油脂其物理化学常数都有所改变，如相对密度、折光率、皂价和酸价都有增加，而碘价则趋于减少。影响酸败的主要因素有：氧的存在，酶，油脂内不饱和键的存在，温度，紫外线照射，金属离子的存在等，它们都可以使油脂酸败加快。水解作用也是促进酸败的主要因素，因此油炸用过的油，保存时间变短。

为了防止油脂酸败，采用饱和度高的油脂煎炸食物，煎炸时降低油温、降低与氧气的接触面积、降低油炸物的水分含量、减少与金属物的接触，金属离子中铜的影响最大，是铁的10倍，铝的影响小于铁。添加抗氧化剂是防止油脂酸败的有效方法，油脂抗氧化剂的作用机理是阻断油脂自动氧化的链式反应，常用的有酚型抗氧化剂：丁基羟基茴香醚（BHA）、2,6-二叔丁基对甲酚（BHT）、没食子酸丙酯（PG）、特丁基对苯二酚（TBHQ）、茶多酚（TP）、维生素E，此类氧化剂又称自由基终止剂或自由基吸收剂。面包、蛋糕等面制品的储藏时间较短，所以用新鲜油脂来制作，酸败的影响不大，但对方便面、饼干及苏打饼干等储藏时间较长的制品，必须考虑油脂酸败的影响。

三、糖类

（一）糖的种类

目前广泛使用的糖类原料，可分为以下几类。

1. 天然糖

（1）蔗糖　蔗糖是一种由一分子葡萄糖的半缩醛羟基与一分子果糖的半缩醛羟基彼此缩合脱水而成的双糖。它在甘蔗、甜菜中含量尤为丰富，是食糖的主要成分，也是重要的食品和甜味调味品。食品中使用的蔗糖，主要有白砂糖、黄砂糖、绵白糖、冰糖等。常用的白砂糖是由甘蔗和甜菜榨出的糖蜜制成的精糖，白砂糖色白，干净，纯度很高，蔗糖含量在99%以上，根据晶粒大小可分为粗砂、中砂、细砂三种。对白砂糖的品质要求是：晶粒整齐、颜色洁白、干燥、无杂质、无异味。白砂糖的溶解度很大，并且溶解度随温度升高而增大。精制度越高的白砂糖，吸湿性越小。

白砂糖溶液随着温度的降低，浓度的增大，黏度也变大，但温度对黏度的影响大于浓度的影响。因此常用温度控制白砂糖的流动性。食品厂常使用的液糖，溶液中的过高的浓度容易使白砂糖结晶析出。给食品加工操作带来困难，同时也会对成品产生不良影响；为防止白砂糖结晶析出，液糖一般加工为不饱和溶液，把白砂糖直接加水制成浓度为65%的液糖。

（2）果糖　果糖是一种单糖，是葡萄糖的同分异构体，它以游离状态大量存在于水果的浆汁和蜂蜜中，果糖还能与葡萄糖结合生成蔗糖，果糖的甜度是蔗糖的1.5倍，是所有天然糖中甜度最高的糖之一，所以在同样的甜味标准下，果糖的摄入量一般只有蔗糖的一半。果糖良好的吸湿性使它可用于需要保湿的食品，如用于面包、糕点加工，可使面包、糕点质地松软、久储不干、保鲜性能优良，明显提高产品档次和延长保质期。此外，果糖是单糖、易于酵母利用、发酵速度快，果糖受热易分解，易与氨基酸发生焦化反应，因此果糖应用于焙烤食品（如面包）时，不仅能达到松软可口的效果，还能增加表层黄亮色泽和浓郁的焦香味。

（3）葡萄糖　葡萄糖是自然界分布最广且最为重要的一种单糖，纯净的葡萄糖为无色晶体，有甜味但甜味不如蔗糖（一般人无法尝到甜味），易溶于水，目前结晶葡萄糖主要用于食品行业。葡萄糖很容易被吸收进入人体血液中，因此运动爱好者常常使用它当作强有力的快速能量补充。随着食品行业科技的不断发展，葡萄糖在食品行业的应用越来越广泛。

葡萄糖在低浓度溶液中甜度较同浓度的蔗糖淡一些，但随浓度升高、其甜度增加较快，例如12.7%葡萄糖溶液的甜度相当于10.0%蔗糖溶液，31.5%葡萄糖溶液的甜度当于30.0%蔗糖溶液，而浓度在40%以上时，葡萄糖溶液和蔗糖溶液的甜度相等。葡萄糖溶化时吸收较多的热量，故含入口中只有瞬时的清凉感。葡萄糖与蔗糖相比，在较低的温度下容易着色，故宜在焙烤食品中使用。

（4）蜂蜜　蜂蜜的主要成分为转化糖、果糖36.3%、葡萄糖35.0%、蔗糖2.7%、蛋白质0.3%、糊精1.3%、水分20.6%、淀粉酶、有机酸、维生素、矿物质以及蜂蜡等，味道很甜，具有较高的营养价值。由于在加热过程中一些成分会受到破坏，故不常使用。但在一些点心制作时用作表面涂膜的材料，以增加产品的色泽。

2. 糖浆类

（1）转化糖　白砂糖经加水和加酸煮至一定的时间和合适温度冷却后即得到转化糖，蔗糖在酸的作用下能水解成葡萄糖与果糖。1分子葡萄糖与1分子果糖的混合体称为转化糖。含有转化糖的水溶液称为转化糖浆。正常的转化糖浆应为澄清的浅黄色溶液，具有特殊的风味。一般转化糖浆的组成为未转化的蔗糖（40%~50%）和转化得到的果糖、葡萄糖（50%~60%），由于果糖和葡萄糖的含量比较多，所以这种糖有不易结晶、甜度大的优点。而且转化糖没有龋齿因素，因此是比较理想的甜味剂。转化糖浆应随用随配，不宜长时间储存。转化糖浆可部分用于面包和饼干中，在浆皮类月饼等软皮糕点中可全部使用，也可以用于糕点、面包馅料的调制。

（2）饴糖（淀粉糖）　一般用碎米、红薯、玉米等原料生产饴糖。饴糖的传统方法，是先将原料加工成淀粉，然后液化糖化，最后过滤浓缩制成饴糖。现在饴糖的一般制法是酸糖化法和酶糖化法并用，即先用酸糖化法将淀粉糖化到一定程度，然后再用酶糖化使其余的淀粉和中间产物转化为麦芽糖。所生成的糖浆中含有葡萄糖和麦芽糖。可根据不同的需要，控制糖化程度，制成含有不同比例的糊精、麦芽糖和葡萄糖的饴糖。饴糖形似水玻璃，是无色透明的黏稠胶体。饴糖是糊精和葡萄糖等的混合物，因而有很强的吸湿性，可防止白砂糖析出。100%转化的淀粉糖就是商品的葡萄糖。

（3）果葡糖浆　果葡糖浆是将淀粉经过酶法水解制成的葡萄糖，再用葡萄糖异构酶将葡萄糖异构化，一部分转变成果糖，制成甜度很高的糖浆。果葡糖浆的主要成分为果糖和葡萄糖，故称为果葡糖浆。果糖是天然糖中最甜的糖，甜度为蔗糖的 1.5 倍。异构转化率为 42%的异构糖，其甜度与蔗糖相等，但渗透压比蔗糖高、耐热性差、加热易发生褐变。

果葡糖浆可以在面包中全部代替蔗糖，特别是在低糖主食面包中使用时更加有效。因为该糖浆的主要成分是葡萄糖和果糖，酵母可以直接利用，故发酵速度快。果葡糖浆在面包中使用量过多时，相当于蔗糖用量超过 15%，发酵速度会降低，面包内部组织较黏，组织过软，口感变差。

3. 糖醇类

（1）木糖醇　木糖醇是从白桦树、橡树、玉米芯、甘蔗渣等植物原料中提取出来的一种天然甜味剂，在自然界中，木糖醇的分布范围很广，广泛存在于各种水果、蔬菜、谷类中，但含量很低。商品木糖醇是将木质半纤维素物质用酸水解后，再经发酵后除去葡萄糖，然后浓缩，即可得到木糖。木糖是无营养的甜味剂，甜度为蔗糖的 40%，用还原木糖的方法还可以得到另一种甜味剂木糖醇。木糖醇含热量与蔗糖相似，甜度略高于蔗糖，可以作为人体能源物质，但其代谢不影响糖原的合成，故不会使糖尿病人因食用而增加血糖值，可作为糖尿病患者使用的疗效食品。另外，由于它不能被酵母菌和细菌利用，因此还有防龋齿的效果。

（2）山梨糖醇　山梨糖醇在梨、桃、苹果中广泛分布，含量为 1%~2%。天然的山梨糖醇从果实（苹果、桃、杏、山梨等）中提取的。生产中用的山梨糖醇多是以葡萄糖为原料，在高温高压下加氢，然后用离子交换树脂精制得到的。山梨糖醇的甜度为蔗糖的 60%。由于山梨糖醇在溶解时吸收热量，所以在口中给人以清凉的甜味感。山梨糖醇是比较好的保湿剂和界面活性剂，在糕点类食品中能防止干燥，延缓淀粉老化。它还有不褐变、耐热、耐酸等优点，在面包、糕点类食品中的用量一般为 2%~5%。在体内被缓慢地吸收利用，且血糖值不增加。在低热能食品和糖尿病、肝病、胆囊炎患者食品中，山梨糖醇是蔗糖的良好代用品。

（3）麦芽糖醇　麦芽糖醇是由麦芽糖经氢化还原制成的双糖醇，具有蔗糖甜味的 75%~90%，且甜味温和，没有杂味。麦芽糖醇极易溶于水，具有显著的吸湿性，利用这种吸湿性可以作为各种食品的保湿剂，或防止蔗糖的结晶析出。麦芽糖醇在体内几乎不分解，是很好的低能量甜味剂。

4. 甜味剂

（1）甘草苷　甘草苷是从甘草中提取的，甜度为蔗糖的 100~500 倍，甜味特点是感应缓慢，停留时间长，所以很少单独使用。甘草苷一般与蔗糖一起使用。由于甘草苷有较强的增香效果，故常用于食品工业。

（2）甜菊苷　甜菊苷是从原产南美的菊科植物甜叶菊中提取的，甜菊苷的甜度为蔗糖的 180~200 倍，带有轻微的薄荷醇苦味及一定程度的涩味。甜菊 A 苷的甜度为蔗糖的 250~450 倍，甜味特征比甜菊更接近于蔗糖。可应用于糕点生产等。

（3）三氯蔗糖　三氯蔗糖又称蔗糖素，是以蔗糖为原料的功能性甜味剂。三氯蔗糖是以蔗糖为原料经氯化作用而制得的。甜度可达蔗糖 600 倍。这种甜味剂具有无能量，甜度高，甜味纯正，甜感的呈现速度、最大甜味的感受强度、甜味的持续时间、后味等甜味特性十分类似蔗糖，没有任何后苦味，高度安全等特点。具有很好的溶解性和稳定性，耐酸碱，耐高温，保质期长，是目前最优秀的功能性甜味剂之一。

（4）天门冬酰苯丙氨酸甲酯　天门冬酰苯丙氨酸甲酯又称阿斯巴甜，作为一种重要的甜味剂，被广泛应用于食品加工中。天门冬酰苯丙氨酸甲酯的甜度是蔗糖的 180~220 倍，天门冬酰苯丙氨酸甲酯具有清爽、类似蔗糖一样的甜感，它没有人工甜味剂通常具有的苦涩味或金属后味。天门冬酰苯丙氨酸甲酯因其热量极低，又具有较高的甜度，不易潮解、不致龋齿，可添加食品中作为糖替代品。

（5）乙酰磺胺酸钾　乙酰磺胺酸钾又称安赛蜜，即 AK 糖，它是一种有机合成盐，甜度为蔗糖的 200~250 倍，不参与机体代谢，甜味纯正而强烈，优于蔗糖，甜味持续时间长，不提供能量，乙酰磺胺酸钾的安全性高，和其他甜味剂混合使用能产生很强的协同效应，一般浓度下可增加甜度 20%~40%。适用于焙烤食品。

（6）环己基氨基磺酸钠　环己基氨基磺酸钠是食品生产中常用的一种添加剂，又称甜蜜素。其甜度是蔗糖的 30~40 倍。制法是由氨基磺酸与环己胺及氢氧化钠反应而成。可在糕点、饼干、面包中使用。

（7）邻苯甲酰磺酰亚胺　邻苯甲酰磺酰亚胺又称糖精，是目前使用的一种合成甜味剂，其甜度为蔗糖的 300~500 倍，吃起来会有轻微的苦味和金属味，残留在舌头上的后味微苦，邻苯甲酰磺酰亚胺单独使用时，在食品中的用量一般为 0.02%~0.03%，与山梨糖醇、葡萄糖等其他甜味剂共用时可增强甜味，被用于低热能食品中。

（二）糖的性质

1. 甜度

甜味的高低称为甜度（比甜度），甜度是糖的重要性质，但没有统一的物理及化学方法来加以评定，目前主要是利用人的味觉来比较。感官鉴定不但受主观因素的影响，也受溶液的浓度、湿度、食品中其他成分存在等客观条件的影响糖的甜度，特别是浓度，糖的浓度越高，甜度越大。不同糖品混合使用具有提高甜度的效果。故目前还没有表示甜度绝对值的标准。一般是选择蔗糖作为标准，以 10%或 15%的蔗糖水溶液在 20℃

时的甜度为100，其他甜味剂的甜度是与它比较而得出的。

糖的甜度如表2-3所示。

表2-3 糖的甜度

糖类名称	甜度	糖类名称	甜度
蔗糖	100	果葡糖浆（转化率16%）	80
果糖	150	果葡糖浆（转化率42%）	100
葡萄糖	70	淀粉糖浆（葡萄糖值42）	50
麦芽糖醇	90	淀粉糖浆（葡萄糖值52）	60
山梨糖醇	50	淀粉糖浆（葡萄糖值62）	70
木糖醇	100	淀粉糖浆（葡萄糖值70）	80

2. 溶解度

糖极易溶于水，其溶解度随温度的升高而增大。各种糖的溶解度不同。果糖最高，其次是蔗糖、葡萄糖。糖的溶解度随着温度升高而增大。冬季化糖时最好使用温水或开水。

3. 结晶性质

蔗糖属结晶性物质。纯蔗糖晶体的相对密度为1.5879，蔗糖极易结晶，晶体能生长得很大。葡萄糖也相当易于结晶，但晶体很小。果糖则难结晶。淀粉糖浆是葡萄糖、低聚糖和糊精的混合物，不结晶，并能防止蔗糖结晶。这种结晶性质的差别对糕点的生产有着十分重要的意义，其他产品中加入淀粉糖浆可利用其黏度来阻止蔗糖分子结晶。

4. 黏度

葡萄糖和果糖的黏度比蔗糖低。淀粉糖浆的黏度较高，可利用其黏度提高产品的稠度和可口性。例如：蛋糕制作中，搅打蛋白时加入熬好的糖液，可利用其黏度来稳定气泡，可以使蛋糕松软。

（三）糖加工工艺性能

糖的工艺性能在面制品的加工中起着很重要的作用，可以使面制品具有良好的甜度与风味。改善烘焙食品的色、香、味、形，特别是烘烤食品中如面包、糕点的加工生产中，糖的工艺性能发挥着重要的作用，可以直接影响到面制品的色、香、味。

1. 吸湿性和保潮性

糖具有吸湿性和保潮性，吸湿性是指在较高的空气湿度的情况下吸收水分的性质。保潮性是指在较高湿度吸收水分和在较低湿度下失去水分的性质。蔗糖和淀粉糖浆的吸湿性较低，转化糖浆和果葡糖浆吸湿性高，所以在糕点中使用高转化糖浆和果葡糖浆。由于糖具有吸水性和持水性，可使面包、糕点在一定时期内保持柔软。但含有大量葡萄糖和果糖的各种糖浆不能用于酥类制品，否则易吸湿返潮而失去酥性口感。

2. 渗透压力

高浓度的糖具有高渗透压，能够抑制许多微生物的生长。通常糖制品的糖浓度在50%以上，能使微生物细胞原生质脱水收缩，发生生理干燥而失去活力，从而能使制品得以较长时间的保藏。但某些霉菌和酵母菌较耐高渗透压，为了有效地抑制所有微生物，糖制品的糖分含量要求达到60%~65%，因此，糖在食品中既可以增加甜味，又能抑制微生物的生长和繁殖，从而能增进糕点的防腐能力、延长保质期。

糖液的渗透压力随浓度的增高而增加。单糖的渗透压力是双糖的两倍，因为在相同浓度下，单糖分子数量等于双糖的约两倍。葡萄糖和果糖比蔗糖具有较高的渗透压力和食品保藏效果。不同微生物被糖液抑制生长的程度是不同的。50%蔗糖溶液能抑制一般酵母生长。果葡糖浆的渗透压力较高，储存性好，不易受杂菌感染而败坏。

3. 抗氧化作用

糖具有抗氧化作用，氧在糖液中的溶解度小于在水的溶解度，如60%蔗糖溶液在20℃时含氧量仅为纯水的1/6。糖的这一作用有利于糖制品色泽、风味和维生素C等的保存。

4. 降低水分活度的作用

糖能降低糖制品中的水分活度（A_w）。制品中含糖量越高，则其水分活性越小，微生物就越难以生存。通常糖制品的水分活度在0.75以下，而一般微生物生长所需的最低水分活度在0.8以上，因而使糖制品有较强的保藏作用。

5. 焦糖化和褐色反应

焦糖化和褐色反应是面包、糕点着色的两个重要途径。焦糖化反应是糖类在加热到其熔点以上的温度时，分子与分子之间互相结合成多分子的聚合物，并焦化成黑褐色的色素物质——焦糖。因此，把焦糖化控制在一定程度内，可以使面包、糕点产生令人悦目的色泽与风味。

不同的糖对热的敏感性不同。果糖的熔点为95℃，麦芽糖为102~103℃，葡萄糖为146℃，这三种糖对热非常敏感，易成焦糖。因此，含有大量这三种成分的饴糖、转化糖浆、果葡糖浆、中性的淀粉糖浆、蜂蜜等在糕点、面包中使用时，常作为着色剂，在烘焙时着色最快。面包、糕点中常用的是蔗糖，熔点为183~186℃，对热的敏感性较低，所以呈色不深。

糖的褐色反应，也称美拉德反应，是氨基化合物（如蛋白质、多肽、氨基酸及胺类）的自由氨基与羰基化合物（如酮、醛、还原糖等）的羰基之间发生的羰氨反应，其最终产物是黄黑色的褐色物质，故称褐色反应。褐色反应是使面包、糕点表皮着色的另一个重要途径，也是面包、糕点产生特殊香味的重要来源。在褐色反应中除了产生色素物质外，还产生一些挥发性物质，形成面包、糕点特有的烘焙香味。这些成分主要是乙醇、丙酮醛、丙酮酸、乙酸、琥珀酸、琥珀酸乙酯等。

还原糖（葡萄糖、果糖）含量越多，褐色反应越强烈，故中性的淀粉糖浆、转化糖浆、蜂蜜极易发生褐色反应。蔗糖因无还原性，不与蛋白质作用，故不发生褐色反应，而主要发生焦糖化反应。

面包、糕点在烘焙时，糖的焦化作用和褐色反应可使产品表面形成金黄色或棕黄色，增加产品的香味。糖在糕点中起到骨架作用，能改善组织状态，使产品外形挺拔。

6. 酵母的营养物质

在面包生产中加入一定量的糖，作为酵母发酵的主要能量来源，有助于酵母的繁殖或发酵。点心面包的加糖量不宜过多，否则会抑制酵母的生长，延长发酵时间。

7. 作为面团改良剂

调制面团时，面筋蛋白吸水胀润，在这个过程中，蛋白质胶粒内部浓度不同造成的渗透压使水分子渗透到蛋白质分子中去，增加面筋蛋白的吸水量，使面筋大量形成，面团弹性增强，黏度相应降低。如果在面团中加入一定量的糖或糖浆，它不仅吸收蛋白质胶粒之间的游离水，同时会使胶粒外部浓度增加，使胶粒内部水分产生渗透压，从而降低蛋白质胶粒的胀润度，影响搅拌过程中面筋的形成，面团的弹性减弱。因此，糖在面团搅拌过程中起反水化作用。正常用量的糖对面团吸水率影响不大，但随着用糖量的增加，糖的反水化作用显现出来。大约每增加1%的糖，面团吸水率降低0.6%。可抑制面筋形成，如酥性面团。糖不仅用来调节面筋的胀润度，使面团具有可塑性，还能防止制品收缩变形。

糖对小麦粉的反水化作用，双糖比单糖作用大，因此加砂糖糖浆比加入等量淀粉糖浆作用强烈。溶化的砂糖糖浆比糖粉的作用大。因为糖粉虽然在搅拌时也会逐渐吸水溶化，但此过程非常缓慢和不完全。

四、蛋与蛋制品

（一）蛋与蛋制品种类

蛋与蛋制品是面制品生产中的重要原料之一，尤其是面条、蛋糕和面包都用蛋制品。蛋和蛋制品对面制品的生产工艺及改善面制品的色、香、味、形和提高营养价值等都有重要的作用。

蛋与蛋制品的种类包括：带壳蛋（鸡蛋、鸭蛋、鹅蛋）、液蛋、冷冻蛋（冰蛋）、浓缩蛋、干燥蛋（全蛋粉、蛋黄粉）等。

1. 带壳蛋

带壳蛋主要包括鸡蛋、鸭蛋、鹅蛋，以鸡蛋用量最大，蛋在使用时最好清洗，避免细菌带入，缩短食品保质期。

2. 液蛋

捡蛋、清洗后，用机器打开，分成蛋黄、蛋清，过滤掉卵黄膜和卵带，用60℃左右，3~5min低温杀菌，然后封装包装容器中。如不经杀菌，在0℃以下只可保存3~4d。

3. 冷冻蛋（冰蛋）

将液蛋通过加热杀菌（60℃、3.5min），冷却后在-18~-15℃条件下冻结。冷冻蛋的保存性比液蛋好。

4. 浓缩蛋

将全蛋液或蛋清液浓缩，使其中的水分减少。全蛋加热浓缩前如果未经处理，会引起蛋白质的热变性，使起泡能力下降。为了防止这一现象，在加热浓缩时，向蛋液中加入蔗糖，在60℃温度下减压浓缩。如果加糖率为50%，浓缩率为2倍，则在常温下蛋品能保存一个月左右，加热时全蛋液比全蛋容易引起热变性。

5. 干燥蛋（全蛋粉、蛋黄粉）

将蛋液的大部分水分脱除、便可加工成干燥蛋（蛋粉）。如果在加工中，蛋白质的热变性，会使得其加工性能变坏。同时由于鸡蛋中含有游离状态的葡萄糖（全蛋约0.3%、蛋黄0.2%、蛋清0.4%），在干燥中会与蛋白质发生羰氨反应，产生褐变和难闻的臭味，因此蛋液在干燥前要进行脱糖处理。脱糖处理主要有两个方法：微生物发酵脱糖法和葡萄糖氧化酶脱糖法。脱糖处理后的蛋液，再经过滤，用喷雾干燥法或盘子干燥法干燥，得到品质好的蛋粉。

（二）蛋的性质

1. 蛋的基本结构

禽蛋都有一定形状，在平面上投影为椭圆形，一般将较大一头称为蛋的钝端，较小一头称为蛋的锐端，虽然各种禽蛋的大小不同，但其基本结构是大致相同的，一般是由蛋壳、壳膜、气室、蛋清、蛋黄等部分组成。结构如图2-1所示。

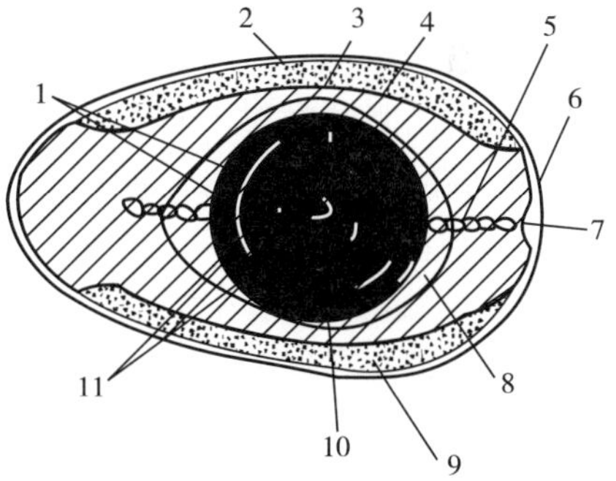

图2-1　蛋的构造示意图

1—亮卵黄层　2—蛋壳　3—薄膜　4—胚盘
5—胚颈　6—卵带　7—气室　8—内薄膜
9—内稀蛋白　10—外稀蛋白　11—卵黄膜

2. 蛋清、蛋黄的化学成分

蛋清、蛋黄的化学成分，含有有机物和无机物外，还含有大量的水分，一般蛋清含水分85%~89%，蛋黄含水分58%左右。

（1）蛋清的化学成分　蛋清是壳下皮内半流动的胶状物质，体积占全蛋的57%~58.5%。蛋清的化学成分如表2-4所示。

表2-4　蛋清的化学成分　单位：%

种类	水分	蛋白质	无氮浸出物	葡萄糖	脂肪	矿物质
鸡蛋	87.3~88.6	10.8~11.6	0.80	0.10~0.5	极少	0.6~0.8
鸭蛋	87.0	11.5	0.7	—	0.03	0.8

蛋清中的蛋白质有卵白蛋白、伴白蛋白、卵球蛋白、卵黏蛋白和卵类黏蛋白五种。前三种为简单蛋白质、后两种为结合蛋白质。蛋清主要组成物质为卵白蛋白。蛋

清中碳水化合物的含量很少，主要是葡萄糖，其他糖含量极少。蛋清的维生素和色素含量很少，主要为维生素 B_2。还含有一定量的核黄素、烟酸、生物素和钙、磷、铁等物质。

蛋清内含有蛋白酶、淀粉酶、二肽酶、氧化酶，还含有抗胃蛋白酶、抗胰蛋白酶及溶菌酶。溶菌酶具有杀菌作用，该酶在蛋黄与蛋清混合时会失去杀菌能力。

（2）蛋黄的化学成分　蛋黄体积为全蛋的 30%～32%，蛋黄的化学成分如表 2-5 所示。

表 2-5　蛋黄的化学成分　单位：%

种类	水分	脂肪	蛋白质	卵磷脂	脑磷脂	矿物质	葡萄糖色素
鸡蛋	47.2～52	21.3～23	15.6～16	8.4～10.7	3.3	0.4～1.3	0.55
鸭蛋	45.8	32.6	16.8	—	2.7	1.2	—

蛋黄大部分是蛋白质和脂肪，二者的比例为 1∶2，蛋黄中的蛋白质大部分是脂蛋白质，包括低密度脂蛋白、卵黄球蛋白、卵黄磷蛋白和高密度脂蛋白。蛋清主要组成物质为卵黄磷蛋白。脂肪多属于磷脂类中的卵磷脂（包括卵磷脂、脑磷脂和神经磷脂），还有少量的类固醇（包括固醇、胆固醇和胆脂醇）和脑苷脂等。

蛋黄中含有丰富的色素，使蛋黄呈黄色或橙黄色。这些色素大部分为脂溶性色素，属类胡萝卜素一类。

鲜蛋中的维生素主要存在于蛋黄中，不仅种类多而且含量丰富，且含有较高的铁、磷、硫和钙等矿物质。

蛋黄中含有二肽酶、淀粉酶、脂肪酶等，不含溶菌酶。

3. 蛋的相对密度

鲜蛋的相对密度为 1.060～1.085，随着储存过程中蛋的相对密度逐渐下降，低于 1.025 表明是陈蛋或腐蛋，故陈蛋的相对密度较低。多采用盐水溶液来鉴别蛋的新鲜程度。

4. 蛋的冰点

蛋的冰点取决于它们的化学成分，一般蛋清液的冰点为-0.48～-0.41℃；蛋黄液的冰点为-0.617～0.545℃；带壳蛋储藏的适宜温度为-1.5～2℃，温度过低，易将蛋壳冻裂。掌握蛋的冻结点对鲜蛋冷藏具有重要意义。

5. 蛋的凝固温度

禽蛋经加热蛋清凝固，如鸡蛋蛋清凝固温度为 62～64℃，蛋黄凝固温度为 68～71.5℃，混合蛋液为 72～77℃。蛋清冻结点为-0.48～-0.41℃。蛋黄的冻结点为-0.617～-0.545℃。掌握蛋的凝固温度和冻结点对蛋液杀菌和鲜蛋冷藏具有重要意义。

6. 渗透压

由于蛋黄与蛋清所含化学成分不同，致使蛋黄和蛋清的渗透压不同。蛋黄中钾、钠、氯等离子的盐类高于蛋清，所以渗透压大于蛋清。在蛋的储藏期间，蛋黄中的盐类不断渗透到蛋清中，蛋清中的水分也不断向蛋黄中渗透，蛋黄水分逐渐增高，而蛋清水分逐渐减少，因而蛋黄膜的强度和弹性逐渐减小，为此蛋黄扩大，当蛋黄膜承受不了蛋黄的压力时，蛋黄膜破裂造成散黄。

7. 营养评价

禽蛋是一种营养价值较高的食品，含有人体所必需的优良蛋白质、脂肪、类脂质、矿物质及维生素。通常认为鸡蛋和人乳的蛋白质最好，蛋白质消化率为98%，全蛋的生物价为94。由于禽蛋蛋清中氨基酸种类齐全，氨基酸相互之间比例与人体的需要比较接近，因此常把鸡蛋的氨基酸比例评分为100来评价其他蛋白质的质量。

（三）蛋加工工艺性能

1. 蛋清的起泡性

蛋清由于是一种亲水胶体，具有良好的起泡性，这点在糕点生产中具有重要意义。蛋清经过强烈搅打，蛋清薄膜将混入的空气包围起来形成泡沫，由于受表面张力制约，迫使泡沫成为球形，同时由于蛋清胶体具有黏度，加入的原材料附着在蛋清泡沫层四周，从而使泡沫层变得浓厚坚实，增强了泡沫的机械稳定性。制品在烘焙时，泡沫内的气体受热膨胀，增大了产品的体积，这时蛋白质遇热变性凝固，使制品疏松多孔并具有一定的弹性和韧性，因此蛋在糕点、面包中起到了膨胀、增大体积的作用。

（1）糖对蛋清的起泡性影响　在打蛋清时常加入糖，对蛋清的稳定影响很大，可以增加黏度，黏度大的物质有助于泡沫的形成和稳定。因为蛋清具有一定的黏度，所以打起的蛋清泡沫比较稳定。蔗糖不具有还原性，化学性质稳定，葡萄糖、果糖和淀粉糖浆都具有还原性，在中性和碱性情况下化学性质不稳定，故打蛋清时不宜加入葡萄糖、果糖和淀粉糖，要使用蔗糖。

（2）油对蛋清的起泡性影响　打蛋清时不能有油，油是一种消泡剂，一般将蛋黄和蛋清分开，将蛋清打泡使用，就是因为蛋黄中含有油脂的缘故。油的表面张力很大，而蛋清气泡膜很薄，当油接触到蛋清气泡时，油的表面张力大于膜本身的延伸力而将膜拉断，气体从断口处冲出，气泡立即消失。

（3）温度对蛋清的起泡性影响　温度与气泡的形成和稳定有直接关系。新鲜蛋清在30℃时起泡性能最好，黏度也最稳定，温度太高或太低均不利于蛋清的起泡。夏季温度较高，蛋清本身的温度比较高，在打蛋过程中，搅拌桨的高速旋转与蛋清形成摩擦，产生热量，会使蛋清的温度大大超过30℃，发泡性不好，因此将鸡蛋在冰箱中冷却一段时间，将温度降下来再打，容易起泡。

（4）黏度对蛋清的起泡性影响　蛋的质量直接影响蛋清的起泡性。新鲜蛋浓厚蛋清多，稀薄蛋清少，故起泡性好。不新鲜的蛋起泡性差，所以不使用长期储存和变质的蛋。

2. 蛋黄的乳化性

蛋的乳化性主要表现在蛋黄中，蛋黄具有优异的乳化性，蛋黄中的磷脂具有亲油和亲水的双重性质，是一种天然乳化剂。它能使油、水和其他材料均匀地混合在一起，使制品组织细腻，质地均匀，疏松可口，具有良好的色泽，可作为高效乳化剂用于许多食品如蛋糕、面糊中，使制品保持一定的水分，在储存期保持柔软。目前已知卵磷脂、胆固醇、脂蛋白与蛋白质均为蛋黄中具有乳化性的成分。

3. 蛋清的变性

蛋清对热极为敏感，受热后凝结变性。在温度 54～57℃时，蛋清开始变性，60℃时变性加快，受热过程中将蛋急速搅动可以防止凝结。蛋清内加入高浓度的砂糖能提高蛋清的变性温度。在 pH 4.6～4.8 时变性最快，因为 pH 4.6～4.8 是蛋清内主要成分白蛋白的等电点。

4. 蛋的上色性

在面包坯、糕点坯的表面涂上一层蛋液，由于羰氨反应引起的褐变作用，即美拉德反应，经烘焙后呈漂亮的红褐色，而且加蛋的面包、糕点成熟后具有特殊的蛋香味，并且结构疏松多孔、体积膨大而柔软。

五、乳与乳制品

（一）乳与乳制品的分类

面制品加工用乳主要用的是牛乳。乳制品有鲜乳、乳粉、甜炼乳和淡炼乳、干酪等。

1. 鲜乳

牛乳是从雌性奶牛身上所挤出来的乳汁，可制作全脂、低脂及脱脂牛乳。新挤出的牛乳中含有溶菌酶等抗菌活性物质，能够在 4℃下保存 24～36h。这种牛乳无须加热，不仅营养丰富，而且保留了牛乳中的一些微量生理活性成分，对人体的营养很有好处。但不容易存放。

2. 乳粉

乳粉是以鲜乳为原料，经浓缩后喷雾干燥制成的。乳粉包括全脂乳粉和脱脂乳粉两大类。脱脂乳粉生产是全脂乳脱去稀奶油所剩的部分为脱脂乳，乳液除去稀奶油后，脂肪含量<0.1%。将脱脂乳蒸发浓缩、再喷雾干燥就能得到。由于乳粉脱去了水分，因此比鲜乳耐储存。根据包装形式的不同，保存期短的几个月，长的可达几年。乳粉由于携带和运输方便，可以随时取用，不受季节限制，容易保持产品的清洁卫生，在面包、糕点生产中广泛应用。

3. 炼乳

炼乳分甜炼乳（加糖炼乳）和淡炼乳（无糖炼乳）两种，以甜炼乳销售量最大，在面包、糕点生产中使用较多。所谓甜炼乳，即在原料牛乳中加入 15%～16%的蔗糖，然后将牛乳的水分加热蒸发，浓缩至原体积的40%。浓缩至原体积的50%时不加糖者为淡炼乳。甜炼乳是利用高浓度蔗糖进行防腐。如果生产条件符合规定，包装卫生严密，在8~10℃下长时间储存也不腐坏。由于炼乳携带和食用非常方便，在缺乏鲜乳供应的地区，是食品生产的理想原料。

4. 干酪

干酪是将原料乳凝集成块，再将凝块进行加工、成型和发酵而制成的一种乳制品。干酪的营养价值很高，含有丰富的蛋白质、脂肪和钙、磷、硫等盐类及丰富的维生素。干酪在制造和成熟过程中，利用微生物和酶的作用，发生复杂的生物化学变化，使不溶性的蛋白质混合物转变为可溶性物质，乳糖分解为乳酸与其他混合物，使干酪具有特殊的风味，并提高消化吸收率。

（二）牛乳的组成与性质

乳是多种营养物质组成的混合物，化学成分很复杂，经证实至少有100多种化学成分，主要包括水、蛋白质、脂肪、乳糖、维生素、酶类、无机盐等。乳的化学成分与牛的品种、个体、泌乳期、畜龄、饲料、季节、气温、挤乳情况及健康状态等因素有关，其中受影响最大的是脂肪，其次是蛋白质、乳糖及灰分。新鲜牛乳一般呈乳白色或稍呈淡黄色。

- 牛乳
  - 水分
  - 气体：二氧化碳、氮、氧
  - 总乳固体
    - 脂质
      - 脂肪
      - 磷脂质：卵磷脂、脑磷脂、神经磷脂
      - 脂溶性维生素：维生素A、维生素D、维生素E、维生素K、胡萝卜素
      - 胆固醇
    - 非脂乳固体
      - 蛋白质：乳清蛋白、酪蛋白、乳白蛋白、乳球蛋白
        非蛋白态氮合物
      - 糖类：乳糖、葡萄糖、果糖、半乳糖
      - 矿物质：主要含钙、磷、钾、氯
        少量含钠、镁、硫、铁
        微量含锌、铝、铜、硅、碘
        痕量含锰、钼、锂、锶、硼、氟
      - 色素：胡萝卜素、叶黄素
      - 水溶性维生素：维生素B_1、维生素B_2、维生素B_6、维生素B_{12}、维生素C、烟酸、泛酸、生物素、叶酸
      - 酶：解脂酶、磷酸酶、过氧化氢酶、过氧化物酶、还原酶、蛋白酶等
      - 细胞：乳房内表皮细胞、白血球等

1. 乳的组成

（1）水分　乳中最多的成分是水。乳中所含的水分绝大部分以游离状态存在，成为乳的胶体体系的分散介质。极少部分水与蛋白质结合一起，称为结合水。还有一部分与乳糖结晶和乳糖晶体一起存在，称为结晶水。

由于有溶质的乳糖和盐类，导致牛乳冰点下降，冰点的平均值为-0.53~0.55℃。新鲜正常牛乳的冰点是物理性质中一项稳定的数据。如果在牛乳中掺水，冰点会回升，如掺水10%，冰点约上升0.054℃。牛乳的沸点在101.3kPa下约为100.55℃。

（2）乳蛋白质　乳中蛋白质含量为3%~3.7%，主要有酪蛋白和乳清蛋白，还有少量的脂肪球膜蛋白。

①酪蛋白：酪蛋白是等电点为pH 4.6的两性蛋白质，占乳蛋白质总量的80%~82%。乳中的酪蛋白与钙结合生成酪蛋白酸钙，再与胶体状的磷酸钙结合形成酪蛋白酸钙-磷酸钙复合体，以胶体悬浮液的状态存在于牛乳中，酪蛋白胶粒对pH的变化很敏感，调节脱脂乳的pH，酪蛋白胶粒中的钙离子与磷酸盐逐渐游离出来，pH到达酪蛋白等电点时，酪蛋白沉淀。另外，由于微生物的作用，乳中的乳糖分解为乳酸，当乳酸量足以使pH达到酪蛋白的等电点时，可发生酪蛋白的酸沉淀，出现牛乳的自然酸败现象。

②乳清蛋白：牛乳中酪蛋白沉淀下来以后，保留在上清液即乳清中的蛋白质称为乳清蛋白。乳清蛋白约占乳蛋白质总量的18%~20%，乳清蛋白包括β-乳球蛋白、α-乳白蛋白、血清白蛋白和免疫球蛋白及其他微量蛋白，如含铜、锌-超氧化物歧化酶等。乳清蛋白中含量最多的是β-乳球蛋白，其次是α-乳清蛋白。β-乳球蛋白是一种简单蛋白质，加热、增加钙离子浓度、pH超过8.6等条件都能使它变性，α-乳清蛋白比较稳定。乳清蛋白质在烘焙食品中可代替部分鸡蛋和乳粉，在油炸食品中可减少耗油量，降低成本。

③乳蛋白质的营养价值：乳蛋白质属于完全蛋白质，它含有人体全部必需氨基酸。1L牛乳基本可以满足或超过成年人每日所需要的必需氨基酸。从氨基酸组成来看，牛乳蛋白质的营养价值非常高，是一种非常经济的优质蛋白质来源。牛乳中必需氨基酸的含量如表2-6所示。

表2-6　牛乳中必需氨基酸的含量与成年人需要量的关系

氨基酸种类	成年人需要量/（g/d）	总量/（g/L 牛乳）	可满足每天需要量/%
异亮氨酸	1.4	2.1	150
苯丙氨酸	2.2	1.7	77
亮氨酸	2.2	3.6	164
苏氨酸	1.0	1.5	150
赖氨酸	1.6	2.6	162

续表

氨基酸种类	成年人需要量/（g/d）	总量/（g/L 牛乳）	可满足每天需要量/%
色氨酸	0.5	0.5	100
缬氨酸	1.6	1.6	143
甲硫氨酸及胱氨酸	2.2	1.2	55

（3）乳脂肪　乳脂肪是乳的主要成分之一。在乳中的平均含量为3%~5%。乳脂肪中的98%~99%是甘油三酯，还含有约1%的磷脂和少量的固醇、游离脂肪酸以及脂溶性维生素等。牛乳脂肪为短链和中链脂肪酸，乳脂肪的脂肪球颗粒小，呈高度乳化状态，以脂肪球形式分散于乳浆中，形成乳浊液。

牛乳脂肪的脂肪酸种类比一般脂肪多，已发现的脂肪酸多达60余种。除含有低级饱和脂肪酸外，还含有C_{20}~C_{26}的高级饱和脂肪酸。不饱和脂肪酸中主要是油酸，约占不饱和脂肪酸总量的70%。乳脂肪还含有磷脂，也是脂溶性维生素的重要来源，其中维生素A和胡萝卜素含量很高，因而乳脂肪是一种营养价值较高的脂肪。

乳中的脂肪呈极细小的球体，均匀地分散在乳浆中，脂肪球的外面有一层脂肪球膜蛋白。乳脂肪球的直径平均为1.6~10μm。每毫升牛乳中，大约有150亿个脂肪球，脂肪球的大小与乳脂肪的芳香和消化率有密切关系。一般来说，大的脂肪球芳香味浓，但消化率不如小的脂肪球。小的脂肪球芳香不如大的脂肪球，但比大的脂肪球易于消化。乳脂肪主要脂肪酸组成如表2-7所示。

表2-7　乳脂肪中主要脂肪酸组成

脂肪酸种类	分子式	相对分子质量	乳脂肪中含量/%	水溶性	挥发性
饱和脂肪酸					
丁酸	$C_4H_8O_2$	88.1	1.37~5.45	溶	挥发
己酸	$C_6H_{12}O_2$	116.1	1.61~3.25	溶	挥发
辛酸	$C_8H_{16}O_2$	144.1	0.46~2.21	100℃下0.25%	挥发
癸酸	$C_{10}H_{20}O_2$	172.2	0.32~3.00	100℃下0.1%	挥发
月桂酸	$C_{12}H_{24}O_2$	200.2	2.57~5.42	100℃下微溶	微挥发
豆蔻酸	$C_{14}H_{28}O_2$	228.2	9.8~12.95	不溶	微挥发
棕榈酸	$C_{16}H_{32}O_2$	256.5	23.12~25.4	不溶	不挥发
硬脂酸	$C_{18}H_{36}O_2$	284.3	1.72~6.20	不溶	不挥发
花生酸	$C_{20}H_{40}O_2$	312.3	0.50~0.70	不溶	不挥发
二羟基硬脂酸	$C_{18}H_{36}O_4$	316.3	0.38~1.00	不溶	不挥发

续表

脂肪酸种类	分子式	相对分子质量	乳脂肪中含量/%	水溶性	挥发性
不饱和脂肪酸					
癸烯酸	$C_{10}H_{18}O_2$	170.2	0.39~0.62	不溶	不挥发
十二碳烯酸	$C_{12}H_{22}O_2$	198.2	0.12~0.13	不溶	不挥发
十四碳烯酸	$C_{14}H_{26}O_2$	226.2	2.34~3.69	不溶	不挥发
十六碳烯酸	$C_{16}H_{30}O_2$	254.5	0.9~5.12	不溶	不挥发
油酸	$C_{18}H_{34}O_2$	282.3	18.57~27.12	不溶	不挥发
亚油酸	$C_{18}H_{22}O_2$	280.0	1.0~2.82	不溶	不挥发
亚麻酸	$C_{18}H_{30}O_2$	278.0	0.2~2.76	不溶	不挥发
二十碳四烯酸	$C_{20}H_{32}O_2$	304.3	痕量	不溶	不挥发
二十二碳六烯酸	$C_{22}H_{32}O_2$	318.4	痕量	不溶	不挥发

（4）乳糖　乳糖在自然界中仅存在于哺乳动物的乳汁中，乳糖为一分子 D-葡萄糖和一分子 D-半乳糖以 β-1,4-糖苷键结合而成的双糖。乳中糖类的 99.8%以上是乳糖，此外，还有极少量的葡萄糖、果糖、半乳糖等。牛乳中约含 4.7%的乳糖。乳糖甜味比蔗糖低，甜度是蔗糖的 15%，乳糖在水中易溶。

乳糖对婴幼儿的智力发育非常重要。因为在婴幼儿的消化道内，分解乳糖的乳糖酶最多。小儿的脑细胞发育和整个神经系统的健全都需要大量的乳糖。乳糖还可以促进肠道内乳酸菌的生长。乳酸的形成，可以促进婴幼儿对钙和其他矿物质的吸收。

一部分人随着年龄的增长，消化道内呈现缺乏乳糖酶的现象，饮用牛乳时发生腹泻等症状，被称为“乳糖不耐症”。在乳品加工中利用乳糖酶，将乳中的乳糖分解为葡萄糖和半乳糖；或利用乳酸菌将乳糖转化成乳酸，可预防“乳糖不耐症”。

（5）乳中的无机盐和维生素　牛乳中的无机盐主要有磷、钙、镁、氯、钠、硫、钾等，此外，尚有一些微量元素。牛乳中盐类的含量虽然很少，但对蛋白质的热稳定性有重要影响。牛乳中的铁含量比人乳少，有必要予以强化。牛乳中钙的 2/3 以酪蛋白酸钙、柠檬酸钙形式呈胶体状态存在，1/3 为可溶性盐，若这些盐的不同状态在乳中保持平衡，则牛乳的热稳定性高，反之，牛乳的加工稳定性就低。

牛乳中含有几乎所有已知的维生素，其中维生素 B_2的含量很丰富，但维生素 D 的含量较低。维生素 A、维生素 D、维生素 B_2及烟酸对热是稳定的，热处理中损失并不大。

乳中维生素含量如表 2-8 所示。

表 2-8 乳中维生素含量

维生素种类	牛乳中含量/（mg/L）		人乳中含量/（mg/L）
	范围	平均	
维生素 A	1190～1760IU/L	1590IU/L	1898IU/L
维生素 D	0.07～1.2μg/L	—	22
维生素 B_1	0.2～0.8	0.44	0.16
维生素 B_2	0.81～2.58	1.75	0.36
烟酸	0.30～2.00	0.94	1.47
维生素 B_6	0.22～1.90	0.64	0.10
泛酸	2.60～4.90	3.4	1.84
生物素	0.012～0.060	0.031	0.008
叶酸	0.0004～0.0062	0.0028	0.0020
维生素 B_{12}	0.0024～0.0074	0.0043	0.0003
维生素 C	16.5～27.5	21.1	43
胆碱	43～218	121	90
肌醇	60～180	119	330

（6）乳中的酶　乳中的酶主要有以下几种。

①过氧化氢酶：过氧化氢酶来源于白细胞，最适温度为37℃，最适 pH 7.0，能分解过氧化氢为水和氧气。牛乳经 63.5℃、30min 杀菌，95%的过氧化氢酶被钝化，72℃、15s 加热则完全钝化。

②过氧化物酶：乳中原有酶类，其活性在 72℃、30min 或 80℃时即被破坏，以此可检验乳是否经过高温杀菌。

③还原酶：乳中微生物生命活动的产物。新鲜乳中较少，随着细菌数的增加而增加。可利用还原酶使甲基蓝还原无色，来测定乳中微生物的多少和污染程度。

④磷酸酶：乳中固有酶，对温度较敏感。经低温巴氏杀菌后牛乳中的磷酸酶会被破坏，而过氧化酶的活性只是部分地被破坏。因此，利用磷酸酶试验可以测定乳是否经过长时间低温杀菌和温度是否超过 80℃。

⑤蛋白酶：蛋白酶存在于α-酪蛋白中，最适 pH 9.2，能分解蛋白质，干酪的成熟过程就是利用了蛋白酶的作用。蛋白酶在 80℃加热 10min 被完全钝化，在 70℃以下可以长时间保持活性。

⑥解脂酶：乳脂肪在脂酶的作用下水解产生游离脂肪酸，从而使牛乳带上脂肪分解的酸败气味，产生臭味和苦味，使牛乳风味恶化。解脂酶最适温度为 37℃，最适 pH 9.0～9.2。钝化温度至少 80～85℃。为了抑制脂酶的活性，在奶油生产中，一般采用 80～85℃以上的高温处理。

（7）乳中的核酸和核苷酸　牛乳中含有核酸和核苷酸及作为游离基以微量浓度存在于乳中的嘧啶和嘌呤。它们是乳中非蛋白氮的组成部分，不同种类的哺乳动物，乳中以上物质的组分和浓度各不相同。对于新生儿的膳食非常重要。由于它们可以作为膳食调节剂，因此，目前人们正热衷于在婴儿配方食品中补充一些核苷酸。

（8）酸和气体　乳中的酸主要是柠檬酸、乳酸、丙酮酸、尿酸、马尿酸、肌酸、乳清酸等，有机酸的含量极低。在发酵乳和干酪中，马尿酸可在乳酸菌作用下生成苯甲酸。乳中柠檬酸含量为0.07%~0.4%，平均0.18%，以柠檬酸盐状态存在。柠檬酸和磷酸同钙、镁保持着乳中盐类平衡的稳定性。柠檬酸是丁二酮的前体，对奶油和干酪芳香味形成有很大意义；加热处理对其不产生影响。

乳中含有微量气体，主要是CO_2、O_2、N_2，1L新鲜乳中含50~80μL，其中CO_2占一半以上，在挤乳过程中，CO_2数量减少，O_2和N_2数量增加；牛乳中氧的存在会导致维生素的氧化和脂肪的变质，所以牛乳在输送、储存处理过程中应尽量在密闭的容器内进行。

2. 乳的性质

（1）pH与酸度　健康牛分泌的鲜乳pH为6.4~6.8。pH<6.4可能是初乳或酸败乳；pH高于6.8者可能是乳腺炎乳或低酸度乳。酸度是牛乳新鲜度和稳定性的重要指标，牛乳的酸度是以°T来表示的。新鲜的牛乳酸度一般为16~18°T，如果酸度超过20°T即认为牛乳已经变酸。检验牛乳酸度最常用的方法是酒精试验。取一定量中性的68%~72%的酒精于试管中，加入等量的牛乳并混匀，如出现絮凝，说明酸度较高。

（2）相对密度　正常的牛乳，在20℃时的平均相对密度为1.032，其变动范围为1.028~1.034。如果乳的相对密度在1.028以下，乳清（主要成分为乳糖和无机盐类，其正常相对密度为1.027~1.30）的相对密度在1.026以下，而且非脂固形物在8%以下时，此乳有掺水的可能，因牛乳的相对密度会由于加水而降低。如果乳的相对密度大于正常乳，则有脱脂现象，因为去除脂肪，乳的相对密度会增高。

（3）冰点　牛乳的冰点一般为-0.565~-0.525℃，平均为-0.540℃。牛乳中的乳糖和盐类是导致冰点下降的主要因素。正常的牛乳其乳糖及盐类的含量变化很小，所以冰点很稳定。

（4）沸点　牛乳的沸点在101.3kPa下为100.55℃，乳的沸点受其固形物含量影响。浓缩到原体积一半时，沸点上升到101.05℃。

（三）乳与乳制品加工工艺性能

1. 乳的表面张力、黏度和起泡性

牛乳的表面张力随温度的变化而变动，温度升高则其表面张力降低；牛乳的表面张力还随牛乳含脂率的变化而变动，含脂率高则其表面张力降低。对牛乳进行均质处理，脂肪球表面积增大，表面活性物质吸附于脂肪球界面处，从而增加表面张力。表面张力和牛乳与乳制品的泡沫形成有关。制造搅打发泡稀奶油时，一般都希望有一个浓厚而稳定的牛乳泡沫形成；

乳的黏度随温度的升高而降低，在 20℃时牛乳的绝对黏度为 0.0015～0.002Pa·s。牛乳的黏度与溶解成分和胶体分散成分均有关系，酪蛋白的影响最大，其次是脂肪和白蛋白。非脂乳固体含量一定时，黏度随着含脂率的增高而增大。

影响乳品形成泡沫的因素有温度、含脂率和酸度等。低温搅拌时乳的泡沫逐渐减少，在 21～27℃达到最低点。在乳脂肪的熔点以上搅拌时，泡沫增加。搅拌奶油时，由于机械作用的影响，发生乳脂同空气的强烈混合，空气被打碎成无数细小的气泡，这些气泡充满在乳脂内，1L 乳脂中可达 60 亿个。牛乳及其制品具有泡沫性，并有一定的稳定性，在面包、糕点的生产中被广泛地应用。

2. 提高面团的吸水率

乳粉中含有大量蛋白质，其中酪蛋白占总蛋白质含量的 75%～80%，酪蛋白的多少影响面团的吸水率。乳粉的吸水率为自重的 100%～125%。因此，每次增加 1%的乳粉，面团吸水率就要相应的增加 1%～1.25%。吸水率增加，产量和出品率相应增加，成本下降。

3. 提高面团筋力和搅拌耐力

乳粉中虽无面筋蛋白，但大量乳蛋白质对面筋具有一定的增强作用，不会因搅拌时间延长而导致搅拌过度。加入乳粉的面团更适于高速搅拌，高速搅拌能改善面包的组织和体积。

4. 提高面团的发酵耐力

乳粉可以提高面团发酵耐力，避免因发酵时间延长而使面团成为发酵过度的老面团，其原因是：乳粉中含有的大量蛋白质，对面团发酵过程中 pH 的变化具有缓冲作用，使面团的 pH 不会发生太大的波动和变化，保证面团的正常发酵。乳粉可抑制淀粉酶的活性。无乳粉的面团发酵要比有乳粉的面团发酵快，特别是低糖的面团。面团发酵速度适当放慢，有利于面团均匀膨胀，增大面包体积。乳粉可刺激酵母内酒精酶的活性，提高了糖的利用率，有利于 CO_2气体的产生。

5. 乳粉是烘焙食品的着色剂

牛乳中的碳水化合物主要是乳糖，乳糖以外的碳水化合物如葡萄糖、半乳糖等在牛乳中有微量存在。乳糖具有还原性，不能被酵母所利用，发酵后仍全部残留在面团中。在烘焙期间，乳糖与蛋白质中氨基酸发生褐变反应，形成诱人的色泽。乳粉用量越多，制品的表皮颜色越深。乳糖的熔点较低，在烘焙期间着色快。因此，凡是使用较多乳粉的制品，都要适当降低烘焙温度和延长烘焙时间。否则，制品着色过快，易造成外焦内生。

6. 改善制品的组织

由于乳粉提高了面筋筋力，改善了面团发酵耐力和持气性，因此，含有乳粉制品组织均匀、柔软、疏松并富有弹性。

7. 延缓制品的老化

乳粉中含有的大量蛋白质使面团吸水率增加，面筋性能得到改善，面包体积增大，这些因素都使制品老化速度减慢，提高了保鲜期。

六、杂粮粉

杂粮粉由于特有的风味及功能性，越来越多地被应用在面制品的加工中，杂粮的种类很多，主要有谷类与薯类，常用的有玉米、小米、高粱、荞麦、燕麦、红薯、马铃薯制成的粉。不同的加工方法，使杂粮的性能发生变化，不同特性的杂粮粉，使得到的面制品口感及营养得到更多的改善。

（一）杂粮精制粉

精制粉是以谷类杂粮玉米、小米、高粱、荞麦、燕麦、黍米、稷米等为原料，经清理去皮后直接磨成的细粉，粗细度在精制粉制取过程中很重要，影响杂粮主食品加工，加工中粉要求尽量细一些，一般在 120~180 目，这是因为粒径小，在加工过程中，各种黏性原料成分才能将它紧密包裹住，形成网络，利于成型。常用的原料有谷朊粉、膨化粉等水溶性物料和遇水吸收膨润的黏性物质增稠剂，如海藻酸钠、黄原胶等；另一种是杂粮粉、淀粉熟化后能产生凝胶，促进成型的物料，如薯全粉、薯淀粉、大豆粉等。

精制粉工艺流程如图 2-2 所示：

图 2-2　精制粉工艺流程图

杂粮的纯精制粉都要以该杂粮的名命名：如玉米精制粉、荞麦精制粉等。每一杂粮原有的独特风味和固有性质功能，在加工后应尽可能得到充分体现和保留。谷类杂粮制取的精制粉，在面制品加工中广泛使用。

杂粮的混合粉都要以其主要成分的杂粮命名，如玉米配合粉、高粱配合粉、马铃薯配合粉、荞麦配合粉等。配合粉的制品，是要以某一种杂粮粉为主体，不使用任何合成添加剂，直接由几种杂粮配合而成，可使各种营养得到强化，营养互补、调整口味口感。配合粉可以用来制作面条、馒头、面包、糕点等各类主食品。

（二）杂粮膨化粉

杂粮通过挤压膨化机进行膨化，用加热的办法使粮食里的淀粉变性，并具有水溶性和黏结性。与其他加工方式不同的是，它不是用外部加热，而是利用机械摩擦所产生的热量。不仅如此，挤压膨化机的突出特点是机体内形成的高温、高压，当物料离开机体而骤然降至常温、常压时，物料所含水分瞬时蒸发，产生海绵状结构，使膨化的物料具有许多独特性能。

膨化粉在杂粮主食品生产中，有着不可替代的重要作用，在各类配合粉的配方设计中可以利用膨化粉很强的黏结力和可塑性，利于成型，使制品软糯可口，这种配粉可以保持原杂粮的原汁原味、功能特性和口味口感，而且赋予了新的浓郁清香风味。

膨化粉是以杂粮，包括玉米、小米、高粱、马铃薯（薯干）、甘薯（薯干）、荞麦米、燕麦米、稷米为原料，经过清理，去壳去皮，分别挤压膨化后，磨成细粉得到的。

膨化粉工艺流程如图 2-3 所示：

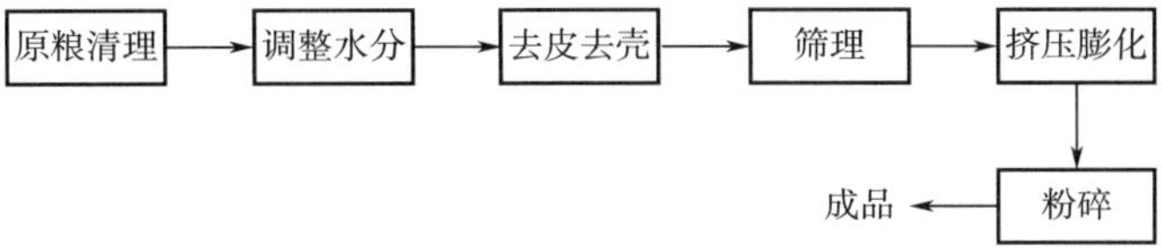

图 2-3　膨化粉工艺流程图

（三）杂粮冻结粉

玉米等杂粮如果直接用来制作烘焙食品，如面包、饼干等，则食味粗糙，坚硬而难以食用。如将玉米经过冻结处理再磨成细粉，则可以制成具有玉米清香、松软柔韧的玉米面包和酥松香脆的玉米饼干。不少杂粮主食品可以以冻结粉为原料。

杂粮冻结粉工艺流程如图 2-4 所示：

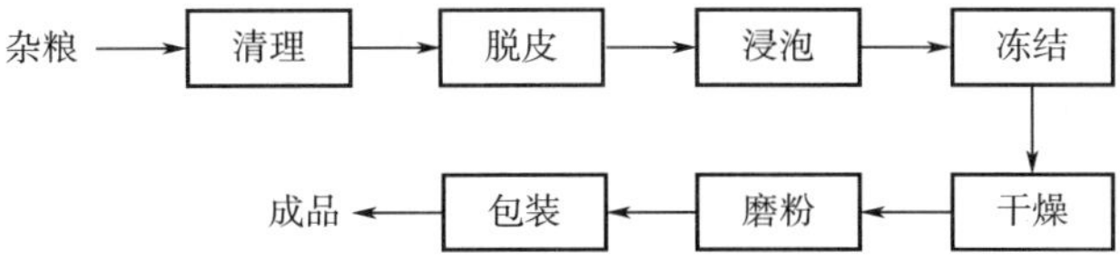

图 2-4　杂粮冻结粉工艺流程图

（四）杂粮水磨粉、湿磨粉

为了改善杂粮的食用品质，改良主食品的口味口感，增添新的风味，结合我国民间传统工艺，一些产品可以用各类水磨粉、湿磨粉为原料制成，如用于汤圆、面条、馒头、面包等，其制成品一般具有细腻、爽滑、柔韧、软糯的特点，是干磨粉所不及的。杂粮的纯净籽粒（如玉米渣、高粱米）经清洁水快速捞洗、沥干，加入清洁水，浸泡渗润，入磨成浆，米浆蒸发干燥、粉碎即得水磨粉成品。湿磨粉的制取与上述方法大致相同，只不过快速捞洗后要计量投放浸泡水，以泡透吸干为度，然后经锤片式或爪式粉碎机粉碎，即为湿磨粉半成品，供下道工序使用。

杂粮湿磨粉工艺流程如图 2-5 所示：

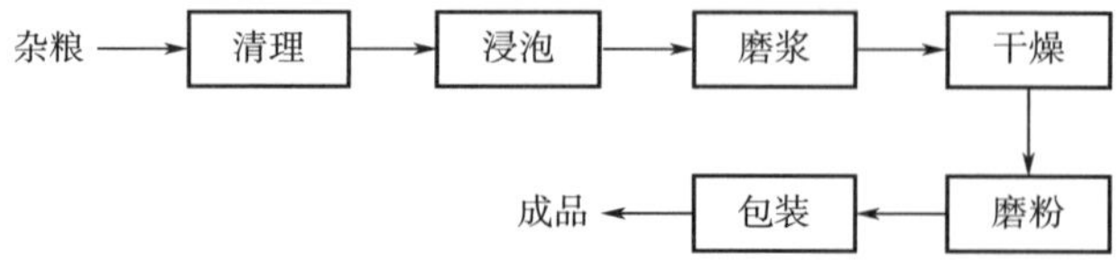

图 2-5　杂粮湿磨粉工艺流程图

（五）薯类全粉

薯类全粉包括两类制品，一类是活性薯全粉，即生全粉，采用薯类乳浆经气流快速干燥后磨成的粉，其淀粉酶活性仍然存在。另一类是非活性薯全粉，即熟全粉，采用薯类乳浆经高温干燥粉碎制得，其淀粉酶已灭活，这类制品多用辊筒干燥机制取。在杂粮主食品加工生产中可利用薯全粉的水溶性、粘连性的性质，在一些杂粮主食品生产中使用，一些制品以薯全粉为主料，如马铃薯粉。一些制品以薯全粉为辅料，如添加到馒头、馒头及面包中。

薯类全粉工艺流程如 2-6 所示：

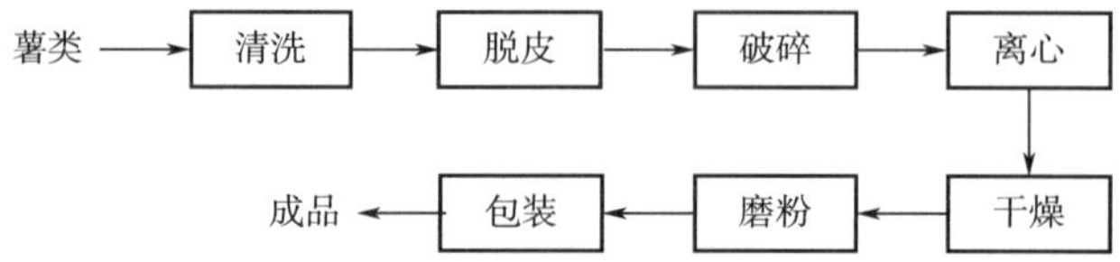

图 2-6　薯类全粉工艺流程图

第二节　面制品添加剂

食品添加剂是现代食品工业发展的产物，随着科技的不断进步，食品添加剂快速地发展，已成为食品的重要组成部分。食品添加剂的研究、生产和使用水平反映了食品工业的技术水平。食品添加剂的作用主要是保证食品的品质，改善食品的色、香、味，保证食品的储藏及保质期内的品质要求，赋予食品特殊的营养价值和保健要求，满足食品加工过程中工艺技术的需要以及开发新产品的需要。GB 2760—2014《食品安全国家标准　食品添加剂使用标准》规定了食品添加剂的使用原则、允许使用的食品添加剂品种、使用范围及最大使用量或残留量。

一、食品添加剂分类

食品添加剂的分类原则有多种，例如来源、功能、安全性等。在全球范围内，可按来源分为两类，第一类是天然食品添加剂，指从天然植物、动物等或微生物的代谢产物为原料，经提取而获得的天然物质；第二类是化学合成食品添加剂，利用氧化、还原、缩合、聚合、成盐等各种化学反应制备的物质。目前，市场上常见到的多是合成类食品添加剂，而天然食品添加剂较少，其价格较高，使用量有限。在 GB 2760—2014《食品安全国家标准 食品添加剂使用标准》中食品添加剂分为 23 类，分别是酸度调节剂、抗结剂、消泡剂、抗氧化剂、漂白剂、膨松剂、胶基糖果中基础剂物质、着色剂、护色剂、乳化剂、酶制剂、增味剂、小麦粉处理剂、被膜剂、水分保持剂、营养强化剂、防腐剂、稳定剂和凝固剂、甜味剂、增稠剂、食品用香料、食品工业用加工助剂、其他，品种共 2000 种以上。

二、面制品品质改良类

（一）小麦粉处理剂类

小麦粉处理剂是指能促进小麦粉的熟化和提高制品质量的添加剂，主要是对小麦粉起增强（减弱）筋力的作用。添加剂主要有两类，即氧化剂和还原剂。氧化剂将巯基氧化为二硫键，形成大分子网络结构，增强面团的弹性、韧性，同时具有抑制小麦粉中蛋白酶的作用，可以避免蛋白质降解，保持面筋网络；还原剂可以降低小麦粉的筋力，软化面团。目前，GB 2760—2014《食品安全国家标准 食品添加剂使用标准》中批准允许使用的小麦粉处理剂有 5 种，如抗坏血酸（维生素 C）、偶氮甲酰胺、L-半胱氨酸盐酸盐、碳酸镁、碳酸钙。抗坏血酸可增强面筋的筋力，改善面团的流变学特性及面包的烘焙品质。偶氮甲酰胺被用来改良面团的弹性、韧性和均匀性。L-半胱氨酸盐酸盐在面包制作中具有促进发酵、防止氧化的作用。碳酸镁和碳酸钙又称分散剂，具有使微量小麦粉处理剂分散均匀的作用，还具有抗结剂、膨松剂、水质改良剂和酵母养料的作用。

1. 抗坏血酸

抗坏血酸作为小麦粉处理剂可用于小麦粉，它是一种中速反应氧化剂。抗坏血酸对面团流变学特性的影响是改进面团的气体保留容量、增强弹性，改善面团的水分吸收，制作的面包体积大，均匀多孔、细腻，还可以增加面条的弹性及韧性，改善口感。

2. 偶氮甲酰胺

偶氮甲酰胺是一种快速反应氧化剂，当这种增筋剂加入小麦粉中遇水调制成面团的过程中，偶氮甲酰胺会立即产生强烈的氧化作用。偶氮甲酰胺能够使面筋蛋白中半胱氨酸的巯基（—SH）氧化，抑制巯基对蛋白酶的活化作用，同时又可加速二硫键（—S—S—）的形成，可使面团中蛋白质分子相互结合形成大分子的网络结构，有明显增强面筋网络的作用，可以减少面团搅拌时间，降低其他氧化剂的用量，用它处理过的面团对机械有很高的耐力，面包体积明显增大，而且内部结构孔洞均匀，面条有筋力、有弹性、有咬劲、耐煮、不易断条，增筋效果较为明显。

3. L-半胱氨酸盐酸盐

L-半胱氨酸盐酸盐是一种还原剂，能够降低面团筋力，面团具有良好可塑性和延伸性。其作用主要是使蛋白质分子中的二硫键断裂，转变为巯基，蛋白质由大分子变为小分子，降低面团筋力、弹性和韧性。对于生产的饼干和糕点，适量使用还原剂，可使制品酥松、增大制品体积，改善产品的组织结构等，对生产具有十分重要的意义。

常用的还原剂有 L-半胱氨酸、亚硫酸氢钠、异抗坏血酸等。

（二）酶制剂类

酶来源于自然界，是从生物中提取的具有酶特性的一类物质，用于食品加工，具有特殊催化功能的生物制品。主要来源有动物、植物和微生物三大类，是指由动物或植物的可食或非可食部分直接提取，或由传统或通过基因修饰的微生物（包括但不限于细菌、放线菌、真菌菌种）发酵、提取制得，由于酶具有高效、专一的催化特性，在适宜条件（pH 和温度）下具有活性，并且作用条件温和，在食品加工中越来越被重视，并被广泛应用。面制品中常用到的是葡萄糖氧化酶、淀粉酶、蛋白酶、脂肪酶、脂肪氧合酶、谷氨酰胺转氨酶等。

1. 葡萄糖氧化酶

葡萄糖氧化酶在氧气的存在的条件下能将葡萄糖转化为葡萄糖酸，同时产生过氧化氢。过氧化氢是一种很强的氧化剂，能够将面筋分子中的巯基（—SH）氧化为二硫键（—S—S—），二硫键的形成有助于面团网络结构的形成，同时小麦粉中过氧化物酶作用于过氧化氢产生自由基，促进戊聚糖的氧化交联反应，有利于可溶性戊聚糖氧化凝胶形成较大的网状结构，增强了面团的弹性及面筋的强度，提高面团延展性。

葡萄糖氧化酶应用在面包加工中，能使面团具有耐机械搅拌性，能够增大面包体积及弹性，面包的外形和口感在总体上都得到了改善。在面条生产中，葡萄糖氧化酶有助于面筋蛋白之间形成较好的蛋白质网络结构，提高面条的硬度和弹性，有效地增加面条的咀嚼度。同时能减小面条的黏附性，改善面条的耐煮性，适合用于我国特色面制品，如拉面、烩面、刀削面等。

2. 淀粉酶

淀粉酶是水解淀粉和糖原的酶类总称，淀粉酶一般作用于可溶性淀粉、直链淀粉、糖原等 α-1,4-葡聚糖，水解 α-1,4-糖苷键的酶。根据酶水解产物异构类型的不同可分为 α-淀粉酶与 β-淀粉酶。淀粉酶可以将大分子的淀粉水解为麦芽糖，如果小麦粉中有淀粉酶，在制作面包或馒头时，面团的加工过程中淀粉会转变成为麦芽糖，便会产生充足的糖分帮助发酵，可以提高馒头等发酵面食的发酵速率和能力，但是如果小麦粉中缺乏充分的淀粉酶，酵母在发酵过程中需要的糖分也会不断减少，发酵过程便会逐渐停止。添加一些淀粉酶，能够为小麦粉提供一定的糖分，使糖分能够达到酵母的需求。将面包面团放置到烤炉中时，持续增加的温度会使酶的反应速度逐渐加快，产生更多的糖分。含糖量越多的面包表面焙烤颜色便会越深，并且面团当中富含一定的蛋白质，其与还原糖发生反应，使焙烤食品容易上色。添加适量的淀粉酶，可保持面包的活性，增强面包的细胞弹性，能够在保存期中长时间维持柔软，主要原因是淀粉酶对淀粉产生作用，使其老化逐渐变得缓慢，面包得以长时间保持柔软的状态。

3. 蛋白酶

蛋白酶是水解蛋白质肽键的一类酶的总称。按其水解多肽的方式，可以将其分为内肽酶和外肽酶两类。内肽酶将蛋白质分子内部切断。外肽酶从蛋白质分子的游离氨基或羧基的末端逐个将肽键水解，而游离出氨基酸，前者为氨基肽酶后者为羧基肽酶。按其反应的最适 pH，分为酸性蛋白酶、中性蛋白酶和碱性蛋白酶。工业生产上应用的蛋白酶主要是内肽酶。蛋白酶可以水解蛋白质，降低面团面筋的筋力，使面团的弹性降低，易于伸展和延伸。制作饼干和糕点时，大都是采用低筋的小麦粉，和生产面包的方式以及要求有所区别，生产饼干需要蛋白质含量较低的小麦粉，可以添加适量的蛋白酶来弱化面筋，软化面筋，提高面团的延伸性，且不影响小麦粉中的其他营养物质。在面包中使用，可以使面团变软，改善烘焙性质。

4. 脂肪酶

脂肪酶是一种特殊的酯键水解酶，在油水界面上，脂肪酶催化三酰甘油的酯键水解，释放含更少酯键的甘油酯或甘油及脂肪酸。脂肪酶反应条件温和，在较高和较低温度下酶仍具有较高的活性，在面制品加工中适当加入脂肪酶，可以改善制品的质量及弹性。

5. 脂肪氧合酶

脂肪氧化酶是一种氧化还原酶，其作用机理是小麦粉中添加脂肪氧化酶后，在氧气的参与下，能够使不饱和脂肪酸（例如亚油酸、亚麻酸等）及脂质发生氧化作用，反应后生成具有氧化能力的过氧化氢，能够将面筋蛋白中的—SH 氧化成—S—S—，从而增强面团的筋力和防止面筋蛋白的水解。同时，又能破坏胡萝卜素的双键结构，起到漂白小麦粉的作用。

豆类（大豆、扁豆和豌豆等）中脂肪氧化酶的活性很高，而小麦粉中脂肪氧化酶的活力很低，因此可以添加一些脂肪氧化酶活力高的豆粉来改善小麦粉品质，增加小麦粉的白度。

6. 谷氨酰胺转氨酶

谷氨酰胺转氨酶是一种催化蛋白质间（或内）酰基转移反应，使蛋白质多肽发生分子内和分子间共价交联，从而改善蛋白质的结构和功能，在面制品加工中加入谷氨酰胺转氨酶，使面团面筋网络结构经共价交联而加强，面团中淀粉可更好被包裹在此网络结构中，使面条表面黏性下降，烹煮时就不易结块，降低面汤浑浊，且谷氨酰胺转氨酶形成共价交联结构较耐热，在热汤中面条可较长时间保持弹性结构，在面包中可代替氧化剂和乳化剂，面团硬度较低，更富有弹性，增大面包体积和比容（比容标准物理量名称为比体积，粮食行业习惯使用比容，本书统称比容），提高面包持水性，改善面包结构，抑制淀粉老化，有效延长面包保质期。

油炸用的面糊吸油率高，研究发现谷氨酰胺转氨酶能有效通过修饰面糊微观结构，表现出最高黏度剪切稳定性，增加面糊黏度，提高了面糊黏弹性。可降低油炸过程中面糊吸油率，面糊水分损失也会降低。

（三）膨松剂类

膨松剂是指在食品加工过程中，受热分解，产生气体，使面坯起发，形成致密多孔组织，从而使制品具有膨松、柔软或酥脆特性的一类物质。膨松剂大致分为三类：化学膨松剂、有机膨松剂和生物膨松剂，化学膨松剂有碳酸氢钠、碳酸氢铵、磷酸氢钙、酒石酸氢钾、硫酸铝钾、硫酸铝铵等。复合膨松剂是为了应对单一膨松剂或多或少存在应用上的缺陷，将多种膨松剂进行复配，以弥补单一膨松剂使用时的不足，增加其功能特性。食品安全研究发现，膨松剂中铝被人体吸收后，会对人的健康产生不利影响，因此建议减少含铝膨松剂在食品中的应用，尤其是在油条制作中使用。膨松剂主要应用于糕点、饼干、面包、馒头等以小麦粉为主的食品制作过程中，使其体积膨胀与结构疏松。有机膨松剂主要有葡萄糖酸内酯，生物膨松剂主要有酵母。

1. 化学膨松剂

（1）碳酸氢钠　碳酸氢钠属于碱性膨松剂，加热至50℃时开始分解并放出二氧化碳，使食品产生多孔海绵状疏松组织，但由于分解过快，容易使食品出现大空洞。单独使用时，因其受热分解后呈强碱性，分解后生成的碳酸钠使食品的碱性增加，影响口味，还会破坏某些维生素，甚至导致食品发黄或有黄斑，使食品质量降低。

（2）碳酸氢铵　碳酸氢铵属于碱性膨松剂，对热不稳定，碳酸氢铵在食品加工过程中60℃以上分解，生成二氧化碳、氨和水，二氧化碳和氨两者均可挥发，使食品产生海绵状疏松结构体，氨气若溶于食品中的水则会生成氢氧化铵，使食品的碱性增加，还会影响食品的风味，即有氨臭味，因此，碳酸氢铵一般用于水分含量较少的产品，如饼干。此外，由于碳酸氢铵产生的气体量较大，起发面团效力强，容易造成制品过松，制品内部出现较大的空洞。

以上两种膨松剂都各有优缺点，在实际应用中常常将两者混合使用。控制碳酸氢钠、碳酸氢铵的添加量，发挥各自的作用，使制品结构酥松孔洞均匀，食品的口感得到有效改善。

（3）磷酸氢钙　磷酸氢钙属于酸性膨松剂，它与碳酸氢钠作用产生二氧化碳，使产品膨松酥脆，在食品加工中不直接产生气体，可以作为复合膨松剂，磷酸氢钙还可以控制反应速度，使制品产气均匀，气孔大小均匀，膨松度好。还可以中和碱性，使制品口感变好。

2. 有机膨松剂

（1）葡萄糖酸-δ-内酯　葡萄糖酸-δ-内酯作为膨松剂原料，与其他酸性原料相比，在低温下不易反应，经加热变成葡萄糖酸，然后与碳酸氢钠反应产生二氧化碳，食品发泡均匀、细小，风味好。

（2）复合膨松剂　复合膨松剂一般用碳酸氢钠配上不同的酸性盐和其他填充材料配合而成，遇水、加热即发生反应，释放二氧化碳，产气量大，常用的酸性盐有磷酸钙、磷酸氢钙、硫酸铝钾、硫酸铝铵、酒石酸钾钠、葡萄糖酸-δ-内酯等。选择酸性盐时要注意选择产气速度恰当的酸性盐，按照一定的碳酸氢钠与酸性盐的比例，才能使制品膨松均匀，口感良好。

3. 生物膨松剂

酵母是一种生物膨松剂，主要是利用面团中的单糖作为其营养物质，单糖有两个来源，一是在配料中加入蔗糖经转化酶水解成转化糖；二是淀粉经水解最后成为葡萄糖。酵母菌利用这些糖类及其他营养物质，通过发酵作用产生二氧化碳气体，生成的二氧化碳被面团中面筋包围，使制品体积膨大并形成海绵状网络组织。发酵形成的其他物质如乙醇、有机酸、酯类、羰基化合物则使制品风味独特、营养丰富。利用酵母作膨松剂时，需要注意控制面团的发酵温度，温度过高（>35℃）时，乳酸菌大量繁殖，面团的酸度增加。湿度是必须注意控制的另外一个因素，湿度过高易导致发酵过度。

（四）水分保持剂类

水分保持剂是指有助于保持食品中水分而加入的物质，水分保持剂同时还具有提高食品稳定性，保持食品内部持水性，改善其形态、色泽、风味等功能。常用的磷酸盐类和非磷酸盐类，磷酸盐类主要有焦磷酸二氢二钠、焦磷酸钠、磷酸二氢钙、磷酸二氢钾、磷酸氢二铵、磷酸氢二钾、磷酸氢钙、磷酸三钙、磷酸三钾、磷酸三钠、六偏磷酸钠、三聚磷酸钠、磷酸二氢钠、磷酸氢二钠等，非磷酸盐类主要有聚葡萄糖、丙二醇、麦芽糖醇、乳酸钠（钾）、山梨糖醇和甘油等。添加了水分保持剂的面制品，其持水性会提高，作用的机理就是高离子强度的磷酸盐可影响面筋蛋白，增加蛋白质的水合作用；而非磷酸盐类可填充到淀粉颗粒中，增大其结合水的能力。在面制品的加工中加入水分保持剂，与其他添加剂复配使用，使产品的品质更好。主食中馒头、面包及熟面在储藏和运输过程中会出现老化现象，失去柔软性，变硬无弹性，引起面制品的老化因素很多，如水分、温度、淀粉组成等，通过添加水分保持剂，可以改善面制品的品质，延缓老化，使产品口感的弹性变好。

（五）增稠剂类

增稠剂是指可以提高食品的黏稠度或形成凝胶，从而改变食品的物理性状、赋予食品黏润、适宜的口感，并兼有乳化、稳定作用。增稠剂可以改变面团的流变学特性，使面团胶凝、乳化、增筋及增加面制品光滑度和韧性，并且具有保水作用等，此外增稠剂与其他添加剂表现出良好的协同性。增稠剂在面制品中应用较多，如它是面条制品中一类常见的食品添加剂，具有提高其韧性和爽滑度，降低蒸煮损失，增加咀嚼度，改善口感的作用。

根据来源，可分为天然和合成两大类，但以天然的增稠剂为主，可分为动物性胶、植物性胶、微生物胶及酶处理生成胶四大类，增稠剂的大致分类如表 2-9 所示。

表 2-9 食品增稠剂的分类

种类	主要品种
植物性增稠剂	瓜尔胶、槐豆胶、罗望子胶、卡拉胶、沙蒿籽胶、亚麻籽胶、田菁胶、葫芦巴胶、皂荚豆胶、阿拉伯胶、黄蓍胶、印度胶、果胶、魔芋、芦荟胶、菊糖、仙草多糖
动物性增稠剂	明胶、干酪素、酪蛋白酸钠、甲壳素、壳聚糖、乳清蛋白、乳清浓缩蛋白、鱼胶
微生物性增稠剂	黄原胶、结冷胶、茁霉多糖、凝结多糖、酵母多糖
海藻性增稠剂	琼脂、卡拉胶、海藻酸（盐）、海藻酸丙二醇酯、红藻胶、褐藻岩藻聚糖
化学合成增稠剂	羧甲基纤维素钠、羟乙苯纤维素、微晶纤维素、甲基纤维素、羟丙基甲基纤维素、羟丙基纤维性淀粉、聚丙烯钠、聚乙烯吡咯烷酮

食品增稠剂是面制品加工中最重要的原料之一，它在食品加工中主要起稳定食品形态的作用，如悬浮稳定、光洁稳定、乳化稳定等。此外，它可以改善食品的触感及加工食品的色、香、味和水相等的稳定性。一般认为增稠剂在食品加工中主要起以下几方面的作用。

1. 增稠作用

食用增稠剂都是水溶性高分子，溶于水中产生很大的黏度，使食品体系具有稠厚感。体系黏度增加后，体系中的分散相不容易聚集和凝聚，因而可以使分散体系保持稳定。增稠剂大多具有表面活性，可以吸附于分散相的表面，使其具有一定的亲水性而易于在水体系中分散。加入面团中，可增加面团的筋力。

2. 胶凝作用

食用增稠剂中有些增稠剂，如明胶、琼脂等溶液，在温热条件下为黏稠流体。当温度降低时，溶液分子连接成网状结构，溶剂和其他分散介质全部被包含在网状结构中，整个体系形成了没有流动性的半固体，即凝胶。并不是所有的食品增稠剂都有凝胶特性，而且它们的成胶特性各不相同，在食品加工中往往相互不能替代，很多食品的加工都利用了增稠剂的这个性质，有些离子性的水溶性高分子，如海藻酸钠，在有高价离子的存在下可以形成凝胶，而与温度没有关系。这对于加工很多特色食品都有益处。

3. 乳化、稳定作用

因为溶液的黏度增加，体系中的分散相不容易聚集和凝聚，因而可以使分散体系稳定。在食品中能起乳化作用的食品增稠剂并不是真正的乳化剂，并不具有乳化剂的亲水-亲油平衡机制，是通过增稠或增加水相黏度以阻止或减弱分散的油粒小球发生迁移和聚合倾向的方式来完成的。

4. 保水作用

食品增稠剂都是亲水性高分子，具有较强的吸水性，将其加入食品后，可以使食品保持一定的水分含量，从而使产品保持良好的口感。

5. 控制结晶

食品增稠剂由于可以赋予食品以较高的黏度，从而使体系不易结晶或使结晶细小。这种特性可以避免糕点中糖的析出。

（六）乳化剂类

乳化剂是指能使两种或两种以上互补相溶的液质转为均匀分散相（乳浊液）的物质，添加少量即可显著降低油水两相界面张力，改善乳化体系中各种构成相之间的表面张力，形成均匀分散体或乳化体的物质。各种乳化剂通过小麦粉中的淀粉和蛋白质相互作用，形成复杂的复合体，起到增强面条的筋力、弹性和韧性的作用，同时阻止了淀粉水溶出，减慢淀粉的结晶速度，延缓了淀粉的老化，提高加工性能，同时使面条减少粘连、浑汤的现象，改善面包组织，延长保鲜期等作用。

1. 硬脂酰乳酸钠／钙

硬脂酰乳酸钠/钙，具有强筋和保鲜的作用。一方面与蛋白质发生强烈的相互作用，形成面筋蛋白复合物，使面筋网络更加细致而有弹性，改善酵母发酵面团持气性，使烘烤出来的面包体积增大，改善面条的弹性及韧性；另一方面，与直链淀粉相互作用，形成不溶性复合物，从而抑制链淀粉的老化，保持烘烤面包的柔软度和新鲜度，还可抑制面条淀粉的溶出，使面条的表面更光滑、断条率低、耐泡耐煮，更有咬劲。使饼干容易脱模，外观整齐，层次清晰，口感酥脆。

2. 双乙酰酒石酸单甘油酯

双乙酰酒石酸单甘油酯能与蛋白质发生强烈的相互作用，改进发酵面团的持气性，从而增大面包的体积和弹性，这种作用在调制软质小麦粉时更为明显。如果单从增大面包体积的角度考虑，双乙酰酒石酸单甘油酯在众多的乳化剂当中的效果是最好的，也是溴酸钾替代物一种理想途径。在蛋糕中良好的发泡性，形成的界面膜使气泡稳定、分布均匀，使油脂分散得更细、更均匀，使蛋糕口感更好，更柔软。

3. 蔗糖脂肪酸酯

蔗糖脂肪酸酯是面制品品质改良剂中使用最多的一种，在面包中它能提高面包的酥脆性，改善淀粉糊黏度以及面包体积和蜂窝结构，并有防止老化的作用。采用冷藏面团制作面包时，添加蔗糖酯可以有效防止面团冷藏变性。在面条中能够提高面条的弹性、韧性和筋力，使面条口感润滑。在饼干、糕点中可使脂肪乳化稳定，防止析出，改善制品品质。

4. 单甘酯

单甘酯用于面包，对面包起抗老化保鲜的作用，并且常与其他乳化剂复配使用，起协同增效的作用，能改善面团组织结构，防止面包老化，面包松软，体积增大，富有弹性，延长保质期。用于糕点，与其他乳化剂配伍，作为糕点的发泡剂，与蛋白质形成复合体，从而产生适度的气泡膜，所制点心体积增大。用于饼干，加入面团中能使油脂以乳化状态均匀分散，有效地防止油脂渗出，提高饼干的脆性。

5. 卵磷脂

卵磷脂是一种天然乳化剂和营养剂，具有乳化剂的功能，卵磷脂可以缩短和面时间，防止淀粉老化，提高面条的光泽及韧性，同时保持面包及糕点的新鲜度。卵磷脂能够使大脑神经及时得到营养补充，有利于消除疲劳，缓解神经紧张。

（七）营养强化剂类

食品营养强化剂是为了增加食品营养成分而加入的，可以增加食品的营养组成。一方面在食品中添加食品营养强化剂，可以补充天然食品的营养缺陷，改善食品中的营养成分及其比例，生产出为改善人群中普遍摄入不足的，或者是因为地理环境造成的地区性缺乏的，或者是因为生理状况、生活环境变化造成的对某些营养物质有特殊需求的营养成分。营养强化剂可以弥补食源性天然食物营养缺乏，预防疾病；通过补充加工过程中营养素的损失，维持原有营养价值；简化膳食搭配，维持全面营养；满足不同年龄段、不同人群对营养素的不同需求；另一方面可以利用食品营养强化剂特别补充某些营养物质，强化食品中原有的营养价值，达到特殊饮食和促进健康的目的，生产出符合婴幼儿、运动员、海员、宇航员等特殊生理需要的食品。食品营养强化剂主要包括蛋白质、脂肪、碳水化合物、矿物质、维生素等。

食品营养强化剂不仅可以提高食品的营养质量，有些营养强化剂还兼有提高食品的感官质量和保藏性能的作用。如维生素 C、维生素 E、卵磷脂是良好的抗氧化剂，一些氨基酸类营养强化剂可以提高加工制品的风味。

面制品以小麦粉为主要原料，而谷物籽类具有营养物质分布不平衡的特征，特别是氨基酸存在巨大差异。如赖氨酸是谷类植物蛋白限制氨基酸，在磨粉加工过程中还会造成营养物质的损失，而这些营养物质恰恰是人体需要的，长期食用精制的小麦粉会造成某些营养物质的缺乏。为解决这类问题，研究人员首先想到的是强化小麦粉中的营养素。例如，在小麦粉中添加赖氨酸提高营养价值，美国和加拿大普遍在小麦粉中强化铁、B 族维生素等。英国要求小麦粉中必须补充矿物质和维生素，菲律宾要求在儿童食品和面条中强化维生素 A。目前，我国有强化小麦粉、强化面条及强化谷物压片型食品等，常见的强化营养素有 B 族维生素、烟酸、钙、铁、膳食纤维、小麦胚芽粉及其他复合添加剂等。

三、防腐保鲜类

食品腐败是指食品在一定的环境下因微生物的影响使食品失去原有的营养价值、组织性状成为不符合卫生要求的食品。造成食品腐败的主要因素有微生物的繁殖、氧化作用、酶作用等。食品防腐保鲜的目的是在储藏过程中保持食品固有的色、香、味、形及其营养成分，防止食品腐败变质、延长食品保质期。

食品防腐剂，有时也称抗菌剂，是能抑制微生物的生长活动，延缓食品腐败变质或生物代谢的制品。

防腐剂可分为杀菌剂和抑菌剂，抑制微生物繁殖的物质称为抑菌剂，在使用限量范围内，其抑菌作用主要是通过改变微生物生长曲线。杀菌剂和抑菌剂的最大区别是，杀菌剂在其使用限量范围内能通过一定的化学作用杀死微生物，使其不能侵染食品，防止其造成食品变质。

按其来源和性质可分为无机防腐剂、有机防腐剂、微生物防腐剂。

（1）无机防腐剂 无机防腐剂主要是亚硫酸及其盐类、二氧化硫、无水亚硫酸钠、亚硫酸钠。由于含硫，存在残留的气味，较少在生产上使用。

（2）有机防腐剂

单辛酸甘油酯对革兰氏细菌、霉菌及酵母菌的抑菌作用较好，将其对多种食品进行防腐保鲜试验，效果比较明显。通过研究单辛酸甘油酯对生切面防腐的作用得知：单辛酸甘油酯对霉菌及细菌都具有一定的抑制性，对霉菌的抑制效果优于对细菌的抑制效果。

苯甲酸（安息香酸）及其盐类，苯甲酸和苯甲酸钠是以未解离的分子起抑菌作用，在酸性条件下防腐效果良好，但对产酸菌的抑制作用却较弱，所以该类防腐剂最好在食品 pH 为 2.5~4.0 时使用，以便充分发挥防腐剂的作用。

山梨酸及其盐类，山梨酸钠和山梨酸钾其抑菌机理与苯甲酸基本相同，主要使微生物细胞呼吸系统和电子传递酶系统的活性受抑制，并能破坏微生物细胞膜的结构，从而起到防腐的效果。损害微生物细胞中脱氢酶系统；使分子中的共轭双键氧化，产生分解和重排。

脱氢醋酸钠能抑制或杀死霉菌和某些细菌等微生物，从而起到食品的防腐保鲜作用，使食品保质期延长。脱氢醋酸钠比苯甲酸钠防霉效果强，而且水溶液稳定，在食品中不留任何异味。

食用乙醇渗透力很强，其分子可以穿透微生物表面，从而进入蛋白质的肽链内，使菌体的蛋白质发生凝固，造成微生物死亡。由于日本在低浓度乙醇的防腐及复合技术方向取得了显著的研究成果，乙醇制剂得到迅速发展，其使用量现已达到防腐剂总体使用量的 60%左右。乙醇对部分细菌及霉菌的抑制作用较强，而对酵母菌的抑菌效果较弱。乙醇用量少时，难以达到很好的杀菌效果，但是用量过多会影响面条的口感。

（3）微生物防腐剂 微生物在生长时能产生一些影响其他微生物生长的物质如抗生素；乳酸链球菌素能有效抑制革兰氏阳性菌的生长繁殖，尤其对产生孢子的革兰氏阳性菌和枯草芽孢杆菌及嗜热脂肪芽孢杆菌等有很强的抑制作用。纳他霉素可用于防霉。喷淋在霉菌容易增殖、暴露于空气中的食品表面时，有良好的抗霉效果。

防腐剂品种及用量需按照 GB 2760—2014《食品安全国家标准 食品添加剂使用标准》的规定限量添加，不得超标。

四、面制品色泽、风味改良类

（一）着色剂类

色、香、味是人们对食品感官的要求，消费者通常首先通过色泽来判断对食物的喜好，所以食品色泽是评价面制品外观质量的重要指标。着色剂是指使食品赋予色泽和改善食品色泽的物质。食品着色剂又称为食品色素，按来源分天然色素和人工化学合成色素。天然色素主要从动物、植物、微生物组织中通过物理方法提取出来，合成色素是通过化学合成的方法得到。天然着色剂具有色调自然柔和的特点，而合成着色剂色泽鲜艳；天然着色剂一般来自动植物，安全性高，而合成着色剂着色力强、无臭无味、价格便宜；天然着色剂稳定性差，对光、热、酸碱、金属和氧化剂较敏感；天然色素具有一定的营养价值和药用价值，在医药中有巨大的应用前景。现在多限于用天然着色剂。

1. 天然着色剂

天然着色剂主要是指由动物、植物、微生物组织中提取的色素，主要有以下三类：

（1）植物类，如天然苋菜红、姜黄、β-胡萝卜素、叶绿素等。

（2）动物类，如紫胶红（又名虫胶红）、胭脂虫红等。

（3）微生物类，如红曲红等。

吡咯类天然着色剂，广泛存在于绿色植物叶绿体中，化合物分子中存在有共轭双键并形成闭合的共轭体系，具有特殊的吸收光波能量的能量，因而能呈现各种颜色。主要有叶绿素、叶绿素铜钠盐、叶绿素铜钾盐等。

异戊二烯衍生物类天然着色剂，以异戊二烯残基为单元组成共轭双键相连的衣领色素，类胡萝卜素是这类色素的代表。主要有β-胡萝卜素、叶黄素、栀子黄、辣椒红等。

2. 食品合成着色剂

食品合成着色剂主要是依据某些特殊的化学基团或生色基团进行合成的，主要有两类：

（1）偶氮色素类，如苋菜红、胭脂红、日落黄、柠檬黄、新红、诱惑红、酸性红。

（2）非偶氮色素类，如赤藓红、亮蓝。

众多着色剂可为面制品提供丰富的色泽选择，也丰富消费者的选择性。GB 2760—2014《食品安全国家标准　食品添加剂使用标准》明确规定了允许使用在面制品中食品着色剂的品种、使用范围及使用限量或残留量。在面制品加工中，着色剂多限于用天然着色剂，应根据国家标准进行选用着色剂。

（二）增味剂类

食品增味剂的全称是食品风味增强剂，主要指鲜味剂，是补充或增强食品原有风味的物质。使食品呈现鲜美滋味，增加食欲和丰富营养，食品鲜味剂不影响酸、甜、苦、咸四种基本味和其他呈味物质的味觉刺激，而是增强其各自的风味特征，从而改进食品的可口性。

我国批准允许使用的食品增味剂主要分为有机酸类、核苷酸类和天然产物提取物三类。

1. 有机酸类

有机酸类有谷氨酸钠（味精）、甘氨酸（又名氨基乙酸）、L-丙氨酸、琥珀酸二钠，增加和赋予食品鲜味。

2. 核苷酸类

核苷酸类有5′-呈味核苷酸二钠、5′-肌苷酸二钠、5′-鸟苷酸二钠等，增加食品鲜味，而且与氨基酸类鲜味物质同时使用，呈现倍增效果。

3. 天然产物提取物

天然产物提取物主要是酵母抽提物、动植物水解蛋白等。

现在随着食品工业增味剂的发展，安全性要求越来越高，增味剂已经向天然和复合调味方向发展，天然复合增味剂应具有两种属性：一是取自天然动植物原料，经抽提、萃取、酶解、发酵、热反应以及辅配等手段生产出的安全性极高的调味产品。二是在风味表现力方面，使用效果应该最大限度地接近家庭及餐馆、厨房烹调出来的风味，避免出现“加工味”。面制品可以用蔬菜和面，或经过调制成各种风味，使面制品品种及口感更加丰富。

（三）食品香料类

香料是一种能被嗅觉嗅出香气或被味觉尝出香味的物质。食品香料是指能够用于调配食品香精，并使食品增香的物质。它不但能够增进食欲，有利消化吸收，而且对增加食品的花色品种和提高食品质量具有很重要的作用。

香料常分为天然香料、合成香料两大类。

1. 天然香料

天然香料是从芳香植物的叶、茎、干、树皮、花、果、籽和根等或泌香动物的分泌物等，如薄荷、桂皮、桂叶、八角茴香提取的有一定挥发性、成分复杂的芳香物质，是使用纯粹的物理方法从芳香动植物原料中分离得到的物质，安全性较高。

2. 合成香料

天然香料是指通过化学合成法获得的香料，包括全合成香料、半合成香料和单离香料。用化工原料合成的称全合成香料；用物理或化学方法从精油中分离出较纯的香成分称单离香料；由单离香料或精油中的萜烯化合物经化学反应衍生而得的称半合成香料。这类香料品种较多，对调配香精十分重要；天然香料在自然界中并未发现其存在，但是此类香料的安全性需要评价才能使用。食品香料在GB 2760—2014《食品安全国家标准　食品添加剂使用标准》中规定小麦粉中不得使用香料，而面制品中是可以使用的，使用时应根据产品需要进行添加，如方便面调料中。还有肉味香料应用较多，可用在休闲小吃类面制品的表层。

第三章
馒头

第一节
馒头定义及分类

馒头（Steamed Bread）是由中国劳动人民发明、发展的一类发酵面团汽蒸食品，具有鲜明的民族文化特色，经过千百年的演化、发展，深深地融入进了中国人的日常生活，成为多数中国人的主食食品，是中国传统食品文化的宝贵遗产。在长期的历史发展过程中，由于地域、消费者的喜好、加工方法以及原辅料种类等因素的不同，形成了花样众多、风味各异与口感不同的馒头品种。

一、馒头的定义

目前我国已经颁布了 GB/T 21118—2007《小麦粉馒头》，并对小麦粉馒头进行定义：以小麦粉和水为原料，以酵母菌为主要发酵剂蒸制而成的产品。所以，我国现在的馒头主要是指狭义上的馒头——实心馒头，即以单一的小麦粉为主料，除发酵剂外一般添加少量或不添加其他辅料（添加辅助原料用以生产花色品种馒头），经过和面、发酵和蒸制等工艺加工而来的食品。

二、馒头的分类

馒头作为中国的传统发酵面食品，有着悠久的历史文化，在长期的历史发展过程中，形成了形式各异、种类繁多的馒头品种。古时凡小麦粉面团发酵后蒸制的吃食，无论是否有馅，起初统称蒸饼，后来都称作馒头。

从品种上来分类，馒头主要包括实心馒头、花卷、包子、发糕和锅贴馍等主要类型，也就是广义上的馒头。一些地方为了表示区别，把无馅的划为馒头，有馅的归入包子。实心馒头是狭义上的馒头，又称“馍”“蒸馍”“馍馍”“大馍”“饽饽”“面头”等，主要是以小麦粉为主料，加入发酵剂（酵母、老面、酵子、面肥、起子或酵汁等），经过和面、发酵和蒸制等工艺加工而来的食品。花卷称为层卷馒头，是将面团揉轧成面片后，不同面片相间层叠或者是先在面片上涂抹一层辅料，然后卷起（或再经过扭卷、折叠造型成各种花色形状）形成不同分离层次或颜色层次的馒头品种，一般可分为卷花卷、折叠卷和抻切卷。花卷口感柔软，风味独特，给人一种特殊的感官享受。包子是将发酵面团擀成面皮，然后包入馅料捏制成型的一类带馅馒头。产品皮料暄软，风味和口感非常独特。包子的种类极多，一般分为大包子和小包子两类，大小包子发酵程度不同，一般情况下，小包子发酵得比较嫩，大包子发酵得更充足，另外，小包子在成型、馅心上都比大包子精细，多以小笼蒸制，随包、随蒸、随售。从形状上看，包子可以分为提褶、佛手、钳花、秋叶、道士帽等，从馅料的口味上分，则主要包括甜咸两种。

若以添加辅料的不同，馒头可以分为：主食馒头、杂粮馒头、营养强化馒头和点心馒头，主食馒头又可根据不同地域蒸制的馒头外观、风味和口感等划分出北方馒头和南方馒头。如果按照馒头的形状来分，馒头则主要包括圆馒头和方馒头。

三、馒头的种类

依照小麦粉馒头国家标准，我们下面将主要介绍的是狭义上的馒头，也就是通常所说的实心馒头，并以添加辅料的不同，分别以主食馒头、杂粮馒头、营养强化馒头和点心馒头为例进行说明。

（一）主食馒头

主食馒头就是以小麦粉为主要原料生产的实心馒头，是我国最主要的日常主食之一，根据地域的不同，主要分为北方馒头和南方馒头。

（1）北方馒头　分为硬性馒头和软性馒头。硬性馒头主要存在于我国山东、山西与河北等地，该地域的百姓喜食质地较硬的馒头，制作馒头的小麦粉要求面筋含量较高（一般湿面筋含量>28%），和面时加水较少，产品筋道有劲。软性馒头主要分布在我国的河南、陕西、安徽和江苏等中原地带，加工用的原料小麦粉面筋含量适中，和面时加水量较硬面馒头稍多，产品口感为软中带筋，不添加风味原料，具有麦香味和微甜的后味。北方馒头形状以圆馒头、方馒头为主。

（2）南方馒头　南方小麦粉一般面筋含量较低（一般湿面筋含量<28%），和面时加水较多，面团柔软，产品比较虚软，馒头颜色较北方馒头白。由于多数南方人以大米为日常主食，而以馒头和面条为辅助主食，因此，大多数南方馒头带有添加的风味，如甜味、奶味、肉味等。南方馒头主要包括手揉圆馒头、刀切方馒头以及体积非常小的麻将馒头等品种。

中国南北方馒头特点的对比如表 3-1 所示。

表 3-1　中国南北方馒头特点的对比

项目	北方馒头	南方馒头	项目	北方馒头	南方馒头
脂类	0	0~10%	口感	富有弹性和黏性	柔软有弹性
糖	0	0~25%	风味	麦香和发酵香味	甜味、奶味或肉味
比容/(m^3/kg)	~2.5	~3.0	流行地区	中国北方	中国南方
组织结构	紧密	疏松			

（二）杂粮馒头

杂粮是指除水稻、小麦以外的粮食作物，如玉米、豆类、高粱，而小杂粮是指谷子、荞麦、燕麦、莜麦和杂豆类等。我国北方大部分地区以及西南等雨水量较少、高寒山脉等地区是杂粮的主要种植区域。杂粮含有大量的B族维生素，维生素E和葡萄糖耐量因子（含铬元素），也含大量的必需氨基酸、不饱和脂肪酸及膳食纤维，极具营养价值，另外，大多数杂粮属于药食同源植物，因而能显著改善食用者的膳食结构，促进人体健康，常被作为优质的绿色保健食品进行开发。

在杂粮馒头制作中，以麦类和米类为主要原料粉进行添加，荞麦、黑麦、玉米和小米等是日常生活中常见的用于馒头制作的杂粮，它们有促进肠胃蠕动、防止便秘和降血压降血脂等保健作用，在馒头中的应用逐渐受到消费者的青睐。

由于杂粮粉不含有面筋蛋白，制作的面团不能形成面筋网络，不具备持气能力，因此在制作杂粮馒头时，主要是在小麦粉中添加一定比例的杂粮粉，然后按照普通小麦粉馒头的生产工艺制作产品。即使如此，生产出的馒头外观品质也劣于普通小麦粉馒头，例如，随着高粱粉添加量的增加，面团的持气性能逐渐下降，当高粱粉添加量超过20%时，面团的体积明显下降；同时，在醒发过程中酵母的产气量也逐渐降低，进一步影响了面团的发酵品质。因此，高粱粉在馒头中的添加量一般小于30%，否则会严重影响面团的发酵，生产出不合格的馒头产品。在众多的杂粮馒头中，荞麦馒头的胶质性和弹性属于比较高的水平，耐咀嚼，但是，荞麦馒头的口感和风味略差，色泽苍白暗淡，尤其在荞麦粉添加比例增加到一定程度后尤为突出，并且在同等添加比例的情况下，荞麦馒头的硬度一般是最大的。另一方面，由于一些杂粮的纤维含量较高，因此，在馒头中添加杂粮粉会使馒头表面粗糙，弹韧性增大，不仅影响馒头的比容和外观品质，而且馒头口感的细腻度及适口性等均有所变差。

为解决杂粮馒头形成面筋能力差的问题，常会采用一些特殊的工艺处理进行杂粮馒头的生产，其中，最主要的方法是依靠添加增稠剂。能增加食品和食品加工黏度，并能保持所在体系的相对稳定的亲水性的物料叫增稠剂，也称糊料。杂粮馒头中应用的增稠剂一般是指海藻酸钠和黄原胶等多糖，亲水胶体吸水溶胀后形成类似于面筋的网络结构，能够弥补杂粮面筋蛋白含量低的缺陷。例如，复配的卡拉胶、羧甲基纤维素钠（CMC-Na）和黄原胶三种莜麦品质改良剂可显著增加莜麦馒头水分含量，降低馒头硬度，提高馒头的弹性和黏聚性，馒头比容增加10%以上，其感官评分也显著高于未添加品质改良剂的莜麦馒头。

另外，为解决普通杂粮粉带来的馒头整体感官水平下降的问题，可以通过膨化和微细化处理杂粮的方法来改善杂粮粉的品质，进而提高其在馒头中的应用性能。例如，通过对添加膨化高粱粉和普通高粱粉的馒头的比容、感官评分、硬度及弹性的比较发现，对高粱粉进行挤压膨化，可改善高粱小麦混合粉馒头的品质。对玉米、小米、荞麦、燕麦四种杂粮微细化粉碎研究发现，微细化杂粮粉的面团特性好于普通杂粮粉面团，而且杂粮超微粉碎处理后，馒头制品在色泽、比容、外观、弹韧性等品质方面都有明显提高。

（三）营养强化馒头

食品的色、香、味、形态和质地等感官性状很重要，但对人类的健康来讲其营养价值更为重要。几乎没有一种天然食品能提供人体所需的所有的营养素，因此，为了人类的营养需要，向食品中添加一种或多种营养素，或者其他营养成分，以提高食品的营养价值的过程称为食品营养强化。

馒头的营养强化就是在原有小麦粉馒头的基础上通过加入强化蛋白质、氨基酸、维生素、矿物质及其他营养物质等，来弥补馒头中某些营养物质和营养元素的缺失，进而达到营养强化的目的。因此，对于营养型馒头的研究和生产不仅符合人们的日常生活需求，还有益于人们的膳食营养平衡，对特殊人群有着独特的功能与价值。出于主食安全性和成本方面的考虑，加入的营养强化剂多数由大豆蛋白粉（强化蛋白质和赖氨酸）、果蔬产品（强化膳食纤维、维生素和矿物质）与骨粉（强化钙和磷）等农副产品加工而来。

常用的添加策略是在馒头制作时以辅料形式加入，但也有从馒头生产的原料——小麦粉入手，加入营养强化剂。小麦粉非常适合作为微量营养素强化的原料，因为这些微量营养素对面制品的加工生产没有太大的影响，易于工业化生产，也不要求人们做出饮食习惯上的改变，质量也能够保证。

（四）点心馒头

点心馒头是以特制小麦粉为主要原料，适当添加辅料，如香蕉、牛乳等，生产出的组织柔软、营养全面、色泽诱人、口感美味、风味独特的馒头。奶油馒头、巧克力馒头、水果馒头等是常见的种类，该类馒头一般个体较小，其风味和口感可以与烘焙发酵面制品相媲美。

第二节 馒头加工原料与辅料

馒头的品质除了取决于制作工艺、加工设备性能外，制作过程中使用的原辅料种类以及组成成分也起着很重要的作用。从馒头的定义不难看出，蒸制馒头所需的基本原材料主要包括：小麦粉、发酵剂和水，把这些原料通过独特的制作工艺加工后就形成了我们常见的馒头，因此，从原料角度来讲，小麦粉和发酵剂的好坏直接决定了馒头产品的质量。

一、小麦粉

馒头制作的主要原材料是小麦粉，优质馒头的质量除与加工工艺和其他措施有关外，最主要的影响因素就是小麦粉的品质。小麦粉原料的差异造成了馒头无论是在爽口程度、弹性、表皮、粘牙感，还是在瓤的内部面筋网孔上的千差万别，对馒头色、香、味等品质的影响尤为明显，因此，小麦粉品质的好坏直接决定了馒头品质的好坏。

小麦粉的品质应该符合 GB/T 1355—1986《小麦粉》。小麦粉加工原料的选择、小麦粉制作过程和小麦粉后处理等因素都对小麦粉品质起决定作用，尤其是小麦粉的品质与小麦的品质性状密不可分。小麦的品质性状包括物理品质性状和化学品质性状等，小麦物理品质性状包括角质率、千粒重和容重，小麦的化学品质性状主要包括蛋白质、淀粉及它们的组成成分等。

在符合 GB 1351—2008《小麦》和 GB/T 1355—1986《小麦粉》规定的基础上，我国谷物化学专家，经过多年的实践，提出以小麦粉灰分、粗细度、湿面筋、粉质曲线稳定时间和降落数值等指标为主的馒头用小麦粉理化指标，并颁布了 LS/T 3204—1993《馒头用小麦粉》行业标准，这是我国第一个关于馒头专用粉品质的行业标准。在馒头用小麦粉的品质性状中，湿面筋含量是一个重要指标。研究表明，面筋的多少反映小麦粉强度的高低，小麦粉强度对馒头的综合品质具有决定作用，中度到强度的小麦粉为加工优质馒头所需，但较强小麦粉却未必能加工出优质的馒头。馒头用小麦粉标准中对面筋的含量要求在 25.0%~30.0%，属于中筋面筋含量的范围。

从分子水平上，小麦粉的品质特征主要包括淀粉及其组成、脂类和蛋白质的含量与质量。但馒头对小麦粉品质的要求比面包低，一般只对筋力，即蛋白质的含量有要求。下面分别对小麦粉中的蛋白质、淀粉、脂类和戊聚糖等组分与馒头品质的关系加以介绍。

（一）蛋白质对馒头品质的影响

小麦粉蛋白质含量是影响馒头品质的主要因素，对馒头的表面色泽、光滑度、口感和体积等都有显著影响。制作馒头用的小麦粉的蛋白质含量一般在 10%~13%为宜，蛋白质含量 10%左右时所制作的馒头品质较好，虽然高蛋白含量可以增加馒头的体积和比容，但会对馒头外观、结构和弹韧性产生不利影响，如表面皱缩且颜色发黑，最终明显降低馒头的总评分。低蛋白含量的软质小麦粉制作的馒头虽表面光滑，但质地与口感均较差。

影响馒头品质的因素不仅是蛋白质含量，更重要的是蛋白质质量，特别与蛋白质的化学组成成分、各组成成分的化学结构及空间结构、二硫键的数目及二级结构单元的构成有关。麦醇溶蛋白和麦谷蛋白是小麦胚乳中的两种主要的储藏蛋白，对馒头的加工品质影响较大，这是因为二者是构成影响馒头品质重要因素——面筋蛋白网络结构的主要组成成分。小麦粉面团中的麦谷蛋白主要决定面筋和面团的弹性，麦醇溶蛋白通过非共价键与麦谷蛋白相互作用赋予面筋和面团延展性；在粉质特性的几个指标中，面团吸水率主要受麦醇溶蛋白的影响，而面团形成时间、稳定时间、耐揉指数以及评价值都与麦谷蛋白的关系更为密切；在拉伸参数中，延伸度主要受麦醇溶蛋白的影响。

要形成理想的馒头面团，达到上佳的加工品质，小麦粉中的麦醇溶蛋白和麦谷蛋白之间的比例起着至关重要的作用。一般认为，蒸制馒头所需的小麦粉以麦醇溶蛋白含量较低而麦谷蛋白含量较高为宜，这时蒸制的馒头体积大，挺立度好，馒头表皮光滑，内部结构细密均匀，口感好；麦醇溶蛋白含量对馒头的体积、柔软度影响较大，在一定范围内，麦醇溶蛋白含量和馒头的体积和柔软度有明显的正相关关系，但是过高会使馒头形态扁平；麦谷蛋白含量高时，馒头形态的直立度较好，弹性好，但是过高的麦谷蛋白会使馒头表面皲裂不光滑。

小麦粉面团中麦醇溶蛋白和麦谷蛋白形成的面筋蛋白特有的黏弹性对气体的滞留和气泡的膨胀起着至关重要的作用。在面团发酵的过程中，面筋蛋白分子之间不断发生着—SH 和—S—S—之间的相互转换，并形成成熟的面筋蛋白网络，从而滞留住酵母菌产生的气体并形成气泡，赋予馒头多孔松软的品质。

（二）淀粉对馒头品质的影响

淀粉是高分子化合物，由许多葡萄糖分子聚合而成，是绿色植物进行光合作用的主要产物，是植物能量储存的主要形式，也是小麦的主要组成部分，占小麦胚乳的 75%。小麦淀粉的含量、组成和黏度等特性对馒头品质有着重要的影响作用，一方面，淀粉充塞于网络状的面筋结构中，直接影响面团的组织结构，另一方面，淀粉分解生成葡萄糖，经酵母菌作用产气产香。

淀粉组成成分和馒头品质关系很大。按照连接方式不同，淀粉分为直链淀粉和支链淀粉两种形式，它们在小麦粉中的相对含量对馒头品质有着显著的影响。直链淀粉含量与馒头体积、比容、高度及感官评分均呈负相关，而支链淀粉含量与馒头体积、比容、质量、高度和感官评分等均呈正相关关系。直链淀粉含量较高的小麦粉，通过加工制作成的馒头具有结构差、体积小、老化速度快，并且口感较差等特点，而直链淀粉含量较低或者适中的小麦粉，经过加工制作的馒头不仅弹性好而且食用品质也较高。

小麦粉中的破损淀粉含量也会影响馒头的品质。适量的破损淀粉对馒头的加工是有利的，主要表现在两方面：其一是使面团吸水率增大，增加馒头的产量，这是许多馒头加工者希望看到的，其二是适当的破损淀粉可以提高淀粉对酶的敏感性，使其容易被 α-淀粉酶和 β-淀粉酶作用产生葡萄糖和麦芽糖，提供酵母发酵所需的碳源。小麦粉中的破损淀粉含量主要与磨粉工艺条件和参数有关，机械强度越大，作用时间越长，破损淀粉含量也随之升高。小麦粉的粒度大小与破损淀粉的含量具有显著的相关性，当其越小时，破损淀粉含量越多，这是因为磨粉时间的延长会使其含量增加。

依据淀粉在小肠中的生物可利用性分为三类：第一类是易消化淀粉（快速消化淀粉），指那些能在小肠中被迅速消化吸收的淀粉；第二类是不易消化淀粉（缓慢消化淀粉），指那些能在小肠中被完全消化吸收但速度较慢的淀粉，主要指一些生的未经糊化的淀粉；第三类是抗性淀粉，指在人体小肠内无法消化吸收的淀粉。联合国粮农组织根据专家建议，将抗性淀粉定义为“健康者小肠中不吸收的淀粉及其降解产物”，分为四类：物理包埋淀粉、抗性淀粉颗粒、回生淀粉和化学改性淀粉。抗性淀粉不能被小肠消化吸收，主要是在结肠中被细菌发酵，刺激有益菌群生长，对降低血脂、降低膳后血糖浓度、维护肠道健康和控制体重等方面有重要作用，可以作为低热量的添加剂应用于食品。抗性淀粉的特性与膳食纤维基本相似，但是具有比膳食纤维更优越的特性，特别是添加到食品中不会严重影响食品的感官品质和自身的功能性质。首先，其色泽呈白色，与其他食品原料混合不会使食品呈现出令人讨厌的颜色。其次，能够比较容易地被加工成细小的颗粒，不会使食品产生砂粒感。最后，糊化温度较高，可以添加到绝大多数的热加工食品中而不会对其抗消化功能产生影响。随着人民生活水平的提高和社会的发展，馒头工业化生产将是主食工业化中重要的组成部分，如果在小麦粉中适度地添加一些抗性淀粉制作馒头，从而提高馒头的保健品质和附加值，具有巨大的社会效益和市场潜力。

抗性淀粉在馒头中的应用还有一些困难需要克服，这是因为抗性淀粉添加于小麦粉中在一定程度上恶化了小麦粉的加工性能。首先抗性淀粉的加入劣化了面团加工品质，抗性淀粉与小麦粉以不同比例配粉后，随着抗性淀粉的添加量的增加，配粉面团的吸水率明显增加，面团的形成时间、稳定时间、耐揉性、粉质质量指数、峰值高度、拉伸阻力、延伸距离和拉伸面积均呈下降趋势，其次，抗性淀粉的加入对馒头品质影响显著，随着抗性淀粉添加量的增加，馒头的硬度和咀嚼性显著增加，弹性、黏聚性和回复性显著减小，具体表现为馒头僵硬、弹性差、感官评分较低。在4%~6%的较低添加量的情况下，抗性淀粉对馒头品质的影响较小，因此，制作馒头时，小麦粉原料中的抗性淀粉含量一般控制在5%左右为宜，这样既能确保馒头的保健品质，也不会太影响其食用品质及感官品质。另外，将抗性淀粉与强、中、弱筋小麦粉配粉制作馒头后发现，抗性淀粉-中筋粉配粉制作馒头较为适宜。

（三）脂类对馒头品质的影响

脂类是小麦粉中的重要功能性成分。极性脂和非极性脂在和面的过程中会与面筋蛋白及淀粉形成脂-蛋白复合体和脂-淀粉复合体，从而对小麦粉面团特性以及馒头的品质产生影响。

小麦粉加水搅拌形成面团的过程中，蛋白质聚合体解离逐渐减少，由于脂质可以通过结合力和蛋白质进行结合，因此，面团中的游离脂质也不断减少，并转化为结合脂质，极性脂肪酸结合后的面筋蛋白通过其糖基或极性基与淀粉、戊聚糖和水等结合，增加面团弹性，改善面团强度，因此，极性脂质有利于面筋的形成。

脂质和不同蛋白质的结合度如表3-2所示。

表3-2　脂质和不同蛋白质的结合度

蛋白质种类	结合脂质占总脂质的比例/%	蛋白质种类	结合脂质占总脂质的比例/%
麦清蛋白/麦球蛋白	21.8~30.3	麦谷蛋白	13.3~21.7
醇溶蛋白	27.5~39.8	残渣蛋白	20.5~26.3

脂质可以和螺旋状的直链淀粉形成复合体，一方面，这种复合体形式可以抑制溶胀淀粉颗粒破碎，从而抑制淀粉糊化，另一方面，这种复合体能够阻止淀粉分子之间的结合，能够起到抑制馒头老化的作用。有研究初步发现，小麦粉中的粗脂肪含量与馒头品质呈正相关，但是更深入的关于脂质组分与馒头品质关系的研究还比较少，有更为广阔的空间等待着研究者去探索。

脂肪酸对于小麦粉品质来说是个很重要的指标。因为小麦粉中的脂肪会发生水解，所以，随着储藏期的延长，小麦粉的脂肪酸值会逐渐增大，一般情况下，脂肪酸是导致小麦粉酸度增加的最为主要的一种有机酸，而脂肪酸以外其他的有机酸变化少之又少。脂肪酸值过大，不仅会产生异味，而且会弱化面筋形成胶质网状结构的能力，使馒头品质变差。

（四）戊聚糖对馒头品质的影响

小麦粉中存在一种非淀粉黏胶状多糖，主要由五碳糖——木糖和阿拉伯糖组成，所以命名为戊聚糖（或称为阿拉伯木聚糖）。戊聚糖具有水合、氧化、凝胶等性质，这些性质强烈地影响着小麦粉性质、面团流变学特性以及最终面制品品质。

根据溶解性质，戊聚糖分为水溶性戊聚糖与水不溶性戊聚糖。在发酵阶段，水溶性戊聚糖以及水不溶性戊聚糖都能够作用于面团水相，使其黏度增加，从而提高气泡壁周围液膜的稳定性，降低二氧化碳气体向面团外扩散的速率，强化面团的持气性，提高面团的发酵稳定性。因此，将戊聚糖应用于馒头制作时，不仅能够显著增大馒头的体积，使馒头更有弹性，并且能够增加馒头的感官评价值。

戊聚糖组分与气泡界面的形成如图 3-1 所示。

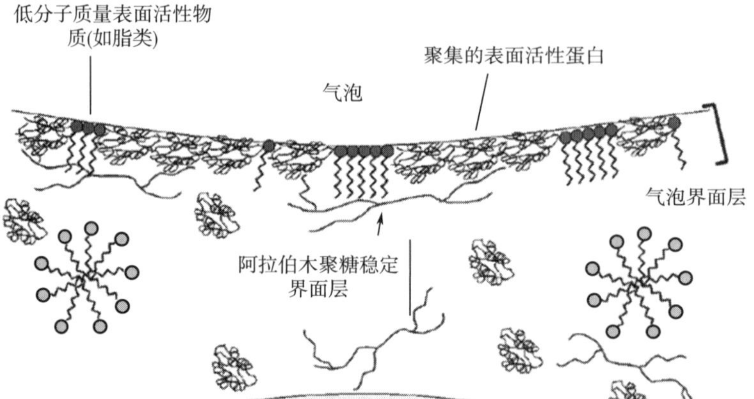

图 3-1　戊聚糖组分与气泡界面的形成

馒头等面制品储藏过程中变得不新鲜，其中的主要原因之一就是淀粉回生引起的老化。戊聚糖能够延缓馒头老化，这可能是因为戊聚糖的水合作用影响了淀粉回生，从而影响了馒头老化，因此，将从麸皮中分离出的戊聚糖回添到制作馒头的小麦粉中，不仅能够促进麸皮的有效利用，更能改善馒头的品质，为人类创造出更大的价值。

正因为戊聚糖在面制品制作中具有重要作用，人们已将其作为一个重要的目标对象进行改良，以改善面制品品质。例如，利用可以降解戊聚糖的戊聚糖酶，将水不溶性戊聚糖转换为水溶性戊聚糖，从而有效改善面团的流变学特性，降低面制品硬度，延缓面制品老化程度。这一技术已成为小麦粉或者面制品品质改良中一种很有效的方法，具有重要的应用前景。

二、发酵剂

发酵剂是馒头制作的重要成分之一。小麦粉、发酵剂与水作用形成面团后，随着微生物呼吸作用的进行，面团中二氧化碳和其他物质的含量逐渐增多，不仅使面团膨松富有弹性，而且使馒头具有特殊的风味。在我国，常用的面团发酵剂主要包括传统方法制作的老面（面渣头）、酵子以及近些年普遍使用的酵母粉和化学膨松剂。

（一）酵母

1. 酵母的基本特性

酵母菌是单细胞真核微生物，形态、大小随酵母的种类不同而有差异，一般为圆形、椭圆形等，长 5~7μm，宽 4~6μm，是面团发酵过程中产生二氧化碳的主要微生物。

酵母的活力与温度、pH 和氧等环境因素有密切关系，适宜的生长温度为 27~38℃，适宜的生长 pH 在 5.0~5.8，在供氧充足的条件下有利于产生更多的二氧化碳而抑制酒精的产生。

酵母细胞含有丰富的蛋白质，包括单纯蛋白质和结合蛋白质，所含碳水化合物大多以甘露聚糖和葡聚糖等多糖的形式存在，低分子糖含量较少，类脂物主要为卵磷脂和甾醇类，灰分中的元素主要以磷和钾为主，除此以外，酵母细胞还含有大量的 B 族维生素。因此，酵母本身的营养价值很高，它的增殖能够提高食品的营养性。

酵母的化学成分如表 3-3 所示。

表 3-3　干酵母的化学成分

成分	水分	灰分	粗蛋白	粗脂肪	粗纤维	碳水化合物
含量/%	7.7	7.6	52.5	0.8	5.3	26.1

2. 酵母工业的发展

早在公元前 3000 年，人类就已经使用酵母来制作发酵产品，进入 18 世纪后，人们开始利用啤酒液中回收的废弃酵母生产面包，但是这种酵母容易腐败，适用性差。随着社会的发展，酵母工业逐步从啤酒工业中分离出来，开始了独立的酵母工业化生产。我国的酵母工业生产始于 1922 年，之后有一定的发展，但是直到 20 世纪 80 年代改革开放之后，才开始有了突飞猛进的发展，全国各地纷纷建立起了现代化的、大规模的、高水平的酵母生产企业。

馒头的工业化生产与酵母工业的发展关系密切，利用品质优良的酵母发酵面团制作馒头，工艺简单、方便、快捷，使馒头的大规模工业化生产成为可能，同时，馒头的工业化生产对酵母需求量巨大，也促进了酵母产业的快速发展。GB 31639—2016《食品安全国家标准　食品加工用酵母》和 GB/T 20886—2007《食品加工用酵母》是现行的两部用于食品加工的酵母标准。标准主要从色泽、状态和气味提出了感官要求，例如，干酵母呈淡黄色至黄棕色，粉、颗粒或条状，具有酵母的特有气味，无腐败，无异臭。面用酵母中铅（以 Pb 计，干基计）的限量为 1.0mg/kg，总砷（以 As 计，干基计）为 1.5mg/kg。

3. 酵母的发酵特性

酵母是一种兼性厌氧微生物，是面团发酵产气的最主要贡献者，而面团为酵母的生长与发酵提供了合适的营养条件和环境条件。在面团发酵过程中，酵母首先是利用已糖在糖酵解中产生丙酮酸，丙酮酸进而进行有氧呼吸作用和厌氧呼吸（酒精发酵）作用产生二氧化碳。

$$C_6H_{12}O_6\text{（葡萄糖）}+6O_2 \longrightarrow 6CO_2\uparrow\text{（二氧化碳）}+6H_2O+2821.4kJ\text{（有氧呼吸）}$$

$$C_6H_{12}O_6\text{（葡萄糖）} \longrightarrow 2C_2H_5OH\text{（乙醇）}+2CO_2\uparrow+100.5kJ\text{（厌氧呼吸）}$$

酵母在面团发酵后期进行无氧呼吸时还会生成大量的风味物质，如酯类，醇类，醛酮类等多种化合物。一株好的适用于馒头制作的酵母菌通常会表现出良好的耐受性以及迅速适应周围环境变化的能力，最重要的是发酵面团能力高。

酵母在馒头面团发酵过程中的作用主要包括以下几个方面：

（1）使馒头体积膨松　酵母在面团中发酵产生大量二氧化碳气体，使面团膨胀，并具有轻微的海绵结构，通过蒸制，二氧化碳受热进一步膨胀，于是就得到松软、适口、好吃的馒头。

（2）促进面团的成熟　酵母在面团发酵过程中有助于麦谷蛋白结构发生变化，具有增加面筋扩展的作用，为后序的整形操作、面团醒发以及蒸制过程中馒头体积的膨胀增大创造了条件。

（3）改变馒头风味　在面团发酵过程中，酵母细胞内发生了一系列复杂的生物化学反应，产生并分泌出多种复杂的化学芳香物质，比如常见的醇类、有机酸类和酯类等，形成了馒头特有的芳香、浓郁、诱人食欲的发酵风味。

（4）增加馒头的营养价值　酵母发酵不仅让馒头味道好，还提高了它的营养价值。在酵母细胞中含有大量的蛋白质、多糖、B 族维生素、维生素 D 原以及类脂物等，这些营养成分都提高了馒头的营养价值。另外，在发酵过程中，小麦粉里能够影响钙、锌、镁、铁等元素吸收的植酸可以被酵母分解，从而提高人体对这些矿物质元素的吸收和利用。

4. 酵母产品的种类

制作馒头用的酵母产品主要有鲜酵母、活性干酵母和即发性活性干酵母三类。最早在市场上销售的工业化酵母产品是酵母泥，它是酵母菌在特定培养基中经过扩大培养、分离、压榨后制成的一种活性鲜酵母。鲜酵母具有较高的活性、较快的发酵力和较强的发酵耐力，由于鲜酵母的含水量较高，大约在70%，导致其活性不稳定，不适合长途运输，而且不易储存，产品的商业化受到了一定的限制。

活性干酵母是由鲜酵母经低温干燥而制成的颗粒酵母，其含水量在8%左右，相对于鲜酵母而言具有更加稳定的性质，其对储藏和运输的条件没有鲜酵母那么严格，活性干酵母在使用前也需要活化，发酵时间长，成本较高。近些年来，市场上发展起来了一种发酵速度很快的即发性活性干酵母，它在提高酵母发酵活力的同时降低了酵母的水分含量，通常为4%~6%。即发活性干酵母具有发酵活性高、起发速度快、使用时无须活化等优势，虽然其成本比较高，但是活性稳定，使用中无任何损失浪费，另外，采用即发活性干酵母生产馒头，发酵时既不会使面团过酸或过碱，也不会破坏小麦粉中的营养成分，而且其生产的馒头的营养价值、风味、口感和外观等都能令人满意，比较适合于馒头的工业化生产，这些都是即发活性干酵母能在全国广泛使用并代替鲜酵母的原因。

5. 酵母的发酵性能

一般来讲，利用酵母制作馒头时，多采用一次发酵工艺。由于不同酵母的发酵性能不同，在加入量相同的情况下，其发酵面团的性质也不同，有的发酵速度快，有的慢，有的发酵耐力强，后劲大，有的发酵耐力差，后劲小，甚至无后劲，因此不同酵母制作出来的馒头品质也有差异。

所谓的酵母发酵有后劲是指酵母在面团发酵过程中，随着发酵的进行，发酵速度越来越快，产气量也越来越大，而且发酵达到适度后，面团仍能在一定时间内（15~25min）保持不塌陷。如果酵母后劲小或无后劲，那么酵母在面团发酵的初始阶段产气速度较快，越往后速度越慢，甚至停止产气活动，面团若再继续发酵，就会因为内部气压减少而塌陷、收缩，形成废品。

发酵速度快的酵母如果过量会造成发酵速度过快，不能产生馒头应有的足够的香气，导致发酵性能下降，发酵的面团品质差；发酵速度慢的酵母如果加入过少会造成面团醒发不起来，需要长时间发酵才可以将面团醒发，会给工业化的馒头生产带来不便。使用有后劲的酵母在馒头生产工艺中是非常重要的，它有利于工人对发酵工序的控制，有利于醒发和蒸制工序之间的衔接，减少面团醒发期间的损失和次品的生成。若使用的酵母后劲小或者没有后劲，则在醒发过程中难以控制面团发酵进程，稍微过度发酵就会使面团塌陷而无法蒸制。

不同商业酵母由于所选用的菌株不一样，活跃温度不同，最适发酵温度也有所差异。一般而言，酵母菌在30℃左右活性最强，生长繁殖力快，15℃以下生长繁殖速率慢，0℃以下酵母失去活力，在60℃以上将会发生死亡。因此，在一定的温度范围内，酵母会对面团的发酵质量和馒头品质产生影响。

在南方制作一些含糖量较高的馒头产品时，酵母的耐糖或耐盐性就成为酵母性能的另外一个重要指标。有些酵母可以在无糖或低糖条件下使用，但是在高糖条件下就会活力减弱，无法使用，这时就需要选用一些具有耐糖性能的酵母，这些酵母即使是在高糖的环境中，依然具有较短的延滞期以及较快的生长繁殖速率。

6. 新型酵母菌种

从分类上讲，酿酒酵母（*Saccharomyces cerevisiae*）是馒头制作中主要的发酵剂，前面提到的鲜酵母、活性干酵母和即发性活性干酵母等商业酵母都属于这个种。除了酿酒酵母之外，自然界还存在大量的非酿酒酵母（non-*Saccharomyces*）。传统面团发酵剂中检测到的酵母菌种主要包括酿酒酵母属（*Saccharomyces*）、威克汉姆酵母属（*Wickerhamomyces*）、假丝酵母属（*Candida*）、有孢圆酵母属（*Torulaspora*）、复膜孢酵母属（*Saccharomycopsis*）、红圆酵母属（*Rhodotorula*）以及德巴利酵母属（*Debaryomyces*）等，其中最为常见的是酿酒酵母属和威克汉姆酵母属。比如我们会经常从老面中分离得到酿酒酵母（*Saccharomyces cerevisiae*）和异常威克汉姆酵母（*Wickerhamomyces anomalus*）。

不同属酵母菌的流变发酵气体释放曲线如图3-2所示。

不同属酵母菌间的产气能力具有非常显著的差异。酿酒酵母具有最高的产气量，德尔布有孢圆酵母同样具有较高的产气量，是发酵能力较好的优良菌种，此外，德尔布有孢圆酵母在发酵过程中能产生较多的酯类物质，使发酵的面团具有浓郁的甜香味。虽然异常威克汉姆酵母产气能力较弱，但是其具有更好的耐渗透性和耐酸性，而且在发酵过程中能合成乙醇和乙酸乙酯，两种物质可以共同抑制真菌的生长，延长发酵制品的保质期。因此，非酿酒酵母在面团发酵和馒头制作中展现出了巨大的应用潜力。

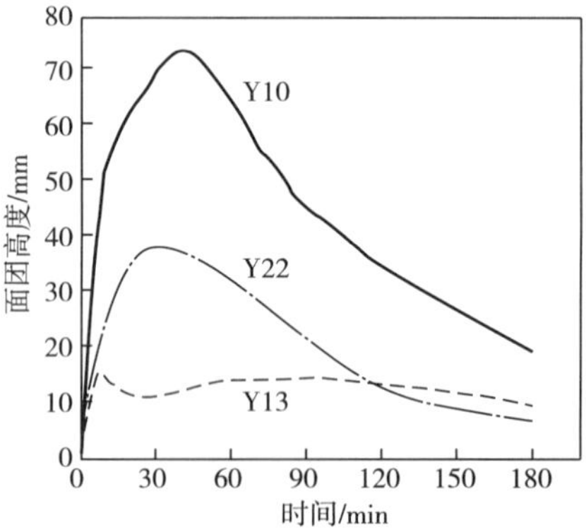

图3-2 不同属酵母菌的流变发酵气体释放曲线

（曲线下面积部分代表酵母在面团中产生二氧化碳的体积）；
Y10—酿酒酵母；
Y13—异常威克汉姆酵母；
Y22—德尔布有孢圆酵母

（二）传统发酵剂

面团发酵对于馒头内部多孔结构和风味的形成以及馒头营养价值的提高有直接关系。在应用商业酵母之前，我国发酵面食使用的发酵剂多为家庭自制的传统面食发酵剂，虽然在馒头工业化生产进程中，大多数传统的面团发酵方法已经被酵母发酵所替代，但由于传统发酵剂自身具有一些无可比拟的优点，目前仍然被一些馒头生产小作坊和个体家庭应用。我国常见的传统面团发酵剂主要包括酵子、老面和酒曲。下面就老面和酵子这两种传统的面团发酵剂进行进一步的详细介绍。

1. 老面

(1) 老面概述　老面是指发面的面种子，又称酸面团、老面头、渣头、面肥、老面种、酵面、面引子、面起子、面种或酵头等，就是发面蒸馒头时剩下一小团面下次发面的时候作为菌种用，有时为了储存久一些，会进行风干处理。用老面作为起始发酵剂发面制作的馒头就称作老面馒头。

风干的老面状态如图 3-3 所示。

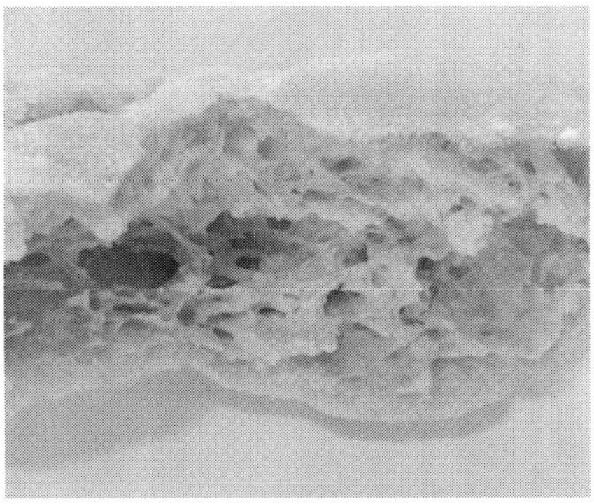

图 3-3　风干老面

老面发酵剂中除了含有起主要发酵作用的酵母菌外，同时还含有大量的乳酸菌，不同来源的老面中微生物种群差异明显。

不同国家和地区老面（酸面团）样品中的酵母菌和乳酸菌种类如表 3-4 所示。

表 3-4　不同国家和地区老面（酸面团）样品中的酵母菌和乳酸菌种类

国家和地区	样品	酵母/乳酸菌种类
中国	SAM 内蒙古阿拉善盟	酵母菌：*S. cerevisiae*, *C. humilis*, *T. delbrueckii*, *C. parapsilosis*, *P. guilliermondii*, *Rh. mucilaginosa* 乳酸菌：*Lb. plantarum*, *Leuc. citreum*, *Lb. paralimentarius*, *Lc. rossiae*, *Lc. fermentum*, *E. durans*
	SBT 内蒙古包头	酵母菌：*S. cerevisiae*, *T. delbrueckii*, *L. elongisporus* 乳酸菌：*Lb. plantarum*, *Lb. paralimentarius*, *Lb. paralimentarius*, *Lb. curvatus*
	Hn-87 河南	酵母菌：*S. cerevisiae*, *W. anomalus*, *Sp. fibuligera*, *I. orientalis*, *Cy. jadinii*, *C. tropicalis* 乳酸菌：*Lb. casei*, *Lb. plantarum*, *E. faecium*, *B. subtilis*, *Lc. garvieae*, *Lb. alimentarius*, *Lb. sanfranciscensis*
	Sh-91 山西	酵母菌：*S. cerevisiae*, *C. guilliermondii*, *Rh. aurantiaca* 乳酸菌：*Lc. plantarum*, *E. faecium*, *B. subtilis*, *Sa. saliphila*, *Lc. sanfranciscensis*
	Gs-107 甘肃	酵母菌：*S. cerevisiae*, *C. guilliermondii*, *T. delbrueckii* 乳酸菌：*Lc. plantarum*, *Lc. alimentarius*, *Lc. sanfranciscensis*
	TS 山东	酵母菌：*S. cerevisia*, *C. humilis*, *W. anomalus* 乳酸菌：*L. sanfranciscensis*, *L. fermentum*, *W. cibaria*

续表

国家和地区	样品	酵母/乳酸菌种类
比利时	小麦 East Flanders	酵母菌：*S. cerevisiae*，*W. anomalus* 乳酸菌：*Lb. paralimentarius*，*Lb. plantarum*，*Lb. pontis*
	小麦/黑麦 WestFlanders	酵母菌：*S. cerevisiae*，*T. delbrueckii* 乳酸菌：*Lb. sanfranciscensis*
	小麦 West Flanders	酵母菌：*K. barnettii* 乳酸菌：*Lb. sanfranciscensis*
	小麦 Brabant Wallon	酵母菌：*S. cerevisiae* 乳酸菌：*Lb. sanfranciscensis*
	小麦 Namur	酵母菌：*K. unispora* 乳酸菌：*Lb. paralimentarius*，*Lb. plantarum*，*Lb. hammesii*
德国	黑麦	酵母菌：*S. cerevisiae*，*K. exigua*，*P. kudriavzevii* 乳酸菌：*Lb. acidophilus*，*Lb. alimentarius*，*Lb. brevis*，*Lb. buchneri*，*Lb. casei*，*Lb. farciminis*，*Lb. fermentum*，*Lb. fructivorans*，*Lb. plantarum*，*Lb. san-franciscensis*
	大米	酵母菌：*S. cerevisiae*，*P. kudriavzevii* 乳酸菌：*Lb. curvatus*，*Lb. fermentum*，*Lb. gallinarum*，*Lb. kimchii*，*Lb. plan-tarum*，*Lb. pontis*
	小米	酵母菌：*S. cerevisiae* 乳酸菌：*Lb. fermentum*，*Lb. helveticus*，*Lb. pontis*
	藜麦	酵母菌：*S. cerevisiae*，*P. kudriavzevii* 乳酸菌：*Lb. fermentum*，*Lb. helveticus*，*Lb. paralimentarius*，*Lb. plantarum*，*Lb. pontis*
意大利	小麦	酵母菌：*K. exigua*，*P. kudriavzevii*，*S. cerevisiae*，*W. anomalus* 乳酸菌：*Lb. farciminis*，*Lb. plantarum*，*Lb. sanfranciscensis*
	大麦	酵母菌：*S. cerevisiae* 乳酸菌：*Lb. brevis*，*Lb. plantarum*
	大麦+黑麦	酵母菌：*S. cerevisiae* 乳酸菌：*Lb. alimentarius*，*Lb. brevis*，*Lb. paralimentarius*，*Lb. plantarum*
罗马尼亚	黑麦	酵母菌：*S. cerevisiae*，*Kl. marxianus* 乳酸菌：*Lb. brevis*，*Lb. helveticus*，*Lb. plantarum*，*Lc. lactis*，*W. confusa*
葡萄牙	玉米	酵母菌：*S. cerevisiae*，*T. delbrueckii*，*W. anomalus* 乳酸菌：*E. casseliflavus*，*E. durans*，*E. faecium*，*Lb. brevis*，*Lb. curvatus*，*Lc. lactis*，*Leuconostoc* sp.，*S. constellatus*，*S. equines*

注：1. 酵母菌。*C.*—*Candida*；*Cy.*—*Cyberlindnera*；*I.*—*Issatchenkia*；*K.*—*Kazachstania*；*Kl.*—*Kluyveromyces*；*L.*—*Lodderomyces*；*P.*—*Pichia*；*Rh.*—*Rhodotorula*；*S.*—*Saccharomyces*；*Sp.*—*Saccharomycopsis*；*T.*—*Torulaspora*；*W.*—*Wickerhamomyces*.

2. 乳酸菌。*B.*—*Bacillus*；*E.*—*Enterococcus*；*Lb.*—*Lactobacillus*；*Lc.*—*Lactococcus*；*Leuc.*—*Leuconostoc*；*S.*—*Streptococcus*；*Sa.*—*Sacharomonospora*；*W.*—*Weissella*.

在馒头面团发酵过程中，酵母菌利用面团中的营养物质进行自身的代谢繁殖，一方面会产生足够的二氧化碳，使面团逐渐膨胀、体积增大，内部布满气泡，使蒸制的馒头口感松软，另一方面生成挥发性风味物质，如醇类、酯类和醛类等，使馒头口感香甜；乳酸菌能利用面团中的大分子物质即蛋白质，将其分解成小分子的氨基酸，氨基酸是馒头主要挥发性风味物质的前体物质，此外，乳酸菌自身生长繁殖会产生有机酸类物质，如乳酸、醋酸，这些物质与酵母菌发酵产生的醇类、醛类等芳香物质相互作用，赋予馒头独特的风味和口感。另外，老面中存在的一些酶类也起着重要作用，例如其中的淀粉酶能将发酵面团中的大分子糖类物质如淀粉，水解生成还原糖，为酵母菌的生长繁殖提供更多的碳源物质。

（2）老面的特点

①馒头风味足，口感较好：利用老面制作出的馒头风味非常丰富，因为老面不仅含有酵母菌，同时还含有乳酸菌等细菌，而且老面中的细菌比酵母菌的数量还要多，这些微生物代谢产生生物化学反应后生成各种风味物质，同时，它们也会产生多种酶类而对面团起到改善作用，从而使馒头具有良好的口感。

②制作及使用成本低，易储存：老面头可视为馒头生产的副产品，其原料主要为小麦粉和水，因此，相对于酵母及酵子，老面头制作时投入的成本与人力都非常少，自然而然，用老面头生产馒头也较另外加入酵母或酵子降低了很多成本。

老面储存比较粗放，一般都是放置在自然环境中，含水量对老面的保质期和品质影响很大，在25℃以下的温度条件下，一般的老面头可以存放一个月以上，完全风干的渣头可以存放半年以上。

③易发酸，加碱控制难：老面里不仅含有酵母菌，而且含有大量的乳酸菌或者醋酸菌，这些微生物在代谢中都会产酸，因此，经过长时间发酵后的面团会有很大的酸味，所以老面制作馒头时需要用碱水来中和。由于老面头的质量大小、天气冷热等都会影响产酸菌的活力和产酸水平，所以使用老面生产馒头时的加碱量难以控制。

④发酵活力低，存在安全隐患：老面中含有的酵母菌数量和活力都相对较低，而且还含有多种其他微生物，因此发酵力不高，面团发酵和醒发所需时间都较长，需要长时间地占用发酵设备，使馒头加工的难度有所增加。

由于老面中微生物种群本身活性不高，经过多次传代使用，很容易受到环境微生物的侵染，影响其面团发酵活性，甚至一些侵入的霉菌或细菌是有害菌，有可能在面团中产生毒素，从而引起食用中的安全隐患，但这些问题从蒸制的馒头上却很难用肉眼察觉。

虽然老面有诸多缺点，但同其他传统发酵剂一样，用老面头蒸制出的馒头风味和口感都比较好，也有一些独特的特点，因此常被一些馒头生产者所采用。

（3）老面头制作馒头工艺　由于老面发酵活力低，因此，利用老面制作馒头多采用两次发酵的方法，第一步为制作种子面团，面团经过长时间发酵而成熟，在这个过程中，随着发酵时间的增加，发酵面团可洗出的面筋含量随着发酵时间的增长逐渐下降，如果直接蒸制馒头，则馒头品质会很差，因此，会进行二次和面调制主面团，新小麦粉的添加可以重建面筋网络，进而经过揉面与成型、醒发、蒸制等工艺环节制成馒头，这时制作出来的馒头，其比容与白度也都会较好，其中面团调制中加水量和加碱量的掌握尤其重要。

2. 酵子

（1）酵子概述　传统的酵子以大曲、小曲、米酒和干酵粉等的混合体为渣头，以玉米粉、小米粉、小麦麸皮、馒头渣、淀粉、大米粉等作为培养基，经过多次发酵，最后风干而成。酵子是一种多菌种混合面团发酵剂，除了酵母菌外，还含有一定数量的细菌和霉菌，因此，酵子发酵面团时，也是多种微生物共同在发挥作用，而且酶系丰富，代谢产物多样，蒸制的馒头内部结构柔软细腻，口感富有弹性且风味独特。不同来源酵子中的微生物种群差别显著，而且都含有多种非酿酒酵母菌群。

中国不同地区传统酵子中的酵母菌和乳酸菌种类如表 3-5 所示。

表 3-5　中国不同地区传统酵子中的酵母菌和乳酸菌种类

样品名称（采样地点）	制作原料	酵母菌种类
MFJ（河南商丘）	玉米粉	酵母菌：*S. cerevisiae*, *W. anomalus*, *T. delbrueckii* 乳酸菌：*P. pentosaceus*, *Lb. plantarum*, *E. durans*
RFJ（河南南阳）	大米粉	酵母菌：*S. cerevisiae*, *W. anomalus*, *T. delbrueckii*, *Sp. fibuligera* 乳酸菌：*P. pentosaceus*, *Lb. plantarum*, *E. durans*, *E. faecium*
JZ4 和 JZ6（河南）	大米粉	酵母菌：*S. cerevisiae*, *C. humilis* 乳酸菌：*W. cibaria*, *Lb. plantarum*, *Lb. pontis*
Hn-87（河南南阳）	大米粉	酵母菌：*S. cerevisiae*, *W. anomalus*, *Sp. fibuligera*, *I. orientalis*, *Cy. jadinii*, *C. tropicalis* 乳酸菌：*Lb. casei*, *Lb. plantarum*, *E. faecium*

注：1. 酵母菌。*C.* —*Candida*；*Cy.* —*Cyberlindnera*；*I.* —*Issatchenkia*；*S.* —*Saccharomyces*；*Sp.* —*Saccharomycopsis*；*T.* —*Torulaspora*；*W.* —*Wickerhamomyces*.

2. 乳酸菌。*E.* —*Enterococcus*；*Lb.* —*Lactobacillus*；*P.* —*Pediococcus*；*W.* —*Weissella*.

中国使用酵子作为发酵剂已有悠久的历史。酵子最早出现在周朝，是一种类似于酒酿的“酏”，在小麦粉中加入低酒度、味甜的“酏”，经发酵后制成的面食品，口感明显优于未发酵的面疙瘩团，南北朝时期称为“白饼”，将酸浆与粳米等混合熬制成粥，再制成饼酵，元朝称为“碱酵子”，制作方法是用碱、干面肥和盐加适量温水混匀后，再加入适量白面制成。目前，民间多采用玉米粉、大米粉和小麦粉为主原料来制作酵子，当采用玉米粉为主要原料制作酵子时，其主要在酵子制作工艺的后期加入，玉米粉经过糖化与发酵，提高了馒头产品的香甜度、营养价值和适口性，另外，加入的玉米粉能够辅助酵子的干燥与成型，提高酵子的溶解性，方便使用。

玉米粉酵子的外观形态如图 3-4 所示。

图 3-4　玉米粉酵子

酵子一般为块状或团状，酵子的形态决定酵子不能直接加入小麦粉中和成面团，在使用前需要经过处理。通常采用的方法是将酵子碾磨成小块，在温水中浸泡至完全散开无肉眼可见的大颗粒，然后加入小麦粉中和成面团。由于酵子发酵力偏低，短时间发酵不能达到馒头醒发的要求，因此，利用酵子制作馒头时也同老面发酵一样常采用二次发酵的方法。与酵母相比，单位质量的酵子所含酵母菌的数量较低，所以在实践操作中，酵子的添加量通常是酵母的数倍，酵子使用的添加量也会受到温度、渗透压等限制。酵子中含有大量的细菌和霉菌，这些菌体在发酵的同时可分解淀粉，为酵母菌生长提供能源，因此利用酵子发酵面团可以不需要额外加入糖作为补充能源。

（2）酵子的特点

①馒头风味与口感好：目前酵子制作时都要接种一定量的酒曲，酒曲中除了含有多种微生物类群外，还有微生物产生的多种酶类，可以算得上是一种特殊的多酶制剂，具有糖化和酯化等能力，因此，酵子除了含有多菌种外，还含有多种酶类。一方面，淀粉分解的单分子糖可直接被酵母菌所利用，辅助酵母的发酵，另一方面，多种微生物协同发酵生成醇、酸、酯、醛、低分子糖、多肽、氨基酸等多种风味物质，这也是与单纯酵母发酵面团所不同的，也是酵子制作的馒头比酵母发酵的馒头更香甜可口的原因。同时，在发酵期间，酵子中的淀粉酶、蛋白酶等多种酶类对面团流变性有很好的改善作用，使馒头组织结构更趋于柔软细腻，口感富有韧性，老化变硬速度减缓。

②成本低：酵子制作的原料多为低价的碎米、玉米粉和麸皮等，也不需要专用的特殊设备，因此生产成本相对于酵母很低。作为品质优良的传统面团发酵剂，在我国北方某些地区，酵子以商品形式出现在市场上也已经有了较长的历史，受到了家庭和馒头生产企业的广泛认可。由于酵子生产成本低，价格也不高，品质还好，因此，馒头企业采用其制作馒头，大大降低了馒头生产成本，具有明显的竞争优势。

③制作工艺简单、加工设备要求低：传统的酵子制作工艺简单，各道工序均易于操作，容易上手，在我国北方某些经常吃酵子馒头的农村地区，几乎有一半的家庭会做酵子。家庭手工生产传统酵子不需要专门的机械自动化生产设备，用具以盆、桶、锅为主，因此技术容易普及。

④酵子质量不稳定：目前，制作酵子的起始菌种多是家庭自行接种培养的，用于生产的“母种”本身含有大量的不稳定菌群，如酒曲中除了含有酵母菌外，还含有一些产风味酶的细菌和霉菌，同时还含有一些有害的杂菌如产酸菌和能产生霉变气味的霉菌等，另外，加上生产工艺的不稳定，更容易被外来杂菌所污染，因此这里“不稳定”的

概念是指家庭作坊生产的酵子不能保持相同的质量指标。

⑤制作工艺粗放、落后、培养条件不固定：传统酵子的生产很粗放，制作时的原料和菌种的比例、加水量、发酵温度和培养时间等因素都凭借经验。作为一种民间技艺，酵子的生产技术只通过师傅代代相传，不但传授面小，而且工艺和配方因人而异，没有科学理论的指导，对于产品质量的控制，都是凭借经验和感觉，没有明确而固定的技术指标与标准以及可靠的检测分析方法与手段。个体家庭生产酵子时，由于条件限制，制作过程受环境的影响较大，例如不同季节的培养温度就不容易控制，使产品质量难以保证，另外，个体家庭接种和培养的环境都未经消毒和灭菌处理，而且酵子在干燥时多数都是置于户外，因而会引入不少环境中的杂菌。以上粗放、落后、不稳定的因素都会影响到成品酵子的质量，虽然传统酵子的生产制作包含有一定的科学道理，但是由于缺乏科学的研究和认识，致使其加工工艺参数模糊、工艺流程不规范、产品质量不稳定、劳动强度大，难以适应工业化生产。

⑥产品形式和包装不规范，储存过程品质变化明显：由于生产工艺和条件的落后，以及原料选择使用的差异，造成酵子产品的外观形式和包装不规范。目前，市场上销售的酵子产品多以大小不一的块状或散粒状形式为主，也有手工拍制成的球状或饼状，形式仍很原始，而且没有密封，以散装的形式流通，含水量较高（15%~22%），容易染菌生虫，保质期短，一般常温条件下只能保质一个月，长时间储存后发酵力明显下降。

因此，酵子馒头虽然好吃，但目前还没有很适合于工业化馒头生产使用的酵子产品。

（3）酵子在馒头制作中的应用　酵子在产气发酵方面与酵母作用完全相同，除添加量外，使用方法也大同小异。由于酵子发酵力偏低，短时间醒发不能达到馒头制作的要求，因此，利用酵子制作馒头时常采用二次发酵的方法，整个工艺流程与用酵母发酵的方法类似，区别在于酵子的添加量略大于酵母。与商业即发活性干酵母酵母相比，单位质量酵子所含酵母菌的数量大大减少，因此，馒头制作中使用的酵子的添加量是酵母的4~6倍，甚至更高。

酵母菌是酵子的主要菌体，所以酵子的性能同样受到环境条件，如温度、渗透压和酸碱度的影响，在添加使用时应避免酵子接触体系条件的剧烈变化。另外，酵子的块状或团状形态决定它不能直接加入面团中，在使用前需要经过处理，一般是将酵子研碎或压碎，然后在温水中浸泡几分钟至完全散开，这样，一方面可以使块状酵子分散在水中，有利于其快速地与面团混合均匀。另一方面，温水可对菌体进行活化，使酵子中休眠的菌体复苏过来，更快进入活性状态。

（三）化学膨松剂

化学膨松剂在馒头制造中也有一定的地位，这是因为它是利用化学反应产生二氧化碳的原理制作馒头，具有起发快，易于控制等生物发酵剂不具备的优势。化学膨松剂按其组成成分可分为单一成分发酵剂（碱性膨松剂）和碱剂加酸剂的复合膨松剂两大类，其各成分的作用及作用机理如下。

1. 碱性膨松剂

属单一成分化学发酵剂，因其水溶液呈碱性而归类为碱性膨松剂。碱性膨松剂也称“膨松盐”，在使用中会因加热而发生分解、中和反应，产生大量气体，使食品体积增大，内部形成多孔组织。我国应用最广泛的碱性膨松剂就是碳酸氢钠（$NaHCO_3$）和碳酸氢铵（NH_4HCO_3）。单一化学膨松剂中 $NaHCO_3$的用量掌握不好，会使过量的 $NaHCO_3$分解成碳酸钠（Na_2CO_3）破坏产品的品质，此外 NH_4HCO_3也会分解出具有刺激性的氨气（NH_3），影响产品整体风味。

2. 复合膨松剂

在一种产品中，单一的化学发酵物质往往不能很好地满足产品质量的要求，而复合两种或两种以上的化学发酵物质则能够更好地实现多样性与多功能性，以利于生产中对产品质量的控制，特别是利用化学发酵物质之间的协同增效作用，可以起到 1+1 大于 2 的效果，因而复合型膨松剂的应用已逐渐成为趋势。在馒头生产中多使用复合型膨松剂，即在碱性发酵剂的基础上，利用酸性物质等来控制反应速度，防止碱性物质失效以及使气体产生均匀等，并消除碱性物质应用时的不良现象，提高产品的质量。复合膨松剂一般由三部分组成：碳酸盐类（碱性剂），酸性物质（酸性剂）和助剂（填充剂）。

复合膨松剂产生的气体来源是碱性物质，所以称为碱性剂，主要是碳酸盐和碳酸氢盐，复合膨松剂中一般是以 $NaHCO_3$作为碱性物质，其用量占 20%~40%，其作用是产生 CO_2气体。复合膨松剂中的酸性物质主要是指有机酸或酸性盐，也称“酸性剂”或“膨松酸”，主要是硫酸铝钾、酒石酸氢钾等，常用的是硫酸铝钾（明矾），其用量占 35%~50%。酸性物质的作用是利用其与碱性物质发生中和反应或分解反应而产生 CO_2气体。

复合膨松剂中还常有淀粉、食盐、脂肪酸等一些其他成分，称为助剂，其用量占 10%~40%。其作用主要是增加复合化学膨松剂的保存性，防止吸潮结块和失效，阻止酸、碱作用以及控制和调节气体产生速度或使气泡均匀产生等，以满足生产的需要，除此以外，它们还能改善面团的工艺性能，增强面筋的强韧性和延伸性，也能防止面团因失水而干燥。

品质好的化学膨松剂虽能蒸制出外观较好的馒头，但其口感却不甚理想，缺少传统酵母发酵所特有的醇甜香味，营养价值较低，即便如此，这类化学发酵剂产气速度与膨松性却是生物发酵剂不能比拟的，其可满足特殊面制品生产者的要求，所以目前还有很多学者在对化学膨松剂进行开发研究。在生产实践中，也有人将生物发酵剂和化学膨松剂结合起来进行使用，以发挥二者的优势。将化学膨松剂和小麦粉混合起来可以制成自发粉，这种预混而成的小麦粉制作馒头时更加方便，在其中添加适量的水即可。

（四）传统发酵剂与商业酵母的比较

商业酵母在发酵面制品中应用时，方便快捷，效率高，而且易于控制，但是用商业酵母蒸制的馒头口味平淡，香味不浓。因此，很多地区的作坊仍然采用酵子与老面等传统发酵剂发酵面团生产馒头，并且受到了广大消费者的喜爱和欢迎，这主要是由于传统的馒头面团发酵剂属于多菌种混合发酵剂，与单一的商业酵母发酵相比，传统发酵剂制作的馒头在质构、风味、保质期和营养价值等方面更具有优势，下面就传统发酵剂与商业酵母之间的一些差异进行比较分析。

1. 微生物种类、数量以及酶系的区别

在微生物种类方面，商业酵母产品一般是单一的酵母菌为绝对优势菌种，单位质量中的酵母菌数量非常多，而且活力很强。虽然传统面食发酵剂中使面食膨松的微生物仍然是酵母菌，但也含有一定数量的、不同种类的其他微生物群，如包括具有糖化作用及产生风味的各类霉菌和乳酸菌，醋酸菌和芽孢杆菌等，而且在很多情况下酵母菌的种群就呈多样化状态，因此，传统发酵剂中的微生物种群多于商业酵母。

在微生物数量上，传统发酵剂中酵母菌总数在 5.81~8.63lg CFU/g，而活性干酵母中酵母菌总数在 10lg CFU/g 以上。

不同传统发酵剂样品的微生物数量如表 3-6 所示。

表 3-6　传统发酵剂样品的微生物数量

	编号样品	酵母菌菌落数/（lg CFU/g）	乳酸菌菌落数/（lg CFU/g）
酵子	A	8.63±0.72	9.23±0.24
	B	8.61±0.05	8.44±0.13
	D	8.11±0.05	8.37±0.07
老面	1	7.56±0.09	8.06±0.18
	2	7.22±0.12	8.72±0.21
	3	5.81±0.02	9.08±0.11

因为传统发酵剂中微生物种群丰富，所以其中含有酶的种类也较多，如蛋白酶、糖化酶、淀粉酶和酯化酶等，这些酶能辅助馒头面团的发酵，使糖化、酯化和发酵同时进行，进而发生一系列的化学反应，生成醇类，醛类，酯类等多种风味物质，使面团具有独特的香味，与之相比较，商业酵母产品中的酶含量很少，以酵母细胞为主。

2. 发酵力的差别

发酵力是衡量面团发酵剂性能的最重要指标，它是面团膨胀制作出膨松食品的保障。不同发酵剂，甚至不同商业酵母之间的发酵能力都具有一定的差异性，从而直接影响到面团发酵的效果和馒头品质的优良。GB/T 20886—2007《食品加工用酵母》规定高活性干酵母的发酵力（产生二氧化碳量）≥450mL/h，采用真空不透光包装，产品的发酵力在两年内基本稳定。因此，酵母产品具有发酵时间短、产品质量较稳定等优点，很受馒头生产企业的欢迎。虽然不同商业酵母在发酵前期的产气能力相似，但在发酵后期也有显著的区别。

图 3-5 所示为不同商业酵母的发酵能力。

传统酵子或老面发酵剂都是家庭或作坊制作，加工方法还停留在民间流传下来的经验，不但酵母菌含量较少，而且酵母菌的发酵力也较弱，大多数产品应用于面团发酵时，一个小时之后才能产生 CO_2，也就是说采用测定酵母发酵力的方法无法测出发酵力。由于生产条件粗放，产品之间的差别很大，不同家庭或作坊制作的发酵剂，甚至是同一家不同时间制作的发酵剂的发酵力都会有明显的差异。

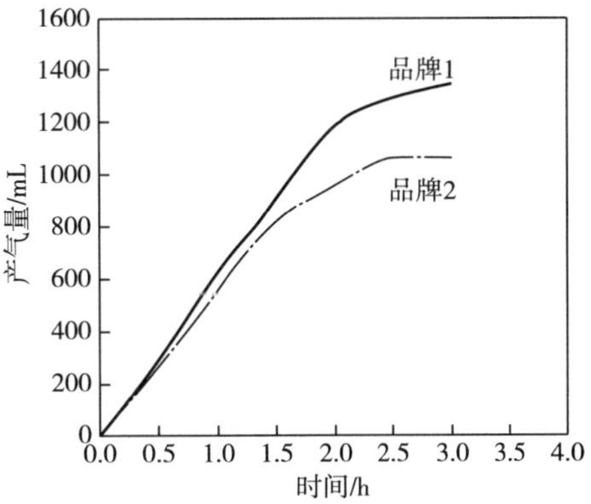

图 3-5 不同商业酵母的发酵能力

3. 制作馒头品质的不同

酵母菌发酵面团的过程中，在产生 CO_2的同时也会产生少量的醇、酸、糖和酯类等风味物质，使面团膨胀产生产品的柔软口感和味道，即便如此，90%的居民仍然认为酵母馒头的口感较差，他们更喜爱传统发酵剂制作的馒头，另外，传统发酵剂制作的馒头老化速度显著慢于酵母馒头。

由上面的介绍可知，传统发酵剂制作的馒头风味十足，营养丰富，口感柔软筋爽的特点得益于多种微生物共同发酵的作用，这也是导致百姓认为机制馒头没有手工馒头好吃的主要原因。

（五）酵子的加工

作为我国馒头制作中常用的传统发酵剂，酵子中的酵母菌不仅种类多样，而且与乳酸菌的数量之比接近 1∶1，不仅没有发酵力的担忧，而且发酵的面团不会过酸，还可以在多菌体系混合发酵条件下使馒头品质更佳，因此具有其他传统发酵剂难以比拟的优势特征，下面就酵子的制作加工作专门的介绍。

传统酵子采用玉米粉、大米粉、馒头渣、小米粉、麸皮、淀粉等作为培养基，接入酵种（也称为渣头或酵头），经过多次发酵后干燥而成。目前市场上销售的酵子一般为玉米粉酵子和大米粉酵子，大米粉酵子的销售者通常也称自己的产品为“糯米酵子”，下面就这两种典型酵子的制作工艺进行介绍。

1. 大米粉酵子制作工艺

一种典型的大米粉酵子制作工艺流程如图 3-6所示。

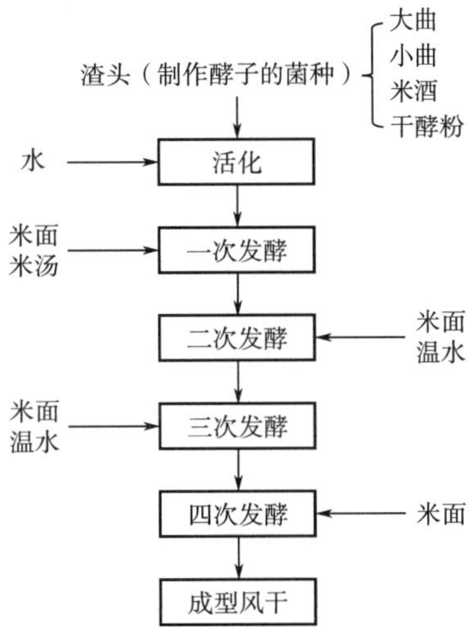

图 3-6 大米粉酵子制作工艺流程

具体操作为：3g 大曲（小麦制成的大曲或面瓜制成的大曲）、9g 小曲、40g 米酒、6g 干酵粉混合在一起做成渣头，渣头加入适量水在 29℃ 发酵 20min；一次发酵时在渣头内加入 65g 米面和 27g 稀米汤，搅拌均匀后 29℃发酵 3h；二次发酵时再加入 130g 米面和 110g 温水，搅拌均匀后 29℃发酵 2h；三次发酵时加入 250g 米面和 166g 温水搅拌均匀然后 29℃发酵 80min，四次发酵时加入 55g 米面搅拌均匀后发酵，待发起后拍成饼状自然风干。

成型后大米粉酵子的摊晾如图 3-7 所示。

图 3-7　成型后大米粉酵子的摊晾

2. 玉米粉酵子制作工艺

当采用玉米粉为主要原料制作酵子时，其主要在酵子制作的后期加入，玉米粉经过糖化与发酵，提高了馒头产品的香甜度、营养价值和适口性，另外，加入的玉米粉能辅助酵子的干燥与成型，提高酵子的溶解性，方便使用。玉米粉酵子通常有烫面和非烫面两种制作工艺。

烫面和非烫面玉米粉酵子制作的一般工艺流程如图 3-8 所示。

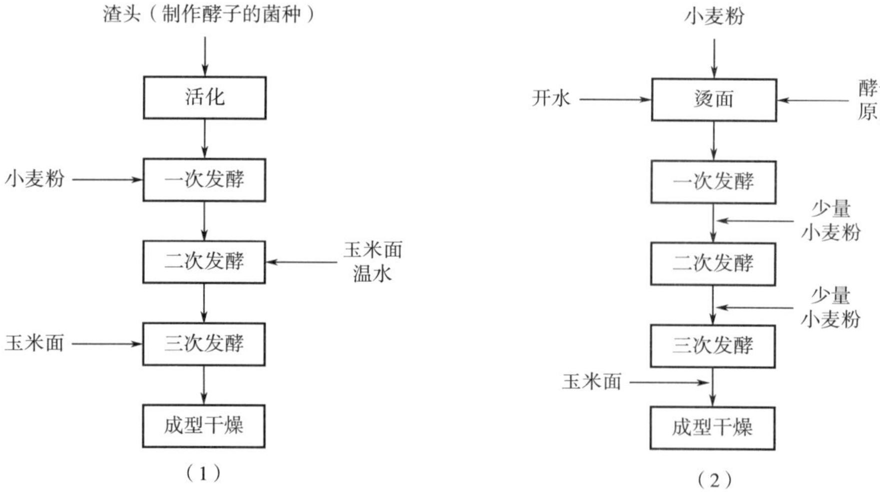

图 3-8　玉米粉酵子制作工艺流程图

（1）非烫面工艺　（2）烫面工艺

这两种工艺都以玉米粉、小麦粉、水、曲为原材料，制作过程都采用了补料补水、多次发酵、成型干燥等技术方法。不同之处在于：第一种酵子制作的工艺是以冷水制作面团和常温条件下发酵，而第二种酵子制作工艺中采用的是烫面面团的发酵，即用烫面面团发酵制作酵子，第二种酵子制作工艺在河南的开封和商丘等地区都有广泛的应用。

酵子制作中用到的渣头和大曲的主要作用：

（1）提供有益的微生物　大曲、小曲和渣头提供发酵过程中的有益微生物，它不仅含有发酵力良好的优良酵母菌株，还含有不同种类和数量的乳酸菌、霉菌等。

（2）提供丰富的酶　在酵子面团的发酵过程中，微生物进行生长繁殖产生蛋白酶、淀粉酶等，为后续馒头面团中各类反应提供丰富的酶类，这些酶类可以促进蛋白质、淀粉等大分子的分解，促进馒头面团中风味物质和碳源物质的增加，改善馒头的口感，增加馒头的风味。

（六）发酵剂的发酵力测定方法

发酵剂最重要作用是在面团发酵过程中产生二氧化碳（CO_2），使面团膨胀，从而制作出膨松可口的馒头，因此，发酵剂产生CO_2的能力，也就是发酵力，是衡量发酵剂的最重要的质量指标。测定发酵力的方法很多，包括流变发酵测定仪法、排水法、失重法、面团体积法、面团浮起法等。流变发酵测定仪法可以精确地监测整个发酵过程中的产气量动态变化情况，排水法和失重法能够有效地监测一定时间段的产气情况，面团体积法和面团浮起法可以更直观地反映面团膨胀情况。下面分别介绍一下产气排水法和流变发酵测定仪法。

1. 产气排水法

产气排水法是 GB/T 20886—2007《食品加工用酵母》描述的面包酵母发酵力测定方法，相比较而言，排水法装置简单且可以自制，方法容易控制，结果稳定可靠。

发酵力测定装置如图 3-9 所示。

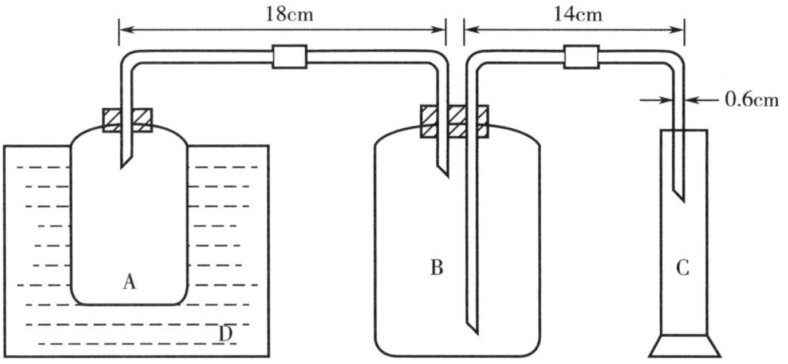

图 3-9　发酵力测定装置

A—1000mL 广口玻璃瓶　B—2500mL 小口试剂瓶　C—1000mL 玻璃量筒　D—恒温水浴

发酵力分析时，首先制备发酵面团。称取 4g 氯化钠，加约 150mL 水溶解，制成盐水。分别称取 280g 中筋小麦粉和 2.8g 干酵母，倒入和面机中，混合搅拌 1min，然后加入盐水，继续混合搅拌 5min，面团温度应为（30±0.2）℃。

面团制备好后，立即投入 A 瓶，并把 A 瓶放入（30±0.5）℃，连接 B 瓶（B 瓶内盛有 2000mL 排除液）。从和面到放入 A 瓶内的第 8min，开始计时。记录第 1h 的排水量，即为面团产生的CO_2气体量，记为该酵母的发酵力。

发酵力检测时要控制好测定的温度，检测室内的温度应控制在 17~25℃，否则会影响检测的准确性；小麦粉和盐水等原料的温度也要调整好，使和好后的面团温度在(30±0.2)℃范围内。

该装置也可以用于测定传统发酵剂酵子或老面等的发酵力，但由于传统发酵剂活力较差，而且启动较慢，往往在前 1h 内不能排水。可以加大传统发酵剂的添加量（加倍）或延长测定的发酵时间，例如记录 4h 或 6h 内的面团产生的 CO_2 气体量。

2. 流变发酵测定仪法

流变发酵测定仪最初用于评价小麦粉发酵性能与面团质量，近些年在发酵力评价方面的应用也越来越多。在测试时，流变发酵测定仪会周期性地测量总产气量和经苏打水槽吸收二氧化碳气体后剩余的气量，从而测定发酵剂的产气能力和面团的持气水平。

流变发酵仪测定面团发酵中气体逸散量的示意图如图 3-10 所示。

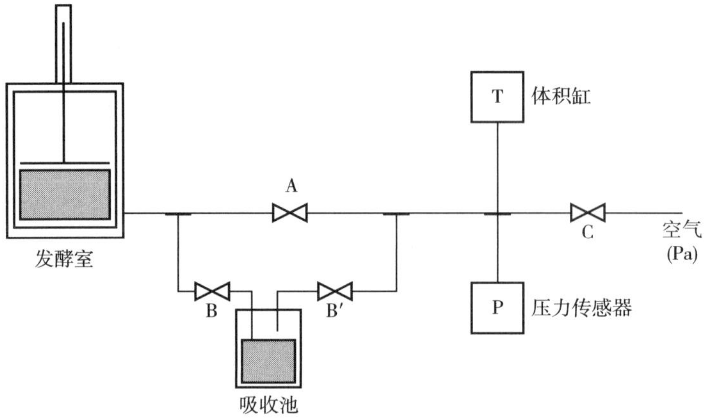

图 3-10 流变发酵仪测定面团发酵中气体逸散量示意图

（1）直接周期 当 C 电磁阀关闭时，B 和 B′电磁阀关闭可使吸收池（苏打池）从主回路中隔离出来，直接回路的 A 电磁阀打开，电子传感器会测出由于面团发酵膨胀产生的上升压力。

（2）释放周期 一旦记录下压力，电磁阀 A，B 和 B′关闭，然后，电磁阀 C 会打开，释放测量气路的压力，并使之变成大气压力，然后电磁阀 C 关闭。

（3）间接周期 当 C 电磁阀关闭时，关闭直接回路的电磁阀 A，隔离苏打池和间接回路的电磁阀 B 和 B′打开，二氧化碳气体就会和苏打水发生反应。

（4）释放周期 接着就会进行一个新的释放周期。

（5）到协议规定的时间结束，就会开始一个新的直接周期。

样品测定时，按照测试条件，取一定质量的面团，所取部分尽量平整并接近圆形，直径约为 120mm，之后将样品部分放入连续发酵仪的发酵容器中，使其完全覆盖容器底部，加上配重片，将发酵容器按操作要求密封后，设定条件进行连续测试。

一般情况下，测试条件如下：

实验温度：28.5℃；

样品质量：315g；

测试配重：0.5kg 标准配重片×4，总计 2kg；

测试周期：3h。

典型的发酵面团气体释放曲线如图 3-11 所示。

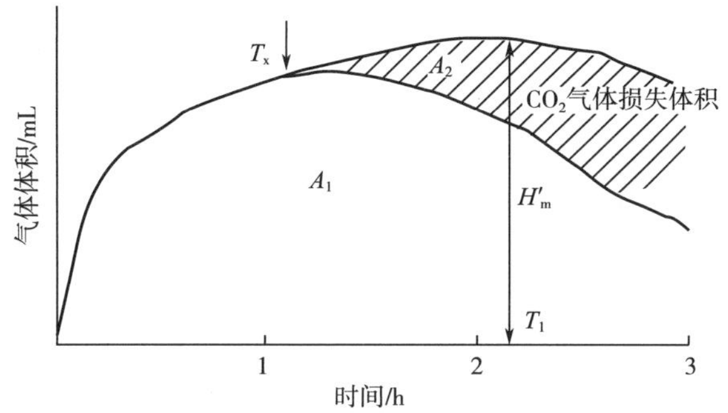

图 3-11　发酵面团气体释放曲线

H'_m—气体释放曲线的最大高度　T_1—达到气体释放曲线最大高度的时间

T_x—面团出现孔洞时间（面团开始泄漏二氧化碳气体的时间）　A_1—实验结束时保留在面团中的二氧化碳气体体积

A_2—面团发酵时泄露出面团的二氧化碳气体体积　A_1+A_2—释放气体的总体积

两根气体曲线的差别给出测量过程面团释放二氧化碳气体的数量。通过气体释放曲线还可以计算保留系数，也就是保留体积与总体积的百分比值。

三、辅料

在馒头制作中，除了主料小麦粉外，有时还会用到其他的辅助原料，如杂粮面、营养补充剂、糖、油脂、蔬菜和水果等，下面就这些辅料分别做简要介绍。

（一）杂粮粉

在我国当前的情况下，馒头的制作中常会加入杂粮粉，包括玉米粉、高粱粉、荞麦粉、小米粉、燕麦粉等，原因在于人们的口味发生了变化，杂粮馒头利于人们调节口味，另外，粗杂粮均含有丰富的营养成分，大大有利于人们的身体健康，更为重要的是，现在的馒头生产也会考虑到特殊人群的特殊健康需求，传统馒头主要是以小麦粉为原料，而杂粮的加入不仅改善了馒头品质，而且对糖尿病患者、肥胖者等人群也十分友好，因此，杂粮已成为一种满足现代消费者需求的有保健功能的制作馒头的辅料成分。

荞麦，最为常见的栽培荞麦有两种，分别是甜荞和苦荞，含有 67.8%～80.7%的淀粉，直链淀粉占总淀粉含量的 33%～44%，是一种新型淀粉资源；球蛋白是荞麦籽粒中主要的蛋白质、荞麦还富含脂质，与大米和小麦相比，荞麦籽粒中蛋白质和脂肪的含量要明显偏高。

玉米是馒头制作中使用较为频繁的一类杂粮原料，它有着十分丰富的营养价值。玉米具有独特的香味，但口感比较粗糙。因此，将玉米面添加在小麦粉中，一方面可以改善玉米面加工品质的缺陷，另一方面又可使小麦、玉米的营养互补，达到增加营养的目的，此外还可以改善产品的口味，增加产品的品种。

小米面也经常用于馒头制作中。小米的风味独特，营养价值高，是一种具有独特保健作用、营养丰富的优质粮源和滋补佳品，有的还成为馒头产品的主料。因此，小米的添加不仅有利于增加产品的风味，改善产品的色泽，而且还能增加产品的营养。

高粱在蒸制面食中应用较为广泛，一方面是由于高粱面本身就有着十分诱人的色泽和香味，其产品能够刺激人的感官，引起人们的购买欲；另一方面，高粱面有着十分丰富的营养价值，和小麦粉混用可起到很好的营养协调作用。高粱面自古就有“五谷之精”“百谷之长”的盛誉，高粱面制成的馒头有软、香、韧、糯的特色。

不同作物小麦粉营养成分对照情况如表 3-7 所示。

表 3-7　　不同作物小麦粉营养成分对照表

营养成分	小米	荞麦面	玉米面	高粱粉
蛋白质/g	9.7	10.6	8.9	7.15
脂肪/g	1.7	2.5	4.4	2.6
碳水化合物/g	76.1	68.4	70.7	70.8
热量/kJ	1503	1482	1499	1406
粗纤维/g	0.1	1.3	1.5	1.2
钙/mg	21	15	31	44
磷/mg	240	180	367	—
铁/mg	4.7	1.2	3.5	—
维生素 B_1/mg	0.66	0.36	0.26	0.27
维生素 B_2/mg	0.09	0.1	0.22	0.09
烟酸/mg	1.6	4.8	1.6	—

（二）营养补充剂

由于小麦在加工成小麦粉的过程中，有些营养成分会流失，并且小麦粉本身就缺乏某些氨基酸，这使馒头的营养价值大大降低。为了改善馒头的品质和营养物质成分组成，常会在制作的配方中加入一些食品添加剂或营养强化剂。食品添加剂和营养强化剂应符合 GB 2760—2014《食品安全国家标准　食品添加剂使用标准》和 GB 14880—2012《食品安全国家标准　食品营养强化剂使用标准》的规定。

馒头的营养强化是生产营养健康馒头的一种手段，主要是在原有小麦粉馒头的基础上通过加入适量的营养补充剂（蛋白质、氨基酸、维生素、纤维素、矿物质及其他营养物质等），来提高馒头的营养物质水平。有时加入营养补充剂后，馒头的感官品质也会有所提高，例如，在小麦粉馒头中加入适量的大豆蛋白粉制作馒头时，蒸制出的蛋白粉馒头与原有小麦粉馒头相比，表面光滑且色泽度好，品质有较明显的改善。因此，在主食馒头中适当加入大豆蛋白粉，不仅经济实惠，均衡营养膳食，满足日常膳食蛋白质摄入量需要，而且能改善馒头品质，满足人们对高品质产品的需求。对菊粉的研究发现，菊粉能明显改善食品的质构性状，提高食品加工性能和营养价值，国际食品界高度重视菊粉的开发和利用，并成功应用在乳制品、面包、饮料和调味料等食品领域。菊粉应用在馒头中时，不仅可以起到延缓馒头老化的作用，而且可以改善馒头产品的质构和色泽等品质性状。

（三）糖

糖本身是甜味剂，在食品中显示柔和纯正的甜味。糖的种类很多，馒头中常用的糖是蔗糖类，包括白砂糖、黄砂糖、绵白糖等，其中白砂糖品质最优，馒头制作中使用的白砂糖要颜色洁白、无杂质、干燥、无异味。

糖经常用于点心馒头的制作。在馒头制作中，糖会对面团结构和发酵产生一定的影响，还可以与蛋白质、脂肪以及其他成分作用产生特殊风味或加强某种风味。由于糖具有吸湿性，它在吸收蛋白质胶粒之间的游离水的同时，会使胶粒内部的水分产生反渗透作用，从而降低蛋白质胶粒的胀润度，影响调粉过程中的面筋形成程度，使面团弹性减弱，变得黏软，我们将这种作用称为反水化作用。正是由于糖在面团调制过程中的反水化作用，每增加约1%糖量，小麦粉的吸水率就降低0.6%左右，所以糖的加入可以调节面团筋力以及产品的内部组织结构。

糖还是馒头发酵面团中酵母的营养物，可以提高酵母的产气能力。在一定范围内，加糖量越多发酵速度就越快，单糖较多糖更有效。对于具有多次发酵的馒头制作工艺来讲，糖的加入可以促进酵母菌的生长繁殖，改善面团的最终醒发效果，但是，当糖量超过一定限度，反而会对面团发酵产生负面的效果，甚至使面团发不起来，这是因为糖的渗透作用抑制了酵母的代谢，减弱了其产气水平。糖是三大营养物质之一，热量高，易被人体吸收，故可以提高馒头的营养价值，但糖尿病和肥胖病等患者需要控制糖的摄入量。

（四）油脂

油脂也是馒头制作的辅助原料之一，常用的油脂包括动物油脂和植物油脂。油脂具有疏水性和游离性，可以改善面团物理性质。油脂加入面团后，便分布在蛋白质和淀粉粒的周围形成油膜，从而限制了蛋白质和淀粉颗粒的吸水性，从而改变面团中面筋的胀润性。此外，由于这种隔离作用降低了面团中面筋微粒黏合形成面筋网络的能力，从而提高了面团的疏散性和可塑性，降低了弹性和韧性，使面团易于定型。

适量油脂的加入会起到润滑剂的作用。这是因为存在于面筋和淀粉颗粒之间的油膜就是一层润滑膜，会降低面筋网络在发酵过程中的摩擦阻力，增加面团的延伸性，从而增大产品体积，提高产品的柔软度，使产品口感细腻光滑。另外，油脂形成的薄膜还能阻止淀粉的回生和干缩，使产品老化速度减缓。一般来讲，固体脂润滑性优于液体油。

油脂还具有特殊的香味，比如猪油和小磨香油风味都很浓郁。由于油脂具有非常高的热量，而且一些油脂中还含有人体必需脂肪酸，因此，它们是重要的营养素，肥胖病和高血脂等患者应减少油脂的摄入。

（五）蔬菜和水果

随着生活水平的提高，人们对馒头的营养和花色品种提出了新要求，蔬菜与水果及其提取物在此领域的应用逐渐推广。蔬菜和水果颜色多样，营养丰富，富含大量对人体健康起重要作用的微量元素和纤维素，不但可以丰富馒头产品的种类，还可以起到补充营养的作用。近年来，随着花色馒头的兴起，新鲜蔬菜和水果在馒头制作中的应用越来越多，一方面，新鲜蔬菜和水果的色彩鲜艳，营养成分受到的破坏较少，不仅令人赏心悦目，而且有利于人体健康。另一方面，新鲜蔬菜和水果可以直接用于生产，缩短了生产周期，节省了成本。

（六）其他辅料

为了生产出特别的品种，现代馒头生产中还可能用到一些其他辅料，如鸡蛋、食盐和乳粉等。

鲜鸡蛋固形物中主要为蛋白质，不但消化吸收率高，而且具有良好的乳化性和起泡性，能够提高面团的延伸性和持气性，改善产品的柔软细腻程度，在馒头制作中使用得越来越多。

食盐也称氯化钠，是食品制作中非常重要的调味料，它除了能够增加馒头的咸香味外，还能改良面团性质，提高面团的筋力和持气性，增加馒头白度和光亮感，延长保质期。一般在馒头面团配料中不宜过多添加，否则会阻碍酵母菌的生长繁殖或导致面团筋力过强而使产品萎缩。

乳粉是鲜乳经过浓缩后用喷雾干燥或滚筒干燥而制成的乳制品。在面团中加入乳粉可以起到增筋、增白、增香、增加营养、提高面团持气能力等作用，使产品外观更加美观，口感更加柔软，风味更加怡人，常用于制作高档新型品种，如奶白馒头等。

第三节 馒头加工技术

除了原辅料以外，馒头的加工工艺也显著地影响着馒头的品质。蒸制小麦粉馒头以小麦粉、发酵剂、水为基本原材料，然后通过搅拌、成型、发酵、汽蒸四道基本工序来完成，以蒸制的方式完成熟化是其在制作工艺方面与面包的最大区别，这种独特的工艺流程也造就了馒头健康安全的质量品质与特别的感官特点。

一、馒头加工工艺流程

馒头的加工工艺有狭义和广义之分，狭义上的加工工艺是指工艺配方、工艺条件、工艺流程、工艺设备和工艺过程控制研究等内容，广义上的加工工艺还包括面团理化特性、馒头品质和实验室馒头制作方法等基础性研究。

按照馒头面团发酵特点可将馒头加工工艺分为一次发酵法，二次发酵法、老面面团发酵法以及面糊发酵法，不同发酵法的馒头加工工艺有所不同，这里分别进行介绍。

（一）一次发酵法

馒头生产中的一次发酵概念不同于面包生产，馒头生产者认为面坯的醒发是一次发酵，因此，一次发酵法又称为直接醒发法、无面团发酵法或快速发酵法。采用这种方法制作馒头时，一次性将原料及辅料投入和面机，搅拌调成面团，然后直接成型、醒发并蒸制。

1. 一次发酵法的优点

（1）生产周期短、设备和空间利用率高　一次发酵生产周期短，面团发酵工艺简单，由此提高了生产效率和设备利用率，有利于工业化大规模生产。在整个生产工艺过程中，不仅发酵时间非常短，而且省略了一些操作环节，大大缩短整个生产周期，节约了劳动力，减少了物料损失及有害物质污染的可能性，也使污染有害微生物的机会降低。

（2）操作简单，劳动强度低　所有原辅料一次倒入和面机，减少了称量的次数和投料次数，操作简单，劳动强度低，由于没有长时间的面团发酵，面团产酸量少，不需要加碱，容易控制酸碱度。

（3）面团比较适合机械化生产　经过一次和面后的面团处于比较紧张的僵硬状态，弹性大，黏性小，用馒头机成型或者压面机压面时不易粘辊，馒头坯光滑挺立，制作的馒头洁白，层次感明显，结构细密，因此，一次发酵比较有利于机械化生产。

2. 一次发酵法的缺点

（1）酵母用量大，口感风味及营养价值不如传统手工产品　一次发酵法中酵母没有经过繁殖增殖，酵母用量大，因为长时间在高温高湿环境中面团会发生软化，所以醒发时间一般不宜过长，而且需要发酵力非常强的发酵剂，最常用的是即发活性干酵母，一般的传统发酵剂无法胜任。由于面团没有经过充分发酵，面筋扩展不够充分，延伸性较差，风味物质产生不足，因此生产出的馒头口感较硬实，口感、风味及口味平淡，老化快，不如传统馒头产品。

（2）和面要求高　面团一次和成，没有面团发酵和第二次和面调整面团状态的机会，因此必须严格掌握原料添加的方法以及搅拌的程度，如果一次发酵面团没有搅拌到最佳程度，那么馒头萎缩的概率要大于其他生产方法。另外，和好的面团的温度会对醒发产生明显的影响，所以应该严格控制好面团的温度，一般在30~35℃（冬高夏低）。

3. 一次发酵法的生产技术

一次发酵法的基本配方：小麦粉100kg，水36~42kg，即发干活性酵母300~400g（鲜酵母1kg左右），碱视小麦粉及发酵情况添加或不加。

一次发酵法工艺流程如图3-12所示。

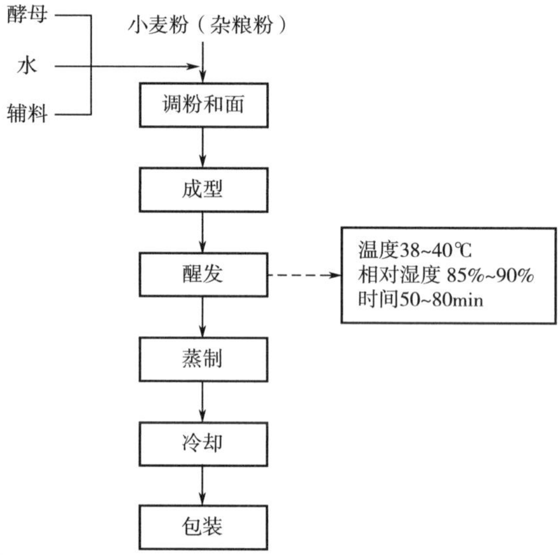

图3-12 一次发酵法工艺流程图

酵母需要得到充足的碳源才能代谢发酵产气，因此在发酵面团中加入糖类辅料能够增加面团的发酵速度，除此以外，加入的糖类组分还可增加馒头的香甜味和热量，但是糖的添加量不可过量，通常当糖的添加量超过10%时，会导致面团的稳定性变差，持气能力下降，进而影响面团的发酵质量和馒头的品质。

（二）二次发酵法

馒头的二次发酵法类似于面包的一次发酵法，即采用两次搅拌，面团短时间发酵的方法。首先，将小麦粉、酵母以及水制成面团，完成一次发酵后，然后将剩余小麦粉和其他辅料加至发酵好的软质面团进行二次和面，最后进行成型醒发，第一次面团调制时用到全部小麦粉的60%~80%及全部酵母。该方法是在传统馒头制作技术的基础上改进而来的，兼容了传统工艺和现代工艺的优点，被现在的多数馒头工厂所采用。

1. 二次发酵法的优点

（1）面团性状较优　在二次发酵中，不仅面团内部发生一系列的化学和生物化学反应，产生了利于面筋网络形成的代谢物质，而且发酵过程中面团的蠕动使面筋得到扩展和延伸，使面团柔软而延伸性增加。另外，由于面团发酵没有过度，其性状达到最佳状态，对于后续馒头坯的成型和醒发非常有利。

（2）生产条件容易控制　馒头工业化生产的环境条件基本是固定的，如果原料和室内温度能够稳定在一定范围，那么面团发酵的时间可以为一个定值，各批次面团的性质也基本能够保持一致，因此，第二次和面的工艺参数，尤其是加碱量，以及后续的成型和醒发条件基本不变，易于实现生产的标准化，从而使馒头质量稳定。

（3）产品质量好　经过适当的长时间发酵，面团内产生大量的风味物质，并且不产生不良风味，因此一般情况下，二次发酵法生产的馒头比一次发酵法的更为柔软细腻，并且风味淡香诱人，不易老化。另外，二次发酵法生产的馒头的萎缩概率也比一次发酵和老面面团发酵法的要小。

2. 二次发酵法的缺点

（1）人力消耗大，设备投资增加　与一次发酵法相比，二次发酵法多出一次发酵步骤，因此导致了馒头生产的复杂性并增加了劳动强度。比如，如果面团在发酵面斗中发酵，那么第一次和成的面团需要从和面机转移到发酵容器（面斗车或发酵桶）中，然后移送到发酵室，发酵后还需要重新将面团移入和面机内，不仅操作比较麻烦，而且消耗的时间和人力的量较大。如果是在和面机中发酵，则需要控制和面机的温湿度，增加了操作的复杂性，而且还需要增加和面设备，设备投资明显增多，成本明显上升。

（2）生产周期较长　二次发酵法生产馒头的工艺环节明显多于一次发酵法，因此，生产的时间也显著增加。在一般的馒头工业化生产中，若将面团发酵时间定在50～90min，加上面团转运、二次配料和搅拌的时间，那么总体上将使生产周期增加80～120min，所以，该方法在一定程度上降低了生产效率。

3. 二次发酵法的生产技术

二次发酵基本配方为：小麦粉100kg，水36～42kg，即发干酵母0.16～0.2kg（或鲜酵母500g左右），碱50～150g。面团调制分两次进行，第一次将全部小麦粉的60%～80%及全部酵母加入，加总水量的70%～90%，第二次加入剩余的原辅料和水。

二次发酵法工艺流程如图3-13所示。

（三）老面面团发酵法

“老面”是发酵十分充分的面团，甚至是过度发酵的面团，与二次发酵法中应用的只经过短时间发酵的嫩酵面有明显差异。老面面团发酵法是以上次做馒头留下的发酵面团（酵头）作为主要发酵菌种，加入小麦粉和成面团，然后在适当保温保湿的自然条件下长时间发酵，接着在面团中添加小麦粉和适量碱中和面团的酸性，并在和面后进行成型、醒发和后续加工。由于老面的发酵制作基本上都是在过夜的条件下进行，因此这种方法也常称为过夜老面面团发酵法。

1. 老面发酵法的优点

（1）生产成本低，设备条件容易实现　一般面团发酵中为维持发酵温度而需要的加热量不多，而且面团发酵后，酵母得到了充分活化，后期可以缩短醒发时间，能耗也相

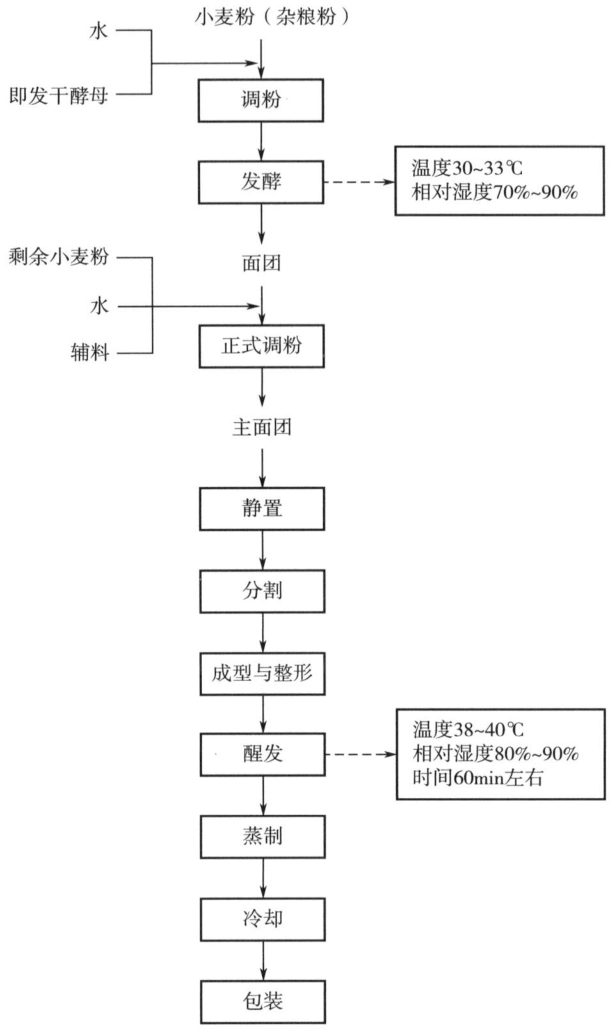

图 3-13　二次发酵法工艺流程图

应减少。起始加入的面团发酵剂可以是老面、酵子或活性酵母等，价格都相对较低，且用量不大。老面面团的发酵时间与温度等条件一般是以生产操作方便为标准安排的，面团性状不作为首要考虑因素，因此，对发酵的条件与设备没有严格要求，加工成本可高可低。

（2）馒头产品风味独特，口感良好　经过长时间的发酵，多种微生物和其他成分发生的生物化学反应可产生许多风味物质，发酵后加碱中和有机酸产生的盐类等物质也会产生特殊风味，从而使馒头具有十足的香甜味，也就是人们常说的传统的“馍味”“馒头味”或“酵子味”。发酵使面团中的淀粉和蛋白质等主要成分大量水解或变性，面团的物理性状发生明显改变，生产出的馒头组织柔软，口感良好。

（3）馒头产品耐储存　老面馒头比一般的酵母发酵馒头耐储存。在相同的储藏条件下，随着储藏时间的延长，酵母快速发酵馒头携带的霉菌量比老面馒头增加的速度快，更容易腐败变质。这可能是因为老面发酵时的微生物种类繁多，一些微生物代谢的分泌物可能会对部分霉菌的生长起到一定的抑制作用。

2. 老面发酵法的缺点

（1）面团发酵程度控制较难，可能产生异味　长时间发酵过程中，乳酸菌会大量产酸，加上面团中杂菌的繁殖发酵，面团的酸度很高，因此，必须加碱调节主面团的酸碱度。可是，发酵条件的不固定使发酵后的面团酸度也不在一个稳定范围，所以每批面团的加碱量都需要通过测试进行调整，这就要求操作人员有足够的实际经验和较强的责任心，否则难以生产出质量稳定的优质产品。另外，由于加碱，老面馒头颜色灰暗不够白，看相不好。

当面团的发酵设施容器或环境不够洁净，且气温较高时，过长时间发酵，面团可能会因为大量有害杂菌的自然接种而出现怪异的气味，也就是人们常说的“瓦斯气味”“馊味”“腥味”甚至臭味等，因此，要严格保持发酵容器和环境的卫生，当气温超过35℃时，要尽量缩短面团的发酵时间。

（2）生产周期较长　在老面发酵法中，为了让酵母在适宜的条件下活化和繁殖，以利于后续醒发，调制好的种子面团需要发酵较长的时间，因此增加了整个生产路线和生产周期，操作较为烦琐，劳动强度也大。

3. 老面发酵法的生产技术

老面发酵的配料主要由小麦粉、酵头、水、碱等组成。

（1）小麦粉的分配　第一次和面用小麦粉的1/3左右，第二次用2/3左右。小麦粉用量的分配可根据发酵容器、生产规模大小等实际情况而定。另外，温度高可以减少酵面的比例，而温度低的季节则可以减少新鲜面的量。

（2）加水量的掌握　第一次和面水可稍加多一些，面团不用揉得太仔细，以利于酵母菌的繁殖。第二次和面时的加水量要根据种子面团的发酵程度而变化，面团的软硬程度以成型顺利为准则，一般情况下，加水量为加入小麦粉质量的37%~42%。

（3）发酵剂的使用　老面发酵法除了加入酵头外，还可以根据需要新补充其他种类的发酵剂，可以是酵子、鲜酵母或活性干酵母。补充发酵剂的加入量主要是根据加入酵头的状态来确定，若加入酵头的新鲜度好、活性强，只需稍加补充的发酵剂即可，反之则多加。

（4）加碱的控制　老面经过长时间发酵，里面蕴含的乳酸菌等微生物会产生大量的有机酸，加碱不仅能消除酸味，而且产生的有机酸盐还会带来香味，另外，碱与酸相遇能够产生CO_2，也起到了再起发的作用。加碱适度在老面馒头制作中尤为重要，加碱不足，馒头口味发酸，组织僵硬，出现萎缩的概率增大，而加碱过量，则馒头碱味重，颜色发黄，容易裂口，同时还造成大量B族维生素破坏，加碱适度的馒头洁白柔软，富有发酵的香甜味。

老面面团发酵法的主要工艺过程类似于二次发酵法，这里不再列出。

（四）面糊发酵法

面糊发酵法又称液体发酵法、醪汁发酵法或肥浆发酵等，首先将发酵剂和小麦粉加水调制成面糊，充分发酵后，再加入小麦粉调制成面团成型，在一些馒头生产企业，会将调制成的面团再进行一次发酵，而后进行第二次和面，进而完成面团成型、醒发、蒸制来制作馒头，因为经历了面糊、面团和馒头坯三次发酵，也称三次发酵法。面糊发酵法与老面面团发酵法都为面的充分发酵，它们之间有许多类似之处。

1. 面糊发酵法的优点

（1）设备条件容易实现，生产成本低　面糊发酵主要是在比较大的洁净容器内进行，对材质要求不高，可以是金属材料、木制材料、陶瓷或砖混材料等，而且对发酵的温度要求也不高，故设备投资较小。老面头、酵母或酵子作为起始发酵剂，用量较一次发酵法大大减少，原料成本下降，而且经过面糊发酵后，酵母活化充分，醒发时间相应缩短，耗能也减少。这种方法利于老面头的分散溶解，因此老面头特别适合作为起始发酵剂。

（2）发酵管理比较简单，易实现连续生产　与老面面团发酵法一样，面糊发酵以生产操作方便为标准，只要酵母菌得到活化和增殖即可，因此对面糊发酵的条件没有严格要求，一般温度控制在25~40℃都可以，重点是防止面糊表面形成干皮。

需要说明的是，面糊发酵基本呈流动态，易于控制发酵参数，只要操作条件控制得好，重复性非常好，而且面糊具有可流动性，在连续流加新鲜面糊的发酵条件下，甚至可以实现连续化和自动化，适合于工业化应用。另外，由于成熟面糊本身就含有大量的能够产生CO_2的酵母菌和产生风味的乳酸菌，因此当其作为发酵剂时，可以与多种发酵模式相结合，生产出品种多样的馒头。

（3）馒头产品风味独特，口感良好　在高水分情况下，各种酶的作用增强，因此，经过长时间的发酵，面糊中的淀粉和蛋白质等主要成分水解或变性充分，为微生物的增殖创造了良好的营养环境条件，可以使酵母菌和乳酸菌菌群达到生态平衡，共同发酵，从而促使面糊成分发生多种生物化学反应，产生更多种类的风味物质。发酵后加碱中和酸的过程中也会产生一定的风味物质，使产品具有传统馒头的香甜味。另外，面糊发酵面团的物理性状改变明显，生产出的馒头组织柔软，具有良好的口感。

2. 面糊发酵法的缺点

（1）面团的pH控制较难　长时间的面糊发酵过程中，乳酸菌和酵母菌产生大量的有机酸，因此，必须加碱调节面团的酸碱度。若每次的接种量和发酵温度等条件控制得比较好，则发酵过程中的pH易于控制，但是目前利用面糊发酵法生产馒头也还都是偏向于使用老面或酵子等传统的混菌发酵剂作为起始菌剂，以致接种的水平不易固定，导致面糊发酵后的酸碱度不稳定，所以每批次的加碱量都需要凭经验添加或通过实验进行调整。

（2）生产要求严格　发酵设备的清理工序要求很严格，面糊不仅容易粘在设备上，难以清洗，而且未清洗干净的面糊容易滋生杂菌，特别是经过了过长时间发酵，面糊可能因这些有害杂菌的大量繁殖而出现怪异的气味，不仅会影响产品质量，甚至会导致整个发酵过程的失败。另外，面糊发酵中只有少量的小麦粉得到发酵，大量小麦粉在和面时才加入，所以面糊的有效酵母菌数量和质量要达到一定要求才能满足后续的工艺操作要求，否则，不但醒发时间会比较长，甚至可能会影响到最终产品的质量。

3. 面糊发酵法的生产技术

面糊发酵法制作馒头的技术方法比较灵活，可采用不同的工艺进行生产，其中最重要的步骤是发酵面糊的调制，这里以面糊充分发酵后直接调制成面团进行馒头生产的工艺为例进行介绍。

面糊发酵法工艺流程如图 3–14 所示。

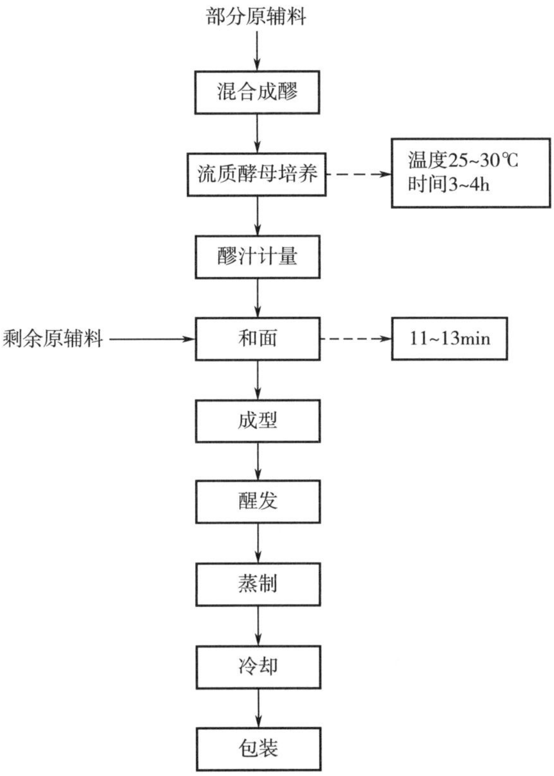

图 3–14　面糊发酵法工艺流程图

面糊发酵法基本配方：小麦粉 25kg，其中 3～5kg 用于搅拌面糊，20kg 左右用于面团调制，其余用作扑粉。酵母 20g 或酵子等传统发酵剂 500～1000g，水 10～12kg，碱 20～150g。

面糊发酵法和其他发酵方法不一样的地方主要在拌糊和面糊发酵两个方面。采用这种方法生产馒头时，首先要进行拌糊，拌糊又称为混合成酵，就是在容器中将酵子或酵母等发酵剂用水泡开并搅散，然后移入发酵缸，加入温水和小麦粉，搅拌成糊状。接着是进行流质酵母培养，即面糊发酵，就是将面糊保温发酵，待面糊表面出现大量泡沫，即说明面糊已经发起。面糊发酵结束后，在和面机中与小麦粉以及碱水共同搅拌和成面团，后续加工工艺与其他发酵法基本一样。

在选择馒头生产的工艺线路时，应根据各自的实际情况选择合适的发酵方法。如果需要产品有较高的质量，但不愿意增加过多的成本时，可以选择二次发酵法。如果要提高生产效率和自动化水平，减少烦琐的操作，降低劳动强度，可以用一次发酵法。酵母发酵迅速，生产条件容易控制，无须加碱或加碱量固定，操作方便简单，生产的馒头质量较为稳定，并且具有丰富的营养和独特的风味，比传统发酵法更具有应用于馒头工业化生产的优势。掌握好面团的发酵理论与技术，并且根据实际情况进行融会贯通，完全可以生产出质量好、成本低的馒头。

从以上不同馒头加工工艺流程的介绍可以看出，二次发酵工艺在多种馒头面团发酵制作中都有体现，具有重要的地位，下面就以二次发酵法的工艺流程为例，对各个生产环节进行详细的介绍。

二、面团的调制

面团的调制又称和面、调粉和搅拌，是馒头生产最关键的工序之一，面团的调制决定了面团的性能，而面团的性能决定了馒头产品的质量。面团调制过程中原料的性质、搅拌时间、调制水温、面团加水量和酵母添加量等，都是影响面团性能的因素。

1. 原料对面团调制的影响

馒头面团调制时，一般是将小麦粉、发酵剂和水放入和面机中，然后通过搅拌和成均匀的面团，所以馒头制作过程中所用原料和辅料的种类、数量多少都会对面团调制产生一定的影响。馒头制作对小麦粉品质标准的要求一般不是很高，中筋粉或者中强筋小麦粉均可以满足馒头生产制作。小麦粉和水的混合并不容易，小麦粉与水接触时，接触面会形成胶质的面筋膜，它们会阻止水向其他没有接触上水的小麦粉浸透，搅拌的机械作用可以打破面筋胶质膜的阻碍作用，促进水和新的小麦粉的接触。面团调制时的搅拌速度、材料配比和水的温度都会影响到小麦粉的吸水速度。

发酵剂种类直接影响着面团调制的程序，纯菌种酵母发酵力大，虽然用它作为发酵剂可以明显缩短发酵时间，但是其在和面过程中就开始起到一定的产气作用，因此，在工业化馒头生产中进行面团调制的程序设计时，要充分考虑所使用发酵剂的种类和数量。无论是什么形式的或种类的发酵剂，在搅拌前一般应进行活化。对于鲜酵母，一般使用30℃左右的水进行悬浮活化，水的体积约为酵母质量的5倍，而对于干酵母、老面与酵子发酵剂，水温应在40~45℃为宜，水的加入量应为其质量的5~10倍。活化期间应不断搅拌，使其分散均匀，活化时间为10~20min。有时为了加快酵母的活化速度，增强发酵能力，可以添加5%的白砂糖辅助活化。需要注意的是这些溶解分散发酵剂的水量也要计量到总的面团加水量中。

2. 面团调制条件的控制

和面时间与和面温度是面团调制的重要影响因素。

面团调制时，首先需要控制的主要参数是和面时间，和面时间对面团的形成与面团的性质起着重要的作用。如果和面时间太长，容易使面团中的面筋网络结构受到破坏，如果和面时间太短，则不利于面团中面筋网络结构的形成。和面时间对馒头品质产生的影响具体表现在：会使面团的持气能力产生差异，进而对所制得的馒头品质，如白度，比容及硬度和感官性能等产生不同程度的影响。另外，过长或者过短时间的面团调制，都容易使馒头产生萎缩的现象。

小麦粉中的蛋白质具有可以形成面筋的性质，面筋的形成离不开加水搅拌的过程。在小麦粉中加入水搅拌时，蛋白质作为高分子亲水性的化合物，开始大量吸水，吸水率达200%~300%，体积迅速胀润，在搅拌中逐渐形成湿面筋。搅拌时间越长，所形成的面筋网络就越致密和有弹性，面筋可以包裹住酵母发酵所产生的气体，这使面团持气性好，所制得的产品膨松，这也是充分揉面可以使馒头更加松软和有口感的原因，但是，面团的搅拌过程并非越长越好，如果过度搅拌，超过了面团搅拌的最佳时期，所形成的面筋网络就会被破坏，对后续的发酵、熟化以及最终的产品质量都会产生严重的影响。

和面温度是另外一个面团调制时的重要工艺参数。实际生产中影响面团温度的因素很多，例如，室温条件，加水温度、原料温度以及和面机械做功发热等因素都会影响和面阶段的面团温度。不同加工机器产热的不同，不同季节的室温与水温的差异，不同搅拌速率使面团机械升温的速度不同等都会使面团温度极难控制。在食品厂的生产实践中，室温和粉温不易调节，而加水温度易于操作与控制，所以通常会采用控制调制面团的加水温度来调节面团温度。在夏季，特别是我国南方地区，室温高达35℃以上，常温水的温度一般也高于和面时所需的理想温度，因此，需要用冷藏的冰水来控制面团的温度。由上可知，和面时温度对面团的影响可以认为主要是水温的影响，水温则是通过影响小麦粉中大分子的性质，进而影响面团性能。水温首先会影响小麦粉中蛋白质的吸水效果，30℃是小麦粉吸水的最佳温度，随着温度的升高，面团中的蛋白质开始变性、凝结、硬化，使得吸水率迅速下降，同时，蛋白质与水分子的结合能力减弱，面筋的筋力，黏弹性以及延展性都会随之减弱，当高于一定温度时，无法形成面筋网络。淀粉在较低温度时水溶性差，与水混合后的颗粒也不膨胀，当温度逐渐升高时淀粉水溶性提高，当高于60℃的时候，淀粉吸水率增加并加速膨胀，进而会进入糊化阶段。

3. 面团调制的方式

食品机械发明以前，我国面制品的制作都是以手工和面的形式进行面团调制，进入主食工业化时代，规模化生产使得利用机械调制面团的方式快速发展起来。

手工调制面团时只能以手感判断面团的调制程度，而采用机械方式调制面团时，可以通过控制和面时间来使面团达到相同程度，从而保证面团性状与产品品质的稳定。不同类型机器和面的效果有很大差别，和面时间也大不相同，通常在3~30min，一般来说，使用小型钩式和面机，和面时间在3~5min，大型立式和面机或卧式和面机的和面时间为10~25min。发酵面团的加工需要在面团调制中使足够的空气均匀填充、分布在面团中，从而为面团发酵过程中的酵母的产气、生长、繁殖、代谢等提供必要条件，所以在馒头面团调制时，应根据实际情况进行充分的搅拌，使大量的空气卷入面团内部。

馒头生产中，和面设备选择与生产规模、产品种类息息相关。小型馒头生产由于产量有限，立式和面机与卧式和面机基本可以满足要求，大型的馒头生产车间则需要选择连续和面机，以保证生产的连续性。根据搅拌轴的不同，卧式和面机可分为单轴和面机与双轴和面机，单轴和面机搅拌轴面团接触机会较少，所需的和面时间较长，双轴和面机的搅拌轴与面团有更多的接触机会，和面效果较好。双驱双动型立式和面机的搅拌模式独特，且搅拌轴与面缸的间隙较小，制得的面团较软，和面效果好，但荷载量难以与卧式和面机相媲美。

三、面团发酵

面团发酵就是将小麦粉和各种原辅料混合调制成面团后，在一定温湿度条件下，经过一定时间，让酵母代谢繁殖产气，使面团膨胀的过程。只有经过面团发酵，才能加工出体积膨大、组织疏松、风味诱人、口感十足的馒头产品。因此，在整个馒头的生产制作过程中，面团的发酵直接影响到馒头的外观形状和其他品质，是影响馒头生产与质量的最重要的工序之一。

（一）面团发酵的作用

在馒头制作中，面团发酵主要有以下的重要作用：

首先，酵母在面团发酵中大量繁殖，产生二氧化碳（CO_2）和其他气体物质，面团因此变得膨松多孔，富有弹性，从而使馒头体积膨胀增大，内部形成多孔结构，组织柔软，富有弹性而且色泽洁白。

其次，面团在发酵过程中会发生一系列的物理化学变化，改善面团的加工性能，例如面团的延伸性提高，弹韧性降低等，从而为馒头的最后醒发和蒸制时获得最大的体积奠定基础，使馒头绵软适口，柔韧筋道。

再次，酵母在发酵过程中会产生出氨基酸、低分子糖、酯类、醇类、醛酮类、酸类等风味物质，使馒头具有纯正而又柔和诱人的香甜味。

最后，发酵所用的酵母本身营养价值就很高，带有丰富的B族维生素和磷脂、固醇及其他类脂物等营养成分，酵母代谢又可使一些高分子物质，如淀粉、蛋白质、纤维素等水解成单糖、氨基酸和醇类等易被人体消化和吸收的低分子物质，使馒头的营养价值得到提高。

（二）面团发酵的影响因素

在馒头面团发酵过程中，不但面团要有一定的保持气体的能力，酵母产生气体的能力也要旺盛，所以从本质上讲，能够影响到酵母产气能力和面团持气能力的因素就会影响到面团发酵，这样的因素有很多，例如小麦粉的品质、酵母的活力和添加量、水、辅料、发酵温度和湿度等。需要说明的是，发酵产气主要是利用酵母的生长繁殖和酶的活动，所以，酵母生长的好坏或酶活性的高低对于产气水平及馒头质量的好坏有直接关系，影响酵母生长或酶活性的因素都会影响发酵，包括酸度、温度和湿度等。下面从小麦粉品质、酶活力、酸度、发酵温度和湿度等几个方面进行说明。

1. 小麦粉品质的影响

小麦粉品质对面团的发酵有重要的影响。小麦粉粒度太大，面团吸水速度慢，和面时间长，发酵慢，且成品结构不均匀，干后易掉渣，反之粒度小，成品质量较好。

酵母发酵产生的二氧化碳气体，必须最大限度保持在面团内才能使面团膨胀和发酵成熟，在原料中小麦粉质量的好坏，尤其是其中蛋白质的数量和质量是面团持气能力的决定性因素，因此，小麦粉中湿面筋含量和质量对面团的发酵速度、二氧化碳的保持及馒头品质影响很大。湿面筋含量小，面团起发快，但馒头筋力小，易塌陷、口感差，反之，湿面筋含量高，发酵困难、速度慢，但面团持气性好，筋力强，口感好。

面团发酵是一个动态的复杂变化过程，微生物产生的一系列代谢产物也会影响面团中小麦粉的组分，包括面筋蛋白、淀粉、阿拉伯木聚糖等。例如，酵母在发酵过程中产生的气体会使面筋延展，使面筋不断地结合与切断，蛋白质组分之间不断发生—SH和—S—S—的相互转换。另外，微生物的代谢会降低面团 pH，激发蛋白酶活性，面团中的麦谷蛋白和麦醇溶蛋白会发生部分降解，面团也会变得更加柔软，弹性变小，拉伸性变好，该过程生成大量的肽和氨基酸是酵母的营养物质，最终在代谢过程中会被转化为风味物质。

2. 酶活力的影响

面团发酵实质上是在各种微生物和酶的作用下，将多糖转化为双糖和单糖，酵母再利用这些糖类经过发酵作用生成二氧化碳气体和其他代谢产物的过程。酵母在发酵过程中通常只直接利用单糖来发酵，馒头生产中，可供发酵的糖的来源主要是来自面团本身。

面团在发酵过程中，小麦粉中天然存在的α-淀粉酶和酵母产生的淀粉酶会促进淀粉水解，破损淀粉会分解为小分子糊精，β-淀粉酶很快地使糊精变为酵母可利用的麦芽糖等，麦芽糖酶、蔗糖酶作用于麦芽糖和蔗糖，分解为单糖，酵母会利用这些糖类进行代谢产生二氧化碳等。在馒头生产中淀粉酶具有重要的作用：一方面可以为酵母提供可发酵的糖；另一方面，可以增加吸水率，使面团松软，促进面团的发酵。一般来讲，小麦粉中淀粉酶含量越高、活性越大，越有利于淀粉水解，为酵母的繁殖、生长和代谢提供了物质基础，反之不利于发酵，然而淀粉酶含量过高，会造成面团及成品发黏、口感变差。

3. 酸度的影响

通常情况下，酵母最佳的生长 pH 范围在 5.0~6.0，有较强的产气能力。当发酵进行到一定程度，由于酸性物质的积累，pH 过低，酵母的生长会受到抑制，一些杂菌可能会生长起来，占主导地位，甚至会发生有恶臭味的丁酸发酵等现象。

面团发酵过程产生的乳酸、乙酸、碳酸、丁酸等酸类物质会使面团的酸度增高，pH 下降。淀粉酶对 pH 很敏感，酶的活性在 pH 5.0 左右最大，当 pH 大于或小于 5.0 时酶的活性都会降低。面团调制时的 pH 大约在 6.0，随着发酵的进行，pH 逐渐下降到 5.0 左右，因此，发酵后期，淀粉水解的速度会加快。

4. 发酵温度和湿度的影响

影响面团发酵温度的因素有小麦粉和主要辅料的温度、水温、室温、搅拌产热及发酵产热等。在生产实践中，粉温、搅拌和发酵热不易调节，通常用水温来调节面团的温度。一般情况下，在一定的温度范围内，随着温度的升高，酵母的产气量会增加，发酵速度也就快，虽然高温条件下（35℃）酵母的产气量大，但在发酵后期，产气速度会大幅下降，说明发酵温度高时酵母发酵产气的耐力差。在温度较低时的条件下（28℃），酵母产气速率比较稳定，发酵完成后产气能力下降幅度较小，说明酵母的发酵耐力较强。因此，在实际的馒头生产过程中，面团的发酵温度要控制在 26~32℃，采用一次发酵法生产馒头时，发酵温度应控制在 30℃左右，不宜超过 35℃，否则会因为产气速度过快，而不利于面团的持气性和充分膨胀，也易引起乳酸菌和芽孢杆菌等细菌的过量繁殖而影响馒头质量。

对面团发酵产生影响的还有湿度。发酵时的湿度宜控制在 85%左右，如果湿度低于 70%，那么面团表面会因为水分蒸发变干而导致结皮，一旦结皮，会影响面团的发酵膨胀，使馒头组织不均匀，相反如果湿度过大，在发酵结束时，面团表面过于湿黏，会影响整形等后续操作，整个工艺过程也会受到影响，产品组织结构也发生改变。

综上所述，发酵的温度应控制在 26~32℃，相对湿度 70%~90%，发酵时间根据采用的生产工艺流程以及实际情况而定。发酵成熟的面团气味芳香，色泽白净滋润，质地柔软光滑，内部空洞小而均匀；当发酵不足时，面团不膨胀，没有弹性，内部也没有空洞，不能制作成松软可口的馒头产品；若发酵过度，则面团会非常软塌，酸味强烈，严重的成为糊状，这种情况的面团也难以制作成好的馒头产品。研究表明，测定面团 pH 可以较快而准确地检查面团的发酵程度，当面团的 pH 达 3.5~3.6 时，酵母已经不再增长，发酵阶段基本结束。

四、成型与整形

用压面机及成型机使馒头生坯具有一个挺立而美观的外表称为馒头的成型与整形。一般是将发酵好的面团放入和面机中，加入小麦粉和碱水，在和面机搅拌力的作用下和成均匀而柔软的面团，然后把和好的面团用馒头压面机揉压及成型机成型，做成符合要求的馒头坯。

（一）揉面与成型

成型前面团一般会先经过一个揉面的过程，以保证面团中的气体排出，形成紧密细腻的组织结构。传统的揉面方法是将面团放于案板上人工按压和翻折，劳动强度十分大。如今，在工厂大批量生产馒头时，一般采用揉面机揉面，方法是将面团通过压辊进行轧制，然后将面团压成紧密的，有一定厚度的面片，称为压延揉面，这样不仅可以排除发酵产生的二氧化碳气体，进一步混合物料，使其分散均匀，而且可以充分扩展面筋网络，改善面团的组织结构，使产品表面更为光滑洁白。馒头内部空洞不够细腻是产品品质差的常见问题，该问题的原因很大程度上源于面团成型揉压不足，未能赶走面团内多余气体，留有大的空泡，导致面团组织缺少细腻感。研究表明，根据醒发工艺的不同，压面 15~25 遍，均可能得到较好的馒头品质。

揉压完成后，就可以进一步成型，一般都采用馒头机成型，生产圆馒头时，多数是将初步成型的圆形面坯通过搓馍机等仿生成型装置对搓，使坯变成挺立的圆柱形，在成型过程中，设备对面团有搅拌、揉捏、挤出、搓光等作用。生产刀切馒头时，一般是将揉压的面皮卷成长条状，然后用切刀切出一定规格的馒头坯，用刀口面整平后放于蒸盘上。

（二）整形与排放

使用馒头机，特别是对辊馒头机成型时，虽然馒头生坯有了一个较为成型的形状和光滑的外表，但是它们有的形状不太一致，或者有的存在节巴（旋状纹），因而，对馒头生坯的整形显得十分必要，一般采用搓馍机整形或者手工整形。

在馒头生产线上，馒头坯整形后要装入蒸盘，在多数馒头生产企业，已经实现了馒头坯的自动排放，不仅大大节省了人工劳动，而且提高了生产效率及排列的整齐度。馒头坯在蒸盘中装满后就可以放入蒸车，待蒸车放满后，就可以推入醒发室进行后续的醒发工序。蒸车是托架蒸盘和运载馒头坯的专用工具，一般情况下，馒头坯的醒发和蒸制都在蒸车上进行。

五、馒头坯醒发

经过整形后的面团（馒头坯）在控制温度和湿度的条件下的发酵过程称为醒发，又称饧发或饧面。醒发是馒头制作中面团的最后一次发酵，是馒头生产至关重要的一步，经过醒发，馒头坯将达到应有的体积和性状，所以其操作的成败直接影响产品的最终品质。由于醒发实际上是发酵过程，因此，其基本原理和作用与面团发酵大致相同，其中最重要的作用就是 CO_2气体的产生和滞留。持气性是影响馒头体积的一个重要因素，所以要得到比容大、结构好的馒头必须要提高馒头坯在醒发中的产气和持气能力。

（一）醒发条件的影响

馒头坯醒发过程需要控制的参数主要有醒发温度、醒发湿度和醒发时间，是否能控制好这三个参数，将直接影响到馒头成品的质量。

1. 醒发温度的影响

醒发的温度取决于多种因素条件，但主要是根据酵母生长和气体产生的温度来确定。在较高的温度下进行醒发，面团中的CO_2的浓度积累较快，气泡膨胀速度增加，面团密度快速降低，这是由酵母产气速度增加和高温降低气体溶解度共同作用的结果。在高温下，面团中的CO_2不易溶解，气体会更快地进入气泡，但当温度达到40℃后，由于酵母对热的耐受力有限，酵母的产气速率下降，气泡膨胀速率降低；另外，如果醒发温度太高，会使面团内外的温差变大，馒头坯醒发不均匀，从而导致馒头成品的内外质地不一致，内部不能充分发酵，而外部发酵过于剧烈，可能会造成馒头外部质地粗糙有裂纹，而且醒发速度过快，设备的运作没有充足的缓冲时间，容易出现醒发过度的情况。如果温度太低，酵母产气能力差，则馒头坯醒发过慢，相对的醒发时间过长，影响整个生产周期，且使产品不够挺立。醒发适宜在酵母产气量最大时的温度进行，所以，馒头坯醒发的温度一般控制在35℃左右。

2. 醒发湿度的影响

湿度是影响馒头醒发效果的最关键的参数，它主要影响面团的表面特性。如果醒发湿度较低，面团表面水分蒸发得比内部快，容易出现侧面裂口和表皮干燥与开裂的情况，从而导致馒头成品有裂纹，影响出售，同时面团滞留气体的能力降低，面团中的气体容易丧失，易于出现成品表面塌陷的现象。但是，馒头醒发的湿度也不是越大越好，一般情况下，不要超过95%，因为实践中发现，湿度太大，会使面团颜色发暗，表面出现气泡，而且产品不够挺立，容易发生粘盘、馒头萎缩现象，蒸制后严重影响馒头成品的外观。所以，为了馒头成品有良好的外观，醒发湿度一般应控制在80%以上。由上可知，醒发湿度虽然对馒头成品的体积、内部质地影响不是特别大，但是对馒头的外观、形状及表皮等则影响较大，从而影响馒头的感官品质。

3. 醒发时间的影响

醒发时间对馒头品质的影响也十分显著。醒发时间不足，面团内部组织结构不良，蒸出来的馒头体积偏小，整体质地较硬，内部质地粗糙，口感不佳、风味平淡，严重的还会产生死面馒头一样的产品；如果醒发时间过长，馒头的比容增大，口感虚软、不筋道，蒸出来的馒头容易塌陷，缺乏光泽或表面不平，出现黑色暗斑，甚至收缩变形，时间过长的话，产品还会味酸。所以，为了使馒头的口感吃起来绵软筋道、软硬适中，要根据生产工艺中发酵剂的种类、活力和多少来选择合适的醒发时间，醒发时间一般控制在30~70min。

4. 其他影响因素

除了以上因素，酵母添加量也会影响醒发的效果，增加酵母量可以使面团中的CO_2

的浓度积累较快，增加气泡膨胀速度，从而加快醒发，反之亦然。

（二）醒发条件的控制

醒发的条件要求较为苛刻，因此，在工厂实践中需要对醒发的条件进行严格的调节和控制。馒头坯醒发用的醒发室或醒发房等设施一般由加热、加湿和保温等装置组成。

醒发温度一般由暖气片等加温设施进行提高和控制，若醒发设施中温度过低，可打开加温装置，使室内温度升高到所需温度，若温度过高的话，面坯要暂缓进入醒发间，通过关闭加热装置和减少蒸汽进入量的方法降低温度后，再进行醒发。

醒发湿度的大小一般是通过调节加湿管喷出的蒸汽量来控制，但是当室温高于 35℃时，如若还用蒸汽加湿的话，醒发室的温度可能会超过 45℃，从而影响醒发的效果，这时可利用超声波雾化加湿或水雾加湿等方法加湿。

醒发的时间应视具体的产品和生产工艺而定。通常情况下，采用一次发酵工艺的醒发时间相对较长，采用二次发酵工艺醒发的时间相对来说稍短一些。如若对醒发时间有特殊要求，可通过调节发酵剂加入量、面团温度和加水量等措施在一定范围内来调控醒发的时间。

在较大的醒发空间，如大型的醒发房里，醒发条件比较难以控制，这是因为，控制湿度的热蒸汽会造成室内上下温度不一致，特别是在冬季，地面温度远低于醒发室顶部的温度，由此导致蒸车上部的馒头和下部馒头醒发不同步的现象，从而影响生产的连续性和产品质量的均一性。因此，在设计醒发室时，不仅要考虑整体温度和湿度问题，还要考虑温度和湿度的均衡问题。

需要说明的是，由于冬季或夏季成型间的温度和湿度与醒发间的温度和湿度相差太大，所以成型后的馒头坯直接由成型间进入醒发间会对馒头产生负面影响，如导致馒头坯表面水分过大露水或水分过低裂纹，致使馒头蒸制时萎缩或馒头坯发酵时起泡等，所以在新建立的馒头生产车间中多数都增设了预醒发间作为缓冲，以调制馒头坯的状态。一般馒头坯温度与醒发温度差异大于 15℃时，就有必要在醒发前设置一个预醒发的工序，以减少因温差过大而带来的负面效应。预醒发间的温度和相对湿度分别控制在 25～33℃与 70%～90%。馒头坯制成以后，先在预醒发间停放 8～10min，然后进入醒发间。

（三）醒发适宜度的判断

馒头坯醒发的适宜程度视不同的产品、工艺和蒸制的方式而定，主要通过观察面团体积膨大的倍数来判别。一般情况下，北方馒头坯体积醒发增大到搓圆时的 1.5～2.5 倍为宜，南方馒头醒发程度会深一些，通常体积增大在 3 倍左右。另外，还可以根据馒头坯的外观特性来判断醒发的适宜程度，以北方馒头为例，馒头坯醒发适中时，横向扩大明显，坯仍比较挺立，面团外表光滑平整，轻触时质地柔软，有一定弹性，不粘手，不跑气。馒头醒发的总体控制原则是：面团软，可醒发重一些，面团硬，醒发可以轻一些，筋力强，可醒发重一些，筋力弱，则醒发轻一些。

六、馒头蒸制

馒头蒸制就是将馒头坯装入蒸制容器内用水蒸气进行加热熟制的方法。馒头采用汽蒸的方式进行熟制是与焙烤面包显著不同的特点，这种方法不但使馒头具有特殊的风味，而且赋予馒头更为营养安全的品质。大多数情况下，工厂都是在蒸柜内通过低压蒸汽对馒头坯进行加热熟化的，由于是蒸汽直接喷入蒸柜，升温迅速，热量充足，馒头坯定型较快，要求馒头坯醒发的程度要控制好，醒发得轻了，成品体积小，但如果醒发过度的话，有可能会造成馒头的塌陷。

（一）蒸制的热量传递

在蒸制过程中，以蒸汽为传热介质对馒头进行熟制，主要的传热方式是传导、对流和辐射。在蒸柜中，热蒸汽混合物与馒头表面的空气发生对流作用，使馒头表面吸收部分热量而升高温度，当排尽蒸柜中的冷空气后，对流作用减缓。热传导是馒头熟制的主要热量传递方式之一，蒸柜内的热量不仅是由水蒸气直接传导给馒头坯，而且在馒头坯内部，热量也通过质点间的相互作用进行传递，使产品成熟。与热传导、对流换热不同，热辐射不需要介质接触就能将热量传递给馒头坯，蒸制装置内部的蒸汽管壁等高温界面会产生少量的热辐射。

馒头熟制的热交换过程是由多种形式复合进行的过程。在实际生产中，随着温度的变化，或三种传热方式同时发生，或以其中一种方式为主，其他两种方式为辅。在汽蒸的过程中，主要是以蒸汽为热载体，对流和传导协同进行，因此，需要保证对流顺利，让热蒸汽不断补充进来并与馒头接触。

（二）馒头蒸制中的变化

蒸制过程中，馒头外层表面温度上升较快，中心温度上升较慢，一定时间后，馒头各部分的温度都接近100℃，在这个升温的过程中，馒头产品发生着一系列的物理、化学及生物学变化。

1. 体积的变化

馒头的体积在蒸制的过程中基本呈上升趋势，在开始蒸制的起始阶段，馒头体积显著增长，而后增长速度减慢。馒头体积的这种变化与蒸制时馒头坯中发生的物理、微生物学和胶体化学变化有关，在馒头蒸制初期，面坯内部存在许多小孔气泡，随着蒸制的进行，小孔气泡内的气体膨胀力增加，孔洞不断变大，整个面团逐渐膨胀，在蒸制后期，馒头皮逐渐形成，其透气性降低，延伸性丧失，与此同时，淀粉的糊化和蛋白质的变性凝固也基本完成，致密均匀的气孔结构逐渐定型，馒头瓤骨架形成，瓤的体积也停止增长，因此，蒸制后期馒头的体积基本不变。过度蒸制会使馒头内部结构变差，出现较大气孔，影响馒头品质。

2. 水分的变化

在蒸制过程中，馒头中的水分会重新分配，发生较大的变化，这个过程中，既有水蒸气冷凝使馒头水分含量增加，又有温度的升高使馒头水分蒸发而减少。在起始时，馒头瓤水分含量最高，馒头坯表面其次，馒头坯中心最低，蒸制结束后，馒头表面的水分含量最高，馒头中心的仍然最小。一般情况下，在蒸制的前 10min，馒头表面和中心的含水量变化较大，而馒头瓤的含水量变化比较迟缓。

3. 蛋白质的变化

馒头坯体积在蒸制过程中会快速膨胀，当温度升高到 70℃左右时，馒头坯中的蛋白质发生变性，形成固定结构的面筋蛋白网络，与糊化淀粉一起使产品具有固定的形状；馒头蒸制的过程中，在蛋白酶的作用下，少量蛋白质发生水解，产生低分子肽、氨基酸等，这些蛋白质水解物与其他成分结合产生的物质也是馒头风味的重要组成部分。

4. 淀粉的变化

淀粉在水环境下受热，水分子深入淀粉内部，淀粉颗粒会因为吸水而涨破，最终导致直链淀粉和支链淀粉形成的结晶区消失，体积增大将近百倍，在 50℃以上时，淀粉颗粒破裂并相互产生黏结，发生糊化反应。随着蒸制时间增加，馒头皮、瓤、芯的糊化度迅速升高，当糊化度上升至 80%左右时速度趋于平缓。糊化的淀粉凝胶填充在蛋白质网络结构中，共同构成了馒头的基本骨架，对馒头的结构，形态，口感等品质产生着重要影响。淀粉酶的作用几乎贯穿于整个蒸制过程，通常，β-淀粉酶钝化的温度在 70℃左右，而 95℃以上时，α-淀粉酶才开始钝化，因此，几乎在整个蒸制过程中淀粉酶都在水解淀粉，生成糊精和麦芽糖等低分子糖，从而使馒头产品带有一定的甜味。

5. 风味的形成

馒头蒸制成熟的过程中，其风味也逐渐形成。除了小麦粉等原料的特有风味外，由于酵母与乳酸菌等微生物的发酵作用还产生了其他的风味，其中最主要的是醇和酯的香味，这些在发酵过程中产生的醇和酯在蒸制过程中挥发出，形成了诱人的香气，另外，蒸制的高温条件也促使了一些新的风味物质的形成。除此以外，淀粉酶水解淀粉产生低分子糖形成的甜味，蛋白酶水解蛋白质产生游离氨基酸带有的芳香味，以及有机酸与碱在高温下形成的有机酸盐的味道等也是馒头风味的重要贡献者。

6. 微生物的变化

在蒸制过程中，微生物的数量与活性也发生着剧烈的变化。在馒头坯蒸制的初始阶段，酵母就开始大量减少，当蒸制 10min 以后，已经很难发现酵母菌的存活，这时温度已高于 60℃。当馒头坯开始蒸制的前 5min（温度不超过 50℃），乳酸菌的生命活动很旺盛，乳酸菌菌落数最多，这是因为乳酸菌生存的适宜温度较高，好温性的为 35℃左右，好热性的为 48~50℃，到蒸制的第 10min 时，温度已超过 60℃，乳酸菌的生命力就显著减退，蒸制 10min 后，已经很难再检测到乳酸菌。

100g 馒头坯中的酵母菌和乳酸菌的菌落数量随蒸制时间的变化如表 3-8 所示。

表 3-8　100g 馒头坯中酵母菌和乳酸菌的菌落数量随蒸制时间的变化

蒸制时间	酵母菌		乳酸菌	
	稀释度	菌落数	稀释度	菌落数
蒸制前	10^{-6}	61	10^{-5}	122
5min	10^{-3}	152	10^{-5}	103
10min	10^{-2}	55	10^{-2}	32
15min		未检出		未检出
20min		未检出		未检出
25min		未检出		未检出

（三）蒸制条件的控制

1. 蒸制方式

目前，常见的馒头蒸制方式是蒸锅蒸制法、蒸柜蒸制法和醒蒸一体蒸制法等，不同的蒸制方法和设备都能够蒸制出好品质的馒头。由于设备的气密性以及额定功率等各项指标的不同，在蒸制时馒头内部组织结构产生的变化也不同，例如，在对比蒸锅与蒸柜蒸制的馒头品质时发现，尽管两种设备蒸出馒头的各项指标变化趋势都大体一致，但是由于蒸柜的密封性比蒸锅的密封性更好，产生的蒸汽量更多，形成的液旋流也更强，导致蒸制压力更大，在蒸制过程中，尤其是前期，馒头与水蒸气的热传递也更快，馒头内部升温更快，酵母菌的失活时间更早，因此蒸柜蒸制出的馒头比容、弹性、回复性略小于蒸锅蒸制的馒头，而咀嚼性和硬度略大于蒸锅蒸制的馒头，因此蒸制条件对馒头的比容、咀嚼性和弹性等品质指标具有一定的影响。

2. 蒸制压力和时间

从蒸制对馒头品质变化的影响不难看出，在蒸制过程中，影响馒头的熟化度与馒头品质的两个重要因素是蒸制压力和蒸制时间。不同蒸制压力条件下，蒸锅内部蒸汽量不同，作用于馒头的热能也不同，因此蒸制出的馒头品质也不同。蒸汽压力较小时，馒头需要经历较长的时间才能使其内部的温度上升，从而使微生物的存活时间增加，在这种状况下其白度会慢慢下降。如果蒸制压力过大，会出现馒头大部分萎缩的情况，严重影响产量。蒸制时间主要是影响馒头坯的熟化程度，如果蒸制时间过短，馒头成品会有夹生现象，口感粘牙、不熟，但时间太长，不仅造成损耗，也延缓了生产效率。一般对于100g 的馒头，为了使其熟化度适当，表皮光滑，蒸制的压力一般控制在略微正压的条件下（大约 0.03MPa），而蒸制时间控制在 20~25min。

依照一般的概念，成熟馒头达到的状态应该是：馒头中的绝大部分微生物死亡，形态完全固定，不粘手、有弹性、爽口，淀粉的糊化度（α 化）达到最大、适于人体吸收。对 100g 的馒头来说，其淀粉糊化程度在蒸制的第 22min 达到最大值，这时馒头的中心已经在 100.5℃持续蒸制了 2min，而且此时馒头中基本不再能检测出活的酵母菌和乳酸菌。如果以蒸制时馒头中心温度达最高并且持续 2min 定义为馒头成熟，那么 75g、100g 和 120g 馒头成熟的时间应该分别是 18min、22min 和 24min。讨论馒头成熟时，产品的种类也是需要重点考虑的，比如杂粮类熟化时间相对较长，要延长蒸制时间，以保证产品充分成熟。

七、馒头冷却

馒头的冷却过程一直以来被人们忽视，但其作用却很重要。为了便于大规模生产和大范围销售，馒头蒸制完成以后，必须要经过充分的冷却，馒头冷却的目的有两个方面：一是防止其变形，二是防止霉变。馒头如果没有经过适当的冷却，则过于柔软，在后续的包装、运输和销售过程中容易挤压变形，而且冷却不足的馒头温度很高，含水量也很高，若立即进行包装，容易在包装袋和馒头表面产生冷凝水，不仅会使馒头皮起泡变皱，表皮泛白，而且使产品易于滋生微生物，产生腐败霉变，不利于销售。因此，不能为了追求高产量而忽视馒头的冷却过程，否则会产生一些产品质量问题。

（一）馒头冷却的方式

自然冷却是馒头最简单的冷却方法，即将刚蒸制的馒头置于自然环境中，让馒头向空气中排出热量，最终达到与环境相同的温度。在小型馒头生产企业中，由于馒头的生产量比较少，当天就能销售出去，所以自然冷却是比较实用的，具体的操作方式是将出蒸柜的馒头放在蒸车上或倒在冷却台上进行冷却，一般的冷却时间在 60min 以上。自然冷却的优点是馒头可以保持本来的香味，缺点是冷却速度较慢。在工业化的馒头生产中，由于生产量比较大，如果用自然冷却的办法，就会占用大量的空间，另外，许多馒头聚集在一起，导致含水量高且热量难以散发，会显著降低冷却效率，并限制生产规模的进一步扩大，所以仅凭自然冷却不能很好地解决问题。

第二种是空气调节冷却的方法，也是目前最常用的冷却方法，该方法主要是利用机械通过调节空气的温度、湿度、气流速度等来达到冷却馒头的目的。一般情况下，是通过新风换气机将冷却间外新鲜、干燥的空气经过过滤、净化后输送到室内，同时将室内污浊的湿热空气排出室外，并在冷却间内配置强制冷却设备，使空气强制流动，从而加快热量与湿气的排除。空气调节冷却的优点是冷却时间缩短，并且不受季节变化影响，有利于进行工业化连续生产，但由于降温速率较快，馒头表皮会产生破皮、皱皮等现象，对馒头的外观有一定影响，从而影响销售。

第三种是真空冷却法，这种冷却方法通过控制适当的真空度，适当的湿度以及温度环境，可以在相对较短的时间内将馒头冷却，且不会受季节变化的影响。馒头真空冷却分为两个阶段：第一个阶段是将馒头通过一个湿度及温度都已经控制好的密闭隧道，在这个阶段中馒头的热量散发到隧道内，然后馒头进入第二个阶段，即真空冷却阶段，馒头刚进入此阶段时，内部温度较高，表皮温度与第一阶段隧道内的温度接近，馒头通过该阶段的真空减压，时间虽然较为短暂，但能使馒头内部的蒸汽释放出来，从而使馒头内外部湿度及温度得以平衡。显然真空冷却的时间比自然冷却要短很多，即速度较快，并且可以避免馒头在 25～50℃降温过程中所发生的细菌大量繁殖，因此，真空预冷处理有利于馒头的后期储存，可一定程度地延长馒头的保质期，但花费较高。

（二）馒头冷却的影响因素

馒头冷却和环境温度关系密切。当馒头出锅后，一旦接触到凉空气，表皮温度很快就降下来，但是馒头瓤却很难迅速冷却下来，由于内部温度高，馒头瓤的水分向外表皮移动，快速蒸发，致使馒头表皮的水分不断增加且散发于空气中，由于馒头瓤过多的水分已向表皮扩散，馒头变得富有弹性，馒头表皮中的水分大多已散失到空气中，因此变得软而有韧性。冷却温度低时，虽然冷却较快，但馒头硬度大，白度值低，感官品质下降，冷却温度高时，冷却较慢，馒头芯及馒头瓤的温度过高，不利于后期的包装，一般情况下冷却温度在 25℃时较为合适。

馒头水分的蒸发与空气湿度等有密切的联系。馒头蒸发较多的水分以降低本身温度，如果环境湿度小，则馒头中的水分蒸发较大，导致馒头质量明显减轻、硬度增大，表皮发皱甚至裂口；如果环境湿度大，则馒头表皮水分蒸发较少，甚至冷却再久水分也不会过度流散，产品失重少、表面光滑、组织柔软。因此，馒头的冷却过程应该尽量提高环境湿度，避免干燥空气的直吹。为了提高冷却速率，可以用高湿冷空气对流来加快降温，干燥的环境条件下，可以在冷却间内增添加湿装置，保持一定的冷却湿度。

控制好恰当的馒头冷却温度和湿度的条件下，在馒头冷却工序中的核心问题就变成了时间的控制。馒头出锅后，各部分的温度随着冷却时间的延长而不断下降，一般在 40min 后馒头芯的温度接近 35℃，馒头的水分含量与质量等也会随着冷却时间的延长不断下降。冷却后能够使馒头产品具有弹性并保持松软口感的方式方法才是恰当优良的冷却条件。

（三）馒头的预冷却

在生产实践中常会在馒头蒸制车间与冷却车间之间加一个预冷却车间，预冷却车间是一个连接馒头熟制工序与冷却工序的特殊操作间，也是馒头生产工厂中生品区和熟品区的分界处，在同一时间，预冷却车间只能与蒸制车间和冷却车间的其中之一进行互通，以防止交叉污染。

除此之外，预冷却工序的实施也改善了馒头的品质质量和储存效果。在有预冷却间的情况下，馒头会先在预冷却间进行预冷却，也称第一步冷却，预冷却间内配置小功率排风扇将蒸汽抽出。当馒头表面无明显蒸汽时，将预冷后的馒头进入冷却间进行强制深度冷却，经过预冷却后，在冷却车间的馒头表皮含有冷凝水起泡的状况大大减少。

馒头预冷却间设计如图 3－15 所示。

采用预冷却后强制冷却的方法不仅能提高冷却效率，而且利于馒头的储存。

不同冷却工艺的冷却效果对比情况如表 3-9 所示。

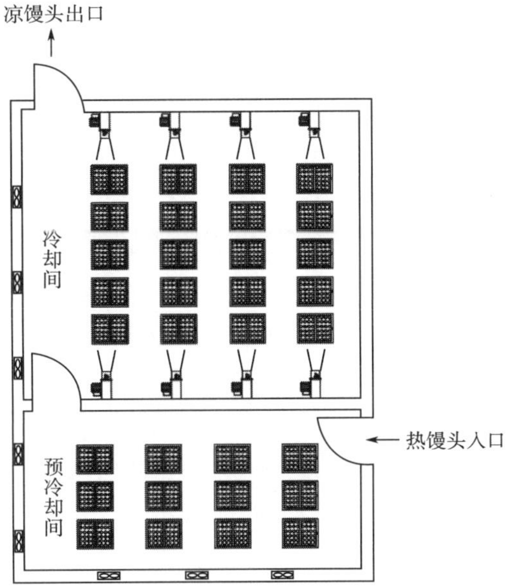

图 3-15 馒头预冷却间设计图

表 3-9 不同冷却工艺的冷却效果

冷却方法	冷却效果	馒头表观	馒头储存效果
直接自然冷却	冷却时间长（6h），冷却间湿度大，温度高，影响后续冷却	表面较光滑，稍有起泡	较好
直接强制冷却	冷却时间较短（2.5h）冷却不均，冷却间湿度较大	表面较光滑，稍有起泡	好
预冷却后强制冷却	冷却时间短，预冷却 5min，冷却 1h，冷却较均匀	表面较光滑	好

八、馒头的包装与储存

由于热而柔软的新鲜馒头在口味和外观上都能够保持最佳状态，并且食用时也不需要复蒸，非常方便，因此，在我国北方的一些地区，馒头多以保温的散装状态进行销售，但是在主食工业化生产的背景下，馒头的冷却销售成为必须，为提升馒头的质量品质与商业化销售水平，对其进行适当地包装，并采取一定的储存条件进行品质控制显得尤为重要。

（一）馒头的包装

传统的馒头存放方法是将蒸制好的馒头晾置于空气中，以这种方法存放馒头，其品质很容易发生劣变。馒头在刚刚蒸制出来时，水分含量高，营养丰富，微生物很容易在其上面定植，当其数量超出规定标准时，就失去了食用价值；另外，馒头晾置于空气当中，容易发生失水，并伴随着变硬、干裂和掉渣等现象。馒头进行适当的包装可以有效地避免以上问题的出现，使馒头的保质期明显延长，有利于产品的远销和超市的上架销售，具体来讲，馒头的包装主要有以下作用。

（1）包装后的产品老化作用明显延缓。包装后，馒头处于相对恒湿的状态下保存，不易失水。

（2）包装可以防止污染。馒头作为直接食用的食品，要求清洁卫生，应避免在储藏、运输、销售过程中受到污物和微生物的污染。

（3）包装可以防止破损。馒头在储藏、运输和销售中容易出现破损残缺，用薄膜等材料包装后，可避免馒头间的相互粘连以及分离时的破皮，也能起到减震的作用，防止馒头外观因为碰撞或挤压而被破坏。

（4）包装可以美化商品，提高馒头的等级与价值。包装后的馒头产品会因为包装上色彩艳丽的图案而变得醒目，从而吸引消费者，包装还能注明馒头的制造商、生产日期和营养特点等信息，不仅可以让消费者放心，而且可以作为一种广告形式，使产品家喻户晓。

目前，生产的馒头一般采用一次性塑料薄膜袋包装，或是装入包装袋中密封。这样的包装形式虽然能保持馒头水分，但包装袋中仍有空气存在，容易滋生微生物，据此，有研究者发明了馒头高温热封的包装方法，这种方法是在高温条件下对冷却后的馒头进行封膜处理，封膜材料与馒头贴合紧密，高温也起到了瞬时消毒的作用。因此，以馒头“膜封”保鲜技术对单个馒头进行包装，不但可以有效避免在储藏过程中环境中微生物的污染，而且避免了其中水分的散失，这种技术为馒头的保质、保鲜与长期储存提供了新的思路。

（二）馒头的储存

随着科学技术的发展，馒头加工也逐渐从传统手工作坊转变为自动化生产，馒头作为生活中的主食消耗品，其保鲜及保藏问题也成为生产实践中面临的重要问题。目前最常见的馒头保藏方法有冷藏、冷冻以及气调储藏。

冷藏、冷冻的储藏条件可以显著地延长馒头的保质期。主要有两个方面的原因，其一，低温对嗜热菌及一些嗜温菌有抑制作用，虽然嗜冷菌的生长一开始会受到低温的抑制，但是当其对环境产生适应性时，会开始大量生长繁殖，这是因为馒头的水分活度很高，在0.90以上，并且馒头的组成成分主要是淀粉和蛋白质，微生物很容易在这个水分活度范围和营养条件下滋生并且繁殖，使馒头的卫生状况下降，所以冷藏时要特别注意一些嗜冷菌如细菌、霉菌、酵母的生长及繁殖；其二，低温可以改变某些生化反应的速率，一般情况下，低温可以显著降低各种劣变反应的速率，例如，酶的反应活性对低温环境比较敏感，低温虽然不能使酶失去其活性，但可以使酶化学反应速率降低，进而使食品品质下降速率减慢，所以当馒头置于2℃的低温环境中，其各种生化反应变慢，延缓了品质变劣的速度，从而延长储存时间。但是，将馒头放置于冷藏或冷冻条件下进行储藏也存在一定的问题，通常在储存一段时间后，馒头在口感、外观和卫生品质等方面会发生显著的变化。

（1）馒头刚置于冷藏室或冷冻时，馒头与冷藏室存在温度差，这一温度差的存在会使馒头表面水分散失，会出现干耗现象，随着干耗现象的发生，馒头体积轻微缩小，表面色泽逐渐变得昏暗，而且在再食用时会出现馒头硬度增大，馒头瓤掉屑等现象。

（2）馒头在低温环境中存放时，会促进淀粉发生老化。已经糊化的淀粉分子在低温条件下重新排列成有序的结构，会使馒头组织结构紧密，造成食用品质下降。

需要说明的是，如果馒头在进入大多数超市和便利店及到达消费者手中之前采用的是冷藏或冷冻的方式，那么，这些冷藏销售的馒头需要复蒸一下才能食用，另外，有的消费者在食用馒头前喜欢进行复蒸处理，这样的热馒头吃起来柔软、可口、宜于食用，因此，复蒸也已渐渐成为馒头食用之前不可避免的加工环节。馒头的复蒸与生产过程的蒸制有很大的不同，更容易出现各种问题，比如：复蒸后馒头出现颜色变暗、表面起泡、裂口、口感变僵硬、萎缩、出现红褐色斑等品质劣变问题的概率大大增加。因此，掌握正确的复蒸技术非常重要，而复蒸蒸汽压力和时间等复蒸条件参数是影响复蒸馒头品质非常重要的因素，复蒸时最好使用“小火蒸制”，蒸汽压力应不超过0.02MPa。100g的馒头复蒸时间一般为10min左右，时间过短，馒头内部会出现硬芯，过长则容易导致馒头表面出现水泡，此外，馒头复蒸后应及时出锅，否则易出现“沏底”现象。

除了冷藏和冷冻的方式外，还有研究采用其他的方式来提高馒头的储存时间。在馒头制作的过程中添加适量的防腐剂是一种方式，这样确实会使馒头发生霉变的时间推迟，但是因为会存在安全隐患，没有在生产中应用；辐照灭菌法是利用杀灭馒头表面微生物的方法来防止微生物的滋生，从而改善馒头储存的效果，因为应用简单，所以在一些馒头生产企业已有应用；采用真空包装能够防止馒头品质发生变化，并减少馒头与外界微生物接触的概率，恶化微生物的生存环境，从而达到延长馒头保鲜保质时间的目的。

九、馒头生产中常见的产品质量问题

蒸制熟化的馒头产品具有味淡、水分含量高的特点，其表皮薄而柔软，组织结构多孔膨松，表面和内部呈乳白色，不能出现起泡、裂口、萎缩和颜色褐变等问题，也不能产生苦、馊、酸、腥等异味。由于馒头水分含量高，加热时的温度及时间也不能够彻底灭菌，易发生腐败变质现象，故保质期一般非常短，并且馒头作为主食，生产量大，影响因素复杂，容易出现各种各样的质量问题，且较难控制。

（一）馒头风味感官质量

风味是馒头重要敏感的感官质量指标之一，纯正的馒头应有发酵麦香味，后味微甜，无酸、馊、苦等不良风味。影响馒头风味感官品质的因素主要包括以下几点：

（1）小麦粉的质量　受潮发霉、生虫变质、脂肪水解或酸败等都会引起小麦粉变质，出现不良味道，制得的小麦粉馒头风味较差，特有的麦香味不能显现，另外，不适当地使用添加剂，也会对馒头的风味有所影响。

（2）面团发酵　面团在最佳状态下发酵时，产生的酸、醇、酯、醛、酮等风味物质使馒头呈现宜人的香味。如果发酵条件控制不好，如温度过低或过高，或者是发酵剂选择不当都会影响发酵的状态，特别是面团发酵过度时，环境与原料中的杂菌过度增殖，致使污染概率大大增加，无法得到最佳的风味，甚至会产生异味。

另外，面团的酸碱度要调节适当。在发酵的面团中加入碱，不仅中和了有机酸，而且产生的有机酸盐使馒头具有独特的风味，如果加碱量不足，则馒头过酸，但碱过量时，馒头会出现明显的碱味，不仅甜香味不能体现，而且馒头会发黄。

（3）环境污染　在和面机、馒头机、整形机或发酵箱等设施中可能有有害菌污染，从而影响发酵，使馒头风味不良。在蒸盘中涂油可以防止馒头粘盘，但是过多会产生油腻味，如果使用了品质不良的酸败油更会使馒头带有不良的风味。

为保证馒头产品具有正常的风味，甚至是改善馒头风味，在馒头制作中必须采取相应措施。首先，从原料入手，使用优质小麦加工而来的无污染、不变质以及没有进行过任何化学处理的小麦粉；其次，在制作的配方中不添加或少添加影响风味的辅料，如果确实需要，可以通过改换原料配比或调整工艺条件来达到目的；另外，选用的发酵剂要求发酵力强、风味突出，产酸产醇适中，发酵状态和条件易于控制，使馒头的风味和口感都能够达到较优的水平；若需要调整面团的酸碱度，则尽量使用相对稳定的制作条件，控制加碱量保持不变，调整后的面团 pH 在 6.4~6.7；最后，生产车间要搞好设施卫生，控制外源污染，保证馒头好吃卫生。

（二）馒头内部组织结构及口感

虽然我们看不到馒头的内部组织结构，也不会特别在意，但它会影响食用时的口感，因此馒头的内部结构及口感也成为馒头质量评价的重要指标之一，优质馒头的内部应呈现细腻多孔结构，柔软而有筋力，爽口不发黏，令消费者具有舒适的感觉，但是想达到优质的组织结构却并不容易，经常会出现一些问题，现总结如下：

（1）馒头内部孔洞不够细腻　造成馒头内部组织不够细腻的原因有很多，通常是和面不够或过度，面筋未得到充分扩展或弱化严重，另外，成型的时候揉面不足，未能赶走面团中的所有气体也是重要的原因，再者，醒发过度时也会使馒头内部组织变得粗糙僵硬。因此，和面时要确保物料混合均匀且面筋充分扩展又未出现严重弱化，揉面时要充分，除去面团中的所有二氧化碳气体，使面团组织细腻，在醒发时要严格控制醒发时间，防止面坯因膨胀过度而出现过大孔洞。

（2）馒头发黏无弹性　馒头发黏没有弹性的出现，多是因为小麦粉中的淀粉颗粒损伤严重，另外，原料中还原糖过多或者馒头蒸制未熟透也会出现该情况。这时要更换小麦粉原料，馒头蒸制时气压不应低于0.015MPa，根据馒头坯的大小适当调整蒸制时间。

(3) 馒头过硬不虚或过虚弹性差　馒头过硬不虚主要是因为醒发不足，一是由于发酵剂活力低或者量过少，难以产生足够二氧化碳；二是由于醒发时间不足，酵母产气不够，致使馒头比容减小而过硬不虚。这时要调整面团醒发的条件参数，可以更换发酵活力高的发酵剂或者提高发酵剂的加入量，或者延长醒发时间，从而使馒头内部形成适当的细密多孔结构。

馒头过虚弹性差则是因为醒发时间过长，加水过多使内部出现不均匀大孔。这时要缩短醒发时间，若因为一些原因，如蒸柜不够，无法缩短醒发时间，可降低醒发温度，注意降温时要加大湿度，防止馒头表面出现干裂。

(三) 馒头的腐败

(1) 馒头腐败变质的原因　馒头的腐败变质主要是由于微生物的滋生，主要包括细菌腐败和霉菌腐败。面团中营养物质丰富，经过发酵过程，杂菌也会剧烈增殖，一些耐热菌会在馒头的蒸制中存活下来，因此，馒头不太容易做到太长的保质期。另外，在馒头储存的过程中，一些污染的微生物会在馒头表面生长繁殖，产生菌斑或霉斑等而影响外观，高温（35~45℃）的条件下储存馒头，污染以细菌为主，常温（18~25℃）的储存条件下霉菌占主导地位。需要说明的是，在低温下（0~5℃），虽然馒头储存期会有所延长，但仍会霉变。一般腐败是多种菌共同发酵的结果，腐败的馒头首先出现馊味，随着腐败的继续，可能出现腥味、涩味、苦味和臭味等怪异风味，难闻难食。馒头中微生物的腐败不仅会影响馒头的风味与外观形态等感官品质，而且腐败的馒头中有些微生物本身致病或会产生毒性极高的毒素，直接食用或者间接接触都会严重危害公众的健康。

(2) 腐败的预防　腐败后的馒头外观、风味等都发生严重的变化，失去食用价值，造成损失与浪费，因此对馒头腐败的预防尤为重要，可以从以下几个方面入手。

①讲究生产原料和环境卫生：普通小麦粉中含有大量的土著微生物类群，而且其数量在10^2 CFU/g以上，甚至更高，因此，首先保证小麦粉原料或辅料符合安全卫生标准，不用微生物污染的原料；其次，生产过程避免微生物污染，与馒头接触的设备、用品、空气等应定期消毒处理，保持洁净；最后，生产操作人员应注意规范操作，避免携带微生物进入车间。

②减少冷却的污染：蒸制后的馒头一般需要适当冷却，多数采用的是在冷却间自然冷却的方式，此时极易污染微生物，由于冷却间湿度较大，非常适宜微生物存活，因此，保持冷却间的清洁卫生尤为重要，一定要每天消毒处理方可使用。

③掌握包装储存条件：包装储存条件的控制主要通过防止外界微生物的污染来达到保鲜的效果。一般情况下，主要从酶制剂、抗菌剂、冷藏冷冻、氮气包装、二氧化碳包装、真空包装与无菌在线热包装等方面入手。冷藏冷冻能够明显延长馒头的保质期，是有效的保存方法，但由于成本的限制，大部分生产厂家及超市等不能提供专门的冷藏柜

等低温设备来保存馒头，馒头普遍是在常温下存放的。速冻馒头在复蒸的过程中又存在着温度变化和水分迁移变化，造成馒头的口感和风味大打折扣。

在馒头的配方中添加适当的食品抗菌剂来延长馒头的保质期是可行的有效方法。但是，防腐剂的加入会造成许多问题而难以使用：①效力比较强的常用防腐剂，如苯甲酸钠、山梨酸钾等，不仅可能使酵母菌活性受到影响而醒发困难，并且在馒头的中性条件下，防腐效果也不好。②有选择性的防腐剂，如丙酸钙对酵母菌影响小，但加入量小，防腐效果不明显，过多则产生异味，一般只能加入小麦粉的千分之一以下，很难明显地起到防腐效果。因此，馒头的防腐必须是复合添加剂才能够效果显著，比如苯甲酸钠和丙酸钙配合使用，添加丙酸钙 0.085%（质量分数）、苯甲酸钠 0.08%（质量分数）的馒头在 38℃储存 48h 仍未变质。乙醇也是普遍使用的防腐添加剂，添加合适比例的乙醇可以使馒头的保质期明显延长，但乙醇的添加会影响馒头的食用，不能被消费者接受。需要说明的是，这些添加的防腐剂在国家标准 GB 2760—2014《食品安全国家标准　食品添加剂使用标准》中都是允许在糕点类中进行添加的，而在发酵面制品中并没有相关允许的添加剂。

（四）馒头外部感官质量

正常合格的馒头应该表面光滑，无气泡、无裂口、无明显凹陷和凸疤、无异色。在工业化的馒头生产中，馒头容易出现裂口、起泡、筋力差、组织粗糙、萎缩、有色斑等问题，这些问题都对商品馒头的销售影响很大。

（1）馒头裂口　当面团硬造成馒头坯柔软度不够，和面搅拌不充分或成型时扑粉过多造成组织不均匀，醒发湿度低且时间短的情况下，馒头表面容易在蒸制时产生裂口。

（2）馒头表面起泡　馒头坯醒发温度过高，醒发时间过长或醒发时湿度大，坯表面滴水时容易使馒头表面起泡，馒头蒸制时气压过高，也会出现明显大泡，另外，如果馒头蒸后马上推车，则会导致托盘底部水珠滴到馒头表面，使其出现白泡。

（3）馒头筋力差　小麦粉品质劣变，或者在制作时加水量过多或醒发过度会导致馒头筋力差。

（4）表面粗糙暗斑　面团过硬而醒发过度时，馒头表面会出现暗斑，当蒸汽管道中有较多冷凝水时，会导致高温水滴在馒头坯表面形成烫死的暗斑。

（5）有色斑　小麦粉馒头应为纯亮白色，然而正常的馒头储存一定时间复蒸后，有的馒头表皮会出现色斑或斑点，色斑或斑点非均匀性地分布在馒头表皮，形状也无规律。

出现色斑的馒头外观如图 3-16 所示。

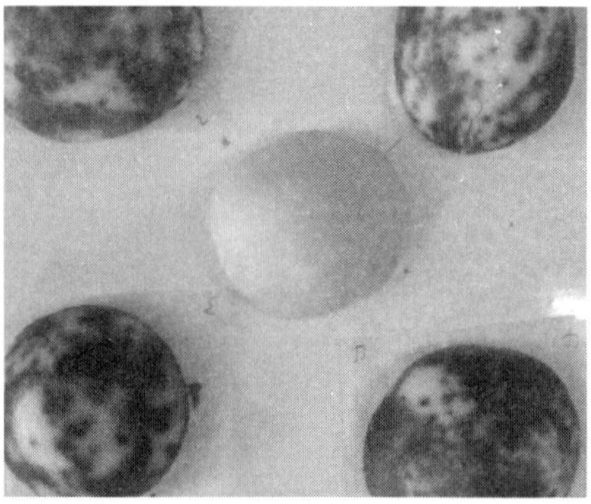

图 3-16　出现色斑的馒头（中间的一个为没有复热的同批馒头）

馒头复蒸时的温度在110℃以下，所以不是焦糖化的作用，变色呈非均匀性分别，因此不是原料中添加的物质所致。出现色斑的馒头储存了一定时间，而且在色斑处有大量球状细菌存在，因此，可能是因为这些细菌分泌的酶或者是代谢产物在高温下促进了一些化学反应的发生，从而导致出现色斑。

要防止馒头出现色斑的问题，首先，应该保持馒头车间环境卫生，要定期打扫，清洁和消毒，防止菌落滋生；其次，包装的用具应经常消毒，保证包装袋清洁，没有污染；最后，-20℃冷冻处理的馒头复热时不会出现色斑，说明产生色斑的微生物在低温下代谢被抑制或被杀死，因此，可采用冷冻方式保藏馒头。

第四节 馒头加工设备

馒头加工设备包括：和面、发酵、揉面、成型、蒸制、冷却、包装等工序所需设备，及其各工序之间衔接的设施。对于馒头生产而言，车间内还需要许多辅助设备，比如原辅料储存设施、自动供料设备、供水供电供汽设备、通风杀菌设备等等。馒头生产线无论是自动化连续的，还是各工序人工衔接的，都是由各个单独的馒头加工设备组成的。下面着重介绍主要的馒头加工设备，对于连续生产线的衔接设备不在此进行详细赘述。

一、和面设备

（一）和面机的机械原理

和面机又称为搅拌机、调粉装置。从面团形成的原理可以看出，和面机的机械作用主要有三点，即分散、水化和捏合。当面团初步形成后具有特殊的物理性质，成为可以伸展，并有一定弹性和一定抗张力的半固体，所以，和面机的搅拌臂对面团的作用主要归纳为：拉伸、折叠、卷捏、轧延和冲击等。在这些作用下，面团充分暴露于空气，氧化作用能加快进行。由于和面的最终目的是结合作用，所以在设计时应该使搅拌机尽量对面团具有折叠、卷起、伸展、轧延和揉碾等动作，而尽量减少切断和拉裂面团的动作。

（二）和面机的形式和特点

和面机是馒头生产设备中最重要的设备之一。和面效果的好坏与和面机的种类有很大的关系。和面机按转动轴位置分类，主要分为卧式和面机和立式和面机两类。

卧式和面机与立式和面机的外观分别如图3-17和图3-18所示。

大型和面机多为卧式，其最大容量为25~300kg，是我国馒头工业化生产使用最为广泛的和面机。立式和面机又称多功能搅拌机，一般可以更换搅拌轴（臂），并且能够设置不同的搅拌速度，实现一机多用。卧式和面机一般为固定的搅拌轴，搅拌速度也多为一种。目前，根据实际需要，出现了全封闭的自动进料、进水的卧式和面机，以及自动控制搅拌速度、和面温度以及搅拌时间的卧式和面机，而且，也出现了双面翻斗卧式和面机，进面与出面的操作不交叉，使工艺流程更顺畅。

图 3-17　卧式和面机

图 3-18　立式和面机

进口的全自动连续式（绞龙式）和面机已经在馒头生产中有所使用，但造价昂贵，对少量面团搅拌不适用，故难以推广应用。

另外，按搅拌臂的运动对面筋的作用分类有面筋结合型和面机和非面筋结合型（弱结合型）和面机。

（1）面筋结合型和面机为一般的卧式和面机、立式钩状和面机和连续面团推进式和面机等。这几种和面机，都是给面团以强烈地搅拌和捏合，促进面筋的结合作用。用这种和面机要求小麦粉的筋力较强，能耐受这种强力的揉捏作用。

（2）弱结合型和面机主要是立式，但也有卧式。立式一般是搅拌臂模仿手臂的运动而动作，而容器也作旋转运动。卧式和面机，基本上与饼干和面机类似，形式虽有多种，但共同特点是：一般速度较低，搅拌臂的动作主要是不断将面团翻起，使各种材料充分混合，而使面筋的结合作用压低到最低限度。

馒头制作一般使用结合型和面机效果较好。

（三）和面机的主要参数

1. 搅拌臂的转速、长度（距旋转中心距离）和圆周速度

和面机的搅拌臂转速越大、臂越长，搅拌作用力就越大。臂的转动直径与角速度的乘积就是臂的运动速度，显然，这个速度越大，对面团的作用力越大，因此对于小型和面机，要达到对面团一定的作用力，就要有较大的转速，但大的和面机，并不因为对面团的作用力大就能缩短和面时间，这是因为大的和面机要处理的面团也较多的缘故。

2. 搅拌臂的形状、粗细和运动

目前馒头厂或馒头房使用的和面机搅拌臂（也称搅拌桨叶、搅拌轴）有多种形状。

卧式和面机常用的搅拌臂有：C 型、O 型、棒型、弯曲扇叶型、直杆笼型等。立式和面机搅拌臂有：钩状、象鼻子状、螺旋状等，有面缸转动的双驱双动和面机和面缸不动而主轴偏心转动带动搅拌轴的多功能搅拌机。搅拌臂一般外表比较圆滑，在搅拌过程尽量减少面筋的破坏。

以卧式和面机常采用的圆柱状搅拌臂为例进行分析。搅拌圆柱对面团的作用与擀面杖非常相似，擀面杖圆柱越粗，对面团的轧延能力越大，这是因为太细的圆柱对面团作用面积太小的缘故。搅拌圆柱越粗则动力负荷越大，因此圆柱的直径有一定的范围。除了有旋转的搅拌柱状臂，一般在轴上还有固定棒，常为有圆角的长方形的直棒和曲棒，这种固定棒称为拾起棒，其目的不是延伸面团，而是起翻揉和折叠的作用。

3. 和面缸壁与搅拌臂的间隙

各种搅拌器都有一定的间隙。间隙的大小，原则上对于一定物理性质的面团都有一个合适的范围。间隙过小，搅拌翻揉拉伸面团的力会增大，容易引起面筋的过早破坏；间隙过大，对面团的搅拌轧延作用会减小，而且也不利于面团的翻转和拾起。一般较软的面团，对间隙小的和面机有一定的适应性。对硬面团而言，间隙过小容易破坏面筋且负荷过重。

二、面团发酵设备

面团发酵设备一般比较简单，大多包括保证发酵所需温湿度的发酵间，以及存放面团的容器。

（一）发酵室

面团发酵室最好是可以保证发酵温度和湿度的环境，也就是专门的发酵间。发酵间内设置加温加湿装置，一般不需要特别复杂，可以直接将蒸汽喷入密闭性较好的发酵室内，起到加温加湿作用，如果夏季温度较高时，为了不增加温度，也可以用超声波加湿器、水幕加湿器等装置来保证室内湿度。加温可以用暖气片来实现。在小型馒头房或馒头车间可以人工控制温度和湿度，规模化生产的情况可以用自动控制装置来实现。发酵室的温湿度控制有利于实现连续化生产。

在发酵过程中，不需要将面团盖在发酵容器内，有利于酵母和其他微生物的有氧呼吸，而且面团发酵后品质比较稳定，便于后续加工的定量化工艺参数的制定。

作为传统的老面发酵，面团放于发酵池中或大容器内，上盖盖子保湿，在室温下发酵面团。虽然这种发酵方法不需要特殊的发酵间，但温度随季节和气候的变化波动非常大，面团发酵后品质不稳定，特别是吃碱量变化相当明显，后续工艺需要有经验的工人掌握才能生产出合格的产品。

（二）发酵面斗车

在馒头工业化生产线上，面团盛放容器一般是发酵面斗车。面斗车通常是由不锈钢制成的面斗，以及装在下面可以转向的轮子组成。面斗车的大小可以根据实际需要来设计，以每车可以盛下和面机一次所制作的面团为宜（面团最大膨胀率为 8 倍原始面团体积）。一些老面发酵时面团膨胀非常充分，可以将面斗的面积加大，而深度不需要太大，这样有利于面团向上膨胀（胀出面斗而不溢出）。

图 3-19 所示为一个典型的发酵面斗车。

面斗车不仅是面团发酵的暂存容器，也是面团在工序间相互转运的工具。车宽最好与和面机的翻斗宽度适应（斗车宽度超过和面机面斗宽度），以便将和好的面团直接由和面机翻斗进入面斗车，从而减少操作上的麻烦。如果需要二次和面，面斗车还要适合发酵后的面团能够提升并倒入二次和面的和面机。

图 3-19　发酵面斗车

三、揉面压面设备

揉面机（也称为压面机、轧面机），是在馒头成型之前将面团进行调整的设备。一般刀切馒头制作成型之前面团必须进行揉压，一些圆馒头成型也需要先揉压面团再成型。

（一）人工续面揉面机

人工续面揉面机也就是非自动的压面揉面设备，包括斜向下进面的面皮揉压机和平面双向进面的轧面机（设有正反向开关）等。根据揉面压面的要求不同，又分为纯粹揉面的非对零揉面机和可对零（两辊可调整至相互接触的位置，可以进行轧面皮）的揉面压面机。

常见的面皮揉压机和双向揉面机如图 3-20 所示。

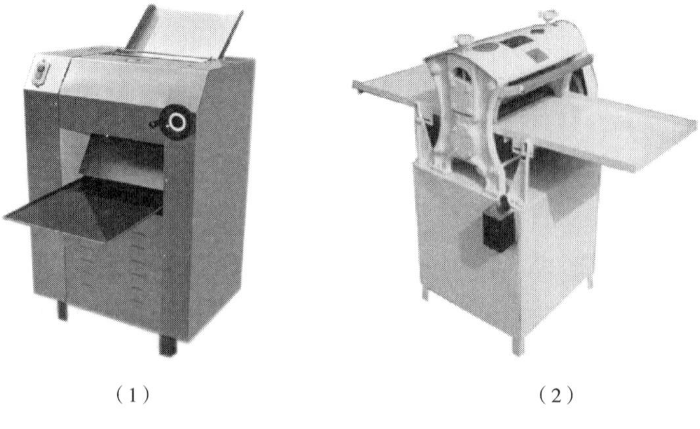

（1）　　　　（2）

图 3-20　人工续面揉面机

（1）面皮揉压机　（2）双向揉面机

该类设备需要人工将面团或面片折叠并转向后再送到轧面入口处。人工续面不仅劳动强度大，效率低，而且用于揉面的轧面设备转速都相当快，人工续面很容易伤到操作工人的手，因此逐步被自动续面的连续揉面机和全自动压面机取代。

（二）连续自动续面揉面机

1. 连续揉面机

所谓连续自动续面揉面机也被一些厂家称为连续揉面机。它是由三个压面辊与两个面片传送带组成。面团或者折叠后的面片由下面的输送带送入压面辊处，在三个压面辊的共同作用下，面片经过压延后自动送到上面的传送带，传送并下落于下面输送带上。使用该设备压面需要人工将面片折叠和转向，再次由下面的传送带送入压延入口。此设备不仅减少了面片的来回搬运或开关反复扭转的操作，而且操作人员较难将手深入到压面辊处，从而减少了机器轧手的风险。

常见的连续揉面机如图 3-21 所示。

2. 全自动压面机

全自动压面机（揉面轧面机）具有智能撒干粉装置，压延比易调节，自动出片，自动折叠，自动清理干面块，可同时出两条面块，生产效率很高。

常见的全自动压面机如图 3-22 所示。

图 3-21　连续揉面机

图 3-22　全自动压面机

面片折叠分为 45°角折叠、顺向折叠和横向折叠几种，不同生产厂家的设备可能有所不同，购买时应该加以注意。可设定压面次数 1～99 次。自动撒粉系统可设定撒粉量多少及开关。该机仅一次人工投面，消除了安全隐患，降低了工人的劳动强度，与上面的连续揉面机相比，省去了人工折面、转向等工作，效率大大提高，使原本难以跟上刀切馒头机速度的问题得到了解决。

（三）多对辊压片组合

1. 多道压面

揉面机自动化程度和生产效率越高，面带揉压的效果或许会降低，面带的光滑度也会不尽人意。因此，全自动压面后，一般在刀切机的卷片、刀切或捏花之前会设置数对调理压面辊（一般为三道），以进一步轧光面片并调整面带的厚度和宽度。

2. 游星滚轮的应用

目前很多设备生产厂家推出了游星滚轮（由 12 支擀面轮与 1 支大滚轮组合而成），采用渐进拍打模式将面带擀薄，置于连续压片线上。

游星滚轮压面由于小辊直径较小，与面片接触面积少，加上公转及自转的结合，能够使面片非常紧实且光滑细腻。而且，该游星滚轮前后各配置一对压面辊，为了防止压延过程由于前后速度差异出现的面带下垂或拉紧现象，游星滚轮可根据面带下垂情况调整快速碾压或自动暂停，以达到前后协调。游星滚轮用于刀切馒头生产线的面带调整非常实用，故很多刀切馒头成型机都附带有该装置。

四、馒头成型设备

馒头的机器成型主要分为圆馒头的成型和刀切方馒头的成型。

圆馒头成型有馒头机（双对辊馒头机、盘式馒头机等）成型、刀切搓圆成型和捏花成型三大类。馒头机成型之后一般需要馒头整形机（搓馍机）整形；刀切之后搓圆需要搓成柱状并将坯的顶部拧光，或者搓成柱状再倒方向再搓，以消除刀切的痕迹；捏花为包子机的捏花咀完成，要求花纹不明显，留在上面的尖尖很小。

（一）圆馒头成型机

1. 卧式双轨螺旋辊馒头成型机

卧式双轨螺旋辊馒头成型机又称双对辊馒头机、对辊馒头机，主要由喂料机构、成型机构等组成。其工作原理是利用推、挤压及两个螺旋轴相向旋转将面团加工成型。电动机启动后，将和好的面团投入进料面斗内，在绞龙进料器的作用下将面团压入并推出面嘴，被旋转的切刀切成大小均匀的圆状小面团，接着小面团依次进入双辊式成型槽内，在螺旋推动下迅速地揉搓形成表面光滑的圆形馒头坯。另外，该机设有撒粉装置，以防面团与成型辊黏结。

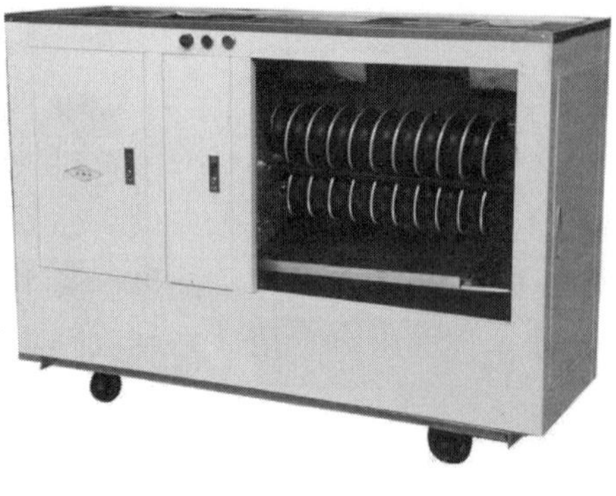

图 3-23　卧式双轨螺旋辊馒头机

卧式双轨螺旋辊馒头机如图 3-23 所示。

采用这种馒头成型机成型出的馒头坯，表

面圆滑，内部组织结构致密，生产出的馒头洁白细腻而带有层次。但在面团的一端总是有旋状纹，又称旋或节巴，难以消除。主要原因：①面团挤出面嘴，被切刀的分割并不是瞬间完成的，面团的向前运动将未切断的面拉长，然后再被辊揉成圆团，因此出现旋状节巴。②切刀与面嘴以及两辊之间有一定间隙，间隙越大，节巴越大，切刀与面嘴的间隙导致面团更不易切净。③坯在成型中，面团自转基本上是以两个节巴的连线进行旋转，旋转角度越小，节巴越明显，因为双辊揉搓不到。所以要消除节巴，提高光洁度，除了首先保证切刀与面嘴以及双辊之间有很小距离外，还应增大旋转角度，使面团节巴处在旋转中与辊面保持接触和揉搓，这样成型效果就会大有改观。除此之外，还应使面团与辊面之间保持一定的摩擦力，辊转速应选择适当。

卧式馒头机开机后有一个填满面嘴的过程，需要适当调节大小，故连续运转效果较好，而当处理较少的面团（一般 10kg 以下）时就比较勉强。而且，搓圆的面坯在醒发和蒸制时容易塌扁而不够挺立，需要搓高。

为了解决馒头坯粘辊的问题，一般在馒头机上方安置一个干小麦粉存放及撒粉装置。实际上是一个半圆形面槽，槽的下面有一些可以下小麦粉的孔洞。还设置一个带毛刷的转动棒，用以拨动干小麦粉，加快且均匀撒干粉于馒头坯上。另外，现在也有将螺旋辊的铝质材料改成不锈钢材质，并涂上防粘涂料，以防止馒头坯粘辊。

对辊馒头机成型时很有可能出来的坯大小不匀，这主要是进面过多或过少引起的。面团过多在进面斗内会形成搭桥现象，导致面坯变小。若进面过少时，不能填满进面绞龙也使面坯变小。为了克服馒头坯大小不匀现象，建议对辊馒头机进面以条状面团均匀进面为好。现今很多馒头厂都使用了分块机，把大面团压成一定厚度的面带，然后切成长条面团块，比较有利于馒头机进料或自动压面机揉面。

2. 盘式馒头成型机

盘式馒头成型机是由螺旋挤出机构、切断装置及圆盘成型槽组成。工作时，面团通过螺旋挤出机构挤出面团棒，接触到限量行程开关，接通电路，切刀旋转将面团棒切断，面团掉入圆盘成型漏斗，进入转动圆盘，在盘内滚动，揉捏成型。

盘式馒头成型机如图 3-24 所示。

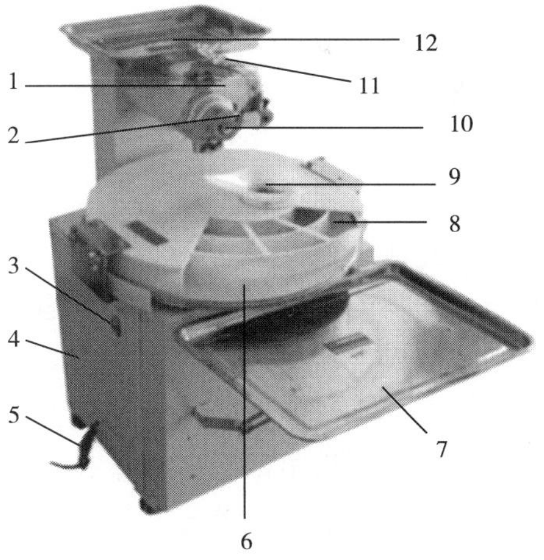

图 3-24 盘式馒头成型机

1—小麦粉斗 2—吊轮 3—电源开关
4—机身 5—电源线 6—成型出口
7—托盘 8—成型盘 9—成型入口
10—成型机头 11—调整馒头大小螺丝 12—进面口

使用这种馒头成型机成型出的面团外形不圆，呈 D 型，可以处理较少的面团。经过分析，馒头坯不能为圆形的原因为：面团在成型室运动的最后阶段，只是一种运动，几乎没有侧向运动，这是由于半径增加，切线运动速度加快，离心力增大，面团的一部分始终与模板直竖壁处于滑动摩擦状态，未对面团起到揉捏作用，所以成型出的面团出现一个平台；再就是成型模板截面形状是一个圆弧、直线组成的长形，水平尺寸大于垂直尺寸，所以成型出的面团是一端平面的椭圆体。那么要保证盘式馒头成型机有好的面团成型效果，则必须降低圆盘的转速，保证面团在成型过程中始终有两种运动。再就是成型模板应加工成界面形状近似于正方形，消除竖直壁，增加圆弧，这样成型效果就会大大改观。另外，该设备成型的馒头内部结构不够细腻，白度无法与对辊馒头机相比，因此未被馒头厂广泛采用。

3. 和面双对辊成型一体设备

传统的馒头机进面斗比较小，需要不间断的续面，几乎要占用一个操作工人的大部分精力，而且常出现进料不均匀而导致馒头坯大小不稳定的情况。针对这些问题，很多设备厂家改进了原有的馒头机进料斗，也就是“大口径”进料斗，从而减少了进料频率，也使进料的不均匀性降低。有的厂家甚至将和面与成型合二为一，进面斗可以承担和面工作，形成一个“直连体”设备。

图 3-25 为数控变频直连体馒头机。

图 3-25 数控变频直连体馒头机

在直连体馒头机的设计中，以大叶绞龙置于 200L 大面斗的下部，避免了进面斗容易出现的面团搭桥问题，进而保证了馒头坯大小的均匀性。实现了和面与进面同一设备进行，大叶绞龙的旋转代替和面机的搅拌臂，非常适合小型馒头厂或作坊的使用。并且由于进面斗的加大，能够存放较多的待成型面团，保证了自动连续成型的供面。

4. 自动挤花成型机

自动挤花成型机又称包子成型机。是由馅料喂料输送装置将馅料呈柱状挤至面带上，然后自动将面带卷起成为中间裹馅的面柱，进入切割拧花装置后，面柱经过花纹刀口的挤切收口以及旋转拧拉，成为带花纹的菊花包子形状。一些设备是不需要制面带的，直接通过面斗绞龙进面，将馅料用进馅绞龙直接挤到进面绞龙出口的面中间位置，收口挤花，其结构简单，一些则需要制面带，卷起包馅，然后再收口挤花。现今很多馒头厂用包子捏花机制作圆馒头，也就是类似没有馅料的包子。利用包子机制作圆馒头时，捏花咀要与包子成型稍有不同（捏花刀少于包子制作的捏花咀）。

图 3-26 展示了两种类型的用于圆馒头成型的包子机。

由包子机成型的圆馒头坯大小均匀，而且实现了一机多用，利于全自动连续化生产线的实现。成型的馒头坯在醒发之后表面的花纹不太明显，但蒸制出的馒头有一个小尖尖。馒头的组织结构比较细腻，但一般层次感较差。

(1)

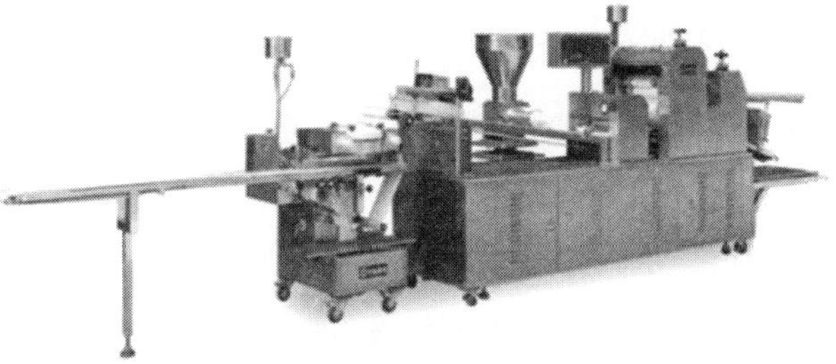

(2)

图 3-26 用于圆馒头成型的包子机

(1) 自动包子成型机 (2) 馒头包子成型机

(二) 刀切方馒头成型机

刀切馒头机是仿手工操作，将面带卷成条状圆柱，进行连续刀切，不破坏面团的组织成分，产品筋度高、口感好，同时可以通过变化操作来生产不同的方馒头和花卷产品。

目前馒头生产线上典型的刀切馒头机通常由三部分组成：面带调整压面段（三组轧面辊）、卷面段（主机）和刀切段。卷面及切刀段由传送带输送面带、面柱和馒头坯。

一种典型的刀切馒头机如图 3-27 所示。

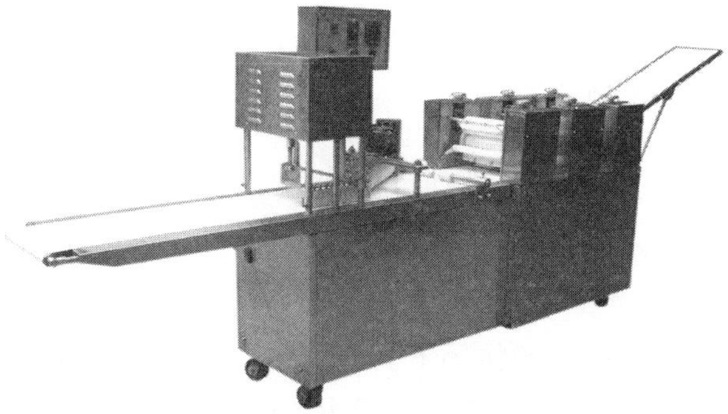

图 3-27 刀切馒头机

一般的刀切馒头机可以调整刀切馒头坯的大小和速度，大多数所切的坯在 10~150g/个，产量在 3000~9000 个/h。由于生产效率高，馒头坯大小均匀，操作简单，故障率和次品率都很低，因此刀切馒头机已经成为馒头厂首选的成型设备。刀切馒头机还可以作为 S 型搓馍机（见下面整形机介绍）搓圆馒头（方转圆）成型线的面坯分割机。

五、整形与排放设备

（一）馒头坯整形设备

馒头坯整形又称为搓馍，所以馒头整形机也被称为搓馍机。整形机有原始的简单直线搓馍，以及进一步发展起来的S型搓馍。S型搓馍与刀切机配合还可以形成“方转圆”的效果，也就是将刀切的方馒头坯转变成圆馒头坯。

1. 直线搓馍机

在馒头生产线上与传统馒头机（双对辊馒头机或圆盘馒头机）配合形成一个连续的生产工序，它是由传动装置、运送馒头坯的皮带、搓馍皮带、面板、导板等组成。

馒头整形（搓馍）机如图3-28所示。

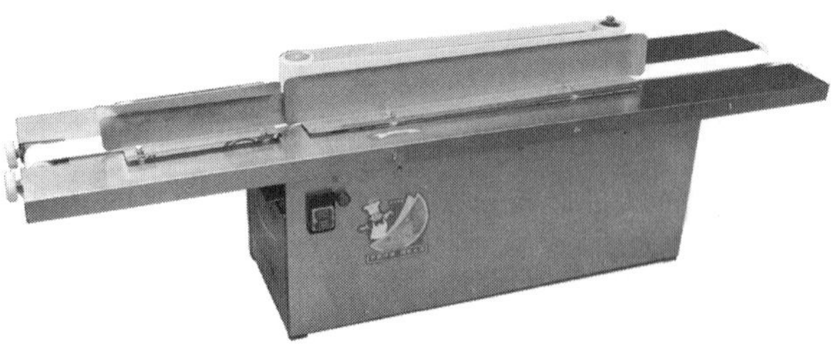

图3-28 馒头整形（搓馍）机

搓馍机的主要作用：

（1）传送馒头坯，有足够长度的传送距离，使馒头坯在皮带上运行时，给翻旋和排放的操作提供了足够的时间缓冲。

（2）将坯搓光，馒头坯从馒头机出来后进入搓馍机，由搓馍机的传送带送入一个不锈钢整形槽内，整形槽由一边固定的导板和与主传送带同向前进且速度大于主皮带线速度的搓馍皮带组成，馒头坯在槽内旋转并与挡板产生摩擦力，得到揉挤和搓光，表面也变得更加光滑。

（3）使馒头坯挺立，在揉搓的作用下，馒头坯底部修整成平面，并成为圆柱状，高径比明显变大，醒发后变为挺立的圆坯，生产出的馒头产品更加挺立。

近来出现的签子馒头整形和高桩馒头整形等，都属于不同类型的搓馍整形机。

2. S型馒头整形机

该设备是在不增加长度的前提下，延长有效搓馍路线。设备上有三道传送皮带，并且安装两个转向轮，使馒头坯在搓完一道之后向后转向，搓完第二道后再转向进行第三道搓馍。因此，在同样的设备长度情况下，较直线搓馍机的搓馍长度又增加了两倍。

S型馒头整形（搓馍）机的外观如图3-29所示。

S型搓馍机不仅具有直线搓馍机的功能，而且搓馍距离的延长，可以实现“方转圆”，将刀切的方馒头坯搓成圆柱形。为了解决刀切馒头坯搓圆后顶部的不规整，一些设备厂家设置了馒头坯翻转装置，将第一道搓成的圆柱倒转 90°，进行第二道搓馍，然后再倒转再搓第三道。也有一些厂家是在馒头坯转向前，利用自动控制的顶部拧转装置将馒头顶部拧平拧光。

图 3-29　S 型馒头整形（搓馍）机

（二）自动排放装置

压面、成型、整形都可以实现连续化，如果排放不能自动进行，则是耗费人力最多的步骤。在人工成本越来越高的大环境下，很多馒头厂，甚至馒头房都实现了自动排放，大大节省了劳动力，也提高了排放的整齐度。全自动的生产线上馒头坯底部垫纸，在防止粘底的情况下，直接上传送带，然后成排上连续醒蒸线。不能够完全达到全线自动化，或者不愿意在馒头底部垫纸的情况下，则可使用馒头坯排放摆盘机。目前常用的排放摆盘机有：摇摆式排放摆盘机、夹子式排放摆盘机和机械手摆盘机等。

1. 摇摆式排放机

自动摇摆式馒头坯排放机（摆盘机）如图 3-30 所示。

图 3-30　自动摇摆式馒头坯排放机

馒头蒸盘由架上自动运转到输送带上，输送带的前进与摇摆馒头坯输送皮带配合，随着馒头坯传送皮带的伸缩，一次整排排放馒头坯于蒸盘上，产能与馒头成型机相配套，可达到 30～180 个/min。该机具有 PLC 控制系统并内建记忆功能，可设定排列方式（平行或交叉），电脑可自动判断与计算排列方式与个数，伺服电机定位，产品落点精确。

自动摇摆式馒头坯排放机排放包子以及挺立度不高的馒头坯时非常有效，但在排放挺立度高的柱状馒头或刀切馒头坯时，容易出现馒头坯歪倒情况。若馒头坯稍有粘皮带现象，也会导致排放困难。

2. 夹子式排放机

夹子式排放机是将整排的馒头坯夹起放于蒸盘上，蒸盘在传送带上自动配合排放步骤向前运动，该机自动识别馒头坯是否到达夹起位置，并适合于多排同时夹起。

两种常见的夹子式馒头坯自动排放机如图 3-31 所示。

该机不仅特别适合方馒头的排放，而且也比较适合挺立度较高的柱状馒头坯和稍粘

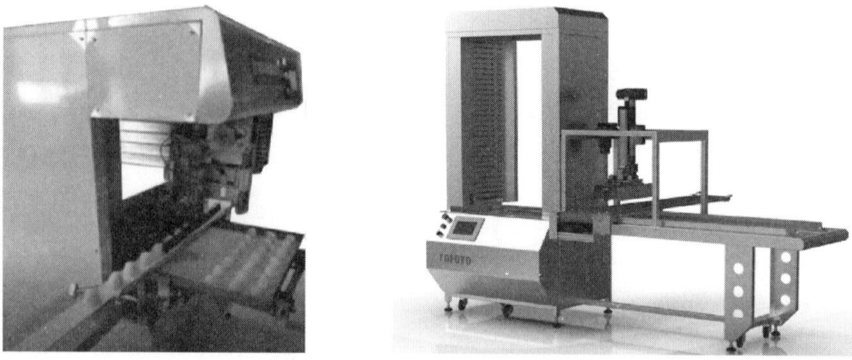

（1）　　　　（2）

图 3-31　夹子式馒头坯自动排放机

（1）单排夹子式排放机　（2）双排夹子式排放机

皮带的馒头坯的排放。但由于是将馒头坯夹起，可能会造成夹起的印记，造成馒头坯变形而影响馒头产品的美观。

机械手抓起排放摆盘的原理与夹子式排放类似，但是效率较低，且不适合方馒头的排放。

六、醒发设备

醒发工序是最终发酵阶段，醒发的温度和湿度需要严格控制，并且根据实际情况可以调整温湿度参数。一般情况下，醒发环境需要温湿度均匀，但也有对不同位置要求分别控制温湿度的情况。

（一）方形醒发室内设施

方形醒发室的空间利用率较高，旧车间改造容易，因此被许多馒头厂采用。

方形室内可根据面积设置 2~4 组立式暖气片，用于提供升温的热量。房内对角处可分别设置两个加湿管喷蒸汽来增加室内湿度。为了避免上下温差过大，可以在两边安放两台空气强制对流装置。热空气强制对流装置示意图如图 3-32 所示。

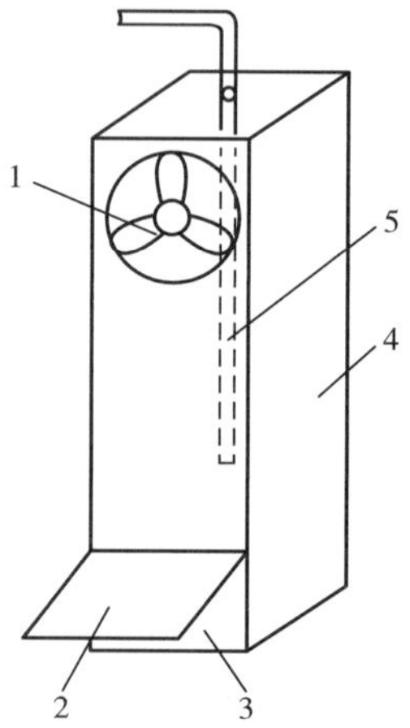

图 3-32　热空气强制对流装置示意图

1—强力风扇　2—出气口挡板　3—出气口　4—箱体　5—加湿管

在装置上部设置一强力风扇，将室内上部的热空气吸入装置内，再由装置底部的出气口吹出，从而达到将热空气向下循环的目的。也可以在对流装置内安装一根加湿管，将湿热蒸汽随对流空气直接吹至醒发室的下部。按照此强制对流装置原理，许多馒头厂将带有加湿加温装置的对流装置安装在四面墙壁上，温湿度自动控制，效果非常好。

（二）长形醒发室

根据长期实践，笔者认为比较合理的醒发室应设计为长形的隧道式。它克服了方形醒发室存在的不能分段控制温度和湿度；蒸车在室内不能完全按直线运动，需要转向而操作困难；上下温度和湿度难以达到一致等问题。而且具有醒发设备投资少，容易控制，适用性广等优点。

长形醒发室的蒸汽管路示意图如图 3-33 所示。

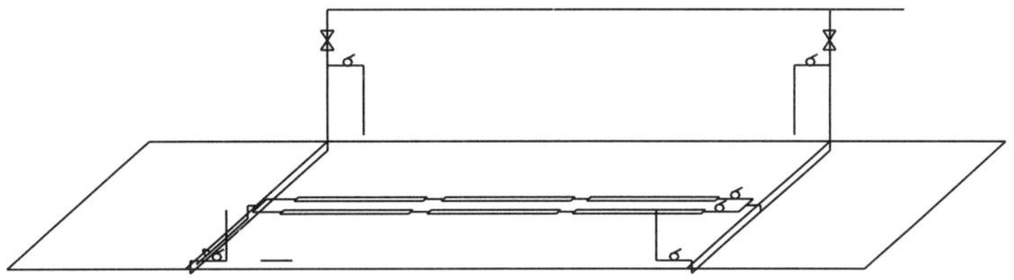

图 3-33 长形醒发室蒸汽管路示意图

疏水阀 球阀 截止阀 环绕暖气片

在接近地面处设置两排环绕式暖气管，用以提高室内温度，蒸车骑于暖气管上醒发馒头。由于热量是直接从车下产生，解决了上下温度不一致问题。为了防止蒸车移动时车轮碰撞暖气管而损坏设备，可在管两边的地面上加护板。暖气管不能接触地面，防止热量向地面传导而浪费能源。一些馒头厂安装地暖，相对来讲，地暖比较浪费热量，温度调整缓慢。

沿醒发室纵向的墙壁设置四根加湿管，可顺墙壁方向朝两边喷出蒸汽，以达到增加室内湿度的目的。由于喷气孔开在管的下部，而且管上孔径较小，喷出的蒸汽直线运动，从而防止了上湿下干的情况发生。可以通过调节球阀来控制喷出蒸汽量的大小，以达到不同醒发阶段的区域湿度。

醒发室最好在两端开门，蒸车由一头进，另一头出。室内有足够的宽度，保证操作人员在蒸车两边顺利走过。

一些馒头成型车间不能恒温，所加工的馒头坯在不同季节，温度差异非常大，而醒发室温度基本恒定，由此造成了醒发温度与馒头坯温度之间的温差改变。笔者建议设置一个预醒发室，以调整不同季节馒头坯的表面温度状态。夏季在预醒发室内采取不加温而大量加湿的措施，使馒头坯表面温度适当降低并湿润；冬季在预醒发室在低湿度条件下，让馒头坯表面升温，避免因馒头坯与醒发室温度的差异过大而导致坯表面露水发黏。

（三）新型组合式醒发房

组合式恒温、恒湿醒发房是在吸收、消化国外面点醒发技术的基础上，根据国内市场的实际需求而设计生产的产品。该产品实现了自动控制温度和湿度，并且保证整个醒发空间的温湿度均匀性。

组合醒发房的主要工作原理图如图3-34所示。

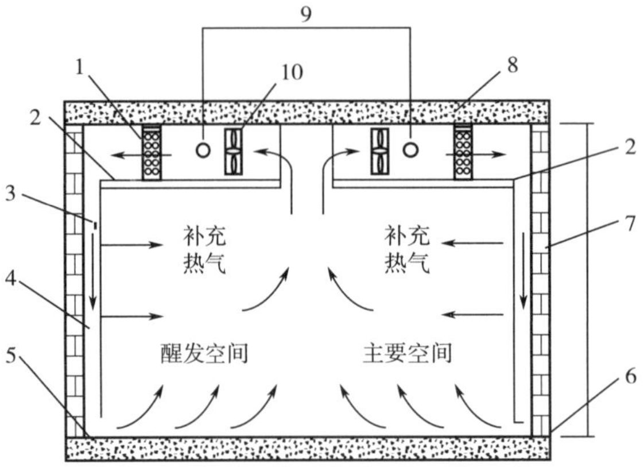

图3-34 组合醒发房工作原理图

1—蒸汽散热器 2—不锈钢内天花 3—尼龙防撞板 4—导风槽 5—风槽出风口 6—完成地面 7—墙 8—外天花 9—加湿雾化装置 10—导风机

通过风机将醒发房内醒发空间的空气抽到夹层天花板内，然后经过散热器将空气加热，再将加热的空气吹到导风槽，通过导风槽出风口将热风送到醒发空间，这样不断循环加热，使温度达到所需要的醒发温度（温度30~60℃）。

醒发房的湿度是通过蒸汽喷淋管来补充，经过热风吹向醒发房内各个位置，使醒发房内湿度达到相对均匀（相对湿度60%~95%）。

当干温设定在某个温度及进入醒发房蒸汽管道压力为0.2MPa的时候，温差不超过±1.2℃，醒发房会自动开启或关闭蒸汽供应，并且会在20min内将温度升到设定的温度。当湿度设定在某个湿度及进入醒发房蒸汽管道压力为0.2MPa的时候，湿差不超过±1.8%，醒发房会自动开启或关闭蒸汽湿度的供应，并且会在4min内将湿度升降到设定的湿度。

虽然效果良好，但该设备投资较多。

（四）作坊生产的醒发设施

作坊式小规模馒头类生产投入较小，不可能花费较多的资金和较大的空间建造醒发室。一般情况下只需将面坯放在一个密闭的柜子内，再在底部设置水槽（或放一电炉）加热水产汽，就可以保证温度和湿度了。在空气湿度较大，温度较高的情况下（如我国南方地区的夏季），不需任何醒发工具，直接在操作间或蒸制间内醒发即可。

传统方法蒸制馒头时，也可以将排放馒头坯的笼屉放于蒸锅上，适当加热让锅内的水产生蒸汽和热量。但在环境温度较低的情况下用该方法醒发时，由于增加热量需要将锅内的水烧得相当热，产生大量蒸汽而使醒发湿度过大，馒头表面状态不理想。因此，一些馒头房也将笼屉放于醒发室进行醒发。

现今很多设备厂家生开发了“醒蒸一体”蒸房，也就是一种带醒发功能的蒸柜。该蒸房除了可以通入直接蒸汽实现蒸制的功能（详见蒸柜介绍）之外，还可以在蒸柜内部进行电加热恒温，烧水加湿。

醒蒸一体蒸房内部加温加湿设施如图3-35所示。自动连续醒蒸一体生产线也包括蒸制的功能，将在下面进行介绍。

图3-35 醒蒸一体蒸房内部加温加湿设施

七、蒸制设备

馒头的蒸制设备主要有：蒸柜，蒸笼，蒸锅，醒蒸机等，配套的设施有蒸车、蒸盘（篦）、蒸垫等。其中蒸柜、蒸车以及醒蒸机主要用于工业化生产中，蒸笼、蒸锅一般是作坊和家庭等小规模生产加工所用。

（一）蒸柜及其配套设施

蒸柜又称蒸箱、蒸室、蒸炉、蒸房等，主要是由不锈钢箱体构成。双层壁间填充有保温隔热的岩棉或泡沫材料。

1. 单面开门蒸柜

蒸柜前面有一可开关的门，门关闭时与箱体接触的一周配有耐高温的弹性密封条，扣紧把手后，柜门的四周无大量蒸汽泄露。导入柜内蒸汽的蒸汽管上安装有控制蒸汽量的阀门和显示入柜蒸汽压力的气压表，管路的终端为通入柜内下部的喷汽管，该段管上设有向斜下方的蒸汽喷孔。一般当蒸车进入蒸柜后，喷汽管应在蒸车的下面，既保证通入足够蒸汽量向上弥漫而加热馒头，又不能将高温蒸汽直接喷洒在馒头坯上。蒸柜内的顶面为人字形或圆弧形，以便冷凝水沿壁流淌，防止水滴下落至馒头坯上而出现水泡。蒸柜上面设有排气孔，排气孔最好有一根不锈钢管引出室外，以减少室内的蒸汽，在管上设置阀门，以便控制蒸汽排出量。蒸柜的下面必须设有排气排水口，其不仅保证冷凝水的排出，而且蒸汽是向上运动的，只有在下面排气才能压出凉空气。

两种单面开门蒸柜如图3-36所示。

单面开门蒸柜结构简单，每个门的蒸制空间内容纳一辆蒸车，而且可以在箱体内设置电加温、加湿设施（详见本节相关内容）成为“醒蒸一体机”。因此，该设备适于生产量少的产品，特别是手工生产的花色品种馒头，故该类蒸柜广泛应用于各种生产规模的馒头车间。

2. 新型双面开门蒸柜

近来，一些设备生产企业根据蒸制馒头原理和要求，设计出了新型的带有自动控制蒸汽压力、蒸制时间、排气量（带抽排气风机）、收集冷凝水等先进设施的蒸柜。由于这类设备造价较高，一般在大规模、生产高附加值产品的馒头厂内应用。为了保证生熟

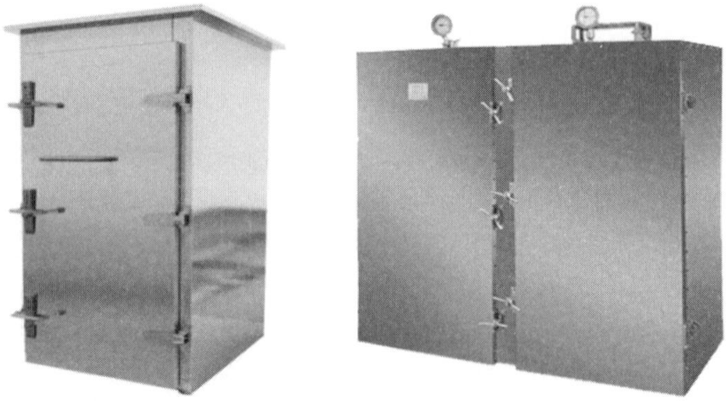

（1）　　（2）

图 3-36　单面开门蒸柜

（1）单面单开门蒸柜　（2）单面双开门蒸柜

隔离，以及生产流程的顺畅，该蒸柜分别在两端设置两个门，一端进生馒头坯，另一端出熟馒头。

前后开门新型蒸柜如图 3-37 所示。

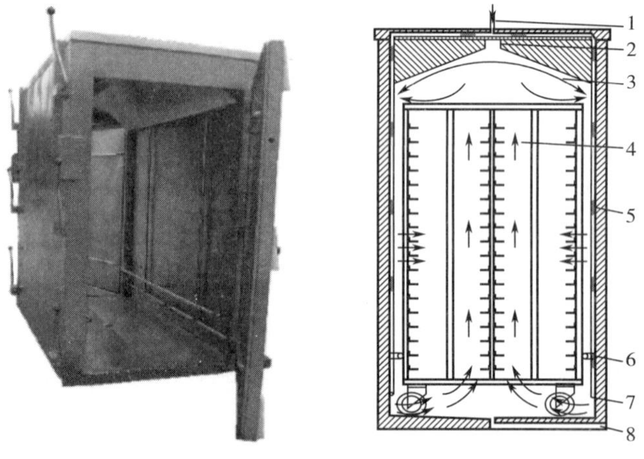

（1）　　（2）

图 3-37　前后开门新型蒸柜

（1）外观　（2）基本原理

1—进气管　2—排气口　3—弧形顶板　4—蒸汽流向　5—进气管　6—防撞管　7—喷气管　8—排水管

该蒸柜一般为一次推进两车馒头蒸制，不仅实现了自动控制蒸汽量、蒸制时间和冷却阶段抽出柜内留存蒸汽等功能，而且处理量大，容易使生产操作流程顺畅，也实现了生熟分开的车间布局，保证了安全卫生。但该设备上端排汽为固定的压力顶起装置，蒸柜内压力不可能很大，所以在蒸制北方的弹性要求很高的产品时，需要增加蒸制时间。

设备下排水排气管上安装有疏水阀，有利于收集蒸馏水，也可以控制排出气体的量。但是由于设备尺寸的原因，下排水排气管一般比较细，如果蒸制过程有碎渣杂物（特别是馒头渣）掉落会堵塞排水，而导致蒸制过程蒸柜内存水问题。

3. 蒸车及蒸盘

（1）蒸车又称为托架车、架车，是醒发和蒸制馒头的承载和运输工具，蒸车的尺寸应与蒸柜和蒸盘（托盘）相配合。蒸车过小，生产效率低，而蒸车过大，载馒头坯后质量过大，推动困难。因此，以每车可承载100~140g的馒头500~600个为宜。车高不要超过1.7m，以利于操作人员向车上装卸馒头。车下安装有四个车轮，其中两个为转向轮，两个为定向轮，使车的运动和调向稳定且方便。由于蒸车与馒头一起在柜内汽蒸，车上所有零件不仅要承受重力，而且必须能够承受高温，并不能污染产品，因此最好用足够厚度的不锈钢材料制成。

图3-38展示了馒头车间常用的蒸车。

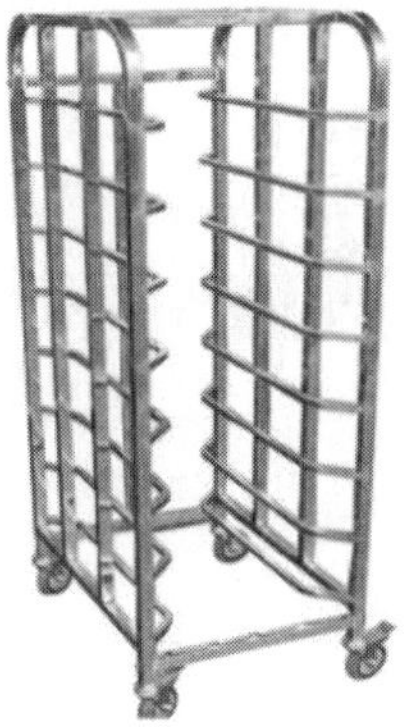

（1）

（2）

图3-38　馒头车间常用的蒸车

（1）蒸车外观　（2）放入蒸柜内的蒸车

（2）蒸盘也称托盘，一般是由不锈钢冲压或折弯制成，蒸盘底部有孔洞，以便蒸制过程的蒸汽穿过并保证冷凝水不存留于盘中。

蒸盘如图3-39所示。

为了防止馒头粘盘，蒸盘可以冲或钻非常小的孔（直径小于2mm），防止馒头坯底部在蒸制过程膨胀而进入孔眼中。在出现了硅胶蒸垫之后，蒸盘垫上蒸垫，解决了馒头粘盘的问题。如今大多数馒头采用垫硅胶蒸垫的方法防治粘盘，蒸盘上的孔洞较大，减少了蒸盘的加工难度，也有利于清洗。

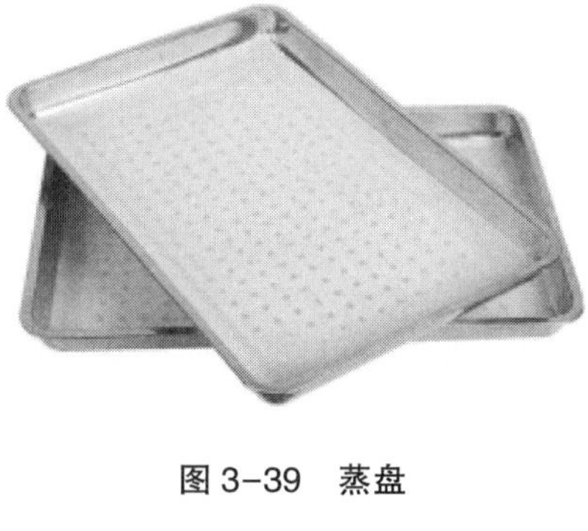

图3-39　蒸盘

（二）连续醒蒸一体生产线

1. 连续醒蒸一体生产线特点

连续醒蒸一体生产线是醒蒸一体化设备，醒发箱和汽蒸箱设置在同一机架上，甚至是同一传送装置上，在醒发箱和汽蒸箱之间设有隔离设施。优点是：馒头的醒发、汽蒸实现了机械化操作；减少了醒发完成后馒头坯暴露的时间；有效地避免了馒头坯在醒发箱内的温冲效应，且可以分段控制醒发的温湿度，有利于调节因不同季节的温差造成的问题；减轻了劳动强度，改善了作业条件；提高了馒头生产制作效率。但是该生产线设备投资大，耗汽耗电较醒发室和蒸柜的组合高，占地面积也较多（设备一般相当长），对操作人员要求高。

2. 连续醒蒸一体生产线的应用

连续醒蒸一体化设备主要有立式、隧道式两种，目前应用最多的是隧道式醒蒸一体设备。隧道式醒蒸一体设备运作平稳、易于维修，但是占地面积较大；立式醒蒸一体设备节约蒸汽用量、占地面积小、空间利用率高，但尚未进入示范推广阶段，将是今后发展的主流。醒发与汽蒸连续化进行，无级调速，控制托盘前进速度，调节醒发和汽蒸时间，醒发温度湿度和汽蒸温度的控制是通过馒头蒸盘下面蒸汽喷射管道进汽量来实现的，操作方便可靠；连续化生产线适用于各种花色品种，馒头、包子、花卷等，附带有冷却部分，生产的馒头可以直接装袋，有利于连续化冷却和包装；蒸制段的两端由耐高温布帘阻断蒸汽的外泄，并且在馒头坯进口和馒头成品出口的上方分别设置抽气装置，防止蒸汽向车间内大量扩散。

隧道式醒蒸一体设备如图 3-40 所示。

图 3-40 隧道式醒蒸一体设备

国外进口的连续醒蒸设备的醒发与蒸制不在一条传送带上，实现了醒发与蒸制的传送速度分别控制，进而分别调整醒发与蒸制的时间。馒头坯下面必须垫纸，省去了垫蒸垫和装盘，自动输送非常流畅，馒头坯整排自动进入醒蒸设备，然后自动进入冷却阶段。该设备特别适合速冻馒头的制作，加上前段的自动连续和面，整个车间没有任何人工操作的步骤。

作坊式馒头生产还有很多使用传统笼屉蒸制的。笼屉造价低，蒸汽利用率也比较高。但劳动强度大，生产效率低，工艺参数难以固定，馒头产品质量随季节变化幅度相当大，因此在工业化馒头厂基本不用笼屉蒸制馒头。

八、冷却及包装设备

（一）冷却设施

1. 预冷却间

比较理想的馒头冷却工艺应该把该工序分为两个阶段：刚出锅的预冷却阶段和后冷却阶段。冷却间也应该分成预冷却间和主冷却间。

馒头刚出蒸柜，温度100℃左右，表面的水分很多，会大量散发出蒸汽，如果直接进入主冷却间，会影响前面已经晾凉的馒头。设置预冷却间就是将热馒头的大量蒸汽挥发，等馒头经过初步降温后再进入大冷却间，且在该阶段进行馒头的消毒灭菌（一般以臭氧和紫外灯杀菌）效果比较好。

预冷却间可根据实际生产需要进行设计，一般面积不宜太大。一般保证蒸出的馒头冷却20~30min的空间即可。房间高度及顶棚斜度与醒发室情况相同（一般不超过2m），要求此空间内杀菌容易，并能够保持湿度，防止有“过堂风”，还要让顶棚上的冷凝水不下滴。最好将预冷却间也设计成隧道式的房间，以利于蒸车的存放和顺序移动。房间内的两边墙壁上布置有紫外灯，人员不在房间内时开灯杀菌。房间内安置换气装置。当气候湿润空气闷热时则开排气扇抽出湿气。

预冷却间必须每天在生产间歇用漂白粉水刷洗墙壁和顶棚表面，并且点燃硫黄熏蒸房间或喷洒过氧化氢以杀灭空间内的微生物。熏硫保持30min后一定要开启排风扇，抽走残余的SO_2气体，防止造成有害成分沾染产品或影响馒头风味。

2. 主冷却间

主冷却间一般用于馒头的较长时间冷却。一般需要比较大的面积，以保证能够让较多的馒头产品有足够时间（1h以上）放置。主冷却间墙壁和顶棚涂抹或贴上容易刷洗的材料，防止因生霉而影响环境卫生，也要安装紫外灯和换气扇。

冷却间也应该定期进行消毒处理。墙壁和顶棚最好是每周用漂白粉水清洗一遍，有条件的话，也可以用双氧水冲洗，或者熏硫灭菌，具体方法与预冷却间类似。

馒头冷却间内最好有湿度调节装置，并且避免“过堂风”，防止因馒头表面失水过快而导致皱皮甚至萎缩现象。若空间太大不易调节湿度，则可以在冷却馒头的架子上盖上棉布。

冷却馒头架车用的布罩如图3-41所示。

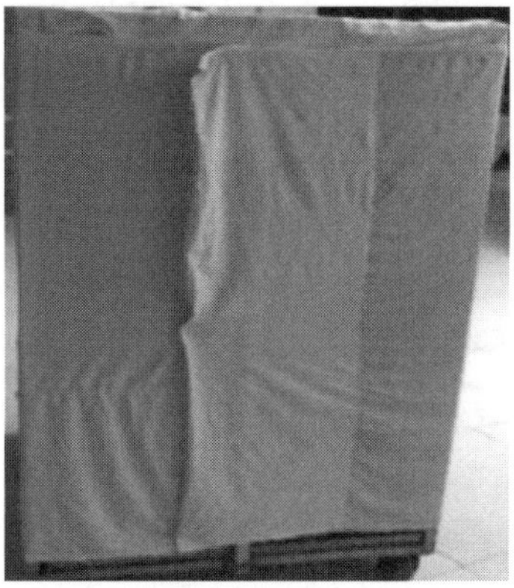

图3-41 冷却馒头架车布罩

（二）馒头包装设备

目前城镇的商品馒头多半是带有包装的。手工包装容易造成人为污染，占用人力较多且效率低下，因此，很多馒头厂都采用了馒头包装机包装馒头。

一般的食品包装机大多都可以用于馒头包装。普通的馒头经过冷却后具有一定的硬度，包装时不易变形，但对于一些柔软性比较大的馒头产品则需要加上托垫。

馒头包装机如图 3-42 所示。

（1）

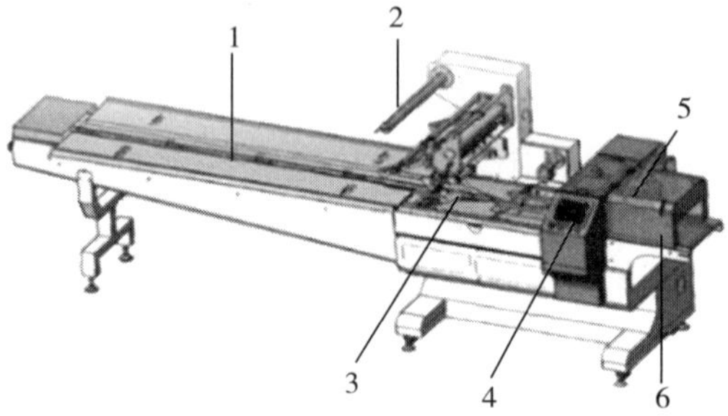

（2）

图 3-42　馒头包装机

（1）包装机外观　（2）包装机主要组成部分

1—产品物料摆放进凹槽　2—包装卷膜拉动　3—包装袋子成型

4—触摸屏设定好参数　5—袋子封口　6—产品包装好输出

九、不同连续揉面、成型、排放馒头生产线

针对馒头厂的需求，对于劳动强度大、生产效率低的主要工序，许多设备加工企业开发出了自动控制，连续加工的生产线。

（一）自动连续刀切及方转圆生产线

自动方转圆成型线也被人称为仿生馒头生产线。整条线由面团分块、自动揉面压面、调整压面、刀切馒头、S 型搓馍转圆、自动排放等设备组成。全线完全实现数字化控制，各步骤衔接连贯恰当，避免了人员操作的失误和污染，生产效率较高，安全可靠。

图 3-43 所示为典型的自动方转圆成型馒头生产线。

1. 分块与自动压面

和面后，在输送带上的大面团直接进入吃面机，压成较厚（厚度约 5cm）的面带，经过提升输送装置运至面块切刀处。面块分割机自动将面带切成条状大面块，连续分别

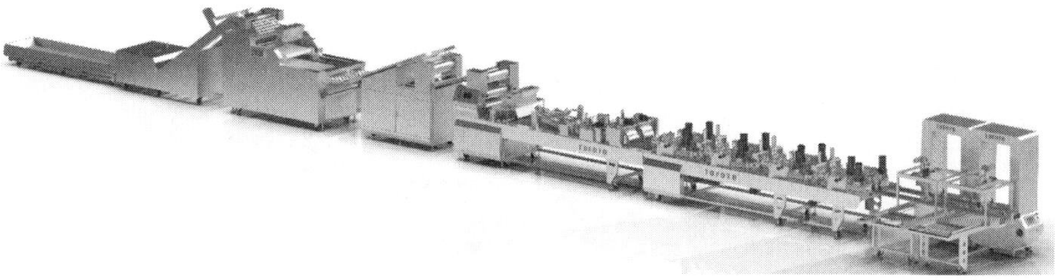

图 3-43　自动方转圆成型馒头生产线

进入全自动压面机揉压面团进面口。

2. 连续压面与面片调整

自动压面机经过多遍揉压后的面片，自动上传送带，进入后续的连续压面设备，将面片调整到合适的宽度和厚度，并且进一步将面带压光滑细腻。

3. 成型主机

设置定型压面对辊，卷轮装置将面皮卷成柱状长条。

4. 切台

将卷好的面团柱状条切成一定规格的方形馒头坯。

5. 整形

刀切出的面坯自动进入 S 型整形机，将方馒头剂搓成圆馒头坯。

6. 高速排放机

搓圆的馒头坯，输送至排放机传送带，由排放机（夹起式或机械手摆盘机）自动排放馒头于蒸盘上。

该套设备造价较高，占地面积也较大，生产的产品也局限于圆馒头。对于一般的馒头企业来讲，需要更实惠且更灵活，适应多种花色品种馒头的设备。

（二）自动连续刀切、圆馒头、包子成型线

自动连续刀切、圆馒头、包子成型线是将多台机器组合形成具有自动功能的连续化生产线。该生产线大大节省了劳动强度，明显地提高生产效率。而且成套设备造价较低，占地面积小，不同设备搭配能够灵活地制作不同品种的馒头及其他发酵面食。

图 3-44 所示为典型的自动连续刀切、圆馒头、包子成型线。

1. 分块与自动压面

其功能与上面介绍的相似，分成面块后，连续分别进入全自动压面机揉压面团或双对辊馒头机进面斗两个不同的路径。

2. 刀切及包子路径

（1）连续压面与面片调整　自动压面机经过多遍揉压后的面片，自动上传送带，进入后续的连续压面设备，将面片调整到合适的宽度和厚度，并且进一步将面带压光滑细腻。

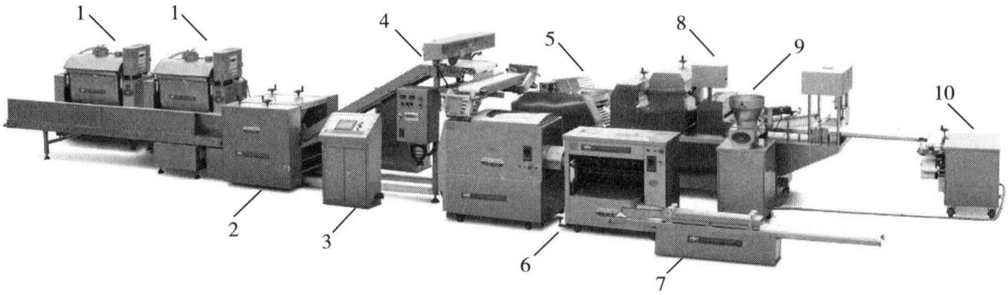

图 3-44　自动连续刀切、圆馒头、包子成型线

1—全自动和面机　2—压面输送机　3—控制台　4—提升分切机　5—压面机
6—数控直联体圆馒头机　7—整形机　8—方馒头机　9—料馅机　10—包子机

（2）成型主机　设置定型压面对辊，卷轮装置将面皮卷成长条状。该段可以加一个给馅机，在制作包子或花卷时连续地将馅料挤成圆条置于面带上，并且在卷面时卷入条内。

（3）切台及捏花机　将卷好的面团条切成一定规格的馒头坯，能够连续生产花卷类产品。在生产包子时将切台更换为捏花机，自动连续进行包子捏花。该捏花机也可以通过更换捏花嘴的刀片，制作圆馒头，所成型的圆馒头表面有可能留有捏花的花纹，如用精细的设备则花纹消失。

3. 制作圆馒头路径

制作圆馒头的一部分，面块自动进入双螺旋对辊馒头机进面斗。经过成型和搓馍机（整形机）制作圆馒头。

4. 高速排放机

成型后，馒头坯输送至排放机传送带，由排放机（夹子式或者摇摆式摆盘机）自动排放馒头于蒸盘上。

馒头生产设备还有很多，不能在此全部详细介绍。相关人员可以根据经验和自己的实际情况进行取舍。

第四章
面 条

第一节 面条定义及分类

面条是中国古老的传统食物，历史悠久，源远流长。在中国黄河流域的青海民和喇家遗址，中国考古学家发现了距今有4000多年历史的面条，史料有最早文字记载面条制品是东汉时期，距今也已有2000多年的历史。随着时代的发展，我国各地的面条在制作、品种和吃法上千姿百态，风味各异，有几百种面条品种之多，可将制作好的面团，通过擀、抻、切、削、揪、压、搓、拨、捻、剔、溜等的制法，以及蒸、煮、炒、煎、焖、炸、烩、卤、拌、烙、烤等的烹调方法，加工成多种姿态各异、色香味不同的面条。这在世界上是独一无二的。

一、面条的定义

面条，是一种用谷物或豆类通过研磨成粉状加水及其他食品辅料，和成面团或者面絮，之后压或擀制成片，再切成条或者使用搓、拉、捏、挤压等手段，制成条状（或窄或宽，或扁或圆）或小片，最后经煮、炒、烩、炸而成的一种食物。

二、面条的分类

面条没有统一的分类方式，一般的分类方式有以下几种：

（1）按照成型方式分类　按照面条不同的成型方式分类主要可分为擀压类、拉制类、挤压类等。

（2）按照面的性质分类　按照面条所加的辅料的性质分类主要可分为杂粮面、蔬菜面和营养强化面等。

（3）按照成型后加工工艺过程分类　按照面条成型后不同的加工工艺过程分类主要可分为鲜切面、拉制面、半干面、保鲜湿面、冷冻熟面、挂面、方便面、通心粉等。

（4）按照风味分类　按照各地面条不同风味分类主要可分为汤面、凉面、卤面、油泼面、捞面、炒面、焖面、烩面、刀削面、空心面、拉面等。

（5）按照形状分类　按照面条外观形状分类主要可分为宽面、细条、面片、银丝等。

（6）按照烹调方法分类　按照面条不同的烹调方法分类主要可分为凉拌、烹捞、脆炸、煨烩、汤煮及炒熘等。

（7）按照与风俗礼仪的关系分类　按照与风俗礼仪的关系面条分类主要可分为长寿面、喜庆面、龙须面、三伏面、试刀面、情长面、讨七家面、婚嫁面、年节面、上梁面、腊八面、下马面、接三面、喜三面、宴必有面、雀舌面、“指甲”面片等。

三、面条的种类

面条的种类主要以工业化生产的产品进行分类。

（一）湿面条类

1. 鲜切面

鲜切面是一种经过手工或设备加工而成湿面条，是最简单的机制湿面条，一般是机械化间歇生产或连续，生产设备一般仅有和面机和压延切条机，生产工艺简单。一般用和面机和面，进行压延、切条后直接销售。鲜切面制作时加水较多，面筋形成较充分，因而面条新鲜、爽口、有咬劲，口感明显优于干制面条。该种类型面条工业化生产安全卫生性也有了很大的提高，但保质期相对较短，须冷藏。

2. 拉制面

生鲜拉面目前已开发出工业化拉面设备。传统手工拉面，经过和面、醒面、溜条、拉制等的工序，可制成不同品种的拉面。工业化生产的拉面是模拟手工制作，采用优质高筋小麦粉为原料，通过多次醒面及拉伸工艺，实现拉制面条的生产。

3. 半干面

半干面是介于鲜面和挂面之间的一个品种，其含水量也介于鲜面和挂面之间，一般控制在 22%~26%，故称半干面。一种经过脱出部分水分，灭菌处理，保质期相对较长的湿面条，该种类型面条弹性足，口感好，保质期相对较长，但须冷藏。

4. 保鲜湿面

保鲜湿面，又称 LL（Long Life）面，乌冬面。是一种经过蒸煮、水洗、酸化，再进行灭菌处理，保质期较长的即食型方便食品。保鲜湿面以机器模拟手工擀面的效果，保持了保鲜湿面堪比传统鲜面的良好口感特性，而且口感滑爽、弹性好、筋力强，不含任何防腐剂可在自然条件下保存六个月，携带和使用方便。

5. 冷冻熟面

冷冻面是一种经过蒸煮的面条成型后经过速冻，并在−18℃以下销售的面条类食品，冷冻面既保持了新鲜面条的组织结构、口感、口味，又有较好的复水性，可以不添加防腐剂，保质期长。

（二）干面条类

1. 方便面

方便面分为油炸方便面和非油炸干燥方便面。方便面是将蒸制面条经过油炸和热风、微波、冻干等干燥方式后硬化，并压制成块状，食用前用热水冲泡，将面条加热泡软，数分钟内便可食用。1958 年由日清食品株式会社老板安藤百福发明了方便面，并使方便面在日本实现了工业化，并迅速传遍东南亚。这类型的面条保质期长，食用方便。

2. 挂面

挂面是以小麦粉添加盐、碱、水制成的湿面条经悬挂干燥后切制成一定长度的干面条。工业化生产规模较大，物美价廉，易于储存，安全卫生性高，烹饪起来方便，挂面属于我国居民家庭的常备食品。

3. 通心粉

通心粉一般都是小麦粉经和面、挤压、烘干而制成各种各样口感良好、风味独特的面条类食品。通心粉的种类很多，有实心和空心之分，通过更换各种模具，挤压出空心或实心的圆形面条以及螺壳状、字母状、挂花状、车轮状等各种花色品种。

第二节 面条加工原料与辅料

面条的原辅料在面条生产中起着非常重要的作用，各种原辅料品质质量以及辅料在品种的选择及应用，在面条生产中对面条的品质影响很大，特别是面条的感官及口感。面条生产中主要以小麦粉为主，同时可添加杂粮及蔬菜等其他营养物质，同时为了改善面条的口感及品质，添加各种的添加剂，添加剂应在国家标准规定允许的范围内添加。面条主要原辅料有小麦粉、食盐、食用碱、添加剂等。

一、面条加工原料

（一）小麦粉

小麦粉是生产面条的主要原料，小麦粉的组分及品种对面条的产品影响很大，了解小麦粉的品质，根据不同面条品质分析和筛选小麦粉，对于面条的产品的生产是非常必要的。

1. 蛋白质与面筋

小麦蛋白质的主体是麦醇溶蛋白和麦谷蛋白，是小麦特有的面筋蛋白。小麦粉中的面筋蛋白吸水形成面筋网络，包围吸水后的淀粉，形成具有一定弹性、延伸性、可塑性的面团，从而具有一定的加工性能，在辊压、切条后即可制成湿面条。因而面筋的数量和质量直接影响着面条的质量，对面条的加工过程也会产生很大的影响。筋力高的小麦粉，制面的加工性能好，湿面条的弹性和延伸性强，断条少，面条的质量好；筋力低的小麦粉，制面的加工性能差，湿面条的弹性和延伸性弱，断条多，面条的质量较差。但是筋力过高的小麦粉，制成面条后弹性过强，收缩率大，干燥后的面条容易出现弯曲现象，使面条整齐度下降，面条外观品质变差。比较理想的是中等筋力的小麦粉，即湿面筋的含量为28%~36%适合面条的生产。蛋白质质量较蛋白质含量更为重要。研究表明蛋白质含量与面条的色泽相关，面条色泽随着小麦籽粒蛋白质含量的增加出现变暗的趋向，这可能与蛋白质含量高时，参与黑色素生成反应的含氮化合物多有关，蛋白质含量高，淀粉含量相对减少，面条内部面筋网络结构紧密，影响对光的反射率。蛋白质含量与面条的色泽与咀嚼度、煮后面条的强度高度相关，另外干面条的断裂强度与小麦粉中蛋白质含量呈极显著正相关，蛋白质含量过低，面团强度过弱的面条，在挂杆干燥、包装和运输过程中容易酥断，面条耐煮性差，易浑汤、断条，且口感差，弹性不足。

面筋蛋白吸水后形成面筋网络的示意图如图 4-1 所示。

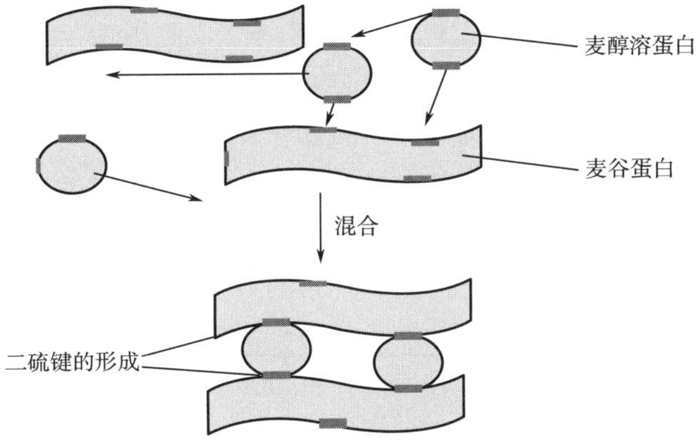

图 4-1 面筋蛋白吸水后形成面筋网络

2. 淀粉

小麦粉中的糖类主要指淀粉，主要集中在胚乳部分，它在小麦粉中占 65%~75%，是构成小麦粉的主体，也是构成面条的主体。淀粉常温下不溶于水，但有一定的吸水胀润作用，能使小麦在吸水后产生可塑性，从而使小麦粉加水后压制成面条。当小麦淀粉加热到糊化温度，淀粉粒会溶胀破裂而糊化。这些都是小麦加工的重要工艺性能。进一步研究面条的微观结构后指出，淀粉通过缓解面筋强度、填补蛋白质网络空隙等途径，有增大面团和面片延展性、改善面片表面光滑性、增加面条白度等作用。淀粉添加量合适时才能使面条的品质最佳，适量添加小麦淀粉可以改善面条质量；但小麦粉中的淀粉添加量过多时，会对面条质量造成不利影响。此外淀粉含量对面条烹调特性也有显著影响，随着淀粉含量的增加，面条煮制时的干物质吸水率、干物质损失率和蛋白质损失率增加。这是由于淀粉含量高，在煮制过程中的淀粉析出量增加，导致烹调损失增加。

淀粉的组成对面条质量也有重要影响。通常小麦粉中直链淀粉占 24%左右，支链淀粉占 76%左右。研究发现，制作优质面条的小麦品种应具有合适的直链淀粉与支链淀粉比率，支链淀粉多的淀粉呈糯性，支链淀粉比例高一些，糊化温度低，因而支链淀粉含量高一些的小麦粉制成的面条比较柔软，口感光滑，即直链淀粉含低，面条弹性好而硬度低，且表面不发黏，有韧性，品质好。

3. 粗纤维

小麦的粗纤维，大多含在麸皮之中。因为它的存在影响小麦粉的质量，所以小麦制粉的工艺中也是尽量降低小麦粉中的粗纤维含量。同样粗纤维对于制面工艺也是不利的，因为纤维素的吸水率一般为本身质量的8~10倍，比小麦淀粉的吸水率高30倍左右，比小麦蛋白质的吸水率高5倍左右。当小麦粉加水搅拌时，吸水率高的粗纤维要抢先吸水，从而影响小麦蛋白质和淀粉正常而均匀地吸水。另外纤维素没有可塑性和延伸性，含量多就会降低面团的强度，使湿面条容易断条。但小麦粗纤维中的半纤维素由于含有戊聚糖，却对面团的流变学性质影响较大，它能增加面团强度，防止成品老化。

4. 脂肪

小麦粉中的脂肪主要存在于胚和糊粉层中，含量较少，一般不超过小麦粉的2%。全麦粉的脂肪含量较高。脂肪在小麦粉中所占的比例虽然很少，但对小麦粉和面条的安全储存却有较大的关系。小麦粉和面条变质的原因之一，是由于不饱和脂肪酸容易酸败，致使小麦粉和面条产生不愉快的气味。因此，在小麦粉和面条的质量标准中，都要把脂肪酸值是否超过允许值，作为产品是否合格的重要指标之一。

但小麦粉中的类脂质却对小麦粉的性质有很大的影响。它是形成面筋的重要组成部分，如卵磷脂还是良好的乳化剂，它有使面包组织均匀、柔软和防止老化的作用。

5. 灰分

小麦的表层的灰分最多，胚芽次之，胚乳的灰分含量最少。通常，加工精度低的小麦粉灰分含量高，加工精度高的小麦粉灰分含量低。灰分的多少在一定程度上可以决定小麦粉的等级，灰分的高低影响面条的质量，灰分对面条质量是有害的，因此降低小麦粉灰分的含量，也是提高面条质量的重要因素之一。通常制作高品质的面条常用灰分低的小麦粉。

6. 色素

小麦粉中主要含有的色素是胡萝卜素和黄酮类色素。胡萝卜素易于氧化，能被空气中的氧所氧化，陈化的小麦粉白度增加就是小麦粉中的胡萝卜素被空气中的氧所氧化的结果。黄酮类色素在中性条件下是不显色的，而在碱性条件下显黄色，黄酮类色素比较稳定，不仅不被空气中的氧所氧化，也不被氧化剂所氧化。因而添加碱量较多的面条，其颜色总是黄色。

面条采用的小麦粉的标准为LS/T 3202—1993《面条用小麦粉》，如表4-1所示。

表4-1　面条用小麦粉行业标准

项目		精制级	普通级
水分/%	≤	14.5	
灰分（以干基计）/%	≤	0.55	0.70
粗细度			
CB36号筛		全部通过	
CB42号筛		留存量不超过10.0%	

续表

项目		精制级	普通级
湿面筋/%	≥	28	26
粉质曲线稳定时间/min	≥	4.0	3.0
降落数值/s	≥	200	
含砂量/%	≤	0.02	
磁性金属物/(g/kg)	≤	0.003	
气味		无异味	

（二）水

水是制作面条的主要原料，加入量仅次于小麦粉。没有水就不能制面，水是面条生产中不可缺少的重要物质条件。

1. 水在制面中的作用

小麦粉中的淀粉吸水湿润，将没有可塑性的干小麦粉转化为有一定可塑性的湿面团，为面条成型准备条件；和面时，小麦粉中的蛋白质吸水膨胀，相互黏结形成湿面筋网络，从而使面团产生黏弹性和延伸性。水不仅能调节面团的湿度，便于轧片，而且水能溶解盐、碱等可溶性辅料。在蒸煮面条时，还可以促使淀粉受热糊化，并且在烘干面条时，水又是传热介质。因此水在制面中具有重要的作用，水质的好坏直接对生产工艺和产品量均有一定的影响。

2. 水质对面条品质的影响

水的 pH 对制面生产工艺和质量有一定的影响，和面时，若 pH 较低，酸性条件下会导致面筋蛋白和淀粉分解，从而导致面团加工性能降低。如果碱度过大，会使面筋被部分溶解，使面团的弹性降低、加工性能降低，用水浸泡时，汤中可溶性物质增加。

水的硬度也直接影响制面工艺和产品质量。硬度高会使小麦粉的亲水性能变差，使吸水速度降低，和面时间延长；硬水中的钙、镁离子与小麦粉中的蛋白质结合，会降低面筋的弹性和延伸性，降低面团的黏度和工艺性能；钙、镁等金属离子与小麦粉中淀粉结合，影响淀粉在和面过程中的正常湿润和蒸面过程中的正常糊化，也会降低面团的黏度，进而影响其加工性能。

二、面条加工辅料

（一）食盐

和面时适当加入食盐，能起到强化面筋、改良面团加工性能的作用。

1. 食盐在制面中的作用

食盐有收敛面筋组织的作用，能增强湿面筋的弹性和延伸性，改善面团的工艺性能，提高面条的内在质量。食盐水还有较强的渗透作用，因此和面时小麦粉吸水快而均匀，可以缩短和面时间，容易使面团成熟，提高面团质量。

食盐还能降低水的表面分压，因此还具有一定的保湿作用，能够减少制面前期工序面团水分的损失。并且在挂面烘干时，湿面条不会过快干燥，容易控制干燥条件。在一定程度上能抑制某些杂菌生长和抑制酶的活性，能防止面团在热天较快变酸。

2. 食盐对面条品质的影响

食盐在面条生产中是重要的辅料，它主要成分是氯化钠，不仅起调味作用，而且能明显地改善面团的加工性能。氯化钠溶于水后离解为钠离子和氯离子，加入小麦粉后，能使小麦粉吸水速度加快，水容易均匀分布。同时，钠离子和氯离子分布在蛋白质周围，能起到固定水分的作用，有利于蛋白质吸水形成面筋。通过水分子、钠离子和氯离子的双重作用，蛋白质快速吸水膨胀并相互连接得更加紧密，从而使面筋的弹性和延伸性增强。另外，氯化钠与小麦蛋白中盐溶蛋白组分相互作用，调节了盐溶蛋白组分在面筋形成中的作用，宏观上起到改良面团的效果。因此，虽然食盐在面条生产中所占比例不大，但对制面工艺有较大影响。

3. 加盐量及加盐方法

食盐的加入量要根据季节、气温来调整。一般原则是：蛋白质含量高则多加，蛋白质含量低则少加；吸水率高则多加，吸水率低则少加；夏季气温高则多加，冬季气温低则少加。空气湿度高时加盐量还要考虑产品返潮的情况。食盐的添加量根据面条的品种而变化，机械制面一般不超过3%，如挂面生产添加量为2%~3%，方便面生产添加量为1%~2%，手工面一般不超过10%。过多使用食盐，会降低湿面筋的数量和质量，使面团的弹性和延伸性同时降低。而挂面不易干燥，存放期间易吸潮。食盐量添加量分别为2%、4%、6%时的面团几乎没有差别，但含量为8%时，面团呈粒状，不易制作成面条。

食盐在生产使用时要求纯度高、杂质少、白色、味咸、无苦味、无涩味、无异臭味及无污染。要求氯化钾、氯化镁、硫酸镁含量甚微，因为这些杂质的存在，不仅无助于增强面筋弹性，反而会增加水的硬度，使面团弹性减弱，进而影响产品质量。生产中通常采用含杂质少的精制盐。

精制食盐在使用中，一般先溶解于和面用水中，这样加盐和面比较均匀，如用粗制盐就必须先把粗制盐溶解于水，在沉淀池中搅拌静置，使杂质沉淀下来，去除杂质后方可使用。

（二）食用碱

1. 食用碱在制面中的作用

食用碱通常采用碳酸钠和碳酸钾。食用碱使用最早起源于我国西北地区，食用碱加水混合制成碱水，可以作为拉面的品质改良剂，这种碱是从当地盐碱地上生长的蓬蒿草中烧结制成的蓬灰，添加时，加水溶化后加入面条中，其主要成分就是碳酸钠和碳酸钾，有名的兰州拉面就是使用了这种碱，使拉面独具筋道、顺滑等特点。现在面条中使用的食用碱采用的是工业生产的纯度在99.9%以上的碳酸钠和碳酸钾，这种碱安全、卫生，克服了从天然蓬蒿草中因为炼制不纯、重金属含量超标等弊端。食用碱对面筋有食盐的类似作用，能收敛面筋，使面团具有独特的韧性、弹性和滑爽性。碱面团弹性更大，但其延伸性比盐水面团差；因碱性作用能使面条呈淡黄色，起着色作用，但色泽不明亮；食用碱能使面条产生一种特有的碱性风味，吃时爽口不黏，煮时汤水不浑；能使鲜切面不易酸败变质，便于流通和销售。

蓬蒿草、蓬灰如图4-2所示。

图4-2　蓬蒿草（左）、蓬灰（右）

2. 食用碱对面条品质的影响

食用碱能够作用于小麦粉中的蛋白质和淀粉，可起到增强面团筋力作用，促使面团形成独特的韧性和弹性，使生产的面条口感爽滑、复水性能好。食用碱还可中和小麦粉中游离的脂肪酸，减少其对面筋的损害并产生独特的风味和颜色。碱还可延长面团的形成时间，使面团中蛋白质水化时间加长，促使面筋充分形成，提高面团的弹性；同时还会增加面团的稳定时间，使麦谷蛋白的二硫键牢固性得到加强，更耐搅拌，韧性更好，增强面团的筋力；另外，适量的碱还可增加面团的流动性、易变性及黏结力。将食用碱运用于面条生产中，能明显地改善面团的加工性能。

3. 加碱量及加碱方法

食用碱在生产面条时，添加量一般为小麦粉的0.1%~0.2%。使用时先一般将碱粉溶于水中，搅拌均匀，调节好浓度，再加入定量的食盐，然后将溶液均匀地加入和面机中。

（三）添加剂

随着人们对面条品质要求的提高，除了需要考虑小麦粉品质、盐、碱和生产工艺外，食品添加剂被用于面条品质的改良是一个重要的手段之一。生产中常用的食品添加剂主要有品质改良剂、营养强化剂、其他添加剂等。在生产中建议通过采用品质好的原辅料，以及改进面条生产工艺以改善面条品质，再使用添加剂作为辅助方法以提高面条品质。

1. 面条品质改良剂

（1）复合磷酸盐　磷酸盐是目前世界各国应用最广泛的食品添加剂，它广泛应用于食品生产的各个领域，对食品品质的改良起着重要的作用。目前我国已批准使用的磷酸盐包括三聚磷酸钠、六偏磷酸钠、焦磷酸钠、磷酸三钠、磷酸氢二钠、磷酸二氢钠、酸式焦磷酸钠、焦磷酸二氢二钠等十几种，通常复配成复合磷酸盐使用。复合磷酸盐属于强筋剂，持水能力较强，在有食盐存在的情况下，可以加速淀粉糊化，强化面筋蛋白的网络结构，并将水锁定在网络结构内部，提高面条的保水性，增强黏弹性。在食品中添加这些磷酸盐还可以有助于实现品种的多样化，改善其色、香、味、形，满足加工工艺过程的需求，在食品中是很重要的品质改良剂。复合磷酸盐是磷酸盐的混合物，主要作用还能够加速面条的淀粉 α 化，提高面条的复水性，增强黏弹性，提高面带的光洁度。

（2）乳化剂　乳化剂是一类具有亲水基团（极性的、疏油的）和疏水基团（非极性的、亲油的）的表面活性剂，而且这两部分基团分别处于分子的两端，形成不对称的结构。其具有两亲性质特点，使乳化剂具有了油、水两相产生水乳交融效果的特殊功能，其中亲水基团一般是溶于水或能被水湿润的基团，如羟基；其亲油基团一般是与油脂结构中烷烃相似的碳氢化合物长链，故可与油脂互溶。由于其特殊的分子结构，它能与小麦粉中的大分子物质相互作用，这些大分子包括淀粉、蛋白质和脂类等，从而达到增强面条的弹性、筋力和韧性，并阻止淀粉被水溶出，减慢淀粉的结晶速度，从而延缓淀粉的老化，以达到改变面条品质的目的。常用的乳化剂有单甘酯、蔗糖酯、硬脂酰乳酸盐、双乙酰酒石酸单甘酯、卵磷脂等。在面条的蒸煮中，添加乳化剂还可以减少面条中的淀粉流失，避免发生面条间出现粘连、浑汤、胀条或发糟等现象，并改善产品的光泽，防止面条的老化。

（3）增稠剂　为了增强面条的加工性和口感，增稠剂常作为添加剂加入面条中。这些增稠剂基本都是亲水性高分子聚合物，吸水溶胀后形成交联的网络，与面筋网络互相交叉贯穿，阻止小麦粉中的淀粉颗粒融入水中，从而改良面团的流变特性及加工性能；增稠剂能增加面团的吸水性，改善面条的黏弹性，有效降低方便面油炸时的吸油率；增稠剂能增强面团的强度，使面条的复水性好，烹煮损失少些；增稠剂还能增强面条的黏弹性，缩短煮面时间，使面条表面没有糊状物，增加产品表面的光洁度。常用的增稠剂有瓜尔豆胶、变性淀粉、羧甲基纤维素钠、海藻酸钠、黄原胶及魔芋胶等高分子聚合物，其添加量一般为0.1%~3.0%，增稠剂通过主链间氢键等非共价作用力形成具有一定黏弹性的连续三维凝胶网络结构，这种网络结构起着类似面筋网络结构的功能，从而改良面团的流变特性及加工性能。能增加面团的吸水性，改善面条的黏弹性，有效地降低方便面油炸时的吸油率。增加产品表面的光洁度。

（4）酶制剂　酶制剂是一类从生物体中提取出来的具有酶活力和专一性生物催化能力的蛋白质。它是一种优良的面条品质改良剂，和化学品质改良剂相比，具有不会残留任何有害物质的作用。由于酶的催化反应具有高度的专一性和高效性，用量小，能耗低，反应条件温和，营养成分损失少。所以酶制剂选择可以针对面条的蒸煮品质、质构品质和颜色，改善面团的流变特性及加工性能。常用的酶制剂有蛋白酶、淀粉酶、转谷氨酰胺酶、葡萄糖氧化酶等，主要用于提高面条的强度、弹性和韧性。

（5）氧化剂　氧化剂类是一种增加面条筋力的添加剂，也称强筋剂。常用的有偶氮甲酰胺、抗坏血酸等。将偶氮甲酰胺加入小麦粉中作为强筋剂时，当加水调制成面团的过程中，它会立即产生强烈的氧化作用，将面筋蛋白的半胱氨酸的巯基氧化，抑制巯基对蛋白酶的活化作用的同时，加速二硫键的形成，使面团中蛋白质分子相互结合形成大分子的网络结构，从而使面条有筋力、有弹性、有咬劲、耐煮、不易断条，增筋效果较为明显。

（6）着色剂　为了满足品种的多样性和改善面条色泽，在面制品中还会加入一些食用着色剂，常见的有天然色素、新鲜的有色蔬菜汁及可食用藻汁液。而在方便米面制品及生鲜面标准中合成色素已不在允许使用范围内，而栀子黄、β-胡萝卜素、叶绿素铜钠、姜黄色素、辣椒红色素、焦糖色素等天然色素可以适量加入改善面条色泽。其中β-胡萝卜素就是一种很好的天然色素，而且还是营养强化剂，主要从胡萝卜、南瓜等蔬菜或盐藻中提取制得，为紫红色结晶或结晶性粉末，不溶于水，可溶于油脂，在低浓度时显示为黄色，高浓度时显示为橙红色，对光和氧不稳定，耐热性和耐光性较差。栀子黄着色力强，着色均匀，耐光性和耐热性好，能显著改善面条的外观色泽，使其呈现蛋黄、橘黄或金黄等明亮的色泽，一般添加量为小麦粉质量的 0.1%～0.5%。一些面条生产已加入有色蔬菜汁及可食用藻汁液，既可以增加面条的色泽营养，也增加了面条的品种。

2. 营养强化类

（1）蛋白质类、氨基酸类　蛋白质是食品中最重要的营养成分，小麦粉虽然含有丰富的蛋白质，但是它所含的蛋白质属于不完全蛋白质，小麦粉蛋白质中赖氨酸、苏氨酸是限制氨基酸，蛋白质的质量不能满足营养的要求，通过添加富含限制氨基酸的蛋白质，可以使各种氨基酸互补，使其氨基酸构成达到平衡，从而提高蛋白质的营养价值。可添加含赖氨酸比较多的鸡蛋、大豆粉、分离大豆蛋白和乳粉等，可以与小麦粉的氨基酸进行互补，也可以通过在小麦粉中添加限制氨基酸，提高小麦粉及面条的营养价值。

（2）谷类　我国传统面食中有许多杂粮面，如玉米面、绿豆面、荞麦面等，这些杂粮面具有很好的营养价值。

（3）蔬菜类　粮食成分中维生素成分往往缺乏，向面条中添加蔬菜可弥补其不足。同时添加蔬菜还可以丰富面条的风味和色彩。常添加的蔬菜有红色的紫苏、苋菜，黄色的南瓜、胡萝卜，绿色的菠菜、茶叶等等。一般是将这些蔬菜或茶叶加工成粉末状，这些蔬菜成分可提高面条的营养性和保健功能。

（4）维生素　谷物中普遍缺乏维生素 B_1、维生素 B_2，同时在小麦粉和面条生产中维生素有一些损失，对于营养强化面条的品种，强化这两种维生素很有必要，生产上添加量一般按每 100g 小麦粉中添加 0.5～0.8mg 进行强化。

（5）矿物质元素　矿物质元素是构成机体组织的重要物质，钙、铁、锌都是人体必需的矿物元素，适当地在面条生产中添加矿物质元素，或者用矿物质元素丰富的原料，则制成的面条营养强化良好。面条中需要强化的矿物质主要有钙、铁等。小麦粉中虽然含有较多的钙、铁，但还不能完全满足人体的日摄取量。特别是胶质小麦的含钙率大于硬质小麦，等级低的普通小麦粉含钙率大于精白小麦粉。各种骨粉、甲壳粉、蛋壳粉、乳清都是较好的钙添加剂，它们比碳酸钙等钙盐类更容易吸收。

3. 其他添加剂

在面条生产中，为改善面条品质和外观质量，加一些其他的添加剂，如谷朊粉等。谷朊粉能吸收它本身质量2倍以上的水分，使面筋具有强烈的持水性，能显著提高面团的吸水率；谷朊粉和小麦粉混合搅拌成面团后，可与小麦粉中的面筋相互作用形成一体，可以使面团有黏弹性，压面容易，防止发生断条；可赋予面条光洁、平滑的外表，增加了面条的耐泡性，减小淀粉的溶出，防止出现浑汤现象；可降低油炸面制品的含油率，以降低生产成本和延长保质期；可改善感官效果，使其口感爽滑筋道，有咬劲、不粘牙、不夹生。

第三节 面条加工技术

面条类食品发展到今天，随着科学技术的快速发展，面条工业化水平迅速提高，在生产工艺技术方面及生产设备已经有了质的飞跃，随着面条工业化程度的不断提高，面条已成为世界上许多地区流行的食物，据统计，亚洲各国每年收获的小麦约40%被用于制作各种面条食品，已逐渐在人们的生活中变得不可替代。随着时代和观念的发展，我国各地面条在制作、品种和吃法上也呈现出千姿百态，风味各异，品种繁多，在世界上是独一无二的。按照加工工艺过程可将面条分为湿面：生鲜湿面（鲜切面、拉面、半干面）、熟鲜湿面（保鲜湿面、冷冻熟面）等，干面：熟干面（方便面）、生干面（挂面、通心粉）等。主要介绍工业化的生产加工技术。

一、制面工艺

制面工艺对于面条生产是非常重要的加工工序，各种面条的制面工艺有很多相同之处，也有不同之处，制面工艺主要包括盐碱水制备、和面、熟化、压延、切条五个主要工序，每个工序的工艺参数对于面条的品质有很大的影响。

（一）盐、碱水的制备

面条生产中一般要加盐和碱，需要盐、碱水的溶解及配制，有时还要对水温进行调整，同时一些水溶性添加剂要进行溶解，因此面条生产都配备有盐、碱水系统，该系统主要由盐水罐、定量罐、耐腐蚀离心泵等组成。

盐水罐内装有搅拌器，以加速食盐等添加剂的溶解。为了保证和面温度和加速添加剂的溶解，一般还有盘管，通有蒸汽。盐水罐加热系统必须用间接加热，设计时要根据工艺要求的升温范围和升温时间考虑加热面积，不采用直接加热，直接加热时蒸汽管内的污染严重，容易引起产品颜色、风味变劣，甚至保质期缩短。盐水罐必须有溢流口，以避免进水时溢出罐外。为了保证用水质量，最好在输送管道上加上管道过滤器。盐水罐的容积由产量而定，一般可容一个班的和面用水。

定量罐是一个设有玻璃水位管或带有液位显示器的不锈钢罐，和面水溶液由盐水泵输入该罐后，根据其玻璃管显示的刻度决定和面加水量。其液位可在罐内装电极棒来控制，也可以以溢流口来进行控制。

（二）面团调制工艺

面团调制又称和面，是面条生产线的第一道工序，也是面条生产工艺中关系到后道操作能否顺利进行及品质优劣的关键性工序。如果不能准确掌握面团的成熟度、温度、软硬度、弹性、黏性和可塑性等物理性状，面条成品的品质就会产生影响。和面工艺就是在小麦粉中加水搅拌，水粉混合使其成为有黏性面团。一般面条生产和面的加水量为29%~35%，而拉面加水量可达到43%，和面时加入水量多，可以使蛋白质和淀粉充分吸收水分胀润，容易形成面筋，研究表明加入水量多，可使面条品质明显提高。

影响和面品质的因素有和面温度、和面时间、和面机的种类及其搅拌强度。

和面温度是指和面过程中面团的中心温度。温度对湿面筋的形成和吸水速度均有影响。实验证明，0℃时几乎没有面筋形成。一般认为30℃时蛋白质的胀润最高，这个温度是生产中最佳的控制值，温度降低，蛋白质、淀粉吸水速度降低，和面时间就会延长；温度太高，易引起蛋白质变性，导致湿面筋数量减少，所以控制和面温度是必要的。和面用水温度，一般要求冬季用温水，其他季节则用凉水。因为面团的温度易受自然气温的影响，通过调节和面时水的温度，使和好的面团温度保持在30℃，此时小麦粉中的蛋白质吸水性最高，可以达到150%，面筋的延伸性和弹性最好，最适宜抻拉。若温度低于30℃，则蛋白质的吸水性和质量会随温度的下降而下降。超过30℃，同样也会降低面筋的生成，当温度达到60℃时，则会引起蛋白质的变性，面团失去良好加工性能。

和面时间的长短对和面效果有明显影响。由于小麦粉中的蛋白质吸水形成面筋、淀粉吸水膨胀形成良好的面团结构，需要一定时间。和面时间过短，加入的水分难以和小麦粉搅拌均匀，蛋白质、淀粉没有与水接触或没来得及吸水，和面不充分，水、粉混合不均匀，导致面团松散，不能形成面筋，制成的面条品质差，会大大影响面团的加工性能。和面时间太长，面团温度升高（主要是由于机械能转变为热能），使蛋白质部分变性，降低了湿面筋的数量和质量，同时还会使面筋扩展过度，出现面团“过熟”现象。和面过度，会破坏形成的面筋网络，导致面团的弹性降低，黏性提高。合理的和面时间可以通过实验决定，研究及生产实践证明，比较理想的和面时间是 15min 左右，最少不得少于 10min。

和面效果的好坏与和面机的种类及其搅拌强度也有关系。搅拌强度一般用搅拌轴的转速（r/min）来表示。搅拌的作用主要是将机内的小麦粉和水及其他添加剂不断地翻动，使小麦粉各部分吸水均匀一致，并通过揉搓，使其形成具有良好加工性能的面团。因此，搅拌速度快慢对和面效果具有显著影响。和面时间与搅拌速度有密切的关系，搅拌速度过快，搅拌过于剧烈，容易打碎面团中形成的面筋，而且剧烈搅拌会由更多的机械能转换为热能而使面团温度升高，严重时会引起蛋白质的热变性进而削弱面团的工艺性能。在一定范围内，搅拌强度高，和面时间应相应减少。但搅拌速度过低，水与小麦粉不易搅拌均匀，会影响湿面筋的形成。同样，在一定范围内，搅拌速度低，和面时间应相应延长。搅拌强度与和面机的种类以及搅拌器结构有关，和面时应根据和面的设备及时间，确定搅拌强度，和面机一般可以采用开始阶段高速搅拌，这对水和小麦粉的均匀接触有利，后阶段采用低速搅拌，可以避免高速机械搅拌破坏已形成的面筋。

目前采用比较多的和面有常压和面、真空和面、连续和面等几种和面方式。

1. 常压和面

面条生产中生产线很多采用常压和面，常压和面是一种间歇式和面方式，通常采用的设备大部分是卧式双轴和面机。和面在常压状态下进行，加水由一个管多个注水孔加入，达到加水均匀的目的。和面时通过两相向的搅拌轴带动搅拌叶，搅拌速度是可调的，使小麦粉不断的循环流动，与加入的水不断对流、扩散进行混合，经过一定时间的充分混合，形成面团后卸料进入下一道工序。

2. 真空和面

面条生产中生产线有些采用真空和面，真空和面是一种间歇式和面方式，通常采用的设备是真空和面机。真空和面状态下，喷入的水很容易雾化，因此保证了加水的均匀性，而且小麦粉中的空气被抽出形成了真空状态，水很容易渗入到内部，减少了小麦粉颗粒表面的吸附水，相应地增加了加水量，可以形成致密面团及面筋，增强面团弹力，提高和面效率，真空和面加水量比普遍和面加水量有大幅度提高，这对提高湿面筋的数量和质量是有益的。真空和面还可以缩短面团熟化的时间。真空和面经过充分混合，形成面团后卸料进入下一道工序。

3. 连续和面

面条生产中生产线有些采用连续和面，连续和面是一种连续的和面方式，使和面的效率提高，通常采用的设备是连续和面机。连续和面是将小麦粉按比例加入和面机，在高速旋转下产生气流，使小麦粉和水在雾化的状态下接触，由于小麦粉与水接触面积大，从而使小麦粉能快速均匀地吸收水分，蛋白质很快吸水形成面筋，淀粉快速吸水浸润并被蛋白质面筋包裹形成加工性能良好的面团。这种设备可以连续工作，实现连续生产，极大地提高了生产效率。

（三）熟化工艺

熟化又称醒面，熟化是面条生产线的一道工序，也是制面很重要的工艺，对制面影响很大，直接影响面条产品的品质。由于和面时所加入的水分完全渗透到小麦粉蛋白质的内部需要较长的时间，而在和面工序中还达不到这样的要求，加入的水分不能完全均匀地渗透到每个小麦粉粒子中去。此外，吸水膨胀的蛋白质相互粘连成面筋，在静态中进行更为有利。所以需要一个熟化过程，熟化工序的主要作用是使水分最大限度地渗透到蛋白质胶体粒的内部，使其充分吸水膨胀，相互粘连，进一步形成面筋网络组织；消除面团因和面机的搅拌、拉伸、挤压等而产生的内部应力，使面团内部结构稳定，不易变形，提高面团的工艺性能；促进蛋白质和淀粉之间的水分自动调节，达到均质化，起到对粉粒的调质作用；对下道复合压片工序起到均匀喂料的作用。

影响面团熟化效果的主要因素有熟化时间、搅拌速度、熟化温度。

在一定范围内，理论上的熟化时间是相当长的，面团熟化静置时间最高可达 2h 以上。我国制作手拉线面工艺过程中的四次熟化，静置时间在 6h 以上。但在连续化机械制面中，若要长时间的静置或低速搅拌熟化，设备必然很长，占地面积大，而且还会有大量水分损失。生产中受设备条件的限制，不可能像理论要求那样进行长时间的熟化，一般只进行 10～20min 的熟化。为了保证熟化时间，操作第一锅面时必须注意，当第一锅面和完卸料入熟化机后，不要马上启动复合轧片机。因为和面和熟化时间基本相等，熟化机的容积应略大于和面机，若第一锅面进入熟化机后马上启动复合轧机，大部分料的熟化时间达不到设计时间。

熟化工艺理论上要求在静态下进行静置，而作为机械化工业生产，面团静置后会结成大块，给复合轧片喂料造成困难。因此，在连续机械制面过程中，将静态熟化改为动态熟化，以低速搅拌来防止面团结块。低速搅拌的熟化机就是根据这个要求进行设计的。搅拌速度以能防止面团结块并能满足喂料为原则，只要能达到这两点要求，搅拌速度越低越好。对于圆盘式熟化机，经工厂实践，其搅拌杆的转速以 5～8r/min 为宜。

熟化工艺要求在常温下进行，温度高低对熟化工艺效果有一定影响，其影响关系与对和面的影响相似。圆盘式熟化机的搅拌速度较慢，从和面机下来的面团不可能在低速搅拌下升温，并因圆盘式熟化机无盖，有利于熟化散热。而卧式熟化机转速较高，面团散热也较困难，很容易使面团温度升高，所以一般熟化不需要加热。由于面带运行及搅拌速度比较慢，长时间静置会有大量水分蒸发，造成面团工艺性能下降，熟化过程中必须注意保持水分，在熟化时尽量采用设备封闭的方式保持一定的熟化温度和湿度，以防水分散失，达到熟化的效果。熟化机中的面团温度要求低于和面机中的面团温度。比较理想的熟化温度为 25℃左右，宜低不宜高。

熟化工艺主要有面团熟化和面带熟化两种工艺。

1. 面团熟化

面团熟化一般是在和面后进行熟化，主要有圆盘熟化和输送带式熟化。圆盘熟化机具有面团熟化和喂料作用，通过搅拌杆低速转动，保持面团松散的颗粒状态，并通过喂料口喂料。控制搅拌杆转速及喂料口大小，可以控制熟化时间，达到面团熟化的目的。输送带式熟化机是将和好的面通过面团破碎机将大面团破碎成小面团，落在输送带上，输送机运行很慢，在输送过程中起着静置熟化的作用，通过输送带的旋转拨杆，将颗粒面团缓慢向前输送，在输送过程中完成面团熟化，在经过 15min 的初步熟化后进入复合机的料斗。

2. 面带熟化

面带熟化是在面团复合压延与连续压片之间进行的，该装置是封闭式熟化箱体，面带在吊杆上在恒温、恒湿系统运行，熟化时间一般为 30～90min，熟化温度约为 25℃。通过较长时间保温、保湿，面带中水分渗透到蛋白质和淀粉内部，促进了面筋网络的形成，使面筋进一步吸水膨胀扩展，面带内水分更趋于平衡，加工性能达到最佳状态。通过面带的熟化，和面及复合压延后面筋内应力得到缓冲的同时，能够保持面带光滑，减少面带表面水分散失，有效防止面片表面干裂而造成加工性能下降的问题。

（四）压延工艺

压延是面条生产线的一道工序，也是制面很重要的工艺，是各类面条生产的中心环节，对产品的内在与外在品质有很大影响。压延是把经过和面及熟化的面团，通过多道辊压作用压成从厚而薄的面片（面带），为切条成型做准备。由于和面加水量一般为 29%～35%，经过和面、熟化后的颗粒状面团，虽然小麦粉中的麦醇溶蛋白、麦谷蛋白已经吸水膨胀并相互结合形成面筋，这种面筋网络还是分散的、松散的、分布不够均匀的。淀粉颗粒吸水膨胀后也是松散的，面团是呈松散颗粒状，没有连接起来，由于面团的颗粒还没有连接起来，所以面团的可塑性、黏弹性和延伸性还没有显示出来。只有对面团施加压力，通过先大后小的多道辊轧，才能在外力作用下把颗粒状的面团压成面片，把散在面团中的面筋和淀粉粒子集合起来，并将疏松的面筋压延为细紧的网络组织并在面片中均匀分布。我国传统制面法中用擀面杖反复压延面团，就是为了通过加压，把分散在面团中的湿面筋连接起来，形成细密的面筋网络来包围淀粉粒子，并使它们在面片中均匀分布，以提高其加工性能和烹调性。经过多道的辊压，通过对面团施加压力，面团在外力的作用下把颗粒状的面团连接起来，组成面片，使面筋与淀粉粒集结起来，面筋形成的面筋网络包裹淀粉颗粒，使面筋蛋白由无序转为有序，经过多道压延，成为纤维状分布，水分分布更均匀，促进疏散的面筋网络组织紧密，促使面团中的湿面筋形成了完整的面筋网络体，面带具有了可塑性、黏弹性、延伸性及韧性，从而提高了面团的加工性能，为切条成型创造条件。

压延的主要作用是将松散的面团压成细密的、达到规定厚度要求的薄面片；在轧片过程中进一步促进面筋网络组织细密化和相互粘连，并最终面筋网络在面片中均匀排列，使面片具有一定的韧性和强度，以保证产品质量；压延使面片水分分布更加均匀。压片的工艺要求是保证面片厚度均匀，平整光滑，无破边洞孔，色泽均匀，并有一定的韧性和强度。

影响压延的主要因素有面团的工艺性能、含水量、压延比、压延倍数、压延道数、压辊直径、轧辊速度等。

面团的工艺性能如面团的结构、水分含量、水的均匀性、面筋形成的数量与质量、面团温度等都直接影响压延的效果。含水适宜稳定、干湿均匀、面筋形成充分而且质量好、温度适当、结构性能良好的面团，在复合压片、连续压片过程中所产生的断片、破片等现象就少，面片质量好，而调好的压辊压距一般可较长时间不再调整。反之压片效果差，不但断片、破片严重，面片的韧性、弹性也差，而且压辊压距的调节也频繁。

面团含水量对压延有明显影响，含水量越大，面越软，与压辊的摩擦系数必然越大，越易喂入，但加水量大，黏度太大，面团易粘在压辊上，无法实现连续压片。当面团加水偏少时，与压辊的摩擦系数减少，不易喂料，而且柔韧性较差，压片时易断，也不能连续压片。

压延比是反映面片经过某道辊厚度减少程度的参数，压延比是指在轧片的过程中，依次通过每一组压辊的面片，压前与压后厚度之比。在复合压片过程中，加压比的大小与面筋网络细密化有一定规律。在压力达到某极限之前，压力大对面筋网络组织细密化是有利的，但若超出某一极限，面片所承受的压力和拉伸力太大，对面片做急剧的过度压延，会使面片中已经形成的面筋撕裂，使面片的工艺性能变差。若压延比太小，则压延道数增加，设备庞大，也不合理。各道轧辊较理想的压延比依次为50%、40%、30%、25%、15%和10%。

压延倍数反映了面片经若干道辊压后轧薄的程度，是初轧面片厚度与末轧面片厚度的比值。目前国内制面多是复合压片，小产量的设备也有单片压片的。压延倍数越大，面片受挤压的作用越强，面片内面筋网络组织越细密化（不可超过面团所能承受压力的极限值）。因此不少人认为采用复合压片比单压片的面片紧密度和强度好。但复合的两片有时粘接不好，会影响产品质量。面条生产线很多采用复合连续压延法。和面以后，面团经初压片后，结构松弛，表面粗糙，容易出现破边及孔洞现象，如果后面连续压片，破边及孔洞现象更加严重，直接造成面条的成品损耗增加，所以采用复合压延工序。复合压延，即将和面后的面团通过两道平行的压辊压成两个面片，两个面片平行重叠，通过一道压辊，即被复合成一条厚度均匀、孔隙坚实的面带，经复合压延的面带，耐挤压性比较好，有利于后面的连续压延，然后经过多道压辊连续辊压，逐步压薄到工艺要求的厚度，但先压成两片的面带，表面形成了表皮层，复合使两个面带的两层表皮层有时结合不紧密，对面筋形成及面条的品质有一定影响。

初压面片厚度通常不低于4~5mm，复合前相加厚度为8~10mm，末道面片为1mm以下，以保证压延倍数为8~10倍，使面片紧实、光洁。

轧片道数是在整个复合压片设备中所配置的压辊对数。压延道数与压延比有密切关系，当复合压片前后面片厚度一定。压延道数少，则压延比大；压延道数多，则压延比小。根据实验结果，轧片道数以6~7道为好；比较合理的压延道数为7道，其中复合阶段为2道，连续压片阶段为5道。

压延要考虑面带承受的压力，压辊直径越大，对面团或团片产生的压力也越大。面带承受的压力与面带的厚度有关，厚度越大，承受的压力越大，每对压辊直径越大，压力越大，若压距不变，直径越大、工作区长度自然会增大，面团或面片通过工作区的路程时间增长，受到的挤压强度也自然增大。在压延开始，要把颗粒状的松散面团压成面片，同时要求有一定厚度和面片完整，需要较大的压力，而且还要保证足够的喂料量，所以前两道压辊直径一般较大。当把两面片复合为一片时，为了使二者较好地黏合并有一定的紧密度，压辊的直径要大一些。在后面几道压片中，随着面片逐渐变薄，面片的密度逐步增大，面筋网络组织也逐渐细密起来，所需的压力也逐步减少，压辊的直径应逐步减小，动力消耗也相应减少。

压延要考虑面带承受的拉伸速度，压辊线速度对压片效果有重要影响。在压距相同条件下，转速越高，线速度越大，面片被拉伸的速度越大，产量越大，但过快的拉伸容易破坏已形成的面筋网络组织，而且面片光滑度较差。若转速较低，线速度小，面片受压时间长，面片紧密光洁，但产量低。因此，在生产中必须严格控制每道压辊的转速，特别是末道压辊的转速，为保证面条的质量和产量，末道轧辊的线速以30~35m/min为宜。这样既能保证压延效果，又能满足产量要求。压辊速度提高，还会增加喂料的难度。主要原因是压辊速度的提高，降低了压辊与面团之间的摩擦系数；同时由于速度的提高而产生了影响面团喂入的惯性力。

压延时，压辊随着面带的变薄，后面对辊的直径小于前面对辊的直径。面带拉伸速度与压延比有关，拉伸速度太快，容易造成面带的撕裂，面带工艺性能变差，破坏面筋网络结构，所以每一对辊压延比不能太大，要整体调整生产线的每一对辊的压延比，压延比太小，将增加压延道数，增加设备成本及设备占地面积。

根据压延方向的不同，压延方式可分单向和多向压延。

1. 单向压延

面条生产线很多普通机械采用的是单向压延，单向压延时，面带受到的纵向力大，单向压延面筋蛋白都是沿着压延纵向方向分配及分布，面筋网络及淀粉颗粒分布呈现纵向形成，纵向的韧性及拉力很强，而面带受到横向力小，面筋网络横向强度小，使纵横向面带的韧性及拉力相差很大。为了解决这一问题，很多生产线在连续压延机上采用了波纹辊，波纹辊利用波峰波谷不同的线速度，面带在峰谷之间产生揉搓，模拟手工制面，使面带在横向受到一定的力，从而使面带纵横向的面筋网络形成均匀。通过对压辊的改进，较好地模拟了手擀方式的多向压延，是对传统机械压延方式的一次革新。

2. 多向压延

一些面条生产线采用的是多向压延，手擀方式为多向压延，模拟手擀式压延，先将面带单向压延，再将面带旋转90°压延，使面筋蛋白沿各个方向分配均匀，面筋网络及淀粉颗粒分布呈现在每个方向，面带各个方向的面筋网络形成均匀，面筋网络在各个方向上形成都好，面条的流变特性和食用性质比单向压延大大改善。压出的面片其面筋网络横向耐拉强度明显增大，这就大大改善了面带质量及加工性能，面条提高了筋力，口感得到了提升。

（五）切条工艺

切条是把经过若干压延形成的薄面片，纵向切成一定形状的面条的工序。切条的作用是将压延后的面片切成一定长度和宽度的湿面条，继续后面不同面条生产工序的操作。

采用的机械切条的基本原理，是用一对并列放置、相向等速旋转的齿辊，相互啮合，使面片从相对旋转而啮合的齿辊中通过，利用齿辊凹凸槽的两个侧面互相紧密配合而旋转的剪切力作用，把面片纵向剪切成面条。并在齿轮下方装有两片对称而紧贴齿辊凹槽的篦齿，以铲下被剪切下的面条，不让其黏附在齿辊上，保证切条连续进行。

切条的工艺要求，切出的湿面条表面光滑，长宽一致，无毛边、无并条现象，断条要少等。

影响切条效果的主要因素有面片质量、面刀质量等。

面片质量对切条成型效果有重要影响。面片不完整如面片有破边儿或孔洞，会影响切出的面条的整齐性。面片的光洁度会影响面条的光泽。面片最后形成的厚度必须符合产品要求，若超过了面刀两齿辊凸凹槽的间隙，会造成面条表面起皱。

面刀质量对切条成型效果有影响。若面刀两齿辊啮合深度不够，可能会引起并条现象，若面梳即篦齿压紧度不够，面刀齿槽中会积累杂质，导致面条表面光滑度变差。

二、湿面条加工工艺

（一）生鲜湿面条加工工艺

1. 鲜切面加工工艺

（1）工艺流程　鲜切面的基本工艺流程如4-3所示。

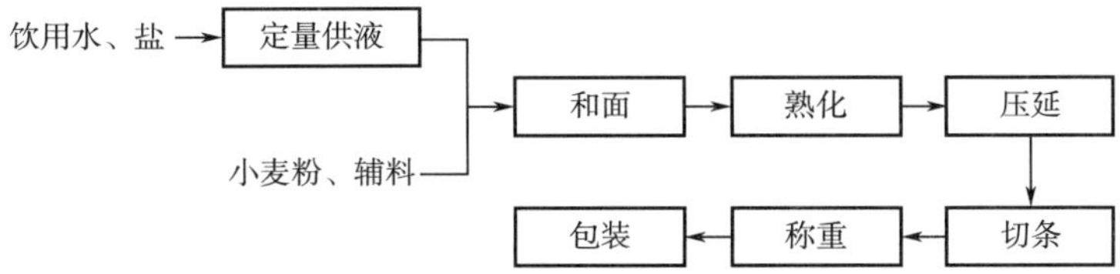

图4-3　鲜切面基本工艺流程图

（2）工艺要点　在工业化生产中，鲜切面是面条生产中工艺及设备比较简单的一种机制湿面条，有间歇生产和连续生产，生产设备一般仅有和面机和压延机、切条机。鲜切面一般采用中筋粉或高筋粉，加水量为小麦粉质量的30%以上，可根据小麦粉吸水率适当调整加水量。和面时充分搅拌，使面团吸水充足，形成均匀颗粒状面絮，手捏成团，搓动时能松散成小颗粒状。搅拌好的面团颗粒进醒面机醒面，使蛋白质、淀粉充分吸收水分，压延后面带形成面筋网络结构，使生产的面条耐煮、筋力较强、有咬劲。切条后应立即包装，避免鲜切面受到污染。包装间应进行分隔，保持洁净空间。这类面条可生产各种宽、窄的面条及杂粮面条。鲜切面一般是直接进入市场进行销售，也可以冷冻后冷链销售。

2. 拉制面加工工艺

（1）工艺流程　拉制面的基本工艺流程如图4-4所示。

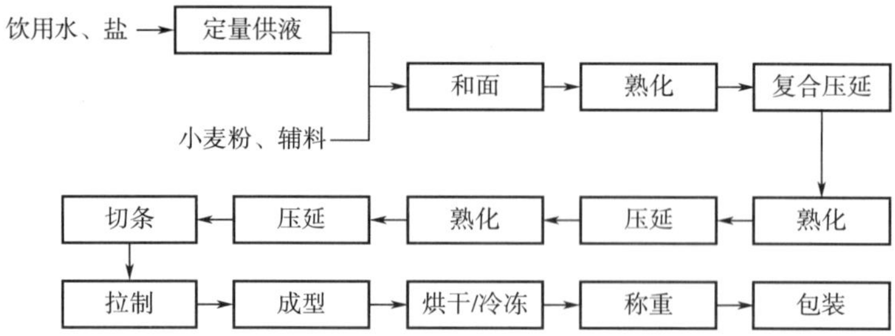

图4-4　拉制面基本工艺流程图

（2）工艺要点

①和面：一般要选择高筋粉，和面时加入40%以上的水，加入灰，灰实际上是碱，却又不是普通的碱，是用戈壁滩所产的蓬草烧制出来的碱性物质，俗称蓬灰，加进面里，不仅使面有了一种特殊的香味，而且水和碱作用能提高面团中面筋的生成率和质量。灰的渗透压作用能使面团中蛋白质分子间的距离缩小，密度增大，特别是能使面筋蛋白之一的麦醇溶蛋白黏性增强，因而也就提高了面筋的生成和质量。因而拉出来的面条爽滑透黄、筋道有劲。

②压延、熟化：采用三醒三压工艺，后两段醒面工艺采用长时间保温、保湿面片熟化工艺，之间加入再两道压延，其中一组采用波纹辊，波纹辊利用波峰波谷不同的线速度，使面带在峰谷之间产生揉搓，模拟手工和面，组成压延熟化过程，确保面团的水分最大限度地渗透到蛋白质体粒子及淀粉粒子内部，使其充分吸水膨胀，从而使面团内部结构稳定，达到极高的均质化程度；长时间保温、保湿面片熟化，能使面片充分熟化及压延后面筋内应力得到缓冲的同时，保持面片光滑且面片表面水分不散失，有效防止面片表面干裂而造成加工性能下降。面片经连续压面、切丝及三道拉伸，制作出来的生鲜拉制面条粗细适中，弹性好，具有滑爽、可口、有咬劲、面筋力高、透明度高等特点。

③拉制：机械化加工拉面，面片连续压面、切丝，通过三道连续的快速拉伸，制作出来的生鲜拉制面条粗细适中，弹性好，具有滑爽、可口、有咬劲、面筋力高、透明度高等特点。

④称量包装：拉制面条一般进行干燥后容易保藏，也可以将面条脱除部分水分，鲜面要冷藏，拉面生产后进行称量包装。

3. 半干面加工技术

（1）工艺流程 半干面的基本工艺流程如图 4-5 所示。

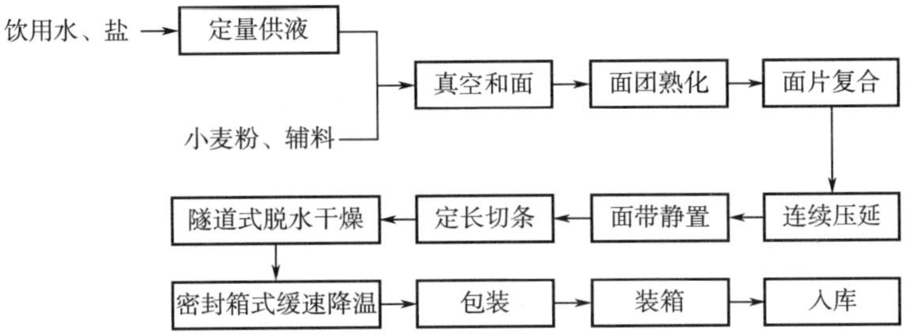

图 4-5 半干面基本工艺流程图

（2）工艺要点

①制面：以精制小麦粉为原料，一般采用真空和面，加水量 30%～32%，获得最佳的面团品质，通过熟化、复合压片、连续压延和切条成型得到高品质的鲜湿面条，再将面条进行自动挂杆。

②干燥脱水：干燥脱水过程是关键，能够将面条的含水量从入口处的 30%～32%降至 22%～26%，根据所设计的干燥参数的不同，选择低温干燥或高温干燥，干燥时间和效率不同。可以实现多品种面条的柔性化生产，控制干燥温湿度环境，保证面条品质稳定。半干面在包装前通过高温干燥，在高温干燥过程中杀灭大多数非耐热生物的同时能够脱出部分水分，因此，由于半干面是部分脱水，半干面水分含量低于生鲜面，使面条在储藏过程中不易粘连，同时由于水分活度降低，保质期延长，通过防腐措施，保质期在常温下一般为 120d，如果冷藏（0～4℃）保质期在 180d，并保持原来新鲜度，具有煮食方便、面香味浓、有咬劲和营养健康等优点。

③缓速降温：该工序是影响最终产品品质的关键环节。采用自动降温，低温高湿的缓速降温过程，能将面条内部与表面水分进行均质，达到内外均匀，同时降低面条的品温以适应后段自动包装工序的要求。

④自动脱杆和自动包装：经过干燥脱水和缓苏降温的面条，利用全自动脱杆装置取出面杆，同时自动将面条输送到输送带上，通过自动识别装置供给全自动包装机，再经装箱后送入成品库。

（二）生鲜湿面条保藏及杀菌工艺

生鲜湿面自身含水量高、水分活度大、微生物也极易生长繁殖，这导致面条易变质、保质期短，产品不易开拓市场。因此，保质期短是其不能大规模生产的一个致命问题。针对这些特点，现已有许多物理储藏技术可以利用。

1. 冷链储藏

温度对食品微生物繁殖和变质的影响是极其显著的，低温环境下可大幅延长生鲜湿面的保质期。冷藏是较为常用的一种食品储藏方法，对食品的风味、质地等影响不大，一般而言，在一定温度范围内（如 10~38℃），食品在恒定水分条件下，温度每降低 10℃，许多酶促和非酶促反应速率减慢 1 倍，其腐变反应速度则减慢 4~6 倍。在不同温度下生鲜湿面的保质期。研究表明，37℃时细菌生长繁殖最快，28℃霉菌生长繁殖最快，生鲜湿面在 28℃下保质期为 6 h，室温 20℃下保存 22 h，而在冷藏温度 4℃下可以保存 100 h。由此可见低温储藏保鲜湿面可以达到良好的效果。

2. 热处理

温度是微生物生长繁殖最重要的环境因素之一。食品的热杀菌是食品加工与保存中用于改善食品品质、延长食品储藏期最常用的处理方法之一。主要作用是杀死微生物、钝化酶，并改善食品的品质和特性，提高食品的可消化性和可利用率。同时，某些情况下热杀菌可破坏食品中不需要或有害的成分。食品中常可检出霉菌及产生的霉菌素，所以食品产品中的霉菌繁殖是一个极为重要的问题。酵母菌的耐热性一般较弱，其大部分营养细胞在 50~58℃下 10~15min 即死亡，孢子细胞在 60℃下 10~15min 也会死亡，若加热到 100℃，则所有酵母均在数分钟内死亡。霉菌孢子比菌丝的抗热性强，但孢子也因其种类不同而有显著差异。属于无性孢子的分生孢子对热敏感，在 50~60℃的温度下 5~10min 内就可致死，而有性孢子则可耐受 70~80℃的高温。细菌比酵母和丝状菌具有更强的耐热性，在 70℃下 30min 后死亡，细菌孢子耐热性更强，部分孢子即使在 100℃下数小时也不死亡。

食品加工中，加热杀菌应该在迅速有效地杀死存在食品中有害微生物的同时，将热力对杀菌对象的损伤及对其品质的影响控制在最小限度内。通过利用热处理生鲜湿面，以研究不同热处理条件对生鲜面保质的影响，结果表明：不使用任何防腐剂，采用适当脱水和热处理方法延长生鲜面的保质期。得到的最佳试验条件为：在 35℃，相对湿度 75%条件下脱水干燥 3h，90℃热处理 20min，保质期达 65h，且产品白度有明显提高。进一步试验表明，间歇性二次热处理使面条的综合保质期延长至 100h，效果更好。

3. 脱气包装

附在食品表面的微生物只有在氧气存在的情况下才能繁殖，如果环境中的氧气含量降低到一定程度，其繁殖程度便急剧下降，甚至停止活动，使食品得到较好储藏。采用真空包装、充氮包装和脱氧包装可使环境中的氧含量降到一定程度而达到抑菌目的。另一方面，食品表面酶促褐变需要酚类、氧化酶、氧等物质作为基质，使用真空包装、充气包装或脱氧包装可有效地减缓褐变反应。

（1）真空包装　真空包装可以延长食物保存期限，因为真空包装后里面空气稀少，相当于处于低氧状态，在这种环境下一些微生物是无法生存的，所以可以达到食品保鲜，不易变质。

（2）充气包装　充气包装的应用是通过改变包装容器内环境气氛来延长食品的保质

期。国外称 MAP 或 CAP，国内称气调包装或置换气体包装。充气包装在食品真空后再充入氮气、二氧化碳、稀有气体等单一气体，或 2~3 种气体的混合气体。其中氮气是化学性质较稳定的气体，起保护物品不受氧化等外界干扰的作用，并使袋内保持正压，以防止包装被压扁导致物品损坏。二氧化碳能够溶于各类脂肪或水中，形成酸性较弱的碳酸，有抑制霉菌、腐败细菌等微生物的活性的作用。

（3）脱氧包装 脱氧包装是指在密封的包装容器内，使用能与氧气起化学作用的脱氧剂，从而除去包装容器内的氧气，使被包装物在氧浓度很低甚至几乎无氧条件下保存的一种包装技术。脱氧剂与气密性好的包装材料配合，可用于不同类型的产品包装，并获得良好的效果。脱氧包装最显著的特点：①把容器内的氧全部除去；②从外界环境中渗入包装内的氧气以及溶解在液体中或填充在固体内的氧全部除去，因此包装容器内产品因氧存在而造成的各种腐败变质也就降低到最低限度，从而有利于产品的保存。脱氧包装可克服真空包装和充气包装去氧不彻底的缺点。

包装技术中，脱氧包装效果最好，可使生湿面保质期（微生物指标）延长至 24~38h；减少褐变。

（4）紫外、臭氧杀菌 在对食品物料、加工环境的杀菌中，由于紫外杀菌具有污染小、操作简单等特点，如今已取得广泛发展。在食品工业中，紫外杀菌主要用于表面杀菌、液体杀菌、空气杀菌三个领域。生鲜湿面在加工成型后经过紫外线照射一定时间后，保质期略有延长。

利用气体处理面制品，易控制、操作简单，并且安全性也得到更好的保障。有研究表明臭氧处理小麦粉后可以延长生鲜湿面的保质期。结果表明：将小麦粉在臭氧中放置 30~60min 能够很大程度降低菌落总数，微生物生长和发黑率都明显减少。经过臭氧处理后，小麦粉的白度、面团的稳定性以及小麦淀粉的峰值黏度都有所增加。

（三）熟鲜湿面条加工工艺

1. 保鲜湿面加工工艺

（1）工艺流程 保鲜湿面的基本工艺流程如图 4-6 所示。

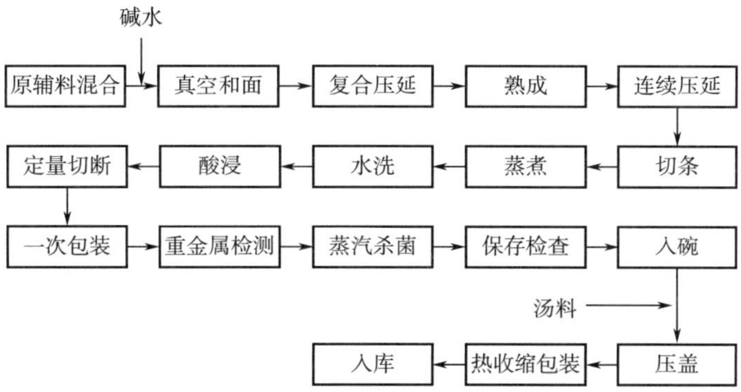

图 4-6 保鲜湿面基本工艺流程图

（2）工艺要点

①制面：保鲜湿面的和面采用的是真空和面，一般要求湿面筋含量为32%~36%，小麦粉灰分含量0.5%以下，具有一定弹性和延伸性的小麦粉，小麦粉加水量一般为30%~35%，比普通和面加水量有大幅度提高，这对提高面筋的数量和质量是有益的。同时该和面机搅拌速度可调，开始采用阶段高速搅拌，这对水和小麦粉的均匀接触有利，后阶段采用低速搅拌，可以避免高速机械搅拌破坏已形成的面筋网络。主要是为了使小麦粉中蛋白质吸水形成湿面筋，并包络吸水后的淀粉从而形成适于加工面条的面团。通过熟化、复合压片、连续压延和切条成型得到高品质的保鲜湿面条。保鲜湿面制造中不添加任何防腐剂，面条保存期达半年之久，因而从各个方面都有很严的要求，首先原辅料的初始菌数要低，水要经过处理达到和面用水标准，操作人员、设备、环境要卫生、清洁，开机前后，设备可拆卸的部件要经过热蒸汽杀菌，车间要对空气杀菌，地面常用漂白粉冲洗，按卫生要求和操作规程严格执行，从各方面确保面条的品质。

②水煮（蒸）、水洗与酸浸：水煮（蒸）是将切条并定量切断的面条加热煮（蒸）熟，使面条中的淀粉糊化，蛋白质变性，面条充分吸水，形成良好口感。面条采用水煮比汽蒸好一些，一是面条与水的接触热加热效果好，二是面条在水中吸收了水分，对糊化有利，因而糊化时间短，为3~5min。水煮后面条质量为水煮前的2~3倍。

水煮糊化后的面条要经冷水冲洗，除去表面的淀粉糊等黏附物，通过快速冷却使面条表面冷却收缩，黏弹性增强。面条经蒸煮后，通过低温水，面条表面迅速收缩，洗去黏液，降低温度，有效防止面条间粘连。面条在酸浸时相互间不粘连，保证吸酸均匀，这样就可抑制面条中的耐热芽孢菌的生长，由于冷热速度转变十分快，所以可打乱淀粉分子结构，有效预防老化。

水洗后的面条进一步酸洗，酸浸使面条pH达到4.5以下，可以有效地抑制细菌的繁殖，酸浸过程是保鲜湿面所特有的，即利用可使用有机酸或酸性物质调节面条pH到4.5以下，创造一个不利于细菌增殖环境，为杀菌进行提供良好条件，确保产品在不添加防腐剂情况下，常温下长期保存，可保存6个月。用于调整pH的添加剂有乳酸、苹果酸、柠檬酸，其用量根据水质情况而定。

③杀菌、包装：酸浸后的面条沥水后进入自动包装机进行包装。包装面条的同时，滴入2滴大豆色拉油，防止面条黏结成团。包装材料选用耐高温、透气性差，耐热性、抗拉伸性和抗延伸性较强的材料为好，避免热蒸汽杀菌时破袋。面条虽然经过酸洗，但包装袋和车间的空气还有许多细菌会影响面条保质期，包装后，采用巴氏杀菌的方法，用蒸汽杀菌，杀菌温度一般为93~97℃，杀菌时间为30~45min，测定面条内部中心温度在90℃以上，目的是彻底杀除包装袋内的细菌，以保证面条储存6个月以上不变质。杀菌后的包装袋在冷水中冷却后，在室温下保存7~14d，观察无异常现象后，再进行第二次包装，再配上不同风味的调味料，进行碗装或袋装。保鲜湿面含水量为61%~63%，面条外观晶莹，复水迅速完全，耐煮、耐泡、不断条、口感光滑、爽口筋道。

2. 冷冻熟面加工工艺

（1）工艺流程　冷冻熟面的基本工艺流程如图4-7所示。

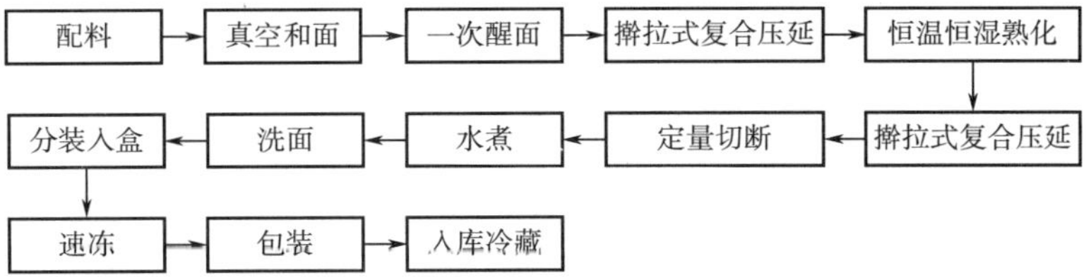

图 4-7 冷冻熟面基本工艺流程图

（2）工艺要点

①制面：冷冻熟面是以小麦粉为主要原料，添加适量淀粉、食盐、食用碱等品质改良剂，常用真空和面，真空度为 80~86kPa，面团加水量一般为 30%~35%，和面采用变速搅拌，开始时高速搅拌 5min，然后低速搅拌 10min。真空和面可提高和面加水量，且在真空状态下喷入的水极易雾化，保证了加水的均匀性，和面效率提高，面团结构紧密，缩短面团的热后时间。

②擀拉式复合压延、熟化、切条：与连续压片这种压延方式不同于普通制面工艺，它极好地模拟了手工制面过程，面团揉和充分，面筋网络在横、纵向耐拉力明显增强，面片质量明显提高，保证了成品面条的口感。在整个制面工艺中一般采用 4~6 道擀拉式压延，2 道普通压延。擀拉式压延通过波纹辊来实现。

熟化条件：温度 25~30℃，相对湿度 70 %~80%，时间 30~45min。通过熟化，水分分布更加均匀，蛋白质、淀粉进一步吸水膨胀，同时蛋白质与脂质、淀粉与脂质结合率不断提高，和面时产生的应力得到松弛，面团弹性下降，延伸性增强。熟化装置一般为专门面带熟化箱体，内有多层蛇形装置，面带在其中缓慢移动，进行熟化。

压延后切条后进入后续工序。

③水煮：面条经定量切断后，进行连续水煮，达到一定的糊化度及含水量，煮面温度为 98℃，煮面时间因面条品种而不同，煮面 pH 5~6，因为过高或过低的 pH 会使面条易断，淀粉溶出增多，蒸煮损失提高。煮面设备可分为敞开式和全封闭式。

④洗面：面条煮好后，立即进行水洗，洗掉面条表面黏液，防止面条粘连；同时使面条表面收敛，增强面条弹性。洗水温度低于 10℃为宜，洗面时间依水温及面条品种而定。一般乌冬面 4~5min。洗面方式常为二段逆流方式。

⑤分装入盒：面条洗后，进行定量分装入盒，一般每盒 200g，误差±10%。

⑥冷冻：面条采用速冻工艺，要求在 30~40min 内冻至中心温度-18℃以下，这是冷冻熟面非常关键的工序，快速冻结保证了面条的咬劲、韧性。如果面条冷冻到-18℃所用时间过长，水分分布发生较大变化，势必影响面条食用品质。刚煮好的面条进行速冻，一方面是为了延长其保质期，另一方面是为了保持刚煮好面条的良好品质。在较低的温度下（-18℃），微生物和酶对食品的作用变得很微小，因为食品冻结时生成的冰晶会破坏微生物细胞，使微生物丧失活力而不能繁殖；酶的反应也受到严重抑制，食品化学变化变慢，因此可以做较长时间的储藏而不会腐败变质。在温度低

于-20℃时，淀粉分子间的水分急速冻结形成冰结晶，阻碍了淀粉分子间相互靠近形成氢键，所以不会发生淀粉的老化。而且冷冻熟面不需要添加防腐剂，保质期可达一年。

⑦冷藏：冻结食品的品质保持与品温有直接关系，品温越低，品质降低的速度就越慢。为了使冷冻食品的优秀品质不降低，从生产者到消费者之间所经历的各个环节都要维持冷链。消费者在食用前要冷冻好，不能让它解冻。冻藏温度的变动会给冷冻熟面的质量带来很大的影响。冻藏温度升高，储藏期明显缩短。在冷藏室内，冻结食品直接与空气接触，即使是有包装的食品，在食品与包装之间也存在空隙，空气温度波动幅度大而且频繁的话，冻结食品内冰结晶会成长，会因表面冰晶升华而发白，不仅食品失重，而且严重影响产品质量。-18℃对于大部分冻结食品来说是最经济的冻藏温度。在此温度下，冷冻熟面的保质期可达1年。

三、干面条加工工艺

（一）熟干面条加工工艺

熟干面条加工工艺以方便面为例进行介绍。

（1）工艺流程　方便面的基本工艺流程如图4-8、图4-9所示。

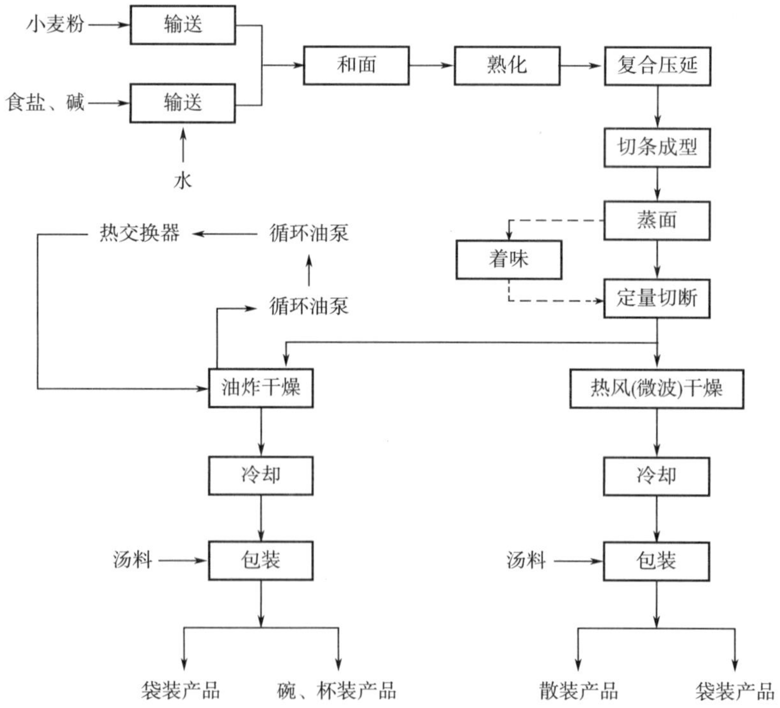

图4-8　油炸及热风干燥方便面基本工艺流程图

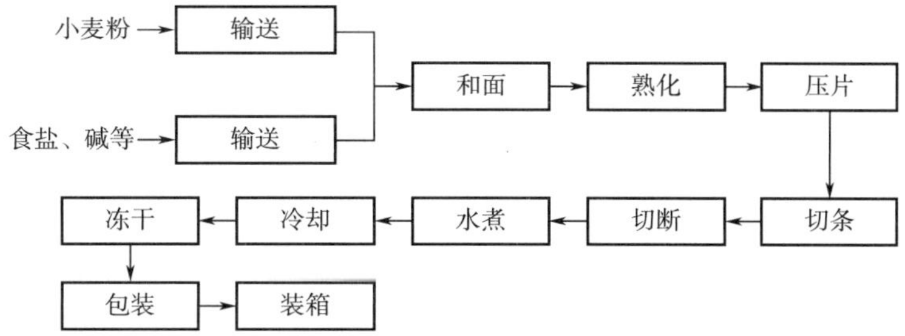

图 4-9 冻干面基本工艺流程图

（2）工艺要点

①面团调制：油炸方便面、热风干燥方便面、冻干面都属于方便面。面团调制是方便面工艺中关键性工序。如果不能准确掌握面团的成熟度、温度、软硬度、弹性、黏性和可塑性等物理性状，将对面条成品的淀粉 α 化程度、光润度、盘花均匀性、断碎率、成品率等指标产生影响。同时对工艺操作中一系列重要参数，如蒸煮时间、干燥温度、干燥时间等产生相应的影响。

由于方便面对小麦粉的要求往往比挂面高，生产中加入的添加剂往往是几种甚至是十几种，根据添加剂的有关性质，在使用添加剂时，添加剂与小麦粉尽量地混合均匀，将制备好的添加剂溶液边搅拌边入和面机之中。由于加入不少吸水性强的添加剂，和面时的加水量往往比挂面多。方便面不像挂面悬挂干燥存在拉长问题，因而在不影响压片和折花成型的前提下应尽量多加一些水。

②压延：在面片复合及压延过程中，经重叠复合辊轧及连续压延，孔隙充填，面片坚实，形成均匀的面带厚片。面片压延复要掌握各对辊间之间的间距，以逐步压薄为原则，严格控制面片的压延比，这样每次受到的挤压力基本接近，就会使面片逐步趋向于表面光滑，层次清晰整齐，结构均匀，制成的面条粗细一致。如果压延比过大，将会使面片表面粗糙，层次遭到破坏，结构过于紧密。这样既不利于蒸面时中心部位淀粉 α 化，也妨碍干燥时面条的体积膨松。

对于方便面来说，压延厚度对产品的影响比较大。最后一对压辊压延出的面片厚度，对面条的复水性能和面块的耐压强度也有较大的影响。较厚的面片切成的面条直径较粗，蒸煮时它的中心部位较难成熟。相同的蒸煮时间、蒸汽压力的条件下，面条的糊化程度较低，干燥时间就要相应延长，否则面条的黏弹性不够，复水时间长。但较厚的面片也会使单位时间内的产量比较高，应当通过试验，确定出适当的厚度，这是平衡产量质量之间关系的重要措施。各种不同品种的方便面应根据其产品的特点控制不同的厚度，在 0. 6~1. 2mm。

③切条折花成型：方便面切条折花的基本原理，是使复合压延后的面带通过相互啮合，具有间距相等的多条凹凸槽的两个侧面相互紧密配合而具有剪切作用，从而使面带成为纵向面条。在齿辊下方装有两片对称而紧贴齿辊凹槽的铜梳，以清除被剪切下的面条不让其黏附在齿辊上，保证切条能连续进行下去。利用面刀切割出来的面条具有一些

前后往复摆头的特点，使其通过一个特殊设计的截面为扁长方形的成型器，成型器下方装有一条可以无级变速的不锈钢丝编成的细孔网带，网带的线速度小于面条的线速度。由于存在着速度差，通过成型器的面条受到一定阻力而前后摆动，扭曲堆积成一种波峰竖起、前后波峰相靠的波浪形面层。由于同带速度大于面条在成型器中的速度，因而将面条逐步拉开，形成了一种波纹状的花纹，而后将其输送至蒸面机，通过蒸煮把波纹花纹基本固定下来。

影响切条折花成型的主要因素有面带质量、切刀、面片线速度与网带线速度之比、成型导箱前壁压力门上压力的大小等。

面带质量对切条成型效果有重要影响。若水分含量太高，切条成型的面条无支撑能力，导致花纹塌陷，若水分偏少，导致花纹稀疏。面片若有破边或孔洞，会使成型后的面条断条增加。面片最后形成的厚度必须符合标准，若面片的厚度超过了面刀两齿辊凸凹槽之间的间隙，会使切条成型的面条表面有皱纹。

面刀是成型器的主要组成部分，若两齿辊啮合深度不够，可能引起并条现象，篦齿压紧度不够，面刀齿槽中会积累杂质，引起面条光洁度变差。

面条线速度与成型网带速度是切条成型效果的主要因素之一，它利用面条线速度大于成型网带线速度的关系，促使面条在成型箱内弯曲扭转堆集成波浪形花纹的面层。v_1/v_2的比值大则波纹密；v_1/v_2的比值小则波纹稀。v_1/v_2的范围为6~8。

成型导箱前壁压力门上压力的大小，是影响成型效果的另一主要因素。它与面条线速度和成型网带线速度之比是相辅相成的。在导箱前壁用铰链装着可活动的压力门，在压力门上装有钩子可以悬挂螺帽的多少和大小来调节压力的大小。也可在压力门上焊接一螺杆，上加螺帽，以螺帽的进退来调节压力的大小。压力大则波纹密，压力小则波纹稀。

切条成型后要求面条光滑、无并条，波形整齐、密度适当、分行相等、行行之间不连接。

④蒸面：蒸（煮）面是制造方便面的重要环节，蒸（煮）面目的就是使生面条中的淀粉糊化、蛋白质变性。糊化度的高低对产品口感和复水性有明显影响。如何提高蒸（煮）面时的糊化度，是生产中的一个关键技术。

蒸（煮）面的基本原理就是使面条在一定温度下适当加热，在一定时间内使生面条中的淀粉糊化，蛋白质产生热变性。所谓淀粉糊化，实际上是俗话讲的“蒸（煮）熟”，用科学术语讲，就是把β化状态的淀粉变成α化状态的淀粉。β型淀粉即是生淀粉，它的分子是按一定规律排列的结晶状态淀粉，吃起来口感不好，而且由于消化酶不易进入分子之间，因而也不易消化。β化淀粉吸水加热后即变成α化淀粉，这种淀粉分子排列是混乱的，消化酶容易进入分子之中，易于消化分解。糊化淀粉吃起来口感也好。糊化后的淀粉是可以逆转的，即面条在储藏过程中“回生”或“老化”现象。减少方便面在储藏过程中的“回生”速度，保证产品具有良好的复水性，首先就要尽量提高蒸煮时的糊化率，然后迅速脱水使糊化后的淀粉结构固定下来。在一定范围内，脱水速度越快，糊化的淀粉“回生”速度越低。固定“糊化”状态的面条具有较好的复水性，用沸水浸泡一段时间，能够恢复到原来蒸（煮）熟时的状态，即可食用。

热风干燥方便面和油炸方便面都要有蒸面工序。冻干面一般是采用煮面的工序。方便面要求糊化度达到85%以上。

影响蒸（煮）面效果的主要因素有面条中水分含量、蒸（煮）的温度，蒸（煮）面时间和面条的物理结构。

面条含水是淀粉糊化的重要条件，生面含水量的高低，是影响蒸面效果的第一个重要因素，在蒸面温度和蒸面时间不变的条件下，生面条的含水量越高，面条的糊化程度也越高。面条含水量与糊化程度成正比。蒸面和煮饭的道理一样，都需要使淀粉充分吸水。要使生面条中的淀粉充分吸水，首先要在不影响轧片和成型的前提下尽可能在和面时多加水。同时也要尽可能在制面过程中使面条少损失一些水分。目前有的方便面制造厂家为了改善产品的口感，在复合压片与连续压片之间增加一个面片熟化工序，即把面带静置一段时间后再连续压片，这个措施防止面片水分的损失，同时使水分在面带中均匀，这对提高产品质量有益。

和面加水率与淀粉糊化程度的关系如表 4-2 所示。

表 4-2　　和面加水率与淀粉糊化程度的关系　　单位:%

和面加水率	25	30	35	40	45
蒸面糊化率	64	73	80	91	94

蒸（煮）面温度是影响淀粉糊化的主要因素，淀粉糊化是使淀粉颗粒在适当温度下吸水溶胀裂开，形成均匀的糊状。因此，糊化的首要条件是要有适当的温度。使淀粉开始糊化的温度称为糊化温度。不同的谷物淀粉，其糊化温度是不一样的。小麦淀粉开始糊化的温度是 59.5℃，终了糊化的温度是 64℃。要使以小麦粉为原料的面条糊化，蒸面的温度一定要在 64℃以上。在一定时间内，温度越高，糊化度也越高，温度越低，糊化度也越低。

方便面在蒸制时，有一定厚度和密度，要使具有一定厚度和密度的面条能在较短时间内蒸熟，需要的温度比糊化温度高。在方便面蒸面生产中，蒸面机进口温度为 60~70℃，出口温度为 95~100℃，由于连续式蒸面机是常压设备，所以最高温度只能在 100℃以下。出口温度比进口温度高，若进口温度太高，大的温度差可能超过面条表面及面筋的承受能力，因而进口温度低于出口温度，使面条进入蒸面机内有一个逐步升温过程。出口温度高，除了可提高面条的糊化度外，由于面条温度较高，出口后还会失去一些水分，可起到一定的干燥作用。煮面一般在 95~100℃条件下煮面。

蒸（煮）面时间也是淀粉糊化关键因素，蒸（煮）面后生面条变成熟面条，其中淀粉糊化程度高低除了与温度、含水量有关外，还与蒸煮时间有关。延长加热时间，可以提高产品糊化率，因为淀粉糊化需要一定过程，缩短加热时间，会降低产品糊化率。延长蒸（煮）面时间，面条糊化度提高，但设备长度一定时，延长时间就会降低传送网带的速度，降低单位时间内的产量，同时能源消耗也高。若以增加蒸槽长度的办法来延长蒸（煮）面时间，厂房基建费增加，设备费也相应增加。蒸面时间缩短，会节省能源，增加单位时间内的产量，但产品糊化度低，产品口感与其复水性会变差。根据许多厂家的实践，蒸（煮）面时间一般控制在 90～150s，在此条件下面条糊化度可达到 85%以上。在生产中，若不影响产量，尽量提高产品糊化度对产品质量是有利的。

面条的物理结构即面条的粗细厚薄和面块的疏密是影响蒸面效果的主要因素之一。面条越细，在蒸面过程中，面条中心升温快，糊化度高。面条越粗，在蒸面过程中，面条中心升温慢，中心部分难糊化，因而整体糊化度低。面块密度松一些、薄一些，与蒸汽或水的接触效果好，易于糊化，反之，面条花纹稠密且厚，与蒸汽或水的接触效果不好，当然面条不易糊化。为了将产品的糊化度提高，将面片的厚度减小是一个重要途径。

⑤定量切断：定量切断工艺比较复杂，是方便面生产线上所特有的多功能工序。它的作用有四个方面，首先将从蒸面机出来的面连续切断以便包装，并以面块长度定量，然后将面块折叠为两层，最后分排输出。定量切断的工艺要求是定量基本准确，折叠整齐，进入热风干燥机或自动油炸机时落盒基本准确。

定量切断直接影响面块的定量及最后克重，其主要因素有面条本身的性质、各传动单元之间线速度的配比、旋转切刀与旋转托辊线速度的配合、折叠托辊线速度与分排输送网带线速度的配合。

面条本身的性质对定量是否准确及折叠效果有明显影响。定量是按切割面条长度定量的，若其他条件不变，面条本身的含水量、面片的厚度、花纹的疏密程度发生变化，最后每块的质量也必然发生变化，因而面条本身的性质会影响定量的准确性。同时面条含水量低到一定程度时，定量切断折叠后面块松散，影响油炸或热风干燥时落盒的准确性。从蒸锅出来的面条温度较高，表面黏度大，对切断和折叠也有影响，因而在蒸锅和定量切断设备之间应安装风机强制降温。

各传动单元之间线速度的配比，整个定量切断设备有五种线速度，即连续蒸面机网带线速度 v_1；面带供给网线速度 v_2；旋转切刀与托辊的线速度 v_3；折叠板往复线速度 v_4；折叠托辊与分排输送的网带线速度 v_5。如何使这五种线速度均衡配合，是定量切断机构能否正常工作的关键，它们之间的配合应是后者的线速度大于前者，即 $v_5>v_4>v_3>v_2>v_1$。若后道的线速度小，则会出现面带堆积堵塞使切断折叠部分不能正常工作。

旋转切刀与旋转托辊线速度的配合，切刀刀刃的旋转线速度应该与托辊表面的线速度保持相等，或者使托辊线速度略快于切刀的线速度。如托辊的线速度慢于切刀速度将引起面带的阻塞而不能正常工作。

折叠托辊线速度与分排输送网带线速度的配合，折叠托辊与分排输送网带的线速度应相等，否则会引起二者之间的相对运动。由于摩擦力的作用会使折叠的面块两层长度不等。

⑥干燥：

a. 油炸干燥：油炸工序是生产油炸方便面的关键工序，也是目前国内方便面生产中普遍采用的快速脱水方法。

油炸干燥的基本原理就是把定量切断的面块放入自动油炸机的链盒中，使其连续通过高温的油槽，面块被高温的油包围起来，本身温度迅速上升，其中所含水分快速汽化。使面条中存在的水迅速逸出，使面条中形成了多孔性结构。同时也进一步增加了面条中淀粉的糊化率。当面块浸泡时，热水很容易进入这些微孔，因而具备了很好的复水性。由于油炸的快速干燥，固定了蒸熟后淀粉的糊化状态，大大降低了方便面在储运期间的老化速度，保持了方便面的复水性。脱水的目的就是降低水分以利于储存，同时改善产品质量。油炸的工艺要求是：油炸均匀、色泽一致、面块不焦不枯、含油少、复水性良好，其他指标符合有关质量标准。

影响油炸效果的主要因素有油温的高低、油炸时间、油脂的质量、面块的性质。

油温的高低是影响油炸效果的因素之一。油温过低，面块炸不透；温度太高，面块会炸焦。在适当的时间内，比较合理的温度是130~150℃。整个油炸过程一般分为三个阶段，即低温区、中温区、高温区。面块刚进入油锅时，温度要低一些，主要是面块刚进入油锅时，若温度较高，面块大量吸热，水分蒸发很快，当面条进入中温区时，由于这时水分很少，对面条的进一步糊化不利。另外由于第一阶段脱水太多，已形成了多孔状态，当面条进入中、高温区，面块就会大量吸油，即工厂中常见的“干炸”现象，产品含油会明显增加，成本也相应增加。同时第一阶段面块接触到太高的温度，超过面筋网络的承受能力，会降低产品质量，一般低温区的油温与面块的温度之差最好不要超过80~100℃。在工业生产中，面块入盒后随链条传动，首先进入低温区，其油温一般为130~135℃，而后进入中温区，其油温一般为135~140℃。最后进入高温区，其油温一般为140~150℃，使面条脱水至产品质量要求。控制各阶段温度是通过调节两端进油量的多少实现的，进油锅前面块温度一般低于油温3~4倍，于35~50℃进入低温区后开始吸收油的热能，而进入中、高温区后，面块本身温度只低于油温的10~20℃，吸收热能量减少，这样就产生了在低温区面块吸收能量多，而到高温区吸收能量少，因而在低温区设计了两个进油喷油器，而在高温区只设计一个喷油器，进入低温区的油量大于高温区。油温度的调整，还可利用两个进油口处阀门以改变油的流量。为了便于控制三个阶段的温度，应安装三个可自动控制的温度表。

油炸时间与油温一样是影响油炸效果的重要因素，而且这两个因素相互影响。一般说，当面条产品水分一定时，温度低，油炸时间长，温度高，则油炸时间短。当温度一定时（140~150℃），比较适宜的油炸时间为70~80s。若时间太短，面块脱水不彻底，会影响产品质量甚至在储存、运输中发霉。若时间太长，面块容易炸焦，而且由于面块在油中浸泡时间长，使产品含油量增加，增加成本。

油炸锅中的油要保持一定的液位。若油锅中油位太低，面块在油中的浸没深度太浅或不能浸入油中，会影响面块的脱水速度。若油位太深，会使高温循环油量增加，使油的劣化速度加快，油的过氧化值增加。比较合理的油位应使油的上表面高于油炸盒顶部30~60mm。而且还要保证油位的相对稳定，若上下浮动较大，会影响油温，对面块的糊化度、产品含油量都有较大影响。

油脂的质量不但影响产品含油，而且也会影响产品其他质量指标。油的凝固点高，组成油的脂肪酸中的饱和脂肪酸含量高，稳定性高，但其流动性差，出油炸锅时会有一些油脂沥不下来而附在面条表面，导致含油量增加。而凝固点太低，说明油脂的脂肪酸中不饱和脂肪酸含量高，其稳定性差，在高温油炸及产品储运中易氧化酸败。在生产中，一般采用凝固点为20~36℃的棕榈油。

面块的性质也是影响油炸效果的因素之一。若前段工序生产的面条中有生粉或表面不光滑，会导致产品含油升高。若面块水分发生变化，而整个油炸操作工艺条件不变，则最后产品含水也将发生变化。若面块的花纹疏密增加，会影响油炸过程中水分的蒸发，尤其当面块花纹出现局部过于紧密时，会导致产品局部含水过高，成为次品。

b. 热风干燥：热风干燥是生产非油炸方便面的重要脱水方式，国内生产的非油炸方便面主要采用的是热风干燥。

热风干燥的基本原理是把定量切断的面块放入链盒中，连续通过高温的干燥，面块被热风包围起来，本身温度迅速上升，其中所含水分快速汽化。由于面条蒸制已经过90℃以上的高温糊化，其中所含淀粉已大部分糊化，由蛋白质所组成的面筋已变性凝固，组织结构已基本固定，面条的内部结构发生变化，所以能够在较高温度、较低湿度下以及较短时间内进行干燥。干燥速度尽量提高，较快地固定α化状态，以防止方便面在储藏和运输中α化的淀粉回生到β化的淀粉，保证面条具有良好的复水性。因此，要求干燥介质的温度尽可能高一些，干燥时间尽可能短一些。热风干燥的工艺要求是达到产品质量标准规定的水分以下，以便于保存、包装、运输和销售，干燥后的方便面要求水分含量在12.0%以下。

影响热风干燥的主要因素有干燥介质温度、干燥介质相对湿度、干燥风速、面块的性质。

干燥介质的温度高，干燥速度快，反之则干燥速度慢。干燥温度高能增加水分的蒸发速度，增加面条表面的水气分压，实际上是增加了水分朝空气中迁移的速度，这是高温干燥速度增加的原因。在方便面生产中，一般要求热风温度为90~120℃。若能在蒸熟的面块进入干燥机时，先用200℃的高温热风吹10~20s，面条中间水分快速迁移会使其膨化而产生许多小孔，就会大大改善方便面的复水性。但膨化的面条黏性、韧性降低，没有咬劲，口感也较差。而且高温干燥需要高压蒸汽与传热面积大的热交换器，要增加设备投资和提高生产成本，所以很少应用。

干燥介质的相对湿度是影响干燥速度的主要因素。相对湿度大，水蒸气分压高，面条的水蒸气分压与干燥介质中水蒸气分压之差是面条干燥迁移脱水的动力，当干燥介质中的水蒸气分压与面条表面的水蒸气分压相等时，面条失水和吸水呈现一种动态平衡，当干燥介质中的水蒸气分压超过面条表面的水蒸气分压时，面条呈吸水状态，因此要使面条干燥必须使干燥介质中水蒸气分压降低，即使空气中的相对湿度尽量降低。通过排潮排除湿度较大的空气，达到降低相对湿度，增加干燥速度的目的。

干燥风压风速是影响干燥速度的重要因素，由于链盒式干燥机内从上到下有装满面块的面盒，因而对上下流动的气流有比较大的阻力，热风循环是自上而下地反复进行，要使热风穿过多层面块，需要一定的风压。若风压太低，热风就很难穿过九层面块，干燥效果就差；若风压太高，会大大地增加动力消耗。

面块的性质也是影响热风干燥效果的重要因素。面条的粗细、花纹的疏密度、面条中水分含量的多少都会影响面条的干燥速度和产品水分含量。

c. 微波干燥：微波是一种高频率的电磁波。其方向和大小随时间作周期性变化，而物料中的分子是极性分子，它们在快速变化的磁场作用下，其极性取向随着外电场的变化而变化，分子产生剧烈振动，分子之间产生了摩擦效应，从而使物料温度升高。由于微波加热是电场产生的，因而当波长、原料尺寸合适时物料内外温度基本相同，所以加热均匀，升温快，热效率高，生产的方便面面块丰满、复水性好。目前微波用于方便面的干燥有两种形式，一是以微波干燥全部取代油炸，二是部分取代油炸，因而微波方便面几乎不含油或含油量大大降低，这不仅降低了成本，提高了经济效果，而且这种低含油的食品对消费者的健康也是有益的。

油炸-微波混合干燥设备主要的优势是虽然油炸工艺使方便面含有较高的油，但油炸后的面块因内部的微孔结构容易复水，干吃口感好，小麦粉中的蛋白质经高温后分解为小分子物质，容易被人吸收，但面块含油量高是这种工艺的不足。面块的大量油脂是在中温区、高温区获得的，如果能使面块在经过低温区后脱离油炸锅，不再经过中温区和高温区，而用另一装置完成之后的面块定型和继续除去少量水分的任务，那么面块就不再有更多的吸油机会，含油率自然就降下来了。换句话说，就是继续使用油炸锅的低温段，后面去掉中温段和高温段，用微波干燥设备接替，组成一条混合的干燥设备，使其既能够保持油炸面的优点，又能克服油炸面含油高的不足。

微波干燥方便面可分为两种类型。无油型在油炸方便面生产线上去除油炸锅，用微波干燥设备代替，其他工艺与油炸方便面基本相同。节油型在油炸方便面生产线上引入微波处理设备。当面条蒸煮切割分排后，先进行油炸系统，使湿面含水量降低，再进入微波干燥处理，油炸时间缩短，可降低油耗量 6%～8%，使产品减少油腻感，延长保质期。

微波干燥设备的主要技术参数如表 4-3 所示。

表 4-3　　微波干燥设备主要技术参数

种类	微波功率/kW	视在功率/kVA	微波频率/MHz	传送速度/（m/min）	外形尺寸/m
无油型	0～120	<230	915±25	0.4～4	28×2.5×2.3
节油型	0～40	<70	915±25	0.4～4	11×2.5×2.3

微波干燥脱水效果的主要因素有微波频率、电场强度、面块性质。

微波频率越高，加热速度越快，可以通过在一定条件下提高频率来提高加热速度。但并不是频率越高，对加热操作越有利。在进行微波加热时，还应考虑微波的穿透深度。频率越高，波长越短，其穿透深度越小。因此对较厚的物料，要达到均匀加热，应选用较小的频率；对较薄的物料，可选用较高频率以提高加热速度。方便面生产中，微波频率通常选用915MHz。

电场强度是与微波加热器功率相关联的一项技术指标。功率大，电场强度大，则加热速度快。

面块的性质也影响干燥，一般情况下，面块的含水量越大，其介质损耗也越大。物料的密度大，其升温速度慢。物料的密度不仅由于影响单位体积热容量而直接影响微波对物体的加热，而且还影响物料的介电性质，从而间接影响微波的热效应。

空气是理想的微波透过体，空气的相对介电系数也较小，约为1。因此，物料中含空气越多，物料的介电系数便越小，而且越难被加热。比热容小的物质升温速度快，即物料比热容对微波加热有重要影响，面条往往是多组分的混合体系，不同成分具有不同的比热容，从而会有不同的升温速度。不同组分又呈现不同的介电特性，故有不同的吸收功率的能力。因此在面条配方中要注意控制比热容，以使各组分的加热速度达到基本同步的要求。

⑦冷冻干燥：冷冻干燥是利用冰晶升华的原理，在高度真空的环境下，将已冻结的食品物料的水分不经过冰的融化直接从冰固体升华为蒸汽，一般真空干燥物料中的水分是在固态下转化为气态而将食品干制，故冷冻干燥又称为冷冻升华干燥。冷冻干燥过程包括冻结、升华和再干燥3个阶段。

使用冻干技术生产时，需先将面条进行速冻，经过冷冻固定，在真空环境内对速冻后的物料进行升温，物料内部的水分直接由固态升华成气态，从而完成干燥。在干燥的过程中面条不受表面张力的作用，样品不变形。冷冻干燥不同于普通的加热干燥，物料中的水分基本上在0℃以下的冰冻的固体表面升华而进行干燥，面条留在冻结时的冰架子中。

利用冻干技术生产的食品能够保证原有的营养结构不被破坏，冷冻干燥最大限度地保存食品的色、香、味，如蔬菜的天然色素保持不变，各种芳香物质的损失可减少到最低限度；由于干燥程度高，冷冻干燥对保存含蛋白质食品要比普通冷冻保存得好，因为被干燥物料含有的水分是在冻结状态下直接蒸发的，故在干燥过程中，水汽不带动可溶性物质移向物料表面，不会在物料表面沉积盐类，即在物料表面不会形成硬质薄皮，也不存在因中心水分移向物料表面时对细胞或纤维产生的张力，不会使物料干燥后因收缩引起变形，故极易吸水恢复原状。干燥后的产品体积不变、疏松多孔，所以冻干面复水性比较好。食物也能在没有防腐剂的情况下获得较长的保质期，保存方便。但真空冷冻干燥设备投资大。

冷冻干燥脱水效果的主要因素产品的形状、规格，产品的种类，加热速率、抽气速率、温度均匀性、真空度稳定性形成的冻干曲线及机器的性能等有关。

需要冻干的产品分装在合适的容器内，装量要均匀，蒸发表面尽量大而厚度尽量薄些；使水分容易蒸发。整个升华干燥的时间为12~24h。

在冻干过程中，把产品和板层的温度、捕水器温度和真空度对照时间划成曲线，称为冻干曲线。一般以温度和真空度为纵坐标，时间为横坐标。冻干不同的产品采用不同的冻干曲线。同一产品使用不同的冻干曲线时，产品的质量也不相同，冻干曲线还与冻干机的性能有关。因此不同的产品，不同的冻干机应用不同的冻干曲线。

⑧冷却：方便面经过油炸后有较高的温度，输送至冷却机时，温度一般还在80~100℃。热风干燥方便面从干燥机出来的面条到达冷却机时，其温度还在70~80℃，这些面块若不冷却直接包装会使包装内产生水汽而造成吸湿发霉，导致面块及汤料不耐储存，因此对产品进行冷却是必要的。冷却方法有自然冷却和强制冷却。

自然冷却就是利用面块温度高于室温的特点，把被冷却的面块放在室内，使周围空气吸收其热量，借助时间的推移缓缓地进行冷却。这种冷却方法不适用于大批量连续生产。

强制冷却的原理与自然冷却的原理一样，是利用被冷却物体与冷却介质的温差致冷。但具体方法不同，强制冷却是借助于鼓风机，促使空气加强流动，使被冷却物体通过冷却隧道，在冷风的作用下，迅速降温散热。按照冷却工艺的要求，使冷却后的面块温度接近室温或高于室温5℃左右。

影响冷却效果的主要因素有冷却时间、网带行走速度和风速、面块性质等。

其他参数一定，冷却时间越长，冷却效果越好，反之，冷却时间越短，冷却效果就越差。随着冷却的进行，面块与冷却介质的温度差逐步缩小，降温速度也逐步变小，无限制的延长冷却时间会使冷却设备庞大，或者生产能力降低，因此延长冷却时间的办法有两种，一是降低传动速度；二是延长冷却隧道的长度。

冷却风速和风量是影响冷却效果的主要因素之一。风量大则冷却机内外能量交换量大，因为冷却介质和面的温差增大了，有利于快速降温。风量大则要求风压也要大，风压大对面块的冷却是有利的，因为只有保证一定的风压，才能吹透面块，将其能量带走。

网带的行走速度和冷却时间是相互影响的，网带行走速度越快，冷却时间越短，冷却效果越差；反之，网带行走速度越慢，冷却时间越长，冷却效果越好，但会降低产量。通常通过调整网带的行走速度，调速幅度为3~9m/min，调整冷却时间。

面块的性质是影响冷却效果的主要因素。面条直径大小、面块花纹紧密程度、面块的堆积情况均会影响其散热效果。面块本身的温度，若是热风干燥方便面，本身的温度低，冷却就容易进行；若是油炸方便面，本身的温度高，冷却得就慢些。

（二）生干面条加工工艺

1. 挂面加工工艺

（1）工艺流程　挂面的基本工艺流程如图4-10所示。

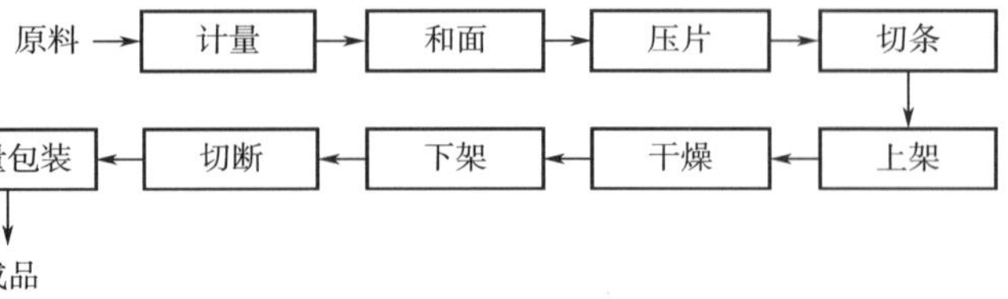

图 4-10　挂面基本工艺流程图

（2）工艺要点

①和面：挂面很多采用连续和面，加水要适量，面筋含量高或小麦粉筋度高的要适当多加水，面筋含量低或筋度弱者应适当少加水。一般加水量为 29%～35% 为宜。加水量根据理论的加水量要尽可能接近小麦本身的吸水能力。根据我国生产挂面的长期实践证明，提高加水量，有利于小麦粉充分吸水，但挂面生产中面条成型是压片、切片并进行悬挂烘干，若水分太多，会引起粘辊，而且过湿的面条在悬挂中容易拉长变细，直至断条，增加了湿断头的量。在不影响压片和干燥的条件下应尽量多加水，因为调粉完毕后，加水量过低的面团会显得十分松散，不能形成较大的面团结构，将会造成压片的困难，面带经辊轧后表面仍然比较粗糙，面片结合力差、甚至在辊轧和切面成型时发生断裂，面条截面有不均匀的空隙，影响干燥的效果，煮食时也会有软硬不均匀的感觉。通过和面要求颗粒面团干湿、大小均匀，不含“生粉”，颗粒松散，手握成团，呈豆渣状。

②熟化、压延、切条：采用输送带式熟化机是将和好的面通过面团破碎机将大面团破碎成小面团，落在输送带上，在经过 15min 的初步熟化，进入复合机的料斗。经复合压片、连续压延和切条成型。

③烘干：挂面烘干是一个脱水过程，其中包含了复杂的能量传递和质量传递过程。烘干工序是挂面整个生产线中最关键工序，不仅关系到产品质量，而且对能源消耗、产量、成本都有重要影响。挂面干燥的作用是，通过烘干使湿面条脱水最终达到产品标准规定的含水量，同时固定了面条的组织状态，要求产品便于储存，使产品具有良好食用品质、烹调性能和商品效果。

挂面干燥原理是干燥过程中，面条表面水分接受周围介质所传给的热量，由液态转化为气态，使表面水分汽化并被热介质所带走，挂面内部也发生热量传递，水分由里向外发生迁移作用，在此过程中，挂面逐步脱水并达到平衡湿度要求。挂面表面水分汽化和内部水分向外迁移的过程同时进行，但两者的速度并非一致。面条烘干过程的进程取决于表面汽化速度的快慢，当表面水分汽化速度低于内部水分迁移速度时，挂面能够快速干燥，反之当内部水分向外迁移速度小于表面汽化速度时，水分不能及时向外扩散，出现表面首先干燥，蒸发由表面向内部转移的现象。因此水分内部向外迁移的速度对面条烘干过程起着控制作用。当内部水分向外迁移的速度小于表面水分汽化速度，且速度且相差过大时，则将在表面某层结膜产生较大内应力，导致出现挂面酥条现象。生产上降低表面水分汽化速度通常采用低温慢速烘干；增大内部水分向外迁移速度，通常可采用高温高湿烘干。

挂面烘干过程总共分为三个阶段：预干燥阶段、主干燥阶段和后干燥阶段。

预干燥阶段，进入烘道的湿面条，由于其含水量大，所能承受的拉力较小，在自重作用下，容易使湿面条伸长，截面积变小，相应地增大拉伸应力以至达到断裂应力极限，产生湿的断条。因此，必须首先设法除去湿面条表层的一部分水分，使其逐步从可塑体转向弹性的塑性体，固定其组织，增加湿面条的强度，避免和防止在干燥初期出现大量面条拉长及落面的现象。此烘干过程就称为预备干燥阶段。此阶段可采用不加温或稍加温，一般为20~35℃，在空气流动风力作用下，使湿面条表面水分蒸发。

主干燥阶段是湿面条干燥的主要阶段，也是关键阶段。主干燥阶段内部水分向挂面表面迁移并完成大部分水分的干燥。在预备干燥完成后，不能再继续蒸发表面层水分进行干燥，必须以内部水分向外迁移速度为基准进行调温调湿干燥，完成挂面内部的水分向表面的迁移，即进行内部水分的迁移干燥。此阶段保持空气介质有较高的相对湿度（75%），使烘道内的水蒸气分压力等于或稍大于面条表面水蒸气压力。当内部水分向表面层迁移，使水分子积聚于表面层，干燥段必须进一步升温，逐步降低烘干区空气的相对湿度，使面条水分在高温低湿状态中全面及时蒸发出去。否则，由于湿传导作用，水分逐步从高水分含量的表面层部位向低水分含量的内部中心层迁移，此阶段采用提高温度，降低相对湿度，面条的表面水分汽化速度很快，是整个脱水过程的高峰区，完成挂面大部分水分的干燥。

在后干燥阶段，经过主干燥阶段的高温低湿烘干，面条水分已大部分被脱去，靠流动空气的风力作用，将余温循环调节，缓慢降低面条本身温度，并继续脱去剩余的一小部分水分，保持面条内外水分和温度的平衡，消除挂面因干燥收缩而产生的干燥内应力，增强韧弹性，防止温度的不平衡性必引起挂面断面裂纹和酥条现象。以达到成品一般水分12.5%的挂面质量要求。

影响挂面烘干效果的因素与空气介质的温度、相对湿度、风速及干燥速率和干燥时间还有挂面与空气的接触状况、面条性质有关。

温湿度是挂面干燥的主要控制参数。一般来说，在干燥三个主要阶段，温湿度干燥曲线是先逐渐升高，再逐渐降低，温湿度应根据挂面各个阶段的干燥参数进行控制。在干燥初期，如果湿度低，面条表面水分蒸发快，内部水分向外迁移的速度小于表面水分汽化速度，且速度相差过大时，则将在表面某层结膜产生较大内应力，导致出现挂面酥条现象。所以预干燥阶段采用“保湿干燥”的方法，即在此阶段干燥温度下，利用相对湿度的高低来控制挂面表面汽化速度的快慢及挂面水分向外扩散速度。在预干燥阶段，依靠部分脱水定条，以防止面条的伸长。该阶段需30~90min。在主干燥阶段提高干燥温度，降低湿度，表面水分汽化速度低于内部水分迁移速度时，面条内部水分扩散至表面，挂面能够快速干燥，否则内部水分向外迁移速度小于表面汽化速度时，水分不能及时向外扩散，蒸发由表面向内部转移，出现里干外不干的现象，引起面条回软。后干燥阶段，利用余温余湿调节，逐步降低挂面的剩余水分。此干燥阶段面条逐渐冷却，温度降低，冷空气降低了产品周围的湿度，使干燥作用更完全。降温冷却过程不充分或较短，容易造成挂面带温包装，并给酥条带来隐患。

利用加热的空气介质直接与挂面接触，热量以对流方式传递给挂面，使其脱水。气流介质起着载热和载湿的双重作用：既不断传递热量给挂面，又带走挂面汽化而出的水分。风速的大小表示热空气流动速度的快慢，它也是挂面干燥过程中非常重要的参数。风速太大，悬挂在烘干室中的湿挂面摆动幅度过大，表面水分蒸发过快，会加速外扩散速度，使内外扩散不平衡；风速太慢，表面蒸发速度过慢，也不利于内外扩散的平衡。三个干燥区对风速要求不同，预干燥区为1.0~1.2m/s，主干燥区为1.5~1.8m/s，完成干燥区为0.8~1.0m/s。

挂面干燥时间与烘房内的温度、湿度、通风条件等有关。因为面条的导热性能较差，又是采用对流干燥，所以干燥速度不会太快，即需要较长的干燥时间。干燥过快，易导致面条里湿外干，产生断条和软面。干燥过慢，又会增加耗能，影响产量。因此，干燥时间要根据干燥方式和干燥温度的高低决定。索道式烘干一般用5~10h，隧道式烘干一般约4h。

面条的物理结构如挂面截面形状和截面积也影响烘干，圆形和方形截面的挂面在干燥时受热均匀，干燥收缩所产生的应力基本相等，不易发生变形，即不容易出现酥面。其他挂面的截面多数是矩形，厚度一般为1mm，宽度为1.5mm、2.0mm、3.0mm等不一，在厚度不变的前提下，宽度越大，收缩变形越不均匀，越易出现酥面现象。从挂面截面积的大小来看，截面积小的挂面比截面积大的容易干燥。因此，在干燥过程中，必须根据不同的截面积形状和截面积大小，合理地调节温度和相对湿度干燥曲线。

挂面烘干方法按热量传递方法分类，目前生产主要采用通过蒸汽、热水、导热油加热的热空气进行干燥，现在还发展了利用太阳能及热泵技术对挂面进行干燥。

挂面烘干方法按挂面运动方式分类，有固定式烘干与运行式烘干两大类。运行式烘干又可分为多行运行和单行运行两种，有的也称隧道式和索道式。

固定式烘干法：此方法就是使挂面在烘干过程中处于相对静止状态。其优点是所需设备简单，一次性投资少，成本较低，但烘干过程中温湿度不易控制，产量低，劳动强度大、无法实现挂面生产机械化和流水作业。

移动式烘干法：与固定式烘干相反，此烘干法是使挂面在烘干过程中，随烘道长度方向或烘干时间而有规律的运动。移动烘干有隧道式、索道式两种形式。

索道式烘干的特点是挂面单排进入烘干区间干燥。索道式烘干的特点是挂面在传动钢索或链条的作用下成单排运行。排数3~9排，此烘道的缺点是占地面积较大，投资较多。此烘道形式目前在我国较少使用。

隧道式烘干的特点是挂面单排或多排并列进入烘干区间干燥。由总体传动装置通过传动轴带动各排链条作等速运动，根据面条的物理特性和干燥的特殊要求，烘干室应分成预干燥区、主干燥区和后干燥区。烘干室的温湿度应可以实现监控和自控，以保证烘干工艺稳定。

低温干燥烘干室主要技术参数如表 4-4 所示。

表 4-4 低温干燥烘干室主要技术参数

干燥阶段	温度/℃	相对湿度/%	占总干燥时间/%
预干燥	25~30	80~85	15~20
主干燥	35~45	75~80	40~50
完成干燥	20~30	55~65	20~40

④切断：干燥后，对烘干后的长面条进行切断，主要是为了便于挂面的计量、包装、运输、库存及食用。切断的工作原理是利用切刀与挂面的相对运动，借助于切刀的剪切或切削作用把挂面切断。常用的有圆盘式切面机和往复式切刀切断。挂面的切断对产品的内在质量影响不大，但对干面头量的多少关系极大。

切断工序是整个挂面生产过程中干面头量最多的环节，因而切断的作用不仅按要求将长面条切断成一定长度的挂面，而且还要尽量减少挂面的断损，尽可能使整杆面得到最大的成品挂面，把断头量降到最低限度。在市场上，挂面的切断长度大多数选取行业标准推荐挂面长度为 180mm、200mm、220mm、240mm，长度的允许误差为±10mm，切断断头率控制在 6%~7%以下。

⑤碎头回机量：在挂面干燥及切断、包装过程中，不可避免的产生碎头。挂面厂挂面生产中产生的挂面的面头大致分为湿面头、半湿面头和干面头三种。

a. 湿面头处理：湿面头主要在面带切条、挂条、上架及烘房入口处落下的面头。这些湿面头的性质接近于面团，湿碎头可以直接回入和面机中，所以通常湿面头都及时回入和面机中与面团充分搅拌均匀，但不要一次加入太多，加入湿碎头太多会因阻力太大而使和面机超载，同时由于面团经两次和面，面筋弱化也会比较严重。

b. 半湿面头处理：半干、半湿面头主要在烘房预干燥区、主干燥区前段落下的面头。这部分面头由于是在不同烘干阶段落下的，面头脱水量不一致，所含水分不相等，与面团性质不一样，所以这种面头不能直接回入和面机。面头常用的处理方法有两种，一种是把面头浸泡后加入和面机，另一种是将面头推至高温区下干燥后与干面头掺和在一起处理。

c. 干面头处理：干面头主要在烘房后部落下的面头以及切断、计量包装过程中的面头称为干面头。干面头的含水量与成品挂面的水分相近，其性质与小麦粉完全不同，因此需经专门处理后，才能掺入和面机与小麦粉混合搅拌。干面头的处理方法目前主要有湿法处理和干法处理两种。

湿法处理：干面头的湿法处理就是把经清理后的干面头放于浸泡池或容器内进行浸泡，使干面头充分吸水软化后，再按一定比例掺入和面机中与小麦粉一起搅拌的方法和过程。此处理方法的特点是面头中的面筋网络组织破坏程度小，与其他方法相比对工艺及产品质量影响小，而且节省电力费用，生产成本低。但面头浸泡时间过长，在夏季易发酸变味，微生物超标，因此采用湿法处理的时间不能过长，一般春冬两季的时间宜在40~60min，夏秋两季的时间宜在30~40min。而每次的浸泡量需依次而有所调整，并保持浸泡池的清洁卫生。

干法处理：干面头经粉碎后才能回机。影响和面效果的原料因素主要是小麦粉中的面筋含量及质量两个方面。干面头和小麦粉的面筋含量大致相等，但干面头粉的面筋含量较低，与小麦粉差别较大。从面筋的分布特征及质量状况而言，干面头粉与小麦粉的面筋均以干凝胶状的蛋白质粉形态均匀分散于粉中，但干面头粉的面筋相互粘接作用降低，不成团呈散状，即是说，干面头粉的面筋工艺性能较小麦粉降低较大。为使干面头的面筋则以面筋网络结构的形态均匀固定于面条中，因此从面筋的含量和质量角度而言，干面头的处理应适当粉碎，以提高干面头中的面筋工艺性能。但无论是哪种处理方法，其粉的质量与原粉质量相差甚远，因而一般干面头回机量不超过10%。

小麦粉、干面头和干面头粉的湿面筋含量情况如表4-5所示。

表4-5 小麦粉、干面头和干面头粉的湿面筋含量

项　目	一组			二组		
	特粉	干面头	干面头粉	特粉	干面头	干面头粉
湿面筋含量/%	30	29.2	25.4	28	27.5	23.8

干湿法综合处理技术，该法也称全自动碎面再生法，较好地克服了以上两种方法的缺点。这种方法只需要将碎面头粗粉碎至可通过20目筛子的粗细度，然后对其预先加盐水，再进入和面机，对面团组织减少了影响，不会使制品劣化，而且十分卫生。近年来已有很多厂家使用。

2. 通心粉生产

（1）工艺流程　长条通心粉的基本工艺流程如图4-11所示。

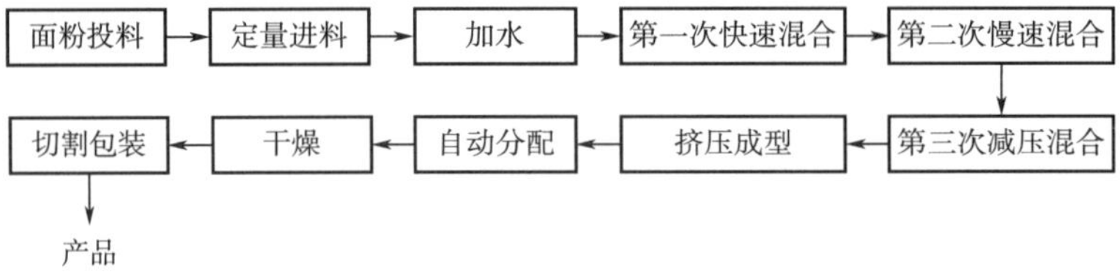

图4-11 长条通心粉的基本工艺流程图

（2）工艺要点

①原料：通心粉是西方国家的著名面食，有实心和空心之分，也称通心面。生产通

心粉的最关键因素是原料，通心面对原料的要求很高，必须采用蛋白质含量足够高的典型的“杜伦麦”（硬麦的一个特殊品种）磨制的粗粒粉，称为“砂子面”，其胚乳几乎是半透明的琥珀色，这种颜色是由叶黄素和蒲公英黄质引起的，常用的细度为250~350mm，含蛋白质14%左右，湿面筋含量高，筋力强。用这种原料制成的通心面，具有表面光滑、半透明的浅黄色，色泽很好。通心粉在水煮中能保持完整，具有均匀的结实性，不发黏。

近年来，意大利和瑞士已经研究成功用普通小麦粉制作通心面，主要方法是将干燥温度从55~60℃提高到70~75℃，用高温烘干来改善面条的品质。另外，在普通小麦粉中掺入部分黄玉米的粗粒粉，也可做出半透明的浅黄色通心面。

②和面：和面的目的是让适量的水分和小麦粉均匀地混合，使小麦粉的淀粉颗粒充分吸水膨胀，并使蛋白质形成网络结构。保证面条烹煮时不发黏、不浑汤。采用真空和面机进行和面，第一阶段预混合，先快速后搅拌再慢速搅拌混合，预混合后使其中的水分含量达到31%左右。在第二次和面时，要在真空度0.079~0.086MPa下真空处理，排除面团中的空气，使挤压出来的面条组织更加紧密而不易断裂，改善产品外观，提高透明度，提高烹调性能。两次和面时间共需20~30min。

③挤压成型：将混合和揉好的面团送入螺旋式挤压机中，由于螺旋的作用，强迫面团通过模孔使面成为各种形状和长短的通心面。更换各种模具，可以挤压出空心或实心的圆形面条以及螺壳状、字母状、挂花状、车轮状等各种花色品种。挤压工艺是通心面和其他各种面条的不同之处。挤压缸的工作压力一般为7.8~11.8MPa。面团在挤压过程中的温度最好不要超过40~48℃。为了防止高压挤压导致面团升温过高，需要用冷却水冷却挤压缸，进水温度最好为15℃，出水温度控制在34℃以内。

④干燥：通心面干燥是一个较为复杂的过程，这直接关系到成品的质量好坏。长通心面也是悬挂干燥的。但由于成型方法和制品的形状和挂面不同，所以干燥方法也不同。著名的意大利通心面干燥技术概括为：“保持恒定的高湿度是保证产品质量的关键。”这和挂面的“保湿干燥”是一致的，是指每个干燥阶段的相对湿度是恒定的。

在通心粉干燥过程中，有两个参数很重要，一是水分的蒸发，二是蒸发速度，这两个参数对产品的影响很大。通心粉干燥一般为两个阶段，预干燥和主干燥。第一阶段为预干燥阶段，在预干燥室中，在这一阶段，干燥较为均衡，内部水分迁移使面条表面布满了游离水，处于饱和状态。悬挂在杆上的通心粉首先被迅速预干燥，在这一阶段，面条呈假塑性状态，当温度达到60℃，水分降至25%时，这种假塑性状态消失。第二阶段为主干燥阶段，慢速干燥阶段，面条内部扩散出来的水已不能使表面水分处于饱和状态。通心粉通过一连串相互间隔的低湿度通风区和高温区，大约经20次以上的交替加热和静止，使面条内、外水分平衡，均匀地达到完全干燥。干燥后使挤压后的通心粉水分由31%左右降到12.5%左右。

（3）通心面的种类　根据通心粉制品的形状可将其分为四个类型，而每个类型又分为若干种类。

①管状制品：属于这一类型的有长通心粉、弯筒通心粉和尖状通心粉。

长通心粉又可分为普遍波纹（直径5.6~7mm）、特殊波纹（直径4~5.5mm）、上等波纹（直径>7mm）、棍形（直径<4mm）。

弯筒通心粉为切短的管制品，稍微弯曲，外弧长度为1.5~5cm。弯筒通心粉又分为普通（直径5.6~7mm）、特殊波纹（直径4.1~5.6mm）、棍形（直径<4.1mm）和用作馅的［直径（20±3）mm］等种类。

尖状通心粉为切短的斜切口管制品，从尖角的钝切面的长度为3~10cm。它又分为上等（直径>7mm）、普通（直径5.6~7mm）和特殊（直径4.1~5.6mm）三个种类。

②线制品：属于这种类型的有细挂面（直径小于1.2mm）、普通挂面（直径小于1.5mm）和上等挂面（直径小于3mm）。

③片状制品：属于这一类型的首先是面条，它又分为光面、波纹（齿形）面、锯齿面、波浪面等。通心粉尺寸可以任意改变，但其宽度不应小于3mm，厚度不大于2mm。长面条长度大于20cm，短面条则不小于1.5cm。

④几何图形制品：属于这一类型的有通过特殊几何图形压膜孔直接压出来的制品，或者把通过专门压膜细缝压出的薄面团，用冲压的方法获得制品。

第四节
面条加工设备

面条生产目前是工业化程度比较好的一种食品生产，随着科学技术的快速发展，面条加工设备也不断地得到改进和完善。主要的面条加工设备有：盐、碱供水系统、调粉设备（如调粉机、和面机等设备）、熟化装置、压延机、干燥设施（半干面、方便面和挂面等）、切断机、计量设备、包装设施（工作台或包装机）。花色面条除上述设备外，还应具备相应的原辅料处理设备。拉制面还需要拉制设备。

一、制面工艺设备

（一）盐、碱供水系统

面条加工第一道工序是和面，和面需要用水，有时对水温要进行调整，而一些水溶性添加剂如食盐、食用碱等要进行溶解，所以面条生产都配备有盐、碱供水系统，该系统主要由盐水罐、定量罐、耐腐蚀离心泵等组成。

1. 盐水混合器

盐水罐采用不锈钢制造。盐水混合器由搅拌桶、搅拌器、加热管、输液管及输液泵组成，装有液位指示计、溢流管、疏水阀等。为了保证和面温度和加速添加剂的溶解，盐、碱供水系统一般还有盘管，盘管通有蒸汽。盐水罐的容积由产量而定，一般可容一个班的和面用水。排出口一般不要放在最底部，不然沉淀下来的杂质，尤其是溶解食盐后的杂质沉淀在底部，生产时首先进入和面机中，使产品有杂质现象。盐水罐最好不要做成平底，因为污水及沉淀下来的杂质不易放出，一般做成锥底，这样清洗罐的污水和沉淀很容易通过底部的阀门排出。盐水罐必须有溢流口，以避免进水过多时溢出罐外。溢流管道一般直接进入下水道。盐水罐加热系统必须用间接加热，设计时要根据工艺要求的升温范围和升温时间考虑加热面积。传动件为普通钢或铸铁。减速机通过联轴器与主轴相连，搅拌叶固定在主轴上。减速机带动搅拌叶旋转，对混合液进行搅拌。罐体内安装有蒸汽管，当水温偏低时，可对液体加热，以加快固体溶解速度。混合均匀的液体用泵抽入稳流装置内，再由稳流装置输入到和面机中。

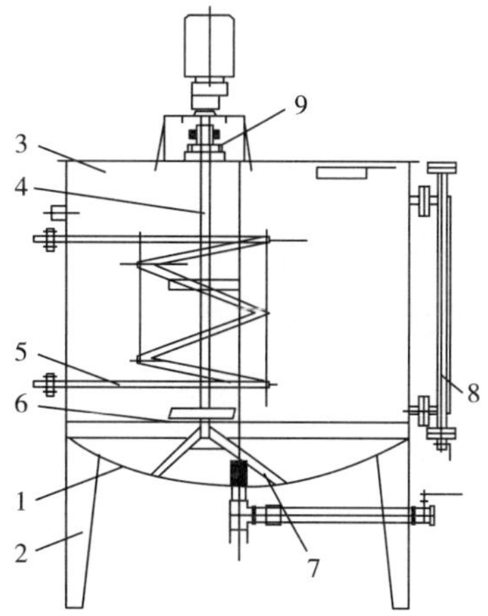

图 4-12　盐水混合器结构图

1—封头　2—支角　3—搅拌桶
4—搅拌轴　5—加热管　6—搅拌叶
7—支撑　8—液位计　9—轴承

盐水混合器结构图如图 4-12 所示。

2. 定量罐

定量罐是一个设有玻璃水位管或带有液位显示器的不锈钢罐，其容量为 45~60kg，底部装有排水阀或截止阀，和面水溶液由盐水泵输入该罐后，根据其玻璃管显示的刻度决定和面加水量。主体设备由罐体、液位计、输液管及输液泵组成。

定量罐结构图如图 4-13 所示。

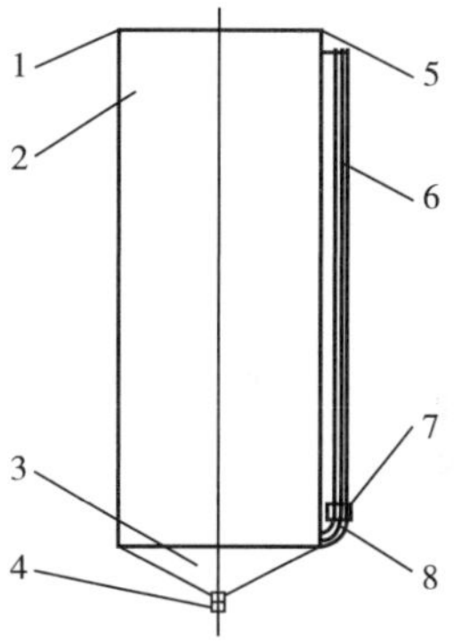

图 4-13　定量罐结构图

1—环箍　2—筒体　3—封头
4—丝头　5—盖　6—液位计
7—套　8—弯头

（二）和面机

和面机是面制品生产设备中最重要的设备之一。它是用来完成调制面团工序和为下面工序做准备的。和面效果的好坏与和面机机械性能有很大关系。以投料方式分，有间歇式和面机和连续式和面机两种。但越来越多的厂家采用连续式和面机，连续式和面机效率高，易清理。目前和面设备有卧式和面机、真空和面机、立式连续和面机及椭球型连续和面机等。

1. 卧式双轴和面机

这种和面机是我国应用最早，也是应用最普遍的一种和面设备。卧式和面机目前按搅拌轴的方式，有单轴和面机和双轴和面机两种。单轴和面机结构简单，制造、安装和操作比较容易方便，但和面效果较差。双轴和面机其结构较复杂，但和面效果好，所以双轴和面机是目前常用的和面设备之一。

双轴和面机是由和面槽、搅拌轴、气动卸料门机构、传动装置、机架、进水管、和面槽盖、机罩等组成。与小麦粉接触的和面槽、搅拌轴、卸料门等均用不锈钢制造。在和面槽内装有在同一水平面上两根互相平行的搅拌轴，一根作顺时针方向运动，另一根作逆时针方向运动，轴上装有多根搅拌叶（齿），这些搅拌叶是沿轴向螺旋线方式布置的，并互相错开安装。搅拌叶有圆棒形或菱形结构两种形式。两根轴旋转时，不但可以带动面团作相对旋转运动，还可以带动面团左右移动，使加入的水分均匀分布，面团容易和面均匀。这种和面机有定时装置，达到规定的和面时间会自动发出信号，保证和面时间符合工艺要求。另外还加装有进水管，进水管带很多小孔，使水均匀加入，设有定量加水和水温自动控制装置，以使加水量和水温达到要求。排料口有电动和手动两种开闭装置，一般情况下用电动装置，当电动装置失灵时，可立即用手动装置开关，确保生产顺利进行。

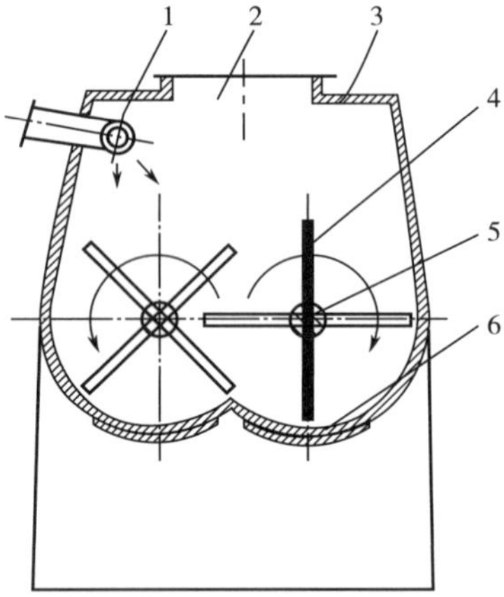

图 4-14 卧式双轴和面机截面结构图

1—进水管 2—进粉口 3—机壳
4—搅拌杆 5—搅拌轴 6—出料口

卧式双轴和面机截面结构图如图4-14所示。

2. 卧式曲线状搅拌杆和面机

卧式曲线状搅拌杆和面机是日本引进的挂面自动生产线上的专用设备，称为“超级和面机”。这种和面机的结构大致与卧式双轴和面机相同，不同之处是其搅拌杆形状是仿照手工和面动作设计的。两搅拌轴上各装有对特殊形状的整体浇铸成的不锈钢搅拌杆，并对称安装，相向旋转，搅拌速度较低，模拟手工和面动作，能对面团起到压、捏、拌、翻等作用，容易使小麦粉中的蛋白质形成面筋组织，提高了和面效率。这种和面机装有自动供粉装置、自动加水装置及气动卸料闸门，可以“开”“全开”“闭”三个动作与配合起来以实现和面自动化。

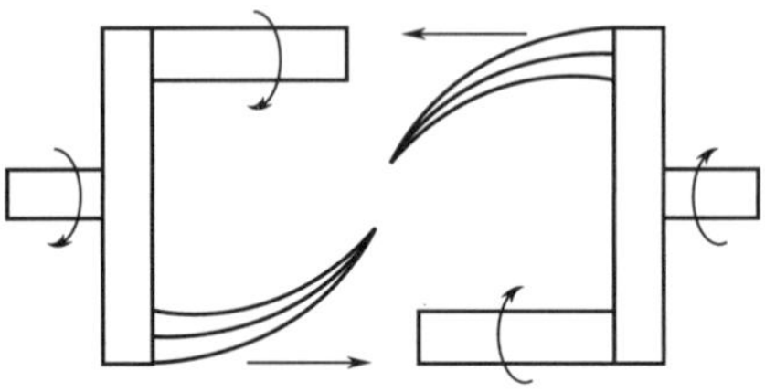

（1）

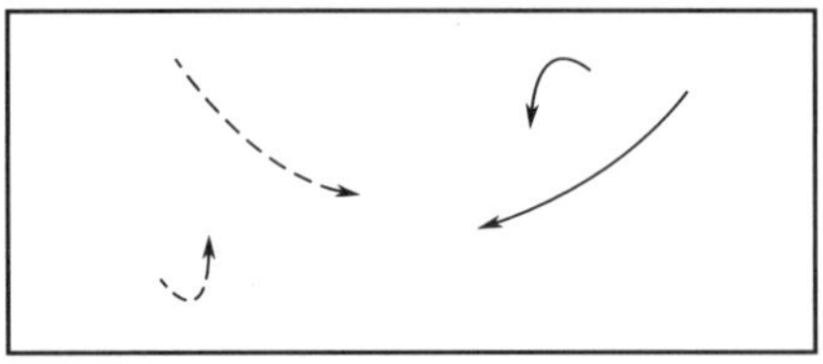

（2）

图 4-15 卧式曲线状搅拌杆和面机结构图

（1）和面机工作情况 （2）面团运动情况示意图

卧式曲线状搅拌杆和面机结构图如图 4-15 所示。

3. 真空和面机

真空和面是在真空负压状态下和面，真空和面真空度为 0.05~0.08MPa，水分呈雾状，容易与小麦粉结合，小麦粉微粒（蛋白质分子和淀粉分子）在负压状态下搅拌，能快速均匀地吸透水分，促进面团的蛋白质面筋充分转化。充分吸水是小麦蛋白质面筋形成、淀粉糊化的重要条件。由于小麦粉颗粒吸水均匀充分，可使面团色泽均匀，轧制的面片无色差，不起花；面团微粒分子间呈真空状态，空气间隔减少，提高了面团密度和强度，且生产过程中不易破皮、断皮、落条；较普通和面技术，面团加水量增加了10%~20%，可使面团含水量在30%~45%（以面团轧面时不粘辊为限），面团游离水减少。而且真空和面机因搅拌时间短、转速低，又无空气阻力，降低了面团的温升，避免了因面团温升过高会使蛋白质变性、损害面筋网络组织现象的发生，加工出来的面制品，面团均匀、弹性好、面品质滑爽、可口、有咬劲、透明度高，不易浑汤。真空和面机操作方便，自动化程度高，采用人机界面、PLC 控制，将生产工艺程序输入本机，机器将按程序完成整个和面过程。

该设备主要由机架、锅体、锅体翻转机构、搅拌轴、上盖部分、侧盖部分、密封装置、真空装置及传动系统等组成，真空和面机运行全过程由电器统一控制自动连续完成，可任意设定搅拌速度、搅拌时间、加水时间、抽气时间、锅体翻转时间及位置，采用气动开盖、电动翻转和面锅卸料方式，也可手动将锅体翻转至任意位置，上盖由气缸驱动曲柄连杆机构打开，侧盖采用手动操作压紧松开。

真空和面机如图 4-16 所示。

4. 立式连续和面机

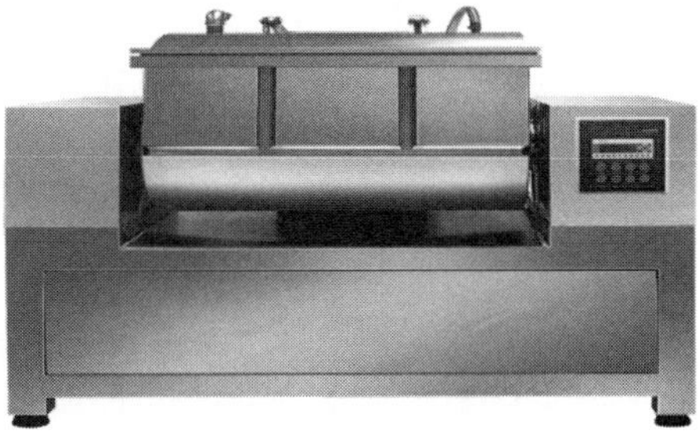

图 4-16 真空和面机

立式连续和面机最早是日本于 20 世纪 70 年代研制成功，我国也已研制成功类似设备并正式投入使用。它采用先进的原理和特殊结构，让小麦粉和水按比例进入和面机，在 1200r/min 的高速旋转下产生气流，使小麦粉和水在雾化状态下接触，因而小麦粉能以很快的速度十分均匀地吸水，并使水分子很快进入非水溶性蛋白质内，蛋白质快速吸水形成面筋，淀粉快速吸水浸润并被蛋白质网络包络形成加工性能良好的面团，为面团压延工序通过加压形成面筋网络创造良好条件。该机可以连续工作，实现连续生产，且动力消耗比卧式双轴和面机减少一半。面团无热破坏，工艺性能好，无粉尘飞扬和面团残留，干净卫生。立式连续和面机具有先进性、实用性和经济性。

立式连续和面机结构图如图 4-17 所示。

5. 椭球型连续和面机

椭球型连续和面机，它应用气流混合的原理和特殊结构，将小麦粉和水按比例送入连续和面机，连续和面机在高速旋转下产生气流，使小麦粉和水在雾化状态大面积接

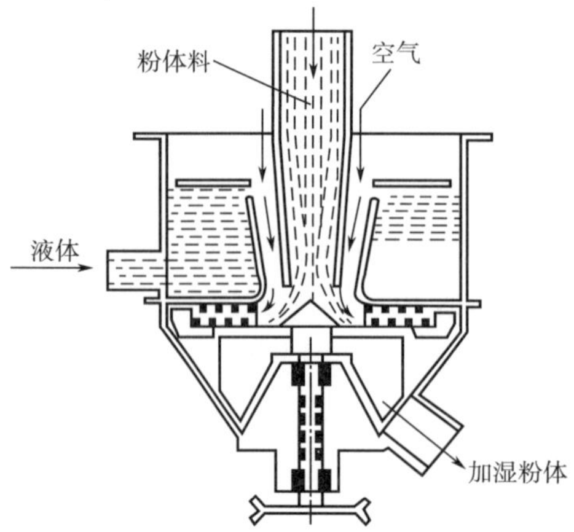

图 4-17 立式和面机结构图

触，从而使小麦粉能以很快的速度均匀地吸水，蛋白质快速吸水形成面筋，淀粉快速吸水胀润并被蛋白质网络包络，形成加工性能良好的面团。

椭球型连续和面机分别有进粉口、进水口和出料口，包括有搅拌轴、拨棒、椭球型筒体、绞龙结构、转动电机等组成。搅拌轴分为输送段和和面段，且输送段设置在转动电机一侧，在搅拌轴的输送段上设置有绞龙结构，和面段的外部设置有椭球型筒体，在输送段的筒壁上设置有进粉口，在和面段的椭球形筒体的上方和下部分别设置有进水口和出料口，在搅拌轴的和面段设置有拨棒，搅拌轴的和面段的拨棒为圆柱体，且其沿椭球型筒体的弧段呈余弦波段设置，使小麦粉在搅拌机内混合地更加充分。

椭球型连续和面机结构图如图 4-18 所示。

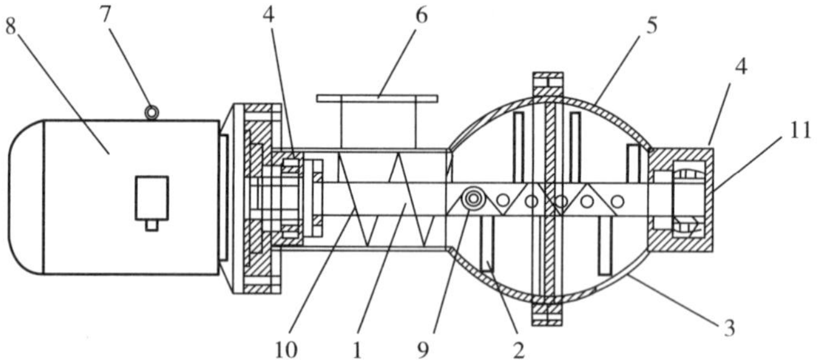

图 4-18 椭球型连续和面机结构图

1—搅拌轴 2—拨棒 3—出料口 4—滚动球轴承 5—椭球型筒体 6—进粉口
7—吊环 8—转动电机 9—进水口 10—绞龙结构 11—轴承端盖

（三）熟化设备

熟化设备在面条生产中很重要，熟化可以使水分最大限度地渗透到蛋白质胶体粒的内部，消除面团因和面机的搅拌、拉伸、挤压等而产生的内部应力，促进蛋白质和淀粉之间的水分自动调节，有利于面团的面筋网络形成。熟化设备有面团熟化机，面带熟化机。面团熟化机按照熟化结构形式分为卧式、立式、输送带式等，面带熟化机主要是吊杆式。

1. 卧式熟化机

卧式熟化机是面团熟化机，它的结构与单轴和面机类似，但与单轴和面机相比，减少了搅拌叶的数量，增加了搅拌叶的间距，降低了转速。而且比单轴和面机长得多，一般长度为 2m 左右，也有长达 3m 的。其基本结构比较简单，制造、安装和维修比较方便，只要安装空间许可，可以实现一台熟化机向一台或几台复合压片机喂料，还可以把两台熟化机上下串联使用，以达到延长熟化时间的目的。卧式熟化机转速不能过慢，否则会影响面团轴向的均匀分布，而转速太快，又不利于面筋组织的进一步形成，影响熟化工艺效果。

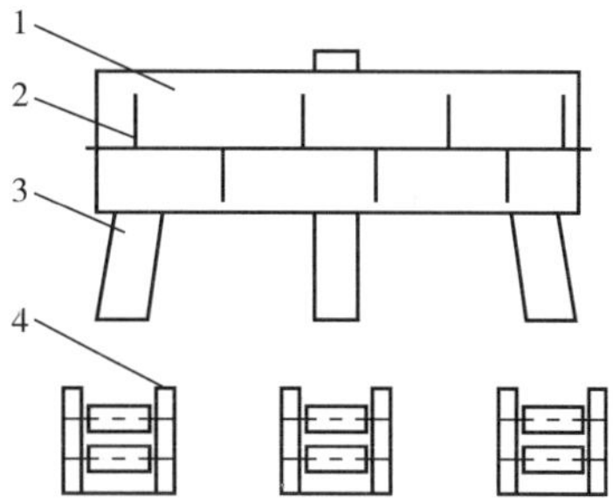

图 4-19　卧式熟化机及喂料结构图

1—卧式熟化机　2—搅拌齿杆

3—出料口　4—复合压片机

卧式熟化机及喂料结构图如图 4-19 所示。

2. 输送带式熟化机

输送带式熟化机主要用于面团熟化，结构为一条输送带，混合粉落在输送带上，在送往复合机的过程中完成熟化作用，输送带向前运动时不断地将熟化好的小麦粉送到复合机中，输送带式熟化过程中熟化时间相同，使小麦粉的熟化过程基本一致，熟化效果较好。输送带端部没有旋转拨杆，但是还要配上一台面团破碎机将大面团破碎成小面团，将熟化形成的面团打碎后落到复合机面斗内，防止小麦粉加水量很大时的结团现象，影响熟化操作，也可以与卧式熟化机串联使用，增加熟化时间。

输送带式熟化机结构图如图 4-20 所示。

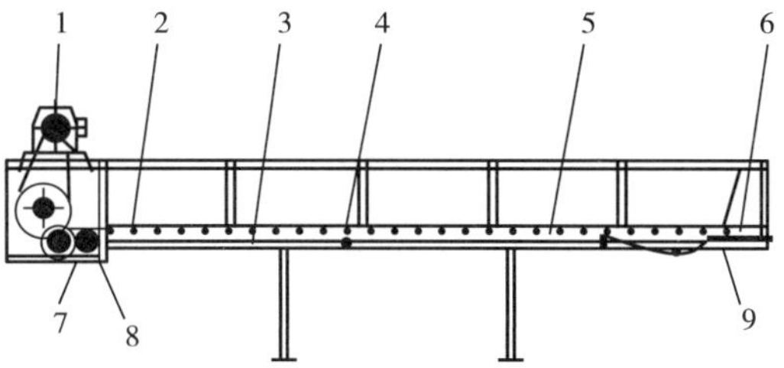

图 4-20　输送带式熟化机结构图

1—机架　2—托辊　3—撑杆　4—张紧辊　5—皮带

6—调整丝杆　7—刮面装置　8—从动辊　9—托辊轴

3. 立式熟化机

立式熟化机又称盘式熟化喂料机，是目前方便面生产最常用的熟化喂料机。立式熟化机结构简单，主要由储料圆盘、拨料杆、动力装置、卸料间板、支脚等组成。圆盘中央设置拨料杆，拨料杆转动动力装置是立式倒置的减速电机，带动拨料杆做圆周运动，储料圆盘和拨料杆是用不锈钢制成，和面机卸下的面絮面团直接落在储料圆盘中，由于长短臂的拨料杆的慢速转动，使面团在圆盘内作轻轻地转动，存储一定时间进行面团熟化。圆盘底部开有一卸料方孔并装有可调节的卸料闸板，改变插板开度，可以调节给料

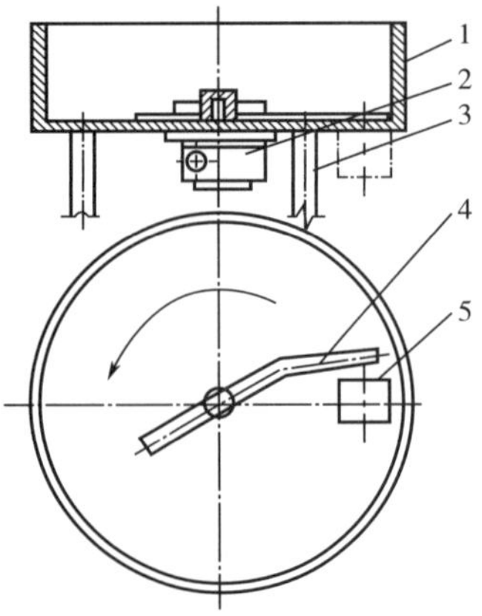

图 4-21　立式熟化机结构图

1—搅拌槽　2—减速箱　3—支柱
4—搅拌杆　5—下料口

图 4-22　面带熟化机

量，面絮面团在运动中从落面孔落到复合机面斗中。由于熟化要求在低温静态下进行，所以搅拌转速很低，以防止面团因搅拌过快而升温。一般搅拌转速为 5~8r/min。

立式熟化机结构图如图 4-21 所示。

4. 面带熟化机

面带熟化机又称二次熟化机，是配置在复合压片机与连续压片机之间，用作面团经复合机压成面片后面片的熟化，所以还称面片熟化机。由很多的吊杆组成一个环行的传送链，它的运行速度比复合压延机面带速度慢，复合压延机的面带自然垂吊在两个吊杆之间。因为面絮面团在刚压成片的时候只是靠面筋的黏性黏结在一起，小面团之间的网络还没有真正结合在一起，面带在吊杆式熟化机缓慢运行的时候几乎处在静止状态，它可以使吸水不均的小面团的水分互相渗透，促进面筋网络的形成，也弥补了因工业化生产面筋网络熟化时间短的不足。吊杆式熟化机是密闭的，可以保证熟化的温度和湿度。但它要延长生产线及车间的长度，清理比较复杂，所以在国内使用不多。该机是采用不锈钢网带式输送机。为了提高面带熟化效果，一般控制面带熟化机温度为 25℃，湿度为 85%，使面带在一定的温湿度条件下进行熟化。

面带熟化机如图 4-22 所示。

（四）压延设备

压延设由复合压延机和连续压延机组成，复合压延机和连续压延机共同完成了从面絮面团加工为面片的生产过程。

复合压延机是将熟化后的面团压延成两条面带，再复合压片成一条面带。复合压延机主要由两组初压装置、一组复合压片装置、动力传动系统、插面机构、面带输送机构、接料斗、机座、防护罩等组成。

连续压延设备是连在复合压片设备的压片工序。它的工作原理是将复合压片机压出来的面带，经过连续压延设备的多组压片装置压辊的辊压，按一定的压延比逐步压薄至所需的面带厚薄，形成具有一定强度和韧性的符合工艺要求的面带。连续压片设备的结构主要由多组压片装置、动力传动系统、机座、防护罩等组成。压延装置通常是 4~6 组。各组压辊直径不相同，由前往后直径逐步减小，即异径辊轧，其余结构与复合压延装置相同。由一个动力传动，即一台减速电机通过链轮、齿轮等带动各组压片装置、面条成型装置等。

压延设备示意图如图 4-23 所示。

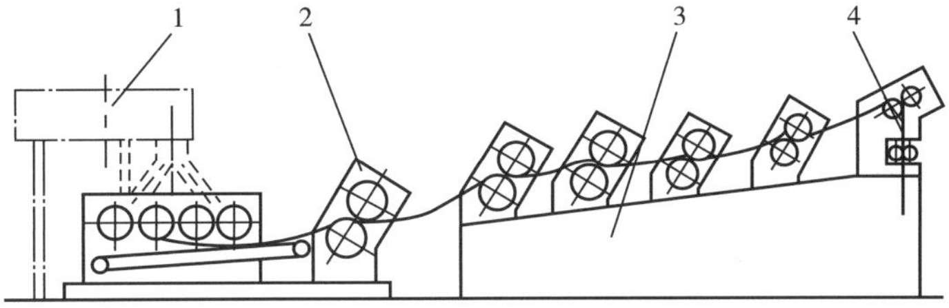

图 4-23　压延设备示意图

1—熟化喂料机　2—复合压延机　3—连续压延成型机　4—面刀切条

通过圆柱形光辊对面团进行挤压，形成面带，面带只通过径向力而擀薄，这种压面机只受径向用力，面团形成不充分，这是因为光辊压片时，面片受到的纵向力大，形成的面筋网络横向强度小。为了改善蛋白质面筋网络的形成，一些辊采用了独特的波纹辊压片，而波纹辊能更好模仿人工揉捏面团状态，促进面筋网络纵横向形成。压出的面片其面筋网络横向耐拉强度明显增大，这就大大改善了面带质量，提高了产品的品质。

两种波纹辊如图 4-24 所示。

图 4-24　波纹辊

（五）切条设备

切条是把经过若干道压延成型的薄面片纵向切成一定形状的过程。面片经过压延后达到面条所需的厚度之后，将被切成所需宽度的面条。轧片后的面带在切成一定长度和宽度的湿面条后，继续进行蒸制、干燥等工艺过程。

切条的基本原理是用一对并列放置、相向等速旋转的齿辊，相互啮合，使面片从相对旋转而啮合的齿辊中通过，利用齿辊凹凸槽的两个侧面相互紧密配合而旋转的剪切力作用，把面片纵向剪切成面条。并在齿辊下方装有两片对称而紧贴齿辊凹槽的篦齿，以铲下被剪切下的面条，不让其黏附在齿辊上，保证切条的连续进行。切条的工艺要求是切出的湿面条表面光滑，长短一致，无毛边、无并条现象，断条要少。

切条器是制面的专用设备，切条设备目前有两种形式：一种是切条部件与压延机末道压辊组合为一体；另一种是切条部件组合为一体成为切条机，与压延机固定在同一机架上。但不论何种形式，其传动均由压延机驱动。

切条设备一般由面刀、篦齿、切断刀及传动等部件组成。

面刀的作用是将面带切成规定宽度尺寸的面条。它是一对并列安装、相向旋转的齿辊。两根面刀的齿槽与齿的宽度是相等的，它们互相啮合。由齿轮带动相向旋转时，依靠各刀齿的侧刃，仿照剪刀将面带剪切成面条，面条在面刀的旋转速度带动下，由面梳铲下不断向前流出。面刀应采用先进的热处理工艺，提高刀具的表面硬度、耐磨性，增加了寿命。切面刀齿要求啮合精度高，切条利落，将面带切成面条且丝丝分明，切出的面条平整光滑、无毛刺、无疙瘩、无并条。刀槽侧面光洁度高，切割侧面无面屑、面渣，提高面条侧面的光洁度。对面条的外观和口感有较明显的提高。

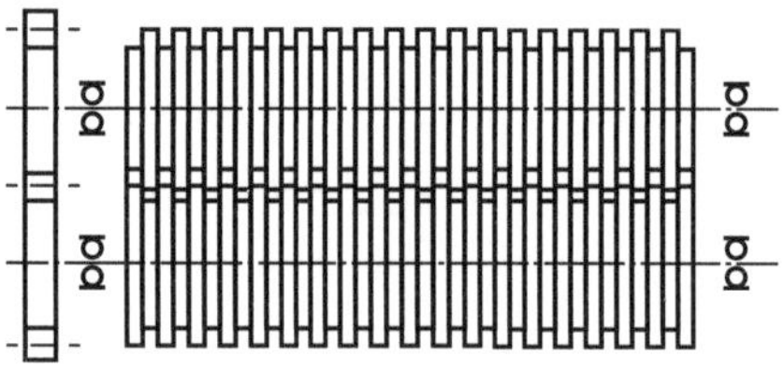

图 4-25　面刀结构图

面刀结构图如图 4-25 所示。

面刀齿棍的直径和长度，是按照生产能力的大小与轧辊的长度相对应的。常用的面刀规格根据面条的规格进行定制，其主要技术参数是齿宽或槽宽，以不同的槽宽来剪切出不同宽度的面条，又以不同的槽宽来组成面刀的系列，如槽有方槽及圆槽两种规格，可切成方面和圆面。槽宽以毫米为单位，通用的标准槽宽为 1mm、1.5mm、2mm、3mm、6mm 五个规格。

面刀常用规格如表 4-6 所示。

表 4-6　面刀常用规格

面刀槽宽/mm	1	1.5	2	3	6
挂面品种	银丝面	细面	普通挂面	宽面	玉带面

篦齿也称面梳，作用是用来铲下被切下的面条，并清理面刀齿槽内所黏附的面屑的零部件，面梳的齿距和齿宽必须与面刀一致，并相互配合，通常是用铜板经切齿压弯制成。它是成对使用，安装在面刀辊下方，梳齿与面刀齿槽底相贴紧。

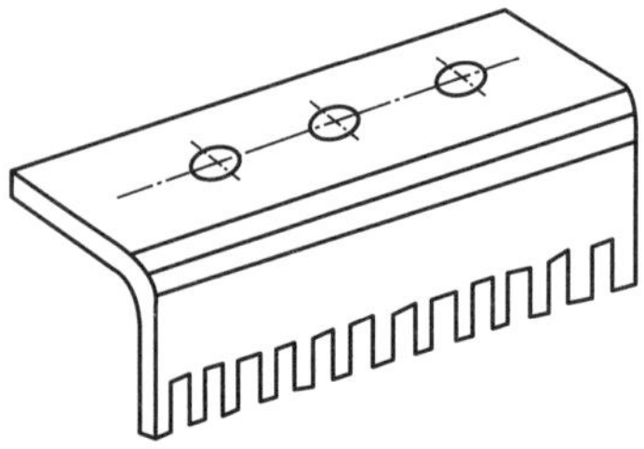

图 4-26　篦齿结构图

篦齿结构图如图 4-26 所示。

在压延机上设置面条切断刀结构，通过电机带动该切断刀旋转，从而对面条进行切断工作。通过调整电机的旋转速度，调整面条切断刀的切断频率，进而灵活调整面条的长度，在生产面条时，实现对面条的精确切断，达到生产预先设置的尺寸。

切断刀结构图如图 4-27 所示。

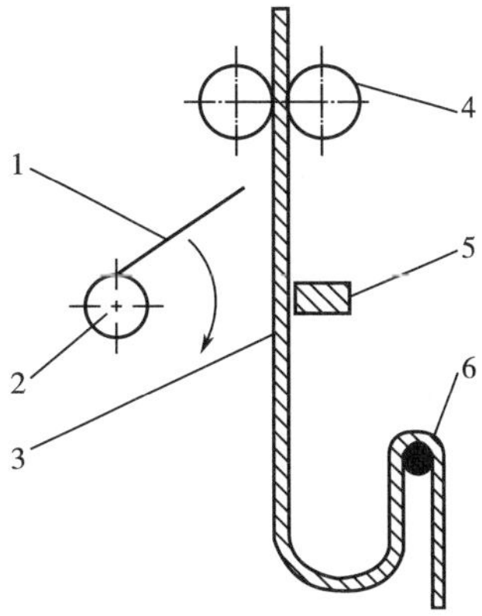

图 4-27　切断刀结构图

1—切断刀　2—轴　3—面条
4—面刀　5—定刀块　6—面杆

二、生鲜面工艺设备

生鲜面由于口感筋道，为满足市场需求，采用工业化批量生产以满足市场的需要。生鲜面生产采用供粉系统输送小麦粉进入真空和面系统，通过盐水供给系统加入水、盐、碱及各种添加剂，真空和面后面团进入面团输送机，由面团输送机将面团送入复和压片机进行复合压延，再进入面带醒面机进行醒面，随后通过连续压片使面带压薄至工艺要求的尺寸，通过切条、切断后，生鲜面进行人工整理及称量，然后进入包装机包装，包装后产品入库。

生鲜面生产设备及工艺流程如图 4-28 所示。

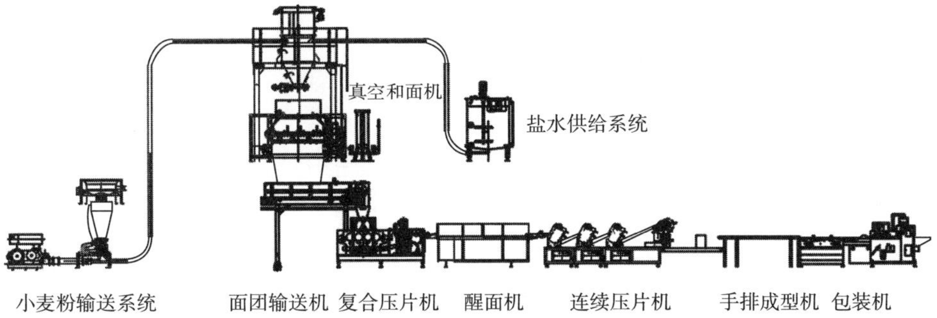

图 4-28　生鲜面生产设备及工艺流程图

三、拉面工艺设备

拉面制面工序与其他面条工艺不同的是采用三压三醒工序，而拉面加工设备与其他面条制作设备最大的不同在于增加拉伸设备，将已切条后的面条进行拉伸，以实现拉面的产品效果。经过拉伸设备的拉制后，面条可拉伸至≥0.4mm，再经过干燥脱水或冷冻，完成拉面的生产。

设备主要由拉伸机组成。拉伸机主要包括带式输送机构和压延机构，带式输送机构和压延机构相配合，能够使面条在向前输送过程中完成压延拉伸；所述带式输送机构由支座、主动辊、从动辊和输送带组成，主动辊和从动辊分别与支座转动连接，输送带套设在主动辊和从动辊上，主动辊传动连接有变频电机，该结构设计通过变频电机实现主动辊的转速可调，进而实现输送带的转速可调。

拉伸单元至少设置有三个，拉伸单元沿出面方向依次排列设置在机架上，前侧拉伸单元的主动辊转速大于其相邻的后侧的拉伸单元的主动辊转速（设定沿出面方向为前侧），相邻的拉伸单元会对其之间的面条产生拉伸作用，使面条拉长拉细，根据面条粗细的要求可设置不同数量的拉伸单元。正常输送带线速度为 30m/min（25Hz），拉伸后线速度为 1 号拉伸皮带线速度为 15m/min，2 号皮带线速度为 30m/min，3 号皮带线速度 45m/min，4 号皮带线速度为 60m/min。

切断拉伸输送机结构图如图 4-29 所示。

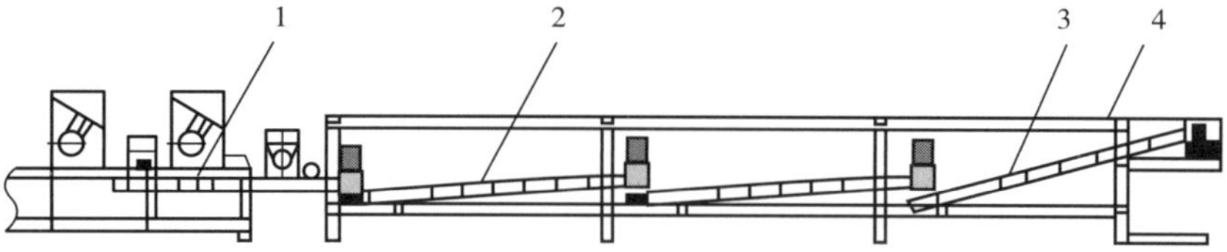

图 4-29 切断拉伸输送机结构图

1—切条机 2—拉伸机 3—输送带 4—架体

四、保鲜湿面工艺设备

保鲜湿面制面工序与其他制面工序基本相同。加工而成的保鲜湿面是一种水煮型速食面，与其他面条生产不同的是采用水煮、水洗、酸浸、包装、蒸汽杀菌等工艺。由于其特殊的工艺过程，与其他面条制品加工设备不同的设备单元有三段控温水煮、水洗、酸浸、密封包装和常压杀菌。而水煮设备与冷冻熟面生产过程中使用的水煮机类似，可以使用同类型设备，对面条进行充分煮制及熟面清洗冷却，再通过酸浸槽乳酸酸洗、常压杀菌机对包装后的面条杀菌，使产品保质期得到保障。

保鲜面生产设备及工艺流程如图 4-30 所示。

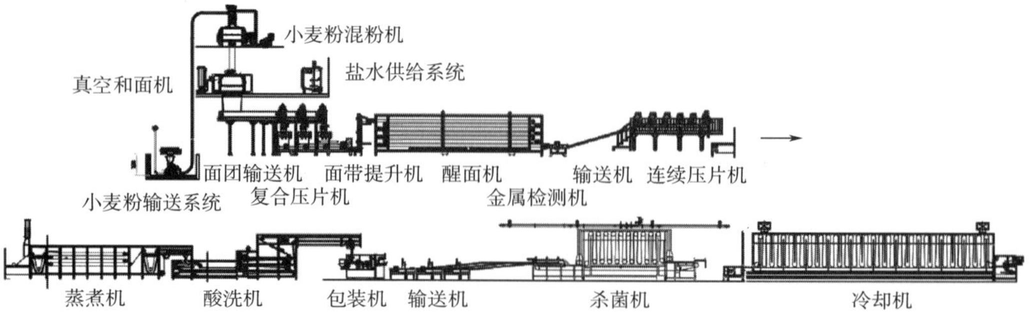

图 4-30 保鲜面生产设备及工艺流程图

五、冷冻熟面工艺设备

（一）水煮机

冷冻熟面与其他面条品种的制面工艺基本相同，不同工艺主要是包含煮制工艺和速冻工艺。熟制工艺是后续速冻、冻藏和复煮的基础。煮制过程中面条形成了外层含水多，内层含水少，水分从外部向内部迁移，形成良好的水分梯度，使面条具备黏弹、爽滑的口感。

煮制工艺，使用全自动煮面机，包括煮面和冷却两部分，根据设定的温度和时间参数，对面条进行充分煮制，水煮机采用全不锈钢制作，自动化程度高，加热方式采用蒸汽加热，多种加热方式使槽内温度稳定，分三区检测加热控温精准，温度可在100℃内自动调控，上下层水温差较小，产品质量容易控制。

从煮面到水洗冷却的生产过程均在密封舱内进行，避免面条受细菌污染；采用三段交流式冷却槽，在冷却槽末端面条与冷却水形成对流，使面条迅速冷却，表面收缩，保证面条富有光泽和韧性；设备采用独有的自动清洗技术，避免清洗剂的残留，清洗程序的设定可选为“全自动”“半自动”或“手动”三种模式；“喷射”“洗涤剂”“热量”相结合的CIP定位清洗方式，可将不易溶解的蛋白质或淀粉污垢清洗掉。

全自动煮面机如图4-31所示。

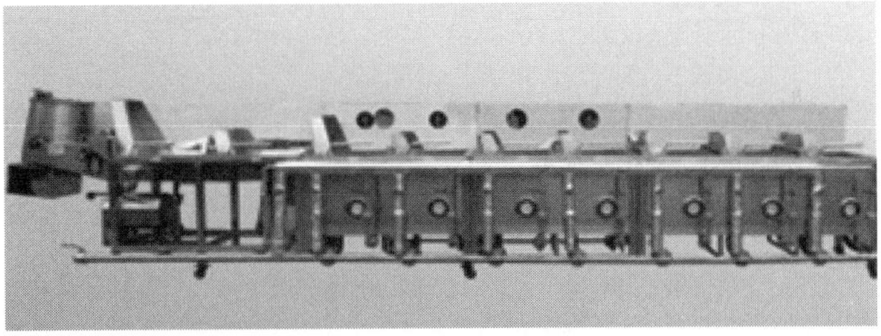

图4-31　全自动煮面机

（二）速冻机

冷冻熟面制作过程中速冻工艺是冷冻熟面品质优劣的关键工艺，包含冷却和冻结两段。生面条经过熟制达到最佳蒸煮时间，随着蒸煮时间延长，面条外部水分不断向中心迁移，最终使面条整体水分趋于均匀，筋道、黏弹的口感消失。同时，熟面条中已糊化的淀粉开始老化，品质劣变。为保持面条的最佳口感，必须在最短时间内将熟面冷冻。使用5℃以下的水将熟面条降温冷却，使熟面条从高温在短时间内降至中心温度10℃以下，降低水分迁移的速率，并洗掉面条表面的淀粉，防止面条黏条。熟面条冷却后立刻进入冷冻阶段，可进一步抑制面条的内部水分迁移，更好地保持面条品质。熟面条含水量为65%~75%，如慢速冻结，大部分为可冻结水，由液态转变为固态，体积增加约9%，面条的内部结构受到挤压，造成面筋的破坏。速冻技术的基本观点是利用快速冻结使食品在短时间内通过最大冰晶形成带，形成尽可能小的冰晶，使食品受到最小的机械损伤，同时可更好的维持水分梯度。所以采用快速冻结的方式冻结面条，一般冻结时间为30min、冻结温度为-40℃时，冷冻熟面复煮后品质最好。

目前，冷冻熟面所使用的速冻机与速冻食品（汤圆和水饺）基本相同，而且速冻食品的冷冻参数相似。螺旋速冻机是使用较多的速冻机，采用螺旋的方式输送产品，占地面积小，冻结量大，因此这种方式可以制造产量较大的速冻设备，目前应用的也比较多，螺旋速冻机主要由传动部分、蒸发器、库板和电气装置构成；传动部分由传动电机、网带、转塔和独立变频器组成；蒸发器为由不锈钢和铝翅片组成，用变片距排布，保证风循环顺畅，蒸发排管可为铝管和铜管；库板由不锈钢制作；电气系统由不锈钢电箱和智能控制装置组成。

柔性传送带（链条）构成了螺旋循环回路。当中心转筒转动时，利用装在中心转筒上的板条与链条的摩擦力，使绕在中心转筒上的链条运动。物料由入口送进，放在柔性传动带上，绕中心转筒由下部螺旋向上移动，同时冷风通过制冷机、风机和传送带对物料进行冻结，循环使用。物料冻结后由上部卸出。为了延长链条的使用寿命，设置了翻转机构，使链条两端轮流磨损。风幕安装在物料进、出口处，以减少冷量损失。

螺旋式速冻机如图4-32所示。

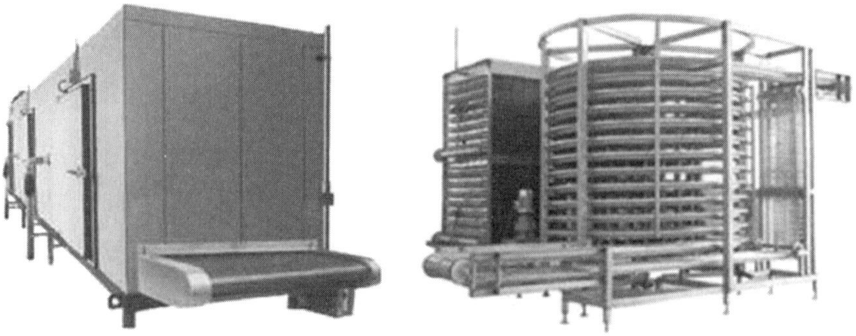

图4-32 螺旋式速冻机

六、方便面工艺设备

（一）切条折花成型

方便面与其他面条品种的制面工艺基本相同，不同工艺主要包括切条折花、蒸制、干燥等工艺。切条折花的基本原理是将复合压延后的面带通过相互啮合，具有间距相等的多条凹凸槽的两个侧面相互紧密配合而具有剪切作用，从而使面带成为纵向面条。在齿辊下方装有两片对称而紧贴齿辊凹槽的铜梳，以清除被剪切下的面条不让其黏附在齿辊上，保证切条能连续进行下去。利用面刀切割出来的面条具有一些前后往复摆头的特点，使其通过一个特殊设计的截面为扁长方形的成型器，成型器下方装有一条可以无级变速的不锈钢丝编成的细孔网带，网带的线速度小于面条的线速度。由于存在着速度差，通过成型器的面条受到一定阻力而前后摆动，扭曲堆积成一种波峰竖起、前后波峰相靠的波浪形面层。由于同带速度大于面条在成型器中的速度，因而将面条逐步拉开，形成了一种波纹状的花纹，将其输送至蒸面机，通过蒸煮把波纹花纹基本固定下来，切条折花成型的面条光滑、无并条，波形整齐、密度适当、分行相等、面条之间粘接。

切条折花成型装置如图 4-33 所示。

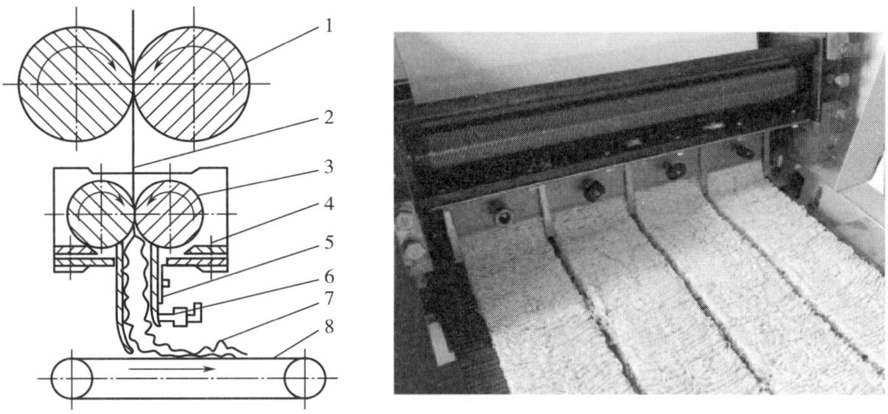

（1） （2）

图 4-33 切条折花成型装置

（1）结构图 （2）外观图

1—轧辊 2—面带 3—面刀 4—铜梳 5—成型导箱 6—调节压力重锤 7—波纹面块 8—调速不锈钢网带

（二）蒸面设备

蒸面机主要作用是使面条淀粉糊化，提高方便面的糊化度，使方便面有良好的复水性。蒸面机按操作压力分有高压蒸面机和常压蒸面机两种，高压蒸面机可以在较高温度下工作，因而蒸面效果好，但由于要求有密封装置，只能用于间歇式生产，不能应用于连续化的工业生产，较少采用。常用的连续蒸面机为常压蒸面机，也称为隧道式蒸面机，一般由两到三节组装而成。蒸面机按运行方式可分为单层直线式蒸面机和多层往复式蒸面机两种。蒸面机按结构可分倾斜式和水平式两种。

常压蒸面机由不锈钢网带、蒸汽喷管、排气管、隧道几部分组成。工作时，不锈钢网带在隧道中运行，面条在网带上面随网带一起运行，由蒸汽喷管喷出的蒸汽通过网带对面条加热从而使面条成熟。这种蒸面机进口较低，出口较高，其原理是利用热气向上升的特点，当隧道内的蒸汽喷管向底槽喷入直接蒸汽时，蒸汽将沿着倾斜面从低向高在蒸槽中分布，冷凝水向低处流，这样，低的一端蒸汽量较少，湿度较大，进入槽内的湿面条温度较低，遇蒸汽易使部分蒸汽冷凝结露，结果使面条水分增加，有利于淀粉的糊化。在蒸面机高的一端，蒸汽量大，温度较高，湿度较低，有利于面条吸收热量进一步提高糊化度。这种倾斜式连续蒸面机不但内部温度从低到高，湿度从高到低，符合淀粉糊化的要求，而且机身倾斜后，蒸槽的有效长度有所增加，蒸面时间相对延长，蒸汽利用率有所提高，有利于淀粉糊化。常用的倾斜式连续蒸面机可以根据需要调节蒸面机的蒸汽压力和蒸面时间，以控制温度、湿度和方便面糊化度。非油炸方便面要求糊化度达到80%以上，油炸方便面要求糊化度达到85%以上。

水平式连续式蒸面机，蒸面机槽内盛有自来水，蒸汽直接喷入水中，通过蒸汽加热使水沸腾而产生大量水蒸气，依靠水沸腾产生的蒸汽对输送带上的面条加热，使面条中的淀粉糊化。

主汽管送来蒸汽（压力0.4MPa以上），经主汽阀进入过滤器。过滤器主要作用是将蒸汽携带的管道内固体颗粒（如结垢、焊渣等）过滤掉，杂物被过滤网隔离后，沉淀在内腔底部，清理时，拧开内腔底下螺栓即可清理。蒸汽经过滤器后进入减压阀，减压阀旁通一个截止阀，备用手动操作。蒸汽经过减压阀后，进入管状式分汽缸，分汽缸最低处装有疏水装置，将分汽缸内冷凝水排出。分汽缸再输出三个通道进入蒸床，三个通道分布蒸面机段、中段、后段。各段均装有压力表，压力根据用户工艺要求通过调整截止阀获取所需压力机温度。低压蒸汽进入蒸床分左右两条管道分散溢出。蒸面机两端设有排气管，主要作用是使溢出的蒸汽通过排气管排出。

连续蒸面机结构图如图4-34所示。

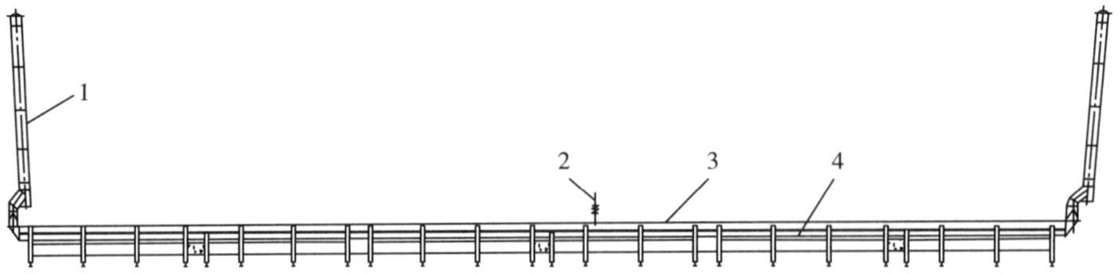

图4-34 连续蒸面机结构图

1—排气管 2—主蒸汽管 3—蒸箱 4—输送网带

（三）定量切断

定量切断工艺是把从蒸面机中出来的熟面条通过一对作相对旋转的切刀和托辊，按一定长度切断。在切断的同时，利用装在曲柄连杆机械上的折叠板作往复运动，使折叠板插在切断面带的中间处，并插入折叠导辊与分排输送带之间，把蒸熟切断的面带对折起来分排输出，送往下道干燥工序。定量切断的工艺要求是定量基本准确，折叠整齐，进入热风干燥机或自动油炸机时落盒基本准确。定量切断是油炸及热风干燥的方便面生产线上所特有的多功能工序。

定量切段折叠装置结构图如图4-35所示。

（四）干燥设备

1. 油炸设备

脱水的目的是降低水分以利于储存，同时改善其产品质量。油炸干燥就是把定量切断的面块放入自动油炸机的链盒中，连续通过高温的油槽，面块被高温的油包围起来，温度迅速上升，面块所含水分迅速汽化，原来在面条内部的水迅速逸出，使面条中形成了多孔性结构。同时也进一步提高了面条中淀粉的糊化度。在面块热水浸泡时，热水很容易进入这些微孔，因而方便面具备了很好的复水性。油炸的工艺要求是：油炸均匀、色泽一致、面块不焦不枯、含油少、复水性良好，其他指标符合有关质量标准。

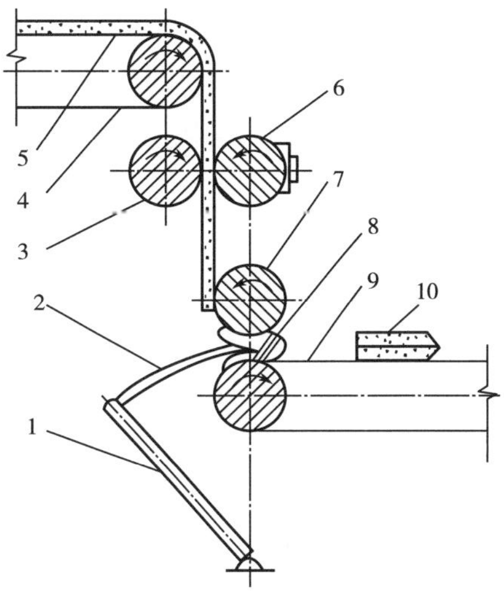

图 4-35 定量切段折叠装置结构图

1—连杆 2—折叠板 3—切刀托辊 4—进给输送带 5—蒸熟面带 6—切刀 7—折叠导辊 8—折叠中面块 9—分排输送网带 10—折叠成型面块

油炸脱水设备是油炸方便面自动生产线中的一个重要设备，它由主机、油加热系统（列管式换热器或螺旋板式换热器）、循环用油泵，粗滤器和储油罐等部分组成。油炸方便面的生产线中，油炸工序主要包括将成桶的棕榈油熔化后进入油罐，生产时将其输送到中转油箱，并从中转箱中经热交换器进入油锅，通过泵，将锅中油经过滤器、加热器再进入油锅呈循环回路。生产中由中转油箱通过管道将油加入过滤器中以补充油的损耗。停机后锅中的油由回油泵将其抽回中转油箱。

油管路流向示意图如图 4-36 所示。

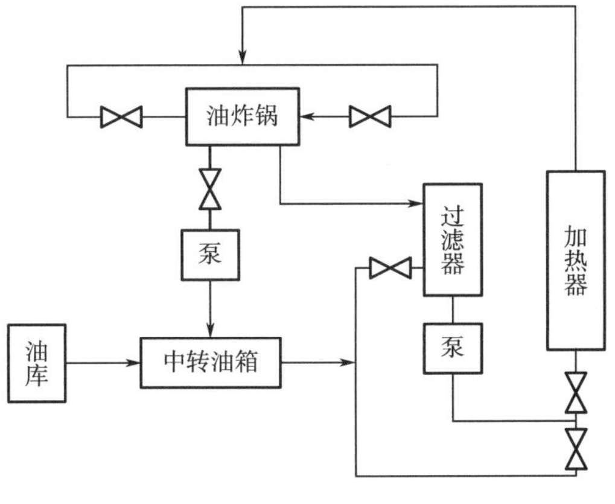

图 4-36 油管路流向示意图

油炸机主机由支架、排油烟管、油管、油槽和传送带等部分组成，全部用角钢、板钢焊接而成。油炸机上盖可以自动开启，以便于清理，开启方式有两种，一种是支架底部设有升降装置，人工液压操作；另一种是在设备上方安有电葫芦，必要时启动开关即可将油锅上部吊起。

自动油炸机的工作过程是通过电动机带动链条及模盒、盖从油锅进口经过加热的油槽至出口，而后再从下部返回到进口，这样循环往复地进行。从切割分排机出来的面块进入油炸机的模盒，随着链条的传动逐渐进入油槽之中，此时，安装在模盘上方链条上的盒盖同步转动，一个盒与一个盖正好配合，把盒中面块盖住，以防止面块在油炸时上浮而脱离模盒。由于模盒与模盖上面有许多小孔，保证了面块与油的良好接触状态，盒中的面块随链条一起运行时被热油加热，使其中的水分达到蒸发状态成为水蒸气从烟筒中排出，从而达到脱水干燥的目的。当模盘转到油槽出口时，模盒与模盖脱离。当模盒转到盒口朝下时，面块即脱盒进入下一道工序。

油的加热方式有两种，一种是蒸汽外加热式，即间接循环加热式，油锅底部设有三个口。两端的为进油口，经外加热器加温的油经管路、泵输送到油锅，对方便面进行加热。中间为油的出口，为了防止面渣、油污及其他杂质进入油泵或热交换器，在油锅出口处附加一台过滤器，过滤杂质后的油由循环泵送至热交换器中加热，而后返回油锅中，控制适当就能保证工艺所要求的油炸温度。另一种是直接加热式，在油锅底部设计炉灶式装置，以煤气、燃油等燃料直接燃烧加热油脂，这种方式不能对掉落的面渣过滤，油脂品质容易变坏，控温准确度不高，一般采用间接循环加热式对油加热机补充。

方便面油炸机结构图如图 4-37 所示。

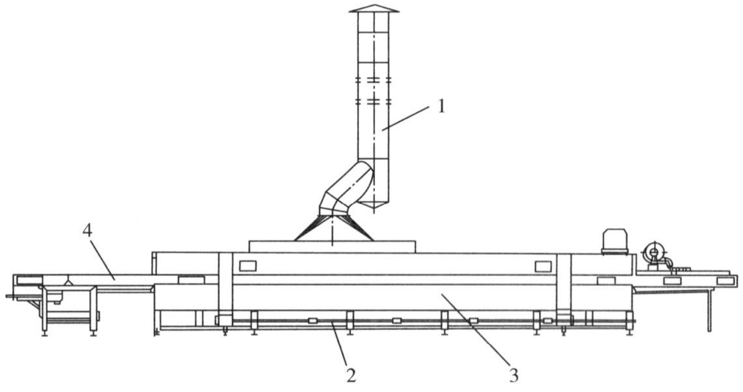

图 4-37 方便面油炸机结构图

1—排油烟管 2—油管 3—油槽 4—输送带

油炸方便面设备及生产工艺流程如图 4-38 所示。

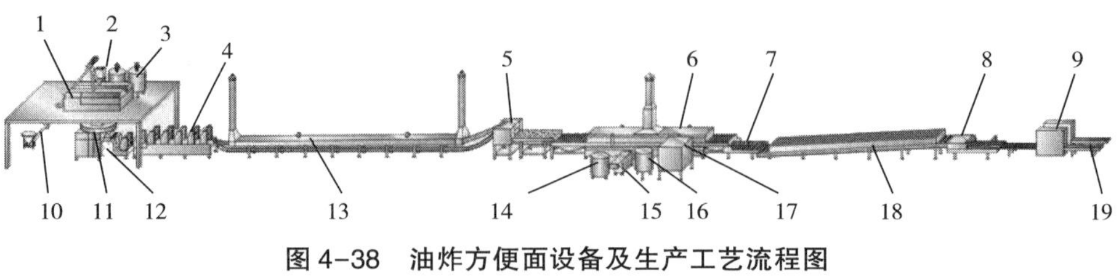

图 4-38 油炸方便面设备及生产工艺流程图

1—双轴和面机 2—盐碱计量罐 3—盐碱罐 4—连续压延机 5—切条折花机 6—油炸机 7—整理机 8—检查传送机 9—包装机 10—小麦粉输送机 11—熟化机 12—复合压延机 13—蒸面机 14—过滤机 15—出渣机 16—热交换器 17—油箱 18—冷却机 19—成品输送机

2. 热风干燥设备

热风干燥是生产非油炸方便面的重要脱水方式，国内生产的非油炸方便面主要采用的是热风干燥。非油炸方便面的生产工艺基本上与油炸方便面相同，主要区别是面饼干燥脱水方式不同，热风干燥工艺在和面时多加水，延长蒸煮时间，提高 α 化度，采用微膨化工艺和热风干燥工艺，要求干燥介质的温度尽可能高一些，干燥时间尽可能短一些，干燥速度尽量提高，较快地固定面块的 α 化状态，保证面条具有良好的复水性。干燥后的方便面要求水分达到产品质量标准规定的水分以下，以便于储存、包装、运输和销售，尽量使面块形状一致。

热风干燥设备采用热风干燥机，主要由热风干燥主机、热风循环系统、电控系统组成。热风干燥机结构图如图 4-39 所示。

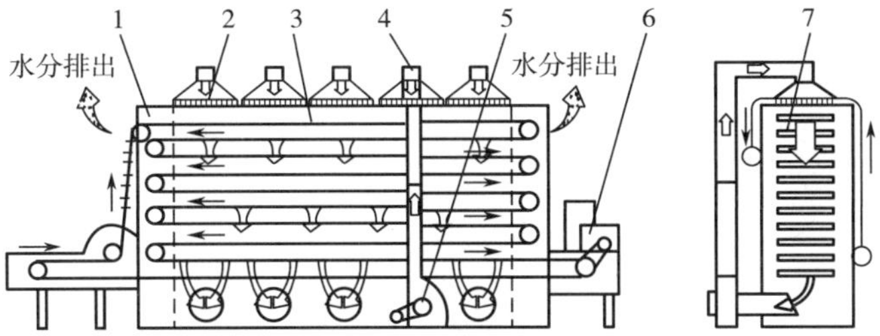

图 4-39　热风干燥机结构图

1—机架　2—热交换器　3—链条　4—风管　5—热风循环鼓风机　6—无级变速传动装置　7—不锈钢面盒

非油炸方便面设备及生产工艺流程如图 4-40 所示。

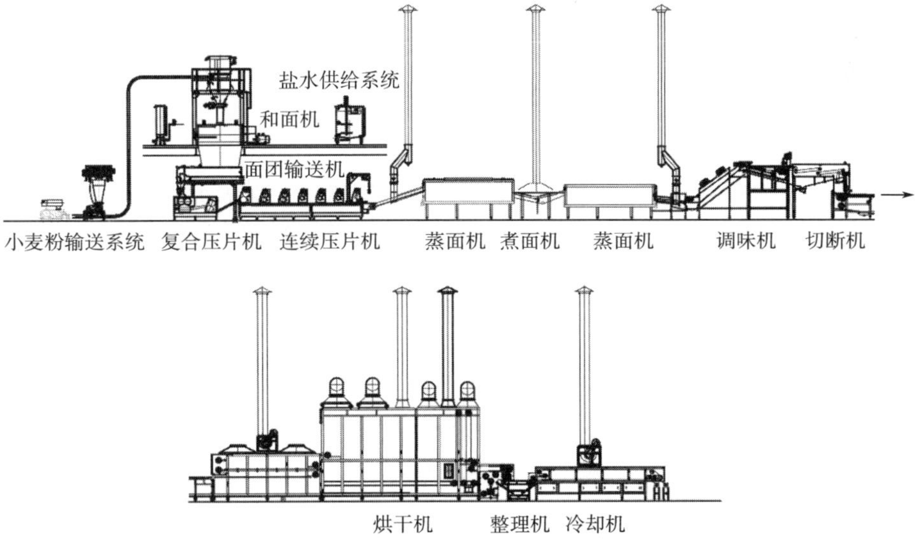

图 4-40　非油炸方便面设备及生产工艺流程图

3. 微波干燥方便面设备

目前微波用于方便面的干燥有两种形式，一是以微波干燥全部取代油炸，二是部分取代油炸，一般采用油炸-微波混合干燥设备。面块经过油炸干燥设备低温区后的水分已达到10%，被脱去的水分主要是自由水，剩下的这部分水基本上以结合水为主。在各种介质干燥中，除去最终少部分水分的过程是效率最低的，这是因为一方面这部分水以结合水为主，脱水过程不再是简单的物理变化，二是因为物料表层脱水后形成了一定意义上的隔热层，阻碍热量向内部传导和中心水分向外扩散，所以通常有2/3的干燥时间和能耗花费在了除去最后1/3水分上。在油炸工艺条件下，面块的干燥过程就是这种过程。微波干燥属于介电加热，它是通过物料内部的水分吸收电磁能量，在内部转化为热而使水分蒸发。由于微波干燥的这一特点，它非常适合物料的终端干燥，能快速有效地除去最后的结合水。从低温区出来后的面块干燥基本属于终端干燥，可以采用微波来完成这一过程。将低温段的油炸锅与微波隧道连接起来，面块经过低温区后脱离油炸锅进入微波隧道，用介电加热的方法完成剩余的脱水和产品固型工作。

油炸-微波混合干燥设备由油炸锅、吹风机和微波隧道组成，其在方便面生产线上的前后工序的接口不变，即油炸锅前面接切块机，微波隧道后面工序接冷却机。

油炸-微波混合干燥设备结构图如图4-41所示。

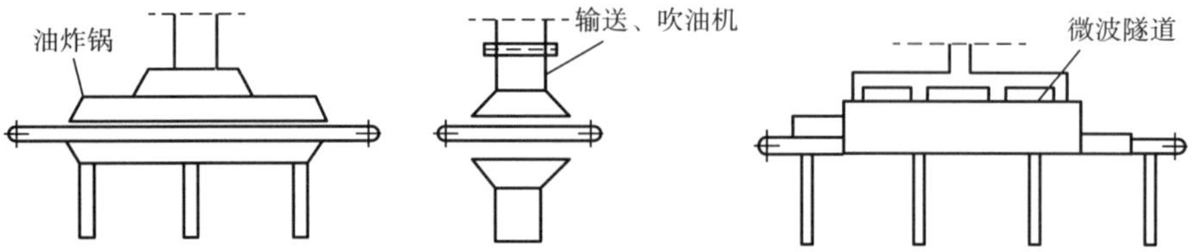

图4-41　油炸-微波混合干燥设备结构图

油炸锅是将现在通用的油炸锅缩短，使其工作长度比现在低温区的长度稍长一些，其他结构不变。也就是说，混合干燥设备中的油炸部分就是原来概念上的低温区油炸锅，主要发挥低温区的油炸功能。由于不担心面块在后期吸油，可以把油炸锅的油温定得比原来的低温区温度高一些，一是使水分蒸发得更迅速，提高脱水效率，二是可以得到面条内较大的空隙，增强复水效果，油脂周转时间会有较大的缩短。油脂周转时间的改变，会远低于通常16h的标准周转时间，降低了持续高温引起的油脂劣化程度，提高了油脂的营养价值。

面条切块、折叠、喷淋后的面块首先进入油炸锅，迅速脱去大部分的水分，形成面条的微孔结构和基本的面块形状。从油炸锅出来的面块，经过吹油机后传送到微波隧道进口，并在传送过程中用热风尽可能多地脱去表面多余的油，通过微波隧道进行最后的脱水和继续固定形状。

输送吹油机主要是为了完成面块从油炸机出口到微波隧道进口的移位，在这中间增加一个具有输送、吹油作用的吹油机。该机在面块从油炸锅出来到进入微波隧道中间，首先起到输送衔接的作用。同时，在这个过程中还要把面块表面上的油尽可能多地吹下来，最大限度降低面块含油。根据这种功能需要，在它的进风管道鼓风机上安装了加热装置，保持进风温度于50~60℃，以防面块表面降温使油脂凝固，无法吹下来。而且，面块保持一定的温度进入微波隧道，也防止面条因冷却造成淀粉分子重新聚合，出现凝沉现象，带来面质口感差、夹生、硬粒的感觉。同时，由于油炸锅出来的面块还没有完全固型，为避免吹油时破坏面块形状，吹油机的风速不要太高，并对吹入的空气进行过滤。

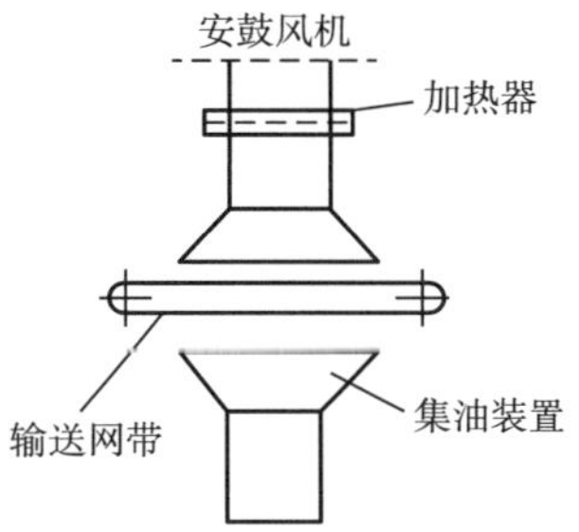

图4-42　输送、吹油机结构图

输送、吹油机结构图如图4-42所示。

4. 冻干设备

冷冻干燥法不同于以上的干燥方法，产品的干燥基本上在0℃以下的温度进行，即在产品冻结的状态下进行，在干燥后期，为了进一步降低产品的残余水分含量，产品升至0℃以上的温度，但一般不超过40℃。冷冻干燥就是把含有大量水分的物质，预先进行降温冻结成固体，然后在真空的条件下使水蒸气直接升华出来，产品被干燥，因此它干燥后体积不变，结构疏松多孔。水蒸气在升华时要吸收热量。引起产品本身温度的下降而减慢升华速度，为了增加升华速度，缩短干燥时间，必须要对产品进行适当加热。整个干燥是在较低的温度下进行的。

冻干设备分为间歇式和连续式两大类，设备的规模从不到一平方米到几十平方米都有。间歇式冻干设备适合多品种小批量生产，采用单机操作，如果一台设备发生故障，不会影响其他设备的正常运行。间歇式冻干设备便于控制物料干燥时不同阶段的加热温度和真空度的要求。但由于装料、卸料、启动等操作占用时间较多，因此设备利用率低，往往需要多台单机，生产效率也不高。近年来，国内外开始探索和使用连续式真空冷冻干燥设备。

间歇式冷冻干燥装置中的干燥箱与一般的真空干燥箱相似，属盘架式。干燥箱有各种形状，多数为圆筒形。盘架可以是固定式，也可做成小车出入干燥箱，料盘置于各层加热板上。如采用辐射加热方式，则料盘置于辐射加热板之间。真空冷冻干燥过程是在冻干之前，把需要冻干的产品分装在合适的容器内，装量要均匀，蒸发表面尽量大而厚度尽量薄些；然后放入与冻干箱尺寸相适应的金属盘内。将产品放入冻干箱内进行预冻，抽真空之前要根据捕水器制冷压缩机的降温速度提前使捕水器工作，抽真空时捕水器应达到-40℃左右的温度，待真空度达到一定数值后，即可对箱内产品进行加热。一般加热分两步进行，第一步加温不使产品的温度超过共熔点的温度；待产品内水分基本干完后进行第二步加温，这时可迅速地使产品上升到规定的高温度。在高温度保持数小时后，即可结束冻干。整个升华干燥的时间为12~24h，冻干结束后，要在出料间进行空气除湿，然后将产品放于干燥空间，以防重新吸收空气中的水分。

冻干机结构图如图4-43所示，冻干机如图4-44所示。

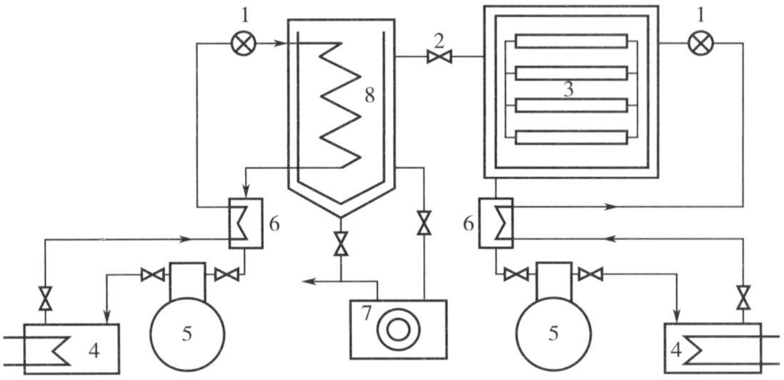

图 4-43　冻干机结构图

1—膨胀阀　2—冷阱进口阀　3—干燥箱　4—冷凝器
5—制冷压缩机　6—热交换器　7—真空泵　8—冷阱

（五）冷却设备

方便面经过油炸和热风干燥后温度较高，输送至冷却机时，温度一般还在 80～100℃。这些面块若不冷却，直接包装会导致面块及汤料不耐储存。若冷却达不到预定的标准，也会使包装内产生水汽而造成吸湿发霉，因而对产品进行冷却是必要的。目前，连续化生产中冷却方法都是使用强制冷却。强制冷却使用冷却设备的实现，一般是借助鼓风机，促使空气加强流动，使被冷却物体通过冷却隧道，在冷风的作用下，迅速降温散热。冷却工艺的要求，是冷却后的面块温度接近室温或高于室温 5℃左右。

图 4-44　冻干机

冷却机如图 4-45 所示。

图 4-45　冷却机

七、挂面工艺设备

（一）抓手上、下架机

挂面上、下杆设备采用柔性弧形摆臂，随挂面机主机的给杆机给出一杆杆的挂面，同时左右摆动，将一杆杆挂面交替投放到挂面干燥室的挂面烘干输送链条上或从输送链条上取下。抓手上架机是把挑条装置输送的上杆面条送至指定位置，为将上杆面条放到吊架钩上作准备的机械设备。抓手下架机用于将烘干的上杆面条从烘房吊架钩上取下，然后将其输送到整形装置中。

抓手上架机主要结构及工作原理：由等杆架、上架横梁轨道组件、上架横梁组件、上架移动抓手组件、烘房从动架、上架立柱组件及传动部分组成。该机控制为独立电器控制。挑条链条将带杆面条送至等杆架上，排队等上架移动抓手，上架横梁轨道启动，减速机传动轴带动滚轮轴、滚轮、齿轮、链轮联轴器、链条转动。移动抓手从轨道上慢慢移动，当移动到等杆架时，移动抓手上安装有取杆器、气缸（双作用）、接头、速度控制阀以及抓杆器。移动抓手接触到面杆时，取下面杆然后抓杆器抓紧面杆沿轨道移动运行至烘房从动架上。放下面杆由原路返回等杆架上，再取回面杆运行至烘房从动架上，来回重复上述动作。

抓手下架机其主要结构及工作原理与上架机相似，抓手下架机由下架传动架组件、上架横梁轨道组件、上架横梁组件、下架移动抓手组件、下架过渡架、上架立柱组件及下架立柱组成。该机由控制为独立电器控制，抓手下架机上安装有减速机、链轮、链条以及传动架。

抓手下架机在横梁轨道上缓慢运行至烘房端头时，进入烘房架体取下面杆，移动抓手上安装有取杆器、气缸（双作用）、接头、速度控制阀以及抓杆器。移动抓手接触到面杆时，取下面杆然后抓杆器抓紧面杆沿轨道移动运行至切面机机架上。放下面杆由原路返回等杆架上，再取回面杆运行至烘房从动架上，来回重复上述动作。

抓手上、下架机结构图如图 4-46 所示。

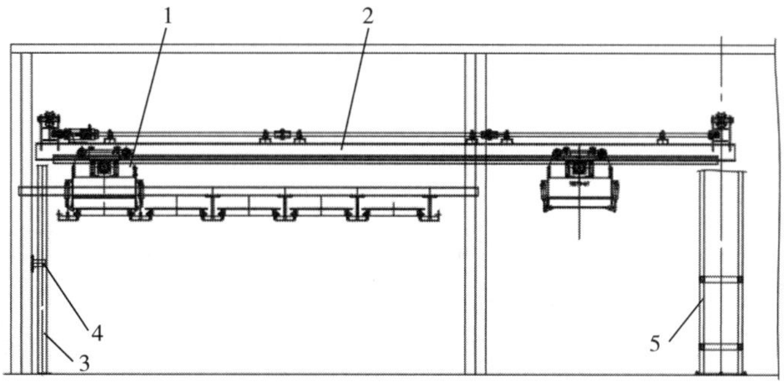

图 4-46 抓手上、下架机结构图

1—上、下架移动抓手组件 2—上、下架横梁组件 3—上、下架立柱组件 4—立柱支撑座 5—上、下架横梁支架

（二）烘房

烘房是挂面生产重要的工序，提供挂面烘干的空间，一方面要有足够的容量，另一方面要保证挂面有良好的脱水效果和整个烘干过程有较高的热利用效率，所以合理地设计和使用挂面烘房是一个涉及挂面烘干质量、能源消耗等的重要工作。挂面干燥装置多数以锅炉蒸汽为热源，也有用电加热。一般由锅炉房通过蒸汽管道把饱和蒸汽送给散热器，通过散热器的热交换来加热空气，通过扩散风扇使热空气（即干燥介质）在烘房内流动，通过排潮风机及热空气温度的升降来调节相对湿度，通过压力表、温度计、湿度计等显示仪器显示工艺参数。

1. 烘房结构形式

目前挂面烘房的结构分为索道式、隧道式等，均为依厂房空间而建。索道或隧道是移行式挂面烘房的壳体。两个侧壁一般用砖结构，顶部为钢筋混凝土结构，地面为水泥细石磨光地坪。近几年来新设计的挂面烘房在保温问题上做了一些改进，两侧及顶部加装了聚苯乙烯泡沫塑料保温层及表面铝箔反射层，地面在磨光层下加铺一层软木砖，保温性能有所提高，但造价大，投资多。

索道式烘房的两端为开放，中间封闭，烘道顶部为平顶形。挂面在传动钢索或链条的作用下成单排运行，一般3~6行，挂面行走呈U形。此烘道的缺点是占地面积较大，投资较多。现在工厂用得不多。

索道式烘干挂面生产线工艺流程如图4-47所示。

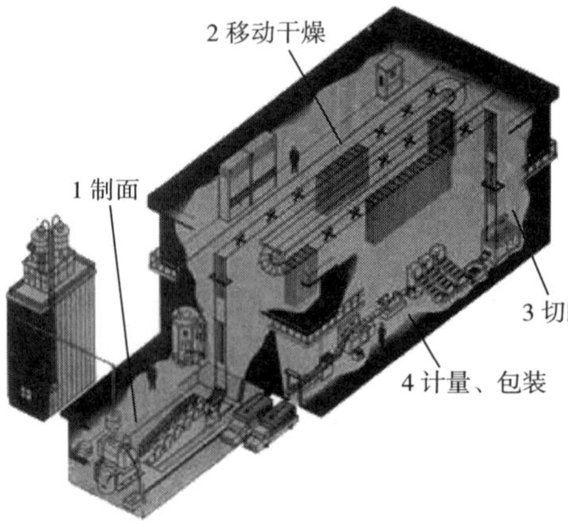

图4-47　索道式挂面生产线工艺流程图

隧道式挂面烘房是一种连续的烘干装置。是我国普遍应用的主要烘房型式。烘房的两端开放，挂面在传动钢索或链条的作用下呈大部分双排运行，挂面行走呈直线运动，烘房顶部为平顶形，烘房长度在80~150m。

隧道式挂面生产线工艺流程如图4-48所示。

2. 面条悬挂移行装置

移行装置是移行式挂面烘房的输送机构。它由机架、链条、链轮、传动轴、减速器、电动机等组成。在机架上有多行并行的链条及轨道，由电动机通过减速器使传动轴低速转动，由传动轴上的链轮带动链条缓慢地移行，悬挂着湿面条的面杆两端置于链条上，随着链条的移行而前进。

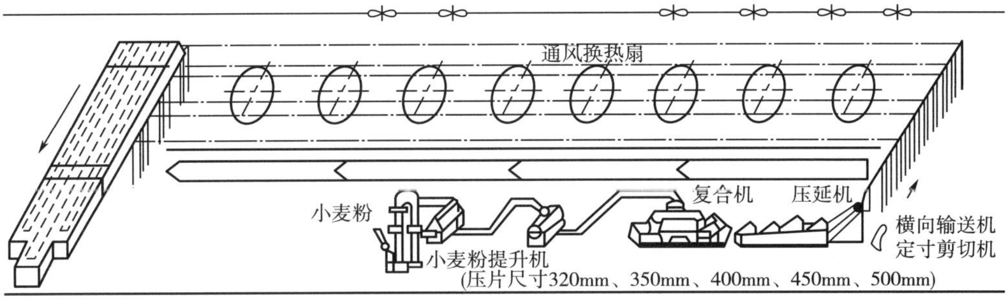

图 4-48 隧道式挂面生产线工艺流程图

3. 气流系统设计

烘房内热湿扩散分布，应根据烘道内热湿分布规律进行设计，烘干各区间的扩散风扇、气流方向等应严格分区设计。一般地，预干燥阶段、主干燥阶段和后干燥阶段都安装扩散风扇，扩散风扇安装在加热管上方，强制热空气从上至下对流，避免加热管高温热空气直接在挂面上部加热，使其干燥过度，造成面杆炸条断落现象。并使挂面有一定摆动幅度，减少和避免挂面尾部起翘和卷曲，一般烘道内挂面表面风速在 2～2.5m/s，挂面摆幅 15°～20°。

隧道式烘房比较长，所以热湿空气作适当的水平流动，不仅能利用部分排湿空气热量，而且对干燥过程的保温有积极作用，其水平流动方向可从进烘道端推向出烘道端，起点位置一般在接近主干燥阶段尾部，不能在后干燥阶段。但需要指出，空气的水平流动不能从主干燥阶段流向预备干燥阶段，否则容易在干燥初始结露，出现面条大量掉落现象。烘道内的热湿扩散装置一般用风扇，有轴流式风扇、离心吊扇和小型鼓风机，其中以风量大压力小的轴流式风扇为最好。其常用规格为直径 600mm，风翼角 5°左右，转速 200～250r/min，风量 100～150m^3/min。离心吊扇常用直径 1200mm 和 900mm。

4. 排潮系统设计

对整个烘干的排潮系统，要求湿热空气适时适量排出，烘道内的排湿装置的设置，应根据两个因素来确定，一是根据挂面在各区间的脱水速度对烘道内空气湿度的要求来确定，如果烘道内的空气湿度高于控制值则需要排湿，反之则需要保湿；二是排湿装置必须防止外界冷空气的倒灌现象，否则影响挂面质量，产生酥条。在设计时尽量利用和回收排湿空气的热量。根据挂面的干燥工艺，排湿部位分别根据排潮量布置排潮机在预备干燥阶段、主干燥阶段及后干燥阶段。前两个阶段的排潮量相对较大，布置排潮机数量也较多。老式排湿口的布置有以下两种情况，一种布置在烘道两壁的底部；一种布置在与挂面中部高度对应的烘道两壁；排湿形式采用夹墙排湿，每个排湿口装有可调节排湿量的百叶调节器或小型排风扇作机械排湿。现在采用管道排潮工艺，排潮管布置在烘道底部的中部。排潮管开有可调节大小的排湿口，排潮风机一种是布置于烘道底部连接排潮管进行排潮，一种是将排潮管引入烘道的顶部排潮。

5. 加热系统设计

烘房加热设计，应根据烘道内加温区域的分布布置加热管。刚进入烘房的预干燥区，湿面条升温较慢，在主干燥区升温较高，后干燥阶段降温冷却过程。干燥工艺不同，每个干燥阶段加热的温度也不同，根据加热曲线，设计的每个干燥区采用加热管作为散热器分布密度不同，加热管分布在挂面的上方，一般采用翅片加热管，增加加热管的散热面积。

（1）间接蒸汽（热水）加热系统　烘房加热管散热器的散热量与其表面积有关，散热面积的大小可以通过计算或凭经验估算而得，现在许多厂是用无缝钢管自行焊接成列管式散热器，使用效果尚好，如果在散热器表面涂上远红外涂料，或采取铝制串片式对流散热器，可以提高热效率。烘房蒸汽（热水）管路由锅炉（燃油、燃气锅炉）、管道（包括阀门、压力表等附件）、散热器、疏水管（蒸汽）等部分组成。

蒸汽管路热风系统是用蒸汽加热散热器管壁，再由管壁的翅片将热量传递给冷湿空气，又以湿空气的对流把热量传给挂面，并汽化挂面水分。管道内的蒸汽放出汽化热以后，成为冷凝水循环使用。在使用蒸汽管路系统对烘房进行加热时，必须随时排出冷凝水，否则冷凝水积存在散热器中，不仅减少散热面积，影响正常操作，还会加剧管道的锈蚀，因此在散热器的蒸汽出口端都装有疏水器，其作用就在于把气和水分开。

热水加热系统是将锅炉加热的热水用泵输送到挂面车间，热水通过管壁间接加热烘房中的空气从而对挂面进行加热，热量降低后的水经过滤后循环到锅炉。将热水作为载体进行加热，由于热水是循环的，所以和蒸汽加热相比节约能源，而且操作方便，一次性投资也较少。

烘房蒸汽（热水）加热示意图如图 4-49 所示。

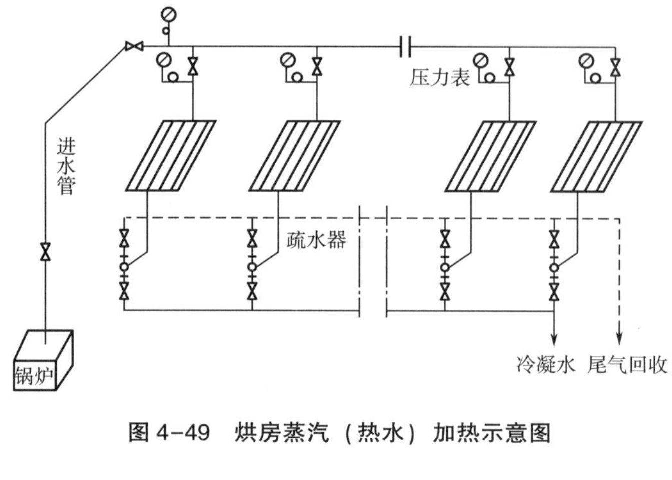

图 4-49　烘房蒸汽（热水）加热示意图

（2）恒温恒湿挂面智能空调干燥系统　恒温恒湿挂面智能空调干燥系统，整个干燥室是封闭的，这种系统的特点是干燥室内的温度和湿度按比例自动控制，控制准确、均匀；室内进、排气量根据湿度要求按比例自动控制，节约能耗；设有加湿装置，可满足物料在进入干燥室之前对湿度的要求；空调器独立于干燥室外，可调室内适当正压，防止灰尘、蚊虫等进入，同时热空气经过二级过滤，可实现无尘无菌干燥，保持室内整洁卫生；采用先进的PLC控制系统和专用的温湿度控制器，无论室内负荷有无变化，均可保持室内恒温恒湿；对于批量式干燥，可根据物料的干燥特性对不同的干燥过程设定相应的温湿度，实现干燥全过程的程序化自动控制。

恒温恒湿挂面智能空调干燥系统由于通过对不同干燥阶段不同含水量的挂面，通过温湿度、进排气量自动调节及自动补湿，避免了酥面和潮面现象；提高了挂面和面加水量和干燥效率，改善了面条品质，使其光滑平直、质地均匀、适煮性强、口感好。

恒温恒湿挂面智能空调干燥系统如图4-50所示。

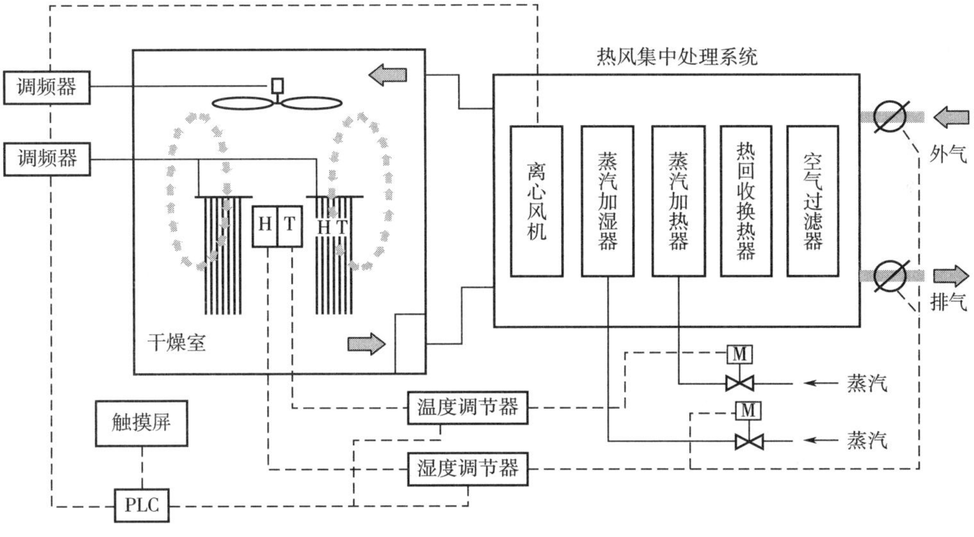

图4-50 恒温恒湿挂面智能空调干燥系统

（3）空气源热泵挂面干燥系统　空气源热泵挂面干燥工艺与传统的锅炉加热挂面烘干对比，最大的特点是采用电加热，利用空气源热泵代替锅炉，真正实现了无烟工厂，高温高湿的排潮风通过热泵实现了余热回收循环再利用，达到了节能效果，比传统的燃气锅炉节能50%左右。烘房的湿热排潮风通过管道汇集在一起，通过空气源热泵翅片蒸发器，翅片蒸发器内管道的冷媒蒸发吸热，排潮风被吸热后变成冷凝水与冷空气，冷凝水汇集后排除可以再利用，冷空气夏季可以通过专用管道排到操作间与包装间降低室内温度，改善工人工作环境，减少制冷设备的投资及运行费用，其他季节直接排空。吸热后的冷媒通过压缩机压缩变成高温气体，高温气体通过冷凝器加热介质（水或空气），加热后的介质输送到烘房加热管道散热器干燥湿挂面，湿挂面水分蒸发变为干挂面，蒸发的湿热空气形成的排潮风进入下一个循环，热泵挂面干燥系统充分利用了余热的热能，达到节能的效果。

空气源热泵干燥挂面原理示意图如图4-51所示。

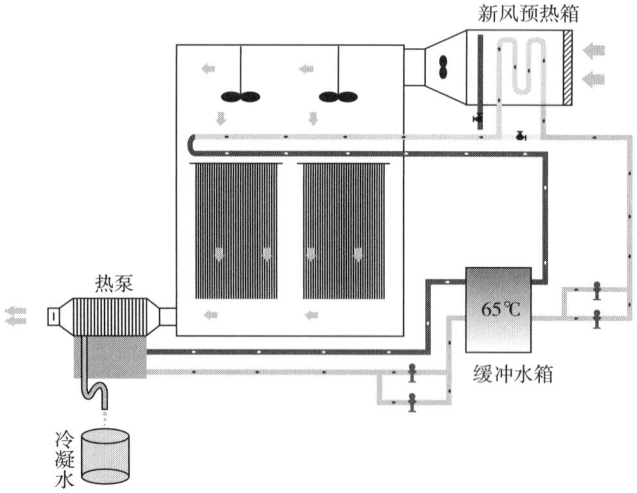

图 4-51　空气源热泵干燥挂面原理示意图

（三）切断设备

挂面切断机是把干面条切成规定长度的设备，主要在挂面干燥后，按照挂面的不同规格进行切断以便包装。根据国家行业标准推荐挂面长度为 180mm、200mm、220mm、240mm，设备主要装置形式有圆盘式切面机和往复切刀式切面机。圆盘式切面机传动系统简单，生产效率高，但整齐度较差，断损较多；往复切刀式切面机整齐度好、断损少、效率稍低、传动装置较复杂。

1. 圆盘式切面机

圆盘式切面机是我国应用广泛的切断设备。它由进料输送带、切断工作面板、圆盘式锯片、碎面输出绞龙等组成，切面机利用圆盘锯片的旋转运动及面条输送带的进给运动来切断挂面。切断后的碎面头可通过锯片下部的绞龙送出机外。

圆盘式切面机的优点是：结构比较简单，可以和挂面自动出烘房与下架装置相配合，通过自控电路，完成几个自动化程序。它的不足之处是由于尚未切断的挂面倒放时不可能和装有锯片的轴完全平行，也就不能和锯片完全垂直，因而切断的挂面破损率高、长短一致性不够好。尤其是圆盘转速较低或挂面间歇输入时，挂面断损严重。

圆盘式切面机结构图如图 4-52 所示。

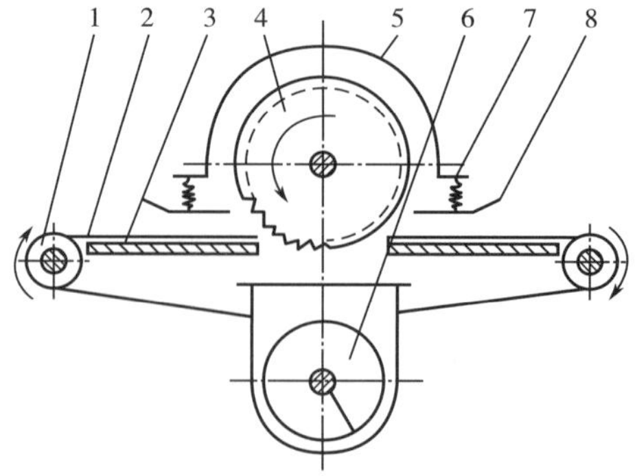

图 4-52　圆盘式切面机结构图

1—进料输送带传动轮　2—输送带
3—切断工作面板　4—锯片　5—防护罩
6—碎面输出绞龙　7—弹簧　8—压面板

圆盘式切面机主要工艺参数如表 4-7 所示。

表 4-7　圆盘式切面机主要工艺参数

圆盘直径/mm	床面宽度/mm	适用范围/（t/班）
300	1600	≥5.6

2. 往复切刀式切面机

往复式切刀切面机主要由往复式切刀、压面架、传动装置和机架组成，输面带将长面条送至切刀架下的预定位置后，停止运动，切刀上下往复一次完成切面动作，同时将切断后的面头落入切刀架下的绞龙输出机外。切断后的面条继续在输送带的作用下向前运动，送出切刀架进行包装，同时第二批待切断的长面条又送至预定位置，往复循环。

往复切刀式切面机具有以下优点：当待切断的长面条厚度适宜时，其工作平稳性和挂面断损率指标较好，且工作噪声低，挂面长度一致性好；尤其是当其动作周期与下架周期相配时，可实现自动下架与切断的连续化生产。但为了实现输面带和切刀动作的准确配合，该机采用了蜗轮蜗杆变速箱和两组不完全齿轮，于是整台设备的动作协调性要求就较高，传动装置较复杂，增加了安装调试的工作。

往复切刀式切面机结构图如图 4-53 所示。

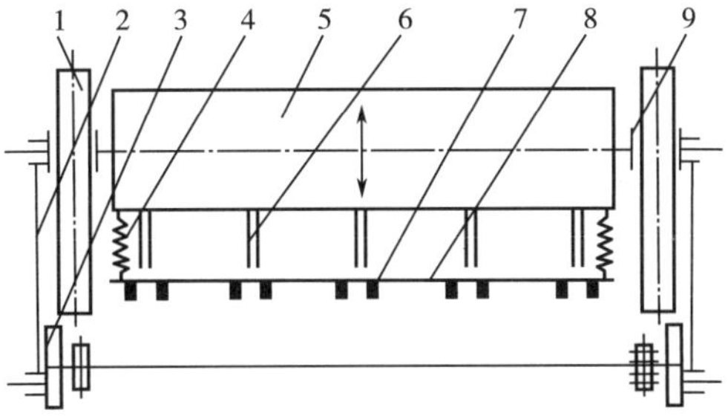

图 4-53　往复切刀式切面机结构图

1—导向立柱　2—连杆　3—驱动偏心轮　4—压面框弹簧　5—切刀框架
6—切刀片（双片式）　7—软橡胶压面块　8—压面框　9—滑块

往复切刀式切面机主要工艺参数如表 4-8 所示。

表 4-8　往复切刀式切面机主要工艺参数

切刀长度/mm	床面宽度/mm	适用范围/（t/班）
320	1600	2.5
420		4
600		5.5
800		7

（四）面头处理技术

在挂面生产过程中，不可避免要产生面头，面头量一般占投料量的5%~15%，这些面头需及时处理后再回机加工，面头处理的工艺，对产品质量和挂面生产的经济效果有较大影响。挂面厂生产中产生的挂面面头大致分为湿面头、半湿面头和干面头三种。

1. 湿面头处理

湿面头主要是在面带切条、挂条、上架及烘房入口处落下的面头。这些湿面头的性质接近于面团，所以通常湿面头都及时回入和面机中与面团充分搅拌均匀后，送入压延工序。

2. 半湿面头处理

半干、半湿面头主要是在烘房预干燥区、主干燥区前段落下的面头。这部分面头由于是在不同烘干阶段落下的，面头脱水量不一致，所含水分不相等，与面团性质不一样，所以这种面头不能直接回入和面机。面头常用的处理方法有两种，一种是把面头浸泡后加入和面机，另一种是将面头推至高温区下干燥后与干面头掺和在一起处理。

3. 干面头处理

干面头主要是在烘房后部落下的面头以及切断、计量包装过程中的面头。干面头的含水量与成品挂面的水分相近，其性质与小麦粉完全不同，因此需经专门处理后，才能掺入和面机与小麦粉混合搅拌。

干法处理就是将干面头通过初筛、粉碎、细筛加工成干面头粉，并按一定比例掺入和面机中与小麦粉一起搅拌的方法和过程。此处理方法的特点是比较卫生、劳动强度低。但由于干面头粉碎成粉状物（全通100目以上筛绢），面筋损伤大而工艺性能较差，影响挂面质量，而且生产成本较湿法处理为高，因此采用干法处理的面头粉掺入比例必须严格控制，一般较湿法处理面头的添加量低。

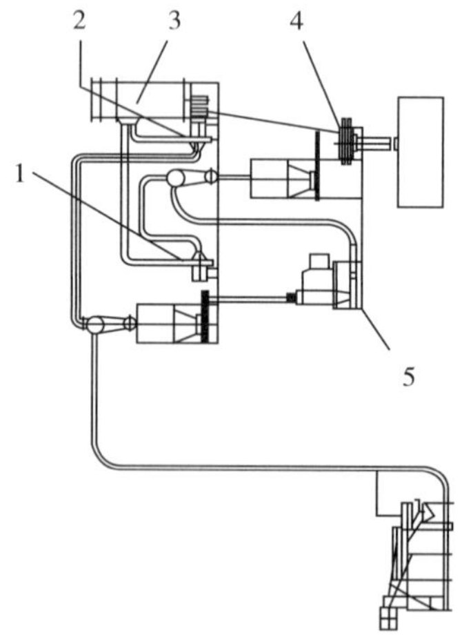

图4-54　干头粉碎系统结构图

1—风机　2—风机　3—除尘器
4—计量秤　5—磨机

干头粉碎系统由收集的和切断机切下的干面头，通过输送机送入破碎机，破碎机将挂面碎头打成10~20mm后到闭风器，通过高压风机送入磨粉机，再由磨粉机通过抽风机送入储粉仓上部的螺旋分离器，经过闭风器进入储粉仓、粉尘由螺旋分离器进入除尘器。

干头粉碎系统结构图如图4-54所示。

八、通心粉工艺设备

通心粉生产利用独特的挤压成型工艺，采用单螺杆挤出机，面团进入封闭的腔体，在螺旋杆推动下向前运动，由于螺杆的作用，物料受到摩擦、挤压、剪切的力作用，在加热条件下，压力、温度逐渐增加，面团物理性质发生变化，通过不同的模孔挤出。通心粉产品外形实现最佳的感官效果，挤压成型的产品具有半透明的浅黄色，色泽很好。通心面是挤压成型的，其最大优点是可以更换各种模具，挤压出空心或实心的圆形面条以及螺壳状、字母状、挂花状、车轮状等各种花色品种。通心粉生产线一般都采用先进的变频调速技术，具有高效节能、稳定性强，自动化程度高等特点。

通心粉挤压机结构图如图 4-55 所示。

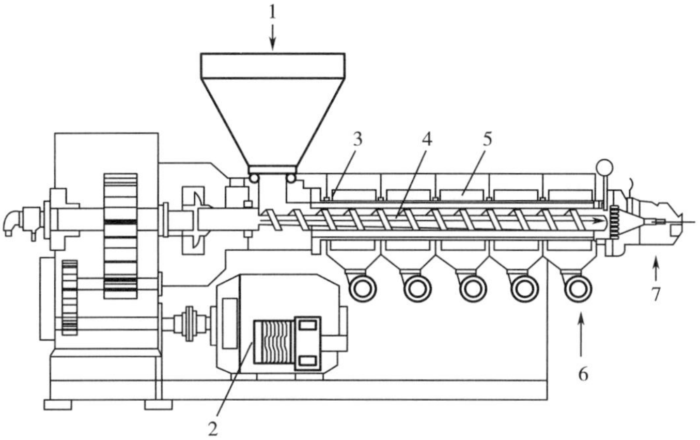

图 4-55　通心粉挤压机结构图

1—进料斗　2—电动机　3—腔体　4—挤压螺旋杆

5—加热装置　6—散热片　7—成型模具

通心粉设备及生产工艺流程如图 4-56 所示。

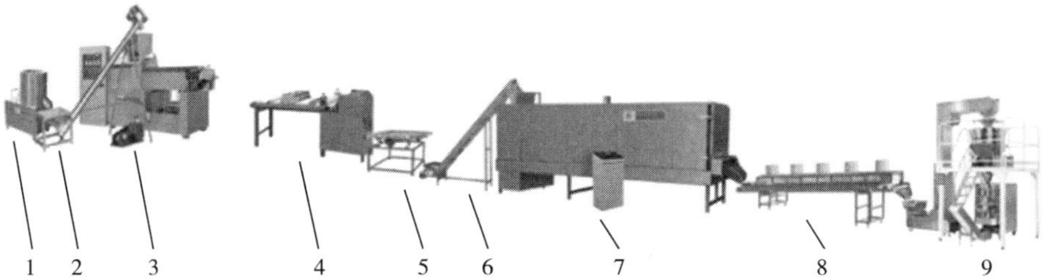

图 4-56　通心粉设备及生产工艺流程

1—和面机　2—输送机　3—挤压机　4—切断装置　5—筛子

6—提升机　7—干燥机　8—冷却输送机　9—包装机

第五章
面 包

第一节
面包定义及分类

面包是焙烤食品中历史最悠久、品种繁多、消费量最大的一大类食品，是欧美许多国家的主食。面包由欧美国家引入中国，经过不断地改进，已具中国地方特点，并成为中国面食点心的一大类，称为方便食品。面包具有丰富的营养价值和良好的风味，老少皆宜，冷热均可，既可作为简餐食品又可作为主食，是人们日常生活中喜爱的食品之一。随着经济的发展和人们生活水平的提高，面包的消费在饮食生活中的比重越来越大。

一、面包的定义

面包是以小麦粉为主要原料，以盐、酵母、糖、乳品、油脂以及添加剂等为辅料，添加水调制成面团，再经过酵母发酵、整形、成型、烘烤等工序制备的组织松软的方便食品。

二、面包的分类

面包的种类繁多，国内外尚无统一的分类标准，分类的方法较多，主要有以下几种分类方法。

（一）按面包的柔软度分类

1. 硬式面包

硬式面包也称欧洲式面包和大陆式传统面包。如法国面包、荷兰面包、维也纳面包、英国面包，以及我国生产的赛义面包、大列巴等面包。

2. 软式面包

如大部分亚洲和美洲国家生产的面包，如著名的汉堡包、热狗、三明治等。我国生产的面包大部分属于软式面包。

（二）按用途分类

1. 主食面包

配餐面包，配方中辅料较少，主要原料为小麦粉、酵母、盐和糖，含糖量不超过小麦粉的 7%。

2. 点心面包

配方中含有较多的糖、奶油、乳粉、鸡蛋等原料，作为点心食用。

（三）按成型方法分类

1. 普通面包

成型比较简单的面包。

2. 花色面包

成型比较复杂、形状多样化的面包，如各种动物面包、夹馅面包、起酥面包等。

（四）按用料不同分类

按用料不同，面包可分为水果面包、鸡蛋面包、奶油面包、椰蓉面包、巧克力面包、全麦面包及杂粮面包等。

第二节 面包加工原料与辅料

面包加工需要的原辅料包括小麦粉、水、酵母、油脂、糖、蛋品、乳及乳制品、食盐、乳化剂及防腐剂等。

一、小麦粉

小麦粉是面包制作的主要原料，是将小麦碾磨破碎后经筛理而得到。因此，小麦的品质对小麦粉的质量影响很大。小麦粉组成主要有碳水化合物、蛋白质、脂肪、酶等。不同等级的小麦粉其各种组成的含量不相同。

1. 碳水化合物

碳水化合物是小麦粉的主要组成部分，它占小麦粉总量的75%以上，包括淀粉、糖和纤维素，其中淀粉占90%以上。

（1）小麦淀粉　淀粉在常温下不溶于水。但当加热到约65℃时，淀粉粒开始吸水膨胀，当继续加热到85℃，淀粉粒会一直膨胀到原直径的5倍以上，全体变成半透明的糊状，成为有黏性的状态。这是因为淀粉粒胀裂后分子成为单分子状态，这些直链或支链淀粉分子在被搅动时互相缠绕钩挂，即呈现黏性。这种糊化状态的淀粉称为α淀粉。未糊化的淀粉分子排列很规则，称为β淀粉。一般来讲，由β淀粉变成α淀粉，在加热温度65℃时，要经过十几小时，80℃要经几小时，90℃要经3h，100℃只要20min便可完全糊化。面制品由生到熟的过程，实际上就是经历由β淀粉变成α淀粉的过程。α淀粉比β淀粉易消化。但α淀粉在常温下放置又会依条件不同逐渐变为β淀粉，这种现象称作α淀粉的老化。面包在刚制成时，淀粉为α状态，但放置一段时间后也会老化，使其口感、外观等商品价值下降。因此面包的防老化问题也是面包制作工艺中一个很重要的课题。

在面包焙烤过程中，淀粉的作用是十分重要的。当面团中心温度达55℃时，酵母会使淀粉酶加速活化，使淀粉分解为糖的变化加速，面团因此变软。这时淀粉吸水膨胀，形状变大，与网状面筋结合形成强劲结构。由于在膨胀中从面筋中吸取了水分，面团组织的弹性力和强度大大加强。

（2）糖　小麦粉中还含有一些非淀粉多糖类物质，主要是戊聚糖，有水溶性及水不溶性之分。小麦不同部位的戊聚糖含量不同，其中皮层部分、糊粉层含量高，胚乳中含量较少。小麦籽粒中戊聚糖的含量一般在5%~8%，而小麦粉中戊聚糖的含量一般在2%~3%。与小麦中蛋白质、淀粉含量相比，戊聚糖含量较少，但与小麦品质却有着非常密切的关系。研究发现，戊聚糖影响小麦硬度、小麦的加工品质、面团的流变学特性、面包的烘焙品质以及淀粉的回生等。戊聚糖本身作为一种细胞壁物质，其所具有的特性与小麦硬度、小麦加工品质有关。戊聚糖在小麦中主要存在于胚乳之外的皮层和糊粉层部分，而在胚乳中含量较少，这决定了其与小麦粉精度或灰分之间存在一定的相关性。戊聚糖所具有的较高吸水性、持水性及氧化交联形成凝胶的特性，对面团的流变学特性和面包的烘焙品质有着非常重要的影响。

小麦粉中的戊聚糖在面包烘焙中主要有以下三个方面的重要性质：影响面团的混合特性及面团的流变特性；可以与面筋一起包裹发酵过程中产生的气体，延缓气体的扩散速率，使面团的持气能力增加；可以通过抑制淀粉的回生而延缓面包的老化等。

（3）纤维素　小麦粉中的纤维素主要来源于种皮、果皮及胚芽，是不溶性碳水化合物。由于其化学性质非常稳定，因而不易被人体消化吸收。纤维素含量的高低直接关系到灰分含量的高低，但纤维素在小麦粉中含量很少，所以对面包的品质影响不大。

2. 蛋白质

小麦粉中的蛋白质是构成面筋的主要成分，主要由麦醇溶蛋白、麦谷蛋白、麦清蛋白和麦球蛋白等简单蛋白质所组成，其比例分别为40%~50%、30%~40%、3%~5%、6%~10%。麦醇溶蛋白和麦谷蛋白占蛋白质总量的80%左右，并且两者比例接近1：1，因此能够形成面筋。面筋含量的高低是衡量小麦粉品质的主要指标之一，它在面包制作中起着特别重要的作用。

制作面包时面筋蛋白的吸水膨胀需要有一个过程，即要有一个静止时间，这对面包特别重要。当小麦粉和水揉成面团后，由于面筋蛋白不溶于水，其空间结构和表层、内层都存在一定的极性基团，这种极性基团很容易把水分子先吸附在面筋蛋白单体表层，经过一段时间，水分子便渐渐扩散渗透到分子内部，造成面筋蛋白的体积膨胀，充分吸水膨胀后的面筋蛋白分子彼此依靠极性基团与水分子纵横交错联结起来逐步形成面筋网络。由于面筋蛋白空间结构中存在着巯基键，在面筋形成过程中很容易通过氧化，互相结合形成二硫键。这就扩大和加强了面筋的网络组织，随着时间的延长和对面团的揉压，促使面筋网络进一步完成细密化。这就是面筋形成的大致过程，由此可见，面筋主要是小麦粉中的麦醇溶蛋白与麦谷蛋白混合体系通过吸水膨胀形成的，如果这种体系遭到破坏，面筋便不能形成。面筋的吸水性能与温度有关，低温会影响面筋蛋白的吸水膨胀，高温会使面筋蛋白变性。面筋蛋白吸水膨胀的最适温度为30℃。

面筋的质量可以按它的物理特性来衡量。面筋质量的好坏对面包的品质有很大的影响。影响面筋质量好坏的物理特性指标主要有下列几个。

（1）弹性　面筋的弹性是指面筋拉长或压缩后恢复到原始状态的能力。面筋按其弹性强弱可以分为弹性良好的面筋、弹性脆弱的面筋和弹性适中的面筋三类。

弹性良好的面筋，拉长时有很大的抵抗力，手指按压后能迅速恢复原状，且不留痕迹。

弹性脆弱的面筋，拉长时几乎没有抵抗力，当使其下垂时，可因本身的质量而自行断裂；用手指按压后难以恢复原状，且留有较深的痕迹。

弹性适中的面筋，其弹性介于上述两者之间。

（2）延伸性　延伸性是指把面筋块拉到某种长度而不致断裂的性能，可用面筋块拉到断裂时的最大长度来表示。面筋按延伸性的强弱可以分为强力、中力和弱力三个级别。

（3）韧性　韧性是指面筋在拉长时所表现的抵抗力。

3. 脂肪

小麦粉本身脂肪含量很低，通常为1%~2%。小麦粉中由于脂肪的存在，易发生酸败而产生不良影响。但最近也有研究表明，小麦粉中含有的类脂质的性质和作用对小麦粉性质有较大影响。研究认为，大部分脂质在胚芽中，这部分脂质易酸败，属质量不好的脂质，而胚乳中的类脂质是形成面筋的重要组成部分，如卵磷脂是良好的乳化剂，使面包组织柔软，延缓淀粉老化。

4. 酶

酶是生化反应中不可缺少的催化剂，它具有专一性，某一种酶只能作用于某一特定的底物，而不像其他催化剂那样，可作用于多种物质。也就是说，酶是由活细胞产生的具有催化活性和高度专一性的特殊蛋白质。存在于小麦粉中的酶主要有淀粉酶和蛋白酶。

（1）淀粉酶　淀粉酶对于制作面包有很重要的作用，它们能使糊精及少量的可溶性淀粉转化为麦芽糖，麦芽糖再转化为葡萄糖，供给酵母发酵时所需的能量。

（2）蛋白酶　蛋白酶的功能是分解蛋白质，一般在小麦粉中含量很少。当小麦粉筋度太高时，搅拌所需的时间就较长。为了缩短搅拌时间，可以加入少量蛋白酶，适当降低面筋的筋度，软化面筋，从而增加面筋的弹性，蛋白酶一般用于连续法或快速发酵法的面包生产中。

二、面包加工辅料

（一）水

水是面包生产的重要原料，其用量要占小麦粉的50%，仅次于小麦粉居第二位。面包加工对所用水的水质也有其特定的要求，水质的好坏与面包加工过程及最终品质密切相关。

因为水是面包加工中重要的增塑剂与溶剂，由于水的存在，小麦粉才可能形成具有黏滞流动特性的面团，酵母生长等一系列反应才得以进行，最终才能加工成面包。因此水的性质和卫生情况对面包品质有重要的影响。

1. 水质对面团和面包品质的影响

水质硬度太高，易使面筋硬化，过度增强面筋的韧性，抑制面团发酵，面包体积小，口感粗糙，易掉渣。在工艺上可采用增加酵母用量、减少面团改良剂用量、提高发酵温度、延长发酵时间等方法。

水质硬度太低，则面筋过度软化，面团黏度大，吸水率下降。虽然面团内的产气量正常，但面团的持气性却下降，面团不易起发，易塌陷，体积小，出品率下降，影响效益。国外改良软水的方法主要是添加面团改良剂，这种添加剂中含有定量的各种矿物质，如碳酸钙、硫酸钙等钙盐，达到一定的水质硬度。

水的 pH 呈微酸性，有助于酵母的发酵作用，但若酸性过大，即 pH 过低，则会使发酵速度太快，并软化面筋，导致面团的持气性差，面包酸味重，口感不佳，品质差。酸性水可用碱来中和。

水中的碱性物质会中和面团中的酸度，得不到需要的面团 pH，抑制了酶的活性，影响面筋成熟，延缓发酵，使面团变软。如果碱性过大，还会溶解部分面筋，使面筋变软，使面团缺乏弹性，降低了面团的持气性，面包制品颜色发黄，内部组织不均匀，并有不愉快的异味。

2. 水在面包生产中的作用

①水化作用：使蛋白质吸水、胀润形成面筋网络，构成制品的骨架；使淀粉吸水糊化，有利于人体消化吸收；②溶剂作用：溶解各种干性原辅料，使各种原辅料充分混合，成为均匀一致的面团；③调节面团的黏稠度（软硬度），通过加入适当的水量控制面团的适当稠度（硬度、黏性），以便操作；④调节面团温度，可通过加冷水或热水的方法达到控制面团温度的目的以满足酵母的发酵条件；⑤帮助生物反应：一切生物活动均需在水溶液中进行，生物化学的反应包括酵母发酵都需要有一定量的水作反应介质及运载工具，尤其是酶。水可促进酵母的生长及酶的水解作用；⑥延长面包的保鲜期：延长保鲜期并保持长时间的柔软性。

3. 面包用水的要求

要求制作面包的原料用水应是透明、无色、无臭、无异味、无有害微生物，不允许致病菌的存在，满足生活饮用水水质标准。此外，面包加工对水的硬度、碱度及温度也有相应的要求。

面包加工用水要求硬度适中，即 8～16 度。过硬与过软的水均不适于面包加工。因为钙、镁离子的存在会强化面筋的韧性，使面包口感变得粗糙，并使面包发酵时间延长；而极软水会使面团过于柔软、发黏，缩短发酵时间，面包易塌陷。

面包面团属发酵面团，而酵母的最适 pH 生长范围为 5.0~5.8，显然，理想的面包加工用水的 pH 应控制为略小于 7。碱性水不利于酵母的生长，此时可添加乳酸进行中和；偏酸性的水将有助于面团发酵过程，但酸度过大的水会影响面包的最终体积。

不同的烘焙制品在进行面团调制时，根据各自面团的功能特性要求都有自己特定的温度条件。由于酵母的最适生长温度为 25~28℃，因此，发酵面团一般要求温度控制在 25~30℃。要使面团达到适宜的温度，通过水温来调节控制是一种十分方便且经济有效的手段。

（二）酵母

酵母是一种膨松剂，能使面包发酵形成蓬松多孔的组织，同时还可产生特殊的风味。

1. 面包生产常用的酵母

（1）鲜酵母　又称浓缩酵母或压榨酵母，是将酵母液除去一定的水分后压榨而成的。其优点是使用方便，可按配方中的用量任意称取。不足之处是不易保存，环境温度要求较严，只适宜 4℃以下保存（保存期 2~3 个月），13℃时保存期为 2 周，22℃时仅 1 周。若温度过高，酵母会自溶腐败，从而丧失活力。

（2）干酵母　又称活性干酵母，是由鲜酵母经低温干燥而成，有粒状和粉状两种。干酵母在干燥环境时呈休眠状态，因此使用时需经过活化处理，即以 30~40℃、4~5 倍酵母质量的温水溶解并放置 15~30min，使酵母重新恢复原来新鲜酵母状态时的发酵活力。干酵母的有效期一般不超过两年（温度 20℃左右）。储藏温度越高，则失效越快。因此购买干酵母需留意其有效期。

（3）速效干酵母　速效干酵母的优点是溶解速度快，一般无须活化便可直接加于搅拌缸内，例如法国的“沙夫牌”干酵母。

2. 发酵作用对面团及面包制品的影响

（1）酵母在面团内，可以帮助蛋白质分子链的形成。

（2）面团在搅拌时会包入一些氧分子，搅拌后的面团延展性大，阻力小，经 30min 松弛后，面团由于氧化作用而使面筋链互相结合，从而增加面筋强度。

（3）面团 pH 降低，一般搅拌好的面团其 pH 约为 6.0，发酵完成后约为 4.5，烘后约为 5.4。面团的 pH 在发酵后降低，其原因是：酵母代谢过程中所产生的有机酸；面团内的乳酸菌和醋酸菌，在发酵时产生乳酸和醋酸；面团的改良剂内作为酵母氮素来源的氨盐，如氯化铵等，均是强酸弱碱型盐类，经酵母利用后产生诸如硫酸、盐酸等强酸，也使面团的 pH 降低。但这些强酸含量极少。面团 pH 的适当降低有助于酵母的发酵，因为酵母发酵最适宜的 pH 为 5.0~5.8，在此 pH 下有利于增加面团的胶体膨胀及吸水作用，改善面包的物理性质。

（4）产生挥发性有机物质，形成面包特有的烘焙香味。

（5）发酵时间长短与发酵程度会影响醒发、烘焙等加工工序。发酵时间过长，因面包内蛋白酶的作用，分解蛋白质链，会减弱面筋的强度，影响面包组织结构；同时，对于含糖量低的配方，发酵时间过长，酵母消耗的糖量就多，剩余糖少，会使面包表皮颜色浅淡、苍白，而不能呈现金黄的颜色。当然，发酵时间不足而又无适当措施加以补救时，结果无疑是面包体积缩小。

3. 酵母在面包生产中的作用

（1）生物膨松作用　这是酵母的重要作用之一。在发酵过程中，酵母可以利用面团中的糖发酵，产生大量的二氧化碳气体，使面团膨松并在焙烤过程中变大，面包的网状组织得到充填，则面包疏松多孔，体积变大膨松。

（2）面筋扩展作用　酵母发酵具有面筋扩展的作用，使二氧化碳气体得以保留在面团内部并提高面团的保气能力。在发酵过程中，面包酵母中的各种酶不仅促进面团中所含各种糖的分解，而且也使淀粉、蛋白质发生复杂的生物化学变化。变化的产物除了二氧化碳外，还有酒精、酯类和酸等。这些生成物往往增加了面筋的伸展性和弹力。也就是说在发酵过程中，面团是一个成熟的过程，最终得到细小的气泡和很薄的膜状组织。

（3）改善面团的风味　酵母在发酵时，能使面包产生面包产品特有的发酵味道。另外，面包在发酵时除产生酒精外，还伴随有许多其他的与面包气味有关的挥发性与不挥发性的化合物，形成面包产品所特有的气味和芳香，而若用化学膨松剂则无此作用。

（4）增加面包营养价值　酵母的主要成分是蛋白质，在酵母体内，蛋白质含量几乎占一半，且主要氨基酸含量充足，尤其是谷物中较缺乏的赖氨酸含量较多。另外，酵母还含有大量的 B 族维生素，每克干酵母中含有 20～40μg 维生素 B_1，60～85μg 维生素 B_2，280μg 烟酸等。酵母的这些营养成分补充了小麦粉中所缺乏的各种营养素，从而提高了面包的营养价值。

因此，从后三种作用看，酵母的作用是化学疏松剂所不能代替的。

（三）油脂

1. 面包中常用的油脂

在常温下呈液态的油脂，如豆油、菜油等称作油。猪油、黄油、人造奶油等呈固态或半固态的称作脂质。面包中常用的油脂主要有人造奶油、奶油、猪油、起酥油和植物油。

2. 油脂在面包生产中的作用

（1）油脂的可塑性　可增加面团的延伸性，使面包体积增大，这是因为油在面团内，能阻挡小麦粉颗粒间的黏结，从而减少在焙烤过程中形成的坚硬面块。油脂的可塑性越好，混在面团中的油粒越细小，越易形成连续性的油脂薄膜。可防止面团的过软和过黏，增加面团的弹力，使机械化操作容易。油脂与面筋的结合可以柔软面筋，使制品内部组织均匀、柔软，改善口感。油脂可在面筋和淀粉之间形成界面，成为单一分子的薄膜，可以防止成品中的水分从淀粉向面筋的移动，所以可防止淀粉老化，延长面包保存时间。

（2）油脂的融合性　油脂可以包含空气或面包发酵时产生的二氧化碳，使面包体积增大。由于能形成大量均匀的气泡，所以使面包内部色泽好。由于油脂融合性的作用，有稳定面包面糊的功效。如面糊未搅入适量空气，呈现稀薄易流散的性质，尤其是高糖量的配方，面筋结构会更加脆弱，缺乏筋力。油脂的融合性越好，气泡越小、均匀，筋力越强，体积不但能发大，组织也好。此外，均匀气泡的形成使焙烤时传热均匀，透热性良好，风味好。

（3）油脂的风味和营养　各种油脂可以给面包带来特有的香味。油脂本身是很好的营养源，各种油脂具有约 39.71kJ/g 的热量，是食品中能量最高的营养素，热量的主要来源。同时，油脂内含有脂溶性维生素，可随油脂进入人体内，从而使面包营养更丰富。

（4）其他用途　油脂经过硬化或者其他处理后，可作为面包的夹心馅、表面装饰等。

3. 油脂的选择

（1）选用风味良好的油脂，尤其是在制作油脂量大的高级面包时，对烘烤后的风味有很大影响。通常，奶油作为首选，人造奶油次之。一般高级面包很少用植物油，若用菜籽油作配料时，应将其熬熟后再用，不然菜籽油的异味会影响面包的风味。

（2）选用可塑性范围广，易于同面包原料混合，并且在醒发中不易渗出的油脂，如奶油、人造奶油、猪油等。

（3）选用能抗淀粉老化的油脂，使面包能长时间保持柔软状态，如人造奶油。这种奶油是由彻底脱臭处理的三脱油和氢化油为原料精心配制成的，在加工中充进了 2%～12%体积的空气或氮气，该气体以极其微小的气泡均匀地散布在油中，它具有能够使面包内部布满油脂薄膜的能力。添加人造奶油制作面包时，在烘烤过程中，由于气体受热而膨胀，使面包瓤的蜂窝结构更为均匀细密而且疏松。

（4）制造多层次、酥性面包制品时，应选用起酥油。

（5）植物油与奶油、人造奶油、猪油相比是较差的，而且植物油带有本身的气味，一般只用于普通面包生产。

（四）糖

在面包制作中，糖和糖浆是非常重要的原料。除了使面包具有甜味外，还对面团的物理、化学性质有各种不同影响。

糖在面包生产中的主要作用如下。

1. 作为甜味剂

糖能给烘焙食品以适当的甜味。常用糖类的甜度顺序为：果糖>蔗糖>葡萄糖>麦芽糖>乳糖。

2. 给酵母提供能源

糖是供给酵母营养的主要来源。几乎所有的糖都可以在酶作用下分解为葡萄糖和果糖，酵母就是利用它们进行发酵的。发酵后的最终产物为二氧化碳和酒精。

焙烤食品的酵母在发酵时一般只能利用单糖，如葡萄糖、果糖等。双糖类（如蔗糖、麦芽糖）因分子太大无法透过酵母的细胞膜，所以不能被酵母直接吸收利用。但蔗糖可经过酶或酸的水解作用分解为单糖。小麦粉内的淀粉酶可以把小麦粉内的破裂淀粉转化为麦芽糖，麦芽糖又受酵母中麦芽糖酶的作用分解为葡萄糖供给酵母利用。酵母由于缺少乳糖酶，所以无法利用乳糖。

面团内加一小部分蔗糖（4%~8%）可以促进发酵，但超过了8%，酵母的发酵作用会因糖量过多而受到抑制，导致发酵速度减慢。葡萄糖、果糖如果分别使用，葡萄糖的发酵速度稍大于果糖，但如混合使用，葡萄糖的发酵速度与果糖的差异会加大。一般面团发酵过程中约有2%的糖被酵母利用产生二氧化碳和酒精，发酵剩余的糖称为剩余糖。显然，如果葡萄糖和果糖混用时或使用蔗糖时，剩余糖中果糖较多。面团内同样浓度的葡萄糖与蔗糖在发酵速度上没有大的区别。这是因为在调粉时，蔗糖会在转化糖酶作用下分解为葡萄糖和果糖。

3. 形成特有的表皮颜色

面包因其特有的表面颜色来引诱人们的食欲。不加糖的面包是淡黄色的，如硬式面包，而甜面包却可以烤成诱人的红棕色。这是因为糖在加热时发生了焦糖化反应和美拉德反应。

由于面团中的葡萄糖、果糖、麦芽糖及乳粉内的乳糖在同样温度烘烤时，成品形成的颜色深浅不同，所以有经验的人能从面包的颜色判断出面包中糖的成分和含量。果糖对热最为敏感，与葡萄糖相比，在较低温度下易着色，葡萄糖又比蔗糖着色能力好。但因蔗糖在发酵时已完全转变为葡萄糖和果糖，因此，同样添加量的蔗糖比结晶葡萄糖易产生理想的红棕色。

4. 对面包风味的影响

糖对面包风味影响最大。在制作过程中，糖可分解为各种风味的成分。在焙烤时发生的焦糖化反应或褐化反应产物，都可以使制品产生好的风味。面包制作时添加2%的糖足以满足酵母发酵产生二氧化碳的需要，但一般的面包用糖量在2%~7%，其目的就是要使剩余糖产生理想的风味。糖多的面包不仅味甜，易着色，而且在焙烤中有利于形成密封的面包表皮，使面包内部发酵所产生的挥发成分，不致过于蒸发而损失。

5. 对面包形态和口感的影响

糖对面包的影响主要是可以保持面包的柔软性，可以缩短焙烤时间，所以可以保存更多的水分于面包内，使面包柔软。糖少的面包由于焙烤时间长，成品干硬。

糖对面包的抗老化作用影响不大，也就是说糖无法防止面包变硬。但还原糖有较大的吸湿性，尤其是果糖。含糖量少或只含结晶葡萄糖的面包，果糖剩余量较少，因此面包易干硬。而高含糖量（20%~25%）的面包，由于发酵后剩余多量的果糖，因此有抑制面包水分蒸发，防止面包变干发硬的功效。

6. 提供生能物质

1g蔗糖约含16.72kJ的能量，可作为人体的能源成分被吸收。

7. 改善面团的物理性质

面筋形成时主要靠蛋白质胶体内部的浓度所产生的渗透压吸水膨胀而形成面筋。糖的存在会增加胶体外水的渗透压，对胶体内水分也就会产生反渗透作用。因此，糖过量会使胶体吸水能力降低，干扰面筋形成。每增加5%蔗糖使用量，吸水率减少约1%。这只是参考数值，调粉时应按制品实际情况掌握。

糖还影响调粉时面团搅拌所需时间。当糖使用量在20%以下时，影响不太大。由于前述反水化使用的原因，搅拌时间稍增加。但在高含糖量（20%~25%）配方的面团调粉时，面团完全形成时间大约增长50%，因而这类面团最好高速搅拌。

在面包发酵时，一般来说糖用量越多，产生气体越多。但有一定限度，糖的使用量最大不超过35%。用糖过多，面筋未能充分扩展，会使产品体积小，组织粗糙。在制作高糖面包时，应适当延长搅拌时间或采用高速搅拌机。

8. 抗氧化作用

氧气在糖溶液中溶解量比水溶液低得多，因此糖溶液具有抗氧化性。使用时，蔗糖可以在加工中转化为转化糖，具有还原性，所以是一种天然抗氧化剂。在油脂含量较高的面包中，这些转化糖可提高油脂稳定性，防止其氧化酸败，从而延长保质期。

（五）蛋品

蛋品是生产面包不可缺少的重要辅料。它是既营养又较廉价的一种动物食品，它的风味、色泽和烹调性使它在人们饮食生活中占有重要的地位。

蛋在面包生产中的作用：

（1）增加产品的营养价值。

（2）增加产品的香味，改善组织（口感）及滋味，增加产品的金黄颜色。

（3）作为产品的膨松剂。

（4）提供乳化作用。蛋黄中卵磷脂等的乳化作用可使面团光滑，改善面包内部颗粒，使其质地细腻、柔软酥松。

（5）改善产品的储藏性。由于蛋品的乳化作用，可以延缓面包老化。

（六）乳及乳制品

乳及乳制品含有大量的蛋白质及脂肪，且极易消化，能被人体很快吸收，具有很高的营养。就面包生产而言，乳及乳制品是面包生产的重要原料之一。乳及乳制品除了能提高面包的营养以外，还可以改善面包的组织、颜色及风味等品质。

1. 面包生产常用的乳及乳制品

乳品有牛乳、马乳、羊乳等多种，但目前占绝大部分的是牛乳，面包生产使用的也全部是牛乳及其制品。乳制品是以鲜乳为原料，经浓缩及其他一些加工工序而制得，一般分为炼乳与乳粉两大类。炼乳由牛乳脱水浓缩制成，包括全脂炼乳。炼乳具有浓厚的芳香味道，在面包生产中广泛应用。乳粉是鲜乳经蒸发除去了差不多全部的水分，并经巴氏灭菌后喷雾干燥（或浓缩干燥）而制得的粉状乳制品。根据其脱脂与否，也可分全脂乳粉和脱脂乳粉两种。面包厂一般所使用的乳品以脱脂乳粉为最多，而脱脂乳粉是经加热、浓缩、干燥而成。所以，一般而言对面包的品质有益无害。假如使用新鲜牛乳或新鲜脱脂牛乳，则必须加以适当的热处理。

2. 乳及乳制品在面包生产中的作用

（1）提供风味及滋味　乳及乳制品的添加可赋予面包乳制品特有的美味和香味，尤其对高档面包，乳制品成为必须添加的原料。

（2）提供丰富的营养　普通的面包（不含乳粉）含碳水化合物虽多，但蛋白质、矿物质及维生素含量较低，而且小麦粉蛋白质为一种不完全的蛋白质，缺少赖氨酸、色氨酸和甲硫氨酸等人体必需氨基酸。如面包配方加入6%的乳粉，可使赖氨酸增加46%、色氨酸增加1%、甲硫氨酸增加23%、钙质增加66%、维生素B_2增加13%，使面包更富营养、适合食用。

（3）对面团发酵的影响　面团发酵时，面团的酸度增加，发酵时间越长，酸度增加越大、但乳粉的乳蛋白可缓冲酸度的增加，增强面团的发酵耐性，使发酵过程变缓慢，面团也变得柔软光滑，便于机械操作，有助于品质的管理。例如不加乳粉的面团，搅拌后平均pH 5.8，经45min发酵后，降为平均pH 5.1；而含有乳粉的面团，搅拌后pH 5.94，经45min发酵后，降为pH 5.72。淀粉分解酶的最适pH为4.7，因此淀粉分解酶的分解速度在没有乳粉的面团中发酵比有乳粉的面团快。糖量少或没有添加糖的面团，加入乳粉会降低淀粉分解酶作用，最终减少面团气体的产生。在此情况下，可加入麦芽粉、麦芽糖浆，补救乳粉的影响。对于面团内已含有足量的糖，乳粉的添加可加速气体的产生，因为乳粉能刺激酵母内酒精酶的活性，加快发酵速度，增加气体的产生。

（4）对面包表面色泽的影响　牛乳内的主要碳水化合物为乳糖，具有还原性。同时，乳糖不被酵母发酵，可成为剩余糖。焙烤食品于烘烤时所形成的颜色主要有三方面原因：糊精化作用、焦糖化作用及美拉德反应。对面包表皮的着色以美拉德反应最重要，而还原糖与蛋白质是褐变作用的主要反应物质，添加乳粉会使蛋白质和剩余糖量增加，因此，有利于面包表皮及其他焙烤食品的颜色、光泽的形成。

（5）对面团加工性能的影响　乳粉可增加面团的吸水性，但必须配合充分的搅拌。乳粉可增强面筋的韧性和面团的搅拌耐性，不至于由于搅拌时间的增长，而致搅拌过度。

适合于焙烤食品用的牛乳，要求能保持高度的黏性，具有吸水量大、吸油量大的性质。而乳品吸水量的多少与酪蛋白的变性有关，其变性的程度越大，吸水量越大。酪蛋白是对热稳定的一种蛋白质，一些牛乳加工过程，热处理温度在60~94℃，酪蛋白变性很小。所以，牛乳必须经更高温度处理，使酪蛋白变性为好。

适当热处理的乳粉，可以增强面筋，增加面包的体积，低面筋率的小麦粉比面筋强的小麦粉受乳粉的影响大。适当热处理的乳粉吸水为其质量的100%~125%，而面包用小麦粉的吸水量只有其质量的58%~64%，因此，调粉时要考虑乳粉吸水的影响。

全脂新鲜牛乳及脱脂牛乳，如未经热处理，因含有多量活泼性巯基的乳清蛋白质，不仅不能改善面团的物理性质，而且减少面团的吸水性，使面团黏软，面团体积小；而牛乳经 85℃、30min 的加热，会使乳清蛋白变性，且使部分的蛋白质相互结合成更大的分子，因而失去巯基的活泼性，这样可降低对面团的不良影响。

（6）成品结构　脱脂乳粉可以改善面包的颗粒及组织，使面包颗粒细小、均匀并富有光泽。乳粉可增强面筋，增大面包体积。实验室的烘焙实验，使用良好品质的乳粉，可增加面包体积 5%~10%，但在商业化的生产中，它增加体积效果较小。

（7）储存性　面包老化的原因除了面包内淀粉的老化作用外，水分减少引起的硬化也是重要原因之一。含有乳粉的面包，有较强的保湿性，可减缓水分的蒸发，从而增加面包保持柔软的时间。

（七）乳化剂

乳化，指的是互不混溶的两种物质，例如水和油，变成和牛乳那样均一混合状态（乳浊液）的作用，把起这种作用的物质称为乳化剂，准确地讲，应称为表面活性剂（界面活性剂）。

1. 面包食品常用的乳化剂

（1）单甘油酯　单甘油酯类乳化剂种类比较多，以硬脂酸与甘油所形成的单酯最好。我国食用乳化剂主要是单硬脂酸甘油酯，也称作单甘酯。同时，还有一些衍生物，例如单酒石酸甘油酯（面包皮软化剂）、单琥珀酸甘油酯、单乳酸甘油酯以及单醋酸甘油酯等。单甘油酯是焙烤食品的主要乳化剂，它用于淀粉食品主要有以下作用。保护淀粉粒，抑制其溶胀；提高淀粉的糊化温度。保护已溶胀的淀粉粒，防止可溶性淀粉溶出；在加热时促进淀粉 α 化，并防止已 α 化的淀粉再结晶；防止淀粉糊的凝胶化。

（2）大豆磷脂　大豆磷脂中主要是卵磷脂。这类乳化剂溶于油脂，但不溶于水，添加到面团中可以提高面团的发酵耐性，并使面包外壳烘烤后颜色均一，有改良面团性质和软化面包表面的效果。这也是我国常用乳化剂之一。

（3）蔗糖脂肪酸酯　蔗糖脂肪酸酯是一种高效而安全的表面活性剂。一般作为 O/W 形成乳化剂，HLB 范围较广，4~18 范围内有各种产品。这种乳化剂也可以与淀粉结合成复合体，所以有防止老化作用，用于面包、蛋糕、稀奶油等的加工。

（4）丙二醇脂肪酸酯　丙二醇脂肪酸酯是一种油溶性、起泡力强的乳化剂，可作为面包皮软化剂和防老化剂。

（5）硬脂酰乳酸钙　硬脂酰乳酸钙是易溶于油，难溶于水的粉末，常被称作面团强筋剂或容积增大剂，它可以大大增加面筋的稳定性和弹性，增加面团调粉时对机械的耐性，并使面包质地好、容积大、表皮柔软，还有防老化效果。添加量不超过 0.5%，添加过多对面包风味有影响。

（6）山梨醇酐脂肪酸酯　山梨醇酐脂肪酸酯是一种由白色到黄褐色的液状和蜡状物，可用作起酥油的乳化剂，有防止老化、改善面团性质的作用。

2. 乳化剂在面包生产中的应用

现代化面包制作中乳化剂的使用量相当大，主要品种是单硬脂酸甘油酯，使用量最高可达小麦粉量的0.5%。一般制成粉剂使用，但有时作为起酥油的成分之一被使用；在大规模机械化、自动化制造面包时，乳化剂更是必不可少的添加物。美国则把面包用乳化剂分为两种：一种是面团改良剂；另一种是软化剂，也称抗老化剂。

乳化剂在制作面包中有以下主要作用：

（1）改良面团的物理性质，例如克服面团发黏的缺点，增强其延伸性等。

（2）提高机械耐性。

（3）有利于烘烤成柔软而体积大的面包，使面包组织细腻，有触感，口感得到改善。

（4）延缓面包老化，保持新鲜。

以上效果是小麦中的淀粉、蛋白质和脂质与乳化剂分别作用的综合效果。乳化剂改良面团性质的原理是：乳化剂在形成面团时，与小麦粉中形成面筋的蛋白质结合成复合体，促进了面筋的形成和它对机械操作的耐性，也就是说改变了蛋白质的性质。

延缓面包老化的乳化剂常用的是单甘油酯。作用原理是：调粉、发酵过程中，单甘油酯与淀粉中的直链淀粉结合成复合体，使得烘烤中淀粉膨胀时从淀粉中溶出的直链淀粉减少，也就是使这些直链淀粉在糊化时对淀粉粒间的黏结力降低，所以得到柔软的面包。另外，由于直链淀粉成为复合体后，抑制了直链淀粉的再结晶，即阻止糊化（α化）的淀粉分子又自动排列成序，形成致密、高度晶体化的不溶解性的淀粉分子微束。

（八）食盐

食盐是制作面包的基本配料之一，虽然用量不大，但对面包的品质改良作用明显。

1. 食盐的选择

盐有精盐、粗盐、工业用盐等几种。选择食盐时一定要看纯度，其次是溶解速度。一般选用精盐或者溶解速度较快的食盐。

2. 食盐在面包生产中的作用

（1）增加面包的风味　食盐是一种调味物质，能刺激人的味觉神经。盐可以引出原料的风味，衬托发酵后的酯香味，与砂糖的甜味互相补充，使味道甜而鲜美、柔和。

（2）调节发酵速度　盐的用量超过1%（以小麦粉计）时，就能产生明显的渗透压，对酵母发酵有抑制作用，降低发酵速度。因此，可以通过增加或减少配方中盐的用量，来调节和控制面团发酵速度。如果面包中不加盐，会使酵母繁殖过快，面团发酵速度过快，面筋网络不能均匀膨胀，局部组织气泡多、气压大，面筋过度延伸，极易造成面团破裂、跑气而塌陷，制品组织不均匀，有大气孔，粗糙无光泽。如果加入一定量盐，使酵母活性受到一定程度的抑制，就会使面团内产气速度缓慢，气压均匀，使整个面筋网络均匀膨胀、延伸，面包体积大、组织均匀，无大孔洞。

（3）强化面筋　盐可使面筋质地变密，增强面筋的立体网状结构，易于扩展延伸。

同时，能使面筋产生相互吸附作用，从而增加面筋的弹性。制作面包一般使用高筋小麦粉，应该少用盐，以调节小麦粉筋力。

（4）改善面包的内部色泽　食盐虽然不能直接漂白面包的内部色泽，但由于食盐改善了面筋的立体网状结构，使面团有足够的能力保持二氧化碳气体。同时，食盐能够控制发酵速度，使产气均匀，面团均匀膨胀、扩展，面包内部组织细密、均匀，气孔壁薄呈半透明、阴影少，光线易于通过气孔壁膜，故面包内部色泽变白。

（九）防腐剂

由于面包中含有丰富的营养物质，在物理、化学、酶及微生物等的作用下会发生腐败变质，进而带来经济损失。为了延长面包的保质期，普遍采用添加防腐剂的方法来抑制或杀灭微生物，从而防止或延缓食品的腐败。由于防腐剂价格低廉且使用方便，越来越受到人们的关注。面包制作中常用的防腐剂有：山梨酸及其钾盐、脱氢乙酸及其钠盐、对羟基苯甲酸酯类及其钠盐、双乙酸钠、单辛酸甘油酯、丙酸及其钠盐及钙盐等。

（十）淀粉

淀粉是指在面包制作中除主原料小麦粉本身含有的淀粉外，为了其他目的而添加的淀粉。淀粉一般用水洗的方法从农作物中提取，其中小麦中由于含有较多的蛋白质，所以淀粉提取比较困难，而大米的淀粉与蛋白质结合较紧密，提取也相对困难，所以淀粉产品以大米为原料的不多。玉米和薯类是提取淀粉的常用原料。同时，玉米淀粉和薯类淀粉也是面包常用原料之一。

一般来说，面包制作不使用淀粉，但为了制作一些有特别风味的面包，或为了合理利用粮食，有时也添加玉米淀粉。添加玉米淀粉后，面团的性质会受影响，面包体积变小，所以一般需要添加乳化剂来弥补这一不足。有时为了提高营养价值还可在混合粉中添加大豆粉，一般认为，在材料中添加 20%的玉米淀粉、5%的大豆粉和 0.5%的乳化剂，便可制得满意的面包。

第三节 面包加工技术

面包的加工过程一般可分为面团的调制、发酵、整形、醒发、焙烤、冷却和储存等工序。

一、面包加工工艺

根据所要生产面包的种类不同，选择不同配方。而工艺上的区别，主要在于面团的调制和发酵方面，整形后的工序基本相同。面包加工工艺主要有以下几种。

（一）一次发酵法

一次发酵法也称直接发酵法，是将所有的面包原料一次性混合调制成面团进入发酵工序的方法。

1. 一次发酵法的特点

一次发酵法的优点：缩短了生产时间，提高了劳动效率，减少了发酵损失，节约了机械设备、劳动力及车间面积，具有良好的搅拌耐力以及发酵风味，无异味和酸味。缺点是：面团的发酵耐性差，醒发和烘焙时后劲小，成品品质受原材料和操作误差影响较大，由于发酵时间短，面包体积比二次发酵要小，面包易老化。

2. 一次发酵法生产工艺

（1）工艺流程 如图 5-1 所示。

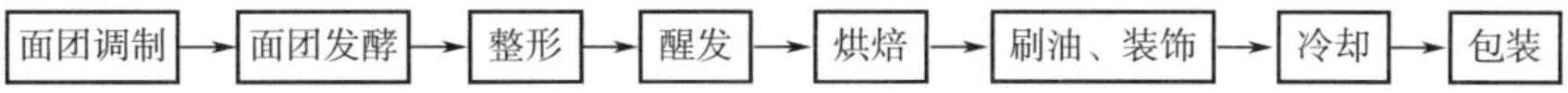

图 5-1 一次发酵法生产工艺流程图

（2）工艺要点

①面团调制：搅拌后的面团温度应为 27～29℃。搅拌时间一般在 15～20min。

②面团发酵：发酵是理想温度为 28～30℃，相对湿度 75%～80%。发酵时间主要由酵母用量来决定。如果面团中含有酵母营养物质，发酵时间则会大大缩短。如果使用鲜酵母 2%，发酵时间约为 2h；使用即发干酵母 0. 8%，发酵时间为 2. 5～3h。

③整形：整形与常规方法相同。

④醒发：面团醒发温度 38～43℃，相对湿度 85%～90%，醒发时间 50～65min。

（二）二次发酵法

二次发酵法又称为中种发酵法和分醪法，即采用两次和面、两次发酵的方法。首先将小麦粉的一部分（55%～100%）、全部或者大部分的酵母、起酥油以及水等调制成“种子面团”发酵，然后再加入其余原辅材料，进行主面团调粉，再进行发酵和整形等制作工序。

1. 二次发酵法的特点

二次发酵法的优点：面团发酵充分，面筋伸展性好，有利于自动化机械操作，发酵耐力好，后劲大。比一次发酵的面包体积大、组织细腻及表皮柔软，有独特的芳香风味，面包储存时间长，不易老化。二次发酵法的缺点：搅拌耐力差，生产周期长，效率低，需要的机械设备、劳动力及车间面积较多，投资大，发酵时间长，香味和水分挥发较多。

二次发酵法小麦粉应选择筋力较强的高筋小麦粉，如果小麦粉筋力不足，则在长时间的发酵中，面筋会受到破坏。因此，筋力较弱的小麦粉应放在主面团中。筋力较强的小麦粉在种子面团中的比例应大于主面团的小麦粉比例，发酵时间也应长于主面团。

二次发酵法种子面团中一般不添加除酵母食物以外的其他辅料。种子面团和主面团的小麦粉比例有以下几种：80/20、70/30、60/40、50/50、40/60、30/70。高筋小麦粉多数使用70/30和60/40，即种子面团小麦粉用量高些。中筋小麦粉（例如国产特制粉）多使用50/50，即种子面团小麦粉用量少些，发酵时间不易太长。二次发酵法比一次法酵母用量少。种子面团与主面团的小麦粉比例应根据小麦粉筋力大小来灵活调制。

种子面团的加水量可根据发酵时间长短而调整。一般情况下，种子面团加水量少，发酵时间虽长，但面团膨胀及面筋软化成熟效果好。而水分用量多的种子面团，发酵时间短、速度快，但面团膨胀体积小，面筋软化成熟差。

酵母的用量一般比正常一次发酵法减少20%左右。二次发酵法因种子面团中不含盐，面筋不能硬化，水化作用迅速，发酵能充分进行。

2. 二次发酵法生产工艺

（1）工艺流程　如图5-2所示。

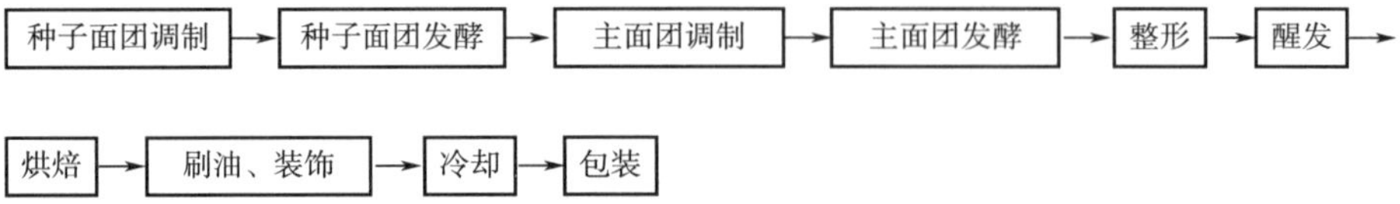

图5-2　二次发酵法生产工艺流程图

（2）种子面团工艺要点

①种子面团调制：将种子面团配方所需的原辅料全部加入搅拌机中，搅拌8~10min即可。种子面团不必搅拌太长时间，也不需要充分形成面筋，其主要目的是扩大酵母的生长繁殖，增加主面团和醒发的发酵潜力。可将面团搅拌稍软、稍稀一些，以利酵母生长，加快发酵速度。搅拌后面团温度应控制在24~26℃。

②种子面团发酵：在28~30℃，相对湿度70%~75%的发酵室中，发酵4~6h即可成熟。成熟的判别标志参照发酵工艺部分。

（3）主面团操作工艺要点

①主面团调制：首先将主面团中的水、糖、蛋、添加剂加入搅拌机中搅拌均匀。然后加入发酵好的种子面团，将其搅拌使其解开。再加小麦粉、乳粉搅拌至面筋初步形成。加入油脂搅拌至与面团充分混合时，最后加入食盐搅拌至面团细腻、光滑为止。搅拌时间一般为12~15min。

②主面团发酵：发酵40~60min，并应根据种子面团与主面团的小麦粉比例来调节。如果种子面团小麦粉比例大，即所谓的种大，则主面团发酵时间可缩短，反之则应延长。

③整形：整形与常规方法相同。

④醒发：二次发酵法的面团醒发时间要比其他方法短一些。在38~40℃，相对湿度

85%~90%的条件下，醒发 50~65min。由于面团中酵母孢子多，后劲大，即面团醒发程度可比一次法稍轻一些，以利在烘焙过程中面团体积进一步膨大。

（三）液体发酵法

液体发酵法（也称水种法）是酵母做成液态酵母（液种），进行预先发酵后，再加入小麦粉等剩余原料，调制成面团。以后的工艺可以采取直接发酵或中种发酵法。一般往液种中加入缓冲液以便稀释发酵中产生的酸，使 pH 在发酵后稳定在 5.2 左右。

由于在发酵过程中无法进行面筋熟成（Gluten Development），所以在调制面团时应予以补救（Mechanical Development）。

1. 液体发酵法的特点

液体发酵法的优点：液种可大量制造并在冷库中保存，易于生产管理，从原辅料处理到成品包装可实现全部自动化和连续化生产，缩短了面团发酵时间，提高了生产效率，延缓了面包的老化速度。液体发酵法的缺点：面包风味稍差，技术要求较高。

2. 液体发酵法工艺

（1）工艺流程 如图 5-3 所示。

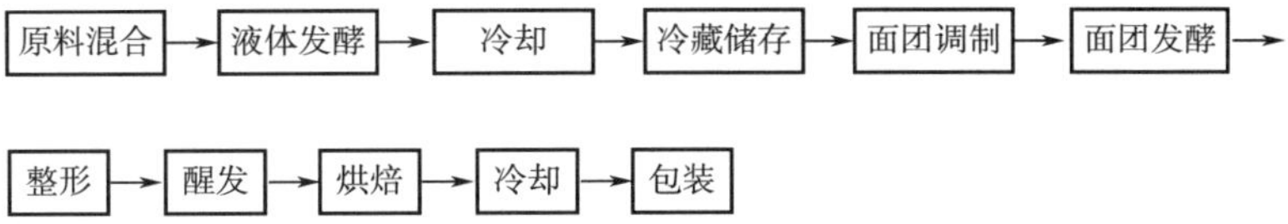

图 5-3 液体发酵法工艺流程图

（2）工艺要点 液体发酵有两种形式：无小麦粉发酵液和含小麦粉发酵液。

①无小麦粉发酵液：无小麦粉发酵是发酵液中没有加入小麦粉，小麦粉加到主面团中。发酵液中主要是水与酵母之间的比例变化，一般在（4~20）：1 范围内变化。在液体发酵中要获得理想的面团，适当的酵母用量是很重要的。浓缩酵母发酵液中（水：酵母=4：1），可以使用所有的酵母，但只能使用总水量的大约 15%。但在高含水量的发酵液中（水：酵母=20：1），可以使用所有的酵母和全部的水。无小麦粉发酵使用的酵母量比有小麦粉发酵多，以获得适当的气体。

为使酵母正常生长，在发酵液中的加糖量是小麦粉添加量的 3.5%，或者等于发酵液中酵母的量。但要尽量使糖残留得少。添加在面团中的糖只用于表皮着色。

盐的添加量必须经过计算，只能使用总盐量的一部分。它能帮助减慢发酵速度并改善发酵耐力。

无小麦粉发酵液的温度要比含有较高小麦粉的发酵液的温度高。这是由于无小麦粉发酵液通过设备时较为方便，迅速通过输送管道冷却。由于温度较高，降低了渗透压，酸和其他发酵产物形成得较快。

无小麦粉发酵所需的时间为 45~90min。液体发酵完成以后，发酵液要冷却到 4~

7℃。并放置在冷却箱内，可以储存24~48h，甚至更长的时间。

无小麦粉发酵的主面团的吸水率比有小麦粉发酵面团的吸水率高。这样才能有相同的面团黏稠度。无小麦粉发酵通常使用面团组织改良剂。在面团搅拌阶段，为促使面团的形成，就要增加机械搅拌的时间和提高面团温度。稍高一点点的面团温度将改善酵母的产气性并增加氧化速度。在无小麦粉发酵中使用氧化剂，以改善面团性能、颗粒、结构和成品体积。氧化程度取决于时间、温度和pH。

②含小麦粉发酵液：含小麦粉发酵液与无小麦粉发酵液发酵的主要区别是在发酵液中含有一定量的小麦粉。小麦粉的添加范围是10%~60%，如果超过60%，其现象类似于普通种子面团，失去了液体发酵的优点。

当发酵液中小麦粉的百分含量增加时，会发生以下变化：首先，当小麦粉增加时，小麦粉中大量的淀粉可以转化成糖，就可减少蔗糖量。当小麦粉含量达到50%~60%时，蔗糖可以完全不加。第二，小麦粉中的蛋白质可以缓冲pH，当小麦粉添加量达到40%~60%时，缓冲剂可以完全不用。但是随着小麦粉量的增加，发酵液中的起泡性增加，对面包生产极为不利。在发酵液中加入少量的油可以减少起泡，降低搅拌速度（15~20r/min）和发酵温度（24~28℃）也可解决这个问题。

在液体发酵液中，水的添加量是通过计算得出的，既要获得适量的酵母浓度，产生理想的发酵副产品，又要使水的用量保持在配方中规定的吸水率范围内，广泛使用的液体发酵液中水和小麦粉的比例为1∶1，酵母的用量通常比无小麦粉发酵液低。

面团搅拌时间随小麦粉量的增加而减少，这是由于液体发酵液中产生的发酵产物（如酸等）对小麦粉具有改良作用，只有少量小麦粉被加入主面团中，因此主面团可以减少机械搅拌时间和氧化剂用量，以使面筋重新组合，获得最佳的持气性和良好的面团性能。

③冷藏储存：大规模生产的工厂发酵液制备量较大，然后分批使用，所以需要冷藏储存。发酵完毕将料液温度下降到24℃，能使用24h；冷却到10℃，能使用36h。

（四）冷冻面团法

冷冻面团保存期可达数星期到半年，冷冻法主要有：①面团冷冻法：将主面团调制好后冷冻（或冷藏发酵）；②小块冷冻法：将分割后的小块面团冷冻（或冷藏发酵）；③成型冷冻法：将成型好待烤的面包冷冻（或冷藏发酵）。

冷冻面团在冷冻、储存及解冻过程中由于各种因素的影响会使其品质下降，在众多影响因素中以酵母和小麦粉的特性对冷冻面团生产面包的质量影响程度最大，其他辅料对其品质也有影响，下面介绍冷冻面团中原辅料的选择。

1. 原辅料的选择

（1）小麦粉　冷冻面团所需要的小麦粉要比通常的主食面包含有较高的蛋白质。这种小麦粉可以是春小麦和冬小麦的混合物。蛋白质含量应该在11.75%~13.5%。小麦粉可以经过漂白、加氧化剂和加淀粉酶。在小麦粉中要求蛋白质含量高的原因是保证面团具有充足的韧性和强度，提高面团在醒发期间的持气性。面团吸水率为50%~63%，冷冻面团的生产采用较低的吸水率是理想的。因为较低的吸水率限制了自由水的量，自由水在冻结期间对面团和酵母具有十分不利的影响。较低的吸水率在冻结期间对保持面团的形状是相当重要的。在考虑吸水率的时候，我们应该在面团中尽可能多地加水，以使面团能充分吸水，但要以最低限度的自由水为前提。

（2）酵母的用量　酵母用量通常是3.5%~5.5%，这个用量可以根据产品的种类或糖的用量来改变。如果使用面包用压榨酵母，这种酵母储存不应超过3d。这将有助于使冷面团储存更长的时间。从酵母活性的观点来看，要保证酵母的质量，面包食品厂通过做酵母的发酵力试验来检验酵母的活性和质量。也可以使用活性干酵母。但是在使用活性干酵母时，必须注意要以较低的用量来使用。正确的使用量应是鲜酵母用量的1/2。活性干酵母中也含有一定数量的损伤酵母细胞和谷胱甘肽，谷胱甘肽也是一种还原剂，它对面筋具有软化作用。通过添加溴酸钾或抗坏血酸能够弥补这种缺点。因此，当使用活性干酵母时，应该同时使用较多的氧化剂。这可使面团在冻结和储存阶段保持相对稳定质量。采用冷冻面团生产面包时，酵母的耐冻性是影响面包质量的关键，必须选择耐冻性好的酵母。不同的酵母其耐冻性也不同。

（3）盐　正常的盐用量应该是1.75%~2.5%。

（4）糖　糖的使用量根据产品的种类而定。因此必须记住对于冷冻面团糖的用量要比普通面包的配方高一些。在冷冻面团中糖的用量一般是6%~10%。糖的用量较高的产品表明储存时间要稳定的多。这是由于糖的吸湿性质。

（5）油脂　油脂的用量为3%~5%。这将增加面团的起酥性能，使面团更有利于机械加工，也改善了面团在醒发期间的气体保持性能。

（6）面团干燥剂　过氧化钙、硬脂酰乳酸钠（SSL）、硬脂酰乳酸钙（CSL）具有干燥作用。这些物质可以与水互相结合，降低面团中的自由水。SSL和CSL也具有组织柔软作用，改善面团在醒发阶段中的气体保持性能。

（7）氧化剂　在冷冻面团中选择适当的氧化剂和用量是非常重要的。计算氧化剂的添加量时，要把存在于小麦粉和酵母中的氧化剂计算在内。

（8）快速发酵法混合料　对于大批量冷冻面团的生产，通常都是采用快速发酵法。加入半胱氨酸快速发酵相当流行，其有助于减少面团搅拌时间。但使用量不宜过大，能满足将面团搅拌时间降低15%~20%即可。如果添加量过高，将使面团变得过度软弱，导致面团变成畸形，而且有可能在醒发期间面团塌陷，最后成品体积小。

2. 生产工艺

大多数冷冻面团产品的生产都采用快速发酵法，即短时间或无时间发酵。许多研究证明，应用长时间发酵的工艺方法对冷冻面团生产来说是最不理想的。因此，在任何发酵方法中，用二次发酵法生产的冷冻面团产品储存时间最短，保质期最差。这是由于在较长的种子面团发酵期间酵母被活化所致。这种活化作用使酵母在冷冻和解冻期间更容易受到损伤。液体发酵法发酵时间很短，已经证明是生产冷冻面团产品的唯一可勉强接受的方法。

概括起来，短时间或无时间一次发酵法生产冷冻面团是最合适的，它们能使产品冻结后具有较长的保质期。这是由于经过冻结后酵母幸存下来。

（1）冷冻面团工艺流程　如图 5-4 所示。

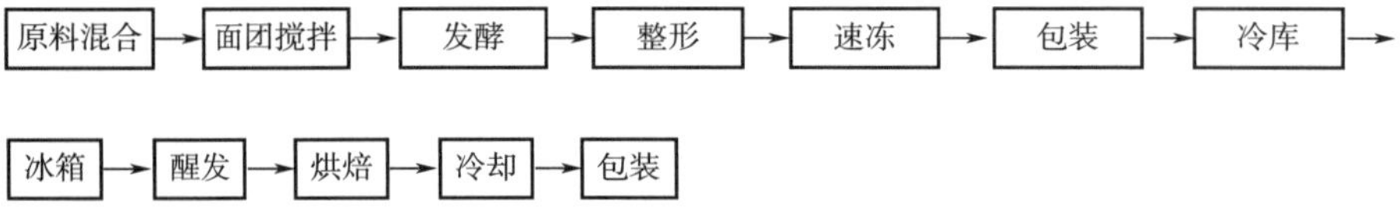

图 5-4　冷冻面团工艺流程图

（2）工艺要点

①面团搅拌：面团搅拌取决于产品的种类，面团的良好扩展和形成对产品的质量十分重要。在面团搅拌过程中应该注意面团要一直搅拌到面筋完全扩展为止。如果搅拌过度，面团将变得过分柔软以致不适宜后道工序的加工，面团冻结储存后气体保持性能变劣。

②面团温度：面团温度对于生产高质量和保质期长的产品来说非常重要。面团搅拌后的温度范围在 18~24℃ 比较理想。较低的面团温度能使面团在冻结前尽可能降低酵母的活性，这将延长面团的搅拌时间。

如果面团温度过高，将有助于酵母活性被大大激活，从而造成酵母过早产气发酵，在分块时不稳定，不易整形，导致保质期缩短。

③发酵时间：发酵时间通常控制在 0~45min，平均 30min。缩短发酵时间表明，在冻结加工期间能减少酵母被损害的程度。增加发酵时间将有助于冻结储存期间酵母的更大损失，导致冻结储存期缩短。

④整形：由于冷冻面团要比普通面团的吸水率低，而且面团温度也低，因此加工这种硬面团必须调节分块机。这可以通过调节活塞弹簧的压力来完成。如果压力太小将导致分块质量不稳。压力过大将使面团受到机械损伤。面团受到损伤后，在整形期间气体保持性能变劣，成品的体积变小，组织不均匀，质量严重下降。

⑤压片和成型：面团经过再次机械加工对于生产出高质量的产品是非常重要的。在压片和成型期间，应该适当的调整压片机和成型机，以避免面团被撕裂。如果面团在这个阶段受到任何损伤都将使面团变得软弱，成品体积小，持气性变劣。因此，整形后要迅速地冻结面团。

⑥机械吹风冻结：面团机械吹风冻结的工艺条件：-40~-34℃，同时以 16.8~19.6m^3/min 流速让空气对流。对于 0.454~0.511kg 的面块经 60~70min 机械吹风冻结后，面块的中心温度达到-32~-29℃。

⑦低温吹风冻结。低温吹风冻结（CO_2、N_2）是在-46℃的温度下完成的。0.454~0.511kg 的面块吹风时间通常在 20~30min。机械吹风冻结将使面团沿着四周形成一层厚表壳。这个冻结薄层厚度是 0.38~0.65mm。当面团可能出现固化冻结时并不影响产品质

量，因为面团的内部温度仍然相当高，且需要时间来达到动态平衡。面团约 90min 后能达到温度平衡。经过这段时间后平衡温度达到-7～-4℃。如果平衡温度相当高，将需要延长吹风冻结时间。经过吹风冻结后，产品通常被包装在衬有多层纸的纸板箱里。这种多层衬纸能够防止冷面团在储存期间过多地失水。

⑧冷藏间温度：如果冷冻面团要储存很长一段时间，储存温度选择-23～-18℃是最优的。然而在实际应用中，这是非常困难的。因为在生产中总是要进进出出，加工冲霜，冷藏间的温度难免有一些波动。但必须注意，冷藏间在较高温度波动要比在较低的温度波动，对面团的储存具有更大的危害性。冷藏间温度的波动将损害面团的质量，降低面团的保质期，这是由于冰结晶形成和运动的结果。对于面团的保质期，通常考虑最长为 5～12 周。储存 12 周以后，面团变质相当快。如果面团储存 3 周时间，则不需太严格的工艺控制。

二、面团的调制

面团的调制也称搅拌、和面捏合，面包制作最重要的两个工序是面团的调制和发酵，调制工序成功与否将直接影响到面包品质的好坏，在整个面包制作工序中它占到25%的影响。

（一）调制的目的

在调制过程中大量拌入空气可以为酵母提供适宜的氧气来源。将面团中各成分均匀地混合在一起，成为质量均一的整体，使各成分相互充分接触并发生预期的反应。加快小麦粉吸水、胀润形成面筋的速度，小麦粉遇水，表面会被润湿，形成一层胶韧的膜，阻止水的扩散。搅拌可以通过机械的作用破坏小麦粉表面的膜，使水分很快向更多的小麦粉粒浸润。促进面筋网络的形成，使面筋蛋白充分吸水胀润，并与空气充分接触，促进面筋发生一系列的变化，进一步扩展面筋，形成有适当弹性、延伸性的面团。

面团经过搅拌，达到一定的吸水程度、pH 和温度，为酵母的发酵产气提供适宜的环境。使空气进入面团中，并尽量达到均匀分布的目的。烘烤后面包中的蜂窝状结构的形成完全依赖于面团中气泡的产生及保持。气体的保持取决于面团调制过程中面筋网络的扩展情况，而气体的产生则是酵母在面团中发酵产生二氧化碳气体。

（二）调制阶段

1. 混合原料阶段

所有配方中干、湿性原料混合在一起，使其成为一个既粗糙，又湿润的面团，这时面筋还未开始形成，用手触摸面团能感觉很粗糙、无弹性和延伸性。

2. 面团卷起阶段

此时面筋开始形成，配方中的水分已全部被小麦粉吸收，由于面筋的形成，面团产生了强大的筋力，将整个面团结合在一起，开始不再粘缸，搅拌缸上黏附的小面块也被粘干净，面团表面很湿，这时用手捏面团不是很粗糙，但仍会粘手，没有延伸性，缺少弹性，而且易断裂。

3. 面筋扩展阶段

随着面筋不断地形成，面团表面已趋于干燥，而且较为光滑，有光泽，用手触摸时有弹性，柔软，拉面团时具有延伸性，但仍易断裂。

4. 搅拌完成阶段

在此阶段，面筋已完全形成，面团柔软而且具有良好的延伸性。这时，搅拌钩在转动时面团又会再黏附在缸的边侧，但当搅拌钩离开缸侧时，黏附在缸侧的面团又会随钩离去，并会发出噼啪的打击声和嘶嘶的粘缸声。此时，面团的表面有光泽，且细腻无粗糙感，用手拉取面团时感觉非常柔软，有良好的伸展性和弹性，并且能拉出一块很均匀的面筋膜。现在为面团调制的最佳阶段，即可停止，进行发酵。

5. 搅拌过度阶段

如果在搅拌完成阶段时还不停止，而继续搅拌，则面筋超过了搅拌耐度，就会逐渐打断，面团外表会再度出现含水的光泽，出现黏性，不再随搅拌钩的转动而剥离，如停止搅拌面团则会向四周流泻，用手拉面团时没有弹性和延伸性，且很粘手。这时已严重影响了面团的质量。

6. 面筋打断水化阶段

若再继续搅拌下去，面团就开始水化，越搅越稀，且流动性很大。用手拉面团时，手掌上会有一丝丝的线状透明胶质出现，洗面筋时已无面筋可洗出。这时面筋已彻底被破坏，不能再用于制作面包。

（三）面团调制工艺

1. 原料的预处理

（1）小麦粉的处理　在生产前应根据季节的不同对小麦粉进行调温处理，以利于面团面筋的形成和面团发酵。一般冬季应将小麦粉储存于温度较高的地方，以提高粉温；夏季则应将小麦粉存于干燥、低温、通风良好的地方。小麦粉在使用前一般要经过筛处理，使小麦粉形成松散而细小的状态，并获得一定量的空气，从而有利于面团的形成，有利于酵母的生长和繁殖，促进面团发酵、成熟。小麦粉过筛还能清除其中的杂质，过筛装置中应安装磁铁，可吸附小麦粉中的金属杂质，起到净化小麦粉的作用。

（2）酵母的活化　生产面包使用的酵母不论是鲜酵母或干酵母，在使用前都需要进行活化处理。鲜酵母的活化方法是先将酵母放在是酵母质量 5 倍、26~30℃ 的温水里，把酵母块搅碎，活化时间 20min 左右，当表面出现大量气泡时即可使用。不符合质量的酵母，如表面发黏或处于溶解状态的鲜酵母，最好不用或去掉变质部分。对于干酵母，应加入酵母质量约 10 倍的水，水温可在 40~44℃，活化时间可适当延长。

活化时可以经常搅拌，促进酵母均匀分散在水中。水温不宜超过 50℃，过高的温度容易造成酵母细胞失活。酵母溶解后应在30min内使用，如不能立即使用，则应低温保藏。

在处理使用各种酵母时，酵母不能同食盐、浓度高的糖液、油脂等物质直接混合，因为盐、糖所产生的渗透压能抑制酵母的生长。

（3）水的处理　水的处理也是提高面包质量的重要环节。硬度过大或极软的水都不适宜面包生产，硬度过大的水会增强面筋的韧性，延长发酵时间，并造成产品口感粗糙。使用极软的水会使面团过软及发黏，面包塌陷。因此，水的硬度过大时，使用前要进行水处理，可加入碳酸钠使其沉淀以降低硬度。对极软的水可添加适量的磷酸钙或硫酸钙，以增加其硬度。

碱性水或酸性水也不利于面包生产，碱性水不利于酵母的生长，延缓面团的发酵，酸性水会提高面团的酸度。碱性水可用乳酸中和后使用，酸性水可用碳酸钠中和后使用。此外，还要根据调制面团的要求来控制水温。

（4）食盐、糖、乳粉等辅料的处理　食盐使用前要用水溶化，过滤后使用。砂糖使用时用水化开，再经过滤后使用。乳粉使用时不可直接加入到调粉机中，以免乳粉吸水结成团块而影响面团的均匀性。应加适量的水调成乳状液后方可使用，溶解前与部分砂糖混合有助于乳粉更好地分散。

2. 投料顺序

在面团的调制过程中，投料顺序是根据发酵方法而定。

对于一次发酵法和快速发酵法，调制面团时先将水投入和面机中，再加入处理过的糖、蛋和各类添加剂充分搅拌，乳化均匀后再加入小麦粉，开始搅拌，加入已活化好的酵母溶液，混合均匀，待面团稍形成，面筋还未充分扩展时加入油脂拌匀，再加适量的水，继续搅拌至面团成熟，即进入发酵阶段。食盐溶液一般在调粉后期，但面筋还未充分扩展之前或面团调制完成前的5~6min加入。

二次发酵法调制面团是在第一次面团调制时，即将全部小麦粉的30%~70%加入调粉机中，再加入适量的水和全部活化的酵母溶液及少许糖，调成面团，待其发酵完毕后，再进行第二次调制面团。将第一次发酵好的面团，加入适量的水，搅拌调开，再加入剩余的小麦粉、糖和蛋、乳粉、添加剂等辅料，搅拌至面筋初步形成。加入油脂与面团混匀，最后加入食盐搅拌至形成均匀、光滑而有弹性的面团，进入第二次发酵阶段。

进行搅拌的面团的量应为搅拌缸容积的30%~65%，过多或过少会影响面筋形成效果，也会影响到面团的温度。

3. 面团温度的控制

面团的调制时间的控制与面包的不同发酵方法有关，并应依照面团温度的高低来选择适当的发酵时间。调制后面团温度过高，酵母很快产生气体，面团快速发酵，则容易发酵过度，最终面包酸味较重，成品外观与形状不佳；而如果调制后面团温度过低，发酵时酵母繁殖较慢，产生气体不足，发酵不够，最终面包体积小，内部组织紧实，香味不够。一般情况下，常用发酵法的面团温度为25~28℃，快速发酵法的面团温度为

30℃，酸面包制作法的温度为24~27℃。在没有自动温控系统的情况下，面团的温度主要依靠加水的温度来调节，在常用的材料中，水不仅比热容较大，而且容易加热和冷却。

搅拌中机器的摩擦会造成面团温度的升高。调制时的室温、调制时间都会直接影响面团的温度变化，而面团的调制时间与搅拌速度、面筋强弱、面团数量等因素有关，面团数量大，面团筋力强，搅拌转速低，则相应调制时间较长。调制时间的长短影响调制后面团的温度。计算水温时需要先求出调制时的摩擦升高温度，在测得室温、粉温、水温后，按配方及工艺取等量材料进行搅拌，测得搅拌后面团的温度，可根据以下公式计算摩擦升高温度。

面团经过搅拌摩擦后，一般手工搅拌升温2~3℃，低速搅拌升温3~5℃，中速搅拌升温7~15℃，高速搅拌升温10~15℃。

4. 调制时间的控制

一般不能变速的调粉机，调制时间15~20min，而能够变速的调粉机调制时间为10~12min。一般情况下，调制时间过长或过短都会为后面的工序带来不良的影响。

（1）搅拌不够　因面筋未能充分扩展，达不到良好的伸展性和弹性，这样既不能保存发酵中所产生的气体，又无法使面筋软化，做出来的面包体积小，两侧往往向内塌陷，内部组织粗糙且多颗粒，结构不均匀。

又因搅拌不足，氧气氧化也不足，造成内部颜色呈褐黄色。搅拌不够的面团表面较湿，硬度大，所以在整形操作上也较为困难，很难滚圆至光滑，使烤好的面包外表不够均匀光滑。

（2）搅拌过度　面团搅拌过度会使已形成的面筋被打断，导致面包在发酵产气时很难保住气体，使面包体积偏小。此外，在搅拌时形成了过于湿黏的性质，造成在整形操作上极困难，面团滚圆后也无法挺立，而且向四周扩展。如用此面团烤制面包，同样会因无法保存膨大的空气而使面包体积小，内部空洞大，组织粗糙而多颗粒，品质极差。

这是对于一般的面包即主食面包而言。而对于特殊要求的面包，则不一定要选择在面团搅拌的完成阶段开始发酵。硬式面包因为需要较硬的面团，则还未达到面筋充分扩展时就可以结束调制；丹麦面包一类的产品，面团中要裹入油脂，并经过较多的压延操作，为操作方便，可在面筋还比较弱的阶段就停止搅拌；部分甜面包在成型操作时采用弹性较低的面团，则可使面团搅拌过度，以降低面团弹性。调粉时间与产品种类、原料性质等因素均有密切的联系。

（四）影响面团调制的因素

1. 小麦粉的品质

（1）小麦粉中蛋白质含量越高，面团形成时间越长。蛋白质筋力强，承受的搅拌时间也较长，面筋弱的蛋白质容易出现搅拌过度的问题。

（2）蛋白质的品质对调粉曲线同样有很大影响。质量好的面筋蛋白在曲线达到顶点后软弱化程度变慢。对于面筋蛋白弱的小麦粉，要特别注意搅拌过度的问题。

（3）新麦的小麦粉由于巯基较多，面团不易成型，需适当加入氧化剂；而成熟度过大的小麦粉，面筋蛋白过度氧化，不易展开互相结合，需要强烈搅拌以打断过多的二硫键或加入适量还原剂恢复面团的柔软性。

2. 加水量

加水量少，会使面团的卷起时间缩短，而卷起后在扩展阶段内应延长搅拌时间，以使面筋充分的扩展。但水分过少时，会使小麦粉的颗粒难以充分水化，形成面筋的性质较脆，稳定性差。故水分过少，做出的面包品质较差。如果面团中的水分多，会延长卷起时间，但一般调制稳定性好，当面团达到卷起阶段后，就会很快使面筋扩展，完成调制的工作。在无乳粉使用情况下，主食面包加水率在60%左右，花色面包要低一些。

3. 温度

面团温度低，所需卷起的时间较短，但需扩展的时间较长；温度高，能很快完成结合阶段，但调制过程不易控制，容易搅拌过度，进入破坏阶段。温度低，则稳定性好；如温度过高，则会使面团失去良好的伸展性和弹性，无法达到扩展阶段，严重影响面包品质。一般而言，面团温度越低，吸水率越低；温度越高，吸水率越高。

4. 搅拌机的速度

搅拌机的速度对搅拌和面筋扩展的时间影响比较大。一般以稍快速度搅拌面团，卷起时间快，完成时间短，面团搅拌后的性质比较好。面筋特强的小麦粉如果采用慢速搅拌，很难使面团达到完成阶段。对于面筋稍差的小麦粉，则应该慢速搅拌，避免面筋断裂。

5. 辅料的影响

添加乳粉会增加吸水率，一般对于添加2%食盐的面团，每加入1%的脱脂乳粉，吸水率会相应增加1%。但是乳粉会延长水化时间，调制时需要适当延长搅拌时间。

糖有反水化作用，调制时需要延长搅拌时间，而且加入蔗糖会减少吸水率，每加入5%的蔗糖，则应少加1%的水。

食盐能够增加面筋的韧性和面团的弹性，但抑制水化作用较大，会延长搅拌时间，搅拌时间随加盐量增加而增加。每添加2%食盐，会使面团减少3%的吸水率。

油脂有疏水性，加入面团后便分布于蛋白质和淀粉颗粒表面，阻碍蛋白质吸水形成面筋，还会妨碍小块面筋形成大块面筋。但是加入油脂可以增强面团的韧性和持气能力。一般油脂不宜过早加入。

三、面团的发酵

面团发酵是继面团调制后面包制作中的第二个关键工序。小麦粉、油脂和糖等各种原辅料搅拌成面团后，必须经过一段时间的发酵过程，才能制作出体积膨大、组织松软、有弹性、口感疏松以及风味诱人的面包。

面团的发酵是个复杂的生化反应过程，在此过程中，淀粉经酶作用水解成糖，糖再由酵母中的酒精酶分解成酒精和二氧化碳，当二氧化碳产生时，被保持在调制面团时面筋网络形成的细小气孔中，造成气孔变大，面团膨胀。部分糖在乳酸菌和醋酸菌的作用下生成有机酸。少量蛋白质在发酵过程也产生部分水解，生成肽、氨基酸等低分子含氮化合物。这些产物互相作用后，构成面包特殊的芳香味及后阶段焙烤时产生色变反应的基质。其中所涉及的因素很多，尤其是水分、温度、湿度、酸度、酵母营养物质等环境因素对整个发酵过程的影响较大。

（一）发酵目的

使酵母在面团中大量繁殖，产生二氧化碳气体，使面团体积膨胀，内部结构多孔和膨松。在面团中积累发酵产物，使其发生一系列的生物化学变化，赋予面包浓郁的芳香和风味。使面团变得柔软而易于伸展，便于机械切割和整形加工等工序；使面筋膜薄层化，从而得到细密而透明的面包瓤。促进面团氧化，强化面团的持气能力。

（二）发酵的四个阶段

1. 开始阶段

调粉刚结束，面团柔软而有较大的延伸性。面团表面有些地方较湿，有些地方比较干燥，与搅拌和水化不均匀有关。

2. 前期阶段

随着静置的进行，面团表面可看到包含气体的痕迹，并逐渐显得干硬起来。面团外观稍有海绵状结构，但仍具有湿润和光泽感，拉伸过长易断裂。

3. 中后期阶段

静置进行到 3/4 程度时，面团已充满气体并加速膨胀。表面较干燥，有不均匀的斑点。面团顶部用手拉伸时容易断裂，内部开始显示织物的丝状结构。

4. 最后阶段

静置完毕，将要进行分割之前，面团还可以拉伸，但是弹性有所下降，面团顶部仍能继续膨胀。表面干燥无光泽，略有干裂现象。

发酵时间最长的一种面团需要经过以上四个阶段，很多产品不需要四个阶段全部经历，多数产品到中后期阶段即可停止发酵，甚至有些产品进行到发酵前期阶段即可进入下一工序。

静置过度易达到崩坏阶段。此时面团含有过量气体，结构破坏，支架崩塌。过于柔软、发黏而失去延伸性，拉伸易断裂。这样的面团可以迅速低温保存，分成小量面团掺入到其他面团中继续使用。

（三）发酵过程面团内部的变化及原理

1. 酵母的增殖

酵母利用面团中的小麦粉、糖、盐、水等成分作为营养物质，快速生长繁殖。在面团搅拌开始时，酵母就利用小麦粉中的单糖分子和含氮化合物迅速繁殖，生成大量新的细胞。在4~6h，面团内营养物质不断减少，部分酵母逐渐衰老、死亡。当面团内酵母细胞的增加数和死亡数几乎相等时，其发酵繁殖进入稳定期，面团膨胀的体积也达到最大，即发酵完成。

酵母主要依靠分解糖来生长，如果面团内缺少可直接利用的单糖，酵母生长就比较困难，发酵也难以进行。因此，含糖较少的主食面包发酵速度比含糖多的面包慢。发酵过程中常加入酵母可直接利用的葡萄糖以促进发酵。酵母生长也需要氮源，面团内的氨基酸可以提供部分有机氮源，如果额外加入适量的氯化铵、碳酸铵等无机氮源则能得到更好的发酵效果。

酵母生长的快慢与面团中水分的多少也有相关性。在调制面团时，吸水率高，加水量大，酵母细胞增殖也快。二次发酵法种子面团一般加水较多，面团较软就是这个原因。

2. 糖的分解利用

酵母在发酵中所能利用的糖是单糖。在面团中含有的可溶性糖有单糖和双糖，单糖主要是葡萄糖和果糖，双糖有麦芽糖、蔗糖以及乳糖。

面团发酵中所需要的单糖有两个来源，一是淀粉经一系列水解生成的葡萄糖，另一个是调粉时加入的蔗糖，经转化酶水解生成的葡萄糖和果糖。在面团中单糖的含量很少，满足不了酵母的繁殖需求，加入适量的蔗糖可以提供更多的可利用糖分。在面团的发酵过程中，酵母利用双糖时，首先分泌转化酶对蔗糖进行水解，然后分泌麦芽糖酶对麦芽糖进行水解。面团搅拌大约5min，酵母分泌的转化酶就可以将蔗糖完全转化为葡萄糖和果糖。

小麦粉中不含乳糖，只有加入乳及乳制品时才含有乳糖。酵母不能分解乳糖，所以在发酵过程中，乳糖含量保持不变，只有在面团中含有乳酸菌引起乳酸发酵时，乳糖的含量才有所减少。乳糖对面包的着色有着良好的作用。

酵母在生长繁殖中，对各种糖的利用顺序是不同的。但葡萄糖与果糖共存时，酵母首先利用葡萄糖发酵，葡萄糖被大量消耗后，酵母才利用果糖。葡萄糖、果糖与蔗糖共存时，葡萄糖先被发酵，其次则利用蔗糖转化生成的葡萄糖，结果是蔗糖比最初存在于面团中的果糖先被发酵。这样，随着发酵的进行，葡萄糖、蔗糖的量降低，而果糖的浓度比例则有所增加。当果糖的浓度达到一定比例时，受酵母的强烈发酵作用，果糖含量也会减少。麦芽糖与前面三种糖共存时，麦芽糖是发酵后期才起作用的糖，也常作为维持发酵后持续力的糖。

淀粉是经一系列酶解生成单糖以供酵母利用。首先淀粉在小麦粉中淀粉酶的作用下水解生成麦芽糖，而后再在麦芽糖酶的作用下水解成葡萄糖，麦芽糖酶是酵母分泌的，麦芽糖只有被酵母吸收到体内，才能被麦芽糖酶分解，麦芽糖酶的活力弱，作用时间长，但当它与葡萄糖共存时，可以加速对麦芽糖的分解作用。这个过程比较复杂，所以无糖面包与加糖面包相比较，其发酵时间相对较长。

酵母在利用糖发酵时，还产生出大量的气体。其原因一是酵母的呼吸作用，二是酒精发酵。在发酵初期，当酵母在养分和氧气供应充足的条件下，酵母的生命活动旺盛，进行着有氧呼吸。随着呼吸作用的进行，二氧化碳逐渐增多，面团体积逐渐膨大，面团中氧逐渐稀薄，于是酵母的有氧呼吸逐渐转变为厌氧呼吸，即酒精发酵。越在面团发酵后期，酒精发酵进行得越旺盛。它所产生的二氧化碳，使面包体积膨大，疏松多孔。而酒精和酸类可以形成酯类，使面包带有特殊的酒香和酯香。

在发酵过程中酵母对糖的发酵速度，随糖的浓度而不同，糖的浓度越大，发酵力的高峰越高，衰退越快，如加入少量氯化铵，可以延缓衰退时间。

面团从发酵至入炉烘烤为止，在面团中存留的糖称为残留糖。残留糖量多，面包着色好，也有利于面包体积增大。若糖被消耗至剩余量很少，则烘烤时面包膨胀不大，皮色不良。有时虽有充分的残留糖，但是面团酸度过大，也会造成皮色不良。

3. 淀粉的分解代谢

在常温下完整的淀粉粒不受淀粉酶的作用，而破损的淀粉粒会在淀粉酶的作用下，分解生成糊精及麦芽糖。小麦粉中的淀粉多在收割、储藏和制粉过程中受到损伤，其数量与小麦的种类、质量和磨粉条件等因素有关，一般破损淀粉的数量占小麦淀粉总量的3%~11%。通常破损淀粉的含量用麦芽糖值来表示，测定小麦粉水溶液在一定温度和时间下，生成的麦芽糖含量。通常麦芽糖值范围在100~400，麦芽糖值过低的小麦粉要添加酶制剂来弥补；麦芽糖值高的小麦粉能促进调粉和发酵时的面团加速软化，产品成型速度快，焙烤弹性好，不易老化，但过高会使面包瓤发黏，切片弹性差。

随着发酵作用的进行，由破损淀粉转化的麦芽糖逐渐增加，这对面团的整形、醒发速度以及入炉后的膨胀都有积极作用。小麦粉中的β-淀粉酶多于α-淀粉酶，但α-淀粉酶对淀粉的作用更强一些，适当添加α-淀粉酶或麦芽粉及其提取液，可以增加含糖量，提高产气能力，使淀粉液化结构松弛，改善面团的延伸性，使面包体积增大，皮色美观。但用量过高会使面团过于柔软、发黏。

4. 蛋白质及面筋的变化

面团在发酵过程中产生了大量的二氧化碳气体，形成膨胀压力。在这种压力的作用下，由面筋构成骨架的气室逐渐膨大，使得气室之间的面筋组织延伸形成薄膜状，并在延伸过程中，面筋蛋白间产生相对运动，缓慢地进行结合和切断，不断转换—SH和—S—S—。如果发酵过度，面筋被膨胀压力撕裂，就会发现面团的网状组织脆弱、易断。

在面团发酵过程中，空气中氧的氧化作用可促使面筋结合，但过度氧化又会使面筋衰退硬化。在发酵过程中，蛋白质及面筋由于机械的伸展和相对的移动而结合、切断，同时又由于氧化造成结合或硬化反应。

面团发酵中，蛋白质会受到小麦粉中蛋白酶的分解作用，而使面团软化，延伸性变差。所产生的氨基酸成为酵母的营养物质，可与糖发生美拉德反应，成为面包烘烤时产生褐变的重要基质。一般只在小麦粉自身蛋白酶的作用下，蛋白质不会分解过度，但当添加物中含有较多蛋白酶时，这种分解作用会使面团快速软化、发黏，破坏面筋结构，使面团失去弹性。

在酒精发酵开始后，随着酒精在面团中逐渐积累，麦醇溶蛋白会部分溶解在酒精里，使面筋结构变得松弛；麦谷蛋白在后期产生的有机酸作用下也会有部分溶解变化，面筋网络结构的强度会变弱。因此，在发酵工艺操作中，要严格控制发酵时间，避免发酵过度。

5. 酸度的变化

在面团发酵过程中，也发生其他的发酵过程，如乳酸发酵、醋酸发酵、丁酸发酵等，产生多种有机酸，因此面团酸度会有所升高。

面团中酸度约超过 60% 来自乳酸，其次是醋酸。乳酸发酵在温度偏高或糖量较高时，其发酵作用比较旺盛，乳酸的积累增高了面团的酸度，但它有一种增强食欲的酸味，且能够与酒精共同发生酯化作用，改善了面包的风味。而醋酸发酵会产生刺激性酸味，酪酸发酵会给面包带来恶臭味，这两种发酵应该尽量避免。醋酸发酵多在后期出现，当酒精量达到一定浓度且面团温度随之上升时，这种发酵比较活跃。丁酸发酵并不多见，只有在过度发酵、水分较多、温度较高、乳酸含量较高等条件下才会发生。

在面团发酵过程中，还有糖类产生的琥珀酸、柠檬酸，蛋白质水解的氨基酸和油脂被分解的脂肪酸等有机酸，以及二氧化碳溶于水中形成的碳酸和添加的氯化铵被酵母利用后剩下的盐酸，这些酸类物质都会引起面团 pH 的下降。

面团发酵中的产酸菌主要是嗜温性菌，当面团发酵在 28~30℃进行时，它们的产酸量不大。如果在高温下发酵，它们的活性增强，会大大增加面包的酸度。这几种产酸菌主要存在于酵母、小麦粉、乳制品、老面和调粉机或面槽中。所以应做好工具的清洗消毒，注意原材料的卫生指标，以防面包酸度过高。一般应保持面团的 pH 不低于 5.0，否则会影响面包的持气性。

6. 风味物质的产生

面包发酵的目的之一是要形成风味物质。在发酵中形成的风味物质主要有酵母发酵产生的酒精、乳酸以及少量的醋酸、甲酸和丁酸，还有酒精与有机酸反应生成的酯类芳香物质，以及挥发性的醛、酮类等羰基化合物。

这些羰基化合物的生成过程比较复杂。小麦粉和面包配料中的油脂中的不饱和脂肪酸，在小麦粉中的脂肪分解酶和氧的作用下，生成过氧化物，这种过氧化物被酵母分泌的酶所分解，生成复杂的多样的醛类、酮类等具有芳香味的物质。这一过程需要经过长期发酵如一次发酵法、二次发酵法的面团中才能产生较多的羰基化合物，且香味具有较好的持久性，而短期发酵如快速发酵法的面团中则缺少这种风味。

除发酵产生的上述风味物质外，烘烤时美拉德反应产生的类黑精也是香味的重要来源之一。因此，面包的香味来源可以看作是发酵和烘烤两个阶段的香味物质的混合体。

（四）发酵工艺

发酵槽在盛放面团之前应擦上一层薄油，面团倒入槽内后弄平使面团表面平滑，即可推入发酵室内发酵。槽的大小应与面团质量配合，二次发酵法的面团发酵体积较大，约为直接法的二倍，所以二次发酵法面团的发酵槽要大一些。但槽不宜过大，以免面团发酵膨胀时向周围扩散，使发酵不正常，难以成型，可以用隔板来限制面团体积。

1. 发酵温度及湿度

一般理想的发酵温度为27℃，相对湿度75%，温度太低，因酵母活性较弱而减慢发酵速度，延长了发酵所需时间；温度过高，则发酵速度过快，且易出现其他产酸菌的过度发酵。湿度的控制也非常重要，湿度低于70%，面团表面由于水分蒸发过多而结皮，不但影响发酵，而且成品质量不均匀。适于面团发酵的相对湿度应等于或高于面团的实际含水量，即小麦粉本身的含水量（14%）加上搅拌时加入的水量（60%）。

面团在发酵后温度会升高4~6℃，若面团温度低些，可适量增加酵母用量，以提高发酵速度。

2. 发酵时间

面团的发酵时间不能一概而论，而要按所用的原料性质、酵母用量、糖用量、搅拌情况、发酵温度及湿度、产品种类、制作工艺（手或机械）等许多有关因素来确定。通常二次发酵法，鲜酵母用量为2%的种子面团，经4~4.5h即可完成发酵，或者观察面团的体积，当发酵至原来体积的4~5倍时即可认为发酵完成，种子面团胀到最高的时间约为总发酵时间的65%~75%，种子面团发酵后进行主面团调粉，然后进入第二阶段延续发酵，一般需要20~45min。

一次发酵法面团温度比二次发酵法高一些，较高的温度可以促进发酵速度，与二次发酵法的发酵时间总和相比，一次发酵法短一些，但是由于一次发酵时盐、乳粉等抑制酵母发酵的原料均加入面团中，所以一次发酵时间要长于二次发酵的种子面团发酵时间。一次发酵法一般无糖发酵需要3h左右，含糖3%~8%的发酵约2.5h。

3. 翻面

翻面这道工序只是一次发酵法需要，而二次发酵面团则不需要。翻面是指面团发酵到一定时间后，用手拍击发酵中的面团，或将四周面团提向中间，使一部分二氧化碳气体放出，缩减面团体积。翻面的目的在于充入新鲜空气，促进酵母发酵；促进面筋扩展，增加气体保留性，加速面团膨胀；使面团温度一致，发酵均匀。翻面时，不要过于剧烈，否则会使已成熟的面筋变脆，影响醒发。

观察面团是否到达翻面时间，可将手指稍微沾水，插入面团后迅速抽出，面团无法恢复原状，同时手指插入部位有些收缩，此时即可第一次翻面。

第一次翻面时间约为总发酵时间的60%，第二次翻面时间等于开始发酵至第一次翻面所需时间的一半。这是一般计算方法，实际生产中则应视与发酵有关的各个因素及环境条件来定出具体每槽面团的翻面时间，尤其是所用的小麦粉的性质。例如，通常使用的都是已经熟化了的小麦粉，翻面次数不可过多，故可省略第二次翻面，只作一次翻面，其时间在总发酵时间的2/3~3/4，大多数都在3/4时进行，这样，既减了一次翻面，又缩短了发酵时间。这种面团称为“嫩面团”。如使用的是蛋白质含量高、筋力强的小麦粉，则要酌量增加翻面次数，需 4～5 次，同时提前进行第一次翻面。这种面团称为“老面团”。

4. 发酵时间的调整

在工厂化生产面包的过程中，每个面包品种都有适合其生产条件的程序，发酵时间也基本固定，改变较少，当实际生产中要求必须延长或缩短发酵时间时，可通过改变酵母用量或改变面团温度等来实现。在其他条件都相同的情况下，在一定的范围内，酵母的用量与发酵时间成反比，即减少酵母用量，发酵时间延长；增加酵母用量，发酵时间缩短。

发酵时间的调整涉及的另一个因素是改良剂用量，一般来说，缩短发酵时间，改良剂用量要增加；反之则减少。但增减幅度不能超过原来用量的 25%。

（五）发酵成熟度的判断

面团发酵成熟情况决定着面包的品质，要制出优良的面包，必须掌握好面团发酵成熟度。成熟是指面团发酵达到最适合进行成型搓圆的最佳时期。面团发酵程度对面包品质影响如下。

1. 发酵不足

面包体积小，内部组织粗糙，风味平淡，香气不足，口感不佳，面包表皮色深。

2. 发酵成熟

面包体积大，内部组织均匀，气孔壁薄呈半透明，具有酒香和酯香，口感松软，富有弹性。

3. 发酵过度

在烤炉中膨胀体积较大，但出炉后，易塌缩变形，这是面筋拉伸过度造成的。面包表皮色浅，有皱纹，无光泽。

内部组织气孔大，不均匀，酸味大，有异味。

判断面团发酵程度的方法很多，举例如下。

（1）回落法　面团自然发酵到一定时间后，在面团正中央部位开始往下回落，即为发酵成熟。这种方法尽管简单，但是不容易掌握，必须随时仔细观察，把握准面团刚刚开始回落的时机，否则，如果回落过大，则面团发酵过度。

（2）手触法　用手指轻轻按下面团，手指离开后，面团既不弹回也不下落，表示发酵成熟。如果很快恢复原状，表明发酵不足；如果面团很快凹落下去，表明发酵过度。

（3）拉丝法　将面团用手拉开，如果内部呈丝瓜瓤状，就表示发酵成熟；如果无丝状，就表示发酵不足；如果内部面丝细且易断，表示发酵过度。

（4）温度法　面团发酵成熟后，一般温度上升 4～6℃，通过此法很容易判断成熟度。

（5）pH 法　面团发酵前 pH 约为 6.0，发酵成熟后降到 pH 5.0，低于 pH 5.0 则发酵过度。

（6）表面气孔法　面团发酵不足时表面紧密、无气孔、不透明。发酵成熟的面团表面出现均匀细密的半透明薄膜气孔。如果气孔大且有破裂，表明面团发酵过度。

（7）嗅觉法　面团发酵成熟后略带有酸味，并伴有酒的香气。如果闻到强烈的浓酸味，表示发酵过度；如果没有一点酸味，表示发酵不足。

一般当面团膨胀至原来体积的二倍大时，发酵作用基本完成。

（六）影响发酵的因素

在发酵过程中，既要有旺盛的酵母产气能力，又要有保持气体的能力，这就要求面筋膜既要有弹性，又要延伸性好。影响面团发酵的因素较多，主要因素包括酵母的产气能力和面团的持气能力两个方面。

1. 影响酵母产气能力的因素

（1）温度　温度对酵母产气能力的影响最大。温度提高，酵母的发酵速度加快，产气量增加。而且相对较高的温度下，小麦粉中存在的淀粉酶及酵母分泌的各种糖酶具有更高的活性，可以快速分解淀粉及蔗糖等碳源，为酵母提供大量的营养成分。但是发酵速度过快，酵母对糖的消耗速度过快，常造成发酵耐力差，持续时间短。27.5℃时酵母的产气量比较稳定，发酵耐力较强，面团的持气能力也较好。因此，在面包生产中，面团的发酵温度一般控制在26~28℃，快速发酵法面团温度约为30℃，发酵室温度不超过30℃。若超过30℃，虽然对产气有利，但产气速度过快，不利于面团持气和膨胀，也易引起乳酸菌、醋酸菌等杂菌的过量繁殖而导致面包异味。

（2）酵母的量和种类　酵母量越多，产生的二氧化碳气体也越多，但糖的消耗量也随之增加，所以持续时间短；酵母量小则产生气体少，但持续时间长，酵母的不同种类具有的活力和发酵速度也不同。一般对于一次发酵法和二次发酵法，其发酵时间较短，2~4.5h，酵母的繁殖对发酵的影响不大，但在长时间发酵的生产中，酵母的繁殖会对整个发酵构成较为明显的影响。

（3）pH　微生物各有其最适生长pH。酵母适宜在弱酸条件下生长，最佳pH范围在5~6，产气能力强。当面团内pH低于3时，酵母的发酵能力急剧下降。

（4）酒精浓度　酵母耐酒精的能力很强，但随着发酵的进行，酒精浓度越来越大时，酵母的生长和发酵作用便逐渐停止。面团发酵后可用去4%~6%的蔗糖，产生2%~3%的酒精，一次发酵法约产生1.5%的酒精，两次发酵法约产生3%的酒精。

（5）辅料　糖添加量在5%~7%，产气量较大，超过7%，面团含糖量越高，对发酵的抑制作用越强，但产气能力可以得到延长。

食盐会抑制淀粉酶、蛋白酶等的酶活性，食盐添加量较大时，也会抑制酵母的生长，影响产气能力。一般食盐添加量超过1%，就会体现出对酵母发酵的抑制作用。

糖和食盐在水中的溶解，还会造成酵母生长环境里渗透压的升高，当酵母细胞周围的溶液浓度过高，渗透压过大时，会导致酵母细胞内部原生质向外渗透，从而使酵母的生长受到抑制甚至死亡。

乳制品和蛋类含有丰富的蛋白质，能够为酵母生长提供更多的氮源。而且乳和蛋的缓冲作用可以减缓 pH 的下降，帮助维持稳定的酸度环境，有利于发酵的顺利进行。

2. 影响面团持气能力的因素

（1）小麦粉　小麦粉中蛋白质的含量和质量是影响面团保持气体能力的决定性因素。小麦粉中面筋筋力稍强，能够承受气体膨胀的拉伸力，可以保存更多的二氧化碳气体。太新或太陈的小麦粉，都会降低储气能力。新的小麦粉可以延长发酵时间或加入氧化剂，而成熟过度的小麦粉应该减少面团改良剂的用量。等级低的小麦粉含麸皮较多，即使蛋白质含量高，持气能力也比较低。因此，要选用适当的小麦粉和添加剂，使面团最大限度地保存发酵产生的气体。

（2）面团调制　面团的调制过程对面团的持气能力有重要影响。调粉不足或过度都会引起持气能力的下降。调制后面团过软，其储存气体能力会下降，软面团虽然有利于淀粉和蛋白质的水化作用，但酶的作用也比较活泼，延伸速度快，面筋网络结构易破裂。若调制时面团结合不够理想，可以延长发酵时间，使面团在发酵过程中充分结合，提高持气能力。但是快速发酵法的发酵时间较短，则此时面团的调制必须充分，才能提高面团持气性。

（3）加水量　一般来说，加水量越大，面筋水化和结合作用越容易进行，持气能力也越好，但是如果加水量超过了一定限度，面团的膜强度将变得过于软弱，持气能力会下降。同时，较软的面团（加水多的面团）易受酶的分解作用，所以持气能力很难持久，而硬面团的持气能力维持时间较长。

（4）面团温度　面团温度在调制和发酵过程中会影响到面团的水化、结合作用和面团的软硬度。面筋蛋白的延伸性对面团温度比较敏感，温度偏高，面筋弹性下降。另外，温度较高时，酶的作用比较旺盛，也会降低蛋白质的韧性。因此，长时间发酵的面团应该保持较低的温度。

（5）小麦粉的氧化程度　面团具有最合适的氧化程度，可以使保持气体的能力达到最大。氧化程度低的面团，湿润柔软，面筋筋力弱，而氧化过度的面团，面筋韧性小，易在承受气体膨胀压力时断裂。需要经过较长时间发酵的面团，应使用氧化程度较低的面团，使其在发酵过程再继续充分氧化，以免氧化过度。在长时间发酵过程中，还应考虑氧化剂的影响，快速氧化剂在面团调制时就可作用完毕。但慢速氧化剂在发酵时还会继续进行氧化，这一因素应该加以考虑。因此，应选择适当的小麦粉和添加剂，使面团最大程度地保存发酵产生的气体。

（6）面团的 pH　面团的 pH 为 5.0~5.5，具有最佳的储气性，低于 pH 5.0 时储气性急剧下降，因为面筋蛋白的等电点在 pH 5.5 以上，在酸性较强的条件下，蛋白质的稳定结构被破坏，不利于面筋的结合。随着发酵的进行，面团内部各种有机酸逐渐积累，会使 pH 有所下降，因此，发酵开始时，面团的 pH 稍高些有利于保持稳定的储气能力。

（7）酵母添加量　使用酵母的量和活力应使面团中的产气力和储气力保持相对平衡

才能制作出优质的面包。酵母添加量过多时，面团膜的迅速薄化，对于短时间发酵有利，可提高气体保持力。然而，对于长时间发酵，酵母添加量过多，容易产生过成熟现象，持气能力会减弱。因此，如果进行长时间发酵，应该适当减少酵母添加量。

（8）辅料　糖用量低于20%，可以提高持气能力，但超过20%，持气力会下降，因为大量的糖也会增加酸的生成，使pH下降，从而影响持气力。

食盐能使面筋蛋白更加强韧，且能够抑制酶的作用，适当地添加，能使面团的稳定性提高，增强储气性。

乳品中的酪蛋白在面团中能与面筋蛋白互相结合，增强面筋强度，改善储气性。蛋中的卵磷脂是天然乳化剂，可以提高面筋稳定性，且卵蛋白本身具有持气性。另外，乳、蛋的缓冲作用也有利于面团维持稳定的持气能力。

面团中加入的油脂以起酥油最宜增强持气性，液体油难以有效包裹气体，且易使面筋的结合力下降，网络结构不够紧密，气体容易外逸。一般油脂添加量不宜超过6%。

酶的添加也会影响面团的储气性。酶的分解作用尤其是蛋白酶对面筋蛋白的分解，容易降低面筋强度，破坏面筋的支架结构，使面团变软。过多的使用会显著降低发酵耐性，减弱气体溶解度。

四、面团的整形

发酵后的面团在烘烤前进行整形工序。整形就是将发酵好的面团做成一定形状的面包坯。整形包括切块、称量、搓圆、静置（中间醒发）、整形以及装模等。烘烤前，需要进行一次最后发酵工序（成型）。因此，整形处于基本发酵与最后发酵这两个在定温和定湿条件下进行的发酵工序之间，但在这期间，面团的发酵并没有停止，为了在整形期间不使面团温度过低（尤其是冬季）或表面干燥，最好给车间安装上空调设备，尤其是硬式面包在最后发酵之前，在车间内操作时间较长，更加需要控制好温度和湿度。一般车间的理想温度条件为25~28℃，相对湿度65%~70%，如果车间温度不当会给面包品质带来不良的影响。

（一）面团的分块和称量

面团的分块和称量是按照成品的质量要求，把发酵好的大块面团分割成小块面团并进行称量。面团在分割时要一块一块的处理，需要一定的时间。在这一时间内面团还在继续发酵，而团中的气体含量，面筋的结合状态时刻都在发生变化，最初的面团和最后的面团的性质有相当的差别。为了把这一差别限制在最小限度，分割就要迅速进行，缩短时间。主食面包的分割要在12~20min完成，以15min为最好。点心面包的分割时间最多40min，最好是在30min内完成。

（二）搓圆

搓圆分手工搓圆和机械搓圆，机械搓圆是由搓圆机完成的。

搓圆的作用：切割时将面筋网络结构破坏，搓圆可恢复其网络结构。排出部分二氧化碳，使各种配料分布均匀，便于酵母繁殖发酵。为了减少面块的黏着性，要尽量使面块与空气接触，使表皮的游离水降低，或撒上铺粉或油脂，以润滑其表面。

（三）中间醒发

中间醒发也称为静置。面团经搓圆后，一部分气体被排除，面团的弹性变劣，如立即压片或做形，由于面团不能承受压力，外皮易被撕裂不易保持住气体。因此，需要有一段时间的中间醒发，使面筋恢复弹性，使酵母适应新的环境恢复活性，使面包坯的外形端正，表面光亮，便于下一个工序的进行。

美国和日本的面包生产工艺中很重视中间醒发这个工序。这个工序的作用：

（1）使搓圆后的紧张面团，经中间醒发后得到松弛缓和。

（2）使酵母产气，调整面筋的延伸方向，使其定向延伸。

（3）使面团的表面光滑，持气性增强，不易黏附在做形机的辊筒上。

对中间醒发条件的要求是：

温度以20~29℃最适宜，温度过高，会促进面团迅速老熟，持气性变坏，面团的黏性增大；温度过低，面团冷却，醒发迟缓，延长中间醒发时间。

适宜的相对湿度为70%~75%。太干燥，面包坯外易结成硬壳，使烤好的面包内部残存硬面块，组织差；湿度过大，由于面包坯表皮结水使黏度增大，下一工序的做形操作会被迫大量撒铺粉影响成品的外观。

中间醒发适宜程度的判别，以中间醒发后的面包坯容积相当于中间醒发前容积的1.7~2.0倍时为合适，膨胀不足，做形时不易延伸；膨胀过度，做形时排气困难；压力过大易产生撕裂现象。中间醒发有利于改善面包的纹理结构，缩短生产周期和易于机械做形。

醒发机内设有调温调湿装置，其处于密封状态，全靠面团表面蒸发的水分和本身的温度来保持温湿度。

（四）整形

面团的整形是为消除面团中的CO_2，在不损坏面团的情况下，充分混入新鲜的空气，使面团发酵得更好。把面团粗气泡中的CO_2完全排出后，能使制品的蜂窝细致，同时将面包坯做成一定形状。

整形分为手工整形和机械整形。在整形中，碾压和拉伸是最重要的动作。压延可排除CO_2，促进面筋结合，改善面包纹理结构。

碾压对面团状态的要求：

（1）要根据面团的软硬调整压辊的间距。软面团需要的间距大，硬面团需要的间距小。用间距小的压辊碾压软面团时，将面团内部的水分挤压出来，发生粘连现象。

（2）搅拌不好的面团，不会得到理想的碾压效果；搅拌不够的面团碾压时易断；搅拌过度的面团有伸展过度的倾向；延长静置时间可以改善碾压的效果。

（3）经过机械搅拌，分块、搓圆的面团，处于紧张状态，不经过适当的静置、碾压工序便会效果不佳。静置可以使面团由紧张变为缓和，同时还进行着膨胀，这对碾压也有帮助。因此，可以把静置看作是碾压的准备阶段。

（4）碾压对面团温度的要求。在低温时面团硬，在高温下面团软。考虑到酵母所需的温度条件，碾压温度以 27~28℃较适宜。

（5）面团的成熟与碾压也有密切关系。发酵不足的嫩面团，韧性强难碾压。成熟过度的老面团，延伸性和弹性变劣，碾压时易断。

（6）面团改良剂对压延效果的影响。用钙盐制成的面团改良剂，有使面团干燥的作用，可以改善面团与压辊的粘连作用。添加麦芽糖的改良剂会增加面团的粘连性，给碾压造成困难。当选用改良剂时应注意这一因素。

理想的面团干燥、柔软，有良好的延伸性，有利于成型操作。如果面团搅拌不足，或搅拌过度，延伸性太小的面团都不利于成型。

在整形中尽量少使用铺粉，如撒粉太多会造成面包内部组织有深洞，表皮颜色不均匀，如用机械成型，撒粉太多会造成面团成型不紧，内部组织及表皮颜色均不理想。撒粉最好用高筋小麦粉或淀粉。

（五）装模

整形后的面团需要装模。装模有手工装模和装模机装模，装模时要将面团合缝向下，放入模具里，光面朝上。为了防止面团在模上或烤盘上粘连，通常用手工在盘上或模具上涂植物油。模具一般都是用马口铁制成的，如果不擦油，则制品会发生粘连，脱模不好。因此新模具要先烘烤一下，涂油后再烘烤，经过这样处理后方可使用。

五、面团的醒发

醒发也称为最终发酵，就是把做完形的面包坯，再经最后一次发酵，使其成为我们所需要的形状。

（一）醒发目的

面团经过压片、做形等操作后，处于紧张状态，醒发可使面团得到恢复，使面筋进一步结合，增强其延伸性。改善面包的内部结构，使其柔软多孔。酵母经最后一次发酵，使面包坯膨胀到所需要的体积和形状。

（二）醒发条件

醒发操作是将烤盘或烤模送入醒发室，对醒发室所要求的条件是：

1. 温度

醒发温度取决于多种条件，但主要是根据酵母的发酵温度决定。一般采用 30~

43℃，而以 33~40℃为宜。温度过高，面包坯的皮干燥，烤出来的面包皮粗糙，甚至有裂口，如果温度高于油脂的熔点，由于油脂液化，面包体积就会缩小；如果温度高于酵母和酶所需的温度，由于它们的活性减退，面包的容积也会变小。

进入醒发室时，面包坯的温度不宜过低，否则，由于内部发酵不良，面包芯紧密不松，醒发时间延长。醒发温度、时间与面包体积的关系如表 5-1 所示。

表 5-1　醒发温度、时间与面包体积的关系

面包编号	醒发温度/℃	醒发时间/min	454g 面包体积/mL
1	13.3	270	160
2	21.1	102	2200
3	30	60	2280
4	35	50	2270
5	40	47	2290
6	46	41	2260
7	51.1	37	2210
8	57.2	36	2110

从表 5-1 可看出，醒发温度在 30℃以下的效果不好，在 30~46℃这个范围内，面包的体积和内部结构较好，而以 40℃为最好。

2. 相对湿度

醒发工序要求的相对湿度为 80%~90%，以 85%为适宜，不能低于 75%。因为相对湿度过小，会使面包坯表面干燥，影响面包的膨胀和面包皮的色泽；相对湿度过大，会在面包坯表面结成水滴，使烤成的面包表面有气泡或白点。

醒发湿度对面包的体积和内部结构没有重大影响，但对面包皮色有很大影响。醒发湿度低，面包皮色浅，呆白和斑点多，醒发湿度高，面包皮色深而均匀光滑。

3. 醒发时间

醒发时间一般掌握在 55~65min，醒发时间不足，烤出的面包体积小，内部蜂窝不良；醒发时间过度，面包酸度大。另外，由于膨胀过大超过了面筋的延伸限度而跑气塌陷，面包皮缺乏光泽或表面不平。

（三）醒发适宜程度的判别

醒发到什么程度入炉焙烤，这是关系到面包质量的关键问题，主要是根据经验来判别。

根据经验，面包入炉后，其体积仍可增长 20%左右。这样就可以确定醒发的适宜程度，一般为面包应有体积的 80%，即醒发到八成。有的小麦粉因面筋质量好，在炉内膨胀系数大，则醒发程度还要缩小一些。

另外一种判别方法是按面包坯的膨胀倍数来判别。在醒发前，面包坯不透明，触感硬，随着醒发和膨胀的进行，面包坯变得柔软，由于充气，弹性增强，有半透明的感觉；如果醒发过度，用手一触面团即破裂，跑气塌陷。

（四）决定醒发程度的因素

1. 小麦粉中面筋的含量与性能

面筋含量多或强力粉，面团的韧性强，如果醒发不充分，入炉后膨胀不起来，对这样的小麦粉，醒发要充分些；面筋含量少或弱力粉，小麦粉延伸性、韧性和弹性都较差，入炉后容易膨胀和破裂，对这样的面团，醒发的程度要轻些。

2. 面团成熟度

在发酵过程中已经达到成熟的面团，应该进行时间较短的醒发；反之，发酵中成熟度不足的面团，则需要经过长时间的醒发来弥补。但对于成熟过度的面团，醒发则无法补救。

3. 炉温及炉的结构

一般来说，烤炉温度越低，入炉后面包膨胀得越大；而烤炉温度越高，入炉后膨胀得越小。因此，前者醒发时间可以短一些，后者则应该长一些。对于辐射热很强的烤炉，面包坯入炉后，立即受到高温焙烤，膨胀受到限制，使用这样的烤炉，醒发时间需要长一些。对于前部没有高温部位的烤炉，或者对流比较充分的烤炉，可以使面包坯在炉内充分膨胀，醒发时间则应该短一些。

六、面包的焙烤

焙烤是面包生坯成为商品的最后工序，面包入炉后在高温作用下，发生一系列的化学及微生物学的变化。面团坯经烘烤之后，且有疏松的内部结构、诱人的表面色泽和可口的风味，面包的芳香味中 70%是在烘焙过程中获得的，这一步骤的控制非常关键。

（一）烘焙过程中面包的变化

1. 面包在烘焙过程中各层温度的变化及面包皮的形成

在面包的烘焙过程中，面包各层的温度变化，主要是由于面包芯的中心温度低，而表皮温度高所形成的温度差造成的。一方面面包芯的水分不断蒸发，另一方面面包表皮不断形成并加厚。

面包坯在 250℃高温下烘烤，其表面剧烈受热，而迅速失去水分。1～2min 后，面包表面几乎失去了所有的水分，并达到与炉内温度相适应的水分动态平衡，这样就开始形成面包皮。面包皮的厚度受烘烤温度和时间的影响，烘烤时间越长，面包皮就越厚。

由于面包坯的透水性差，而且表皮与面包芯的温差很大，表皮层的水分蒸发很强烈。里层向外层扩散的水分小于外层的水分蒸发，因而在面包表面开始形成一个蒸发层即干燥层和蒸发区域，随着烘烤的进行，这个蒸发层就逐渐向内转移，蒸发区域也慢慢加厚，最后就形成了一层无水干燥的面包皮。蒸发层的温度总是保持在100℃，其外面的温度高于100℃，里面的温度接近100℃。

面包皮各层的温度也有所不同，越靠近外面温度越高，越靠近蒸发层温度越低。

烘焙过程中面包坯各层的温度分配情况大致为：面包皮各层的温度都超过100℃；面包皮与面包芯分界层的温度，在烘烤将近结束时达到100℃，且一直保持到烘烤结束；面包芯各层的温度始终不超过100℃，并且中心的温度最低。在烘烤中面包皮外层与内层的温差不断增大，烘烤结束时达到最大。烘烤初期，面包芯外层与中心的温差不断扩大，到烘烤中期温差达到最大，随后很快下降，到烘烤结束时趋于一致。

2. 面包在烘焙过程中水分的变化

烘焙过程中，面包中的水分发生了剧烈变化。水分不仅以气态方式向炉内扩散，而且也以液态方式在面包内部转移。当烘烤结束后，原来水分均匀分布的面包坯，发生了水分的重新分配，形成了各层水分含量不同的面包。

（1）面包水分与炉内蒸汽的交换　在烘烤时，当把冷的面包坯送入高温烤炉以后，热蒸汽在冷的面包坯表面上很快地冷凝而形成一层薄的露滴，这部分水被吸附在面包坯的表面上，从而增加了面包坯的质量，随后不久，当面包表皮的温度超过了露点时，冷凝过程便被蒸发过程所取代。

（2）面包内部水分的再分配　随着面包坯表面水分的蒸发，面包坯表面很快形成了一层硬表皮。由于面包的毛细管很小，阻碍着面包坯蒸发区域的水蒸气扩散，从而增大了蒸发区域的压力，又由于面包芯内部的温度低于蒸发区域的温度，因而加大了内外层的蒸汽压力差，于是水蒸气就由蒸发区域向面包坯中心推进，遇到低温就冷凝下来，形成一个冷凝区域。

随着烘烤时间的延长，冷凝区域就逐渐向中心区域转移，当烘烤结束时，面包芯中心的水分大约比原来增加了2%。

3. 面包在烘焙过程中结构的变化

面包在烘烤中形成蜂窝结构，除了受焙烤条件的制约外，还受到入炉前工序条件所制约。

（1）发酵未成熟的面团，产生蜂窝壁厚，坚实而粗糙，蜂窝不规则或有大孔洞；用发酵过度的面团制出的面包蜂窝壁薄，易破裂，多呈圆形。

（2）在醒发室中醒发过度，入炉后会引起蜂窝破裂，致使面包塌陷或表面凹凸不平；醒发不足会因没有形成蜂窝使面包不膨胀。

（3）装模面包在醒发室中醒发速度太快，会使模型中的面团很难排出气体，因而形成不规则的蜂窝结构和大孔洞。

（4）用搅拌不足的面团烘制的面包的蜂窝结构具有与发酵不足的面团相同的缺点；用搅拌过度的面团烤制出来的面包蜂窝结构呈圆形，壁厚，但大小均匀。

实践证明，面包蜂窝的最初形成是由面包坯中的小气泡开始的。面包坯中分布均匀的小气泡对形成理想的气孔结构相当重要。烤模对形成面包的蜂窝结构也有一定的影响，与面包坯的质量相比，烤模容积越小，烤出面包的蜂窝结构越均匀。

炉温高低对面包蜂窝的形成起着重要的作用。当炉温过高时，面包坯入炉后很快形成了硬性外壳，限制了面包内部蜂窝结构的膨胀，面包内部产生的过大热胀压力，会造成蜂窝的破裂，聚结形成厚壁的、粗糙的和不规则的面包结构。因此，适当的炉温对面包蜂窝结构的形成是至关重要的。

理想的蜂窝结构应当是壁薄，孔小而均匀，没有大孔洞，形状稍长，手感柔软而平滑。

4. 面包在烘焙过程中体积和质量的变化

面包入炉烘烤时，在最初的 5~7min，面包坯的体积有明显的增大，随着温度的升高，面包坯体积增长的速度减慢，最后停止膨胀，定型为面包。面包坯入炉后，由于高温的作用，原先积累和正在发酵而产生的二氧化碳气体发生了热膨胀，使面包的体积增大。面包坯被加热至 79℃时，酒精发酵而产生的酒精变成蒸汽，从而进一步促进了面包体积的增大。在烘焙过程中，面包坯内所有的气态物质都发生了热膨胀，而使面包坯的体积增长。

烤炉的温度和湿度都对面包体积的变化有影响，如果炉内温度过高，面包坯的表皮壳很快形成，从而限制了面包体积的增长，使面包体积过小或造成表面断裂。当炉温过低，就会过多的延长体积变化的时间，造成面包体积过大，引起面包外形的凹陷和面包底部粘连。因此，应严格控制烘烤面包的温度。

烤炉内的湿度对面包的体积也有明显的影响。一般炉内湿度较大时烘烤出来的面包，由于面包皮形成得慢，厚度小，面包的高度和体积都有所增加。

面包在烘焙过程中，质量将有所减少。损耗的物质主要是水分，少量的酒精、二氧化碳以及醛、酮等挥发性风味物质会因在高温下散失和进行反应而造成一定的损耗。主食面包的烘焙损失一般在 10%~20%，花色面包 7%~10%，加盖烤模烘烤的面包损失较小。一般烘烤时间过长或炉内湿度低，烘焙损失较大；面包的质量越大，其损耗率越小；质量相同的面包，烘烤表面积越大，其损耗率越大；圆形的面包损耗率小于非圆形的面包；面包皮越厚，损耗率越大。

5. 面包在烘焙过程中微生物生长的变化

面包中的微生物主要是酵母和部分酸化微生物。当面包坯入炉后，酵母就开始了比以前更加旺盛的生命活动，使面包继续发酵并产生大量气体。当面包坯加热到 35℃左右，酵母的生命活动达到了最高峰，大约到 40℃，酵母的生命力仍然强烈，加热到 45℃时，它们的产气能力立刻下降，到达 50℃左右，酵母开始死亡。

面包中的酸化微生物，起作用大的主要是乳酸菌，各种乳酸菌的适宜温度不同（好温性为 35℃左右，好热性为 48~50℃）。烘烤开始时它们的生命活动随加温而旺盛，当超过最适温度后，其生命力就逐渐减退，大约到 60℃时全部死亡。

面包中微生物生命活动的增强或减退，随着面包温度的转变由外向内层转移。甚至直到面包烘烤结束，在面包芯中心还残存着个别存活的微生物。

6. 面包在烘焙过程中生物化学的变化

（1）淀粉的变化　在烘焙过程中，淀粉遇热糊化，急剧吸水胀润，结构变得松弛，体积膨大。淀粉的糊化程度越高，消化性能越好，储存期间不易老化，口感柔软而有弹性。同时在淀粉酶的作用下，部分的淀粉水解生成糊精和麦芽糖，麦芽糖一部分被酵母发酵所利用，一部分留在面包内。当面包坯刚入炉后，淀粉酶的活性随着温度的升高而增加，直到温度过高被钝化为止，水解过程一直在进行。一般β-淀粉酶的钝化温度为82~84℃，α-淀粉酶的钝化温度约为97~98℃。α-淀粉酶可将淀粉分解成一定量的糊精，增加面包芯的黏度，其耐热性较强，如果烘烤不透，易造成面包溏心。表层的淀粉在200℃以上受热生成部分糊精，会使表层具有光泽且产生香甜的风味。

（2）蛋白质的变化　面筋蛋白在加热到60~70℃时就开始变性凝固，并释放出部分胀润时所吸收的水分。凝固后的面筋蛋白失去面团骨架的作用，而由糊化后的淀粉取代成为面包结构中的支架。另外蛋白质在蛋白酶的作用下还分解成一些胨、肽、氨基酸等物质，这些含氮物质可与面包坯中的糖一起在高温作用下发生美拉德反应，而使面包皮着色并使成品产生特有的风味。

7. 烘焙过程中面包表皮的褐变和香气的形成

面包在烘烤中的褐变主要是由还原糖与氨基酸相互作用所产生的美拉德反应引起的。

在美拉德反应中，不同种类的糖，褐变的程度也有差别。蔗糖属于非还原糖，不参与褐变反应，但是在面包生产中，蔗糖被酵母所分泌的转化酶分解成葡萄糖和果糖，在高温烘烤时参与褐变。单糖可以进行美拉德反应，果糖的作用效果强于葡萄糖。此外，面包中麦芽糖、阿拉伯糖等多种糖类都可以引起较强的褐变反应。

同样构成美拉德反应物质的蛋白质、氨基酸或铵盐，其褐变反应程度也与种类不同相关。当赖氨酸作为营养强化剂加入到面包中时，会引起很强烈的褐变反应，但是赖氨酸在烘焙过程中会大量损失。其他氨基酸如色氨酸、酪氨酸等也能引起比较强烈的褐变反应。蛋白质同样可以参与褐变反应，小麦蛋白质的褐变颜色为灰褐色，而鸡蛋蛋白质褐变颜色为红褐色，可以赋予面包良好的色泽。铵盐与糖类反应会生成一些有毒物质，其用量应严格控制。

美拉德反应在低温条件下就可以进行，而炉温升高后还会发生焦糖化反应，面团中剩余的糖在高温下褐变使面包皮着色。

面包的pH、烘烤的温度、湿度等因素也会影响褐变反应。通常，面包坯的pH越低，美拉德反应的速度越慢，随着pH的升高，反应速度加快。氨基酸与还原糖即使在常温下也能缓慢地进行反应，但是温度越高，反应越快。相对湿度约30%时，褐变反应相对较快。在生产中，可以通过控制相应的条件来控制褐变反应的程度。

烘焙过程中，褐变反应使面包表皮具有诱人的色泽的同时，也产生了丰富的香气。这些香气由发酵过程中产生的各种醛、酮、醇、酯类物质形成，褐变反应中产生的类黑精也对香气有一定的贡献。香气成分在面包皮中的含量要多于面包芯中的含量，随着烘烤时间的延长，其褐变程度也加深。着色和香气物质形成的越多，面包的风味越好，但是过度烘烤，会导致挥发性芳香物质损失过多，也会减弱一部分香气。

（二）面包的烘焙技术

1. 面包烘焙温度

烘烤面包的温度应根据具体情况而定。炉温过高，使成品体积小，内部蜂窝结构破裂，并聚结成壁厚、粗糙和不规则的面包内部结构，而影响产品的质量。温度过低，造成面包体积过大，容易塌陷，并且面包的底部还易与烤盘粘连，难以脱模。

通常面包的烘焙为三段式烘烤，各阶段的炉温和烘焙时间有所不同。

（1）烘烤初期阶段　面包入炉初期，应该在温度较低和相对湿度较高（60%~70%）的条件下进行。上火不宜超过 120℃，下火可高些，一般为 250~260℃，这样有利于面包体积的增长，这一阶段时间为 2~3min。

（2）第二阶段　当面包内部的温度达 50~60℃时，进入第二阶段。此时面包体积基本膨胀至成品要求，淀粉已经糊化，酵母活动停止。可将上下火同时升高温度，达到 200~210℃，最高可达到 270℃。对于常见的较小的面包，烘焙时间 3~4min。经过这个阶段的烘烤，面包就基本定型了。

（3）第三阶段　这个阶段主要作用是使面包皮着色和增加香气。这时上火可高于下火，上火可使用 180~200℃，下火可使用 140~160℃，如炉温过高，会使面包焦煳。

2. 面包烘烤时间

面包的烘烤时间，应根据以下条件决定。面包的质量越大，烘烤时间越长，烘烤的温度应越低。同样质量的面包，长形的比圆形的、薄的比厚的烘烤时间要缩短。装模面包比不装模面包所需要的时间要长。一般小圆面包的烘烤时间多在 8~12min，而大面包的烘烤时间可长达 1h 左右。

适当延长烘烤时间对于提高面包的质量有一定作用。它可使面包中的糊精、还原糖和水溶物增加，水解酶的作用时间延长，提高了面包的消化率。同时适当延长烘烤时间，有利于面包色、香、味的形成。

3. 烤炉内湿度

适当的湿度有助于炉内热蒸汽的对流，可以促进面包成熟，增加体积，使面包皮富有光泽。炉内湿度过低，会使面包皮过早形成并增厚，影响表皮色泽，并限制面包体积的进一步增大。

带有自动恒湿装置的烤炉可以自动喷射热蒸汽或水雾来提高炉内湿度。不能自动调整湿度的烘烤设备可在烤炉或烤箱内适当喷水加湿。一般较大的主食面包含水分较多，第一批入炉的面包在烘烤初期可以通入蒸汽 3~4min 以增加湿度，而面包蒸发的水蒸气即可维持炉内湿度，所以后来的面包不再需要人为地通入蒸汽。而对于裸麦面包和硬式面包则应多通入蒸汽，以使面包表皮光滑。

（三）影响烘焙效果的因素

1. 烤炉温度

炉内温度过高，易使面包皮过早形成，限制面包体积膨胀，且中心层不易烤透。一般温度高的烤炉适合于发酵时间长的面团和硬式面包。炉内温度过低，则烘焙时间相应延长，面包内部组织粗糙，烘焙损失增加，一般温度低的烤炉适合于成熟度较轻或面筋较弱的小麦粉以及发酵不足的面团。如果炉内热分布不均匀，面包不同部位生熟程度差异过大，会造成外形缺陷，影响面包的外观和口感。

2. 烤炉闪热

烤炉内瞬间内热能过大，即闪热过多，这样烘烤的面包表皮上色快但是内部不易烤熟。应注意控制炉内上层空气或上火温度。

3. 烤炉内湿度

炉内蒸汽过多，面团入炉后易在其表面凝结水珠，造成面包皮白点、起泡，且口感坚韧。湿度较大的条件适合烘烤裸麦面包和硬式面包。而炉内湿度过低，易使面包过快形成表皮，以致面包皮与内部组织分离，表皮暗淡无光。

4. 烤盘位置

烤盘的摆放间距应适当，如摆放太密，会影响热能的对流循环，导致焙烤不均匀。烘焙的后期可以将烤盘前、后转换，以使面包前后着色均匀。

5. 入炉前处理

面坯入炉之前，应尽量避免撞击或振动，以免造成面团塌陷。第一批入炉烘烤前，可先放入少许水使炉温略有下降，以免面包入炉后烤焦表皮。入炉前，面团表皮应保持适宜的湿度，不应过干或过湿，否则烘烤时会影响面包皮的色泽和光滑度。

七、面包的冷却

（一）面包冷却的目的

刚出炉的面包如果不经冷却直接包装，将会出现以下问题。

（1）刚出炉的面包温度很高，其中心温度在98℃左右，而且皮硬芯软没有弹性，经不起压力，如马上进行包装容易因受挤压而变形。

（2）刚出炉的面包还散发着大量热蒸汽，如放入袋中蒸汽会在袋壁处因冷却变为水滴，造成霉菌生长的良好条件。

（3）由于表面先冷却，内部蒸汽也会在表皮凝聚，使表皮软化，变形起皱。

（4）一些面包烤完后还要进行切片操作，因刚烤好的面包表皮高温低湿，硬而脆，内部组织过于柔软而易变形，若不经冷却，切片操作会十分困难。

为解决以上问题，在面包进行包装或进行后续深加工工序（如制作三明治）前，要进行冷却。冷却过程可以使外层水分增加而有所软化，使内层水分进一步蒸发和冷却而变得具有一定硬度。

（二）面包冷却的方法

为了生产计划的进行，面包必须加速冷却，然后才能顺利切片包装。一般面包冷却至中心温度32℃时，切片包装最为理想。冷却操作要注意的问题是控制水分的蒸发损失。一些面包厂缺少面包出炉后的冷却设备，让其自然冷却。但因季节的变动，大气的温度及湿度皆会发生变化，所以利用焙烤加以调整。

可认为面包出炉后每一部分的温度都很均匀，但水分分布并不均匀。外表皮水分只有15%左右，而面包内部的水分为42%左右。因此面包出炉后，水分从中心向表皮扩散。由于水分的重新分布，表皮由干且脆的情况变软。

面包冷却时，如大气的空气太干燥，面包蒸发太多的水分，会使面包表皮裂开、面包变硬、品质不良。如相对湿度太大，蒸气压小，面包表皮没有适当的蒸发，甚至于冷却时间再长也不能使水分蒸散，结果面包没有烤熟，切片、包装都由于面包太软而困难。

面包由于体积大因而冷却比饼干慢得多，如自然冷却，一般圆面包冷却至室温附近要花2h以上，500g以上大面包甚至要花3~6h。为了加速面包的冷却，目前有三种常见的方法。

1. 最简单的空气冷却

在密闭的冷却室内，出炉面包从最顶上进入，并沿螺旋而下的传送带依次慢慢下行，一直到下部出口，切片包装。在冷却室上面有一空气出口，最顶上的排气口将面包的热带走，新鲜空气由底部吸入使面包冷却，这种方法一般可使冷却时间减少到2~2.5h，但不能有效控制面包的水分损耗。

2. 有空气调节设备的冷却

面包在适当调节的温度及湿度下，约在90min内冷却完毕。空气调节冷却设备主要有箱式（Box Cooler）、架车式（Racks Cooler）和旋转输送带式的冷却设备（Overhead Tunnels）等。

3. 真空冷却

此种方法是现在最新式的，冷却时间只需32min，面包真空冷却设备包括两个主要部分。先在控制好湿度、温度的密闭隧道内使面包预冷，时间约28min；第二阶段为真空部分，面包进入真空阶段的内部温度约为57℃，面包经过此减压阶段，水分蒸发很快，因而带走大量潜热。在适当的条件下，能使面包在极短时间内冷却，而不受季节的影响，但此方法设备成本较高。

八、面包的储存

面包经包装后，送往消费者手中，还需要一段储存时间，在储存过程中，它还发生着一系列变化。

（一）物理和化学变化

新出炉的面包，表皮的温度在130℃左右，芯的温度在95~98℃，皮硬而脆。在冷却过程中，芯中的水分向外转移，皮部由于吸收内部水分而具有弹性和韧性。但在储存中由于表皮水分蒸发损耗而重新变得干硬，称为干缩，干缩的面包质量变轻，口感和风味变劣。

在储存中，温度越高，干缩越严重；温度低，干缩得缓慢。例如1kg重的长方形面包在43~50℃下储存3h，失水5%。在11~20℃下储存8h，失水2%。

储存面包的库房相对湿度越大，面包的失水干缩率越低。空气流速越大，干缩率越大，因此，面包不适于放在通风的过道处储存。

面包的质量越小，其干缩率越高；同样质量的面包，比容越大，其干缩率越高。无包装的面包，其干缩率要大于有包装的面包。

面包出炉后，仍然继续着它在烘烤期间的化学变化过程。芯内的糖、糊精和其他水溶性物质有所增加，只有当温度降至60℃以下时，这种变化才停止下来。如果把冷面包重新加热到85℃以上时，碳水化合物的水解过程又重新开始，不过这种变化不是酶的作用，而是酸的水解。

（二）面包“老化”

面包在储存中发生的显著变化就是“老化”，也称陈化、硬化或固化。面包老化后，风味变劣；由软变硬，易掉渣；消化吸收率降低。因此，有国家规定面包出炉后仅供应2d，之后便收回减价30%~50%销售，或作为其他工业原料或饲料出售。老化的面包有下列现象。

1. 香味和口味的变化

新鲜面包香气扑鼻，滋味可口。老化的面包香气和滋味消失，带有一种陈腐气味，这可能是因为烘烤时所形成的部分挥发性物质消失或被氧化的结果。

2. 面包皮的变化

新出炉的面包表皮光亮，硬而脆，经放置后变软，带有弹性，老化后弹性变小，易碎断和掉渣。

九、面包生产线

面包类产品品类众多，在国内，面包产品大体分为吐司面包、甜面包、法式面包或者近年推出的所谓软欧面包。但这些分类仅是部分产品的名称代表，其制作工艺却花样繁多。根据不同产品的需要，在面包制作的实际操作中，上述工序有多方面的工艺拓展。不同的面团和产品也决定了优先使用什么样的生产成型方式。传统的成型方式的生产线设备是以分割揉圆，面团经中间发酵松弛后整形的方式制作最终产品，主要多应用于吐司面包的生产。但这种方法在设备上存在多种欠缺：面团分块的挤压力造成对高水含量、较高含气量或黏软面团的极其不适应，成型花色较少并不适于带有夹杂物或馅料的产品，以及产能的限制等。

传统面包制作生产工艺流程如图 5-5 所示。

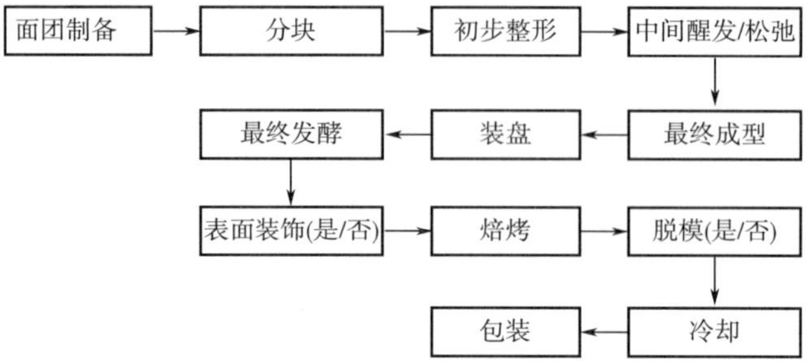

图 5-5　传统面包制作生产工艺流程图

当今的市场需要不同类型、规格及内部组织口感的面包产品。为适应市场提出的要求，面包工厂必须使用模块化设计的面包生产线，允许快速转换产品生产，同时满足最严格的卫生要求。随着科技的发展，很多面包生产已连续工业化生产，新一代面带式面包成型生产线脱颖而出成为时代趋势。

生产线主要有以下优点。

1. 产能优势

生产线基于面带压延技术，生产加工能力从 500kg/h 到 6000kg/h。适合面包工厂量化稳定生产。

2. 面团适应性

最大程度地轻柔处理面团，不破坏面团内部组织，从而使生产线的适应能力非常强大，可用于生产高水分含量（90%）的面团、经长时间预发酵的面团、湿黏面团或是无麸质功能面包面团的生产制作。

3. 独特的预压延系统

将大批量的面团整理成均质的面带是制作最终产品的关键。雷德马克最新设计的 DSS 系统极大地满足了这一要求。一种创新的动态料斗以可控的方式运输面团，使面团保持线性连续恒定，并且质量准确。制作出连续均质面带用于最终制作高质量的焙烤产品。

4. 节约成本，提高整体性能

很多面团，水分含量非常高，使得面团呈流质且有黏性。生产线使用了多项特殊设计，多种方式的防粘设计、先进的撒粉系统、工作区开放式设计、简便直观的操控系统等，提高了生产效率，使得最终产品具备更一致的丰满体积，且相应的更一致的产品准确度。提高成品率，降低运行成本。

5. 多功能，产品多样化

生产线可通过各种成型模块完成多种形式的产品制作。可以切块成型（如 Ciabatta 或 Focaccia）、搓卷成型（法棒面包或热狗卷等）、翻叠成型、卷起成型（提子面包）以及包馅面包产品。新开发的揉圆系统，可制作汉堡面包或是欧式乡村包，使共线的产品更加丰富。生产线所具有的多功能和模块化特性给客户预留了充分的产品拓展空间，以适应不断变化的市场发展。

6. 食品卫生和安全

面包生产线均采用良好操作规范（GMP）和欧洲卫生设备设计组织（EHEDG）规范推荐的食品卫生安全进行设计和制造。生产线所有部分均为湿清洗设计。从而为客户产品的卫生和安全提供了有效的保障。

预烤冷冻面包生产线如图 5-6 所示。

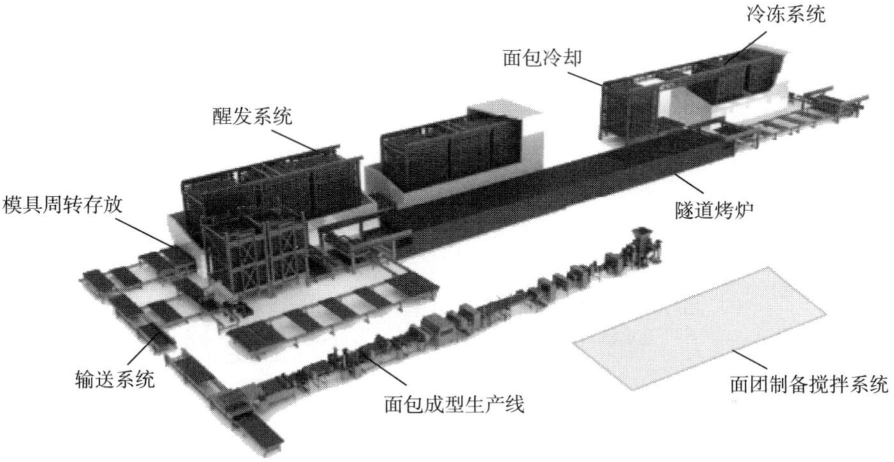

图 5-6　预烤冷冻面包生产线

第四节
面包加工设备

面包加工设备一般包括和面机、面包成型设备、面包整理和醒发设备以及面包烘烤设备等。

一、和面机

和面机也称作调粉机，在面包加工中将水、小麦粉及其他辅料倒入搅拌容器内，开动电动机使搅拌桨转动，小麦粉颗粒在桨的搅动下均匀地与水结合，首先形成胶体状态的不规则小团粒，进而小团粒相互黏合，逐渐形成一些零散的大团块。随着桨叶的不断推动，团块扩展揉捏成整体面团。由于搅拌桨对面团连续进行剪切、折叠、压延、拉伸及揉和等系列作用，结果调制出表面光滑，具有一定弹性、韧性及延伸性的理想面团。面包生产过程中通常采用的和面机为立式和面机，搅拌桨一般选用钩形，立式和面机的搅拌容器轴线沿垂直方向布置，搅拌器垂直或倾斜安装。有些设备搅拌容器做回转运动，并设置了翻转或移动卸料装置。立式和面机采用双桨搅拌。搅拌容器容量 100~150kg。

立式和面机结构图如图 5-7 所示。

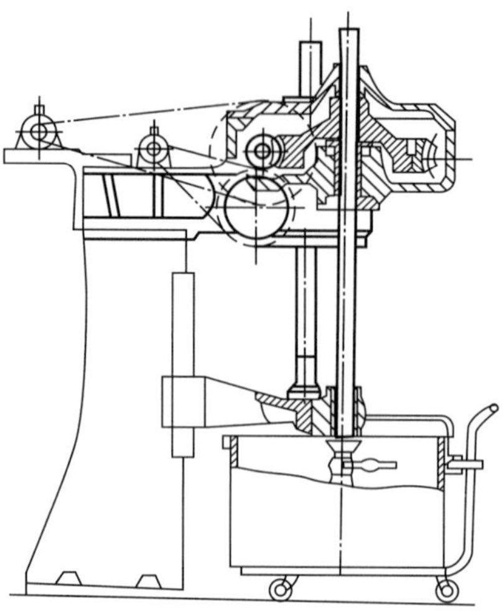

图 5-7　立式和面机结构图

二、面包成型设备

（一）切块机

1. 盘式和辊式切块机

（1）盘式切块机　盘式切块机结构图如图 5-8 所示。工作原理是：将面团放入贮槽后，当转动盘上的一个面块定量槽旋转到与贮槽下面的出口和切刀上的圆孔重合时，由于贮槽内有 10^4Pa 的压力，面团进入定量槽 1，当面团充满定量槽 1 后，切刀旋转，将面团切断并关闭贮槽出口，同时定量槽 1 沿轨道移动，活塞随着轨道升起而升起，当移动到定量槽 2 的位置时，面团全部被推出定量槽，这时切刀孔旁的拨手将推出的面团拨走，通过输送机送入搓圆工序。

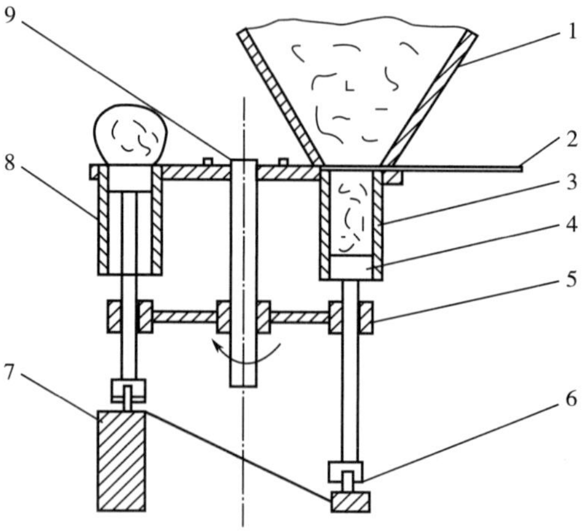

图 5-8　盘式切块机结构图

1—贮槽　2—切刀片　3—定量槽 1　4—活塞　5—旋转盘　6—滑轮　7—轨道　8—定量槽 2　9—旋转轴

（2）辊式切块机　图 5-9 所示为辊式切块机的工作原理图。它主要由面团贮槽、转动辊、活塞、轨道、传动装置、机架等部分组成。其工作原理是：当面团放入贮槽后，传动装置带动活塞向下运动，同时沿轨道移动，这时转动辊转动到定量槽口与贮槽出口重合，贮槽中的面团受到外界大气压力作用而进入定量槽［如图 5-9（1）所示］，当定量槽充满面团后，转动辊在传动装置的带动下继续沿轨道移动，同时带动转动辊旋转，使定量槽离开贮槽出口，同时活塞向上移动，将面团推出定量槽［如图 5-9（2）、图 5-9（3）所示］，并由输送机送往搓圆工序。

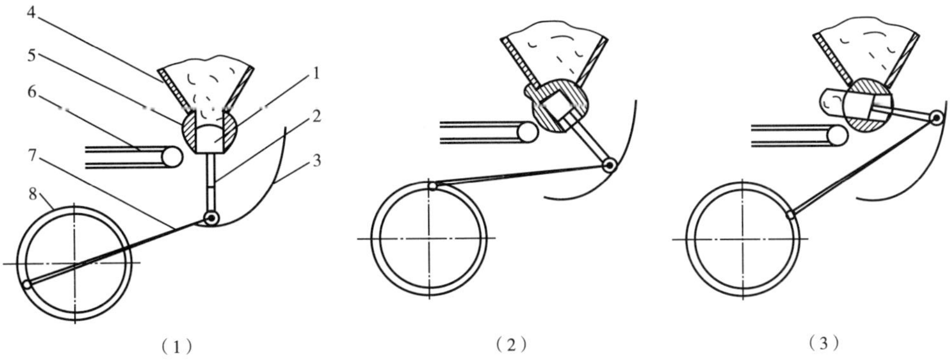

图 5-9 辊式切块机工作原理图

（1）吸入 （2）旋转 （3）排出

1—活塞 2—活塞杆 3—轨道 4—贮槽 5—定量槽 6—输送带 7—连杆 8—传动轮

2. 真空吸入式面包切块机

（1）工作原理 如图 5-10 所示。

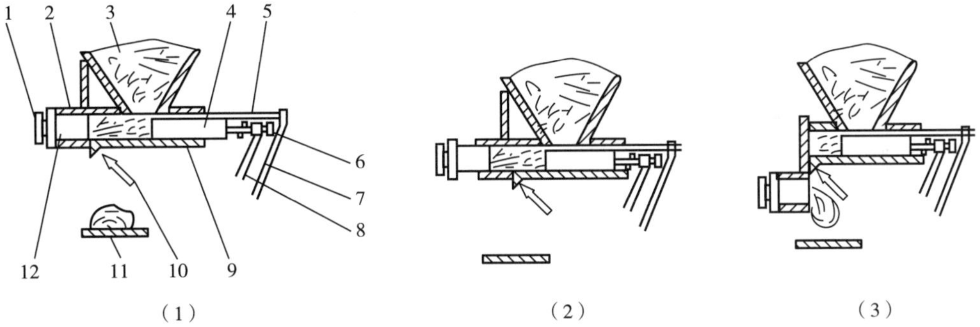

图 5-10 真空吸入式面包切块机工作原理图

（1）吸入 （2）充填 （3）排出

1—摇杆 2—小缸体 3—面团 4—活塞 5—阀 6—调节装置

7、8—摇杆 9—大缸体 10—刮刀 11—传送带 12—小活塞

面包切块机常利用真空将面团吸入，并分割成大小质量均匀一致的面块，然后经搓圆整形生产出面包生坯。习惯上将这一分割方式称为真空吸入式。面团的分割由吸入、充填、排出三部分组成。

①吸入：在曲轴作用下，摇杆 7 带动阀 5 向右移动，面斗与大缸体 9 的通路被打开，这时摇杆 8 带动大活塞 4 也向右移动，使大缸体 9 左腔形成瞬时真空。于是面团在外界大气压力和自身重力作用下，进入大缸体 9 的内腔，完成吸入过程。如图 5-10（1）所示。

②充填：完成真空吸入面团以后，摇杆 7 带动阀 5 向左移动，将面斗与大缸体 9 的通路关闭，使面块与面斗的面团分离。随后摇杆 8 带动大活塞 4 向左移动，同时卸料挡块 1 带动小活塞 12 也向左移动。大缸体左腔的面团由此被推入小缸体之中，完成充填过程。如图 5-10（2）所示。

③排出。充填过程完成以后，小缸体 2、摇杆 1、小活塞 12 同时下移，以使小缸体 2 内的面块与大缸体左腔的面团分离，同时小缸体 2 端口被打开。这时，摇杆 1 推动小活塞 12 向右移动，将面块推出缸体；而后小缸体向上移动，面块被大缸体 9 下面的刮刀从小活塞 10 的端面上刮掉，并由刮刀 10 将其打落在传送带 11 上，转入搓圆工序。至此，面包切块的一个工作循环结束，下一个周期开始。如图 5-10（3）所示。

（2）传动原理　真空吸入式面包切块机的传动系统如图 5-11 所示。

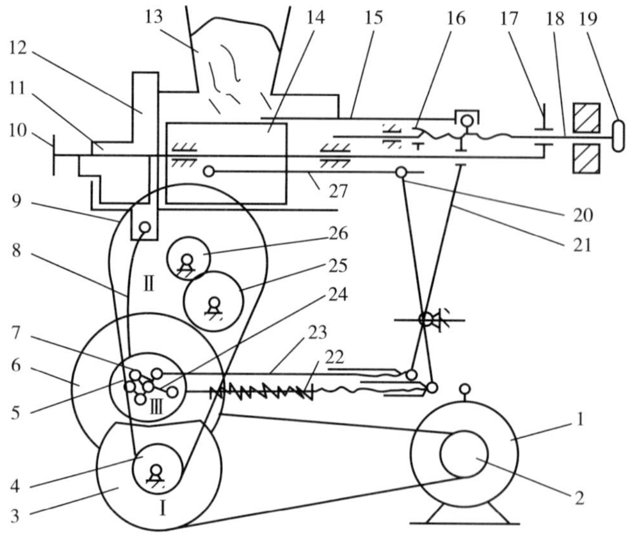

图 5-11　真空吸入式面包切块机传动系统图

1—电机　2、3—V 带轮　4、9—链轮　5、7、24—曲柄　6、25、26—齿轮　8、22、23、27—连杆　10—卸料挡块　11—小活塞　12—小缸体　13—大缸体入面口　14—大活塞　15—阀杆　16—定量指针　17—卸料控制块　18—螺杆　19—手轮　20、21—摇杆

①该机的动力由电机 1，经一级 V 带轮 2、3 及一级链轮 4、9 减速，传至帆布带轮轴Ⅱ。

②轴Ⅱ一方面驱动帆布带运行，将切好的面块输送至搓圆机；另一方面又经同轴安装的齿轮 26 及齿轮 25，齿轮 6 带动装有三个曲柄 5、7、24 的曲轴Ⅲ转动。在轴Ⅱ与链轮 9 间用过载销钉连接，以保证机器在超负荷条件下安全停车。

③曲柄 24 转动，经连杆 22，摇杆 2 及连杆 27，使大活塞 14 作水平直线往复运动，以完成推送面团的动作。大活塞 14 的行程通过调节连杆 22 的长短及手轮（图中未表示）来实现。

④曲柄 7 转动，经过连杆 23，摇杆 21，使阀杆 15 作水平直线往复运动，以实现开闭大缸体入面口的动作。阀杆 15 的行程由连杆 23 的长短控制。同时，通过摇杆 21 的摆动又带动卸料控制块 17 及挡块 10 作水平方向的间歇往复移动，以完成小活塞 11 推动定量面块的操作。小活塞 11 的相对位置由手轮 19 回转，经螺杆 18，带动卸料控制挡块 17 移动来实现。

⑤曲柄 5 转动，经连杆 8，带动小缸体 12 作垂直方向的直线运动，以配合完成卸料切块的操作要求。

（3）真空吸入式面包切块机的调节

①面块均匀度调节：生产中，若面块不均匀，忽大忽小，可调节大活塞后部销钉，由后向前直到定量准确为止。注意不可一下子将销子移在前面，以免吸面过多，使机器负荷猛增，影响机器寿命。

②面包质量调节：若面块均匀，但质量误差偏大，可旋转调节手轮 19。手轮 19 通过定量螺杆 18，改变小活塞 11 的极限位置，从而使进入小缸体 12 内的面团大小得以调节。定量指针 16 的逆时针或顺时针旋转，指示出面块质量的增加或减少。

③速度调节：如要改变该机运行速度，可通过更换皮带轮，改变传动比来实现。

真空吸入式面包切块机的传动路线如图 5-12 所示。

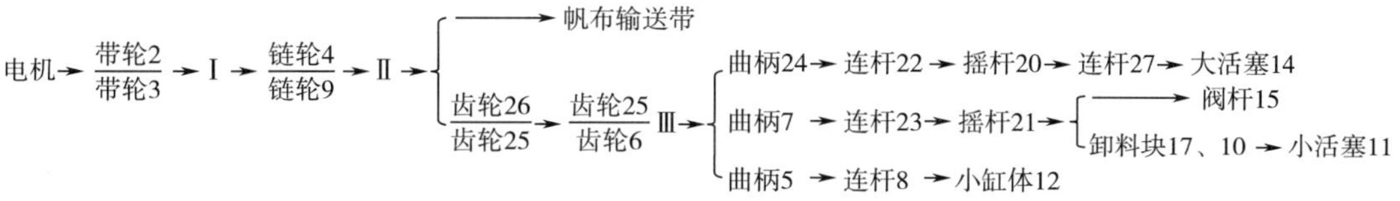

图 5-12　面包切块机的传动路线图

（二）搓圆机

自动切块机卸下的面块，落在下面的帆布输送带上，然后进入面包搓圆机进行搓圆。搓圆机的作用主要是使面团的外形成球状，并使内部气体均匀分散，组织细密，同时通过高速旋转揉捏，使面团形成均匀的表皮，这样可使面团在下一段醒发时所产生的气体不致跑掉，从而使面团内部得到较大并且很均匀的气孔。

面包搓圆机按外形的不同，可分为伞形、锥形、筒形及水平四种。

1. 伞形搓圆机

（1）主要结构　伞形搓圆机是目前我国面包生产中应用最广泛的搓圆机械。其主要结构包括电机、转体、螺旋导板、撒粉装置及传动装置等，如图 5-13 所示。搓圆机的转体和螺旋导板是对面团进行搓圆的执行部件。转体安装在主轴上，螺旋导板通过紧固螺钉与支承板固定安装在机架上，从而由导板与转体配合形成面块运动的成型导槽。

由于面包面团含水多，质地柔软，因此面包搓圆机装有撒粉装置。在转体上盖 16 上设有偏心孔，该偏心孔与拉杆 15 连接，使撒粉盒 13 的轴心作径向摆动，将盒内的小麦粉均匀地撒在螺旋形导槽内，防止操作时面团与转体、面团与导板及面团之间粘连。机器停止时，应松开翼形螺栓 12，使控制板 11 封闭出面孔。

伞形搓圆机传动系统较简单，动力由电机经 V 带及一级蜗轮蜗杆减速后，传至主轴，在旋转主轴的带动下，转体随之转动。

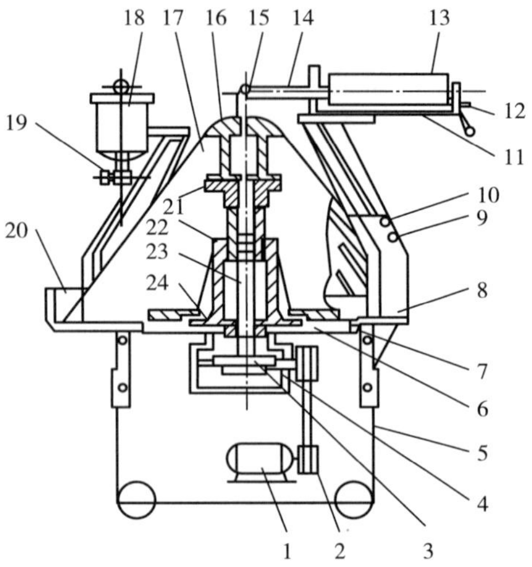

图 5-13　伞形搓圆机结构图

1—电机　2—皮带轮　3—蜗轮　4—蜗轮箱　5—机架　6—主轴支撑架　7—轴承座　8—支撑架　9—调节螺钉　10—固定螺钉　11—控制板　12—开放式翼形螺栓　13—撒粉盒　14—轴　15—拉杆　16—顶盖　17—转体　18—贮液桶　19—放液嘴　20—托盘　21—法兰盘　22—轴承　23—主轴　24—连接板

（2）工作原理　图 5-14 是伞形搓圆机工作原理图。来自切块机的面块由转体底部进入螺旋形导槽，由于转体旋转及固定导板的圆弧形状，使导板与面块，面块与转体伞形表面之间产生摩擦力，以及面块在转体旋转时所受的离心力作用，使面块沿螺旋形导槽由下向上运动。期间面块既有公转又有自转，既有滚动又有微量的滑动，从而形成球形。伞形搓圆机面块的入口设在转体的底部，出口在伞体的上部，由于转体上下直径不同，使面块从底部进入导槽由下向上的运动速度越来越低。这样使前后面块距离越来越小，有时会出现双生面团，即两个面块合为一体一起离开机体。为了避免双生面团进入醒发机，在正常出口上部装有一横档，当双生面团通过时，由于其体积大，出口小不能通过，面团只能继续向前滚动，从大口出来进入回收箱。搓圆完毕的球形面包生坯由伞形转体的顶部离开机体，由输送带送至醒发工序。

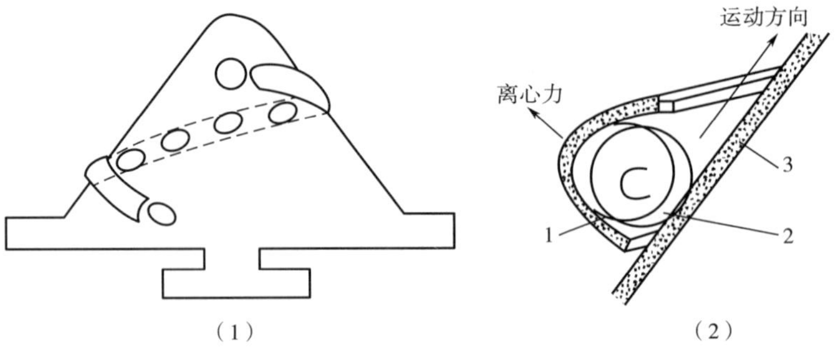

图 5-14　伞形搓圆机工作原理图

（1）进口位置和出口形状　（2）球体的形成

1—导板　2—面团　3—伞形转体

伞形搓圆机由于具有进口速度快，出口速度慢的特点，有利于面团的成型。

2. 碗形搓圆机

碗形搓圆机的结构与伞形搓圆机大致相同。只是转体倒置，大端在上，小端在下，呈碗形。转体外同样设有导板，导板与转体组成面块成型的导槽，如图 5-15 所示。其工作原理与伞形搓圆机基本相同。来自切块机的面块，由定向输送器送至锥形转体下部。在复合力的作用下，面块沿螺旋形导槽即公转又自转的由下向上运动，在运动过程中被搓成球形，到达锥体的顶部。搓圆完毕后，面团由帆布输送带送至醒发工序。

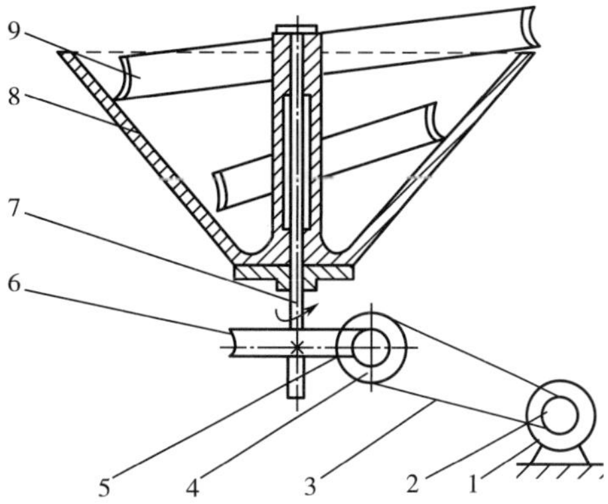

图 5-15　碗形搓圆机结构图

1—电动机　2—小带轮　3—三角带
4—大带轮　5—蜗杆　6—蜗轮
7—旋转主轴　8—碗形旋转体　9—螺旋导板

由于转体直径下小上大，所以面块的运动速度由小到大，在离开搓圆机时达到最大，前后面块的距离也由小变大。这一点与伞形搓圆机相反，因此，不易像伞形搓圆机那样出现双生面团。但成型效果较差，一般用于生产小型面包。

3. 桶形搓圆机

桶形搓圆机的转体斜度很小，形似圆桶，故称桶形搓圆机。面块离开切块机后，被送至圆桶形转体的下部。随着转体的转动，面块沿螺旋形轨道自下而上运动，同时在自转与公转的复合运动中被搓成球形。显然面块在该搓圆机上的运动速度基本是一致的。因此，克服了前两种搓圆机的不足，而且兼备两者的优点。另外桶形搓圆机占地面积较小，给车间布置带来了方便。

4. 水平搓圆机

水平搓圆机与伞形、锥形及桶形搓圆机结构不同，它没有转体，也没有螺旋形导槽。其主要搓圆机构是由水平帆布输送带和模板组成。如图 5-16 所示，水平搓圆机的帆布输送带与多台切块机的出面口相连，组成切块搓圆机。可以 4 排面团同时搓圆，也有多至 6 排的，生产率高。模板安装在输送带上方，与输送带纵向成 α 角。来自切块机的面块，经输送带入模板与帆布带形成的三面封闭槽内。由于 α 角的存在及导槽模板的曲面形状，使面块在各种力的作用下被迫产生自转，并受帆布带的运动方向限制，在输送过程中，自身被搓成球形。

模板是水平搓圆机的关键元件，模板的长度，安装角度 α 及模板的曲面几何尺寸对搓圆质量都有很大影响。水平搓圆机的特点是可与多台切块机组合使用，但其搓圆效果不如伞形搓圆机好，表面结实程度稍差，适合于小型点心面包生产线使用，其质量在 110g 以下。

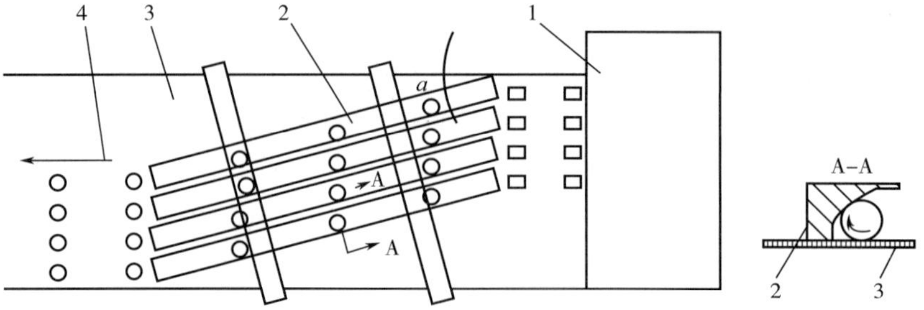

图 5-16　水平搓圆机工作原理图

1—切块机　2—模板　3—帆布输送带　4—至醒发工序

5. 网格式面包成型机

网格式面包成型机是一次完成切块、搓圆操作的小型间歇式整形机械。

（1）网格式面包成型机结构（图 5-17）　网格式面包成型机主要由压头、工作台、模板及传动系统等组成。压头包括压块 2，切刀 1，围墙 3 及导柱 6 等四组构件。压块安装在围墙之内，用以实现压制面片的操作，切刀可在压块间滑动，以便完成切割面坯的动作。工作台主要由工作台板、锁紧架、曲柄组及模板等组成。放置在工作台板上的模板由软质材料制造，通常可选用无毒耐油橡胶或工程塑料。曲柄组主要由安装在工作台中心处的传动偏心轴与设置在边缘处的辅助偏心轴组成。两轴偏心距相等，其目的在于实现工作台的平面运动。

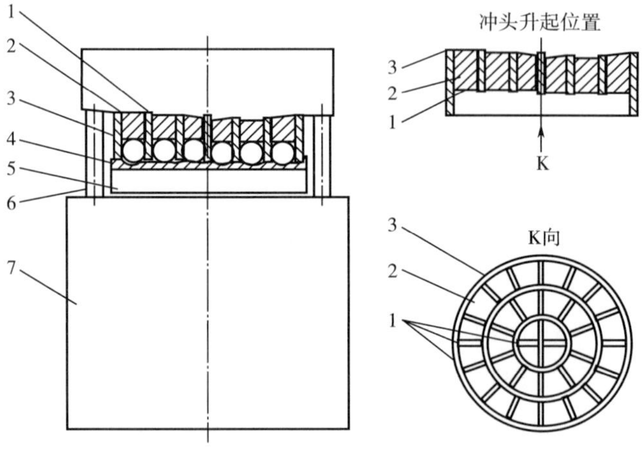

图 5-17　网格式面包成型机结构图

1—切刀　2—压块　3—围墙　4—模板　5—工作台　6—导柱　7—机座

网格切块成型机的传动装置一般由电机与离合器组成。为减缓工作台平动时因交变载荷作用而引起的振动冲击现象，通常可选用锥盘式摩擦离合器。这是由于该离合器锥盘接触点处的法线与偏心轴动载方向垂直，故可以将振动能量与传动系统隔离，从而使切块成型机的运动趋于平稳。

实现成型机压头下降的动作现有两种结构。一种是在机架上安装一根杠杆，并使其置于压头之上。压头下压操作可通过手动或机动拉下杠杆来实现。另一种是在机体内部安装一套曲柄滑块机构，压头的动作由手动回转曲柄来完成。

网格式面包成型机的工艺流程如图 5-18 所示。

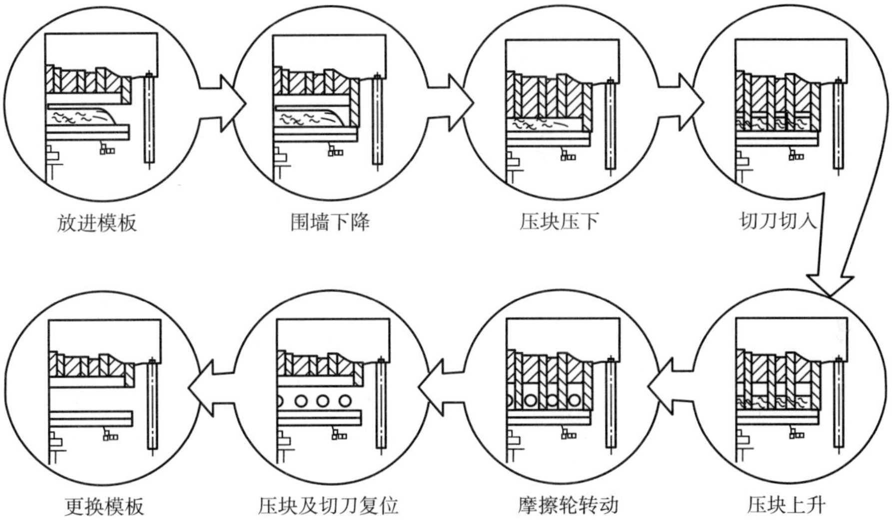

图 5-18　网格式面包成型机工艺流程图

（2）网格式面包成型机原理　如图 5-18 所示，网格式面包成型机的原理操作主要通过以下几个工序来实现。

①将一定量的面团摊放在工作台的模板上。

②围墙下降压在模板上，将摊放在其上的面团包围起来。

③压块与切刀同时下降，将摊放在模板上的面团压成厚度均匀一致的面片。

④切刀继续下降直至与模板接触，此刻即可将整体面片切割成若干等分的面块；同时压块上升约 3mm 距离，留出切刀切入面片时产生的膨胀量。

⑤压块上升一段距离，围墙与切刀稍微抬起约 1mm，留出揉搓面团所需要的空间。

⑥摩擦离合器结合，回转曲柄组带动工作台上的模板作平面回转运动，由于压头不动，切刀腔内的面团在模板的推动下产生转动，同时又受切刀腔四壁的限制而被不断地揉搓滚动，从而形成球形面包生坯。

⑦摩擦离合器断开，工作台停止转动。围墙、压块及切刀复位。

⑧取出模板，网格式面包成型机的一次工作循环结束。

三、面包整理和醒发设备

（一）面包整形输送机

常用的面包整形输送机由面团送入传送带、压扁辊、第一压延辊、第二压延辊、卷包垂链、面卷送出传送带等机构组成，如图 5-19 所示。面包整形输送机主要用来完成对面团的辊轧、卷制和成型的工艺操作。

工作时，经面团送入传送带 1 送进的面团先被压扁辊 2 进行辊压，然后被送入第一和第二压延辊，经辊轧制成面片，辊制成的面片落入面卷送出传送带 6，继续向前输送，到达卷包垂链 5 处，在垂链的压力作用下，面片向里卷曲。经送出传送带与面卷以及面卷与卷包垂链间摩擦力的作用，面片越卷越紧，直至被卷成面卷，经送出传送带送出。根据需要在送出传送带前，还可装置各种滚形槽，经整形制成面包生坯。经整形后的面包生坯即可装入烤盘送去进行最后醒发。

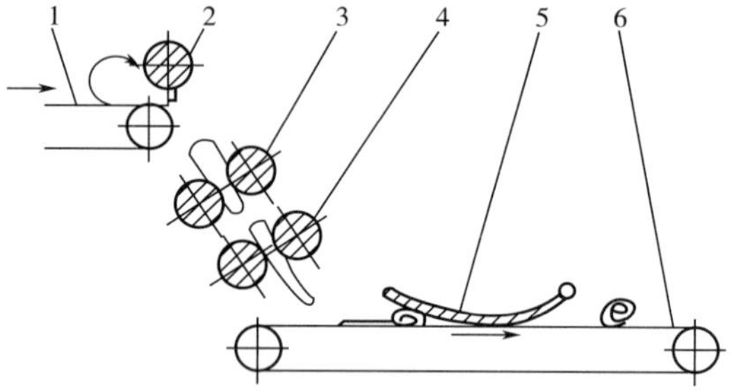

图 5-19 面包整形输送机结构图

1—面团送入传送带 2—压扁辊 3—第一压延辊 4—第二压延辊 5—卷包垂链 6—面卷送出传送带

（二）醒发设备

常用的面包醒发设备分为中间醒发设备和最后醒发设备两种。大批量生产面包的厂家，为配合机械化连续式生产的需要，不仅中间醒发采用了机械式，而且最后醒发也采用了多层回转自动醒发机。还有一部分中间醒发采用了机械式醒发机外，大部分都还在使用醒发房和醒发箱来进行中间、最后醒发工艺的操作。

1. 中间醒发机

中间醒发的目的是为了使分割搓圆后的面团中的酵母有短时的休息，并使面团恢复弹性，这样再去整形和最后醒发，面团才能充分膨胀，烤出的面包比容较大。常用的中间醒发机主要由面团进料机构、出料机构、面团网斗、传动机构和箱体等组成，结构图如图 5-20 所示。

工作时，面团经送入传送带 15，落料板 14 送入面团网斗 9，网斗经链条带动在箱体内匀速运行，经过翻斗机构 11，面团从出料斗 13 送出进行成型操作。

中间醒发机的箱体一般采用金属支架，外壁用聚乙烯泡沫板保温。网斗一般用不锈钢丝冲压成碗形，表面喷涂聚四氟乙烯，可以防止面团粘连。一般采用 6 个网斗一排，用框架固定。设有玻璃观察门和检修门，小型点心面包用的中间醒发机，箱体两侧是大

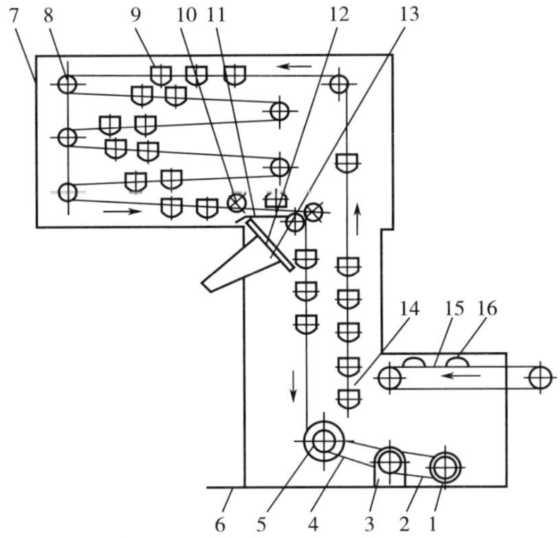

图 5-20　中间醒发机结构图

1—电动机　2—三角带　3—减速机
4—链条　5—传动链轮　6—传动链条
7—箱体　8—张紧链轮　9—面团网斗
10—翻斗滚轮　11—翻斗机构
12—料槽板　13—出料斗　14—落料板
15—送入传送带　16—面团

面积玻璃窗，便于操作者观察。撒粉装置将干粉均匀撒在面团表面以减少与网斗和机器的粘连。

2. 醒发箱

采用铝合金型材和夹层发泡保温防锈彩钢板。内装防水辐流式循环系统，不必调盘就能保证箱内每一个角落温湿度一致，采用精确的数字显示控制温度和内藏式德国 KOBOLD 湿度控制喷雾加湿系统，能保证醒发高质量的面包。

3. 醒发室

醒发室一般采用砖墙结构，也有采用金属框架的拼装结构，用聚乙烯泡沫板保温。醒发室开有门，供放置醒发面块的醒发车进、出使用。醒发室顶应做成弧形，以便水珠能顺着屋顶及墙壁流到地面，避免水珠直接落到面团上，影响正常醒发。醒发室四周需开排水槽，让冷凝水及时排出，防止室内积水。供热、供湿一般采用锅炉供汽，也可采用室内电加热水箱加热、加湿的方式。

醒发室如图 5-21 所示。

醒发室的结构简单，投资少，比较实用可靠，还可兼作发酵室使用。但劳动强度大，工艺操作条件差。醒发室采用铝合金型材框架和夹层发泡保温防锈彩钢板，插接拼装结构。内装电热式、蒸汽发生器。防水辐流式循环系统，以保证室内每一个角落温湿度一致，精确地控制温度和湿度。

图 5-21　醒发室

（三）整形机、切片机

1. 整形机

整形的作用是排除面团内因中间醒发所产生的二氧化碳气体，是中间醒发和装模之间不可缺少的工序，整形机如图 5-22 所示。

图 5-22 整形机

来自中间醒发的面团，经过三次辊压成薄片，然后进入搓帘卷搓，再进入搓板，使面片卷得更紧，卷紧的面卷用机器或手工做成 M 形，三个并列同时装入一个模内。以上是指大的长方形主食面包，点心面包不做成 M 形，卷搓后直接装模。如果做包馅的点心面包，压片后即可包馅装模，不需卷搓，多数用人工操作。由于辊压时面片沿着运动方向产生纤维组织，为了在制成 M 形时不易折断，卷搓时应使纤维方向平行于面卷轴线。

常用的整形机有直线型和直角型两种，直线型体积小，又是做直线运动，能够方便地与下一工序连接，但由于产生的纤维组织的方向不适合折弯，只适合制作点心面包。而直角型更适合制作主食面包。

2. 面包切片机

常用的面包切片机主要由进料斗、锯齿刀片、导轮、刀片驱动辊、传动系统、机架等组成，结构图如图 5-23 所示。

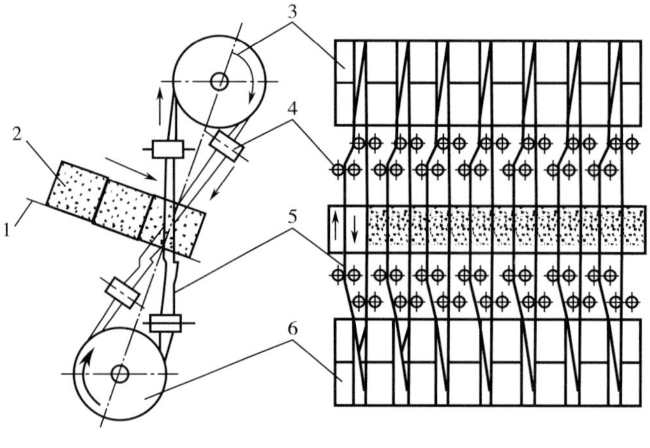

图 5-23 面包切片机结构图

1—进料斗 2—面包 3、6—刀片驱动辊 4—导轮 5—刀片

在上下两个刀片驱动辊上，均匀间隔地交叉围绕着若干带式刀片。每个刀片被两对导轮夹持着，将刀片扭转 90°，使所有刀刃口朝进口方向，一圈环形刀片成为两条刀刃，在辊的带动下作快速直线运动。运动的方向，一条刀刃向上，另一条刀刃向下，因此在切片时给予面包的摩擦力上下相互抵消，不影响面包在切片时的稳步行进。当面包由进料斗横向进入后，即可一次切成若干片。切片厚度可以通过左右移动导轮的相互位置来调节，调节范围在 10～24mm。

四、面包焙烤设备

（一）面包焙烤模具

1. 烤模

各种烤模如图 5-24 所示，可由用户提供自己要求的尺寸和形状，到设备厂家定做。

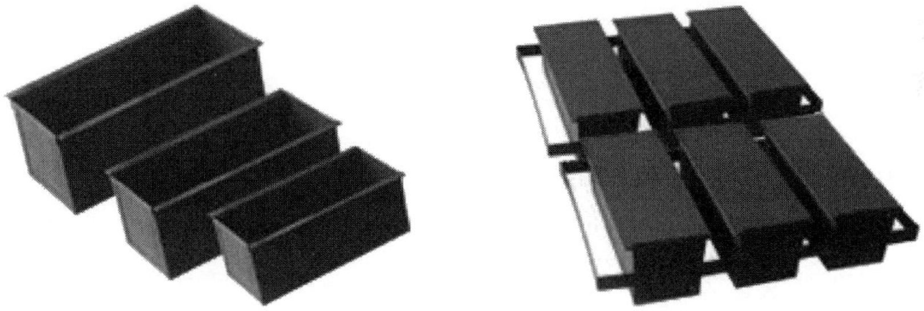

（1）　　　　（2）

图 5-24　各种烤模

（1）单个无盖烤模　（2）连排带盖烤模

2. 烤盘

烤盘上涂有不粘涂层，能够使用 5000 次，节省大量涂油费用及工时。外层涂有吸热涂层，烤出的面包色泽金黄。

面包焙烤各种烤盘如图 5-25 所示。

（二）面包焙烤技术尝试

现代化的烤炉，炉内温度已达到自动控制，而且对各个时间的温度变化曲线也都加以自动控制。强制对流的加热炉又使炉内的传热效率大大提高，但是面包内部的传热很难受外部传热方式影响，这成为烘烤技术的一个障碍。为了解决这一问题，人们进行了各种各样的研究和尝试。

1. 强制对流

炉内采用强制对流的方式，虽提高了传热效率，但是对流速度过快，成品表面过于干燥，表皮不平整。于是经过研究，降低对流空气速度而加大对流空气量的方法得到了较满意的效果。

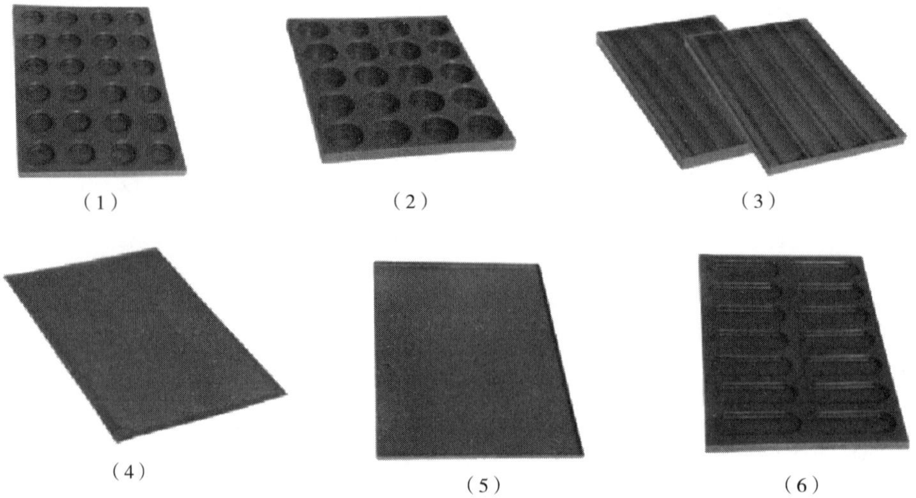

图 5-25　烤盘

（1）汉堡盘　（2）巨无霸汉堡盘　（3）法国烤盘（五、六槽）

（4）网孔烤盘　（5）平烤盘　（6）热狗烤盘

2. 利用红外线

人们曾利用红外线加热的办法研究烤炉的加热效果，证明在炉中能设置发射红外线的辐射物体。听型面包的加热，可以使加热速度增加一些，但由于听型面包内部热传播并不明显变快，而表面由热辐射得到大量热量，易产生皮焦内不熟的缺点。

3. 微波加热

微波加热利用微波磁场的变化使具有极性分子水的面团内部分子激烈振动而发热。这样热量就只集中在被烘烤的面团上，因此烤炉不需要很厚的绝热壁。然而，由于发射微波的电子元件的寿命还不够长，而且目前价格昂贵，所以达不到实用地步。还因为这种方法难以使面包表面达到100℃以上，所以无法形成面包棕褐色的外皮，还要与红外线辐射的方法一起加热才行。目前这种方法还处于实验阶段。

（三）烤炉的种类

烘焙面包用的烤炉应选择能控制下火并具有加湿功能的类型，一般生产量大的工厂可选用能配合自动化生产的隧道式烤炉，生产量小时可选用烤箱。烤炉按加热方式可分为直接加热、间接加热、强制对流等方式；按结构可分为固定式、风车式、隧道式、吊篮式等方式。

1. 固定式烤炉

原始的固定式烤炉现在已经很少使用。比较新式的多层固定烤炉，常应用于法式面包的生产。烘烤时将最后醒发完毕的面坯推入烤炉，卸到固定炉床上烘烤。这种烤炉带有温度自动控制和蒸汽喷射装置，可以灵活调节上下火温度。

2. 风车式烤炉

数个托盘吊在风车式的转轮周围，在烘烤过程中托盘随转轮转动。生熟产品交替受热，占地面积小，烘烤对流大。但是其需要间歇式操作，生产能力较小，只适合规模较小的工厂使用。

3. 隧道式烤炉

这种烤炉带有自动温度控制和蒸汽喷洒装置，可以灵活控制上下火温度。烤炉内以链轮传动，装好面坯的烤模或烤盘从隧道入口处进入炉内，由链轮运载传送，在另一端出口处自动卸入传送带。烤出的成品颜色均匀。这是目前大中型工厂均普遍使用的烤炉形式。

4. 吊篮式烤炉

该类型进炉和出炉在烤炉同一端，属于半封闭式烤炉，可以节约大量热能。烤盘由上端入口进入烤炉，再经传送装置由下端出口传送出来。这是在隧道式基础上改进的节能效果较好的最新式面包烤炉，与隧道式烤炉相似，均可以实现自动化生产，烘烤效率高，适合大型工厂使用。

第六章
饼 干

第一节 饼干定义及分类

饼干的花色品种很多，近年来，由于工艺技术和设备的发展，新型产品不断涌现，要将饼干严格分类是颇为困难的，就连饼干这一名称在国外也有很多叫法。例如在法国、英国、德国等称为 Biscuit，美国称为 Cookie，日本将辅料少的饼干称为 Biscuit，把含脂肪、奶油、蛋和糖等辅料多的饼干称为 Cookie，饼干的其他称呼还有 Cracker、Puff Pastry、Pie 等。

一、饼干的分类

饼干按照配方、工艺、口味的不同，有不同的分类方法。例如按原料配比来分类有：粗饼干、酥性饼干、韧性饼干、甜酥性饼干和发酵（苏打）饼干。按成型的方法来分类有：冲印饼干、辊切饼干、辊印饼干、挤压饼干、挤条饼干和挤浆、挤花饼干等。目前，我国已对饼干的分类方法制定出了统一的标准。根据 GB/T 20980—2007《饼干（含第 1 号修改单）》规定，饼干按其加工工艺的不同，可分为十三类。

二、饼干的定义

饼干是以小麦粉（可添加糯米粉、淀粉）等为主要原料，加入（或不加入）糖、油脂、疏松剂、乳品、蛋品、食用香精等其他辅料，经调粉（或调浆）、成型、烘烤（或煎烤）等工艺制成的食品。由于饼干具有营养丰富、口感酥松、风味多样、外形美观，便于携带且耐储存等特点，所以受到国内外人们的普遍喜爱，成为军需、旅行、航海、登山、家庭等方面的食用方便的一种食品。

三、饼干的种类

（一）按照原料的配比分类

1. 粗饼干

粗饼干一般产量极少，市售并不常见。国外目前生产的供野餐用的无油、无糖，仅加少量食盐的清水饼干就属于这个品种。粗饼干一般使用多针孔无花有字的印模。

2. 酥性饼干

酥性饼干属于一般甜饼干，油糖比大约 1∶2，油糖与小麦粉比大约 1∶2。酥性饼干一般属于半软性面团，可采用无针孔凸花印模，若使用凹花印模，会因面团的黏性较大而造成粘模。

3. 韧性饼干

韧性饼干属于低档甜饼干，产量较大，一般能占到总量的60%左右，油糖比大约1：2.5，油糖与小麦粉比大约也为1：2.5。韧性饼干应使用有针孔凹花印模，主要原因是面团的弹性较大，防止出现花纹不清及起泡、凹底等问题。

4. 甜酥性饼干

甜酥性饼干的油糖量比韧性饼干和酥性饼干的都多些，比例占到1：1.35，油糖与小麦粉比也为1：1.35，一般使用浮雕式的凸花印模。

5. 发酵饼干

发酵饼干属于中、高档饼干，它的油糖量比例一般为10：(0~1.5)，油糖与小麦粉比为1：(4~6)。一般可分为咸发酵饼干和甜发酵饼干两种，甜发酵饼干一般可采用韧性饼干的配比来生产，这类产品有过去常见的宝石、香烟、小动物、字母等品种。为了防止饼干起泡，一般使用多针孔无花有字的印模。

（二）按照成型方法分类

1. 冲印硬饼干

将韧性面团经过多次辊轧延展，折叠后经印模冲印成型的一类饼干。一般含糖和油脂较少，表面是有针孔的凹花斑，口感比较硬。除这种韧性饼干外，以下皆为酥性面团制作的饼干。

2. 冲印软性饼干

使用酥性面团，一般不折叠，只是用辊轧机延展，然后经印模冲印成型，表面花纹为浮雕型，一般含糖比硬饼干多。

3. 辊印饼干

使用酥性面团，利用辊印成型工艺进行烘焙前的成型加工，外形与冲印软性饼干相同。面团的水分较少，手感稍硬，烘烤时间也稍短。

4. 挤出成型饼干

(1) 线切饼干　该酥性面团的配方含油、糖量较多。将面团从成型机中成条状挤出，然后用钢丝割刀将条状面团切成小薄块。在烘焙后，饼干表面会形成切割时留下的花斑，挤花出口为圆形或花形。

(2) 挤条饼干　所使用的面团与线切饼干一致，也是用挤出成型机挤出，所不同的只是挤花出口较小，出口为小圆形或扁平型。面团被挤出后，落在下面移动的传送带上，成长条形，然后用切刀切成一定长度。

5. 挤浆（花）成型饼干

面团调成半流质糊状，用挤浆（花）机直接挤到铁板或铁盘上，直接滴成圆形，送入炉中烘烤，成品如小蛋黄饼干等，这是一种不用油脂、以鸡蛋和糖为主体的、体积较大且质量甚轻的小圆形膨松型饼干，适合儿童食用。还有一种曲奇饼干油、糖含量较高，面团比浆稍硬，一般挤花出口是星形，挤出时出口还可以作各种轨迹的运动，制成环状或各种形状的酥饼。

（三）我国饼干的分类

GB/T 20980—2007《饼干（含第 1 号修改单）》按照生产工艺将饼干分为十三类。

①酥性饼干：以小麦粉、糖、油脂为主要原料，添加或不添加其他原料，经冷粉工艺调粉、辊压或不辊压、成型、烘烤制成的表面花纹多为凸花，断面结构呈多孔状组织，口感酥松或松脆的饼干。

②韧性饼干：以小麦粉、糖（或无糖）、油脂为主要原料，添加或不添加其他原料，经热粉工艺调粉，辊压、成型、烘烤制成的表面花纹多为凹花，外观光滑，表面平整，一般有针眼，断面有层次，口感松脆的饼干。

③发酵饼干：以小麦粉、油脂为主要原料，酵母为膨松剂，加入各种辅料，经发酵、调粉、辊压、叠层、烘烤制成的酥松或松脆，具有发酵制品特有香味的焙烤食品。

④压缩饼干：以小麦粉、糖、油脂、乳制品为主要原料，加入各种辅料，经冷粉工艺调粉、辊印、烘烤成饼坯后，再经粉碎，添加油脂、糖、营养强化剂或再加入其他干果、肉松、乳制品，拌和、压缩而成的饼干。

⑤曲奇饼干：以小麦粉、糖、油脂、乳制品为主要原料，添加或不添加其他原料，经冷粉工艺调粉，采用挤注或挤条、钢丝切割或辊印方法中的一种形式成型、烘烤制成的具有立体花纹或表面有规则波纹的饼干。添加糖浆原料、口感松软的曲奇饼干称为软型曲奇饼干。

⑥夹心（或注心）饼干：在饼干单片之间（或饼干空心部分）添加糖、油脂、乳制品、巧克力酱、各种复合调味酱或果酱而制成的饼干。以水分含量较高的果酱或调味酱等原料为夹心料的夹心饼干称为酱型夹心饼干。

⑦威化饼干：以小麦粉（或糯米粉）、淀粉为主要原料，添加或不添加其他原料，经调浆、浇注、烘烤制成多孔状片子，通常在片子之间添加糖、油脂等夹心料的两层或多层的饼干。

⑧蛋圆饼干：以小麦粉、糖、鸡蛋为主要原料，添加或不添加其他原料，经搅打、调浆、挤注、烘烤制成的饼干。

⑨蛋卷：以小麦粉、蛋及蛋制品等为主要原料，添加或不添加其他原料，经调浆、浇注或挂浆、烘烤卷制而成的蛋卷。

⑩煎饼：以小麦粉（可添加糯米粉、淀粉等）、糖、鸡蛋为主要原料，添加或不添加其他原料，经调浆或调粉、浇注或挂浆、煎烤制成的饼干。

⑪装饰饼干：在饼干表面涂布巧克力酱、果酱等辅料或喷撒调味料或裱粘糖花等一种或几种工艺，添加其他配料装饰而成的表面有涂层、线条或图案的饼干。

⑫水泡饼干：以小麦粉、糖、鸡蛋为主要原料，添加或不添加其他原料，经调粉、多次辊压、成型、热水烫漂、冷水浸泡、烘烤制成的具有浓郁蛋香味的疏松、轻质的饼干。

⑬其他饼干：除上述十二类之外的饼干，均为其他类。

第二节 饼干加工原料与辅料

一、小麦粉

（一）淀粉对饼干品质的影响

小麦淀粉主要集中在麦粒的胚乳部分，小麦粉中含有一定程度的淀粉破损，在饼干加工的过程中，破损淀粉在小麦粉吸水过程中起到明显的作用。一般说来，破损淀粉量对甜酥性饼干、华夫饼干质量影响不是很大，但对于发酵饼干和半发酵饼干，破损淀粉量对其质量有一定的影响。发酵饼干利用酵母进行发酵，破损淀粉极易被淀粉酶作用分解成为麦芽糖供酵母使用。如果破损淀粉过多，小麦粉的吸水量增加，造成面团变软，发酵速度加快，弹性降低，阻碍了面筋的形成，使饼干僵硬而不松脆。

为了促进小麦粉中淀粉的糊化，往往还会加大炉内湿度使饼干坯表面吸收更多的水分，以增加饼干表面的光泽度。

（二）蛋白质对饼干品质的影响

蛋白质在加热条件下会变性凝固，这对饼干的焙烤具有重要的影响。焙烤时，二氧化碳受热膨胀，面团体积增大，当达到较高温度时，保持蛋白质空间构象的弱键断裂，破坏了肽链的特定排列，原来在分子内部的一些疏水性基因暴露到分子的表面，降低了蛋白质的溶解度，促进了蛋白质分子之间相互结合，形成不可逆凝固结构，从而使饼干定型，赋予饼干一定的性状及组织结构。

小麦粉中存在一类非水溶性蛋白质，包括麦谷蛋白和麦醇溶蛋白，约占小麦粉中蛋白质总量的85%。其中麦谷蛋白具有良好的弹性、低度伸展性而无黏性，麦醇溶蛋白具有很强的黏性、高度伸展性而缺乏弹性。两者结合在一起，形成一种既有弹性又有黏性和伸展性的特殊网络结构的软胶体——面筋。

由于饼干生产的特殊性，要求最终产品松脆，不像面包要求松软而有弹性。如果面筋筋力过强，易造成饼干僵硬，易变形。面筋筋力过小，面团持气能力较差，成型时易断片，产品易破碎。所以一般选用中、低筋力的小麦粉，要求粉质细而洁白。各类饼干生产要求不同，用什么样的小麦粉还要看饼干的品种。

韧性饼干小麦粉，宜选用面筋弹性中等，延伸性好的小麦粉，一般湿面筋含量以21%~28%为宜。

酥性饼干小麦粉要求使用软麦，一般湿面筋含量以21%~26%为宜，甜酥性饼干要求面筋含量在20%左右。

苏打饼干一般采用二次发酵的生产工艺。第一次面团发酵，发酵时间长，选用湿面筋含量30%左右筋力强的小麦粉。使其能够经受较长时间的微生物发酵而不会导致面团弹性过度降低。第二次面团发酵时，时间短，宜选用湿面筋含量为24%～26%筋力较弱的小麦粉。

半发酵饼干选用弹性好，延伸性在25～28cm，湿面筋含量在24%～30%的小麦粉。

威化饼干选用面筋含量适中的小麦粉，一般选用湿面筋含量23%～24%。筋力太差，威化饼干易破碎；筋力太大，饼干干硬、不松脆。

蛋黄（杏元）饼干要求采用筋力弱的小麦粉，湿面筋含量控制在20%左右。

蛋卷小麦粉要求与威化饼干所用的小麦粉差不多，湿面筋含量在24%左右。

（三）脂类对饼干品质的影响

由于小麦粉用麦粒的胚乳部分制成，所以小麦粉中一般只含有1%～2%的脂质，其中50%是极性脂质（磷脂、糖脂等），主要分布于麦芽和糊粉层中，因此出粉率越高的小麦粉脂质含量就越高。在调制面团时，它们以氢键与麦醇溶蛋白结合，以疏水键与麦谷蛋白结合，形成麦醇溶蛋白-脂质-麦谷蛋白复合体，该复合体能阻止面筋的解聚，增强面筋网络结构的牢固性和保持气体的功能，有利于面团发酵和体积膨胀。

（四）戊聚糖对饼干品质的影响

戊聚糖是小麦粉中一种重要的非淀粉多糖，虽然小麦粉中戊聚糖的含量较低，一般含有2%～3%的戊聚糖，但对小麦的营养和加工品质都有重要影响。有研究表明，戊聚糖对软质小麦品质起负面作用，制作饼干糕点的软质小麦要求戊聚糖含量较低。戊聚糖含量还与饼干的直径负相关，与厚度正相关，并严重影响饼干的品质。而且戊聚糖在制作苏打饼干的第一次发酵时，还会成为酵母的营养源被分解成酒精和二氧化碳，使面坯膨胀，面筋软化。

二、辅料

（一）淀粉

在饼干生产中，当小麦粉面筋弹性过大或面筋含量过高时，可以添加淀粉以减少面筋蛋白的比例，降低面团的筋力，增加可塑性，同时淀粉的增加可使面团不黏，易于延展，有利于产品的酥脆、不粘牙。一般采用小麦淀粉、玉米淀粉和马铃薯淀粉。淀粉用量一般不超过5%～8%，过多则会降低烘烤时的膨胀性。

（二）糖类

糖是甜饼干的主要原料，通常用砂糖、饴糖、葡萄糖、转化糖浆以及蜂蜜等。糖的主要作用是改善面团的物理特性。由于糖的强烈反水化作用，可阻止面筋的形成。糖的存在会增加胶体外部水的渗透压，对胶体内水分产生反渗透作用。生产中使用糖，可抑制面筋吸水胀润，调节面团筋力。糖还可以做酵母的营养源，增加饼干的甜味，改善风味，由于焦糖化反应及美拉德反应不仅可增加饼干表面光泽，而且可以改进饼干组织状态。饼干生产过程中加糖量可根据饼干的品种而异，韧性饼干加糖量为24%～26%，酥性饼干加糖量为30%～38%，苏打饼干加糖量约为2%，半发酵饼干加糖量为12%～22%，营养饼干加糖量为30%～35%。

（三）油脂

油脂可提高饼干的营养价值，对饼干风味影响较大。生产饼干用的油脂一般应具有优良的起酥性和较高的稳定性。通常固态或半固态油脂如猪油、起酥油、氢化油、人造奶油等都有良好的起酥性。一般植物油如大豆油、花生油、菜籽油稳定性较差；椰子油、棕榈仁油起酥性较差。饼干用油要求有较高的熔点，否则易发生走油现象。油脂在面团形成时由于其疏水作用，限制了水分子向蛋白质胶粒内部渗透，使面筋的形成较少；另一方面，油脂和小麦粉混合时，油脂被吸附在小麦粉颗粒的表面，形成一层油膜，使已经形成的面筋不能相互黏合形成大的面筋网络，筋力减弱，也使淀粉与面筋之间不能结合，从而降低了面团的弹性及韧性，增加面团的可塑性。油脂可以增加面团的可塑性、起酥性及增加饼干的营养及风味。

（四）乳品和蛋品

饼干生产中常用的有鲜蛋、冰蛋、蛋粉等品种，可以提高饼干的营养价值，增加饼干的酥松度，改善饼干的色、香、味。使用鲜蛋时，最好经过照检、清洗、消毒、干燥。打蛋时要注意清除坏蛋和蛋壳。使用冰蛋时，要将冰蛋箱放在水池边，使冰蛋融化后再使用。

饼干生产中常用的乳制品有特殊的香气和滋味，可赋予饼干优良的风味，提高饼干的营养价值。牛乳是一种良好的乳化剂，可以改善面团的胶体性能，促进面团中的油水乳化，调节面团的胀润度，使制品不易收缩变形。因为牛乳中含有乳糖，可以改善饼干的色泽。牛乳要过滤使用。乳粉最好放在油或水中搅拌均匀后使用。在配方中使用乳制品还需要有适当的限度，过多添加乳粉或甜炼乳后，会造成面团的黏性过大，生产时会造成粘辊筒、粘印模等问题。

（五）疏松剂

为使饼干获得多孔状疏松结构与食用时酥松的口感，需要添加疏松剂。常用的疏松剂分为生物疏松剂和化学疏松剂。苏打饼干及半发酵饼干采用生物疏松剂——酵母。酵母有鲜酵母、干酵母和即发活性干酵母，鲜酵母使用方便，发酵性好，但宜在0～4℃保存，温度高易腐败。干酵母发酵力较弱，使用时需活化培养使用。常用的快速活性即发性干酵母，发酵力强，使用方便，是一种理想的饼干疏松剂。

发酵面团内的二氧化碳气体，在焙烤过程中同化学疏松剂分解的二氧化碳气体一起受热膨胀，使苏打饼干内部形成多孔状组织，成品酥松，同时，酵母发酵过程中有酒精和酸产生，部分酒精和酸在高温烘烤时生成了有香气的酯类物质。

大多数饼干采用化学疏松剂，如碳酸氢钠（小苏打）、碳酸氢铵、碳酸铵及复合疏松剂等。一般将小苏打与碳酸氢铵混合使用，根据其不同的分解温度（碳酸氢铵分解温度为30~60℃，碳酸氢钠分解温度为60~150℃）使饼干在不同烘烤温度起发，可控制疏松程度，又不致在饼干中残留过多的碱性物质。通常碳酸氢钠与碳酸氢铵的配方比例如表6-1所示。

表6-1　碳酸氢钠与碳酸氢铵的配方比例（以小麦粉做基数）

饼干种类	碳酸氢钠/%	碳酸氢铵/%	饼干种类	碳酸氢钠/%	碳酸氢铵/%
酥性饼干	0.5~0.6	0.2~0.3	韧性饼干	0.7~0.8	0.35~0.4
甜酥性饼干	0.3~0.4	0.15~0.2	苏打饼干	0.2~0.3	0.1~0.2

（六）其他辅料

1. 食盐

食盐在饼干生产中可以增加风味，增加面团弹性、韧性，使面筋质地变密，对面筋力弱的小麦粉可以用盐来调节面团的发酵速度，抑制杂菌的繁殖。但要严格控制加盐量，一般不超过小麦粉总量的3%，否则会抑制酵母繁殖。

2. 香精与香料

为了增加饼干风味、颜色、增加食欲，一般可采用一些其他辅料如香精香料、色素等。目前的饼干配方中，一般都添加香精和香料做增香剂。根据不同的饼干品种选择不同的香精或香料，使饼干具有不同的香味。

高级的饼干中一般都添加香料，例如香兰素（俗称香草粉）。此外，饼干中还添加天然的助香剂作香味料，例如洋葱汁、蘑菇汁、腐乳、番茄汁等，使饼干具有天然的香味。

3. 面团改良剂

根据饼干制品品种和工艺的不同，往往要加入一些面团改良剂。一般用木瓜蛋白酶和焦亚硫酸钠，用酶制剂和还原剂双重功能从横向和纵向两个方面来切断面筋蛋白结构中的二硫键，使其转化为巯基，达到削弱面团强度的要求。一方面保持饼干形态，使其不易变形，另一方面由于降低了烘烤时的抗胀力，使产品酥松度提高。用量方面前者一般为0.032%~0.06%，后者最大限度不超过0.04%（以小麦粉计）。如韧性饼干中加入少量的焦亚硫酸钠等，可降低面筋强度，增加可塑性，缩短调粉时间；酥性饼干中加入卵磷脂可降低面团黏性，增加饼干疏松度；发酵饼干还可以加些蛋白酶、α-淀粉酶，以改善面团性质，促进发酵进行。

在饼干的制作工艺上，除了采用上述面团改良剂外，还会添加乳化剂作面团改良剂，一般采用蔗糖酯和分子蒸馏单甘油酯，以提高饼干的酥松度，增加口感，改善面团物理性状，使饼干操作顺利进行。蔗糖酯用量为0.08%~0.10%，分子蒸馏单甘油酯用量为0.04%~0.05%。

4. 其他风味物质

为了丰富饼干的品种、改善品质和增添风味，常用的其他辅料还有很多，例如可可、可可料、巧克力制品、咖啡、果脯、果酱、芝麻、椰子丝、坚果类（核桃、杏仁、腰果、榛子、花生、松仁等）、干果类（葡萄干、橘子皮、樱桃干等）。

第三节 饼干加工技术

一、饼干的基本加工工艺流程

（一）韧性饼干加工工艺

韧性饼干通常采用中筋小麦粉，面团中油脂与砂糖的含量较少，面筋要求有较好的胀润度，能形成韧性较强的面团。饼干质地较硬而薄，表面平整光洁，花纹清晰呈凹纹型，表面常带有针孔。横断面层次较为清晰，口感松脆爽口，香味淡雅。

韧性饼干加工工艺流程如图6-1所示。

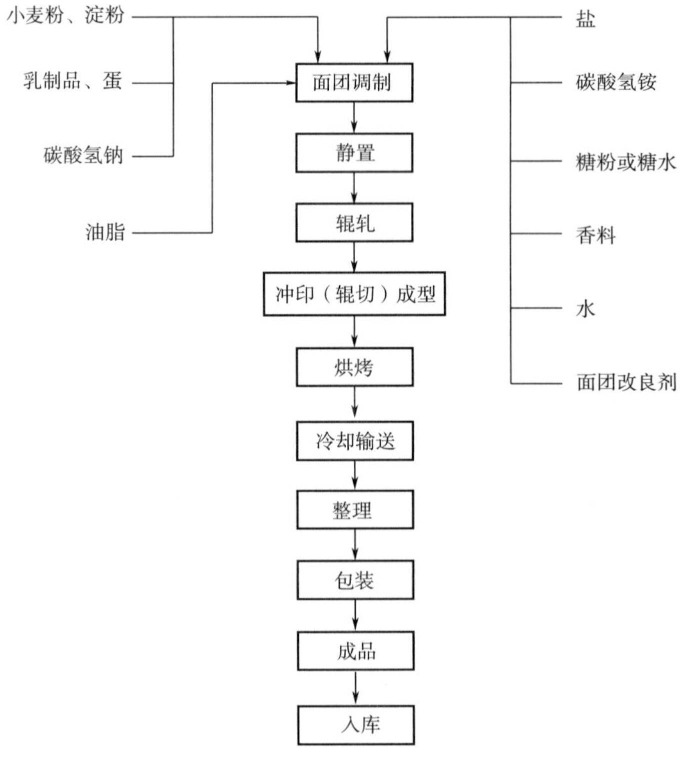

图6-1　韧性饼干加工工艺流程图

（二）酥性饼干加工工艺

酥性饼干通常采用弱力粉，油、糖含量较大，所形成的面团弹性小，可塑性大，表面花纹凸起，整个表面通常无针孔，截面结构呈多孔状组织，口感酥松香甜。

酥性饼干加工工艺流程如图 6-2 所示。

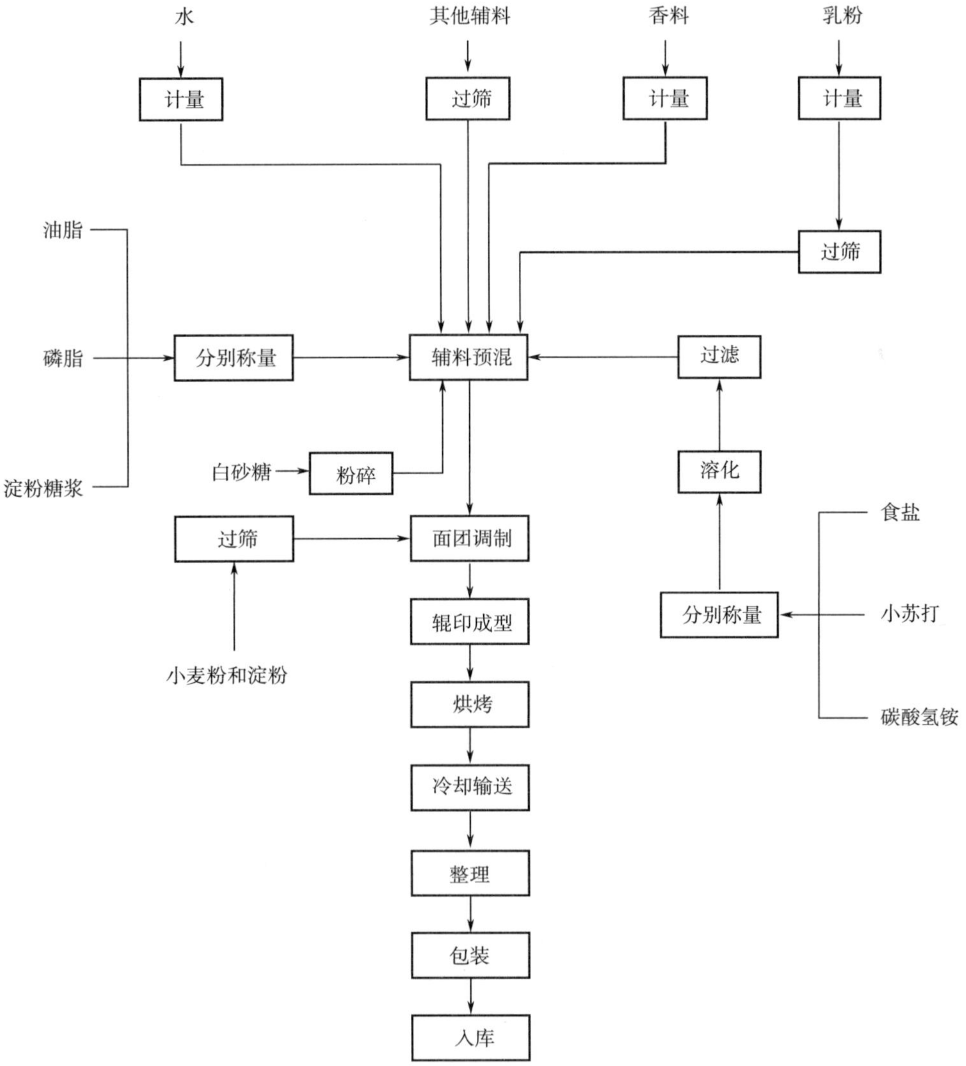

图 6-2 酥性饼干加工工艺流程图

（三）发酵饼干加工工艺

发酵饼干又称苏打饼干，它是用生物疏松剂——酵母，发酵产生二氧化碳而制得的食品，具有酵母发酵食品固有的香味，可分为咸发酵饼干和甜发酵饼干两种。它采用中筋小麦粉，面团中油、糖含量较少，面筋要求有较好的胀润率。饼干质地酥松，断面有清晰层次结构，表面有针孔，并有均匀起泡点，常见的为正方形，也有长方形和小圆形等产品。

发酵饼干加工工艺流程如图6-3所示。

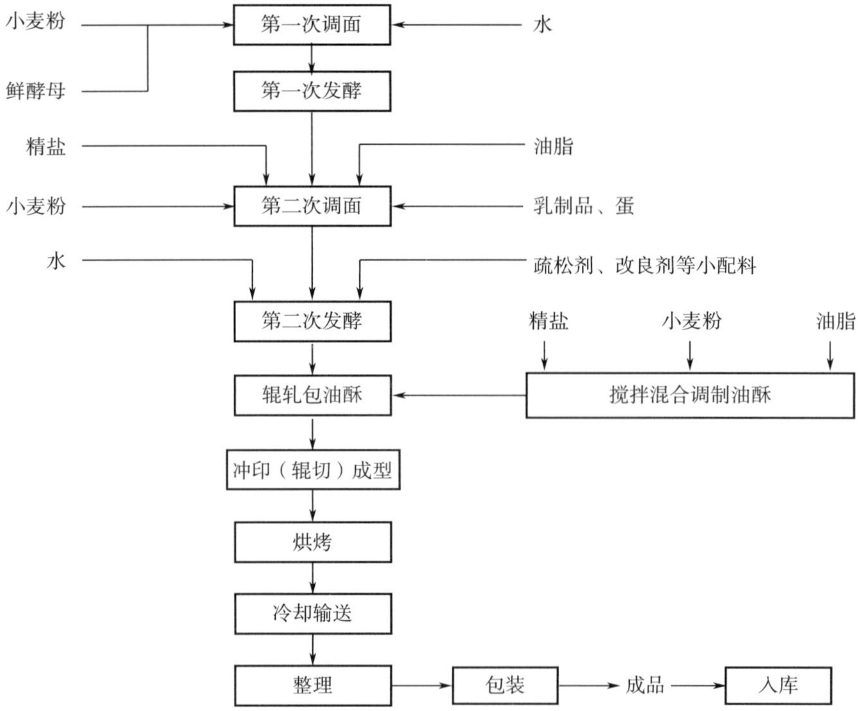

图6-3 发酵饼干加工工艺流程图

（四）半发酵饼干加工工艺

半发酵饼干生产工艺是综合了韧性饼干、酥性饼干、发酵饼干的工艺优点而改进的一种新型饼干生产技术，它是通过采用生物疏松剂和化学疏松剂相结合的方法进行生产，生产的饼干口感松脆爽口，有发酵饼干的芳香味，产品层次分明，无大孔洞，油、糖用量少，适应饼干向低糖、低油的方向发展的趋势。

半发酵饼干加工工艺流程如图6-4所示。

（五）威化饼干加工工艺

威化饼干又称华夫饼干。威化饼干加工方法是先把小麦粉、淀粉、糖粉、油脂等原辅料调制成面浆，经烘烤而成的疏松多孔饼干薄片，然后涂上夹心，由数片重叠而成。威化饼干是一种具有多孔性结构，饼片与饼片之间加有馅料的多层夹心饼干，具有松脆、入口易化的特点。

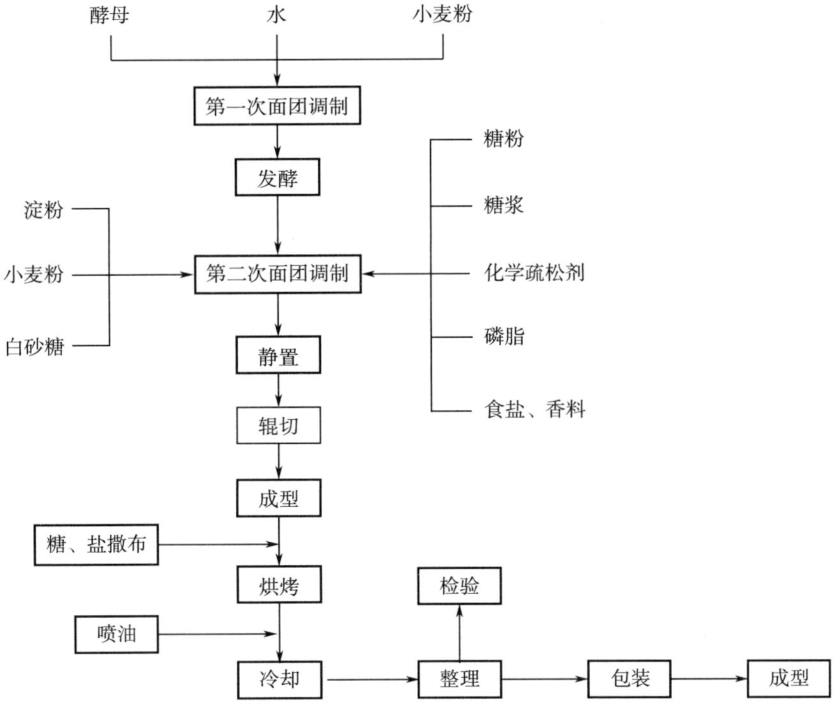

图 6-4　半发酵饼干加工工艺流程图

威化饼干加工工艺流程如图 6-5 所示。

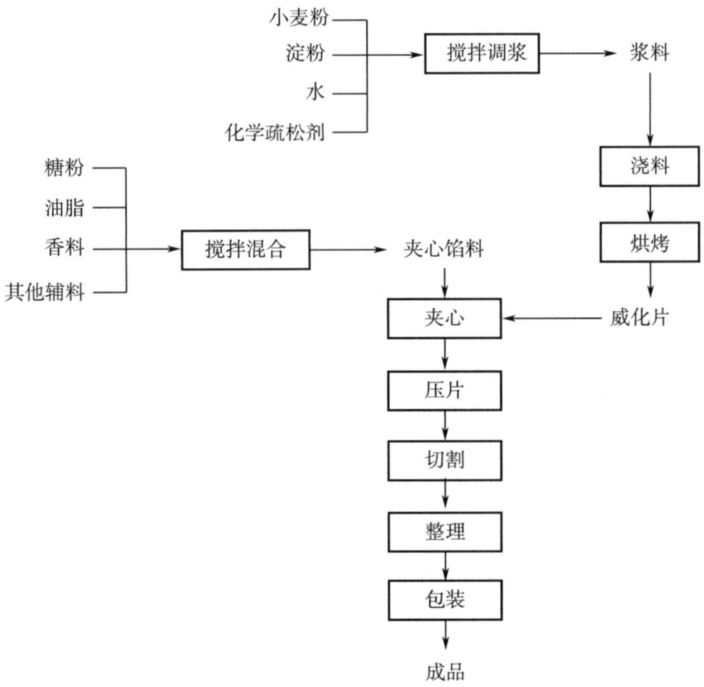

图 6-5　威化饼干加工工艺流程图

（六）蛋黄（杏元）饼干加工工艺

蛋黄饼干是一种以小麦粉、白砂糖、鸡蛋为主要原料，不用油脂，调成面浆，采用粉浆挤浆成型，焙烤后制成的小圆形饼干。内部结构呈多孔状，口感酥脆、香甜。

蛋黄饼干加工工艺流程如图 6-6 所示。

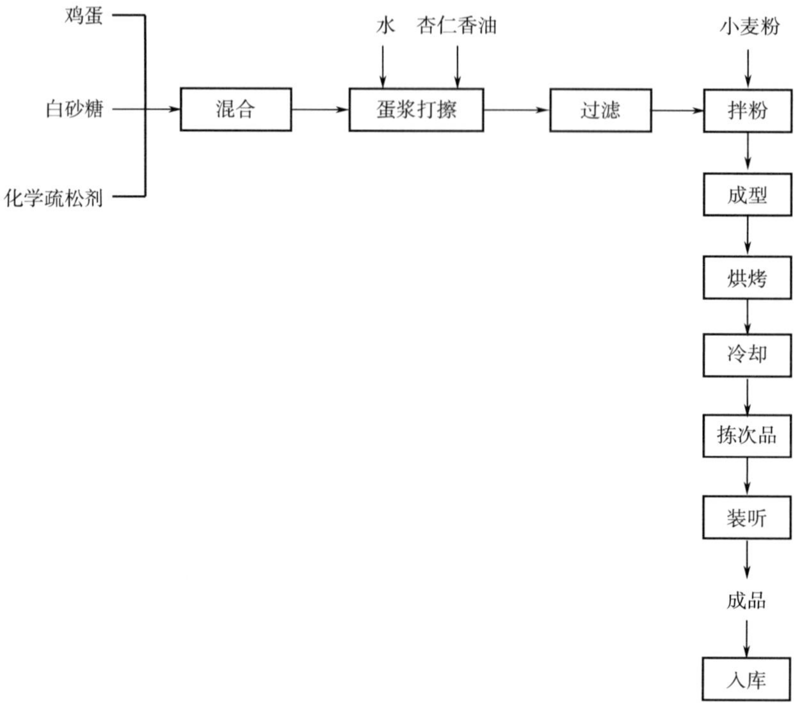

图 6-6 蛋黄饼干加工工艺流程图

（七）蛋卷加工工艺

蛋卷是以小麦粉、淀粉、白砂糖、油、鸡蛋、疏松剂等原料，经调浆、烘烤、制皮、卷制、切割等工艺而制成酥脆可口，薄片卷筒形的特种饼干。

蛋卷加工工艺流程如图 6-7 所示。

二、面团的调制

面团的调制是将各种原辅料按配方要求配合好。在和面机中加入定量的水（或不加水）进行调制，通过搅拌制成饼干面团或浆料的过程。在饼干生产过程中，面团的调制是非常关键的一道工序。它直接关系到饼干的外形、花纹、酥松度以及内部结构等性能，关系到后续工序生产操作能否顺利进行。因此，应该极为重视调制工序的操作。

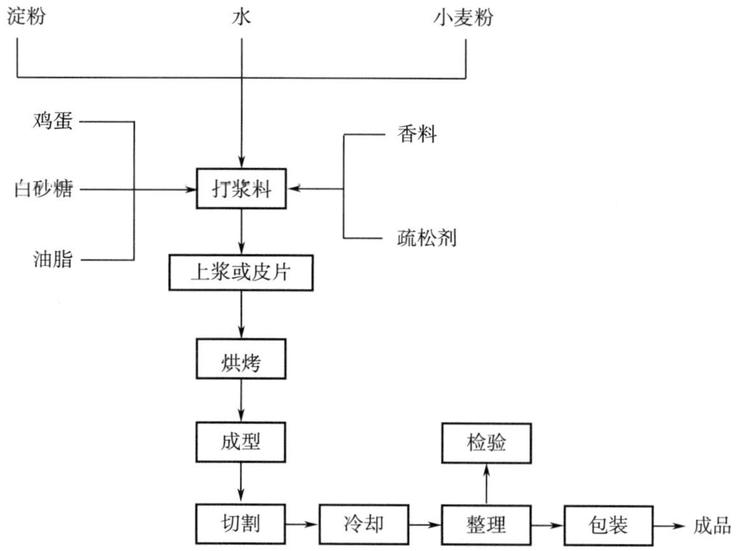

图 6-7　蛋卷加工工艺流程图

为了保证生产正常进行及产品的质量，在原辅料备齐后，必须对各种原辅料进行预处理才能投入使用。

小麦粉、淀粉使用前必须过筛。其目的是使小麦粉中混入一定量的空气，有利于饼干的酥松。在过筛装置中需设置磁铁，以吸附金属杂质。

白砂糖不易溶化，直接使用使饼干表面出现孔洞，影响外观。使用前需要用水溶解过滤后使用或磨成糖粉过筛使用。

普通液体植物油、猪油可直接使用。奶油、人造奶油、氢化油等油脂在低温时硬度较高，可适当加热软化，并注意控制温度。不宜使其完全熔化，否则会破坏油脂的乳化结构而降低成品的质量。

即发性活性干酵母可直接投入小麦粉中发酵，但鲜酵母和活性干酵母需进行活化处理。将酵母放在26～30℃温水中，加入少量的糖，将酵母在温水中搅匀，静置20～30min表面出现大量气泡后，即可使用。

颗粒状固体原料，需要粉碎成规定的细度。而某些固体原料，如食盐、小苏打、碳酸氢铵等要事先配好溶液。必要时进行过滤，再根据其浓度计量使用。

配料中使用的鸡蛋，通常是一种带壳的鲜鸡蛋，应事先将鸡蛋逐个清洗消毒。在破壳时防止蛋壳碎片掉入蛋液中，以保证蛋液的卫生；另一种是使用冰蛋，应事先在配料室缓慢熔化，再加入调粉机。

（一）面团形成的基本过程

1. 蛋白质与淀粉吸水

面团是由小麦粉中的两种面筋蛋白及小麦粉本身的淀粉和其他辅料所组成的。面团的调制，即各种物料在搅拌过程中，不单是简单的混合均匀，而是发生了一系列的物理、化学变化。面团调制开始时，小麦粉中的部分蛋白质和淀粉开始吸收水分，面筋蛋白遇到水，蛋白质分子表面上的亲水基团与分子互相作用形成水化离子，这个反应过程首先在蛋白质颗粒表面进行，其反应特性是放热反应，吸水量较少，体积增加不大，这时尚有部分小麦粉粒子尚未接触水分，呈干粉状态，配料中的其他成分也未搅拌均匀，这一阶段物料是呈分散的非均匀状态混合物。

2. 面团的形成

蛋白质胶粒表面吸水后，在机械继续搅拌作用下，水和其他物料的分布逐渐趋于均匀，干的小麦粉逐渐消失。蛋白质胶粒和淀粉不断吸收水分胀润，水分子以渗透或扩散的方式进入胶粒内部，这是蛋白质胶粒水化的第二步。由于蛋白质胶粒内部有低分子质量的可溶性物质存在，当吸水作用进一步进行时，其进一步溶解而提高了浓度，就形成了足够的渗透压力，水分子便很快地渗透到胶粒内部，吸水量增加，体积显著增大，该反应不放热。吸水作用的结果是面筋蛋白得到充分的胀润，彼此联合起来，形成了面筋网络。小麦粉中的淀粉和其他辅料被黏在面筋网络中间形成了具有一定物理性的面团，此时面团初步形成。在面团形成过程中，吸收于胶粒内部的水分子称为水化水或结合水。分布在胶粒表面的水称为附着水，充塞于面筋网络结构中胶粒之间的水称为游离水。在这个阶段，由于面团中游离水分尚处于分布不均匀状态，小麦粉粒子吸水程度也有差异，故整个面团外观上呈现软硬不一的状态。

3. 面团的成型

上述初步形成的面团，在搅拌桨叶的继续搅拌下，面团部分面筋网络与其他物料的结合程度差异减少，水分分布均匀，于是整个面团的调制达到成熟阶段。此时面团达到工艺上的软硬适度、弹性和塑性适当、光滑而柔润的要求。

（二）影响面团形成的因素

1. 小麦粉中蛋白质的质与量

吸水后的小麦蛋白质分子相互结合，形成具有一定黏弹性，不溶于水的胶状物——面筋。它是形成烘烤食品的骨架。由于小麦粉中品种、性状以及所含蛋白质的种类比例不同，形成面筋的数量与性质也各不相同。其中麦谷蛋白是相对分子质量高的蛋白质，它在决定面筋性质方面起着重要的作用。因为相对分子质量高的蛋白质分子表面积很大，容易产生非共价键的聚合作用，而且还由于部分剩余蛋白质的碎片起了侧向黏结的作用，可以抵抗骨架的扭曲并带有一定的弹性。而相对分子质量较小的麦醇溶蛋白只能形成不太牢固的聚合体，但也能促使面团的膨胀。一般情况下，小麦粉中蛋白质所吸收的水分占面团总吸水量的60%~80%。

各种小麦粉因蛋白质品质不同，吸水力也不同。质量正常的小麦所加工的小麦粉，在面团形成的条件下，对面筋的生成率影响不大。受冻伤和受过虫害的小麦加工的小麦粉对面筋的生成率有很大的影响。受到冻伤的小麦加工的小麦粉，由于蛋白质受冻而降低了吸水胀润的速度，工艺性能降低，给生产带来了困难。受过虫害的小麦加工的小麦粉，由于蛋白质分解的酶活性很强，蛋白质被降低，从而影响面团中面筋的生成量。因此小麦粉中蛋白质的质与量决定着面团的吸水量。

2. 小麦粉的粗细度与出粉率

小麦粉颗粒粗细度与出粉率影响着面团物理性能。面团颗粒粗或出粉率高（麸皮含量较多，麸皮颗粒比较粗），在调制面团时由于与水接触的面积相对来说减少，水分进入小麦粉粒内部的速度便会减慢。在调粉时面团中表现出的水分已足够多。但经过一段时间，水分进入到小麦粉内部后使面团呈现出干燥状态。这时面团变硬，结合力变差，在压片时易断裂，难以辊轧和成型。因此在实际生产中，对于这样的小麦粉，可适当增加水量，让面团软一些。当面团调制好后，静置一段时间，采用间歇调制面团的操作方法，以获得理想的面团。此外，在制粉工艺中，淀粉粒损伤多或小麦粉原含水量较低、粒度较细时，都会使小麦粉在调制面团时吸水量增加。

3. 油、糖的反水化作用

糖具有较强的吸水性和强烈的反水化作用，油脂的反水化作用不如糖那么强烈。小麦粉中面筋蛋白吸水胀润是依靠胶粒内部的浓度所造成的渗透压力使水分子以扩散的方式渗透到蛋白质分子中，使吸水量大增，面筋大量形成，面团弹性增加，黏度相应降低。

当调粉时加入糖后，由于糖具有吸湿性，会吸收蛋白质胶粒之间的游离水分，使胶粒外部的浓度增加。胶粒内部的水分向外转移，限制了蛋白质胶粒中结合水的增长，从而降低了蛋白质胶粒的胀润度，使面筋形成不充分、弹性降低。这就是糖在面团调制过程中的反水化作用。这种反水化作用双糖比单糖的作用大，糖浆比糖粉的作用大，大约每增加1%的糖，面团吸水率会降低6%。

油脂的反水化作用是因为脂肪吸附在蛋白质分子表面，在其表面形成一层不透性的薄膜，阻止水分子向胶粒内部渗透并在一定程度上减少表面毛细管的吸水面积，使吸水减弱，面筋得不到充分胀润。并且，由于表面层的脂肪会使蛋白质胶粒之间的结合力下降，使面团弹性降低，黏性减弱，这种作用随着油脂温度的增加而变得更加强烈。这是由于液体油的流散性比固体脂大得多，能够使蛋白质胶粒表面的吸附面积变得更大。

4. 调制面团时的温度

温度是形成面团的重要条件。小麦粉中面筋蛋白吸水的胀润作用会随温度升高而增加，其最大胀润温度为30℃，在30℃条件下，如果加水充足，吸水量能达到150%～200%。如果温度继续升高，则胀润度会下降，小麦粉中的淀粉在30℃的条件下，只能吸收30%的水。主要是吸附水，体积增加不大，当温度升高高于50℃时，吸水量增大，当温度超过其糊化温度界限（53～64℃）时，淀粉能大量吸收水分，体积大大增加，黏度也大幅度增加。所以在正常条件下调制面团时，达不到淀粉吸水胀润和糊化的温度，而面筋蛋白胀润的最适温度在面团调制温度的范围内。

水温是决定面团温度的主要因素。一般面团温度在30℃左右。夏季可使用冰水调制面团降低面团的温度，冬季除了使用温水调制面团外，适当提高小麦粉温度也是生产饼干的具体措施。

5. 加料顺序

小麦粉与其他辅料加入的顺序与面团中面筋的形成有很大的关系。当需要面团有较大韧性时，先将小麦粉、水等原料在和面机中混合，然后再加入油脂。若需面团塑性较大时，先将糖、油脂、小麦粉等与水混合均匀，然后再投入小麦粉进行搅拌，以抑制面团起筋。

6. 调制时间

若要使面团充分形成面筋，混合时间可适当加长，并且应将某些调制后的面团静置一段时间，以使面筋继续形成。若需要含面筋量少的面团，则调制的时间应相应减少。

7. 调制方式

调制面团时采用和面机进行混合。各类饼干品种要求不同，对搅拌机桨叶和搅拌速率选择也不同。面团搅拌时间长，容易起筋，时间过长，面筋又会因拉断而失去弹性。在调制韧性面团时，可采用卧式双桨及立式双桨和面机。调制酥性面团时，可用作用面积较大的桨叶，剪切力较大，以控制面团的筋力。另外，还可以通过调节和面机桨叶的旋转速率来改善面团的性能。

（三）各种面团的调制

1. 韧性面团的调制

韧性面团俗称“热粉”，是因这种面团在调制完毕时具有比酥性面团高的温度。韧性面团的糖、油用量少，面筋形成量大，吸水量多。要求这类饼干面团具有较大的延伸性、适度的弹性，柔软而光润，有一定可塑性，胀发率较大，密度较小，成品外观光滑，表面平整，印纹清晰，断面结构有层次，口感松脆。

韧性面团在调制过程中，通过搅拌、撕拉、揉捏、甩掼等处理，使原材料得以充分混合，并使面团的各种物理特性（弹性、软硬度、可塑性）等都有了很大的改善，为后道工序创造了必要的条件，韧性面团在调制时要严格控制以下两个阶段：第一阶段是使小麦粉在适宜的条件下充分胀润。开始调粉时，面筋颗粒的表面首先吸水，水分向面筋内部渗透，最后内部吸收大量水分，体积膨胀，充分胀润，使面筋蛋白水化物彼此联结起来，形成了面团。随着搅拌的进行，各种物料逐渐分布均匀，面筋中各种化学键已经形成，面团内部逐渐形成面筋网状结构，结合紧密，软硬适度，具有一定的弹性。第二阶段是将已经形成的面筋在和面机的搅拌下不断拉伸撕裂，使其逐渐超过弹性限度，网络结构被破坏，使弹性明显下降，此时面团手感回软，流散性增大，具有一定的可塑性，达到了面团调制的目的。此时，面团达到加工特性最佳状态。

韧性面团所发生的质量问题可以说绝大部分是由于面团未充分调透，调粉操作中未曾很好地完成第二阶段的全过程，被操作者误以为已经成熟而进入辊轧和成型工序所造成的。其实，在面团调制接近终了时，面筋量会逐渐下降，面团中已经吸收的水分将进行重新分配，面筋所吸收的水分会部分析出而使面团变得较为柔软，这种回软现象再加上面筋弹性的显著减弱，便是调粉完毕的重要标志，当然，也不排除确有调制过“火候”的情况。因此，为掌握好韧性面团的调粉技术，应注意以下影响韧性面团调粉工艺的因素：

（1）配料顺序　先将小麦粉、水、糖、淀粉等一起投入和面机中混合，然后再加入油脂进行搅拌。这种方法可使面筋充分吸水胀润，有利于面筋的形成。

（2）糖、油用量　韧性面团的面筋是在水化充分的条件下形成的。因此就不需要高糖、高油脂的配比，因高糖、高油脂会影响面团中面筋的形成，所以一般韧性面团的用糖量为小麦粉的30%，油脂的用量为小麦粉的20%以下为宜。

（3）掌握加水量　韧性面团中糖、油的用量少，蛋白质易吸水形成面筋，使面团收缩变形，故在调配时需要掌握加水量。韧性饼干要求比较柔软的面团，面团的含水量可控制在18%~24%；柔软的面团可以缩短调粉时间，延伸性增大，弹性减弱，成品松脆度提高，面片光洁度好，不易断裂，操作顺利，质量提高。如果加水量过低，虽可以限制面筋的形成，但使调粉困难，往往由于面团联结力小，在辊压时断条，导致制品僵硬不松，表面粗糙。

（4）控制面团的温度　韧性面团的温度常控制在35~40℃，这样可以有利于面筋的形成，缩短搅拌时间，有利于降低面团的弹性、韧性、黏性和柔软性，使后续工序顺利操作，提高制品质量。如果面团温度过高，面团易走油和韧缩，饼干易变形。疏松剂在温度高的情况下提前分解，影响烘烤时的胀发率和制品的酥松度。但温度过低，所加的固体脂易凝固，面团面筋形成、扩展困难，变硬而干燥，使搅拌时间增长，面带易断裂，成型困难。所加面团改良剂反应缓慢，起不到降低弹性，改变组织的效果，影响质量，所以要控制温度。冬天室内太冷时，有的使用85~95℃的糖水直接冲入小麦粉中。这样不仅可以增加面团的温度，而且能使小麦粉中一部分蛋白质变性，降低湿面筋形成量，促使弹性降低。还可以采用将小麦粉预热方法使小麦粉保持较高温度，夏天也需用温水进行调粉。

（5）正确使用淀粉原料　韧性面团的调制，通常均需使用一定量的淀粉作为填充剂。韧性面团湿面筋含量在30%以下为宜，如小麦粉湿面筋含量较高时，可掺入适量的淀粉，淀粉是一种有效的面筋浓度稀释剂，有助于缩短调制小麦粉的时间，限制面团的弹性、增加可塑性，也可以使面团光滑、黏性降低。因为调粉时面筋结构被破坏，一部分水从面筋分子间渗出附在面团表面，使面团再次发黏，造成粘辊和脱膜困难，而淀粉存在则可以吸收这些游离水，避免表面发黏。淀粉可以使花纹保持能力增强，成品形态好。一般淀粉的使用量为小麦粉的5%~10%。使用量过大，使面筋过于软弱，面团黏结力下降，还会使包容气体的能力下降，饼干胀发率减弱，破碎率增加，造成成品率下降。反之，若淀粉使用量不足5%，则冲淡面筋效果不明显，起不到调制面团胀润度作用。

（6）添加改良剂　韧性面团常用的改良剂为含有二氧化硫基团的各种无机化合物，

如亚硫酸氢钠和焦亚硫酸钠等。添加改良剂是调节面筋胀润度和控制面筋的弹性强度及缩短面团调制的时间。因二氧化硫残留在饼干内，对口味有一定的影响，也可采用木瓜蛋白酶作为面团改良剂。

（7）面团的静置　在使用强力小麦粉时或遇到面团弹性过大时，往往采用调粉完毕后静置 15~20min，甚至半个小时后再生产的方法来促使弹性降低。面团在长时间地被搅拌机机械拉伸和撕裂，面筋会产生一定的张力。但面团内部各处张力大小分布不均匀，面团调制完毕后内部张力还一时降不下来。此时，如果采取静置的方法，将面团放置一段时间，使拉伸的面团在静置中恢复其松弛状态，就能达到消除张力的目的。同时还能达到黏性降低的目的，这种静置的作用是调粉过程所不能代替的。但需要说明的是不能千篇一律地采用此种方法。如果调粉完毕后，面团的各种物理性状都已符合要求，就不必再静置。否则，面团弹性就会降低，延伸性和结合力也会下降，使成型操作时的面片如酥性面团那样脆弱，导致生产难以正常进行。

（8）调粉时间　调粉时间是控制面筋形成和面团弹性的重要措施。调粉时间不足会使饼坯收缩、变形。调粉过度，面团会无弹性，造成饼干僵硬不酥。调粉时可凭手感、经验来判断调粉时间。一般调粉到一定程度可取出一小块面团搓捏成粗条后，感觉到面团柔软适中，表面光滑油润，搓捏面团时具有一定程度的可塑性，不粘手，当用手拉断粗条时，感觉有较强的延伸力，且拉断的面团有适度缩短弹性的现象，此时，面团才达到最佳的状态，完成了调制面团的工作。

2. 酥性面团的调制

酥性或甜酥性面团因其温度接近或略低于常温，比韧性面团的温度低的多。因此常被称作“冷粉”。酥性面团的特点是糖、油用量大，面筋形成量小，吸水量少，面团疏松，不具有延伸性，胀发率较少。这种面团要求具有较大程度的可塑性和有限的黏弹性，使操作中面片有结合力、不断裂、不粘辊筒和模型，成型后的饼坯不收缩变形，烘烤时具有一定的胀发率，内部孔洞性好，图案清晰，口感酥松。因此，在调制酥性面团过程中，要适当控制面筋蛋白吸水率及面筋的形成，减少水化作用，使面团获得有限的弹性。为保证产品质量和生产的顺利进行，在调制面团时，应控制好以下几项工艺影响因素。

（1）配料顺序　酥性面团投料顺序是先将油、糖、水等辅料投入调粉机搅拌均匀，使混合液充分混合乳化形成乳浊液。在形成乳浊液后，再加入香精香料，这样可以防止香味过量挥发，然后再投入小麦粉、淀粉等原料进行面团调制。这种投料顺序可以使小麦粉在一定浓度的糖浆及油脂存在的状态下，利用糖的较强吸水性，能很快吸收水分而形成一定浓度的糖浆，具有一定的渗透压力。这种有一定渗透压力的糖浆分布在面筋蛋白胶粒表面，使胶粒内部水分产生反渗透作用，影响面团内面筋的生成能力。另外，油脂与小麦粉混合时，油脂被吸附到面筋颗粒表面，形成一层油膜阻碍水分子向蛋白质胶粒内部渗透，面筋得不到充分胀润。并且由于表面层油膜使蛋白质胶粒之间结合力下降，导致面团较软而弹性降低，黏性减弱，可塑性增强。这样调制的面团可以限制面筋蛋白的水化作用，控制面筋形成的程度。

（2）糖、油脂用量　糖、油脂都有反水化作用，它们是控制面筋胀润的重要原料。酥性面团中糖和油脂的比例较高，一般用糖量的配比为小麦粉的30%~50%，油脂用量为小麦粉的40%~50%或更高一些。

（3）加水量　酥性面团调制时，加水量的多少与湿面筋的形成量有密切联系。加水量不能过多，加水量太多，面筋蛋白会大量吸水，面筋容易形成较大的弹性。最好在开始调粉时，一次加水适当，不要在调粉中间特别是在调粉结束时加水，以免面团起筋或黏附工具。面团水分含量为原料本身的水分及外加水的总和与面团总质量之比。一般加水量控制在3%~5%，最终面团的含水量在16%~20%为宜。通常，软面团易起筋，要适当缩短调粉时间，较硬的面团应适当延长调粉时间，否则会形成散砂状。一般油、糖少的面团可硬些，辊印成型要求面团硬些，用水量来限制面筋的胀润度，防止面团弹性增大而使其变形。

（4）调粉的温度　酥性和甜酥性面团属“冷粉”，调好的面团应具有较低的温度。面团温度高会提高面筋蛋白的吸水率，增加面团的筋力，面团弹性增大，易造成收缩变形。同时温度过高还会使面团中的油脂外溢，特别是使用熔点较低的油脂，由于流散度增大而使油脂从面团中析出，使面筋蛋白胶粒表面的结合力减弱，造成面团松散，无法压延成整张的面皮，表面不光，饼干结构遭到破坏。面团温度过低，会使面片表面黏性增大，结合力较差，且易粘辊筒，不利于操作。因此，面团的温度应控制在20~26℃，冬季面团的温度可以比该温度稍高2~3℃。在实际操作中，冬季可用水或糖水的温度来调节面团的温度。夏季气温高，要使用冰水和经过冷藏的小麦粉、油脂来调节，才能使面团达到需要的温度。

（5）加淀粉量　在面团调制中添加淀粉是为了降低面筋浓度和吸水率，淀粉可使面团的黏性、弹性和结合力适当降低。但添加量不宜过多，一般添加小麦粉的5%~8%，过多使用会影响饼干的胀发力和成品率。

（6）调制时间与静置　面团调制时间是控制面筋形成程度和限制面团弹性的最直接因素。因为面筋蛋白的水化过程在调制过程中会加速进行。调制不足面团结合力差，无法辊压成面片，面团的黏性会使面片粘辊筒、粘帆布、粘模型和易断裂。饼坯在烘烤时饼坯易摊片，成品结构不酥松。调粉过度，会造成面团韧缩、花纹不清、表面不光滑、起泡、凹底、体积收缩变形、成品不酥松。

调制酥性面团的时间，一般为小麦粉倒入后搅拌6~12min为宜。夏季因气温高，搅拌时间可缩短2~3min。但是，由于小麦粉的品质变化、配方的不同，以及原辅料温度高低和加水量的不同都会影响到调制面团的时间。在调制面团过程中，要不断用手感来鉴别面团的成熟度，即在调粉缸中取出的小块面团观察是否混合均匀，有无水分及油脂外露。如果面团搓捏不粘手，软硬适度，有清晰的手纹痕迹，当用手拉断面团时感觉稍有联结力和延伸力，拉断的面团不应有缩短的弹性现象，这说明面团的可塑性良好，已达到最佳的条件。

酥性面团调制完毕后，是否需要静置，以及静置多长时间，要视面团的各种性能而定。如果面团的弹性、结合力、塑性等均已达到要求，这样的面团就无须静置。若面团按要求调制完毕后，出现黏性过大，胀润度不足或筋力差等情况时，可适当静置10~15min，以使面筋蛋白的水化作用继续进行，降低面筋的黏性，增加结合力和弹性，使调粉不足的面团通过静置来获得补偿。

3. 发酵饼干面团的调制和发酵

发酵饼干又称苏打饼干。其面团利用调粉时加入的生物膨松剂——酵母，在生长繁殖过程中产生的二氧化碳充盈其中。二氧化碳在烘烤时受热膨胀，加上油酥起酥效果，形成质地特别酥松、断面结构层次清晰的结构。并且由于酵母的发酵作用，面团中的部分蛋白质和淀粉分解成易被人体消化吸收的低分子营养物质，使制品具有食品特有的香味。

发酵饼干的油脂和糖分较少，因为高糖和高油会明显影响酵母的发酵力，高糖分所形成的高渗透压会使酵母细胞发生质壁分离，甚至使发酵作用停止。高油脂可在酵母细胞外形成油膜，隔离酵母细胞与外界的联系，影响酵母的呼吸，可使发酵作用停止。另外，酵母发酵所产生的二氧化碳要靠面团中的面筋的保气能力而存在于面团中。因此，在选择小麦粉时应尽量选择面筋含量高、品质好的小麦，面团的调制和发酵一般有一次发酵法和二次发酵法，但一次发酵的口味较差，大多采用二次发酵法。

（1）第一次调粉和发酵法　通常使用占小麦粉总量的40%~50%的小麦粉，加入预先用温水溶化的鲜酵母液或用温水活化好的干酵母液。鲜酵母用量为0.5%~0.7%，干酵母用量为1.0%~1.5%，再加入用以调节面团温度的温水。加水量应根据小麦粉的品种而定，面筋含量高的加水量就会高些，通常一般标准粉加水量为40%~42%，特制粉为42%~45%。卧式调粉和调制时间需4~6min，调制面团至面团软硬适中，无游离水即可。面团温度要求冬天为28~32℃，夏天为25~29℃。

第一次发酵的目的是通过较长时间的静置，酵母在面团内充分繁殖以增加面团的发酵潜力，面团发酵的结果使其弹性降低到理想的程度。酵母细胞在发酵初期摄取氮源和分解型碳源来进行发酵和繁殖，随着发酵作用的继续进行，小麦粉中的面筋蛋白受到乳酸菌和醋酸菌的代谢产物——乳酸及醋酸的作用而变形，同时酵母在无氧条件下产生的酒精也会使面筋溶解和变性。酵母和小麦粉中的蛋白酶活动使面团中产生低氮化合物，酵母细胞利用此种低氮化合物和糖类进行同化作用而迅速合成新细胞，达到繁殖的目的。酵母的同化作用是由简单的物质合成大分子质量物质，是吸热反应，热量的来源是依靠发酵作用时释放而获得的。

第一次发酵除酵母的繁殖外，面团本身也经历了较大的变化。酵母呼吸所产生的二氧化碳有相当一部分溶于面团的水分中，另一部分则进入面团中形成无数的微小气室。由于面筋的网络结构所具有的保气性和二氧化碳的慢扩散使面团体积逐渐膨胀。当二氧化碳逐渐增多达到饱和时，面筋的网状结构处于紧张状态，继续产生的二氧化碳气体就会使面团中的膨胀力大大超过面筋本身的抗胀限度而使面团塌架，此时，面团的高度就会回落，也会变得稀软。这一系列的变化就会使面团在发酵终了时，形成海绵状组织，面筋量减少，面团的弹性降低到理想的程度，并产生发酵所特有的风味，发酵完毕后，面筋的 pH 降低至 4.5～5.0，发酵时间为 6～10h。

（2）第二次调粉和发酵　第二次发酵好的面团，常称为“酵头”。将第一次发酵好的酵头加入剩余 50%～60%的小麦粉中，再加入油脂、精盐、饴糖、乳粉等原辅料，在调粉机中调制 5～7min，冬天面团温度保持在 30～33℃，夏天在 28～30℃，从前后两次调粉时间看，调粉时间较短。通常认为，长时间的调粉会使饼干质地僵硬。

第二次发酵的小麦粉应尽量选择弱力粉，可使饼干口感酥松、形态完美。这与第一次发酵时所用小麦粉有本质区别。面团加水量与第一次发酵的程度有关，第一次发的越老，第二次加水量就越少。如果要加入小苏打，应在调粉接近终了时再加入，这样有助于使面团表面光滑，并保持面团中的二氧化碳。

第二次调粉发酵与第一次调粉发酵的主要区别是配料中有大量的油脂、食盐以及碱性膨松剂等物质，使酵母作用变得困难。但由于酵头中大量酵母的繁殖，使面团具有较强的发酵潜力，所以这个过程 3～4h 就可发酵完毕。

影响面团发酵的主要因素有以下几个方面。

①面团的温度：温度是影响酵母生命活动的重要因素。面团的温度就是酵母赖以生存的温度，面团的温度控制是否适当，直接关系到酵母的生活环境。因此，掌握发酵饼干面团温度具有特殊的意义。酶的活性和酵母的活力对温度有一定的要求范围，酵母繁殖的适宜温度是 25～28℃，而在面团中的最佳发酵温度是 28～30℃，第一次发酵的目的是既要使酵母大量繁殖又要保证面团能发酵产生足够的二氧化碳气体，所以面团温度应掌握在 28℃左右。低于最适温度面团发酵速度迟缓，延长生产周期；高于最适温度，虽能缩短发酵时间，但容易造成面团酸度过高（乳酸菌繁殖的最适温度为 37℃，醋酸菌繁殖的最适温度为 35℃）。若发酵过度会使制品有明显的酸味、饼干发白、口感僵硬等质量问题。但是，夏天如在无空调设备的发酵室内发酵，便无法控制面团的温度。面团温度易受气温的影响而升高，而且在发酵过程中因酵母发酵和呼吸产生的热量不易散发而聚集在面团内，易使面团温度迅速升高。所以，夏季宜把面团的温度调得低一些（一般都低于 2～3℃）。冬天，由于发酵室内的温度通常都低于 28℃，调好的面团在室内初温就会降低，到了发酵后期，才会因酵母本身的生命活动过程产生热量，而使面团温度略有回升。因此，冬季调制面团时，应将温度控制得高一些。

通常，面团在发酵过程中，由于酵母菌的代谢作用，产生一定热量，会使面团温度升高。在发酵完毕后，面团温度将比初期提高 5℃左右，为了保证发酵面团的质量，掌握发酵面团合适温度非常重要。

②加水量：加水量的多少主要依据小麦粉的品质、吸水率等因素而定。小麦粉的吸水率大，加水量就多些；吸水率小，加水量就少些。第二次调粉操作时，还要看第一次发酵的程度，第一次面团发的越老，加水量就越小。反之，第一次发酵不足，第二次调粉时应适当多加一些水。另外，酵母的繁殖是随面团加水量增加而增大。因此在第一次

发酵时，面团可适当调得软些以加速酵母的繁殖。

面团调制时加水量稍多，虽可使面团湿面筋形成程度高，但其抗胀力弱。所以面团发得快、体积大，且由于发酵过程中有水生成，加之油、糖及盐的反水化作用就会使面团变软和发黏、不利于成型操作。所以调制面团时不能过软，筋力过弱的小麦粉也不能采用软粉发酵，否则发酵后会导致面团弹性过低，造成成品僵硬。但面团在调制时若加水量太少，也会使面团硬度过高，导致成品变形。

③酵母的发酵力和用量：酵母发酵力是酵母质量的重要指标之一。在面团发酵时，酵母发酵力对发酵面团的质量有很大影响。如果使用发酵力低的酵母，面团发酵速度迟缓，容易造成面团发酵度不足，故一般采用发酵力高的酵母。

在面团发酵过程中，用发酵力相同的酵母。在同品种同条件下进行的面团发酵时，增加酵母的用量就能加速面团的发酵，反之就会降低面团的发酵速度。所以，在面团发酵时，可以用增加或减少酵母的用量来适应工艺要求。酵母的用量在面团加入酵母适量时，酵母繁殖率最高。如果加入酵母的数量过多，则它们的繁殖率反而下降，同时经济上不合算。

④用糖量：在酵母用量和面团温度正常的条件下，酵母发酵使面团产气的能力主要取决于小麦粉中原先存在的糖分和发酵过程中淀粉酶水解小麦粉中的淀粉产生可发酵性糖的能力。但第一次调粉时，发酵初期酵母中的淀粉酶活力不强，小麦粉本身的淀粉酶活力甚低，可供发酵性糖的数量不足，会导致面团的产气能力较弱，面团起发迟缓或起发速度缓慢。通常在第一次调粉时加入1%～1.5%饴糖、蔗糖、葡萄糖或加入适量的淀粉酶，以加快酵母的生长繁殖和发酵速度，提高发酵力，但酶活力较高的小麦粉并无此种必要。同时应注意到，过量的糖对发酵极为有害，糖浓度较高的面团会产生较大的渗透压，使酵母细胞萎缩，并造成细胞原生质分离而大大降低酵母的活力。第二次调粉时经过第一次发酵，酵母数量和活力增加，无须再补充营养。无论何种发酵饼干，加糖的目的已不是为了给酵母提供营养，而是为了满足工艺要求和改善成品的口味。

⑤用油量：发酵饼干用油量与酥松度有密切关系，但对酵母发酵来说，过量的油脂对酵母的发酵是不利的。因为油脂会在酵母细胞膜周围形成一层不透性的薄膜而阻碍酵母正常的代谢作用。使用流散度较高的液体油会变得更为剧烈，所以调制发酵饼干的面团通常使用优良的猪板油或其他固体的起酥油等作为原料。同时，在解决既要多用油脂以提高饼干酥松度，又要尽量减少对酵母发酵活力的影响的矛盾时，通常是将一部分油脂在和面时加入，而另一部分则与少量小麦粉、食盐、香精等拌成油酥，在辊轧面团时加到面片中。

⑥用盐量：发酵饼干的用盐量一般是小麦粉量的1.8%～2%。食盐能增加面筋的弹性和坚韧性，使面团的抗胀力提高，从而提高面团的保气性。食盐又是小麦粉中淀粉酶的活化剂，能增加淀粉转化率供给酵母充分的糖分。食盐可调节口味，满足改善口味的需要。食盐另一特点是具有较强的抑制杂菌的作用，但过量的食盐同样会抑制酵母的活

性，使酵母作用减弱。因此，在生产过程中，通常将配方中盐总量的30%在第二次调粉中加入，其余70%的食盐则拌入油酥中，以防数量过多的食盐对酵母的发酵作用产生不良影响。

发酵面团在发酵过程中会发生一系列的变化，首先是干物质质量的减轻。由于发酵过程中，产生的二氧化碳有一部分挥发掉，所以面团的质量减轻。另外，面团中各气体的成分也有明显的改变，发酵前面团内的气体主要是空气，发酵后面团中充斥了大量的二氧化碳和少量的乙醇。结果使面团体积膨大，并带有酒香味。同时由于酵母发酵过程中产生热量，并有水产生，面团含水量增加，因而面团就会变软、发黏、流散性增加。发酵后的面团中有机酸含量增加，pH 降至4.5~5.0。

4. 半发酵饼干面团的调制

半发酵饼干是综合了传统韧性饼干、发酵饼干工艺优点进行改进的一种混合型饼干生产新技术，采用生物疏松剂与化学疏松剂相结合制成的一种饼干新品种。半发酵饼干面团发酵机理实际上是发酵性苏打饼干的制作原理，因为半发酵饼干面团第一次调制及发酵的工艺过程与发酵饼干面团的发酵工艺基本相同。所不同的是发酵饼干在第二次调制面团后再进行二次发酵，而半发酵饼干却在第二次调粉工序采用了韧性饼干的工艺。

半发酵饼干的生产方法与传统的发酵饼干相比，简化了生产流程，缩短了生产周期。它与传统韧性饼干相比，产品层次分明无大孔洞。口感松脆爽口，且具有发酵饼干的特殊芳香味。但油、糖用量与韧性饼干相比可以有较大幅度的降低，适应了饼干向低糖、低油方向发展，操作及成型过程易于掌握。

（1）第一次面团调制与发酵　先将即发活性干酵母与小麦粉的50%搅拌均匀，加入少量砂糖与食盐及适量的温水，搅拌4~5min。面团温度夏季为24~28℃，冬季为26~32℃。面团调制成熟后移入发酵缸中发酵。注意保持一定温度以利于酵母菌繁殖发酵，因为酶的活性和酵母菌的活力都对温度有一定的要求。发酵最佳温度是28~30℃。通常发酵后面团温度比初期提高5℃左右，但面团温度超过34~36℃，会使乳酸含量增加，结果有明显的酸味，温度太低，发酵速率慢，发酵时间延长，面团发酵不透，饼干成品僵硬，影响品质，一般发酵2~4h。

（2）第二次调制面团与静置　半发酵饼干在第二次调制面团时采用韧性饼干生产工艺，但其配方中油、糖配比与韧性饼干相比，含量减少。一般采用低糖、低油配方，将发酵好的面团加入其他辅料及其余50%的小麦粉中，搅拌均匀，静置15~20min，以消除内应力。恢复面团松弛状态。另一方面，面团中仍有相当数量酵母菌，静置是一个继续发酵的过程。

5. 威化饼干面浆及夹心馅料的调制

威化饼干是一种由威化单片与夹心馅料组成的多孔型结构夹层饼干，具有酥脆，入口即化的特点。威化饼干的加工方法是先把小麦粉、淀粉、糖粉、油脂等原辅料经充分搅拌，调制成面浆，经过成型烘烤而成疏松多孔的薄片。

威化饼干的馅料是以油脂为基料，加上糖粉和香料经高速搅拌而成，在搅拌过程中，糖、油脂、空气充分混合而成松软的夹心馅料。

饼干薄片涂上夹心，由数薄片重叠而成。

（1）影响面浆调制的因素

①和面机选择：采用立式和面机，可转换不同的搅拌速率，经高速搅拌，使浆料混入均匀的空气，经烘烤可得到疏松制品。

②投料顺序：先加水，开动搅拌机后，再逐步加入小麦粉、淀粉、小苏打、碳酸氢铵、油脂等原辅料。

③小麦粉品质：宜选用湿面筋较低的小麦粉，以减少调浆机起筋的程度，以利于威化片在焙烤时充满烤模并得到疏松的结构。如果湿面筋含量高，可以加入淀粉降低面筋含量。改善薄片的组织结构。同时可增加薄片表面的光泽，但添加量一般掌握在10%~15%。过多会造成薄片易破碎。

④面浆的温度：面浆的温度一般掌握在25~28℃。若温度高，易发酵变质，产生酸味，威化薄片易脆裂。

⑤加水量：加水量直接影响到威化薄片的品质及操作。加水量过多，面浆浓度稀，流散性大，薄片太薄，容易脆裂。产生过多的边皮和面头。加水量太少，面浆太稠厚，流散性差，不能充满烤模板，易产生缺角残片，增加废料，通常加水量是原辅料量的140%~160%。

⑥油脂：加入适量的油脂，可提高威化薄片的表面光泽度，减少其吸湿作用，并且可防止威化片粘连作用。

⑦调浆时间：调浆要求搅拌小麦粉、淀粉、油脂与水充分混合，得到含有大量空气的均匀浆料，一般调浆时间为7~9min为宜。时间过长容易造成浆料的“起筋”，使制品不松脆。

⑧膨松剂：一般常用的化学疏松剂为碳酸氢铵、碳酸氢钠。生产中往往需要加大用量以产生较多的气体。这样往往造成威化饼干色泽发黄，并带有碱味。所以可适量添加酸性化学疏松剂，如明矾，可使二氧化碳气体量成倍增加。

（2）影响馅料调制因素

①糖粉的粗细度：馅料主要原料是糖，威化饼干的特点是入口即化，如果糖粉太粗，含有粗糙砂粒感，影响口感。一般要求糖粉磨粉粒度为100~120目以上。

②油脂熔点：馅料油脂要求在室温下呈固态，熔点要求在34~40℃，不能用液体油。可采用低度氢化油，也可采用精炼猪油。

③油、糖配比：油、糖配比决定威化饼干的甜度、夹心料与薄片之间黏结情况。通常配比为1∶1。另外可在馅料中加入一些花生酱或芝麻酱等。

④搅拌及充气：夹心馅料调制通过搅拌，充入大量的空气，使馅料充分混合均匀，体积膨胀，洁白，质量轻，有助于改善威化饼干品质及降低成本。国外采用密封搅拌加入压缩空气，改善搅拌品质。搅拌结束后，馅料的膨胀度一般应掌握在0.6~0.7。

⑤馅料温度：调制好的馅料，温度一般掌握在25℃以下。馅料均匀、细腻、无颗粒感。

6. 蛋黄（杏元）饼干面浆调制

蛋黄饼干是一种以小麦粉、砂糖和鸡蛋为主要原料的面制品，外形呈冠形或双冠形，体积小（直径20~25mm），内部结构呈多孔状组织。

从工艺流程看出，蛋黄饼浆料在调制前，应先将鸡蛋、糖、疏松剂等辅料在和面机中混合，在打擦过程中，缓缓地加入适量的水，在蛋浆打擦度和泡沫稳定性能获得良好的效果时，再加入小麦粉，轻轻地混合均匀。

蛋浆的打擦高度和泡沫的稳定性是决定蛋黄饼干是否酥松的一种重要条件。蛋黄饼内部结构呈多孔状组织，主要是在蛋浆打擦过程中气相分散在液相中形成的。鸡蛋和糖等物料经过打擦，浆液将空气包围起来而形成泡沫。整个浆体是以水为分散介质，空气为分散相，具有表面活性的蛋白质为起泡剂而形成的分散体系。在这个分散体系中，每个气泡的外面是液膜，液膜里面是被包围着的空气，形成高厚泡沫，气泡中的液相与气相接触的界面（称为液-气界面）上存在着表面的张力。气泡的形成和泡沫的稳定性与液-气界面上的表面张力以及液相中的物料对气泡液膜的保护作用有关。液体的表面张力影响形成气泡的能力。蛋浆的打擦度高，泡沫稳定，蛋黄饼的外观形态饱满，口感酥松，否则蛋黄饼的外观形态扁而不饱满，口感有僵硬的感觉。

影响蛋浆打擦工艺的主要因素如下。

（1）和面机的选择　和面机选用可调速的立式和面机，采用网状形搅拌器，搅拌器运转时，与浆料的接触面大，使其具有带入空气和分割空气泡的作用。

（2）时间和转速　工艺上要求蛋浆具有足够高的打擦度和泡沫稳定性为依据来确定打擦时间。打擦过程中蛋浆体积的变化情况如图6-8所示。

曲线上A—B段是指从打擦开始到蛋浆体积最大的体积上升阶段。此阶段随着打擦进行，大量空气被带入浆体，开始形成的气泡大小不均，分布不匀，气泡壁较厚。继续打擦，大气泡逐步分散为小气泡，气泡数量增加，表面积也扩大，泡壁就越来越薄；与此同时，空气仍不断带入蛋浆形成软的气泡，于是蛋浆的体积逐渐增大。

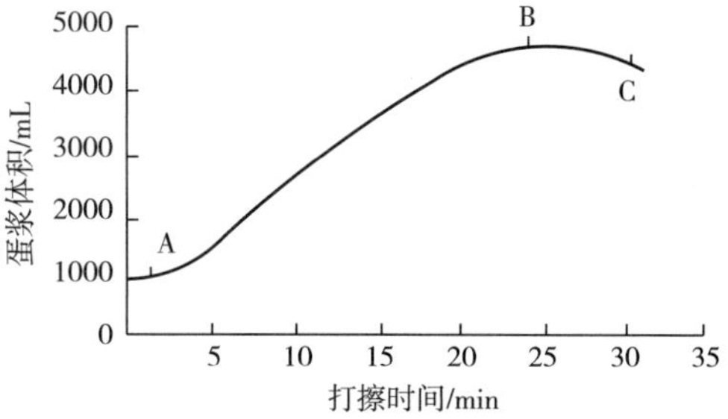

图6-8　打擦过程蛋浆体积的变化

曲线上B点为打擦度最高点。此时蛋浆体积达到最大，大量气泡的泡壁较薄，达到极限薄度，蛋浆体积不再上升。

曲线上B—C段为体积下降阶段，由于继续打擦，气泡壁经受不住强力的机械搅拌作用，部分气泡被打破，因而出现蛋浆体积下降的现象，即打擦过度。

从图6-8中可以看出，蛋浆打擦到达B点约需要25min。而一般选择20~22min较合适。因此时泡沫组织已经较为细腻，气泡壁还未伸展到极限薄度，气泡稳定性大，拌粉后浆体支撑力较大。

从上面分析可知，蛋浆打擦初期应采用较快的搅拌速度（一般为125~130r/min），使鸡蛋、砂糖等物料迅速混合均匀，此阶段可掌握在5min左右。待物料搅匀，蛋浆体积微微上升时，缓缓地加入水，此时应改为慢速（70r/min）打擦。尤其打擦后期更要避免快速搅拌，以防止“打过头”现象产生。

（3）鸡蛋的用量　鸡蛋能使浆体气泡性能好，且鸡蛋中具有表面活性的蛋白质分子对气泡的液膜具有保护作用，鸡蛋用量越多，该作用越大，一般鸡蛋用量为总量的14%~25%。

（4）糖的用量　单独用鸡蛋进行打擦，虽然打擦度高，但泡沫的稳定性能较差。如果将鸡蛋加入糖进行打擦，泡沫稳定性显著改善。因为糖溶液具有黏性。可改善蛋浆的持气能力。一般蛋浆配方中糖、蛋比例应接近2∶1，糖量为总量的30%~35%。糖量过多，口味太甜，品质较硬。

（5）加水量　鸡蛋加糖（不加水）进行打擦，当蛋浆体积增加到一定程度时，由于水分限制，气泡泡壁的伸展受到影响。因此，蛋浆体积不再增加，此时缓缓加入适量的水，蛋浆体积就会继续增加。因为适量的水有助于泡壁的伸展。气泡的表面积继续扩大，打擦度得到提高。但水量过多，也会影响蛋浆的持气能力，一般加水量不超过糖、蛋用量的2/3。水在打擦过程中泡沫不再增加时加入，同时注意加水时应缓慢加入。

（6）蛋浆温度　温度影响着液体的表面张力，提高蛋浆温度可改善蛋浆的起泡性能，提高打擦度。但打擦度过高，会导致泡沫稳定性差，拌入小麦粉时浆体容易塌落。一般蛋浆温度控制在28~30℃，打擦时间以不超过25min为宜。蛋浆打擦度为320%~330%，蛋浆相对密度0.42~0.48。

（7）油质香精和化学疏松剂　油质香精影响表面张力，有消泡作用，故不宜在打擦开始时加入，应在打擦过程中即将结束前加入，并低速搅拌0.5~1min，使其与蛋浆搅拌均匀即可。注意搅拌时间不宜过长，以防止浆体塌落。加入化学疏松剂有两种方法：一种是将它预先混合在小麦粉中，在搅拌时一起加入蛋浆，但疏松剂不宜混匀，制品中容易产生大气泡。另一种在蛋浆打擦后期加入，搅拌1~2min混匀即可。

（8）拌粉　所用小麦粉湿面筋量要适当，当湿面筋含量高，可掺入适量淀粉。拌粉搅拌要均匀。防止出现稀薄不均，甚至有干粉存在现象。拌粉时间不宜过长，一般1~2min即可。

7. 蛋卷浆料的调制

蛋卷是以小麦粉和淀粉为主要原料，配入一定比例的鸡蛋、油脂、糖和疏松剂等辅料，经调浆、制皮、卷制、切割成卷筒形的松脆特种饼干。

8. 影响浆料调制的因素

（1）小麦粉　小麦粉应选择湿面筋含量较低的，湿面筋含量过高，调浆过程中容易发生“起筋”现象。影响产品松脆度，对于湿面筋含量高的小麦粉可加入适量的淀粉。

同时淀粉在烘烤糊化时可增加蛋卷表面光泽。但要注意掺入量要适当，否则易造成蛋卷制品破碎率增加或僵硬。

（2）糖、蛋 糖具有反水化作用，能阻止面筋过分胀润，在烘烤时，使制品易“上色”，容易卷筒成型和改善风味。白砂糖应研磨成糖粉，使其在调浆时能完全溶化。蛋品能提高制品的酥松度，并对浆料中的油脂起一定的乳化作用。

（3）配料顺序 浆料的调制要求在限制面筋过分胀润情况下进行。因为在配料时，应严格控制配料的顺序，先将水、蛋、糖、油等辅料在搅拌机中搅打均匀后，再加入小麦粉和淀粉适度搅拌。浆调制完毕后立即使用，放久会分层及微生物繁殖。

（4）调浆 采用立式可调速搅拌设备，打浆时间不少于10min，温度28~32℃。调好浆料色泽均匀呈乳白色，起发适中，无异味。辅料搅拌到一定程度，再进行拌粉。要求拌粉均匀，防止料浆出现薄厚不均匀现象。拌粉时间以1~2min为宜。

三、面团的辊轧

面团调制完成后，在成型前，某些面团需要经过辊轧工序才能进行成型操作。如韧性饼干面团、发酵饼干面团、半发酵饼干面团；而酥性饼干或甜酥性饼干面团，由于面筋形成程度很小，弹性极小，塑性极大，抗拉力强度低，不必经过辊轧，可直接进入成型机和辊筒成饼坯。威化饼干，蛋黄（杏元）饼干，蛋卷无须辊轧。

（一）辊轧的基本原理

面团的辊压过程，就是使形状不规则，内部组织比较松散的面团通过相向的等速旋转轧辊反复的辊轧，使其变成厚度均匀一致，横断面为矩形的内部组织密实的层状面带，通过转向辊压使面带辊轧过程中张力均匀分布，以使在成型机上成型后，防止饼干收缩变形。

1. 辊轧的作用

（1）增加面筋形成量。压面时零碎的面筋水化粒子组成整齐的网络结构，使测试面筋洗涤时不易散失。

（2）改善面团的黏弹性，促使面筋进一步形成，并通过反复多方向辊轧使面团消除内部张力分布不均衡，使黏弹性减少，塑性增加。

（3）面带结构均匀一致，辊轧使调粉时所包含的空气均匀分布，特别是将发酵面团中过剩的二氧化碳排除，使面带结构均匀，且由不断折叠的操作使面带产生层次，以使制品有好的胀发度和松脆度。在感官质量上，由于多次辊压，会使表面有光泽，形态完整，花纹保持能力强。

2. 辊轧面带的转向

辊轧为了使面筋形成均整的组织和使各个方向张力相同，避免因内部张力不均匀而造成成型后，纵向发生收缩变形，为避免辊轧时单方向的延伸，面带在一个方向辊轧后，应转90°再进行辊轧，使面片的纵向和横向张力一致。

3. “头子”的处理

冲印、辊切成型的方法，要产生剩余的“头子”，“头子”需要在压面过程中掺入，为了保持面带在运转中正常进行和掺“头子”后的面带组织均匀，应注意以下几点：

（1）温度差的影响　在不同温度下，“头子”面团与新鲜面团会呈现不同的物理性质，导致掺和后面带组织不均匀，机械操作困难。例如发生粘辊筒、粘模型，皮子易断裂等缺点。“头子”的温度受季节影响较大与面团的温度往往不一致，尤其是高温的夏季和寒冷的冬季。“头子”的温度与新鲜面团的温度，可以通过调节室温来控制。在“头子”掺和时，温度相差不能超过6℃，差距越小越好。如果“头子”已经韧缩或走油，则不应在辊轧时掺入，而是返回到和面机中与新鲜面团一起均匀混合。

（2）头子比例的影响　“头子”与新鲜面团的比例应该在1∶3以下，因为“头子”在较长时间的辊轧和传送过程中会发生一些变化。主要是面筋力增大，水分减少，弹性和硬度增加。在冲印或辊切成型时，尽量使印模排列紧凑，正常操作，减少饼干坯的返还率，是减少“头子”的重要措施。

（3）“头子”掺入时的操作　“头子”掺入新鲜面团尽量可能均匀掺入。因为“头子”经过辊轧也不会像调粉那样充分搅拌揉捏，通常要求铺在新鲜面带上。经过辊轧，可形成均匀面带。如果“头子”在面带中分布不均匀，会造成粘辊，粘模，粘帆布，产生色泽不均，形态不整齐，酥松度不均匀等多种质量问题。

（二）辊压技术

1. 韧性饼干的辊轧

调制好的韧性面团在辊轧前要经过一段静置时间，消除面团内部张力，降低黏性和弹性，提高塑性，改善面团的工艺性能。辊压时，面团因受压力向纵向延伸。如果始终朝一个方向来回辊压，面团的纵向张力会大大超过横向张力。将使饼坯纵向发生变形，所以每经数次来回辊压后，将面坯转90°，使面片的纵向和横向张力一致。韧性面团面片多次折叠，多次转90°轧辊后，可增加制品的松脆度和膨胀力，使饼干横断面有均匀的层次结构。一般来说，经过9~13次轧辊的面团才符合工艺要求。当面团在辊筒中来回辊轧时，为了防止粘辊和面片相互粘连，可在辊轧时均匀撒上一些小麦粉，但不宜过多，以防引起面带变硬，造成产品不够疏松及烘烤时起泡的问题，影响产品质量。面片表面撒粉过多会使饼干表面粗糙，失去光泽。

2. 发酵面团的辊轧

发酵面团内部含有较多的二氧化碳，经辊轧可将多余的气体排除。使留在面团中的二氧化碳气体分布均匀，面团结构细致，经过辊轧中不断折叠操作使面带产生层次，制品会有好的胀发度和松脆性。

发酵饼干分为有油酥和无油酥两种工艺。无油酥的工艺及半发酵面团对发酵面团的辊轧操作方法与韧性面团相似，不再陈述。有油酥的工艺在发酵面团的辊轧中要求油酥均匀地包在面片中，经数次折叠，辊轧包酥，使面片具有数层均匀的油酥层次。苏打饼干面团辊轧为10~14次。

发酵饼干面团经发酵成海绵状组织。在未夹油酥前，压延比不宜超过1∶3。压延比过大，面带压得太紧太薄，不利于加油酥后再压延，影响饼干膨松；压延比过小，将增加辊轧次数，会使“头子”与新鲜面团掺和不均匀，烘烤出的饼干表面色泽不均出现花斑。面片夹油酥后，更应注意压延比。一般要求1∶3~1∶2。压延比过大，表面易轧破，油酥外露，造成饼干胀发力差，色泽不均，出现僵片、残次品等。油酥在辊轧中均匀地包在面片中必须待面带辊轧光滑后加入。一般包油酥两次，经过数次折叠使面片形成数层均匀的油酥层。

四、饼干成型

饼干由于品种及配方的不同，饼干的成型方法分为两大类。一类是面团成型，另一类是面浆成型。面团成型方法较多，有冲印成型、辊印成型、辊切成型、挤条成型、挤浆成型（注射成型）及钢丝切割成型等。面浆成型有上浆成型（威化饼干、蛋卷）和挤浆成型（杏元饼干）。现将国内普遍采用的成型方法介绍如下。

（一）冲印成型

冲印成型特点是适应多种品种生产，如韧性饼干、酥性饼干、发酵饼干等。冲印成型可分为间歇式和摆动式两种。旧式间歇式冲印成型机由冲印机上的冲头做上下往复垂直运动将面片冲出饼坯，面带运动是间歇式，已逐渐淘汰。另一种是摆动式冲印成型机。成型机上冲头不是单纯地做上下往复垂直运动，而是冲头先垂直冲印帆布运输带上的面片，冲成饼坯后，与下面活动的橡皮下模（垫板）合模，此刻帆布运输带运动并不停止，而是冲头随着帆布和面带的前进作向前的摆动，然后再呈弧线运动摆回来，完成一次冲印。接着冲头再作第二次向下垂直冲印，冲出饼坯，再向前摆头，然后摆动回来，如此往复。帆布运动方式由间歇式改为连续的匀速运动形式。这种方式效率高，适应了由原先铁盘载饼干坯烘烤，变为钢带为载体的更高速度的生产规模，但噪声较大。

冲印成型机的操作要求高，冲印成型将面团辊轧成连续的面带后，用印模将面带冲印成饼干坯的方法，要求皮子不粘辊筒，不粘帆布，厚薄均匀，冲印饼坯花纹清晰，表面光滑，“头子”分离顺利，落饼时无卷曲现象。冲印成型机工作原理图如图6-9所示。

冲印成型是依靠成型机上印模的上下运动来完成的。印模基本上分为两大类。一类是带有针柱的凹花印模，可以用于酥性、韧性和发酵饼干。另一类是不带针柱的凸花印模，只适用于酥性饼干而不适用于韧性和发酵饼干。

酥性饼干面片可塑性好，饼坯成型后有较强保持花纹的能力，为使制品造型美观，印模要求图案设计上花纹深浅有浮雕立体感，一般采用凸花印模。

韧性饼干面团弹性较大，烘烤时表面容易形成较大的气泡，底部凹底，所以印模必

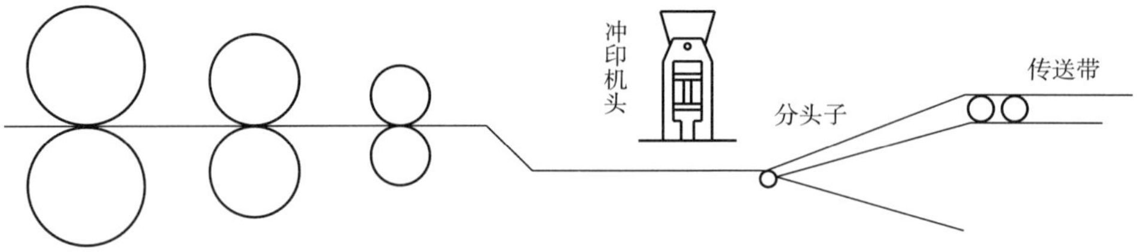

图 6-9 冲印成型机工作原理图

须有针柱，将饼坯穿透，以防止大气泡产生。发酵饼干面团弹性也较大，烘烤时花纹保持能力较差，所以一般只用带有针柱或略带几个凹花字体的印模。

冲印成型的特点之一就是冲印后必须将饼坯与“头子”分离。这是完成冲印的最后一道工序。“头子”用另一条20°的斜帆布向上输送，再回到第一对辊前面的重复压延，韧性饼干和发酵饼干面团具有一定弹性。“头子”分离工作并不困难，但强度较小的酥性面团，面皮的弹性较小，结合力差，易发生断裂。要注意调整好饼坯、帆布与“头子”帆布的角度和分离处的距离。

（二）辊印成型

辊印成型适用于高油脂品种，如桃酥、酥性饼干等。由于冲印成型机生产高油脂饼干时，面带在辊筒压延及帆布输送和“头子”分离等部分容易断裂。而辊印成型的饼干花纹图案十分清晰。辊印设备占地面积小，产量高，无须分离“头子”，运行平稳，噪声低。这些优点是冲印成型所无法比拟的，所以采用辊印成型的厂家越来越多。当然，辊印成型也有其局限性，油脂用量在12%以下生产较困难。它不能适应多品种的生产，如韧性饼干、发酵饼干生产。其原因在于：一是充填脱模比较困难；二是不能达到韧性饼干和发酵饼干所要求的层状结构。

辊印成型机工作原理图如图 6-10 所示。

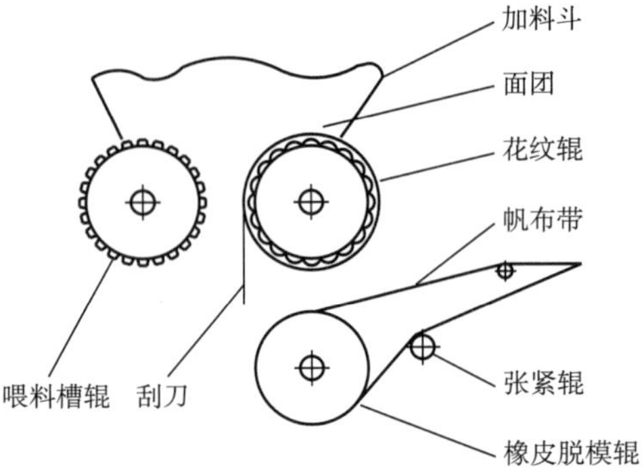

图 6-10 辊印成型机工作原理图

辊印成型机的成型部分由三个辊组成：即喂料槽辊、花纹辊和橡皮脱模辊。喂料槽辊上有用以给料（面团）的沟槽。花纹辊上有均匀排布的凹模。

辊印成型就是把调制好的面团置于成型机的加料斗中，先在喂料辊及花纹辊相对运转中，面团首先在槽辊表面形成一层结实的薄层，然后将面团压入花纹辊的凹模中，花纹辊中的饼坯受到包着帆布的橡胶辊的吸力而脱模。同时被紧贴住花纹辊的刮刀刮去多余部分，即形成饼坯的底面。饼坯便由帆布输送带送入烘炉网带或钢带上。

辊印成型要求的面团稍硬一些，弹性小一些。面团过软会形成坚实的团块，造成喂料不足，脱模困难，有时会导致刮刀铲不清饼坯底板上的多余面屑，使脱出的饼坯外缘形成多余的尾部，影响饼干的外形美观。若面团调得过硬或弹性过小，同样会使压模不结实，造成脱模困难及残缺，制成的饼干表面有裂纹，破碎率增大。

辊印成型还适用于面团中加入芝麻、花生、桃仁、杏仁及粗砂糖等小型块状品种。

（三）辊切成型

随着带式（钢带、网带）烤炉向着大型化、高速化发展，过去的冲印成型机已无法满足生产的需要。于是人们根据辊印成型机的原理将冲印成型机做了改进，设计出了目前国际上较流行的辊切成型设备，机身前半部分与冲印成型机相同，是多道压延辊，成型部分由一个扎针孔、压花纹的花纹芯子辊和一个截切饼坯的刀口辊组成。先经花纹芯子辊压出花纹（若是韧性、发酵饼干同时扎上针孔），再在前进中经刀口辊切出饼坯，然后由斜帆布输送带分离“头子”。在芯子辊和刀口辊的下方有一个直径较大的与两辊对转的橡胶辊，它的作用是压花和作为切断时的垫模。

辊切成型机工作原理图如图 6-11 所示。

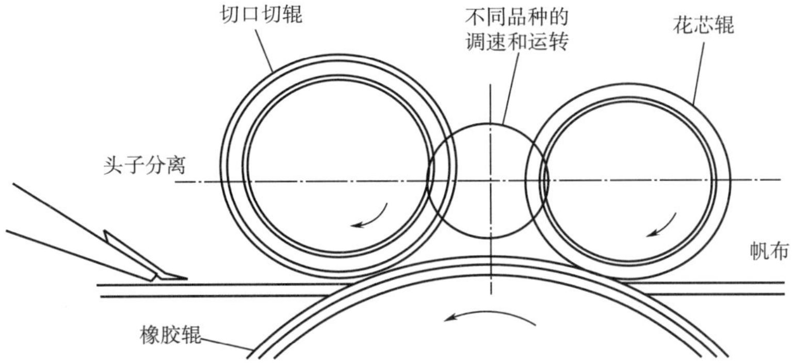

图 6-11　辊切成型机工作原理图

这种机械不仅有占地小、效率高的特点，还有一个重要优点是对面团的适应性较强，不仅适应韧性、发酵饼干，也适应酥性、甜酥性饼干。

（四）其他成型

1. 威化（华夫）饼干的成型

威化饼干成型有半机械化和连续化的两种方式。半机械化生产是将面浆倒入有方格或菱形花纹的转盘式威化制片机的烤模中，合上模盖板后，迅速加热，使其在短时间内经受高温而使水分蒸发。面浆中的空气和化学膨松剂所产生的气体，在密闭的烤模内产生很大的压力，使面浆充分膨胀，充满整个烤模的有效空间，在烤模顶部两侧开有狭小的气孔。水蒸气和其他气体带着多余浆料从小孔中急速排出。水分不断蒸发，威化饼的体积逐步收缩，形成具有多孔性结构的酥松威化饼干。

2. 蛋黄（杏元）饼干的成型

蛋黄饼干的成型方法是用挤浆成型机将配好的浆料用挤浆的方式滴加在烤炉的载体（钢带）上，一次成型进行烘烤。目前生产蛋黄饼干的生产设备主要有两种形式：一是以烤盘为载体的间歇挤出滴加式成型机。二是以钢带为载体的连续挤出滴加式生产流水线。此种面比较软，具有一定流动性。所以用黏稠液体将糊状面团间断挤出。挤出的面糊直接落在烤盘或钢带上。由于面糊是半流体，所以在一定程度上能因挤出孔的形状不同，而形成各种外形，如O形、S形，也可自然摊成圆形。

3. 蛋卷饼干的成型

将调制好的浆料通过上浆板，把浆料涂在高温制皮辊筒上。烘烤成软皮后，趁热经制卷系统将软皮卷成一定螺旋角度的蛋卷圆筒。

此外还有用钢丝切割成型机，挤条成型机，生产不带馅、带馅曲奇饼干及其他花色品种饼干。

五、饼干焙烤

成型后的饼坯，要进入烘烤炉烘烤成饼干。在烘烤中饼干经短时间的加热，发生了一系列的化学、物理以及生物的变化。其变化不仅使饼干加热变熟，而且体积显著增大，呈金黄色，内部呈多孔性、海绵状结构，具有特有的香气和风味，成为酥松可口的饼干。

（一）饼干烘烤的基本理论

饼干在烘烤中所引起的变化主要为物理变化、化学变化及生物变化。

1. 物理变化

（1）水分变化

①水分的来源：饼干水分来源有两方面，一方面是各种原料中固有的水分。另一方面是调粉过程中加入的水分。其水分以两种方式存在，一种是自由水，即游离态水也称为毛细管水分。这部分存在于淀粉颗粒之间及蛋白质胶粒之间。这种水在加热烘烤时很容易受热蒸发；另一种是结合水，也称为化学水。它是面团中淀粉胶粒和蛋白质胶粒吸收的水分；这种结合水中一部分为蛋白质胶粒的亲水基团所结合，称为水化水，另一部分水则以渗透的方式进入胶粒的内部，称为结合水，在烘烤过程中不易排除。

烘烤前，饼坯通常含有较高的水分，其水分含量与配方、饼干类型有关。酥性饼干坯的含水量为16%～20%，韧性饼干坯的含水量为20%～24%，烘烤结束后，出炉时饼干的含水量在8%左右，即烘烤使得水分降低了8%～16%，冷却后饼干含水量为

3%~4%。

②水分变化过程：当饼干焙烤开始的瞬间，由于烤炉中含有大量的水蒸气，凝结在30~40℃的饼坯表面上，一直到面团表面温度超过露点为止，使饼坯的水分增加，但其后由于受高温的影响，饼坯表面的温度升高较快，表面水分蒸发，面团内部温度升高较慢，水分向冷的地方冷凝，致使饼坯中心部分的水分增加，大约要比烘烤前饼坯的水分多出2%。随后饼坯表面层开始受热蒸发，此时饼干中心层水分子高于表面层，由于热量的传递，水分渐渐由中心层向表面层移动，蒸发面由表层逐渐转向中心层。

饼干在烘烤过程中的水分变化曲线如图6-12所示。

由图可以看出，在烘烤过程中，饼坯的水分变化可以分为三个阶段。

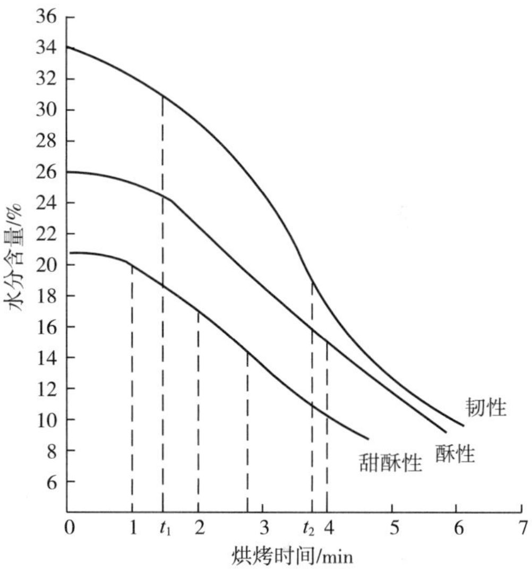

图6-12　饼干在烘烤过程中水分的变化曲线

第一阶段：由时间 t_1 为止，烘烤时间约为1.5min，这是变速阶段，水分蒸发在饼坯的表面进行，高温蒸发层的蒸汽压力大于饼坯内部低温处的蒸汽压力，一部分水分又被迫从外层移向饼坯中心。这一阶段，饼坯中心的水分较烘烤前约增加2%，所排除的主要是游离水。表层温度约120℃。

第二阶段：由 t_1 到 t_2，为快速烘烤阶段，时间约需2min。此时，水分蒸发向饼干内部推进，饼干坯内部的水分层逐层向外扩散。这个阶段水分的蒸发速度基本不变，表层温度在125℃以上，中心温度也达到100℃以上，这一阶段水分下降的速率很快，饼坯中大部分水分在此阶段散失，主要是游离水，还有部分结合水。

第三阶段：从 t_2 以后开始，此时整个饼坯的温度都达到100℃以上。这个阶段属于恒速干燥阶段，水分排除的速度比较慢，排除的是结合水。饼干烘烤的最后阶段，水分的蒸发已经极其微弱，这一阶段的作用是使饼干获得美观的棕黄色。这种反应称为棕黄色反应或焦糖化反应，其反应最适宜的条件是pH 6.3，温度150℃，水分13%左右。

烘烤时，影响水分排除的因素有：炉内相对湿度、温度、空气流速及饼干厚度等。炉内相对湿度低，有利于水分蒸发，但在烘烤初期相对湿度过低，会使饼干表面脱水太快，表面很快形成一层外壳，造成内部水分向外扩散困难，影响了饼干的成熟和质量。因此，增加炉内的相对湿度有利于饼干的烘烤。

炉内空气流速大，方向与饼干垂直有利于水分蒸发。

饼干的水分含量高，干燥过程较慢，烘烤时间相对比较长。糖、油辅料少、结构坚实的面团比糖、油等辅料多的疏松面团烘烤时间长。

饼干厚，内部水分向外扩散慢，需要的烘烤时间较长，且表面易焦煳。因此，厚饼干需要采用低温、长时间的烘烤工艺。饼坯的形状和大小也影响其烘烤速度。在其他条件相同的情况下，饼坯的比表面积值越大，烘烤的速度越快。饼坯最理想的形状是长方形。

饼坯在网带上或烤盘上排列越稀疏，接受热量越多，反之，则接受热量越少，水分蒸发越缓慢。为了提高烘烤速度和保证成品质量，饼坯应排列均匀，提倡满带或满盘烘烤。

③影响水分变化的因素：

a. 烘烤温度。一般情况下，当排除饼坯游离水和吸附水时，烘烤温度与脱水速度成正比例，即温度高，脱水快。因此，在烘烤前阶段，温度需偏高以利于水分的排除。而排除结合水时，脱水困难，主要是恒速脱水，故烘烤后阶段只需保持一定的烘烤温度即可。温度过高，除造成不必要的能源浪费外，还会造成色泽较深等质量问题。

b. 面团的性能。酥性面团水分含量较低，且由于糖、油等物质用量高，面团内结合水较少，故面团内水分蒸发较容易，烘烤时间相对较短。韧性面团由于面筋充分吸水胀润，以三种形式存在的水分较酥性面团多，水分蒸发较困难，因此烘烤时间较长。不过即使是烘烤同一种性质的面团，脱水速度也不一致。如酥性面团调粉不当，也会造成面团内结合水增加及面团起筋缩形，给烘烤带来脱水困难，造成成品不酥松等弊病。

c. 饼坯的形态。厚的和块形大的饼坯，内部水分蒸发较慢，烘烤时间宜适当延长。

d. 其他。水分蒸发快慢还与烤炉温度、原料配比、面团软硬度等因素有关。比如疏松剂在加热分解排出气体时，有利于水分的蒸发。

（2）温度的变化　饼坯在烘烤过程中温度不断上升，在进入炉口时饼坯的温度只有30~40℃。首先是表面受热，温度很快升高到100℃。在进炉1.5~2min内，表层温度可达到120℃左右，中间层温度也将上升到100℃。约3min时，表层温度便可达到140~150℃，中间层可达到110℃左右。待到烘烤终了时，饼干表层温度可达180℃，中间层温度在108~114℃。在正常情况下烘烤时，饼坯温度不可能达到炉膛内250~300℃的高温。

（3）厚度的变化　烘烤过程中，饼坯有一定程度的胀发，主要是厚度明显增加。烘烤完毕，饼干成品和生坯相比，酥性饼干一般增长160%~250%，韧性饼干增长200%~300%。

①胀发力来源主要来自两方面：

疏松剂受热分解。当温度达35℃时，配方中加入的碳酸氢铵开始分解产生二氧化碳和氨气。当温度达65℃时，碳酸氢钠开始分解，并且随着温度升高，上述分解越来越快，这些气体使饼坯的体积膨胀，厚度剧烈增加。发酵饼干中除了化学疏松剂外，还有酵母发酵时产生的大量二氧化碳，二者在一起胀发时，发酵饼干体积显著增大。

饼坯内部水分的蒸发烘烤时，水分都通过饼坯表面进行蒸发。当饼坯内部水分汽化时，体积增加许多，也是饼坯体积胀发的原因之一。

②厚度变化过程：烘烤开始阶段，随着疏松剂的受热分解，饼坯厚度逐步增加。当温度继续升高，疏松剂大量分解、水分剧烈蒸发时，厚度达到最高点。在温度升高、体积胀发的同时，发生淀粉糊化、蛋白质变性、脱水。疏松剂分解完毕时，饼坯厚度又略有下降，此时淀粉糊化形成凝胶体，蛋白质变性凝固后形成“骨架”，加之蔗糖和其他物料等一起形成了固定的饼体，至此完成了从胀发到定型的全过程。此后一直到烘烤结束，厚度不再发生多大变化。

③影响厚度（胀发）的因素：饼坯的胀发率与面团的软硬度、面筋的抗胀力、疏松剂的产气性能、炉温、炉膛内湿度等多种因素有着密切关系。通常，在较软的面团、较高的炉温等情况下，饼坯的胀发力较大。饼坯的胀发程度与成品质量密切相关。胀发过大，会使饼干过于酥松而易碎，且饼坯内部结合力差，极易吸附在载体上使之出炉后难以刮离，这就是习惯上所说的“粘底”。反之，胀发力过小，则饼干口感僵硬，甚至出现“凹底”。

以上各种因素是相互关联的，实际生产中要根据具体情况，采取措施，使发胀率保持在适宜范围内。

饼坯在烘烤中厚度变化如图 6-13 所示。

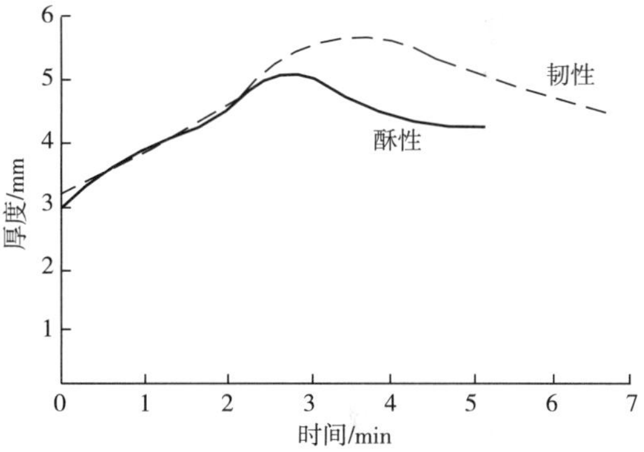

图 6-13 饼坯在烘烤中厚度变化

2. 化学变化

烘烤过程中，饼坯发生的化学变化很复杂，主要有以下几方面的变化。

（1）疏松剂的分解　在饼干生产中，为使饼干疏松可口，常在配料中加入化学疏松剂。这些疏松剂主要是碳酸氢钠、碳酸氢铵和碳酸铵以及一些有机盐等。小苏打的分解温度为 60～150℃。碳酸氢铵和碳酸铵的分解温度为 30～60℃，在饼坯进入烤炉后，碳酸氢铵、碳酸铵及其他疏松剂相继开始分解。分解时所产生的二氧化碳和氨气使饼坯膨胀，接近烘烤结束，二氧化碳和氨气绝大部分排除到饼干之外。

（2）酵母及酶的变化　发酵饼干中有大量的活性酵母，在烘烤初期中心层温度逐渐上升。酵母活性会大大活跃起来。其呼吸作用十分强烈，产生较多的二氧化碳。这些二氧化碳与发酵过程中产生的二氧化碳一起受热膨胀，使饼坯迅速胀发。在饼坯温度上升到 45℃以上时，酵母活性明显下降，当饼坯内部温度达到 80℃，酵母便会死亡。小麦粉中原有的各种酶及作为改良剂加入的淀粉酶等，在进入炉 1～2min 便会因高温导致蛋白质变性而被破坏。

（3）淀粉的糊化　当炉内饼坯的温度达到 55～80℃时，饼坯表面淀粉发生糊化。淀粉糊化是在刚进炉时发生的。刚进炉时表面露水凝结为淀粉胀润提供了条件。当淀粉吸水胀润为黏稠的胶体时，淀粉出炉后经降温冷凝成胶体，使饼干具有光滑的表面并产生光泽。淀粉的糊化需要较高的水分和温度来实现。因此要求炉膛进口处有较高的相对湿度。可以在炉口人为地进行喷雾，以加大饼坯表面的湿润，确保糊化顺利进行。

（4）蛋白质的凝固　当炉内温度达到80℃时，饼坯的蛋白质失去胶体的特性，发生不可逆的凝固。在烘烤过程中饼坯中心层达到蛋白质凝固温度，饼坯由于气体膨胀，形成面筋的海绵状或层状结构也因蛋白质凝固而固定下来，对饼干的定型有重要的意义。

（5）颜色的变化　烘烤的最后阶段是上色阶段，是形成饼干外表色泽的重要反应。此时由于饼坯已脱去了大量的水分，表面易发生美拉德反应和焦糖反应。烘烤食品的美拉德反应最适合的条件是pH为6.3，温度150℃，水分13%左右。蔗糖在200℃时便开始了焦糖化反应。对于含糖量高的饼干，烘烤时容易上色，如酥性饼干、韧性饼干。而发酵饼干由于含糖量少，且在发酵过程中，面团所含的糖类被酵母菌过多的分解，则在烘烤时不易上色，因此从烤色上也能判断饼干含糖量的多少。饼干配方中乳制品与蛋制品和糖等成分也参与了上色反应。

（6）香气的产生　饼干烘烤后期产生一种特有的饼干香气。香气形成过程十分复杂，香气成分众多。目前已知的就达数十种。据报道认为香气的形成主要是氨基酸和糖之间的羰氨反应。发酵饼干中，发酵后期产生的醇、酸等产物，在烘烤时又生成了酯等芳香物质。另外，乳制品、油脂分解、蛋制品等经烘烤后也都生成了不同类型的香气物质，如3-羟基丁酮、二乙酰等。因此，饼干中的香气实际是众多香气的综合物，它与配方、烘烤条件、工艺等多种因素有关。

在烘烤过程中，发酵面团中的酒精、醋酸及其他低沸点有机酸受热而挥发，以及小苏打受热分解产生碳酸钠，pH会略有升高，但乳酸的挥发量极小，乳酸的存在常使饼干带有酸味。特别是发酵过度的饼干，酸味更重些。

3. 生物变化

生物变化是指酵母发酵和酶的作用所引起的面筋软化及淀粉的液化和糖化。在烘烤初期，酵母和面团里的蛋白酶、淀粉酶都会因为温度的升高而活动加剧，蛋白酶的分解作用使面筋抗胀力变弱，有利于面团的胀发，当温度升到80℃时，蛋白酶便失去活性，由于饼坯较薄，中心温度升高很快，所以面筋软化反应微小。淀粉酶的作用也会在烘烤初期（50~65℃）加剧，生成部分糊精和麦芽糖，当达到80℃时淀粉酶失去活性，淀粉酶促使淀粉水解为糊精和麦芽糖。蛋白酶分解面筋得到氨基酸等生成物，这些也都会给饼干带来良好的风味。

（二）饼干的烘烤传热原理

饼干烘烤的热量传递有三种：热传导、辐射和对流。了解热传递的原理对能源节约，成本降低，把控产品质量有重要的意义。

1. 传导

传导是相同物体或相接触物体的热量传递过程，在饼干烘烤过程中，以传导方式进行热传递的基质是烤炉内的饼坯载体，通常是钢带或网带。载体从辐射、对流及托辊支架等的热传导获得并储存热量，再将其传递到饼坯的底部，又通过饼坯的表面传导到内部，使饼坯固体物质的内部结构温度差减小到最低限度。同样，当饼干表面温度高于中心层时，水分再由中心层向表面层移动的同时，热量的传导使中心层温度逐渐升高。

2. 对流传热

对流传热是流体（气体或液体）的一部分向另一部分以物理混合的方式进行热传递的形式。在烤炉内，热空气、水蒸气或其他气体都在炉内各处循环，以对流的方式进行热交换。当它们接触饼坯表面时，部分热量为饼坯所吸收。在饼坯内部，除固体的热传导外，也因液体，水蒸气及其他气体的对流运动来传递热量。同时对流的存在使饼干的水分不断从饼干表面被气流带走，加快了饼干的脱水。烘烤时饼干坯载体上方有高度湍流，而载体上的热空气也会在炉壁与载体的两侧间隙向上运动，使载体边缘的饼干显著地受到更多热量，其颜色将比载体中间的饼干深一些。

3. 热辐射

热辐射是物质的热能变为辐射能并以电磁波的形式向空间传播的过程。这些辐射一旦发射到制品的表面，一部分即被吸收，而转化为热能。辐射与传导和对流不同，它不需要介质，因此可以直接把热量传到饼坯表面，所以辐射传热效率高，传热快。近几年，远红外线烘烤制品技术的应用对提高烘烤效果，节约用电等均取得良好的效果。所谓红外线是指波长为 2.5~1000μm 的电磁波。当红外线辐射到物体表面时，一部分被物体反射，其余部分则被射入物体，而射入物体的红外线，其中一部分透过物体，余下部分被物体吸收，转变为热能，使物体温度升高。物体吸收、透过和反射红外线的程度与物体的性质、种类、表面状态等因素有关。远红外线电磁波波长与这些物质的振动波长匹配，从而引起激烈的分子共振，加大吸收值，使反射、透过比例减少，能量得到充分利用。

在选择电热元件的表面涂料时，根据物体吸收波长，使用在该段波长中热辐射强度最高的涂料。在饼干烤炉中通常用碳化硅、三氧化二铁（约在 4μm 时热辐射强度达最大）和碳化硼（约在 6μm 时最大）做涂料，表面辐射热量大部分可被饼坯所吸收。

（三）饼干烘烤时炉温的选择

饼干在烘烤炉内加热烘烤根据饼坯烘烤中变化来分，将烘烤全过程分为胀发，定型，脱水，上色四个阶段。不同时间段的温度的调整，对成品的质量有重要的影响。如果温度过高，饼干烘烤过度，颜色变深，甚至焦煳；如果采用的温度过低，饼干会烘烤不足，水分蒸发缓慢，达不到应有的颜色。饼干水分高，甚至不熟，保质期会大大缩短。对于隧道式平炉的加热，都是在饼坯的上方、下方排列两层加热源，分别称为面火和底火。通常要控制面火和底火的大小，使炉内温度分布适合饼坯烘烤的需要。而炉内温度的分布与饼坯的配料，块形大小，饼坯厚度以及面团的抗胀力大小等因素有关。通常配料中油、糖含量多，块形较小，较薄。抗胀力较小的饼坯应当采用高温短时间的工艺，现将几大类饼干的炉温选择介绍如下。

1. 韧性饼干

韧性饼干的面团在调制时使用了比其他饼干更多的水，且因搅拌时间长，淀粉和蛋白质充分吸水，面筋形成量较多。面团弹性大，结合水较多，脱水较困难。因此一般采用较低温度，较长的时间烘烤，有利于大量水分蒸发，炉温以 200~250℃为宜，烘烤时间 3.5~5min。在烘烤的最初阶段底火升高快一点，待底火上升至 250℃以后，面火才开始渐渐升到 250℃，以后由于处于定型和上色阶段，底火应比面火低一些。对于高档饼干，油、糖比接近于酥性饼干，烘烤时间可参考一般酥性饼干用较高温度进行烘烤，若饼干形状的块形较大，烘烤时间要相应有所延长。

2. 酥性饼干

酥性饼干的配方较为复杂，糖、油、乳制品的用量相差甚大，块形、厚薄相差悬殊。因此烘烤条件也不尽相同，一般对于辅料较好的酥性饼干（指油、糖、乳制品较多），膨松剂用量小。由于含油大，面筋形成差，入炉后由于油脂的流动性加大，加上发粉所形成的气体的压力，使饼坯发生表面呈不规则膨大，导致饼干形态不好且易于破碎。所以，入炉要求使用高温，一般达到 300℃，加大面火和底火，迫使其凝固定型。酥性饼干由于大量的油脂保证了饼干酥脆，因此不要求膨发过大，不必担心其僵硬，过大反而引起破碎。在烘炉的后半部分，饼坯处于脱水上色阶段，由于酥性面团调制时加水量极少，烘烤失水不多。因此烤炉后半段多采用低温。因原料大多易于上色，所以较低的温度，有利于色泽的稳定。

对于配料一般的酥性饼干来说，需要依靠烘烤使体积膨胀，因此，饼坯入炉后宜采用较高的底火，较低而呈逐渐上升梯度的面火的烘烤工艺，使其在保证体积膨大的同时，不至于表面迅速形成坚实的硬壳。由于配料少，加水量较高，上色慢，所以直到上色为止，表面烘烤温度始终要求过高。

对于配料档次不高，油、糖用量极少，面筋形成较多时的酥性饼干。如果一入炉就用大的面火，表面极易起泡。因为饼干坯的表面形成硬壳后，阻止了二氧化碳、水蒸气等气体的逸散。饼坯内部气体的膨胀力增大，而又难于挥发，就形成了泡点。前半部的底火也不宜过高，要有一个渐增的过程。如果突然遇到高温底火，会使饼坯底部气体突然膨胀，此时饼坯尚柔软，在用无气孔的钢带或钢盘载体时，气体无法一下子从底部冲出，使整个饼坯整个向上鼓起形成凹底。通常采用中温（220~250℃）较适宜。

3. 发酵饼干

发酵面团经辊轧、成型后进入烤炉，饼坯由于疏松剂分解产生气体和酵母产生的二氧化碳在高温下膨胀使饼干疏松。

发酵饼干烘烤时，一般将烤炉区分为前、中、后三个区域。第一阶段应使烤炉底火旺盛升至 250~300℃，面火温度相应低一些，至 200~250℃。这样可以使饼坯的表面在胀发阶段保持柔软，有利于饼坯体积的胀发和二氧化碳气体的逸散，如果面火过大，则饼坯表面会过早地形成硬壳，使饼坯胀发不理想。增强底火温度有利于热量迅速传导至饼坯中心层。促使发酵产生二氧化碳急剧膨胀，在短时间内将饼坯在未形成硬壳前胀发起来。如果此阶段炉温过低，即使发酵良好的饼坯，也将由于胀发缓慢而变成僵片。而合理的烘烤工艺处理下，即使发酵不太理想的面团也可获得较好的产品。在烘烤的中间区域底火逐渐减少至200~250℃，面火逐渐升高至250~280℃，因为此时虽然水分仍在继续蒸发，但二氧化碳膨胀达到最大限度，需要将膨发的组织固定下来，以获得良好的膨胀组织，如果此阶段面火的温度不够高，会使表面得不到及时定型，已胀发的饼坯塌陷，而使饼干僵硬不疏松。烘烤的最后阶段是上色阶段。炉温通常低于前面各区域，底面火在180~200℃为宜。防止饼干因炉温过高而使饼干色泽过深或焦化。由于各品种发酵饼干，在块形大小厚薄、原料配比、发酵程度等方面都不相同，具体温度和时间应视具体情况而定。

4. 威化饼干

威化饼干烘烤时，采用200℃以下温度，烘烤4~6min，烘烤过程可划分为三个阶段。

（1）制片定型阶段　此阶段疏松剂发生剧烈的化学变化，面浆中蛋白质开始凝固，淀粉糊化，形成泡沫状多孔性的华夫支架。

（2）烘烤脱水阶段　这一阶段占用时间最长，为2.5~3min。这时，已经定型的威化片中，蛋白质开始变性，淀粉也由部分糊化达到全部糊化，体积开始收缩。威化片的表面温度也由开始定型时的100℃左右上升到130~140℃，中心温度也超过100℃，威化片的水分降至10%左右。

（3）上色阶段　随着炉内温度的进一步上升，威化片继续排出少量的水分，同时产生褐变反应，使其呈淡黄色，并具有焙烤制品特有的香气。

焙烤冷却夹心后切片进行包装。

5. 蛋黄（杏元）饼干

蛋黄饼干烘烤时，采用190℃以下温度迅速烘烤，烘烤过程可分三个阶段。

（1）饼坯的胀发　杏元饼干的胀发主要依靠鸡蛋在搅擦过程中形成的气泡，这些气泡被蛋白质薄膜包裹，当饼坯受热时，气体膨胀，从而使饼坯体积增大；其次依靠少量的小苏打受热产气，在制品内部形成细小气孔，达到疏松的目的。

（2）饼坯的定型　饼坯在烘烤受热后，淀粉开始吸水糊化，随后蛋白质开始变性凝固。这时，饼坯的内部胀发作用停止，游离水分蒸发完毕，结合水也有部分被缓慢蒸发，饼坯得以定型。

（3）饼坯的上色　由于杏元饼干用蛋、糖量较高，很容易上色，故上色阶段宜采用较低的温度，一般面火为190℃左右，底火为180℃左右，上色时间约1min。

烘烤后，经冷却后整理包装。

6. 蛋卷

蛋卷是由浆料经烘烤成皮，趁热卷制而成的。尽管浆料水分高，但皮薄，仅为1mm，脱水极快，故在面火温度为150℃，底火为350~400℃时，仅30s即可成型。蛋卷烘烤时间与炉温和浆料浓度有关。

烘烤后趁热将皮子卷成蛋筒后，经冷却后用切割机将蛋卷筒分段切割成长度均匀的蛋卷，进一步冷却至38℃。进行整理、计量、包装成为酥脆的蛋卷。

六、饼干冷却

饼干刚出炉时，表面温度约为180℃，中层温度也约为110℃。此时饼干质地柔软，水分含量为8%~10%。在冷却过程中，饼干内水分仍处于不断蒸发过程，随着饼干温度的下降，饼干内部水分也随之减少。饼干由软变硬，形态逐步固定下来，口感变得酥松。冷却后的饼干温度为30~40℃，另外饼干必须经冷却才能进行包装。如果趁热包装，饼干易变形。包装后因结露和返潮易造成霉变、皮软等问题。同时，温度过高包装，易加速油脂氧化酸败，缩短饼干的保质期。

（一）冷却时水分的变化

饼干刚出炉时，整体温度还很高。成批饼干的冷却相当于在低温中继续烘烤，水分在冷却过程中逐步挥发。

图6-14所示为酥性饼干冷却过程中水分含量的变化情况，在冷却的最初阶段（时间约5min），水分急骤下降，水分下降量占刚出炉时饼干总水分的80%~90%；当冷却到5~6min时，水分基本上停止蒸发，在6~8min时处于相对稳定，即水分不下降，也不升高；10min后吸收空气中水分，饼干水分又逐渐上升。

由此可以看出，冷却时的水分变化与空气中相对湿度、温度，特别是饼干的品种关系密切。根据不同品种及车间冷却线布置的具体条件，加以测定后判别应当冷却的时间，一般来说，根据烘烤时间与冷却适宜温度及水分变化来计算，冷却输送带的长度应是烤炉长度的150%，才能保证自然冷却条件下产品达到温度及水分要求。酥性饼干冷却过程中水分含量的变化如图6-14所示。

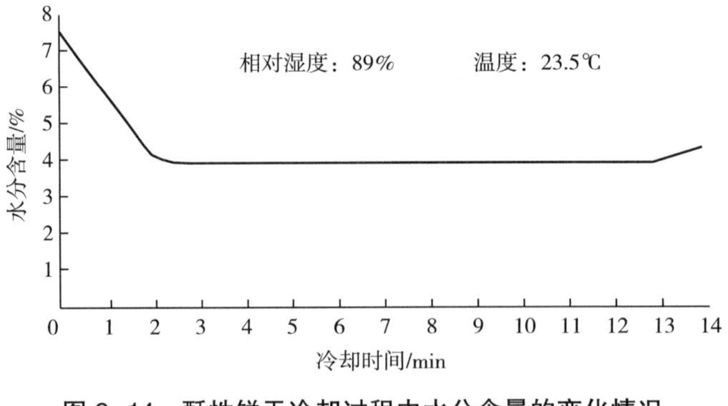

图6-14　酥性饼干冷却过程中水分含量的变化情况

（二）冷却与形态的关系

刚出炉的饼干温度和水分较高。饼干呈柔软状态，略受外力作用影响即发生变形，油、糖含量较高的饼干更是如此。需要在冷却过程中挥发水分及降温才能保持正常的形态。因此在冷却过程中，饼干未变硬之前，要求饼干铺在平整的冷却运输带上，不要相互重叠。避免剧烈翻动和碰撞，以免饼干弯曲变形。

（三）冷却与裂缝的关系

饼干刚出炉的表面温度为 180～200℃。如果立即暴露在室温 20～30℃，相对湿度 50%～60%的低温空气下，或用鼓风机吹，对饼干质量非常有害。因为急剧降温，强烈的热交换和水分急剧蒸发，饼坯内部水分梯度加大，造成饼干内固体在变形同时会使饼干内部产生应力，当应力超过饼干组织强度，饼干就会产生裂缝。通常内部应力的变化，是水分不均匀而引起的，例如刚出炉的发酵饼干，如果急速使其冷却，发酵饼干的边缘首先剧烈地脱水，造成边缘干、中心湿的水分梯度。经过放置后，中心的水分逐渐向边缘扩散，造成饼干边缘吸水膨胀，而中心失水收缩，于是产生裂缝。所以，一切过快地加大水分蒸发的因素，都可能造成饼干内部水分梯度加大，应力加大，而产生裂缝。因此，在输送带上，强制通风冷却，或冬季由自然温湿度条件造成的水分蒸发过快，都易产生裂缝，尤其是含糖低的硬质韧性饼干。因此，有时需要用增加输送带周围的温湿度（加保温罩）等措施，来抑制水分过快蒸发，防止裂缝。发酵饼干可堆放冷却。

其次，饼干生产的脱水现象始终贯穿了整个烘烤过程，如果烤炉炉温过高，网带转速过快，则饼干外部的水分会迅速排干，而内部水分排除不彻底，造成内外水分差异，极大的水分梯度在热冲击下迅速变化，饼干就极容易破裂，因此在生产过程中要控制好合理的带速和调好烘烤烤炉的各区温度，以降低饼干的破裂率。

饼干出现裂缝，一般当天难以发现，到第二天才会逐渐明显。裂缝大多都在饼干中间形成，渐向边缘伸展，而且每块饼干破裂情况很相似，一般称为自然裂缝现象，这种现象当然不是冷却方面的因素，而与面筋形成量、加水量、烘烤温度等方面因素有关，而冷却是较重要的因素，因此，抑制饼干的自然破裂需要从各方面综合考虑。

冷却至适宜温度的饼干应立即进行包装。否则，易吸潮变软，严重的甚至产生霉变及油脂氧化酸败。

第四节
饼干加工设备

随着饼干工艺技术的不断提高和发展，饼干加工设备的更新改造速度也是前所未有的。饼干生产线是由和面机、成型机、隧道式热风循环电烤炉、喷油机、转弯机、冷却线、整理机、饼干夹心机、包装台等组成。全线采用 CPU 模块控制，背挂式电机传动，结构紧凑，从进料、三道压面、成型、烘烤、筛糖、喷油、输送、冷却、废料、回收等全部机电一体化自动完成。

一、和面设备

和面机又称调粉机，就是将制作饼干的各种材料混合，搅拌揉捏成面团的机械。按照搅拌轴的安装方向，主要有立式和卧式两大类型。

（一）立式和面机

立式和面机多为小型单轴式，搅拌轴与地面垂直，广泛地用于面包、饼干和其他糕点。在小规模制作饼干时多采用这种和面机，和面桶和搅拌桨叶可以按和面的量的多少和产品种类而变换。较大规模工厂常使用双轴、三轴立式和面机，这种大型机搅拌桶容量较大。

这种和面机对面团的揉捏程度较大，拉伸作用较强，适合调制韧性面团，缺点是造价较高，起面比较困难，劳动强度较大。和面机一般都能变速，在开始调制时速度应慢一些，待小麦粉和湿后，辅料基本压进面团后，速度可快一些，以减少捏合时间。较先进的和面机还安有冷却、保温等装置，这样，在调制面团时可以不受气候和环境变化的影响。具体见第三章中关于立式和面机的介绍。

（二）卧式和面机

卧式和面机主要分为单轴和双轴两种，单轴卧式和面机对面团的拉伸作用较小，容易出现抱轴现象，导致操作困难，一般适于调制酥性面团。双轴卧式和面机是由单轴改进而成，其桨叶均匀分布在和面容器中的各个位置上，可以加速均匀地进行搅拌，使面团得到良好的拉伸和揉捏，适于调制韧性面团。

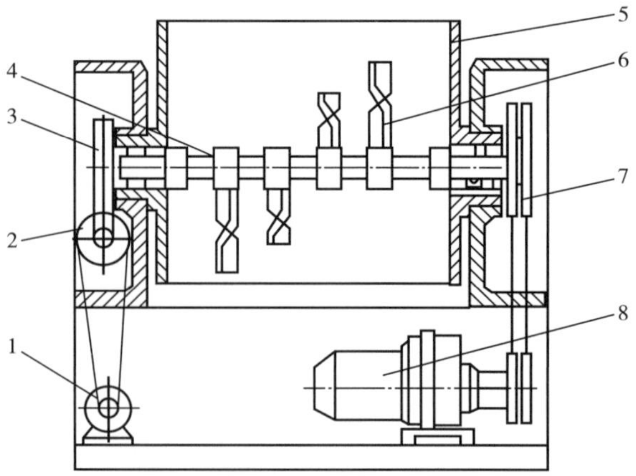

图 6-15 卧式和面机结构图

1—副电动机 2—蜗杆 3—蜗轮 4—主轴
5—筒体 6—桨叶 7—链轮 8—主电动机

单轴卧式和面机的容器是卧置筒形，中间是搅拌轴，搅拌轴与和面的轴线重合并与地面平行，搅拌轴上安有数根（4~6 根）与轴垂直的搅拌桨叶。容器桶壁上还有两个固定桨叶，这种桨叶适于酥性面团和韧性面团的搅拌，但对于一些韧性面团，由于投料不当，可能产生抱轴现象，而且对面团拉伸作用小。为了提高搅拌、揉捏效率，常常要把搅拌桨叶换成 Z 形或肋骨形。

卧式和面机结构图如图 6-15 所示。

二、辊轧成型设备

（一）往返式辊轧机

往返式辊轧机是一种比较旧式的辊轧机，是仿擀面的手工操作设计而成。帆布工作台往复移动时使面带移动，而轴固定的转动轧辊将面团反复轧成薄片，并不是反转折叠。但面片压成一定薄厚时，便划成块，以便旋转90°进入成型机辊筒。

（二）连续压面机

连续压面机是一种比较先进的压面机，连续式的5~6道辊筒的连续压面机组，衔接在成型机前，它的动作包括转向折叠和90°的运动，可分立式和卧式两种。立式连续压面机一般是将调制好的面团放入上部的料斗，经过自上而下的几对轧辊压成面带，然后转送到折叠型层压器，即将面带由摆动转送带往复摆动落下，作折叠运动，另一方面又由下方与摆动方向成90°方向运动的转送带，将一边折叠一边落下的面带横向移动，于是便完成了折叠和转动的连续动作。还有的立式层压机则是将面团分别通过二对辊筒压成面带后，在中间夹入油酥，再重叠起来，压延、折叠、转向、压薄后，进入成型机。另外较新式的连续压面机为卧式，它有一个履带式轧辊组，每根辊筒在轧辊旋转的同时又作反方向自转运动，这样，面带的表面层就能受到表面摩擦而产生光泽，同时在连续辊轧中逐渐被拉伸，压薄。

一些饼干如千层饼酥类，在面带中要求裹入大量油脂（奶油或起酥油），为防止油脂的走油，它利用包馅机的原理，用螺旋挤出成型机将面团挤成圆筒状，再在挤出时，从中间向中空的圆筒状面带里挤出油脂，然后再用履带式压片机压延成面带，并折叠、旋转、辊轧，送入成型机。有些不需要充填油脂的饼干也可以用这样的方法辊轧。

立式压面机常用于酥性面团的辊轧，所以常被称为Soft Sheeter，这样辊轧的面带，要用冲印成型的方法成型。

（三）立式叠层机

立式叠层机：是生产高、中档韧性饼干的辅助设备，可使面团叠层处理和夹酥工艺实现了机械化，减轻了劳动强度，提高了面团的物理性状。

立式叠层机如图6-16所示。

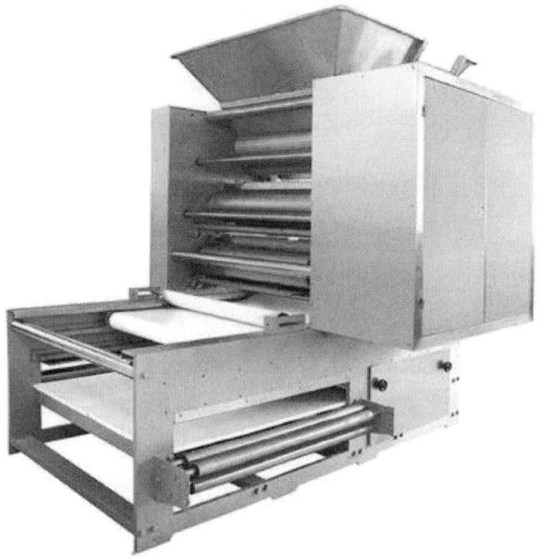

图6-16　立式叠层机

三、其他成型设备

饼干的成型方式是根据成型设备来进行划分的，根据配方、品种和生产规模的不同，成型设备主要有：摆动式冲印成型机、辊印成型机、挤条成型机、钢丝切割机、挤浆成型机、裱花成型机和辊切成型机。冲印和辊印成型机主要用于各种饼干或桃酥之类点心的加工，这类机械通常设置在饼干生产线上，完成面团的压片、冲印或辊印成型、料头分离以及摆盘等操作。

（一）饼干冲印成型机

冲印成型是一种古老又被广泛使用的成型方法。它的主要优点是能够适应多种大众产品的生产，如粗饼干、韧性饼干、酥性饼干、发酵饼干等。其动作最接近手工冲印的动作，所以对品种的适应性广。旧式冲印成型机帆布上的面带向前走一步，停一下，冲印一次，再走一步，再停下来冲印。较新式的是摆动式冲印成型机，其帆布的运动方式由间歇式改为连续的匀速运动形式。

1. 饼干冲印成型机结构

饼干冲印成型机主要由压片机构、冲印成型机构、拣分机构和输送机构等部分组成，结构图如图 6-17 所示。

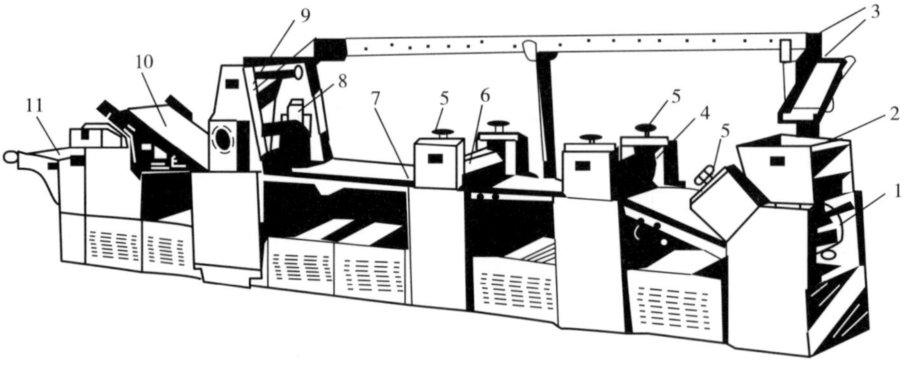

图 6-17 饼干冲印成型机结构图

1—头道辊 2—面斗 3—回头机 4—二道辊 5—压辊间隙调整手轮 6—三道辊 7—面坯输送带 8—冲印成型机构 9—机架 10—拣分斜输送带 11—饼干生坯输送带

2. 冲印式饼干成型机的基本操作

（1）压片 完成和面操作的面团，压片机构采用辊压成型原理，连续经过头道辊 1、二道辊 4、三道辊 6 的辊压形成一定厚度的面片，每道辊间隙均可调，间隙依次由大到小，转速则依次增大。

（2）成型 压片后的面片在输送带 7 上，成型机构 8 由上往下运动，顺序完成印模、切割动作。

（3）拣分　将切割成型的饼干生坯与面片余料（头子）分离，生坯留在输送带 10 上，而余料被掀起由回头机 3 重新进入面斗 2。

（4）摆盘　将饼干生坯切入输送带 11，送入隧道式烤炉烘烤。要求摆盘时尽量保持其形状。

3. 冲印成型机构与成型原理

冲印成型机构是饼干成型的关键工作部件，它主要包括动作执行机构和印模组件两部分。

（1）动作执行机构　饼干机的动作执行机构分为间歇式和连续式两种形式。

①间歇式机构：印模通过曲柄滑块机构实现对饼干生坯的直线冲印，生坯输送带依靠棘轮棘爪机构驱动间歇运动。冲印的瞬间，输送带必须处于停顿状态。该机构结构简单，生产能力较低，有惯性冲击振动，引起机身振动，以致加工的面带厚薄不均，边缘破裂，影响饼干的质量。由该机构组合的饼干机不适于与连续烘烤炉配套形成生产线。

②连续式机构：印模通过一套组合机构实现对饼干生坯的曲线摇摆冲印，面坯输送带连续匀速移动。印模在上下运动的同时，还沿着输送带运动方向前后摆动。保证冲印机机构连续作业的关键是，当印模接触到面片瞬间，冲头与面坯的移动同步，冲印动作完成后，冲头抬起，并立即向后摆到未加工的面坯上，冲印时要求冲头与输送带同步运行。该机构结构复杂，生产能力高，运行平稳，饼干生坯成型质量高，而且适于与连续式烤炉配套使用。

（2）印模组件　它由印模支架、冲头芯杆、切刀、印模和余料推板等组成。

印模组件结构图如图 6-18 所示。

机构中切刀 8 与印模 10 之间可以作相对移动，弹簧 4 在其间起到复位作用。

机构向下运动首先印模和切刀同时向下运动，印模先接触到面片，并在面片上印模，由于受到面片的阻挡，印模停止向下，而切刀会继续向下（此时弹簧被压缩），接触到面片后进行切割。

机构向上运动，在弹簧恢复力作用下，切刀先离开面片，然后印模离开面片，完成一次冲印。余料推板的作用是防止切刀离开面片时将余料带起，影响后续工作。

由于饼干品种不同，印模有轻型和重型之分，前者图案凸起较低，所以印制花纹较浅，冲印阻力也较小；后者图案下凹

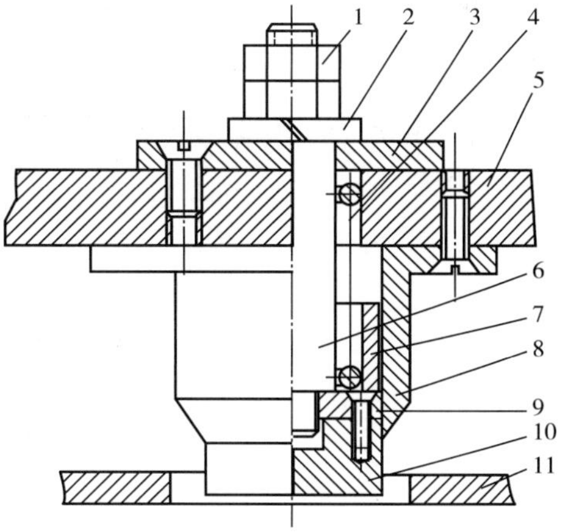

图 6-18　印模组件结构图

1—螺帽　2—垫圈　3—固定垫圈　4—弹簧
5—印模支架　6—冲头芯杆　7—限位套筒
8—切刀　9—连接板　10—印模　11—余料推板

较深，印制花纹清晰，但冲印阻力较大。

4. 冲印成型方式

冲印饼干坯的成型和剪切是靠印模进行的，印模主要分两大类：一种是适于韧性饼干的凹花有针孔印模；另一种是适于酥性饼干的无孔凸花印模。发酵饼干模型基本属于第一种，不过一般是不带花纹，或只有几个文字的有针孔模型。发酵饼于和韧性饼干之所以采用凹花有针印模，是因为饼坯面团有较强的面筋组织。由于面筋膜的形成使面团持气能力较强。当烘烤时表面胀发变形较大，凸出的花纹不能被保持。针孔是为了防止表面胀起大泡的必要措施。酥性面团由于面团面筋形成很少，所以组织比较疏松，在焙烤时内部产生的气体能轻易逸出，不会使表面发生大的变形，因此能保持印模冲印时留下的表面形状，酥性饼干的表面花纹是否美观和清晰是决定产品质量的重要因素之一。

（二）饼干辊印成型机

辊印成型方法适合于高油脂酥性饼干的加工制作，采用不同的印模辊，不但可以生产各种图案的饼干，还能加工桃酥类糕点。

1. 饼干辊印成型机的基本结构

饼干辊印成型机主要由喂料辊、印模辊、橡胶脱模辊、输送带、机架和传动系统等组成。喂料辊、印模辊和橡胶脱模辊是辊印成型的主要部件。

饼干辊印成型机结构图如图 6-19 所示。

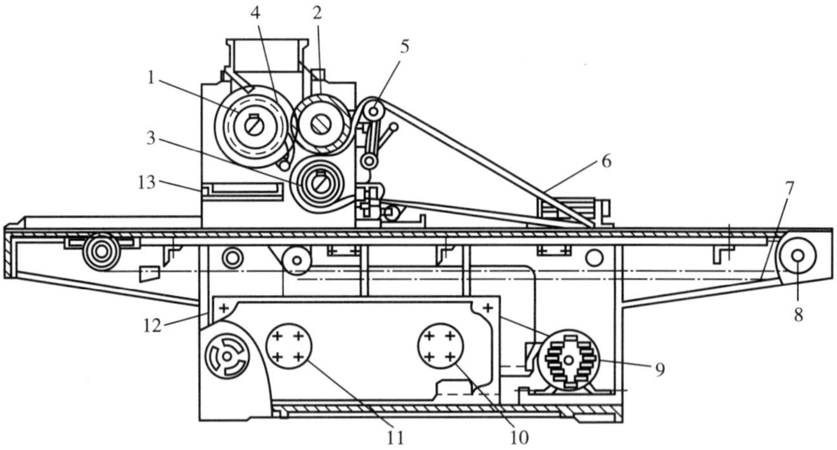

图 6-19　饼干辊印成型机结构图

1—喂料辊　2—印模辊　3—橡胶脱模辊　4—刮刀　5—张紧轮　6—帆布脱模带　7—生坯输送带　8—输送带支架　9—电机　10—减速器　11—无级调速器　12—机架　13—余料接盘

喂料辊和印模辊尺寸相同，直径一般在 200~300mm，其长度由烤炉宽度决定。辊坯用铸铁离心浇铸，再经加工而成，印模辊表面还要镶嵌用无毒塑料或聚碳酸酯制成的饼干凹模。橡胶脱模辊是在滚花后的辊芯表面上套铸一层耐油食用橡胶，并经精车磨光而成。

饼干辊印成型机工作原理图如图 6-20 所示。

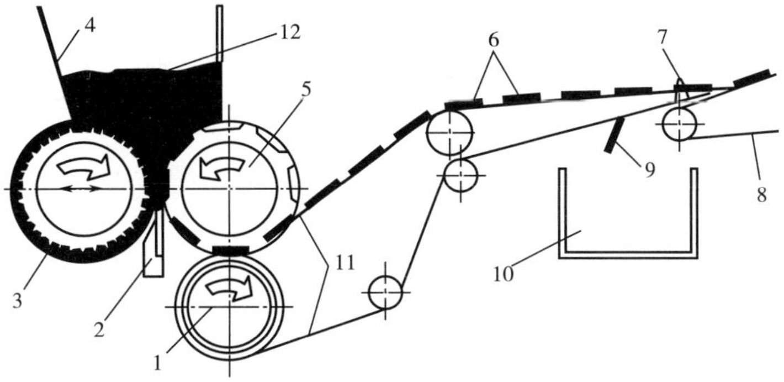

图 6-20　饼干辊印成型机工作原理图

1—橡胶脱模辊　2—分离刮刀　3—喂料辊　4—料斗　5—印模辊　6—饼干生坯
7—帆布带楔铁　8—生坯输送带　9—帆布带刮刀　10—面屑斗　11—帆布脱模带　12—原料

2. 饼干辊印成型机的工作原理

辊印成型和橡胶脱模是饼干辊印成型机主要的两个关键操作。

饼干机工作时，喂料辊 3 和印模辊 5 相向回转，原料靠重力落入两辊之间和印模辊的凹模之中，刮刀 2 刮掉凹模外多余的面料。经辊压成型后进行脱模。

当印模辊上的凹模转到与橡胶脱模辊 1 接触时，橡胶辊依靠自身的弹性变形将其上面的帆布脱模带 11 的粗糙表面紧压在饼坯的底面上，由于饼坯与帆布表面的附着力大于与凹模光滑底面的附着力，所以饼干生坯能顺利地从印模中脱离出来，并由帆布脱模带转送到生坯输送带 8 上，然后进入烘烤阶段。

由于饼干辊印成型机的印花、成型和脱坯操作是通过三个辊筒的转动一次完成的，所以具有工作平稳，无冲击、振动和噪声小的优点，而且不产生余料，省去了余料输送带，使其结构简单、紧凑，不但操作方便，而且节省了设备成本。

（三）饼干辊切成型机

1. 饼干辊切成型机的构成

饼干辊切成型机主要适用于加工发酵、韧性和酥性等不同类型的饼干，兼有冲印和辊印成型机的特点。

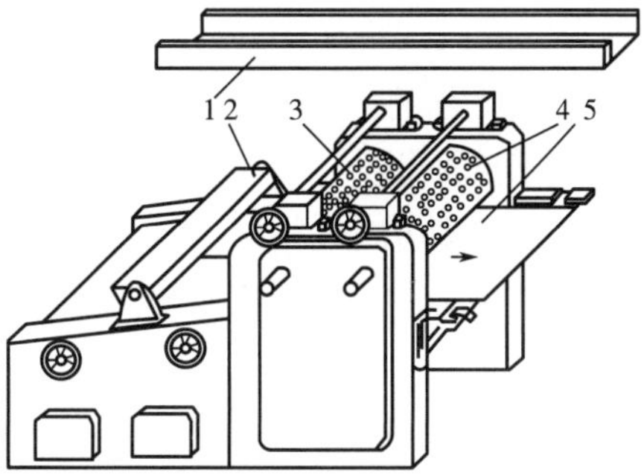

图 6-21　饼干辊切成型机结构图

1—余料回头机　2—撒粉器　3—印花辊
4—切块辊　5—帆布脱模带

饼干辊切成型机结构图如图 6-21 所示。

饼干辊切成型机主要由印花辊、切块

辊、脱模辊、帆布脱模带、撒粉器和机架等组成。

2. 工作原理

饼干的成型、切块和脱模操作是由印花辊、切块辊、橡胶脱模辊和帆布脱模带来实现的。调制好的面团经压片后变成光滑平整、连续均匀的面带。为消除面带内的残余应力，以避免成型后的饼干生坯产生收缩变形，通常在面带压延后设置一段输送带作为缓冲区，形成一段均匀的波纹后，再进行辊切成型作业。

辊切成型工作原理图如图 6-22 所示。

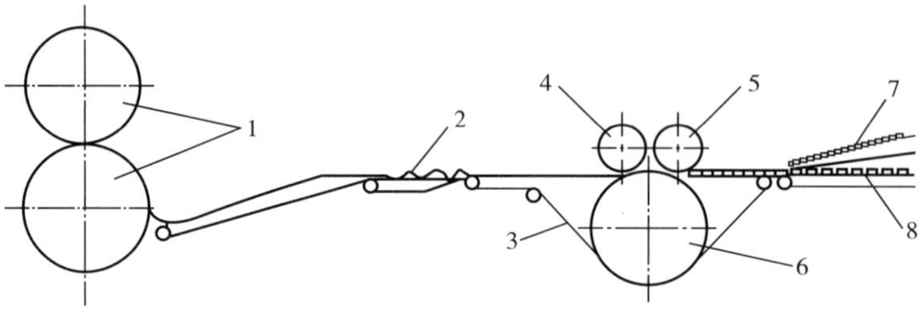

图 6-22　辊切成型工作原理图

1—定量辊　2—波纹状面带　3—帆布脱模带　4—印花辊
5—切块辊　6—脱模辊　7—余料　8—饼干生坯

辊切成型主要是依靠印花辊 4 和切块辊 5 在橡胶脱模辊 6 上的同步转动来实现的，所以要求印花辊和切块辊的转动严格保持相位相同、速度一致，否则，切出的饼干生坯将与图案的位置不相吻合，影响饼干产品的外观质量。印花辊先在饼干生坯上压印出花纹，接着由切块辊切出生坯，脱模辊借助帆布脱模带 3 实现脱模，然后成型的生坯由水平输送带送至烤炉，而余料则由倾斜输送带送回重新压片。

（四）其他成型机

1. 钢丝切割成型机

利用挤压机构将面团从型孔挤出，型孔有花瓣形和圆形等多种，每挤出一定厚度，用钢丝切割成饼坯。挤出时可以将不同颜色的面团同时挤出而形成花色外观。

2. 挤条成型机

机械与钢丝切割机相同，只是挤出型孔的形状不同，而且挤出后不是立即用钢丝切下而是挤出条状后，再用切割机切成一定长度的饼坯，钢丝切割成型的型孔的基本型是圆的，而挤条成型机的型孔断面是扁平的。

3. 挤浆成型机

这种成型机面团比较软，有一定的流动性，所以多用黏稠液体泵将糊状面团间断挤出。挤出的面糊直接落在烤盘或钢带上，由于面糊是半流体，所以在一定程度上能因挤出型孔的形状不同，而形成各种外形；同时，挤出孔一般是垂直向下，而且还可以在挤出时作 O 形或 S 形的运动，于是就得到不同外形的扭结状饼干，还有的由两个挤出口挤出不同颜色的面糊条，合成一个图案的饼干；也有只是滴下一滩面糊，自然摊成圆形（如蛋黄饼干）。

四、饼干烘烤设备

（一）烘烤设备的种类

饼干烘烤的设备有很多种类，比如撬板炉、风车炉、旋转炉等，但随着饼干加工向大型化发展，现在饼干的设备烤炉已由链条传送烤盘的平炉，发展到隧道钢带或网带式平炉。热源有电气、重油、煤气等加热方式，一般分直接加热方式和间接加热方式两种，烤炉既有间歇式的也有连续式的。电气式烤炉虽然操作简单，易于控制，但费用较高。所以最广泛使用的还是采用燃烧重油或煤气的加热方式，而远红外食品烤炉以其节能、清洁卫生、操作方便、容易控制等优点被小型厂普遍推广。

（二）烘烤设备载体的种类

烤盘由于回收麻烦和热量损失大，已逐渐被淘汰。目前平炉的载体都采用网带和钢带。网带适用于发酵、韧性和硬性饼干。酥性和甜酥性饼干则适宜使用钢带烤炉。

1. 网带

（1）形态　一般由金属丝编串而成。金属丝要求在一定高温下具有较强的强度和抗腐蚀性（因为炉内有潮湿空气）。国外一般采用不锈钢钢丝，其网面细度因饼坯品种不同而有多种规格，例如轻网眼（35.91Pa）、大陆网眼（69.43Pa）和重网眼（215.46Pa）。我国大都采用广泛应用于固体输送的镀锌铁丝网带，网面用 16~18# 细铁丝，穿心用 14~16# 铁丝编织而成。

（2）特点

①饼坯与带网接触的面，直接与空气接触，所以气体逸散容易，受热均匀，变形小，不会发生凹底现象。

②网带与饼坯接触面小，所以不易发生粘带现象。

③由于底部也成了气体和蒸汽的挥发面，所以要较多使用疏松剂。

④从结构上讲，网带比钢带不易产生滑动，传动平稳。

⑤缺点是当网带比较重厚时，散热面大，从炉内带出的热量较多，不仅浪费能量，而且使车间环境气温增高，尤其是夏天。

2. 钢带

（1）形态　一般是用厚度为 0.8~2.3mm 的钢板铆接成的，在烘烤时，像履带一样，由一排托辊支撑，主动辊带动其运转。这种钢带常用作制造酥性饼干、甜酥性饼干以及挤浆成型的饼干等。

（2）特点

①底面平整有利于较软饼坯的形态固定，尤其对酥性饼干，不仅使底部平整，还能形成美观的沙状底。

②对于挤浆成型的饼干有较强的适应性。

③缺点是由于与饼坯接触面积较大，易粘炉带，尤其是用糖多的饼坯，因为糖是增加面团黏性的材料。

（三）烘烤典型设备

目前饼干常见的烤炉主要为隧道炉。隧道式烘烤炉：也叫连续式烤炉，炉体一般很长，烘室为狭长隧道，在烘烤过程中食品与加热元件之间有相对运动。隧道式烘烤炉根据饼干在炉内运动的传动装置不同，一般可分为钢带隧道炉、网带隧道炉、烤盘链条隧道炉和手推烤盘隧道炉等。

1. 钢带隧道炉

钢带隧道炉是指饼干以钢带作为载体，并沿隧道运动的烤炉。钢带靠分别设在炉体两端，直径为500~1000mm的空心辊筒驱动。烘烤后的饼干从烤炉末端输出并落入到后序工序的冷却输送带上。

由于钢带只在炉内循环运转，所以热损失少。但钢带制造较困难，调偏装置较复杂。

钢带隧道炉结构图如图6-23所示。

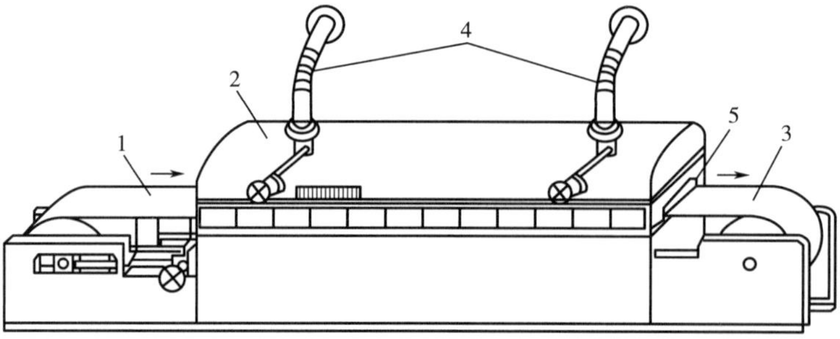

图6-23 钢带隧道炉结构图

1—钢带入炉端 2—炉顶 3—钢带出炉端 4—排气孔 5—炉门

2. 网带隧道炉

网带隧道炉的结构与钢带炉相似，只是传送面坯的载体采用的是网带，网带是由金属丝编制而成。网带长期使用损坏后可以补编，因此使用寿命较长。由于网带网眼空隙大，在焙烤过程中饼干底部水分容易蒸发，不会产生油滩和凹底。网带运转过程中不易产生打滑，跑偏现象也容易控制。具有产量大，热损失小等优点，多用于烘烤饼干等食品。该炉易与饼干成型机械配套组成连续的生产线。但不易清洗，网带上的污垢易粘在饼干底部，影响饼干外观质量。

3. 链条隧道炉

链条隧道炉是指饼干及烤盘在炉内的运动靠链条传动来实现的烤炉。其炉体进出两端各有一水平横轴，轴上分别装有主动链轮和从动链轮。链条带动烤盘沿轨道运动。其出炉端一般还设有烤盘转向装置及翻盘装置，以便成品进入冷却输送带，烤盘由炉外传送装置送回入炉端。由于烤盘在炉外循环，因此热量损失较大，不利于工作环境。根据同时并列进入炉内的烤盘数目不同，链条炉又可分为单列链条炉和双列链条炉两种。链条炉一般与成型机械配套使用，并组成连续的生产线，其生产效率较高。传动链的速度可调，因此适用面广。

链带隧道炉结构图如图 6-24 所示。

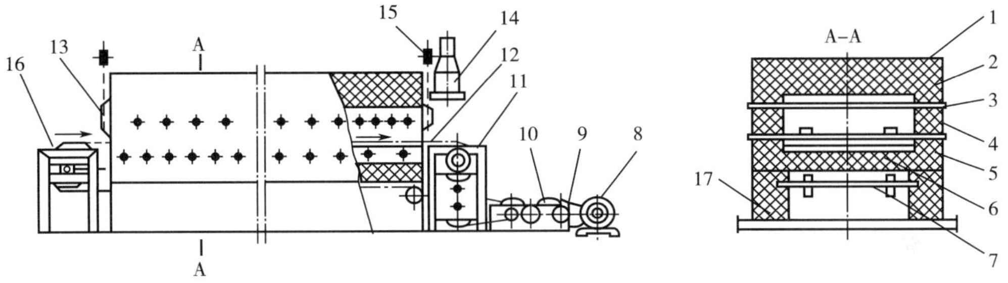

图 6-24　链带隧道炉结构图

1—管状辐射元件　2—铁皮外壳　3—铁皮内壳　4—保温材料　5—链条轨道　6—轨道承轨　7—回链托盘与轴　8—电机　9—变数操作手轮　10—无级变速器　11—出炉机座与减速箱　12—入炉基座　13—链条　14—可开启隔热板　15—滑轮　16—排气罩　17—炉基座

4. 手推烤盘隧道炉

手推烤盘隧道炉没有机械传动装置，载体在炉内运动是依靠人力推动的。这种烤炉在炉底上装有一对或数对由扁钢制成的轨道，食品烤盘放在轨道上。操作时，进出口各需要一位操作者，以完成装炉和出炉的任务。这种隧道炉的炉体较短，结构简单，适用面广，多用于中、小型食品厂。其缺点是所需操作工人较多，劳动强度较大，饼干在炉内的运动速度不容易控制，烘烤质量不易掌握，而且不能与成型机械配套组成连续的生产线。

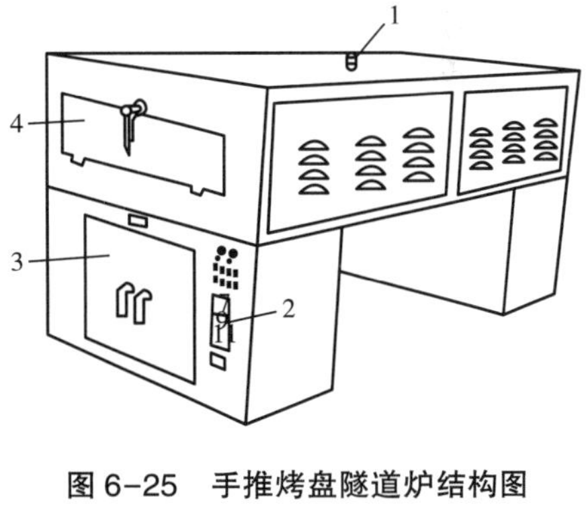

图 6-25　手推烤盘隧道炉结构图

1—排气孔　2—控制板　3—电器柜　4—炉门

手推烤盘隧道炉结构图如图 6-25 所示。

（四）烤炉生产能力计算

1. 间歇式烤炉

生产能力按式（6-1）计算：

$$G = k\frac{M}{T} \tag{6-1}$$

式中 G——生产能力，t/h；

M——一次烘烤的物料量，kg；

T——一个烘烤周期（时间），包括烘烤工作时间和装卸料、炉门开关等辅助工作时间，min；

k——与单位相关的常系数，当 G、M、T 取上述单位时，k 为 0.06。

该计算公式适用于箱式炉、风车炉、旋转炉的计算。

2. 连续式烤炉

生产能力按式（6-2）计算：

$$G = kqv\varphi = \frac{kqL\varphi}{t} \tag{6-2}$$

式中 G——生产能力，t/h；

v——饼干连续移动的速度，m/min；

L——烤炉的有效长度，m；

t——饼干在烤炉内持续烘烤的时间，min；

q——输送机上在移动方向单位长度（1m）内的物料量，kg/m；

φ——充填系数，实际与理论的比值，一般 $\varphi<1$，对烤炉来说，φ 可以用合格率或得率代替；

k——与单位相关的常系数，当 G、v、L、T 和 q 同时取上述单位时，k 为 0.06。

该计算公式适用于隧道炉。

五、饼干冷却设备

饼干在冷却的过程中，一般要求冷却输送机的长度是烤炉长度的 1.2~1.5 倍。使刚出炉的饼干在未变硬之前能铺平在平整的冷却输送带上，若冷却带长度过短，易造成饼干相互重叠，不可避免地出现剧烈地翻动或相互碰撞，致使饼干弯曲变形。

饼干冷却带衔接在直线冷却输送机上，是饼干烘烤出炉后的过渡输送设备。优点是调速方便，可根据饼干烘烤能力的要求进行调速；一般用金属带过渡输送饼干，使饼干在过渡输送中也得到自然冷却；两端输送带回转和辊筒直径较小，有利于在上油和冷却过程中保持排列整齐，有利于饼干的整理和包装；输送网带还可由水平输送调整成倾斜110mm 输送，这样遇到异常情况时，从烤炉出来的残焦饼干不会输送到饼干上油机或饼干冷却机上而直接下料。

饼干冷却带如图 6-26 所示。

冷却用旋转塔输送带中每个齿轮带有智能动力传输器自动调节传输力，采用逐齿轮层传动，将减速电机的动力通过一根主轴带动每层的齿轮，由齿轮拨动每层的网带而进行运动。

图 6-26 饼干冷却带

冷却用旋转塔输送带如图 6－27 所示。

图 6-27 冷却用旋转塔输送带

六、其他加工设备

1. 涂刷蛋奶机

涂刷蛋奶机的动力可从成型设备传入，也可单配电动机和调速器，以便根据不同的产品选择涂刷速度。涂刷蛋奶机结构图如图 6-28 所示。

运行时，上料辊不断地将液料盘内的液料传给过渡辊，并均匀地传到刷料辊的表面。当刷料辊与通过传送带送进的饼坯表面接触时，就完成了涂刷动作。上料辊与过渡辊一般都是用金属材料做成，其中心距可微调，从而达到控制液料涂刷量的目的。一般情况刷料辊是用软质材料制成的，刷料辊与饼坯的间距也可调，以保证涂刷和输送的质量。而液料斗中的控制阀可以用来调节液料的流量，以保证液料盘的高度。

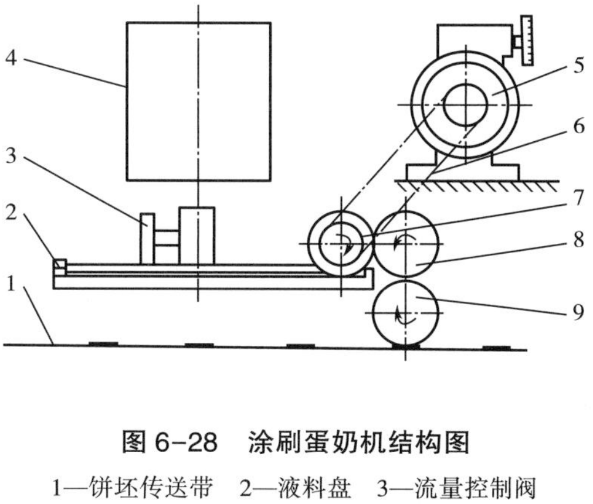

图 6-28 涂刷蛋奶机结构图

1—饼坯传送带 2—液料盘 3—流量控制阀 4—液料斗 5—电动机及减速器 6—辊臂传动链条 7—上料辊 8—过渡辊 9—刷料辊

2. 糖盐撒布机

在饼干生产中，为了改善其口味和增加花色品种，有时会在制品的表面均匀撒上一层糖、盐、芝麻或椰丝，则会在饼干进炉前安装一个撒糖、盐的装置。饼坯

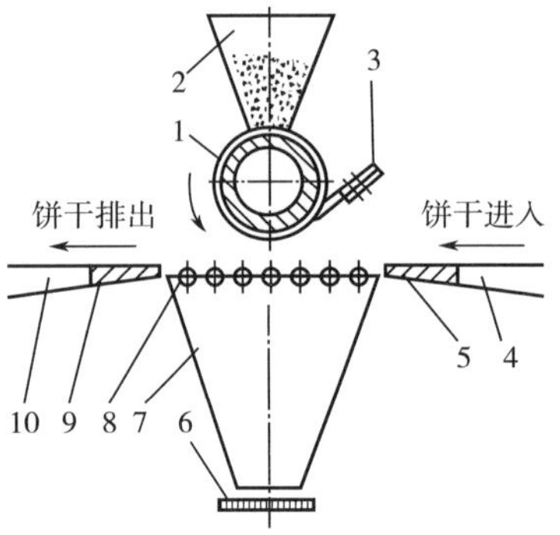

图 6-29 糖盐撒布机结构图

1—糖、盐撒布滚筒 2—料斗
3—回料刮刀 4—输送带 5—送饼舌
6—横向输送带 7—接料斗 8—饼干旋转输送辊
9—接饼舌 10—输送带

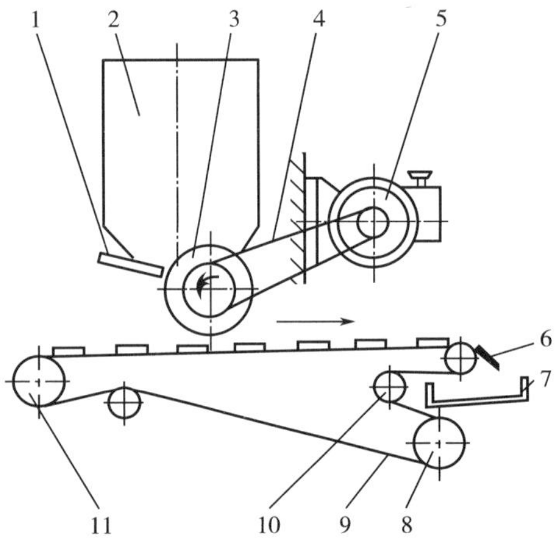

图 6-30 糖盐撒布机工作原理图

1—落料阀门 2—料斗 3—撒布滚筒
4—滚筒驱动链条 5—电动机及减速器
6—回料刮刀 7—接料斗 8—传送带驱动滚筒
9—饼坯传送带 10—张紧装置 11—从动滚筒

传送带的动力一般与饼干成型机的传送带同步并连动。目前国内外撒糖、盐装置的类型很多。

一种比较典型的糖盐撒布机结构图如图 6-29 所示。

制品经输送带 4 从送饼舌 5 送入一排沿逆时针方向转动的输送辊 8，然后从接饼舌 9 经输送带 10 送至饼干烤炉。将糖或盐存放在料斗 2 中，在料斗的下方紧挨着一个撒布滚筒 1，滚筒的外表面刻有许多横向小槽，糖（或盐）的颗粒可嵌在槽内。当滚筒转动时，糖（或盐）粒就随着滚筒转至滚筒的下方，撒布在运行的饼干表面上，没有与饼干接触的糖粒则直接从输送辊的间隙落入接料斗 7 内，然后由横向输送带 6 送入一个预先安装的存料斗内，以便回收使用。粘在滚筒上的糖粒被回料刮刀 3 刮下后，当滚筒转回到料斗下方时，滚筒槽内仍能顺利地嵌入糖粒。有的糖、盐撒布机用毛刷代替刮刀，也能达到同样的效果。

糖盐撒布机工作原理图如图 6-30 所示。一般可以通过调节落料阀门 1 与撒布滚筒 3 的间隙控制撒布量的大小，表面被撒布了糖或盐的饼坯可立即送入烤炉烘烤。饼坯传送带 9 上的剩余物料则通过回料刮刀 6 的铲刮落入接料斗 7，以便收集重复使用。

3. 饼干喷油机

为了提高饼干的光泽度，改善制品质量和增加花色品种，目前大多数的饼干制造厂都在饼干烤炉的后面安装一个喷油装置，用来给烘焙出炉后的饼干表面喷射一层油雾。

其工作原理是：运行时，经传动装置带动饼干输送带回转，在输送带的上、下方各并排安装有 2 台高速（>2000r/min）电动机，电动机轴上直接装有伞状离心喷油轮，食用油经油箱、油泵、调压分配器和开关电磁阀被送至离心喷油轮的中心而进行高速旋转。因离心力的作用，成薄膜状的油液以不断增加的速度向离心喷油轮的边缘移动而喷出细的雾状，达到给饼干的表面、底表面喷油的目的。喷油层饼干蒸发的油雾通过油雾回收装置中的离心式风机吸回，再喷到刚进入装置的饼干上循环使用，减少油耗。

一种常用的喷油机结构图如图 6-31 所示，饼干的输送机构由输送网带与一条传动辊和压辊组成。

饼干由输送网带 4 的一端进入，另一端的传动辊 3 带动网带运动。当饼干处于箱体的正中时，油雾喷嘴对饼干的表面进行喷雾。为了让其表面易于吸收油雾，喷油时的饼干温度应保持在 70~80℃。储油槽 10 内的油经滤油器 9 被齿轮泵 8 泵入上下箱体内的油嘴喷嘴 5。喷嘴安装在一根水平的喷管上，它的横向排列数量取决于网带的宽度。一般情况下，1~1.2m 宽的网带，喷嘴可为 2~3 只。为了使喷雾更均匀，喷嘴最好做成扁平形状。上下箱体内的喷嘴应由阀门分别控制，这样可以达到饼干单面喷油或正反面同时喷油的目的。喷油的压力一般为 0.8~1.0MPa。为降低油的黏度，使油能从油雾喷嘴中顺利喷出，同时使油温与饼干的温差不至太大，储油槽内的油应预先加热至 50℃左右。为了防止油雾从输送网带进出口处逸出，在进出口处安装有油雾回收管。抽气泵 2 将回收的油雾送入油雾冷凝器 1 上，以便使其冷凝成液体。饼干所吸收的油约为喷油量的 10%，没有被饼干吸收的油，直接冷凝成液滴流回储油槽以重复使用。

4. 饼干整理机

饼干整理机又称理饼机，它是自动化饼干生产线必不可少的设备之一，是将经冷却输送带送来的饼干进行自动整理，使杂乱无章的饼干整行侧立堆放输送，使其排列整齐，以便于后续的包装。在整理机的饼干输入端安装有一只旋转毛刷，毛刷与帆布输送带反方向旋转，一般将刷尖和帆布之间的距离调至只有一只饼干可以通过，这样，在这道帆布带上就没有重叠的饼干。在帆布带上装有按饼干尺寸而设定的平行分行轨道，使饼干能够按行向前输送，当饼干平铺在输送带上被送入整理帆布带后，经过倾斜的道板，饼干滑至有一定高度的输出传送带。在整理输送带和输出传送带间装有 350~400 次/min 作往复运动的推板，将饼干整齐地排列起来。

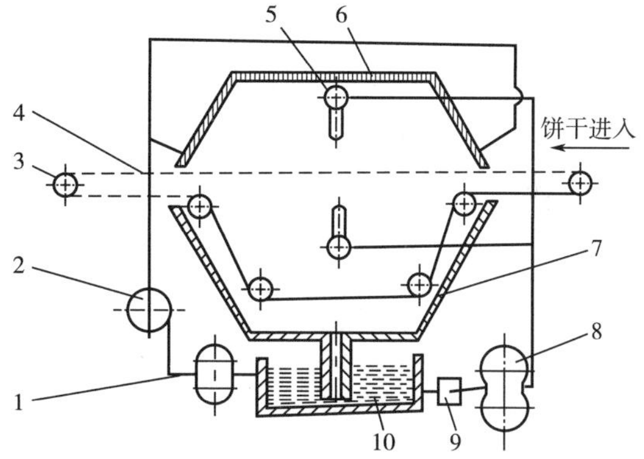

图 6-31　喷油机结构图

1—油雾冷凝器　2—抽气泵　3—传动辊
4—输送网带　5—油雾喷嘴　6—上箱体
7—下箱体　8—齿轮泵　9—滤油器　10—储油槽

平面转弯机是将经烘烤后的饼干做 90℃或 180℃的平面转弯输送，可缩短生产线长度，以达到合理利用厂房场地的辅助设备。

饼干整理机和饼干平面转弯机如图 6-32 和图 6-33 所示。

图 6-32 饼干整理机

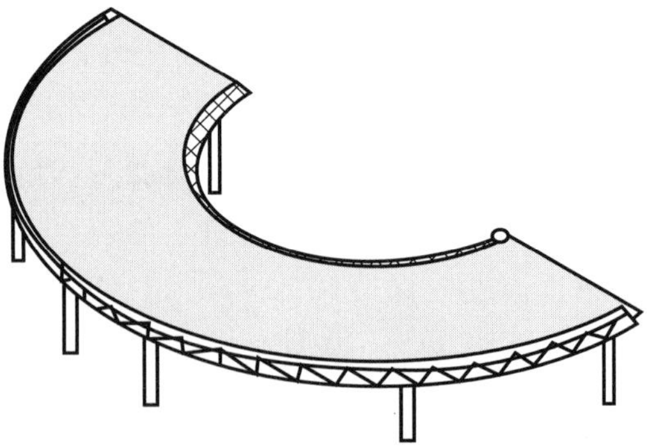

图 6-33 饼干平面转弯机

七、饼干生产成套设备

饼干生产成套设备也叫饼干生产线，是根据饼干生产的工艺流程中所需要的设备及工序间用以连接的设备的产量和指标进行选型匹配出的生产设备组。

1. 韧性和酥性饼干生产成套设备

韧性饼干生产成套设备一般是由一台喂料机（如果生产发酵饼干还需要另加一道叠层工序）、一组压面辊组成、通过轧面、面皮再经过辊切机、余料回收装置、入炉机，整个饼干生产线基本就完整了。酥性饼干和曲奇饼干生产线只需要成型机和入炉机就可组成整个成型过程。为了增加饼干的种类，饼干设备机组还可以根据需要匹配上糖盐撒布机、涂刷蛋奶机、印花机等。饼干出炉后，还可以匹配喷油机为饼干喷油，饼干经过冷却线冷却后，还可以匹配饼干整理机将零乱的饼干整齐并排，并使用包装机直接包装或通过夹心机夹心后进行包装。

目前常用的系列韧性、酥性饼干生产成套设备有 BC400、BC600、BC1000 三种，一般都在进料、压面、成型、筛糖、输送、废料回收、烘烤、喷油、冷却等设备上全部能实现机电自动一体化。它们主要工作宽度分别为 400mm、600mm、1000mm，其最大生产能力分别是 2t、4t、7t；一般都是采用远红外电加热或超导液加热，炉温可控可调，带式传动，可调速，流水生产。其主要单机有：搅拌机、压片机、叠层机、辊切式或辊印式成型机、糖盐撒布机、隧道式烤炉、180℃转弯机、喷油机、冷却输送机、饼干整理机等。可用于生产各种酥性、韧性、发酵、超薄、夹心等高、中、低档次的饼干。

BC 系列饼干生产成套设备的主要技术参数如表 6-2 所示。

表 6-2　　BC 系列饼干生产成套设备主要技术参数

项目	BC400	BC600	BC1000
最大生产能力/(kg/h)	250	500	900
主要工作宽度/mm	400	600	1000
装机容量/kW	100~250	220~400	400~700
外形尺寸/m×m×m	45（直）×1.0×1.5	80（直）×1.6×1.6	100（直）×2.0×2.0
设备质量/t	8~10	15~18	25~30
操作人员/人	5~8	10~12	12~15

2. 威化饼干成套设备

目前国内使用的威化饼干自动生产线几乎全是从国外引进的，这类自动生产线制出的成品质量好，产量也大。它主要由制浆系统、烘烤机、片冷却机、涂奶油叠层机、切割机、奶油搅拌机和粉碎机共 7 台单机及配套设备组成，威化浆料中的各种原料在浆料搅拌机中进行混合后，通过管道输送到烘烤机中并烘烤成威化片，在烘烤的出口处有自动落片装置，将威化片送入冷却输送机进行自然冷却，并送入夹心机进行夹心。夹心的浆料由夹心搅拌机经管道自动泵入威化夹心机。经过夹心的威化块被送入冷却隧道，使其进一步冷却到所需的切割要求，并进入切片机中顺利切割。它既可以生产多种规格的威化饼干，还可以根据市场的需要生产如巧克力味、奶油味等各种风味的饼干。

技术参数：产量为 800~1000kg/8h，电力为 160kW，39 模，0.7MPa 的压缩空气，可提供 39、27、45 模等多种规格的配置进行选择。

威化饼干生产线如图 6-34 所示。

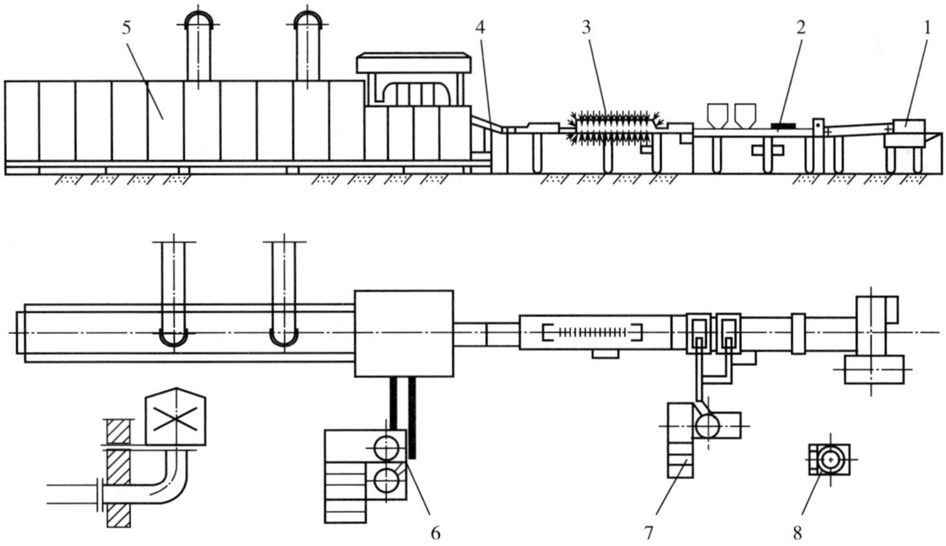

图 6-34　威化饼干生产线

1—制浆系统　2—涂奶油叠层机　3—切割机　4—提升机
5—烘烤机　6—片冷却机　7—奶油搅拌机　8—粉碎机

第七章
糕 点

第一节
糕点定义及分类

至今人们仍无法确定糕点在何时、何地由谁发明出来的。据考证，地球上最早出现糕点的时期是距今 1 万多年前的石器时代后期。我国有文献记载的糕点在商周时期，距今已有 4000 多年的历史。我国糕点食品企业的特点是企业量多面广，特别是中小型生产企业和现做现卖式糕点店和小作坊遍布城乡各地。我国幅员辽阔、民族众多，由于各地的物产资源、饮食习惯、地理条件等差异，糕点在制作方法、用料、品种、风味上形成了各自不同的特点。糕点品种多样，花式繁多，有 3000 多种。广东、上海、山东、福建、河南和北京是我国糕点食品产量最大的地区。西式糕点在 20 世纪初传入中国，并在 70 至 80 年代得到接受和广泛推广。

一、糕点的定义

糕点是以小麦粉或米粉、糖、油脂、蛋、乳品等为主要原料，配以各种辅料、馅料和调味料，添加或不添加添加剂，经过调制、成型、熟制、装饰等加工工序，制成具有一定色、香、味的食品。糕点是糕点裹食的总称，糕是指软胎点心；点是指带馅点心；裹指挂糖点心；食是指既不带糖又不带馅的点心。

二、糕点的分类

糕点的花色品种非常繁多，前面介绍的面包、饼干中有些品种也可归属于糕点之列，所以很难确定统一的分类方法。

（一）按照品种分类

按照品种不同进行分类，分有八个大类：油酥类、混糖类、浆皮类、炉糕类、蒸糕类、酥皮类、油炸类、其他类。

（二）按照制作方法分类

1. 烘烤制品

定型的半成品，经过加热烘烤，除去多余水分，体积增大，颜色美观，具有独特的口味，在糕点品种中占绝大部分。

2. 油炸制品

定型的半成品，经过热油炸制，除去多余水分，体积增大，颜色油润，制品酥脆，在糕点品种中占有一定的数量。

3. 蒸制品

定型的半成品，放入特制的蒸器内，利用蒸汽的热量，排除部分水分并使体积增大，具有柔软、不腻的独有风味。

4. 其他制品

包括煮制品、炒制品等。这些制品的熟制方法都不同于前三种。

（三）按照商业习惯及地区分类

按照商业习惯总的可以分为中式糕点和西式糕点。中式糕点是指中式传统的糕点食品，品种很多。按照不同地区进行分类，分有 11 个流派：京派、津派、苏派、广派、潮派、宁派、沪派、川派、扬派、滇派、闽派。西式糕点一般指源于西方欧美国家的糕点，泛指从国外传来的糕点。西式糕点品种很多，花色各异，各国都有自己的特点，又可分为法式、德式、瑞士式、英式、俄式、日式等西点。

三、糕点的种类

一般将糕点分为两大类，一类是中式糕点，简称中点；另一类是西式糕点，简称西点。

（一）中式糕点

中式糕点指中国传统的糕点食品。中式糕点以长江为界可以分为北点（北方糕点）和南点（南方糕点）。具体又可分为广式、京式等。其中北点以京式为主，大多是纯甜咸品种。南点又可分为广式、苏式等。广式多用肉馅，苏式油用量大、米面多，南点大多是纯甜咸品种，烫面多，火色重。中式糕点范围很广，广义而言，包括传统糕点、小吃、休闲食品、凉点心等，狭义的中式糕点只指中国传统的糕点食品。

按产品特点分类，可分为以下几类。

1. 酥皮类

用面团包油酥、破酥成型的烘烤制品均属这一类。这类糕点多数是包馅的，烘烤后为多层薄片状，而且层次分明，入口酥软，所以称为酥皮，又因皮多为白色，又称白皮子。这类糕点制作精细、美观，花样繁多，馅心用料多样，故具有多种口味，如京八件等。

2. 油炸类

和面成型后，经热油炸制而成的制品均属这一类。这类糕点有混糖的、酥皮的、带馅的，还有黏结的。花样繁多，造型美观。炸制后，有的产品挂浆或不挂浆，有的表面粘有籽仁或糖粉。其特点是酥、脆、香、甜。如开口笑、芙蓉糕等。

3. 酥类

用油、糖、面加水混合在一起，印制、切块、成型的烘烤制品均属这一类。这类糕点是一种无馅点心，配料中油、糖的比例大，所以酥松性强，如扒裂酥、杏仁酥等。

4. 蛋糕类

用蛋多，搅打成糊，浇模烘烤或蒸制的糕点均属这一类。这类糕点因用蛋量比其他类糕点都多，因而熟制后，组织松软、细密，有弹性，营养丰富，易消化，如蛋糕、喇嘛糕等。

5. 浆皮类

用糖浆和面，经包馅、成型、烘烤而成的糕点均属这一类。这类糕点经烘烤后，浆皮结构紧密，表面光润、丰满，不走油，不硬心。以月饼为主，如提浆月饼等。

6. 混糖皮类

不用糖浆而用糖粉和面，经包馅、成型、烘烤而成的糕点均属这一类。这类糕点的皮面结构发软，烘烤后酥松，如蛋黄酥、桃杏果等。

7. 饼干类

用油、糖、面加水混合在一起，擀片、成型、烘烤的制品均属这一类。这类糕点就是手工操作的糕点式饼干或薄饼等，其特点是酥、脆，如麻香饼、高桥薄脆等。

8. 其他类

配料、加工、熟制方法不同于前七种的中式糕点均属这一类。这类糕点主要是一些季节性的食品，如油茶面、绿豆糕、元宵等。

（二）西式糕点

西点是以国度为别，可分为英式、日式、德式、法式、意式等。西式糕点分类方法与中式糕点具有相似之处，也是主要按照生产地域、产品特点以及面团等进行分类。蛋糕是最具代表性的西点。西点熟制的主要方法是烘焙，多数西点是甜的，而咸点较少。

按产品特点分类，可分为以下几类。

1. 奶油清酥类

用水皮包油酥，经多次折叠、成型、烘烤后，制品外观层次分明，制作精细，造型美观，块大体轻，入口酥香，具有浓郁的奶香味，如奶油风轮酥、果酱清酥等。奶油清酥类糕点奶油用量较大。

2. 蛋白类

蛋白类糕点的用料以蛋清、白砂糖为主。其制品花样美观，丰满大方，体轻，入口酥脆，营养价值较高，如蛋白蘑菇、巧克力蛋白酥等。

3. 蛋糕类

蛋糕类糕点的用蛋量比其他糕点都多。由于鸡蛋的胶体性质，经搅打充气后膨胀，使制品烘烤后绵软有弹性。大部分制品加香兰素调香，烘烤后多附以果酱、奶油等，如瓜仁卷糕、奶油果酱条等。

4. 奶油混酥类

奶油混酥类糕点也称干点心，是一种不分层次的糕点。配料中奶油、糖的用量较大，所以酥松性较强，如奶油风糖酥、干点瓣、蛋黄酥等。

5. 茶酥类

茶酥类糕点小巧玲珑，相传是喝茶时候吃的，多制成酥性，因此称茶酥，如奶油浪花酥、奶油桃式点心等。

6. 水点心类

水点心类糕点是西点的代表性产品。由于制品含水量高，且多数需淋刷糖水，故称水点心。它由坯子和装饰品两部分构成。其坯子以蛋糕为主，但也有用清酥、混酥、蛋清做的。装饰的花样可随意选择，因此风味各异，绵软可口，如动物小水点心，奶油大蛋糕等。

7. 肥面类

肥面类点心系经酵母发酵，加料的高档面包，质地松软，是一种易于消化吸收的营养食品，如什锦小面包、炸肉包等。

8. 其他类

在加工方法和熟制上都不同于上述七类的糕点均属这一类。

第二节 糕点加工原料与辅料

生产糕点的主要原辅料有小麦粉、化学疏松剂、油脂、果料、食用色素、肉和肉制品等，在制作各式糕点时，原辅料的质量对糕点制品的生产工艺效果、产品得率、产品质量等都会产生很大影响，因此了解各种原辅料的性质是非常重要的。

一、糕点加工原料

糕点生产是以小麦粉为主要原料。生产糕点用的小麦粉一般要选用面筋弹性中等或弱等、延伸性好，面筋含量较低的小麦粉。

常用糕点小麦粉质量标准要求如表 7-1 所示。

表 7-1　　糕点专用小麦粉的质量标准要求

名称	等级	水分/%	灰分/%（干基）	粗细度	湿面筋/%	粉质曲线稳定时间/min	降落数值/s	含砂量/%	磁性金属物量/（g/kg）
蛋糕用粉	精制级 普通级	≤14.0	≤0.53 ≤0.65	全部通过 GB42 号筛	≤22.0 ≤24.0	≤1.5 ≤2.0	≥250	≤0.02	≤0.003
糕点用粉	精制级 普通级	≤14.0	≤0.55 ≤0.70	全部通过 GB30 号筛，留在 GB36 号筛上不超过 15.0%	≤22.0 ≤24.0	≤1.5 ≤2.0	≥150	≤0.02	≤0.003

二、糕点加工辅料

（一）化学疏松剂

一般糕点都使用化学疏松剂，制品在成型后入炉烘烤时，化学疏松剂受热而分解，产生大量的二氧化碳气体，使制品发起，内部结构中形成均匀致密的多孔性组织。常用的化学疏松剂有碳酸氢钠、碳酸氢铵。

（二）油脂

1. 动物油

油脂是糕点的主要配料之一，有的糕点为了增添制品风味，改善制品结构、外形和色泽，用油量高达 50%，同时提高了营养价值，油还是油炸糕点的加热介质。

糕点用油脂根据其不同的来源，一般可分为动物油、植物油和混合油，动物油有奶油、猪油、牛油、羊油等。奶油又称黄油、白脱油，具有特殊的天然纯正芳香味道，良好的起酥性、乳化性和一定的可塑性，人造奶油（麦淇淋）用途很广，在蛋糕、西点、小西饼等用量也较大，是制作糕点使用的主要油脂。氢化油中添加乳化剂就成为乳化油，是制作高成分蛋糕和奶油霜饰料不可缺少的一种油脂。奶油可以分为含水和无水两种，含水的奶油其含 80%~85%的乳脂肪，另外有 16%左右的水分和色素等，大多用于涂抹糕点。奶油和糖一起搅打所制成的膨松奶油膏是糕点常用的装饰料，商品奶油有含盐和无盐两种，奶油膏最好使用无盐奶油。猪油具有较好的起酥性和乳化性，但不如奶油和人造奶油，且可塑性与稳定性较差，猪油经精制脱臭、脱色后，可用于中式糕点内，或加在派的酥皮中。因为猪油可使制品有松和酥的性质，在糕点制作中不宜用于蛋糕或小西点中，主要用于制作咸酥点心（如肉馅饼等）。牛油、羊油具有较好的可塑性和起酥性，但熔点高，不易消化，糕点中多用于布丁类点心制作，可适于蛋糕与西点的制作。

2. 植物油

植物油广泛用于中式糕点的加工。因为植物油大多为流质的，起酥性和搅打发泡能力差，除了部分蛋糕（戚风类）、部分西点（奶油空心饼、小西饼）等以外，在糕点加工中大都使用固体脂。植物油一般多用于煎炸制品的煎炸用油，如炸制类糕点等。如果将植物油进行氢化处理，加工成起酥油或人造奶油，其加工性能会得到很大改善。一些植物油有特殊功能，如芝麻油能够赋予制品特殊的芳香。

3. 混合油

各种不同氢化油、乳化油、人造奶油的原料油混合制成，例如采用低熔点的牛油与其他动植物油混合制成高熔点的起酥人造奶油，可作为松饼专用油脂。

（三）果料

果料是制作糕点常用一种辅料，主要用于馅类糕点，或装饰在糕点表面。

1. 杏仁

杏仁具有特殊香味，有润肺、平喘等功效。杏仁有甜杏仁与苦杏仁之分。苦杏仁有毒，必须经过脱苦去毒、清水浸泡处理方可使用。所以糕点生产中常使用甜杏仁，生产要求杏仁色泽正常，粒形饱满均匀，无沙土，无虫蛀。一般以当年生产的质量为好。

2. 花生仁

花生中的蛋白质是完全蛋白质，在人体内能充分发挥其营养功能。花生还具有药理作用，有滋补、降压、平喘等作用。生产要求花生仁颗粒饱满、干燥，无虫蛀、无霉斑。如果花生霉变，含有黄曲霉毒素，则不能进行食用。

3. 松子仁

松子仁脂肪含量高，营养丰富，有特殊的香味。生产要求粒形饱满，色泽洁白、不泛黄，入口油而脆，不软，无哈味。

4. 芝麻仁

芝麻仁通常常用脱皮芝麻，即将芝麻去掉外皮。芝麻仁内含有丰富的脂肪、蛋白质，还有钙、磷、铁等微量元素。芝麻按皮色分白芝麻、黄芝麻和黑芝麻三种。要求生产芝麻颗粒饱满、皮色一致、无黑白同杂为好。

5. 核桃仁

核桃含油量高，营养丰富，核桃要求个大圆整，壳薄，脱壳后的核桃仁片张大，仁肉饱满，出仁率高，无虫蛀，无酸败，无霉变。核桃仁表皮薄会有苦涩味，可经油炸或烘烤去除苦涩味。

6. 瓜子

瓜子常用的有葵花籽和南瓜子，葵花籽油脂含量高，营养丰富，南瓜子有特殊香味，生产要求瓜子颗粒完整、无虫蛀、无霉斑，无哈味。

还有一些常用的果料如葡萄干、蓝莓干等。

（四）食用色素

食用色素用于糕点可使制品色泽宜人，起到增进食欲的作用。食用色素分天然和人工合成两类。天然色素一般从动植物组织中提取，色调比较自然，无毒性，有些天然色素还有营养价值或药理作用。缺点是提取比较麻烦，性质不够稳定。人工合成色素使用方便，可调出几十种颜色，但或多或少带有毒性，应限量使用。

我国允许在糕点中使用的色素有五种，即苋菜红、胭脂红、日落黄、柠檬黄、靛蓝。使用时应注意色调的选择，应使色泽与产品名称及香味相适应；苋菜红和胭脂红的用量应小于万分之零点五，日落黄、柠檬黄和靛蓝应小于万分之一。

为使色素在面团内混合均匀，应预先将色素溶解再进行使用；同时还应根据色素特性结合糕点生产特点来选择使用。

（五）肉及肉制品

有些糕点使用肉与肉制品，如鲜肉（猪、牛、鸡等）、海鲜、香肠、火腿、板油、肥膘等。肉与肉制品用作馅料的多数糕点是咸的，如鲜肉月饼，金腿月饼、香肠月饼等。

用于糕点制作的鲜肉有鲜猪肉、牛肉、鸡肉等，其中猪肉多用于中式糕点的馅料，牛肉、鸡肉等用量不大。牛肉和鸡肉多用在西式糕点的馅料，如西式肉馅饼的肉馅、起酥点心的馅料（奶油牛肉卷）等。香肠、火腿等肉加工制品在糕点中应用的场合也很多，如生板油切成丁，用1∶1.5的砂糖腌制，作为苏式糕点的馅心。肥膘切成1cm见方的肉丁，用1∶1的砂糖腌制，是制作百果、冬蓉、老婆饼不可缺少的原料。

第三节 糕点加工技术

糕点种类很多，不同的糕点加工工艺有差别，但通常在调制面团方面有一些工艺相同。糕点加工首先在原辅料中加入一定量的水，通过不同的调制技术得到具有一定弹性、塑性和延伸性的面团，然后将该面团进行辊压或者分块处理，进行包馅和成型操作，最后进行熟制、冷却和包装。因此，糕点的加工工艺主要包括面团调制、馅料制作、包馅、成型、熟制和冷却技术等。

一、面团调制

面团的调制是糕点生产中一道重要的工序，其与产品品质密切相关。面团的调制是将糕点配方的原料通过搅拌的方法调制成适于各种糕点加工所需的面团或面糊。通过小麦粉调制，各种原辅料混合均匀，不同糕点面团或面糊需要的物理性质不同，一般调制是小麦粉与辅料及水混合后，蛋白质吸水膨胀，形成面筋网状结构。而淀粉、油脂、糖均匀地分布在面筋网络之中而形成。但油酥面团调制不用水，仅用油脂和小麦粉调制，它不形成面筋，而靠小麦粉对油脂的吸附而形成面团块。所以采用不同的调制方法，面团或面糊的物理性质发生了改变，使面团或面糊的软硬、黏弹性、韧性、可塑性、延伸性、流动性能满足糕点制作的需要。

（一）影响面团调制的因素

1. 原料的影响

小麦粉所含面筋的数量及质量不同，对面团物理性质影响较大。糕点大部分有酥性，而酥性面团或油酥面团则需采用低筋小麦粉进行调制。

油、糖具有很强的反水化作用，对面团物理性质有较大的影响。糖、油含量少的面团面筋形成量高，面团弹性大、可塑性小，糖、油含量多的面团则相反。含砂糖多的制品，烘焙后制品发脆；含饴糖多的制品烘焙后具有保湿松软性。油脂含量多、面团松散、制品酥松。

蛋液含有较高蛋白，在酥性面团中，蛋液对小麦粉和糖起着黏结作用。蛋液还具有良好的乳化作用，可使油、水、糖乳化均匀，分散到面团中。蛋液经搅打可产生大量气泡，增加制品的疏松性。

适量的盐可增加面团的弹性。

2. 加水量及水温的影响

绝大多数的糕点面团要加水调制，加水量根据面团的特性而定。加油、糖、蛋的面团，加水相应少些，反之则水要多加些。有些酥性面团不加水或加水很少。小麦粉的面筋含量增加 1%，吸水量就相应增加 1%~1.5%。另外，如果小麦粉含水量低，吸水量就多，加水量要相应增加。

水温对面团调制有很大影响，它不仅可以影响油、糖溶解，还影响面团的发酵速度，而且对面筋的形成有很大影响，水温 30℃，麦醇溶蛋白与麦谷蛋白吸水率最高，能充分形成面筋。水温 70℃。淀粉吸水膨胀并糊化，蛋白质开始变性，吸水量下降。因此，面团调制操作时根据不同糕点的工艺需要灵活调节水温。

3. 工艺的影响

面团调制时的投料顺序会对面团质量产生影响，对于酥性面团，先将油、糖、蛋、水搅拌均匀，再投入小麦粉和成面团。对于发酵面团，为防止酵母生长受到抑制，面团发酵后，再将油、糖等辅料加入。

调粉机的搅拌作用对面筋形成有很大影响，适当地加快搅拌速度，加大搅拌作用力，或增加搅拌时间，会增加面筋的形成量，使面团弹性增加。

面团调制后静置（俗称“醒面”）对面筋形成有影响，静置可消除面团中应力，降低面团的弹性，增加延展性，韧性面团一般需静置 30min 左右，酥性面团面筋形成量不多，调制后不需静置可立即成型。

（二）面团调制工艺

面团（面糊）的调制使各种原料混合均匀，发挥原材料在糕点制品中应起的作用，改变原材料的物理性质，如软硬、黏弹性、韧性、可塑性、延伸性、流动性等，可以满足制作糕点的需要，便于成型操作。

糕点的种类繁多，各类糕点的风味和质量要求存在很大差异，因而面团（糊）的调制原理及方法各不相同，下面分别阐述各种面团（面糊）的调制的特点，将糕点的皮、酥调制也列入了面团（面糊）的调制范围之内。

1. 水调面团

水调面团又称为筋性面团，是用水和小麦粉直接调制而成的面团。根据调制时所用水的温度的不同可分为三种面团：

（1）冷水面团　和面时全用冷水调和，因和面时用的水温低，小麦粉中的面筋没有受到破坏，淀粉膨胀不够充分，面团较硬，韧性强，面筋多。

调制冷水面团时，将水掺入后立即搅拌，使水与小麦粉结合成软硬适度的面团，然后经过静置，水与小麦粉更好地结合，形成组织均匀，筋力强的面团，静置提高了面筋的弹性和光滑度，使成品更加爽口。

（2）温水面团　温水面团是用50℃左右的温水与小麦粉调制而成的面团。由于水温的影响，小麦粉中面筋的生成受到一定限制，而淀粉的吸水量却增加。调制出的面团有韧性，较松散，筋力比冷水面团稍差，富有可塑性。

（3）沸水面团　沸水面团又称烫面、开水面。即用沸水调制而成的面团。这种面团由于所用水的温度较高，面团内的各种物质发生了一些变化，蛋白质受热凝固变性，淀粉糊化等等，因而面团筋力差，色泽深。

调制方法一般分两种：一种是全烫面，用沸水直接烫面并调好，再进行加工制作；另一种是半烫面，根据制品的特点，把制品的30%～50%用沸水烫制调好，再加入30%～70%用冷水调制的面团一起揉匀。应该注意的是：第一，沸水要均匀加入，并要掌握准确的吃水量。第二，须将小麦粉与沸水初步拌和，最后洒上凉水揉面，使制品不粘牙。第三，要使面团中的热气散尽。

2. 水油面团

水油面团主要是用小麦粉、油脂和水调制而成的面团，为增加风味，也可用部分蛋或少量糖粉、饴糖、淀粉糖浆调制而成。它既有水调面团的韧性、延伸性、可塑性以及保持气体的能力等性质，又具有油酥面团的润滑性、柔软性以及酥松等特点。大多用于制酥层面团，仅有少数品种用此包馅。调制水油面时，一般将油与水一起加入小麦粉中拌匀，用水温度应随气候的冷热而定，一般以30～40℃的水为好，这样制成的产品酥松，而且有一定的韧性。

3. 油酥面团

油酥面团是全部用油脂和小麦粉调制而成的，不单独制成成品，主要用作酥层面团的夹酥。它具有软滑、可塑性强等特点，但缺乏弹性、韧性和延伸性。油酥面团在油酥制品中与水油面层层间隔，不相粘连，形成层次，在成熟后可使成品发松、起酥。

调制油酥面团时应注意油酥的软硬度要和水油面基本一致，不可一软一硬使酥层受到影响，甚至影响制品的成型和成熟。

4. 混酥面团

混酥面团是用油、糖、蛋和小麦粉调制而成，成品不分层次，入口酥松。混酥面团有高低档之分，高档用油量大，不加膨松剂；低档用油少，使用疏松剂使制品酥松。

调制时，将糖、蛋、油倒入和面机。先快速搅拌均匀后，再倒入过筛的小麦粉，缓慢搅匀即可，但搅拌时间不宜过长，以免面团起筋。

5. 糖浆面团

糖浆面团是蔗糖、饴糖制成糖浆，然后再与小麦粉调制而成。这种面团既有一定的筋性，又有良好的可塑性，如制作提浆月饼、广式月饼等。

调制方法与混酥面团相似，但还应注意以下几点。

（1）在加入食用油之前，糖浆与碱水要混合充分，否则制品成熟后，表皮会出现白色斑点。

（2）严格控制用碱，碱水过多，皮色灰暗且有碱味。

（3）面团不可放置过久。

6. 酥层面团（又称酥皮）

酥层面团是由水油面团和油酥面团组成，经包制、延压和折叠而成的有层次的酥皮，如制作苏式月饼。

7. 发酵面团

在小麦粉中加入生物疏松剂、酵母和适量的水及辅料等调制而成的面团。制品疏松、多孔、柔软。如制作酒酿饼、苏打饼等。

调制时，先将用温水活化的酵母液与小麦粉混合，然后加入糖、蛋等辅料，最后加入油脂，调至面团软硬均匀，表面光滑。

8. 米粉面团

米粉是以大米或糯米原料经过加工磨碎成米粉，加水量及辅料调制而成的面团。米粉面团调制方法主要有以下几种。

（1）打芡面团　选用糯米粉，取总量10%的糯米粉，加入20%的水捏和成团，再制成大小适宜的饼坯。在锅中加入10%的水，加热至沸腾后加入制好的饼坯，边煮边搅，煮熟后备用，这一过程称为打芡或煮芡。有的品种是将制好的饼坯与糖浆一起煮制打芡。将煮芡与糖一起投入调粉机内搅拌，糖全部溶化均匀后，再加入剩余的糯米粉，继续搅拌调成软硬合适的面团。这种面团多用于油炸类糕点，如制作江米条、酥京果等。

（2）水磨面团　将粳米或籼米除杂，洗净浸泡3h，水磨成浆，装人布袋中挤压出一部分水备用。按配方取出25%，加入0.8%左右的鲜酵母，发酵3h后进入下道工序，该面团可制作藕筒糕等蒸制类糕点。如果不需发酵，先将糯米除杂洗净，浸泡3~5h水磨成浆，沥水压干，然后与糖液搅拌而成。

（3）烫调米粉面团　将糯米糕粉、糖粉等原料用开水调制而成面团。因为糕粉已经熟制，再用沸水冲调，糕粉中的淀粉颗粒遇热大量吸水，充分糊化，体积膨胀，经冷却后形成凝胶状的韧性糕团。这种面团柔软，具有较强的韧性。

（4）冷调米粉面团　首先将制好的转化糖浆、油脂、香精等投入调制粉机中混匀，再加入糯米粉充分搅拌，有黏性后加入冷水继续搅拌，当面团有良好的弹性和韧性时停止搅拌。当加入冷水时，糕粉中的可溶性α-淀粉酶大量吸水膨胀，在糖浆作用下使糕粉相互连接成凝胶网络。调制中可分批加水，使面团中淀粉充分吸水膨胀，降低面团黏性，增加韧性和光泽。多用于熟粉制品，如制作苏式的松子冰雪酥、清凉酥、闽式的橘红糕等。

9. 蛋糕糊的调制

（1）清蛋糕糊的调制　清蛋糕糊是用鸡蛋和糖经搅打发泡后再加入小麦粉调制而成，用于制作中式烤蛋糕、蒸蛋糕和西式清蛋糕。

清蛋糕糊的制作原理是依靠蛋清的搅打发泡性。蛋清在打蛋机的高速搅打下，大量空气混入蛋液，并被蛋白质胶体薄膜所包围，形成了许多气泡。开始时气泡较大而透明，并呈流动状态。随着搅打不断进行，混入的空气量不断增多，蛋糊（即形成泡沫状的蛋液）体积不断加大；另一方面，空气泡受高速搅打后不断分散，气泡越来越小，数量也越来越多。最后全部蛋液变成乳白色的细密的泡沫，并呈不流动状态。蛋糊中混入的空气量越多，所制作的蛋糕体积就越大；气泡越细密，蛋糕的结构就越细致，越疏松柔软。不过蛋糊搅打不能过分。如果打蛋过头，气泡变得脆而易破，蛋糊体积反而下降。因此必须很好地掌握打蛋时间，使蛋糊恰到好处。

打蛋时间与温度有很大关系。温度高，蛋液黏度低，容易打发，因此打蛋时间短；反之打蛋时间长。一般在20~30℃时，蛋糊既容易起发，泡沫也稳定。在此温度下，打蛋时间约为15min。温度过低会大大延长打蛋时间，因此在冬季，往往将容器放在热水中预热后再打蛋。

打蛋时，蛋液必须和糖一起搅打。单独的蛋液虽然也能打发，但泡膜干燥脆弱，易于失去弹性而破裂，而且难以膨胀。糖的加入使蛋白膜黏稠而富有弹性，不易破裂，因而提高了气泡的稳定性。

酸类物质如醋酸、柠檬酸、酒石酸等的加入，有利于得到坚韧而不易变形的气泡。如因陈蛋pH升高时，可慢慢加入酒石酸使pH降至5左右，能有效地改善起泡状况。而且酒石酸可以改善色泽，使蛋糕增白。

油脂有消泡作用，能使气泡破裂，影响起发。因此打蛋时蛋液不可与油脂接触。打蛋机的打蛋器和容器以及与蛋液接触的所有用具都必须用洗涤剂或热水将油污彻底洗净。此外，蛋黄本身含有大量油脂，会影响蛋液起发，可以将蛋清和蛋黄分开搅打，单独使用蛋清制作蛋糕，效果更加理想。

蛋糊打好后，将小麦粉调入，制成蛋糕糊。小麦粉应预先过筛，以打散其中的团块，既有助于缩短搅拌时间，又可避免形成白粉颗粒。调粉必须慢而均匀，不要多搅。要使蛋糕糊既均匀，无白粉块存在，又不能起筋。打成的蛋糕糊不能放置过久，以防糖分和小麦粉沉底，影响制品质量。

（2）油蛋糕的调制　蛋糕糊的制作除使用鸡蛋、糖和小麦粉外，还使用相当数量的油脂以及化学疏松剂。它的调制方法可分为冷油法与热油法两种。冷油法是先将油脂、糖和水在搅拌机中搅打，使油脂乳化。由于油脂具有搅打发泡的能力（即油脂的酪化性），搅打时大量空气被混入，形成无数的气泡。这些气泡被包围在油膜中不会逸出，这样油脂体积逐渐增大，并和水、糖等互相分散，形成乳化状泡沫体。然后将蛋液分若干次加入（一般为三次），每次加入均需继续搅打，形成疏松膨大的油蛋糕糊。最后加入事先过筛的小麦粉淀粉和疏松剂的混合物，并在短时间内搅拌至均匀，即成油蛋糕糊。采用这种调制方法所制作的油蛋糕体积大，结构细密，品质较好，但要求所使用的油脂具有良好的搅打发泡性。为了使蛋糕糊不起筋，必须使用低筋小麦粉，必要时可掺入5%~10%的淀粉。

对于搅打发泡性较差的油脂，则需使用热油法来调制油蛋糕糊。它是先将蛋和糖混合快速搅打 15~20min，然后在慢速搅拌下加入一半事先加热至 90℃的水和油脂的混合物，再加入一半过筛的小麦粉、淀粉和疏松剂的混合物，略经搅拌后再相继加入另一半油、水混合物和粉料混合物，搅拌至均匀即可。天然猪油的搅打发泡性较差，若用其制作油蛋糕必须使用热油法。

（3）戚风蛋糕　面糊制作时将小麦粉、淀粉筛匀，与 75%的糖、盐一起放入搅拌机内中速拌匀。依次加入油、蛋黄、乳粉拌匀，再继续用中速拌匀。蛋清与酒石酸钾中速搅打至湿性发泡，加入剩余的糖后继续搅打至干性发泡，取出 1/3 加入拌匀的面糊中，用手轻轻拌匀，然后再倒入剩余的打发后蛋清中，轻轻拌匀即可。

这种蛋糕的最大特点是组织松软、口味清淡、水分含量足、久存而不易干燥，适合制作鲜奶油蛋糕或冰淇淋蛋糕，因为戚风蛋糕水分含量高，组织较弱，在低温下不会失去原有的品质。

二、馅料的制作

糕点制作中很多是包馅制品。馅料又称馅心。从口味上可分为咸馅、甜馅和甜咸馅三种。馅料是用各种不同原料，经过精细加工而成。花色繁多，味美可口，一般馅的质量占 40%~50%。有的甚至更高，馅料制作的好坏，种类的多少，不仅与增加制品花色品种有关。而且还对成品的色、香、味形成有很大影响。因此，馅料的制作是糕点中的重要工序。

馅料制作一般包括炒制馅和擦制馅两种方法。炒制馅是指经加热炒制的馅料，如豆蓉、枣泥、莲蓉馅等。擦制馅是指不经加热拌和而成的馅料，如五仁馅、椒盐馅等。虽然馅的种类较多，用料上也各有差别，但操作方法基本相同。

制馅时应注意以下问题。

（1）制馅所用的小麦粉要求熟制，以破坏面筋蛋白，使馅心经烘烤后松酥、爽口，并可防止制品内心不熟、入口发黏。为保持馅心的理想色泽，熟制时最好蒸制。

（2）制咸味馅以猪油为好，制甜味馅以花生油、香油为佳。使用豆油、葵花油、菜籽油，必须熬炼，去除异味，冷却后使用。

（3）制馅所用的糖应加工粉碎，过筛后使用。这样不但便于操作，而且口感绵软，一般糖、熟面、油的比例是 1∶1∶0.6。

（4）馅内使用的小料，应根据情况加工精选。为防止料与料之间味道排斥，一定要依品种要求来选择小料。如玫瑰与肉桂不得同时使用，麻盐馅不得使用花椒面、大葱，咸馅（椒盐、麻盐）不得使用带有酸味的果脯、瓜干。而芝麻、花生米等应烘烤粉碎后使用。

（5）严格控制加水量，馅心不得过软。馅内的少量用水最好与油一起加入，搅拌均匀，防止糖化。

下面介绍几种常见的馅料制作方法。

（一）豆沙馅

豆沙馅是糕点常用的一种馅，在中式糕点中用的最多，用于月饼、蛋糕、面包、绿豆糕、豆沙卷、粽子等品种。因中式糕点有不同的种类，豆沙馅料的配方也有差异。

1. 工艺流程

豆沙馅制作基本工艺流程图如图 7-1 所示。

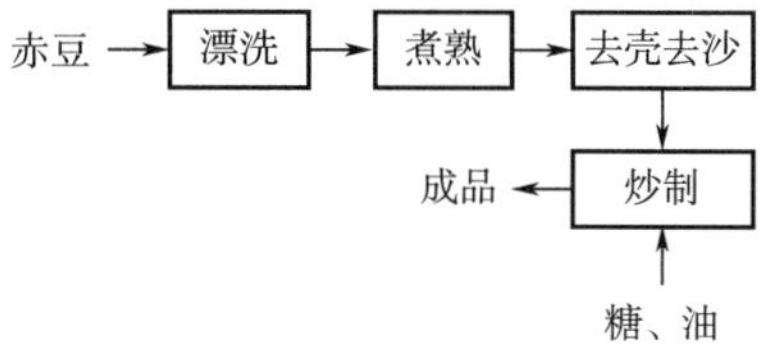

图 7-1　豆沙馅制作基本工艺流程图

2. 制作方法

（1）原料处理　赤豆用水洗净并除去杂质，放入锅中，用旺火煮沸，然后用文火煮烂，再将赤豆过筛取沙。若用机器取沙，将赤豆舀入取沙机，开动机器，湿豆沙沉入桶中，再经过孔径为 1mm 的铜筛，入布袋挤出水分成为干沙块。若用手工取沙，将煮烂的赤豆置铜筛内并浸入水中，用于擦豆，淘洗，去皮，豆沙沉在桶底。弃去清水，将豆沙入袋压干即成。要求手捏成饼，一搓即散，呈紫红色。粗豆沙的制法较为简便，制作方法是将煮熟的赤豆用石磨或绞肉机绞碎得到粗沙。

（2）炒制　将豆沙中加入油、糖进行炒制，一直炒到有一定稠度和可塑性时加入其他辅料，炒拌均匀就可起锅。粗沙所含油、糖比细沙少。

3. 注意事项

（1）赤豆要煮制适度，只要赤豆皮破裂，豆中心不硬，就可取沙。

（2）炒制时所用的油要分数次加入。为了防止锅中豆沙接底，在炒制时先加一些油；随着炒制的进行，水分减少，豆沙变稠后，再分次加入剩余的油脂使成品豆沙光泽好，感官油润。

（3）炒制豆沙宜用文火，使水分充分挥发，糖、油充分吸水，色泽由红变黑，硬度和面团相近。炉火过旺，豆沙会有焦枯味。

4. 品质要求

色泽紫黑油亮，软硬适度，不黏，无焦块杂质，口感软润，细腻甜香，无焦苦味。

（二）莲蓉馅

莲蓉馅是广式糕点特有的馅心，清香隽永，风味盎然。若将莲蓉馅中加入一定量的奶油就制成了香而肥润的奶油莲蓉馅。

1. 工艺流程

莲蓉馅制作基本工艺流程图如图 7-2 所示。

2. 制作方法

（1）原料处理　将莲子用水清洗干净，浸泡 12~14h，泡到莲子发软为止。将泡软的莲子分成两半，去除里面的莲心。将莲子倒入高压釜中，加入干净的清水，加热蒸

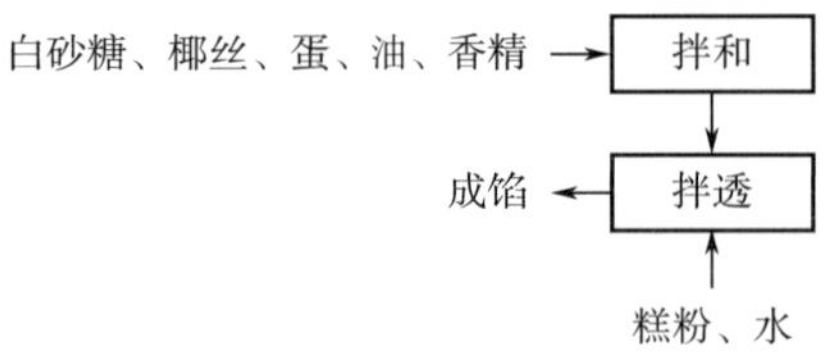

图 7-2 莲蓉馅制作基本工艺流程图

煮，直到煮烂为止。将煮好的莲子冷却后，放入挤压机（如绞肉机）中，挤成泥状。

（2）炒制　将莲子泥放入翻炒机中，加热炒制。当莲子泥变得较浓稠时，减小火力，改用中火炒制。将白砂糖倒入莲子泥中，继续翻炒。当莲子泥沸腾时，缓慢加入食用油，继续翻炒。当莲子泥变得很浓厚且有点硬时，停止加热，即可制得莲蓉馅料。

3. 品质要求

色泽淡黄，质软肥润，不油腻，不干燥，有莲香味。奶油莲蓉有突出的椰香味。

（三）枣泥馅

各地枣泥馅的制作方法基本相同，但配方各异，风味有别。

1. 工艺流程

枣泥馅制作基本工艺流程图如图 7-3 所示。

2. 制作方法

（1）原料处理　以红枣或黑枣为主要原料，用水洗净后，蒸烂，剥去枣核，放入筛中擦去枣皮，捣拌成泥。

（2）拌和　京式和苏式枣泥馅的制作是将白砂糖、油、果仁、蜜饯、香料等与枣泥调制而成。广式枣泥馅的制法是将枣泥放入锅中，与油、糖、绿豆粉混合后，用文火加热熬制，最后放入糕粉炒拌而成。

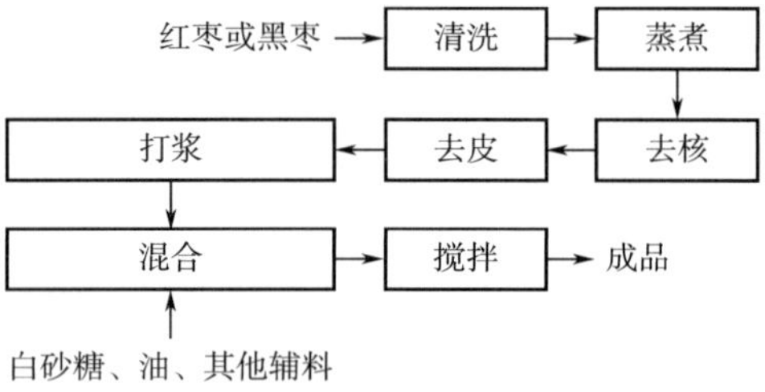

图 7-3 枣泥馅制作基本工艺流程图

3. 注意事项

广式和苏式枣泥馅重糖，并加入一定量的果料与香料一起配合。京式轻糖，注重天然枣味。广式加绿豆粉和糕粉来增加枣泥的黏度。

4. 品质要求

色泽为光亮的紫红色，无枣皮、碎核，口味香甜。

（四）果仁馅

果仁馅由多种果仁、蜜饯组成，也称为百果馅。由于各地特产不同，口味要求不同，用料也各有侧重。广式用杏仁、橄榄仁；苏式用松子仁；京式用山楂（金糕）；闽式用桂圆肉；川式用蜜樱桃；湘式用茶油；东北地区用榛子仁等。

1. 工艺流程

果仁馅制作基本工艺流程图如图 7-4 所示。

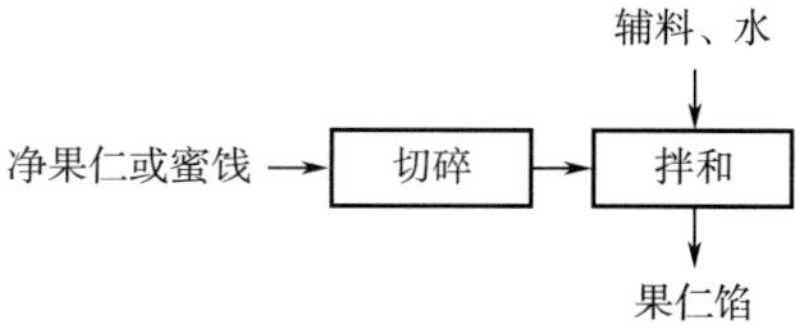

图 7-4 果仁馅制作基本工艺流程图

2. 制作方法

(1) 原料处理 杏仁、橄榄仁要浸泡去皮，花生、桃仁要剔除其中的杂质、霉粒和虫粒，然后切成小粒；糖冬瓜、青梅、红枣肉、桂圆等需要切丁，糖金橘、糖橘皮等要切成细末。

(2) 拌和 先将果料、蜜饯、白膘丁倒入搅拌机，然后加入油、糖，并加入适量水进行拌和，最后加入糕粉拌和成软硬适度的馅。

3. 注意事项

(1) 使用橄榄仁要在搅拌后期加入，因橄榄仁粒扁而长，质地脆嫩，加入过早易拌碎成屑。

(2) 馅料中加适量的水可以降低馅料的硬度，便于包制。但水分不宜过大，否则在烘烤时易产气，使饼皮破裂而跑糖。

4. 品质要求

果料蜜饯颗粒要大小适中，搅拌均匀，不含杂质，口味不腻。

(五) 火腿馅

火腿馅是糕点中的著名品种的馅料，各地配方有所不同，广式火腿月饼以果仁为主，辅以火腿，食用时偶尔可尝到火腿丁，细嚼别有风味；苏式、宁式火腿月饼是以火腿为主，辅以果仁。

1. 工艺流程

火腿馅制作基本工艺流程图如图 7-5 所示。

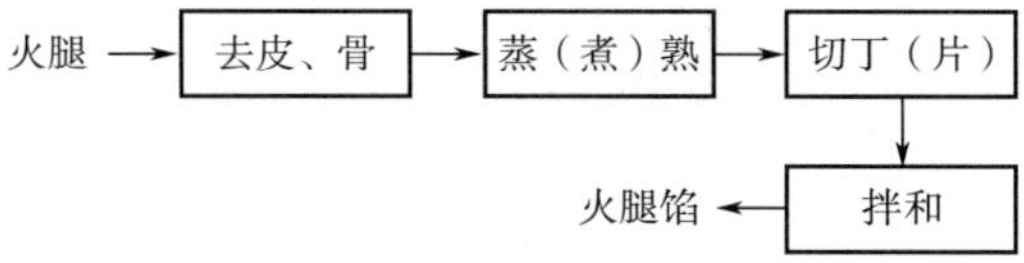

图 7-5 火腿馅制作基本工艺流程图

2. 制作方法

(1) 原料处理 火腿去皮、骨，选取瘦肉。广式一般蒸熟，要求稍硬，苏式、宁式习惯煮熟，要求稍软烂，经切丁或切片后，广式、苏式习惯用酒拌和，宁式用麻油拌和。葱、姜经油炸处理，桃仁、青梅切成小粒，金橘饼切成碎屑后待用。

(2) 拌和 葱、姜经油炸处理，将所有干果仁切碎，如桃仁、青梅切成小粒，金橘饼切成碎屑，将干果仁混合均匀，再倒入切碎的果脯拌匀，倒入火腿、白砂糖拌匀后，加入玫瑰酱和麦芽糖拌匀，得到火腿馅。

3. 品质要求

火腿、果仁、蜜饯等料分布均匀，香味纯正，无油哈味或其他异味。

（六）椒盐馅

椒盐馅是苏式月饼常用的馅料。

1. 工艺流程

椒盐馅制作基本工艺流程图如图 7-6 所示。

2. 制作方法

（1）原料处理　将黑芝麻炒熟并粉成碎屑，小麦粉炒熟，干果仁（核桃仁、松子仁、瓜子仁）切碎，糖橘皮切成碎屑。

（2）拌和法　采用混拌法，将处理好的黑芝麻屑与熟小麦粉、油、糖、盐、核桃仁、松子仁、瓜子仁、糖橘皮、桂花等各种辅料混匀即可。

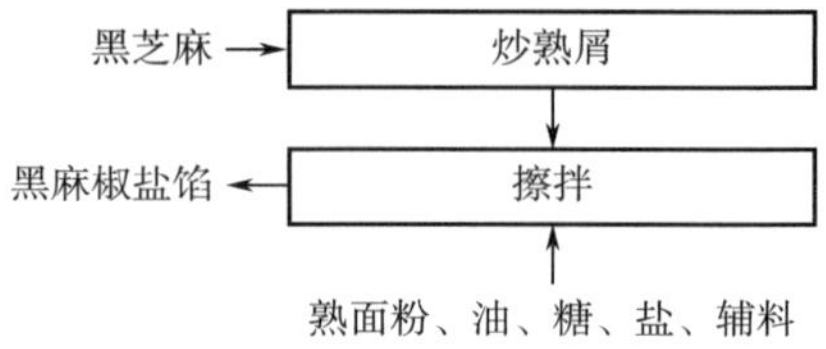

图 7-6　椒盐馅制作基本工艺流程图

3. 品质要求

擦拌均匀，油润不腻，香味浓郁，甜咸适口。

三、糖膏和油膏的调制

糖膏和油膏常用于糕点表面装饰，也可用夹馅可改进糕点风味及外观，提高其营养价值。糕点表面装饰有糖膏和油膏，它不仅可使制品外观美丽诱人，而且能改进制品风味。

（一）白马糖

白马糖又称白马糖膏、马牙糖、风糖，是指糖、水煮沸后加入转化剂再煮沸、冷却、搅拌成乳白色的半转化糖，大多用于蛋糕裱花，面包、大干点心装饰，也用于小干点夹心，既增加甜度，又装饰外观。

1. 工艺过程

（1）将糖与水同时倒入锅内加热熬制，煮沸后过滤除杂，继续加热到 110℃时，投入纯净葡萄糖，继续加热，温度达 115~118℃时停止加热。糖浆稠度感官检验方法是：用筷子挑出糖浆少许，滴入冷水中能结软块，说明熬糖恰到好处。

（2）待糖液温度降至 50℃左右时，用木铲或搅拌机搅拌，搅到白色为止。将搅好的白马糖放在容器内，盖上湿布备用。

2. 注意事项

（1）白马糖加工时要防止返砂，措施是注意用小火熬糖浆，并不时搅拌，用具要清洁。

（2）搅拌拉白时注意温度不要高，以防糖膏粗糙。温度太低又不易拉白。

3. 质量要求

洁白细腻、不粗糙，软硬适中，柔软有光。

（二）蛋白膏

蛋白膏简称蛋白，是由蛋清、糖和其他辅料经搅打而成的膏状物。用于蛋糕裱花，面包、饼干夹心等。

1. 工艺过程

（1）将琼脂洗净放入容器内加水浸泡，泡开后倒入锅内加热，用小火熬制，用筛滤去僵粒杂质。加入糖继续加热，待温度上升到120℃时，使糖熬到起泡即停止加热。

（2）将蛋清在打蛋机内打发至原体积2~3倍，冲入熬好的糖浆，边搅打边冲入，一直搅打到蛋清能挺住不塌为止。

2. 注意事项

（1）蛋清以新鲜的为佳。因为新鲜蛋的黏稠性和韧性好，起泡性强。不新鲜蛋不能用于制作蛋白膏。若用蛋白干，冬天需用温水浸泡过滤后使用，不宜放置过久，否则会分解变臭。

（2）琼脂糖浆需过筛滤去杂质以防堵塞裱头。

（3）琼脂可用明胶代替。如果制作中不加琼脂和明胶，只可做夹馅和涂料，不可裱花。

（4）蛋清、糖、琼脂的比例应根据蛋白膏的用途而有所增减，糖重的蛋白膏挺而不牢，宜用来涂面包或夹心；糖轻的宜用于裱花。

（5）制造蛋白膏的工具必须清洁，不得有油，否则，蛋清打不起。

（6）蛋白膏配方中加入一定量柠檬酸，其目的是帮助蛋清凝固，使其洁白有光泽，并使蛋白膏具有爽口的水果味，还可以使裱出的红花延缓褪色时间。

3. 质量要求

色泽洁白有光泽，气孔细密，软而不塌，裱花时拉出的条子花纹清晰、棱角分明。

（三）奶油膏

奶油膏又名白脱淇淋、复制奶油。

1. 制作方法

将奶油倒入容器内，搅拌至发泡细腻后，再将过筛的糖粉分多次搅入奶油中，搅至呈细腻黏稠的油膏为止。需要着色时，则可分装于几个容器中，分别调入不同的颜色，搅匀即可使用。

2. 注意事项

夏天需将奶油放在冰箱中，要当天制作当天使用，制品应及时冷却。

3. 质量要求

色泽光亮细腻、软硬适度，裱花软而不塌，清晰，入口肥厚而爽润，奶味浓郁。

四、糕点的成型

糕点的成型技术近年发展很快，相当一部分产品实现了自动化和半自动化生产。成型即将调制好的面团（糊）加工制成一定形状，面团的物理特性对成型操作影响较大。调制的面团一般有两种，一种为面糊，水分多，有流动性，不稳定；一种为面团，水分较少，有可塑性，比较稳定；可根据面团特性及产品要求选用合适的成型方法。成型方法主要有印模成型、手工成型、机械成型。

（一）印模成型

印模是一种能将面团（皮）经按压，切成一定形状的模具，形状有圆形、椭圆形、三角形等，切边又有平口和花边口两种类型。常用于月饼、蛋糕、其他干点心类等。为使制品花纹清晰，棱角明显，单眼模要保持模内清洁油润。多眼模操作时，合理使用布面很重要。布面过少，饼坯易粘模，脱落困难。布面过多，易将花纹堵住，使饼坯纹印不清。

（二）手工成型

许多糕点靠手工成型，常用的手法大致分为有搓、摘、擀、包、捏、塑、裱、卷、叠、挤等。

1. 搓

搓是用手将面团搓成各种形状的面坯，最常见的是搓条。搓大都适用于各种糕点用面团，但也有区别。一般地，对要求筋力强的面团，其搓力要大；对要求筋力弱的面团，其搓力要小；但都要求搓面用力均匀，外形整齐，皮面光洁。搓条时，要用掌根推搓，双手用力均匀，不能一边重一边轻，否则搓出的面点头大头小，搓面不圆、不匀、不光洁。

2. 摘

摘指摘坯。摘是否得法将直接影响到制品的质量和形状的整齐划一。摘坯大小要均匀，除了搓面条的本身质量之外，摘坯的方法也是关键。其正确的摘法，一般是左手握条，四指平捏，右手四指摘坯，摘下一个戳在事先撒有扑粉的案板上，这时握条的左手向后移动一下，让出一个摘坯的截位，右手继续摘下另一个坯子。如此操作，直到摘完为止。摘坯时，两手要协调，做到边摘、边压、边移。摘口不起毛，摘坯大小要接近。

3. 擀

擀是以擀筒或擀面杖做工具，将面团压成面皮，有单擀和复擀两种。

单擀是用滚筒或擀杖面团的一面进行压延使其均匀伸展。这种擀法如饼坯等，中、西式酥层皮也用单擀。操作时擀筒要滚动自如，压延过程中前后左右交替滚压，可使面皮薄厚均匀。用力要实而不浮，底部撒粉要适量。

复擀是将经第一次单擀以后的面皮卷到擀面杖上进行多层压延。卷前要在面皮上撒粉以防压延时皮层粘连。复擀一般适用于薄面皮制品：如萨其马等。操作时要注意双手紧贴卷起面皮在操作台上推动转滚，用力自然，双手由中部逐渐向两端移动，压延要厚薄均匀。

4. 包

包馅是将定量的馅料包入一定比例的各种面皮中，使皮馅紧密结合并达到该产品规定的技术要求，适于需要包馅的糕点，如糖浆皮类、甜酥性皮类、水油酥性皮类糕点等。包馅的技术要求为皮馅分量准确、严密圆正、不重皮、皮馅均匀，并按下道工序的要求达到一定的形状。

5. 捏

捏是在包的基础上进行捏制的一种成型方法，指把包入馅心的生坯捏成各种形状。这是一项技术性较强的工作，手法多样，可捏出各种形象逼真的形态。捏法主要有以下四种。

（1）挤捏法　是捏制成型中手法最简单的一种。左手托皮，右手入馅，随即把边皮挤合捏紧便成，操作方便，速度快，但形态呆板，不够美观。

（2）叠捏法　这种成型方法较复杂，要求技巧较高，花样可随手变，制品形态各异。其制法一般是皮包馅后再将边皮提将起来，随手叠捏成内有空洞的形状，然后填入各种彩色花料，稍加整理即可熟制。

（3）皱捏法　是制作花点常用的一种成型方法。一般做法是皮包馅后，将食指放在面皮的外边，拇指放在面皮里边，然后左手托住馅饼坯，右手的拇指和食指轻提起边皮并将其折皱，边提、边皱、边捏，指力要轻巧，不要把皱折的边皮弄破。

（4）绞捏法　做法与皱捏法大致相同，不同的是在其边皮上一环一环绞捏出绳形的花边。这种花边环环相扣，花纹清晰，而且在熟制中不易松散，适合于制作各种花色花边酥品和油炸制品。

6. 塑

塑是一种综合性的成型方法，除了要有比较熟练的包捏技巧之外，还要有一定的艺术修养，如合理的造型和色彩的调配。可塑的形象很多，如飞禽走兽、鱼虾龟鳖、花草虫鸟、水果蔬菜等。

7. 裱

裱是指在糕点制品上裱花，其方法是挤注，挤料是用糖膏或油膏，工具主要是花嘴。裱要有一定的美术和书法基础，合理构图，因此要经过一定的训练，掌握好裱花要领，才能做到手下生花。

8. 卷

卷是将面团拼成长方形薄片，再经抹油（奶油或糖膏）和铺馅后卷制成型的一种方法。共分为单卷、双卷或多层卷几种。单卷是把带长的长薄片涂抹上一层馅料后从一头卷向另一头。双卷则是涂抹馅料后两头往中间对卷。可双正卷与正反双卷。多层卷是用两张以上的面皮，涂上两层以上的馅料，然后卷制，其制品皮薄馅多，皮馅分明。

9. 叠

叠指折叠，是将面团拼成薄片，按一定规则折叠起来的一种成型方法，多用于起酥制品的成型，常见的折叠方法有书叠法、顺叠法、十字叠法和分层叠法等。

（三）机械成型

机械成型是在手工成型基础发展起来的，近年发展较快。常见的糕点成型机有压延、切片、浇模、包馅等。

1. 压延机

压延操作容易实现机械化，常见的压延设备有往复式压延机、连续压延机等。往复式压片（面）机的工作中面团在两个轧辊之间作往复运动，自动来回碾压，逐渐压延成一定厚度的面皮。

2. 切片机

由刀片升降偏心轮使刀片上下作切削运动，边切边进行转动，切制对象大多是粉制糕片。要求薄厚均匀，切到底，不过分粘连。

3. 浇注机（浇模机，注模机）

浇注机是将流动性物料挤出成一定形状的设备。其工作原理是依靠活塞、旋转泵、螺杆等的单用或合用，将喂入的物料定量或连续的挤出。例如浇注蛋糕糊入模成型的注模机。蛋糕糊通过料槽和下料器注入糕模，下料器与糕模位置完全相对，是通过活塞升降来完成浇注过程的。

4. 自动包馅机

现代大型工厂大都采用自动包馅机，提高了包馅速度。

五、熟制技术

糕点面团（糊）成型后，一般要经过熟制的过程。在熟制过程中糕点内部水分受热蒸发，淀粉受热糊化，疏松剂受热分解。面筋蛋白受热变性而凝固，最终糕点体积增大，使制品成熟。熟制的方法根据品种质量的要求，采用不同加热方式，熟制的方法，可分为烘焙，油炸，蒸制，焙煮等。熟制方法恰当，工艺条件合理，不仅可提高制品的色、香、味和外观质量，而且可达到理想糕点组织状态。

（一）烘烤

烘焙（又称烘烤、焙烤）是指在物料燃点之下通过干热的方式使物料脱水熟制的过程。烘焙是糕点类产品制作不可缺少的步骤，通过烘焙后淀粉产生糊化、蛋白质变性等一系列化学变化后，糕点达到熟化的目的，也能使食物的口感发生变化。烘烤糕点面糊浇注入烤模送入烤炉中进行烘烤。糕点在烘烤过程中，传导、对流和辐射三种传热方式同时进行。糕点面糊理化性质改变，使原来呈流动的黏稠面糊转变成具有固定组织结构的凝胶体，糕点内部组织形成多孔洞状结构，使糕点松软而有一定的弹性或酥脆。面糊外表皮层在高温烘烤下，糖类发生美拉德反应和焦糖化反应，颜色逐渐加深，形成悦目的棕黄褐色，同时鸡蛋的蛋白质受热变性凝固，将糊化的淀粉黏合在一起，形成柔软或酥脆的口感和甜润的香味。

根据炉温的不同，可分为微火、中火和强火三种形式。微火是指使制品保持原有色泽的炉温，一般在 170℃以下，又称低温。中火是指制品表面保持金黄色的温度，一般在 170~220℃，又称中温。强火是指使制品表面具有较深色泽的温度，一般在 220℃以上，又称高温、旺火。另外烤炉内生坯上部空间的炉温为面火或上火，烤炉内生坯下部空间的炉温为底火或下火，烘烤时要根据品种灵活掌握。如微火适合酥皮类、奶油清酥类，要求保持乳白色；中火主要适合混糖皮类、酥类、蛋糕类，制品要求色泽稍重，如金黄色；强火主要适合浆皮类、一些体积较小的制品。

当糕点被烘烤至将熟时，可闻到糕点从烤炉中散发出来的香味，气温较低的季节还可观察到有蒸汽从炉门及其他缝隙中泄出。这时再延长烘烤数分钟即可出炉；也可将糕点从炉内连盘取出，用手指轻轻触试糕点上表层，若有坚实感或按下去有弹性，即可认为已烤熟。

应注意的是烤盘内的糕点生坯摆放间距要适当。烤盘须保持清洁完整，使用新盘时应先涂油空烤一次，再使用。

烘烤注意事项有以下几条。

（1）掌握烘炉的性能，充分发挥各部位的作用。

（2）必须严格控制烤制时间和炉温，这两者相辅相成。如果炉温低，时间长，会使制品水分大量蒸发，产生干硬现象；如果炉温高，又会使制品外焦里嫩或不熟。

（3）重视炉内热气的对流作用。制品进入烘烤时，炉内的空气与制品蒸发的水蒸气形成对流，如果炉内温度适当，控制好对流作用，则制品成熟和着色均匀。

（4）要注意制品的大小、厚薄和生坯摆放的疏密以及烤盘之间的距离等。烤盘须保持清洁、完整，使用新盘时应先涂油空烤一次。

（二）油炸和油氽

油炸和油氽是通过热传递方式将热传给制品，使其成熟，成品香味浓郁是中式糕点熟制加工的重要方法。传热方式主要是热传导，其次是对流。炸制过程中的介质是油脂。油脂具有很高的发烟点和燃点，可被加热到 180℃以上，本身能储存大量热量。油炸时热量首先传递到油炸容器，油脂再从容器吸收热量迅速传至制品表面，然后一部分热量由制品表面逐步传向内部，另一部分热量直接由油脂带入制品内部，使内部温度逐渐上升，水分不断受热蒸发。

由于油脂温度很高，制品很快受热成熟且色泽均匀。油脂除了起传热作用外，其本身被吸收到制品内部，也增加了制品的营养价值。

油炸和油氽过程中最重要的操作因素是油温和油炸时间。这两种成熟方法的区别是：油温高（160~250℃）的称油炸，油温不甚高（120~160℃）的称油氽，有些制品是先氽后炸，两种概念都可称为炸制。炸制的温度和时间，要根据糕点的品种不同进行选择，同时还必须注意到糕点的原材料、制品的大小、厚薄、受热面积等因素，油温选择适当，时间控制合理，会使制品油润光泽，色泽一致，不散，不碎，起发均匀，入口酥、脆，具有制品特有风味。若温度高，会使制品色深甚至变苦或内生外熟，温度低，会造成制品色白不脆。

（三）蒸、煮

1. 蒸制的概念及特点

蒸制是指将制品生坯放在蒸屉或蒸笼内，在常压或高压下利用水蒸气传递热量，使面点生坯成熟的制作过程。蒸制适用范围广泛，除油酥面团制品外，其他各类面团制品都可采用蒸的方法成熟，特别适用于发酵面团、米粉面团及米团类制品，如糕团、蛋糕等。蒸制品质地柔软、易于消化、形体完整、保持原色、馅心鲜嫩、味道纯正，但不利于储存。

蒸制方法能比较好地保持制品的色泽，不会产生颜色的变化；面点生坯置于密闭的蒸具中，热蒸汽分布均匀，因而制品受热均匀；同时蒸汽有较高的湿度，所以制品不会出现失水、失重和炭化等问题，相反还能吸收一部分水分使成品口感柔软、馅心鲜嫩。在蒸制过程中，蒸汽不像其他流体物质如油、水等与制品生坯发生分解与扩散作用，所以营养物质不会随之流失。另外在蒸制过程中，生坯基本不移动，所以对其形体不会产生破坏，但加热时间过长，制品会出现坍塌现象。

蒸主要依靠蒸汽的传导和对流使制品成熟，而传导是主要作用。当成型的生坯进入蒸笼后即受到热蒸汽作用，蒸汽以传导的方式将热量传递给制品，制品外部的高压蒸汽逐步向内部低温低压区推进，使制品内部逐层成熟。

生坯在受热过程中，蛋白质和淀粉等成分发生一系列变化，糕点坯由生变熟，并具有一定的形态和质感。

生坯中的面筋在30℃左右发生最大限度的胀润，当温度进一步提高时，面筋蛋白凝固变性并析出部分水分；而淀粉在50℃左右开始吸水发生剧烈膨胀，随着温度的上升，淀粉颗粒最终破裂、糊化、淀粉分子水化成含水胶体。当制品出笼冷却后，就成为凝胶体，具有光滑、柔润的表面。

2. 煮制的概念及特点

煮制是指将面点成型的生坯直接投入一定量的沸水锅中，利用沸水的热传导和对流作用将热量传给生坯，使生坯成熟的一种熟制方法。煮制由于其操作方便，使用范围较为广泛，适用于冷水面坯制品、米及米粉面团制品以及各种羹类的甜食品等。不适合膨松面团、油酥面团等。成品质地爽滑，口感多为黏实、筋道，保持原料原汁、原味、原色的特点，成熟以后质量增加。

煮制与蒸汽加热相同点在于，生坯在水中被加热时受热均匀充分，又因为水的最高温度在常压下不超过 100℃，所以不会对制品表面产生着色作用，使煮熟后的成品基本保持本色。煮制与蒸汽加热不同的是，由于煮制过程中制品被浸泡在水中，皮料中的主要成分之一淀粉会大量吸水膨胀、糊化，因而煮制时间稍长易造成制品变形甚至软烂破碎。所以一定要掌握好煮制时间。另外由于水的比热容比较大，在加热后能储存大量的热量而使原料获得足够的热量，同时温度下降也比较缓慢，这对于煮制后连同汤水共同食用的面点品种而言，可以在一段较长的时间之内保持着该品种的温度。

煮是将成型坯投入沸水锅，利用水的传导和对流作用使制品成熟，其原理与蒸制相同。但由于水的沸点较低，常压下沸水温度为 100℃，是各种加热方法中温度最低的，加之水的传导能力较差，所以煮制成熟缓慢，耗时较长。在糕点中煮制主要用于米制品的成熟，例如粽子、汤圆等。

（四）烙制

烙制是将成型的生坯放在平底锅中加热，通过金属传热成熟的方法。烙制的热量来自锅底，温度较高，将制品反复翻转使其受热均匀直至成熟。烙制品大都皮面香脆，呈黄褐色，内部柔软。

（五）煎制

煎制是热源通过煎锅、油脂将热量以传导方式传给生坯使其成熟的熟制方法。煎制过程中洒水，水遇热锅和热油变成蒸汽，进一步促使制品成熟，热蒸汽使生坯表面淀粉吸水膨胀、糊化，从而使制品上部柔软、底部金黄香脆。

六、熬浆与挂浆

熬浆是将糖和水按一定比例混合，经加热熬制成黏稠的糖液，糖浆熬制的好坏是影响挂浆类糕点质量的重要因素。糖浆可分为亮浆，砂浆，黏浆，稀浆，浓浆，通用糖浆，中性糖浆。

（一）糖浆熬制方法

熬糖浆一般采用锅，目前许多工厂采用更为理想的蒸汽熬糖锅，可以避免白砂糖结底焦化。熬制时先在锅内倒入糖和水，并以低温加热，搅拌至完全溶解，然后将火开大，继续加热至糖液沸腾，如制作转化糖需加有机酸、葡萄糖或淀粉糖浆，可在此时加入。一旦沸腾，停止搅动，如锅内出现糖的结晶，可用少量水将其冲洗进糖液中。沸腾过程中随时撇去表面浮沫和渣滓，以保持糖浆洁白。糖浆熬制好后，必须待其自然冷却，最后储存一段时间再使用，这样可使蔗糖转化得更彻底。

（二）不同糖浆的制法

1. 亮浆

亮浆也称明浆、晶浆。一般为 1kg 糖加入 300～400g 水，加热到 110℃（用筷子拔丝，丝可拉长 4cm 左右即可）时加入淀粉糖浆 300g，再加热到 115℃即可挂浆。挂浆要适当，熬老的浆挂到制品上，涂层厚，粗糙，口感硬，甚至制品粘连；如熬制的更老，则色泽变暗，变深。浆熬轻了，则制品喝浆多，易碎，流汤，外观不亮，入口黏，不易保管。

2. 砂浆

砂浆也称翻浆，1kg 糖加入 150g 水，加热 110℃即可挂浆。由于糖浆中无转化糖浆，沾到制品上很快就发砂，不透明，色泽洁白，不散碎，表面呈现出细粒状。这种糖浆熬制时间要适当掌握，浆熬老了制品表面粗糙、变硬、色暗；熬轻了，不发砂，浆易浸入制品内，色暗、粘手，入口软。

3. 粘浆

制法同亮浆。只是 1kg 糖加入 0.1kg 转化糖浆，熬到 108℃，即可挂浆。制品挂浆后，粘上一层糖粉。浆老，糖粉不黏，制品变硬；浆嫩，粘面糖粉易稀，制品变软。

4. 稀浆

制法同亮浆，但温度稍低，在 105～110℃。将适量炸好的半成品生坯投入浆内。浆老，制品不易吃浆；浆嫩，制品不好上浆，不易保管。

5. 浓浆

制法同亮浆。1kg 糖加入 0.6～0.8kg 的转化糖浆，温度在 114～116℃。将规格大小的小块半成品黏合在一起。浆老，制品变硬，切刀时散架；浆嫩，制品不易黏合。

（三）挂浆

挂浆是将炸好或烘烤好的制品表面涂上一层均匀的糖浆，挂浆的方法主要有浇浆、拌浆、浸浆三种。

1. 浇浆

浇浆是把熬好的糖浆均匀地浇在制品表面，常使用亮浆进行浇浆。这种挂浆方法适用于酥脆易碎的糕点品种，例如千层酥、千层馓子等。

2. 拌浆

拌浆是将制品倒入熬好的浆内，用铲子搅和，使制品周围粘上一层糖浆。这种挂浆的方法可使用各种糖浆，但要求制品比较结实或体积较小，例如麻团、糖枣、珍珠糕等。

3. 浸浆

浸浆是将制品浸没于已熬好的糖浆内，同时继续加温，使制品吃入适量的糖浆后再捞出。此法用于蜜三刀、羊角蜜、云子果等。

七、冷却技术

糕点刚出炉时表面温度一般在180℃，而中心层温度较低（约100℃），大多数品种冷却到35~40℃进行包装，但也有少数品种（如广式月饼）须经冷却重新吸收空气中水分还潮，才进行包装。

（一）冷却中水分的变化与保质

糕点刚出炉时，其内部水分高于外表，成批产品的冷却等于在低温环境中继续焙烤，水分逐步在冷却过程中挥发，产品最终达到一定含水量。

糕点的品种不同，脆、酥、松、软等口感特性要求也不同，规定中的水分含量也差别较大。例如，蛋糕类含水量一般在20%~35%，点心面包35%~40%，月饼在20%左右，小西饼低于5%等。

糕点冷却过程中水分的变化与环境空气的温度、相对湿度关系密切。适宜的冷却时间应根据糕点品种和车间布置等具体条件，进行测定后判别适当冷却的时间。糕点的包装或装箱都要在冷却后进行，如果不冷却，热蒸汽不易散发，过冷产生的冷凝水便吸附在糕点表面或包装上，为微生物的生长繁殖提供了必要条件，使糕点容易霉变。环境空气相对湿度能影响产品的含水量，空气相对湿度大于产品含水量时，产品吸湿；反之，产品中水分向空气中散失而逐渐变得干硬。

糕点品种要求对空气相对湿度的控制，一般有三种情况：

（1）防止水分蒸发（散失）的品种都是含水量较高的糕点，如蛋糕等。产品出炉冷却1~2h以后，如不及时包装，水分逐渐向空气中转移，变得干硬，保鲜期短。

（2）防止吸湿的品种一般是水分含量较低的糕点，如甜酥类糕点、小西饼等。这类糕点冷却时间控制较严，如甜酥类糕点冷却6~8min时，水分挥发降到最低，在8~12min内属于相对稳定阶段，12min以后开始吸湿。所以这类糕点在冷却后要迅速包装密封，否则会失去应有的酥脆性，导致质量降低。

（3）需要适当吸湿的品种，这类糕点比较特殊，如广式月饼，出炉后饼皮比较干硬，而质量要求松软，当存放24h后，内部水分向表面转移，表面也可吸收空气中的水分，使饼皮复软，显得油润，达到产品质量要求。所以广式月饼等包装可在烘烤24h后进行。

（二）冷却与产品形态的关系

糕点刚出炉时，温度和水分含量都较高，需要在冷却过程中挥发水分和降温，才能保持正常的形态。糕点内部结构是疏松物体，往往产生以下两种现象。

1. 变形

大多发生在糕点刚出炉后，马上进行刮盘（又称“炉口刮盘”）。有两方面的原因，一种是外力因素变形，刚出炉时温度高，糕点皮硬瓤软，因刮刀和堆积作用而变形；另一种是内力因素变形，产品刚出炉时，表面温度 180～200℃，暴露在室温 20～30℃的低温空气中，立即刮盘，将会发生热量交换过快、水分急速挥发，使固体微粒之间相对位置发生变化而产生变形。

2. 裂缝

一些含水量较低的糕点，会发生这种情况。随着变形的发生，内部产生的应力超过一定限度，即产生裂缝。产生裂缝的产品一般在生产当天不会发生，到第二天以后出现产品中心部位碎裂，而且每块裂缝的部位大同小异，即称为自然裂缝。这裂缝不同于某些糕点（如桃酥等）因配料和工艺而形成的裂纹。裂纹发生在冷却之前，限于表面不裂到底；裂缝发生在冷却以后，则会到底。当然在裂纹中也会产生裂缝。

以上两种情况说明糕点出炉后不宜马上脱离载体（烤盘、烤听等），进行急速降温冷却应连同载体缓慢冷却。有些需装饰的糕点（如面糊类蛋糕）出炉后，先在烤盘内冷却（散热）10min，取出继续冷却 1～2h，然后再加奶油或巧克力等需要的装饰。另外，还有些糕点（如海绵蛋糕等）出炉后应马上翻转使表面向下，以免遇冷而收缩。

（三）冷却、包装与储存

熟制完成后的糕点，要经过冷却、包装、保管、运输和销售等几个环节。糕点加工往往重视生产环节，忽视包装、储存、运输和销售环节，这将严重影响产品质量，造成不应有的损失。

1. 糕点的冷却与产品质量的关系

刚刚熟制后的糕点，由于在高温下，油、糖、水相互作用，制品发软，最怕挤压。一定要凉透方可包装，它不仅能使制品保持特有的造型，而且对于杜绝糕点的微生物超标起着重要的作用。此外，糕点的冷却对制品的疏松有利，防止糕点内部组织黏结。因此糕点的冷却与产品的质量有着密切的关系。

微生物繁殖的原因很多，但主要条件是营养、温度和水分。糕点制品一般营养丰富，含水量较高。如果温度适宜，就更有利于微生物的生存及繁殖。因此糕点熟制后不经冷却、在余热未散前进行包装，不仅使制品含水量增高，而且由于温度适宜，腐败微生物易使制品变质，病原微生物会引起食物中毒。

糕点的霉变原因很多，而且霉变的化学反应也很复杂。这除了与糕点本身所含各种酶类的活动及氧化作用引起的酸败有关以外，常常是由于最普遍、最活跃的微生物与上述原因结合而引起的。

冷却方式一般有两种，一种是自然冷却，另一种是吹风加速冷却。自然冷却时应尽量减少制品的搬动次数，制品与制品之间应保持一定距离。吹风时酥皮类、清酥类不得直接吹，防止制品掉皮。

2. 糕点包装应注意的事项

包装的目的是防止制品在保管运输过程中的破碎，防止空气中微生物对制品的污染，防止制品的吸潮或脱水等现象，保证产品的质量。应注意以下几点。

（1）制品要轻拿轻放，码齐摆正，垫好无味的衬纸。

（2）根据产品的不同特性，选择各种形式的包装物，而且应里外清洁、干燥，制品的装入量必须与包装物所规定的容量相符，不宜过高，一般4~5层。

（3）产品的完整包装，最好严密封口，并在外包装贴上有产品名称、等级、净重、生产日期、生产班组等的标志。

3. 保管运输中应注意事项

（1）成品不得存放时间过长，不要堆放过高，不能露天保管。做到先进先出。

（2）要根据不同产品的特点，放在适当的库房内保管，并要采取相应的措施和方法。如酥类含水量少，最易吸收水分，因此，要放在干燥、通风处，以防吸潮，出现变形、发软。而蛋糕类、肥面类由于本身含水量大，不宜在干燥的通风处，以防制品过早干硬。

（3）保管中要注意卫生，防止虫咬鼠咬，不要和有异味的东西放在一起。

（4）应尽量做到当地生产、当地销售，不搞长途运输，以防颠簸、破碎。

（5）搬动时应轻拿轻放。包装物上不应坐人或压以重物。

第四节 糕点的基本加工工艺

一、糕点加工的工艺流程特点

不同糕点的生产工艺和方法不同，但糕点的加工工艺流程有一些相同。糕点加工的工艺流程可归纳为以下几点。

1. 原料的选择和处理

按照糕点产品特点选择合适的原辅料，并根据产品对原辅料进行适当的预处理。

2. 面团（糊）的调制

按照配方和不同糕点产品加工方法，采用不同混合方式（搅打、搅拌）将原辅料混合，调制成所要求的面团或面糊。

3. 成型

将调制好的面团或面糊加工成一定的形状。成型的方式有手工成型、模具成型、器具成型等。中式糕点有时需要制皮、包馅等，西式糕点则有夹馅、挤糊、挤花、切块等，有时也包括饰料的填装。对于不宜烘烤的馅料如膏状馅料、新鲜水果等，一般应在烘烤后饰装。

4. 熟制加工

熟制是糕点生产一道重要工序，熟制采用较多的是烘烤方式，其他还有油炸、蒸煮等方式。对于不需要装饰的制品，经熟制后即成成品。

5. 冷却

将熟制后的糕点产品自然冷却至室温后，以利用后面工序操作，如装饰、切块、包装等。

6. 装饰

大多数西式糕点需要装饰，即经熟制工序后的制品适当使用准备好的装饰材料对制品进一步处理使产品美观。

二、糕点的加工工艺流程

糕点种类繁多，各有自己特色，现将有代表性的品种介绍如下。

（一）蛋黄桃酥

1. 工艺流程

蛋黄桃酥工艺流程图如图 7-7 所示。

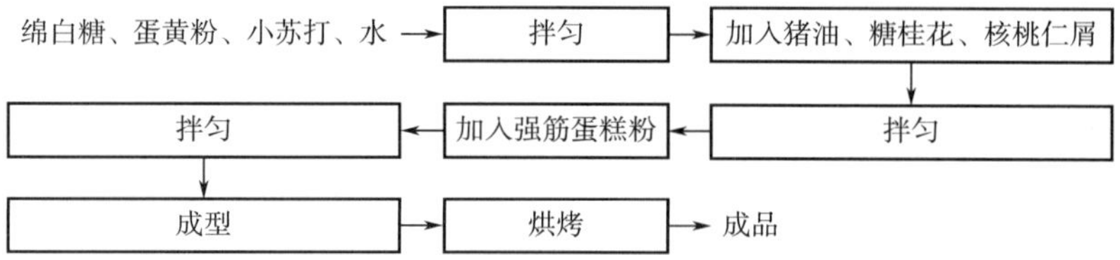

图 7-7 蛋黄桃酥工艺流程图

2. 工艺要点

（1）和面　将绵白糖、蛋黄粉、碳酸氢铵、小苏打和适量的水加入和面机，搅拌均匀后加入猪油、糖桂花、核桃仁屑、再次搅匀。然后加入强筋糕点粉，稍微拌匀擦透即可。

（2）成型　将粉团分块后搓成长条形，再分成小段，1kg 分为 40~48 段。小段搓圆后入模，按平，取出即为生坯。

（3）烘烤　生坯上盘，每块间距不小于生坯直径。进炉温度控制在 130~140℃，出炉温度 280~290℃，烘烤 10min 即可出炉。

3. 注意事项

和面时，加入强筋糕粉后不要过分搅拌，以免粉团起筋。

4. 质量要求

外形扁平，糕点块性一致，色泽浅麦黄色，切面微空均匀。酥松可口，有核桃香味。

（二）京八件

京八件驰名全国，深受欢迎，其酥层次分明，馅细腻清香，形状小巧，形象逼真，如枣花、风云、花瓣、云仙、寿字、银镜、如意、薄松饼等，近年来又创新出孔雀开屏、金鱼戏水、蝴蝶酥等。

1. 工艺流程

京八件工艺流程图如图 7-8 所示。

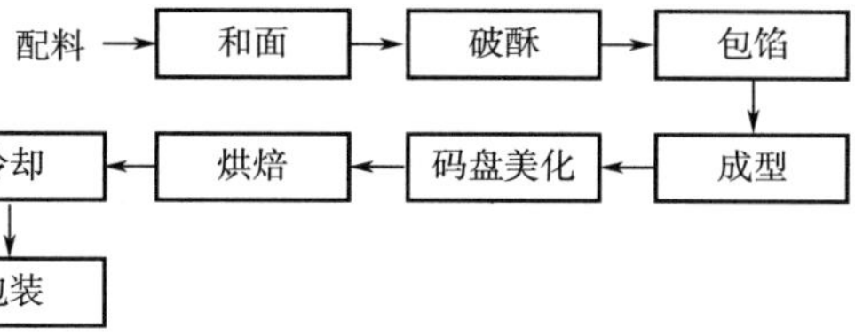

图 7-8　京八件工艺流程图

2. 工艺要点

（1）制面皮　制面皮，先分别调制筋性面团和油酥面团，待筋性面团调制后，包入油酥面团，经破酥制成小剂，用于包馅。

（2）包馅、成型　将各种制好的馅分摘成小块，包入生坯饼皮内，收好边，制成各种形状。各种馅要分配均匀，交叉生产，以便装箱时品种齐全。京八件成型方法靠手工技巧，塑造出各种形象逼真的生坯，8 种馅要做成 8 个品种花样。

（3）码盘美化　码盘时生坯要轻拿轻放，行间距离要均匀，数量合适，烤盘要擦净。美化时，产品表面要做到戳记清楚、端正，点饰辅料位置适当，美观大方。

（4）烘焙　入炉时，生坯质量要符合要求，不合格的半成品不能入炉，炉温适当，面底火色合适，产品要求不生、不糊。

（5）冷却、包装　产品出炉，冷却后便为成品。装箱要求一层点心垫一层纸，每箱都要保持 8 个花样品种，不合格产品不能装箱。

3. 质量要求

一般 1kg 分为 12 块，规格一致，形状统一，不跑糖、不露馅。表面呈乳白色，底呈金黄色，戳记花纹清晰，点饰辅料位置适当。层次均匀清晰，无空洞，不偏皮不偏馅，不含杂质。8 种口味对应 8 种花样。无异味，酥松绵软。

（三）广式月饼

1. 工艺流程

广式月饼工艺流程图如图 7-9 所示。

2. 工艺要点

（1）制馅

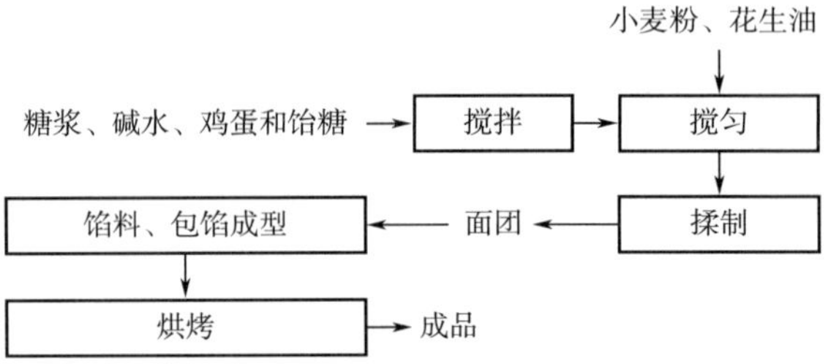

图 7-9 广式月饼工艺流程

①豆沙馅：如本章第三节所述。

②豆蓉馅：以绿豆粉为主要原料，先将油入锅烧热，投入生葱炸黄捞出，再加入适量的冷水烧开，投入砂糖、盐等料。溶解后，倒入绿豆粉，不停搅拌，熬制成泥即成。

③莲蓉馅：如本章第三节所述。

④五仁甜肉馅：将肉切块，杏仁浸泡去皮，芝麻炒熟，核桃仁沸水泡去苦味，然后将各馅料切碎、混合，最后加入汾酒，花生油和水充分搅拌均匀即成。

⑤腊肠叉烧馅：杏仁、橄榄仁、核桃仁热水浸泡脱皮及苦味后，剁碎；腊肠和叉烧切成小块；糖莲子、糖橘饼、瓜子仁、柠檬叶剁碎。将上述各料混合，加入胡椒粉、熟芝麻、白砂糖、盐、味精、花生油、芝麻油和清水搅拌均匀，再加白酒，最后拌入熟糯米充分揉拌成软硬适宜的馅料。

⑥鲜乳椰丝莲子馅：将糖椰丝、橄榄仁及糖莲子轧碎，加入白砂糖、猪油、花生油拌匀，然后倒入鲜乳继续搅拌，最后加入熟糯米充分炒拌即可。

⑦烧鸡馅：将烧鸡肉、糖渍肥肉切块，核桃仁、瓜子仁、红色甜姜、柠檬叶和北菇切碎，将上述各料混匀，加入白砂糖、精盐、味精、胡椒粉、熟芝麻屑和清水，花生油，搅匀后加白酒，最后拌入熟糯米粉，揉搓均匀即可。

⑧珠江鸳鸯馅：将熟卤肉、熟肝、烧鸭肉、叉烧切成小块，将冬菇、油泡瓜子仁、红色甜姜、柠檬叶剁碎，把上述料混合，再加入熟芝麻屑、白砂糖、花生油、胡椒粉、芝麻油、白酒和清水搅匀后拌入熟糯米粉，揉搓均匀即可。再将每个熟蛋黄一切为二，皮蛋分切四块备用。

（2）制皮　糖浆、饴糖和碱水充分混合后加入花生油，拌入小麦粉，揉搓成细腻发软的软性面团。

（3）包馅成型　先将制好的饼馅和饼皮各分成 10 块，每块再各分为 40 个小剂。将饼皮擀成扁圆薄片，然后放入馅心，揉圆收口朝下，放入饼模中按压成型，取出放在烤盘上，再在饼面上涂一层蛋液待烘烤。饼模内刻有花纹或字样，有圆形和椭圆形两种。

（4）烘烤　入炉温度控制在 150～160℃，烤 5min 左右，再提高炉温至 250℃ 烤 10min，到饼面呈金黄色时即可出炉。

3. 质量要求

表面棕黄或金黄色，有光泽；蛋浆层薄而均匀，没有麻点和气泡，底部周围没有焦圈，圆边应呈黄色。饼表面和侧面圆边微外凸，纹印清晰。外皮松软，皮馅厚薄均匀，果料粗细适当，具有各种花色的特有香味和风味。

（四）萨其马

1. 工艺流程

萨其马工艺流程如图 7-10 所示。

2. 工艺要点

（1）和面　将鸡蛋加适量水搅打起泡后加入小麦粉，揉成软硬适度的面团。

（2）擀片、切条　将面团静置 0.5h 后，撒上干面，将面团擀成 3mm 厚的薄片，切成长约 10cm 的细条，筛去浮粉。

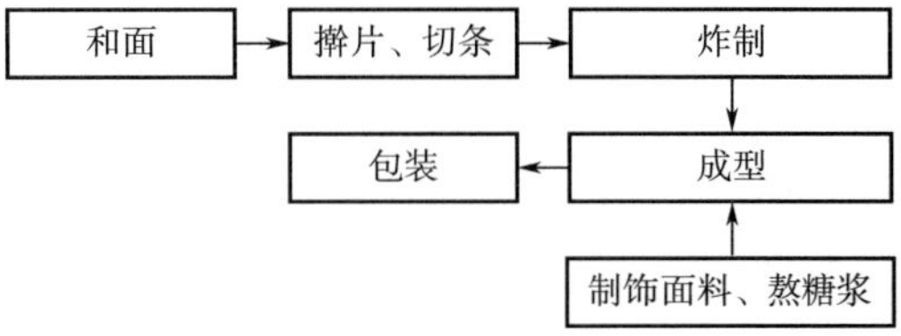

图 7-10　萨其马工艺流程

（3）炸制　将植物油烧至 160℃，然后投入面条炸至金黄色。

（4）熬糖浆　将绵白糖和适量水放入锅内烧开，加入饴糖、蜂蜜和桂花，熬至 116~118℃，可拔出单丝即可。

（5）装饰面料　将青梅切成片，金糕切碎，葡萄干洗净，装饰在面料上。

（6）成型　把木框放在案板上，框内铺上一层芝麻仁垫底，将炸好的面条拌上一层均匀的糖浆后倒入木框内，铺平，表面撒上瓜子仁和饰面果料，然后用刀切成约 4.5cm 见方的方块或长方块。

（7）包装　待冷却后密封包装。

3. 质量要求

（1）规格形状　块形方正，刀口整齐，厚薄一致。1kg 分为 24 块，面条细而均匀。

（2）色泽　果料均匀，有浆，面条呈金黄色。

（3）口味口感　入口酥松绵软，香甜，有桂花、蜂蜜、果料、芝麻的香味。

（五）云片糕

1. 工艺流程

云片糕工艺流程图如图 7-11 所示。

2. 工艺要点

（1）制粉　糯米用温水淘洗干净，晾干后拌以沙子炒熟。不能有生硬米心和变色的糊粒。过筛去沙子，磨粉。磨好的粉一般要储藏半年左右，以除去其燥性，使制品松软滋润。

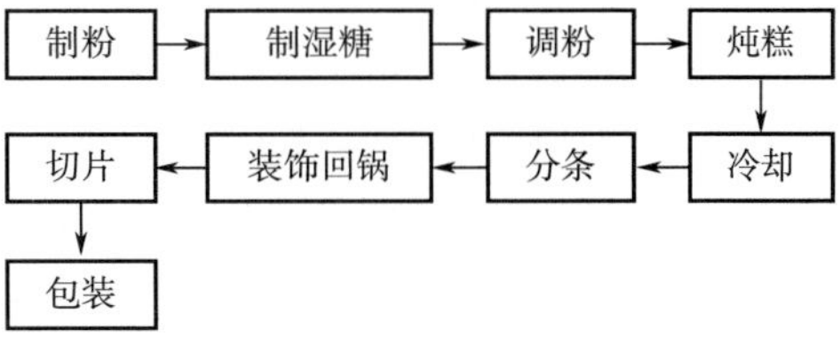

图 7-11　云片糕工艺流程图

（2）制湿糖　将绵白糖加少量冷开

水，加入香油、桂花精，搅拌均匀，放置12h待糖充分溶解。

（3）调粉　将糯米粉和湿糖混合搅拌，使其发绒柔软。

（4）炖糕　将调好的糕粉放入铝模中，压平压实，表面走平。连同铝模放入热水锅上炖制，锅中水保持微沸，炖1.5~2min，糕粉因遇热气而黏性增强，使糕坯黏结成型。

（5）冷却、分条　稍冷后，取下铝模将糕坯切成长22cm，宽10.5cm的条，将切好的糕坯光滑滋润的面对面立放冷却。

（6）装屉回锅　将上述糕坯条装屉，入锅急火蒸约5min。

（7）切片、包装　回锅后下屉，撒上干面少许，趁热把糕条上下及四周走平美化，然后放入不透风的木箱内盖严，可在糕坯表面撒一层干面，放置24h，长22cm的糕坯一般要切140片左右。切片后即可包装。

3. 质量要求

（1）规格形状　表面光滑平整，棱角整齐规则，糕片厚薄均匀，不散、不黏，不碎。每片能弯成半圆形而不断裂。

（2）色泽　洁白，滋润，无杂质。

（3）口味口感　香甜，滋润化渣，无异味。

（六）烘蛋糕

1. 工艺流程

烘蛋糕工艺流程如图7-12所示。

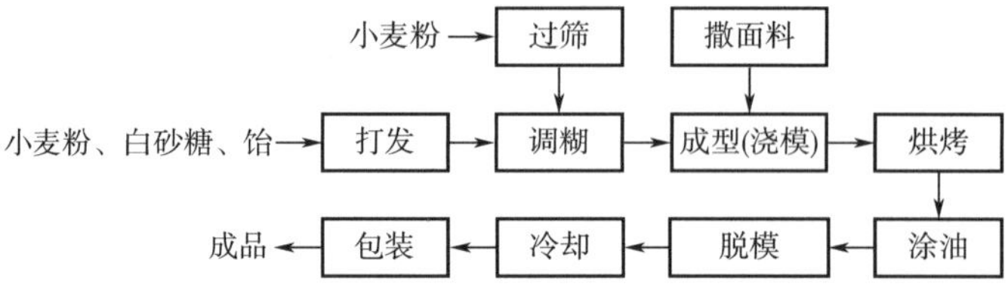

图7-12　烘蛋糕工艺流程

2. 工艺要点

（1）打蛋浆　将鲜鸡蛋洗净、去壳，白砂糖粉碎，连同饴糖一起放入打蛋机容器内，如果用香草粉也在这时加入。打蛋机启机后，搅拌桨高速旋转，使空气大量充入蛋液中，并使糖粉溶化，形成含稳定泡沫的黏稠胶体。打发的程度比原体积增加1.5~2倍即可。打蛋速度与时间则视蛋质和温度而异。蛋质黏度低，气温高，转速可高些，打蛋时间则相应短些。如果蛋质黏度高，气温低，则打蛋速度慢，时间长。冬季打蛋时，每10kg蛋可加0.3~0.5kg的温水，水可在打蛋后期加入，如使用蛋糕油，可增大加水量。打蛋是制作蛋糕的关键工序，如打发不足，则制作的蛋糕不松软；如打蛋过度，则蛋液的胶体性质被改变，蛋液的黏度降低，从而使蛋液中的气泡不稳定而逸出。打蛋温度一般在20℃较合适，如果低于20℃可微微加热；若温度高于20℃

时，应缩短打蛋时间。若人工打蛋，中途不宜停顿，且速度要越打越快。不管是机械还是人工打蛋，都要顺着一个方向搅打，以有利于空气顺序迅速而均匀地吸入。打蛋工具严禁沾污油、碱等。沾有油会使蛋液过分润滑，也不利于充气；沾有碱会影响蛋糕的口感等感官指标。

（2）调糊　调糊又称和粉。当糖、蛋搅打合适后，即可加入事先已过筛的小麦粉（如需用发粉的，需事先与小麦粉掺和）。操作时要轻轻地混合，机器开慢档。如搅拌过快，时间过长，小麦粉容易起筋，制品内部易形成硬块，外表不平。蛋糊要随调随用，不宜放太久，否则，面糊易起筋且胀润后的粉粒和未溶化的糖粒相对密度均大于蛋液，容易下沉。生产上常见的现象是：调制的蛋糊上层体积大，质量轻，下层则体积小，质量重，原因就是如此，生产中称之为“沉底”。在气温高时，沉底现象更易发生，所以要求调糊后要及时入模烘烤。

（3）成型（浇注）　蛋糕成型分机械浇模成型和手工浇模成型。模具大多为铁皮模，也有铜制的，形状多样。浇模前要先将模具内壁刷净，涂油或垫底，将蛋糊搅一下再浇模，浇入量达到模具八成高即可，不可浇得过高，且注入量要基本一致。蛋糕入模后，表面如需撒果仁或蜜饯的，可在入炉时撒上，过早撒上容易下沉。

（4）烘烤　一般将炉温升到180℃左右才可将糕坯入炉，10min后升至200℃，出炉温度为220℃左右。如果使用短时间内不易调温的烤炉，则需用方形敞口炉，先将烤盘置炉上，微温使蛋糊胀满铁皮模，再入烤炉定型、上色而后成熟。蛋糊在炉内定型前正处于半流体状态，铁盘不要随便振动，避免“走气”，使制品中心下陷。烤单个蛋糕时，炉温还可以放低些，时间略长些。为防止夹生，可在糕坯表面上色之后，用细竹签插入蛋糕中心，拔出竹签，如有粘连物，说明未成熟，可降低炉温，再适当延长烘烤时间，或在表面盖上一张纸再烘至中心成熟。

（5）涂油、脱模、冷却　蛋糕用铁杆挑出炉后，脱模前在表面刷上一层植物油，并趁热脱模，需包装的应冷却后再包装。

3. 注意事项

（1）鲜鸡蛋在使用前应清洗干净。

（2）白砂糖在使用前经粉碎处理则有利于制品质量的提高。

（3）小麦粉在使用前应过筛，如果小麦粉含筋量过高，可掺些玉米淀粉或蒸熟小麦粉。

（4）发粉可酌情多用一些。不用发粉的蛋糕，内质软而绵；发粉用量过多，内质脆，易散碎，甚至有碱味和涩味。

（5）打蛋时，有时为使打发度更好，在蛋液搅拌几分钟后加入少量的蛋糕油，继续搅打，至一定时间时再加入少量温水继续搅打约2min即可，充分掌握好打蛋时间。

4. 质量要求

（1）色泽　表面深黄至浅褐色，油润，深浅一致无焦斑，无过白现象，内部淡黄。

（2）外形　膨松饱满，当中不凹陷。单个型的蛋糕，外形完整，轮廓清楚，无破损、压坏，侧边不应有缺陷。

（3）内质　孔隙细而均匀，弹性足，对单个型的蛋糕，手掌握紧放松后能恢复原状，不含杂质、不变硬、72h 内不收缩，内部更不能有未熟的现象发生。

（4）气味　有烘蛋糕特有的气味，不应有其他异味。

（5）滋味　应具有清香型烘蛋糕特有的滋味，松软而微韧，无粗糙感，不粘牙、不发酸、不发苦、无蛋腥味。

（6）含水量　20%~24%。

（七）布丁蛋糕

油蛋糕是指内部含有油脂的蛋糕，不太注意蛋浆的搅打充气，而是依靠油脂的作用，使制品油润松软，该品种蛋糕兼备高蛋白，高热量的特点，且保存期较清蛋糕长，冬季可长达一个月，适合远途携带。

布丁蛋糕又称油酥蛋糕，一般用纸杯成型，也可不用纸杯，改用在抹了油的模具内壁撒干粉。

1. 工艺流程

布丁蛋糕工艺流程图如图 7-13 所示。

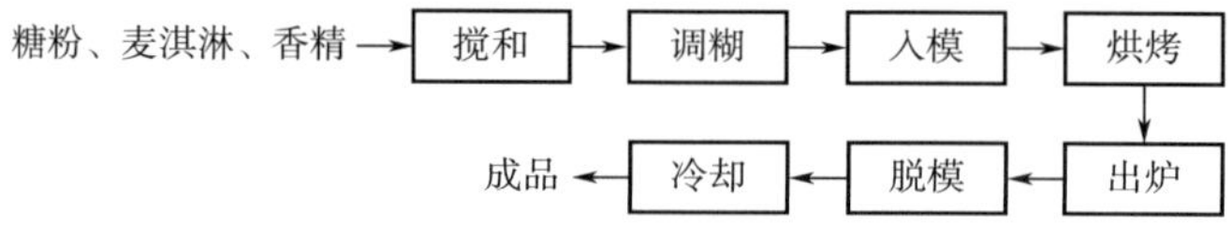

图 7-13　布丁蛋糕工艺流程图

2. 工艺要求

（1）拌料　将糖粉、麦淇淋、香精倒在台板上充分搅和均匀，然后将蛋液逐渐倒入，边倒边搅拌，待料全部搅拌均匀后，投入小麦粉拌和成厚糊，近似面团。

（2）成型　在铁盘上排满圆铁皮模，每模中放一只纸杯，然后将拌好的料用右手挤出球形，左手取球放入纸杯内，每只生坯重约 9 钱。

（3）烘烤　炉温 180~200℃，15~20min，待顶面“开花”，表面呈金黄色，用手指轻轻按有弹性就可出炉。

3. 注意事项

（1）拌料前要将糖粉、麦淇淋、发粉过筛，以免混入杂质或团块。

（2）烘烤时面火不能太高，否则蛋糕表面结壳过早，难“开花”。

4. 质量要求

圆台形，顶面微凸而开裂，淡金黄色，入口酥软，有油润感。

第五节
糕点加工设备

糕点的原辅料经过和面机械设备加工后，调制成具有延伸性、可塑性等特点的面团后，可塑性半成品往往需要采用成型工序加工成定型食品，食品成型是赋予食品能独立保持三维空间形状的操作。而食品成型机械种类众多，功能各异。根据不同的成型原理，糕点成型主要有以下几种方法：①包馅成型，如豆包和月饼等；②卷绕成型，如蛋卷和其他卷筒糕点的制作；③辊印切割成型，如饼干和桃酥的加工，在本书饼干章节已做介绍；④冲印和辊切成型，如饼干坯料压片，在本书饼干章节已做介绍；⑤搓圆成型，在本书面包章节已做介绍；⑥蛋糕浇模机。本节主要介绍用于糕点面团成型的和面机、包馅机、糕点成型机、自动蛋卷机和蛋糕浇模机等。

一、和面机

和面机也称作调粉机，在糕点加工中用来调制黏度极高的浆体或弹塑性固体，主要是揉制各种不同性质的面团，包括水调面团、水油面团、油酥面团和混酥面团等。

和面机有卧式与立式两种结构，也可分为单轴、多轴，又可分为间歇式，连续式。

（一）卧式和面机

卧式和面机是国内各食品厂大量生产时应用最广泛的一种和面设备。卧式和面机搅拌容器轴线与搅拌器回转轴线都处于水平位置，其结构简单，造价低廉，卸料、清洗、维修方便，可与其他设备完成连续性生产。卧式和面机生产能力（一次调粉容量）范围大，通常在 25~400kg/次。

卧式和面机结构图如图 7-14 所示。

卧式和面机工作时，电动机 1 通过三角皮带 2 带动蜗杆 3，经蜗轮蜗杆减速机构 9，使搅拌桨 4 转动。桨轴上有六个直桨叶，用以调和面团。和面结束后，开动电动机 8，经三角皮带 7 带动蜗杆 6，通过蜗轮蜗杆减速机构 10，使和面容器 5 在一定范围内翻转，将和好的面团很方便地卸出。起面和倒面团均利用电控制开关自动运行，减轻了操作工人的劳动强度。根据工艺要求，搅拌桨可更换。如换上 Z 形搅拌桨，有利于将合适的面团调和均匀。

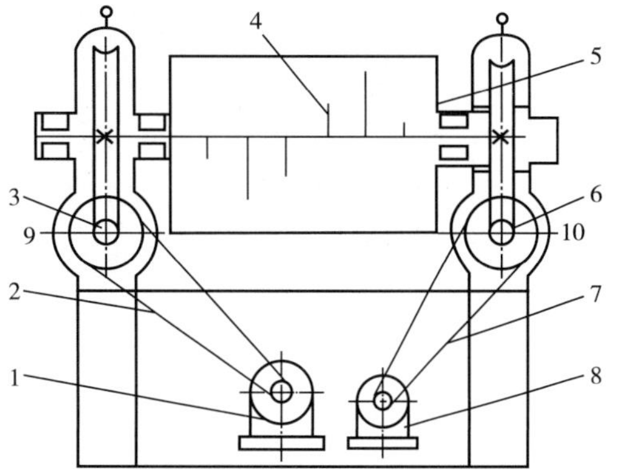

图 7-14　卧式和面机结构图

1，8—电动机　2，7—三角皮带　3，6—蜗杆
4—搅拌桨　5—和面容器　9，10—蜗轮蜗杆减速机构

（二）立式和面机

立式和面机广泛地用于糕点中，多为小型单轴式，搅拌轴与地面垂直。在小规模制作糕点时多采用这种和面机，可以按和面的量的多少和产品种类而变换搅拌桨叶。较大规模工厂常使用双轴、三轴立式和面机，这种大型机搅拌桶容量较大。

这种和面机对面团的揉捏较充分，拉伸作用较强，适合调制韧性面团，缺点是起面比较困难，劳动强度较大。和面机一般都能变速，在开始调制时速度应慢一些，待小麦粉和湿，辅料基本压进面团后，速度可快一些，以减少捏合时间。较先进的和面机还安装有冷却、保温等装置，这样在调制面团时可以不受气候和环境变化的影响。

立式和面机常用作打蛋机，在食品加工中常用来搅打多种蛋白液。搅拌物料主要是黏稠浆体，如生产所需的糖浆，各种蛋糕生产所需的蛋液及各式花样糕点上的装饰乳酪等。打蛋机操作时，搅拌器高速旋转，强制搅打，被调和物料充分接触并剧烈摩擦，从而实现混合、乳化、充气及排除部分水分的作用。

常用的立式和面机由拌器、容器、传动装置及容器升降机构等组成。立式和面机工作时，电动机通过传动机构带动搅拌器转动，搅拌器按一定规律与容器相对运动搅拌物料，搅拌器的运动规律在相当大的程度上影响着搅拌效果。

立式和面机结构图如图 7-15 所示。

搅拌器由搅拌桨和搅拌头组成。搅拌桨的结构形状是根据被调和物料的性质以及工艺要求决定的。较为典型的有三种结构：钩形搅拌桨、网形搅拌桨和鼓形搅拌桨。

三种搅拌桨如图 7-16 所示。

钩形搅拌桨为整体锻造，一侧形状与容器侧壁弧形相同，顶端为钩状。这种桨的强度高。运转时，各点能够在容器内形成复杂运动轨迹。主要用于调和高黏度物料，如生产面包所需的面团。网形搅拌桨是整体锻成网拍形，桨叶外缘与容器内壁形状一致。它具有一定的强度，作用面积较大，可增加剪切作用。适用于中黏度物料的调和，如棉絮状面团、蛋白浆、糖浆、饴糖等。鼓形搅拌器是由不锈钢丝制成鼓形结构。这种桨搅拌时可造成物料液的湍动。但由于搅拌钢丝较

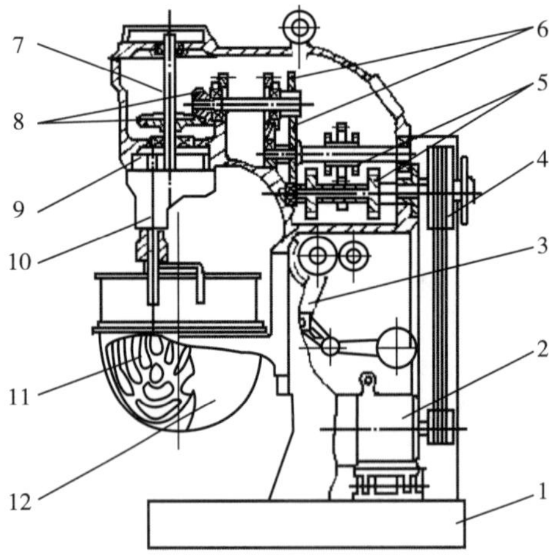

图 7-15　立式和面机结构图

1—机座　2—电动机　3—容器升降机构　4—皮带轮
5—齿轮变速机构　6—斜齿轮　7—主轴　8—锥齿轮
9—行星齿轮　10—搅拌轴　11—搅拌桨叶　12—搅拌容器

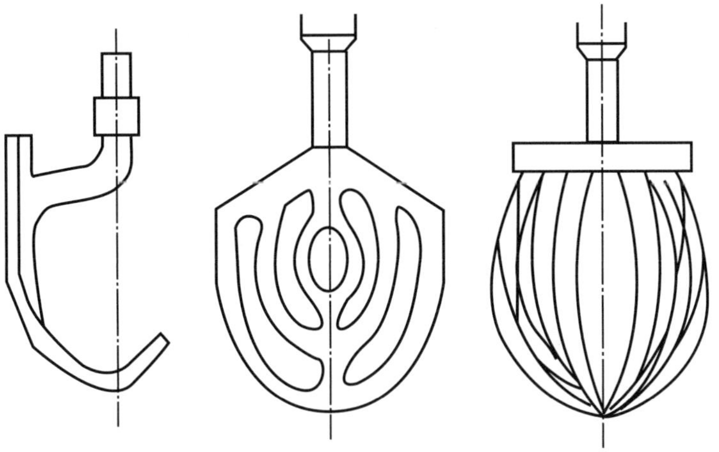

图 7-16 钩形、网形和鼓形搅拌桨

细，故强度较低，只适用于工作阻力小的低黏度物料的搅拌，如蛋液、稀蛋白液等。

二、包馅机

生产带馅食品的机器称为包馅机。包馅食品一般由外皮与内馅组成。包馅制品（如月饼、带馅酥饼）外皮通常是由小麦粉或米粉与水、油、糖及蛋液等组成的混合物；内馅的种类很多，如枣泥、果酱、豆沙、五仁、肉制品等。包馅机是利用“回转成型”的原理设计出的专供包馅糕点制作用的设备。该机主要用于棒状和球状包馅糕点成型，加上部分附件后，也可进行其他形状的包馅成型。

包馅机的种类较多，按其成型方式的不同，大致可以分为：感应式、灌肠式、注入式、剪切式、折叠式等几种型式。

1. 感应式

这种型式首先将面坯制成凹形，将馅料放入其中，然后由一对半径逐渐增大的圆盘形状的回转成型器将其搓制封口，称为感应成型。

2. 灌肠式

这种型式是将面坯与馅料分别从双层筒中连续挤出，然后切断成某种点心的形状。

3. 注入式

这种型式是在模具中设计有注入馅团的喷管，将馅注入挤出的面坯中，然后切断成型。

4. 剪切式

这种型式是将面坯从两侧连续供送，制成球状后从中间供送，然后利用一对表面上有凹心部分的辊子转动，进行剪切成型，剪切成型又称为辊切成型。

5. 折叠式

这种方法是首先将压延后的面坯按规定的形状冲切，然后放入馅料，最后折叠成为所需要的形状。

在上述成型方法中，感应式与灌肠式为间歇式生产，日本雷恩包馅机是将灌肠与感应成型组合在一台机器上，称为灌肠感应成型连续多功能包馅机。这种包馅机运动平稳、生产能力高，噪声小，通用性强，是目前比较先进的包馅成型机。

输面部分包括面斗、两只水平输面绞龙及一只垂直输面绞龙（竖绞龙），输馅部分包括馅斗、两只水平输馅绞龙及滑片泵。撒粉装置由小麦粉斗、粉刷、粉针及布粉盘组成，成型装置的主要部分是两只回转成型盘、托盘及复合嘴，传动系统包括电机、皮带无级变速器、双蜗轮箱及各种齿轮变速箱等。在输送带齿轮箱上，设有二次加工附件的输出轴，以驱动换装在上面的各种加工附件。产品可在输出过程中进行二次加工，不必专设单独的传动系统与工作部件。这不仅缩短了机身的长度，而且扩大了机器的使用范围。

带馅食品的皮料与馅料呈半流体状态。半流体的流变特性给输送与成型带来很多不便。通常半流体在食品成型机上用绞龙输送，包馅机分别采用两只直径较大且平行排列的绞龙来输面和输馅，从而在不提高绞龙转速的情况下提高了面、馅的输送能力。面料自水平输送绞龙出来后被切割成小块或小片，并被两只压面辊压入竖绞龙。面料向下移动，至出口前端再集结成一体。从而保证了面料均匀，降低了移动阻力，减缓了输送过程中内压上升的趋势。馅料则在被推出水平绞龙之后，进入滑片泵，由旋转叶片使馅料转向90°，并沿输馅管向下移动，在输送过程中馅料内的空气被排出，馅料被压实成为棒状，这样避免了供馅不准的现象，有利于准确定量。

半流体物料含水量较多，易于粘连。成型过程中通常需要使用大量分离剂，但是，在感应成型过程中，产品与成型盘的瞬时接触面较小，这样黏附的可能性减少，所以需要的分离剂也较少。该机使用干小麦粉作为分离剂，借助于粉刷、粉针、布粉盘的作用，将小麦粉撒在产品与成型盘之间，起到分离作用。分离剂的多少与微粉的部位影响着传递的搓切力量大小，因此，通过使用分离剂也可调节搓圆的效果，以适应不同品种的操作。

包馅机馅绞龙有两挡速度可调，面绞龙有四挡速度可调，在其他速度不变的情况下，二者配合起来可以有八种速挡。另外，电机输出级装有无级变速器，可使速度调节的范围更大。因此，在不更换任何零部件的情况下，该机可以制造出八种皮馅比例不同的食品。该机在制作球状产品时，棒状半成品的出口转速及接球时下部托盘的升降速度，均可通过更换部分零件得以调节，从而满足不同品种的成型条件，适应其成型时的形体变化。此外，还可以根据面团韧性的大小更换叶片数目不同的竖绞龙，如对于韧性较大的面团，叶片数目可以多些，以减少纵向推进时的面料后退量；对于韧性较小的面团，叶片数目就应少些，否则面团被挤紧的时间太短，内部组织松散，影响成型时收口。

包馅机结构图如图 7-17 所示。

三、糕点成型机

糕点成型机吸收了国外同类机型的先进技术，可根据不同用料和风味制成不同规格的圆、方、椭圆和多边形等各种高中低档精美糕点及肉饼，解决了传统的异形糕点采用手工制作的落后状况，其主要特点是体积小、效率高、品种多和生产卫生、安全。

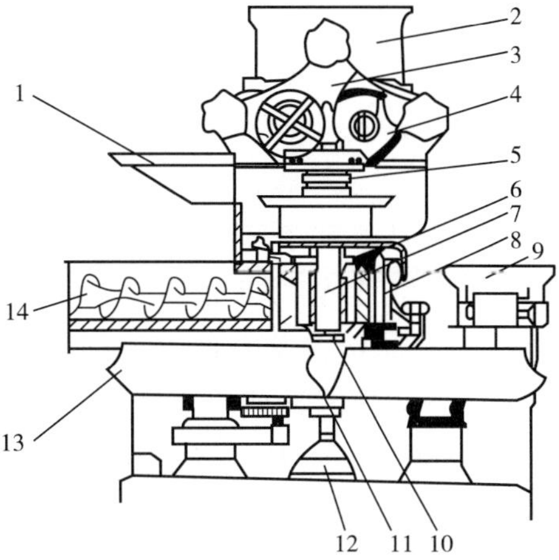

图 7-17 包馅机结构图

1—面料斗 2—馅料斗 3—双绞龙 4—滑片泵 5—输馅管 6—输面竖绞龙 7—馅料嘴 8—面料嘴 9—复合料嘴 10—干小麦粉斗 11—拨杆 12—托盘 13—成型盘 14—输面双水平绞龙

（一）高效异形糕点成型机

高效异形糕点成型机设计精巧，集搅拌、成型和输送为一体。该糕点成型机结构比较紧凑，整机传动是用一台单相电机作动力，通过联轴器经对圆柱齿轮减速后分三路输出。

一路动力经离合器直接带动环形模（凸凹饼模）连续转动，通过凸轮机构完成接料、压缩成型和脱料工作；一路动力通过 1∶1 锥齿轮传动，带动桨叶旋转，完成物料搅拌及喂料工作，料筒内装有打料杆，以防止物料结块。最后一路动力则再经一对圆柱齿轮减速带动输送带工作，完成成品输送工作。

环形模为糕点成型机关键部件，有单模、双模和三模三种，其凸轮固定在机座上不动，作为固定导轨，环形模在旋转过程中，凸模随之转动，并通过滚轮了在凸轮上移动；调整螺钉可以改变饼的厚薄，更换凸、凹模则可以改变饼的大小和形状。

高效异形糕点成型机可制作许多种类糕点（如米饼、绿豆糕、酥饼和豆蓉饼等），该机设计合理、性能可靠，对于中小型食品企业、大中型宾馆、饭店十分适用，是制作各种形状糕点的理想设备。

高效异形糕点成型机结构图如图 7-18 所示。

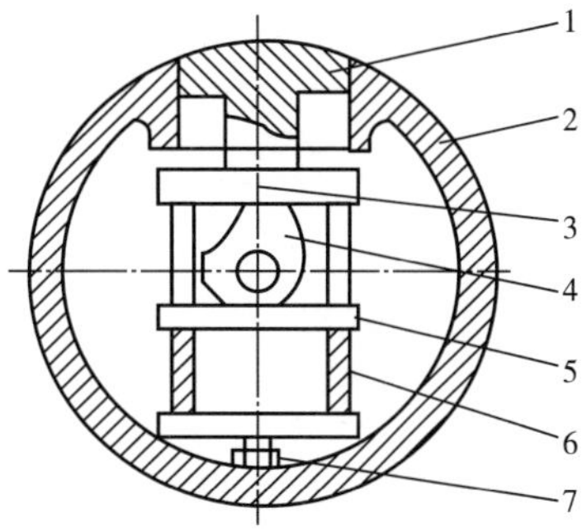

图 7-18 高效异形糕点成型机结构图

1—饼模（凸模） 2—环形模（凹模） 3—滚轮 4—凸轮 5—滑架 6—弹簧 7—调整螺钉

（二）软料糕点成型机

软料糕点成型机因为能够制作曲奇饼

干，因此也叫曲奇饼干成型机。主要制作曲奇饼干、奶油桃酥点心、奶油浪花酥等茶酥类糕点。这些产品的面料流动性差，但黏滞性较强，很容易粘模。

软料糕点成型机结构图如图 7-19 所示。

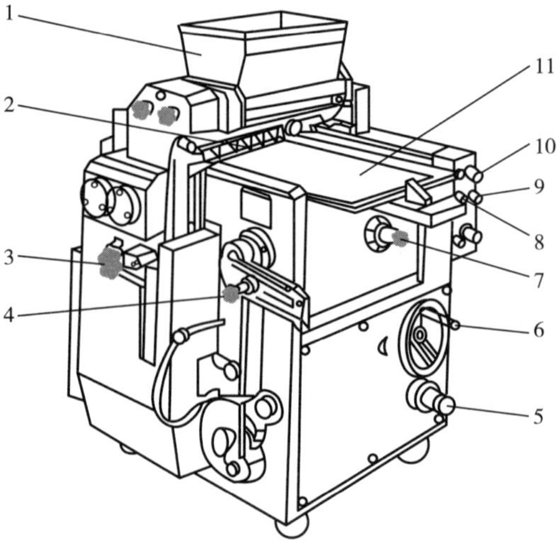

图 7-19 软料糕点成型机结构图

1—料斗 2—挤出槽 3—麻花纹可变手柄 4—坯料可变手柄 5—变速手柄 6—烤盘上下操作手柄 7—烤盘滑动操作手柄 8—螺纹、长棍型挤出开关 9—长棍型长短可变拨盘 10—启动开关 11—烤盘

因为糕点花样和市场品种的需求，面团内常常含有颗粒较大的花生、核桃与果脯等固体颗粒状食品，因此不能采用辊印、辊切或冲印等方式成型。对于这种面团，通常采用挤压钢丝切割成型，其产品类似桃酥，外形简单，表面无花纹。其成型嘴（又称挤出嘴）一般呈圆形、方形等。稠度较低的面团既有良好的可塑性，又能在外力作用下产生适当的流动，这种面团一般采用拉花成型，其产品的形状取决于出料口的形状及运动方式。通常出料口制成花瓣形，而且根据需要作一定角度的回转，使产品形成美丽的花纹，比如曲奇饼、奶油桃花酥等。

挤压钢丝切割成型结构图如图 7-20 所示。

生产稠度很低、光滑、流动性较强的面料糕点（称为面糊或浆体），适合采用浇注方式成型，通常浇注在烤盘上的型腔内，产品的最终形状将与型腔一致，因此，成型嘴的形状无关紧要，一般制成圆形且呈一定锥度，以便面浆能顺利完成浇注。用面浆浇注成型制作的糕点有蛋糕、杏元饼干、长白糕等。当成型机连续挤出，生产连续的条状食品时，模板常与软料挤出方向呈一定角度安装，以保证条状产品尽可能平滑地落在传送带上。条型产品的表面可有模嘴条纹（拉花）。连续的产品通常在入炉烘烤前被切成一定长度的条块，但有时也可等出炉后再行切割。

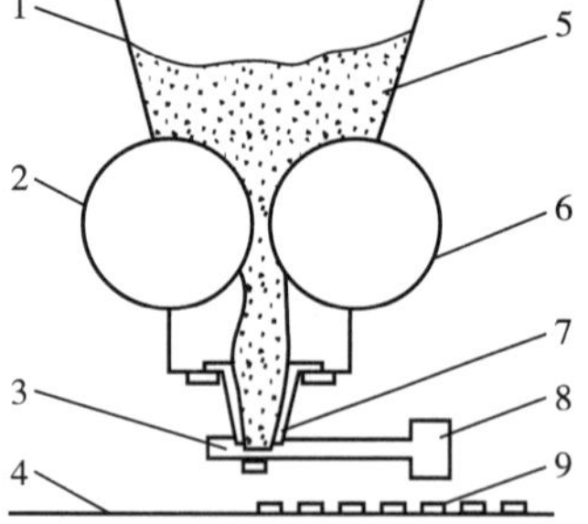

图 7-20 挤压钢丝切割成型结构图

1—料斗 2，6—吸料辊 3—钢丝 4—输送带 5—面团 7—成型嘴 8—钢丝架 9—生坯

条状产品成型结构图如图 7-21 所示。

生产夹馅软料糕点，安装不同的成型嘴可以增加产品的花色品种，使每排同时挤出落下的生坯具有不同的外观形状。也可以整排地更换具有不同模口的挤出模板，还可以操作模嘴旋转手柄，使挤出的产品具有不同程度的螺旋花纹。

需要将料斗分隔开来，以供同时盛装不同的物料。面料和馅料在料斗中即被隔开，在喂料辊的旋转作用下，分别进到下面的压力腔。压力腔同样被分为两部分，并保证馅料在中间，面料在周围，通过成型嘴同时被挤出。馅料可以是果酱或其他异质食品物料，但稠度应与面料的稠度相近。

夹馅产品挤出成型结构图如图 7-22 所示。

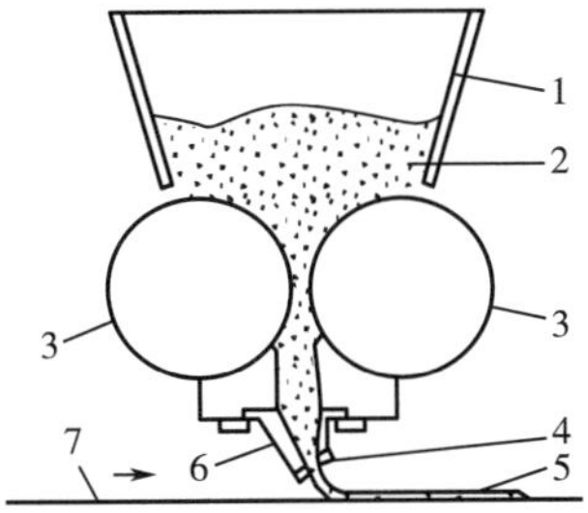

图 7-21　条状产品成型结构图

1—料斗　2—面料　3—面料吸料辊

4—成型模板　5—条状产品

6—挤出嘴　7—输送带

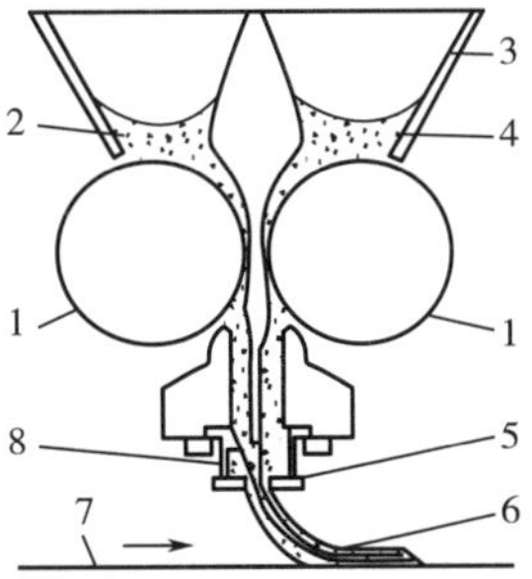

图 7-22　夹馅产品挤出成型结构图

1—喂料辊　2—馅料　3—料斗　4—面料

5—成型模板　6—夹馅产品生坯

7—输送带　8—挤出嘴

四、自动蛋卷机

自动蛋卷机主要由上浆装置、加热装置、卷制成型及传动系统等组成。上浆装置由储浆斗、上浆板、加热辊筒组成；加热装置包括上、下加热元件，加热罩及通风排潮装置等，加热方式分为煤气和电加热两种。卷制成型装置由 135°转向帆布带，与帆布带成 45°角的导辊，旋转同步切刀等组成。

自动蛋卷机工作过程为：面浆从储浆斗底部流出，沿上浆板向下流动，被均匀地涂布到加热辊筒表面上。辊筒表面应预热，当浆料接触到高热的辊筒后，便形成一层固化膜即蛋卷皮。烤制好的蛋卷皮随帆布带输送至导辊，导辊位于上、下帆布带中间，并与帆布带运动方向呈 45°角，由于导辊的旋转及帆布带 135°转向，使蛋卷皮被卷制成连续多层的螺旋状长条蛋卷。长条卷经冷却、定型输出后，通过作复合旋转运动的圆盘形切刀来进行定长切割，最后作为蛋卷成品被输送带送出。

自动蛋卷机结构图如图 7-23 所示。

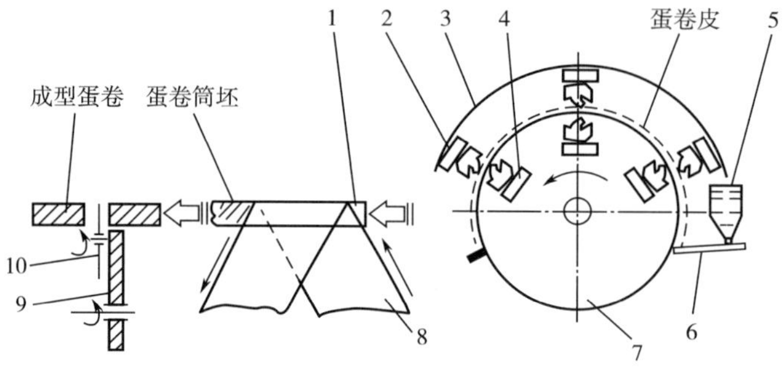

图 7-23　自动蛋卷机结构图

1—蛋卷绕制芯杆　2—上加热元件　3—加热罩板　4—下加热元件　5—储浆斗
6—上浆板　7—加热辊筒　8—卷筒帆布带　9—回转刀架　10—圆片切刀

五、蛋糕浇模机

国内使用的蛋糕浇模机大多采用浇注成型的方式，即利用蛋糕面浆易于流动的特性，利用真空吸力和挤压力将料斗内的面浆料挤注到烤盘上的蛋糕模内。蛋糕浇模机的结构主要由面浆斗、面浆定量装置、浇注控制装置、传动装置等组成。

蛋糕浇模机工作过程为：将调制好的面浆送入面浆斗中，这时控制板的进浆孔与上面的定量板的定量孔及下面的蛋糕烤盘模孔错开，这样，定量板的定量孔中充满面浆。然后，柱塞连杆驱动凸轮带动柱塞连杆连同柱塞杆横梁、挤浆柱塞一同向下移动。与此同时，控制板连杆驱动凸轮带动控制板移动，使定量板与烤盘模孔间形成通路。挤浆柱塞将定量面浆压入蛋糕烤盘的模腔内。接着，控制板连杆驱动凸轮带动控制板移动，将定量板与蛋糕模孔的通路断开，柱塞杆上移，面浆又充入定量板的定量孔中，接着进行下一个循环。这种浇模机为间歇式生产。通常烤盘与面浆斗尺寸一致，柱塞连杆每上下往复一次，便可浇注一只烤盘。浇模后的烤盘即可送入烤炉进行烘烤。

蛋糕浇模机结构图如图 7-24 所示。

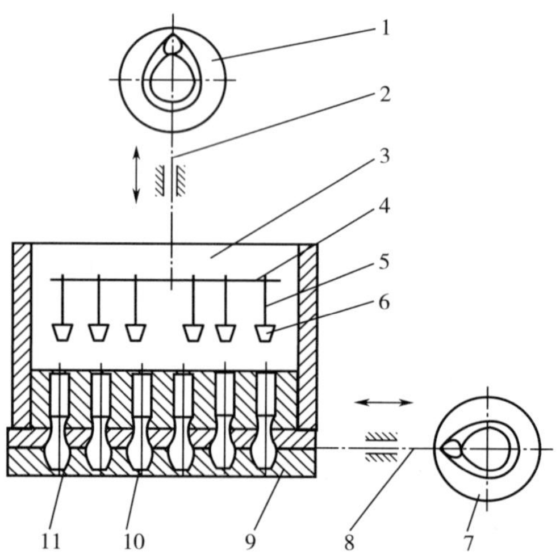

图 7-24　蛋糕浇模机结构图

1—柱塞连杆驱动凸轮　2—柱塞连杆　3—面浆斗
4—柱塞杆横梁　5—柱塞杆　6—挤浆柱塞
7—控制板连杆驱动凸轮　8—控制板连杆
9—蛋糕烤盘　10—控制板　11—定量板

六、糕点油炸设备

油炸熟制是一种在热油中煎炸食品的加工工艺。在热油中，食品表面的水分迅速汽化，水分活度减小，内部与表面形成水分梯度，内部水分不断向外转移并汽化；当油温高、水分转移速度慢时，表面水分减少极快，易形成干硬层，干硬层会阻止水分向外转移并使食品表面温度迅速升高以至达到油温；随后水分汽化层逐渐向内部迁移，温度慢慢趋向油温。油炸在糕点熟制中也是一种重要的手段，比如油炸糕、炸面食、小麻花等许多产品的工艺流程中，均有油炸工序。

按操作方式与生产规模，油炸设备可以大体分为小型间歇式和大型连续式两种。小型间歇式有时也称为非机械化式，它的特点是由人工将产品装在网篮中进出油槽，完成油炸过程，其优点是灵活性强，适用于零售、餐饮等服务业；连续式油炸设备使用输送链传送产品进出油槽，并且油炸时间可以很好控制，适用于规模化生产。

油炸设备可按油槽内所用油分的比例分为纯油式和油水混合（或称油水分离）式两种。一般小型普通油炸设备多为纯油式。油水混合式是一种较新的油炸工艺，其好处是可以方便地将油炸产生的碎渣从炸油层及时分离（沉降）到水层中。小型间歇式和大型连续式的油炸设备都可采用油水混合工艺。

油炸设备按锅内压力状态也可以分为常压式和真空式两种。常压式油炸设备适用于需要油温较高（如140℃以上的）的物料的炸制；真空式油炸设备适用于油炸温度不能太高的物料，如水果蔬菜物料的炸制，一般不用于糕点的加工。

（一）间歇式油水混合油炸机

无烟型多功能水油混合式油炸装置，主要由油炸锅、加热系统、冷却系统、滤油装置、排烟气系统、蒸笼、控制与显示系统等构成。

炸制食品时，滤网置于加热器上方，在油炸锅内先加入水至规定位置，再加入炸用油至高出加热器60mm的位置。由电气控制系统自动将油温控制在180~230℃。炸制过程产生的食品沉渣从滤网漏下，经水油界面进入下部的冷水中，积存于锅底，定期由排污阀排出。所产生的油烟通过排油烟管由脱排油烟装置排出。水平圆柱形加热器只在表面240℃左右发热，油炸锅外侧的高效保温材料，使这种油炸锅有较高的热效率。水层在通风管循环空气冷却作用下可自动控制在55℃以下。油炸机上的蒸笼利用油炸产生的水汽加热，从而提高了这种设备的能量效率。这种设备具备限位控制、分区控温、自动过滤、自我洁净等功能，具有油耗量小、产品质量好等优点。

无烟型多功能水油混合式油炸设备结构图如图7-25所示。

（二）连续式油炸机

连续式油炸设备是一个组合设备，系统至少有五个独立单元组成：①油炸槽，它是

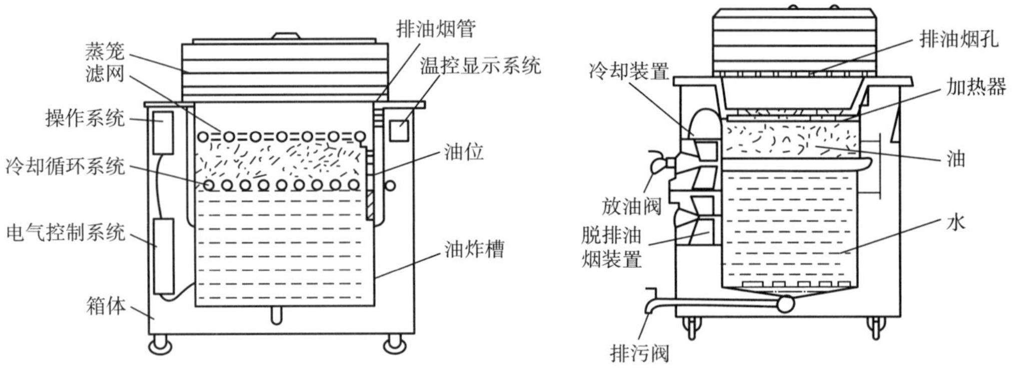

图 7-25 无烟型多功能水油混合式油炸设备结构图

盛装油，提供油炸空间的容器；②带恒温控制的加热系统，为油炸提供所需要热能；③产品输送系统，使产品进入、通过、离开油炸槽；④炸油过滤系统；⑤蒸汽排除系统，排除油炸产品产生的水蒸气。

连续式油炸机结构图如图 7-26 所示。

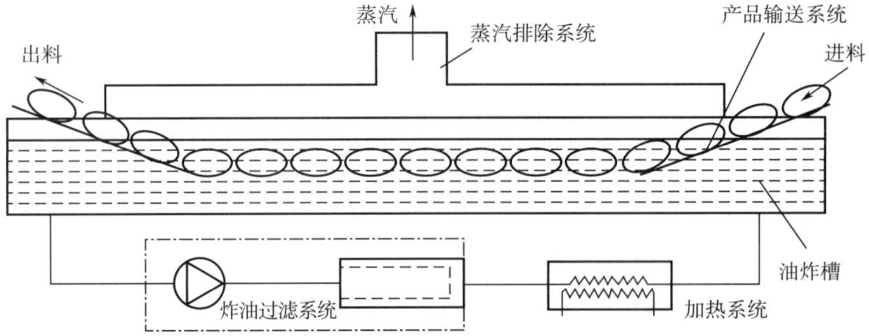

图 7-26 连续式油炸机结构图

1. 油炸槽

油炸槽是油炸机的主体，一般呈平底船形，也有设计成其他形状的，如圆底的、进料端平头的等。它的大小由多项因素决定，包括生产能力、油炸物在槽内的滞留时间、链宽、加热方式、滤油方式和除渣方式等。

油炸槽的形状结构和大小与油炸机的产量和性能有很大关系。油炸工艺上一般要求周转时间尽量短。所谓周转时间，是指生产过程不断添加的新鲜炸油的累积数量达到开机时一次投放到油炸设备之中的炸油数量时所需要的时间。周转时间与油炸对象有关，所以便用来衡量油炸系统性能。可用一个与周转时间相关的指标——单位食品占用油量（=油炸机内装油量/滞留在油炸机内的食品量）进行比较，同样条件下单位食品占用油量与周转时间成正比。所以，要求油炸槽的单位食品占用油量尽量少。

2. 加热系统

油炸机既可用一级能源（电、煤、燃气和燃油），也可用二级能源（蒸汽、导热油）进行加热。加热单元是油炸机获取热量的热交换器。这个热交换器既可直接装在油炸槽内，也可装在油炸槽外，利用泵送方式使炸油在油炸槽与热交换器之间循环。

3. 产品输送系统

连续式油炸机一般用链带式输送机输送油炸产品。由于物性差异，油炸过程中发生变化不同，因此不同类型的产品需要配置不同数量和构型的输送带。

用于糕点的油炸机输送带组成与构型如图 7-27 所示。

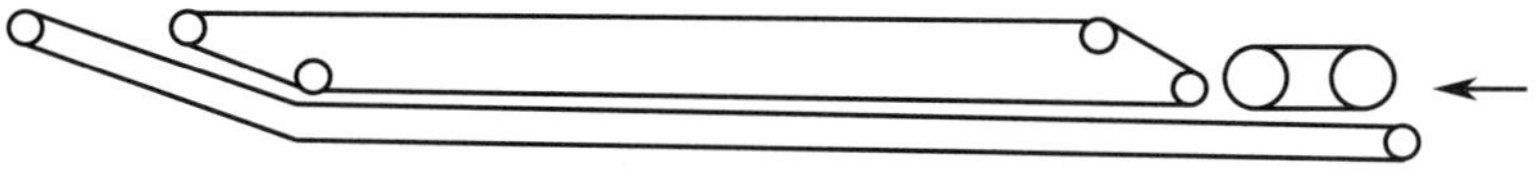

图 7-27　用于糕点的油炸机输送带组成与构型

4. 炸油过滤系统

油炸过程中会随时产生来自被炸食品的碎渣，这些碎渣若长期留在热的炸油中，会产生一系列的不良影响，如降低油的使用周期、影响食品的外观和安全性等。因此，必须对热油进行过滤，及时将碎渣从热油中除去。油水混合型油炸机，由于大量的碎渣已经进入水中，并有从下层水中排除碎渣的装置，因此，一般多不设热油过滤系统。如果非油水混合型油炸机的炸油采用槽外循环加热方式，则过滤器往往串联在加热循环油路上。

5. 蒸汽排除系统

油炸过程也是一种脱水操作过程，会有相当量的物料水分汽化，从整个油炸槽的油面上外逸。因此，油炸设备均有覆盖整个油炸槽面的罩子，在其顶上开有一个或多个与风机相连接的排汽管。一般这种排汽罩子可以方便升降，从而可对槽内其他机构进行维护。

七、糕点焙烤设备

焙烤制品生产过程的焙烤机械通常称为烤炉，是焙烤制品生产中不可缺少的机械设备。在焙烤食品生产中，食品在经过整形或发酵后，要进行焙烤加工。将食品坯置于烤炉中后，在加热元件产生的高温作用下，食品坯发生一系列变化，从而由生变熟，使制品成为具有多孔性海绵状态结构的成品，具有较深的颜色令人愉快的香味，并具有优良的保藏和便于携带的特性。食品坯大致都经历着胀发、定型和脱水、上色三个阶段，而不同制品各个阶段工艺不同。如饼干坯在焙烤中脱水阶段可脱去大部分水，而面包坯在焙烤中保留着较多水分。

按结构形式分类食品烤炉按结构形式不同，可分为箱式炉和隧道炉两大类。

（一）箱式炉

箱式炉外形如箱体，按食品在炉内的运动形式不同，可分为烤盘固定式箱式炉、风车炉和水平旋转炉等。其中以烤盘固定式箱式炉是这类烤炉中结构最简单、使用最普遍、最具有代表性的一种，常简称为箱式炉。箱式炉炉膛内壁上安装若干层支架，用以支承烤盘，辐射元件与烤盘相间布置，在整个烘烤过程中，烤盘中的食品与辐射元件间没有相对运动。这种烤炉属间歇操作，所以产量小。它比较适于中小型食品厂。

1. 烤盘固定式箱式炉

烤盘固定式箱式炉就是这类烤炉中结构最简单、使用最普遍、最具有代表性的一种，常简称为箱式炉。炉膛内壁上安装若干层支架，用以支承烤盘，辐射元件与烤盘相间布置，在整个烘烤过程中，烤盘中的饼干与辐射元件间没有相对运动。这种烤炉属间歇操作，所以产量小，烘烤质量稳定性差。它比较适于中小型食品厂烘烤糕点。

箱式炉的外形及内部结构图如图 7-28 所示。

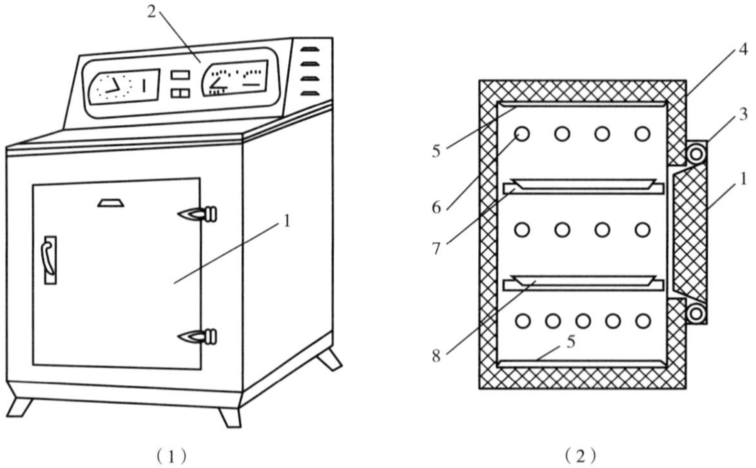

图 7-28　箱式炉的外形及内部结构图

（1）外形图　（2）内部结构图

1—炉门　2—控制板　3—密封件　4—炉体　5—反射板　6—管状辐射器　7—支架　8—烤盘

2. 风车炉

风车炉因烘室内有一形状类似风车转鼓的转篮装置而得名。这种烤炉多采用电、煤气等为热源，采用远红外加热技术。因为燃料在烘室内燃烧，热量直接通过辐射和对流烘烤食品，所以效率很高。一般采用间接辐射加热器烘烤炉，则煤气燃烧后生成的烟气不直接接触饼干，这样就保证了糕点的质量。

风车炉结构图如图 7-29 所示。

3. 水平旋转炉

水平旋转炉内设有一水平布置的回转烤盘支架，摆有生坯的烤盘放在回转支架上。

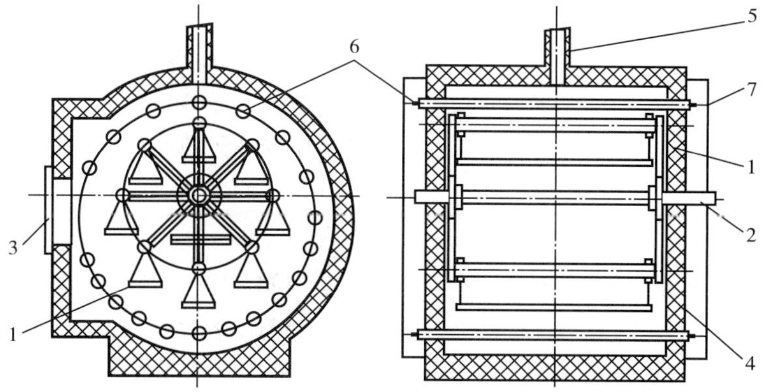

图 7-29 风车炉结构图

1—转篮 2—旋转主轴 3—炉门 4—炉体 5—排汽烟囱 6—远红外辐射器 7—防护罩

烘烤时，糕点载体主要有烤盘和多层小车，由于糕点在炉内回转，各面坯间温差很小，所以烘烤均匀，生产能力较大。其缺点是需要进行手工装卸，劳动强度较大，而且炉体较笨重。

水平旋转炉如图 7-30 所示。

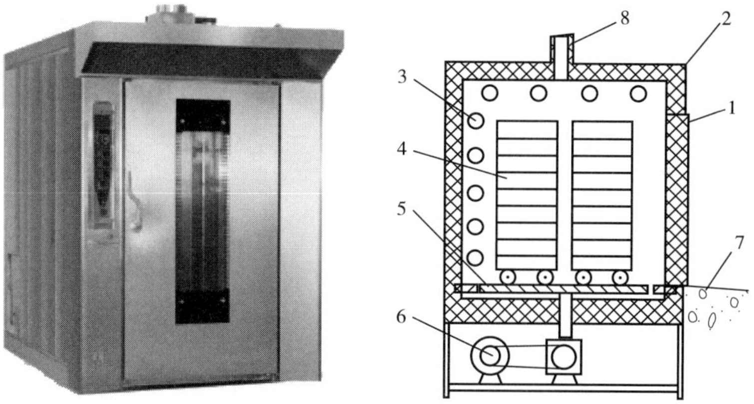

（1）　（2）

图 7-30 水平旋转炉

（1）外观图 （2）结构图

1—炉门 2—炉体 3—远红外辐射器 4—多层小车 5—回转平台 6—传动装置 7—斜坡 8—排汽烟囱

（二）隧道炉

隧道炉是通过热的传导、对流、辐射完成食品烘烤的隧道式机械设备。因食品在炉内运动好像通过长的隧道，所以称为隧道炉，在各种糕点类食品的工业化生产中被广泛应用，通常分为钢带隧道炉、网带隧道炉、烤盘链条隧道炉和手推烤盘隧道炉等，其详细介绍可以参考第六章关于饼干烘烤装置的内容。

第八章
面制品品质分析与评价

第一节 小麦粉品质分析

面团是小麦粉加一定量水经揉和形成的，是小麦由小麦粉到加工成食品的重要中间阶段。有人把面团称作某种食品的“模坯”，模坯的好坏直接影响产品的质量。小麦粉和面团本身存在着很大差异，在面团形成过程中，加水量、揉和时间与方式对面团的质量影响很大。虽然小麦粉的面筋含量和质量是决定面制品的主要因素，但面团性质与面制品品质的关系比面筋更直接。面团形成前后表现出特有的耐揉性、黏弹性、延伸性等称为流变学特性，通过测定流变学特性可为正确评价小麦与小麦粉品质、小麦粉最终用途、小麦的合理加工与利用等提供科学依据。为此，许多国家研制了多种类型能够反映和面加水参数，和面时间以及面团流变学特性的仪器设备，例如粉质仪、揉混仪、快速黏度仪、谷物综合特性分析、拉伸仪、吹泡示功仪、流变发酵测定仪等。根据这些仪器的设计原理，可将面团流变学特性分为揉和特性和延伸性两大类。

一、小麦粉揉和特性

面团的揉和特性通常是根据在固定的速度或阻力下，测定和面所需要的动力来确定。在这个过程中所需要的动力由仪器记录，得到的曲线反映了和面过程中流变学特性变化的信息。通常用粉质仪来测定小麦粉的粉质特性，用揉混仪来测定小麦粉的揉混特性，用快速黏度仪来测定小麦粉糊化特性。分别介绍如下。

（一）粉质特性

将小麦粉、水加入揉面钵，揉面钵内的旋转搅刀由马达驱动，马达外壳支承旋转轴承上，可自由转动，旋转搅刀对面团施加确定的机械剪切力。面团反作用于搅刀的阻力矩取决于面团的稠度和黏度，该阻力矩使马达整体在轴承上产生角度偏转，偏转量反映了阻力矩的大小，据此测量并记录该阻力矩，以力矩-时间图线实时展现，即是粉质图谱。

布拉本德粉质仪如图 8-1 所示。

布拉本德公司研制出的 Farinograph-TS 型自动粉质仪，采用电子平衡系统，电脑记录、绘图、评价等，全自动化处理分析结果。从粉质图上我们可以得到小麦粉吸水率、面团形成时间、稳定时间、软化度、评价值等参数。

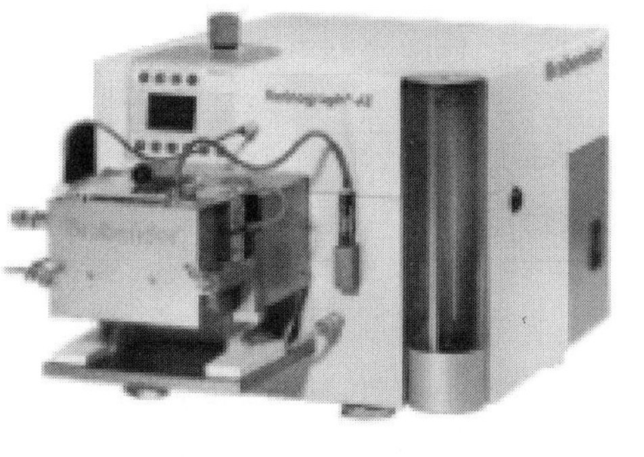

图 8-1　布拉本德粉质仪

小麦粉粉质曲线图如图 8-2 所示。

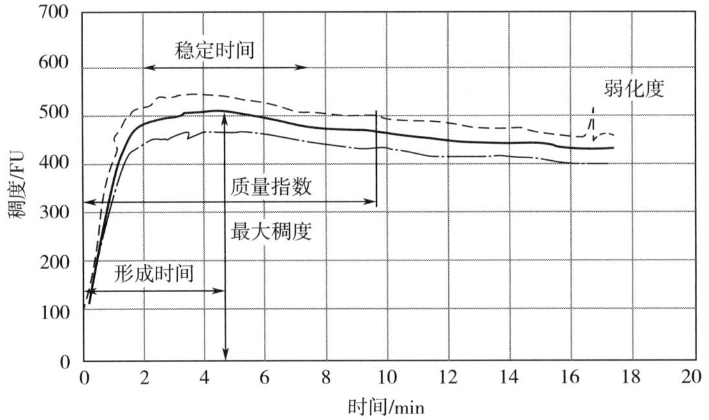

图 8-2　小麦粉粉质曲线图

1. 吸水率（Water Absorption, WA）

吸水率是指在制作面团时，混合一定质量的小麦粉所需水分的量。粉质图测得的吸水率是指面团最大阻力中线处于 500 FU（粉质仪阻力单位）时所需加水量，以占 14%湿基小麦粉质量的百分数表示。在实验中，加水量不可能刚好使面团最大阻力中线处于 500 FU，实验只需达到面团最大阻力中线处于（500±20）FU 时即可。曲线中线峰值偏离了 500FU 标线，则应校准到 500FU 时的加水量。

对于 50g 揉面钵，按式（8-1）计算：

$$V_c = V + 0.016\ (A - 500) \tag{8-1}$$

对于 300g 揉面钵，按式（8-2）计算：

$$V_c = V + 0.096\ (A - 500) \tag{8-2}$$

式中　V_c——校正后的加水量，mL；

V——实际加水量，mL；

A——测得的最大稠度，FU。

吸水率按下式计算。

对于 50g 揉面钵，按式（8-3）计算：

$$WA\ (\mathrm{mL/100g}) = (V_c + M - 50) \times 2 \tag{8-3}$$

对于 300g 揉面钵，按式（8-4）计算：

$$WA\ (\mathrm{mL/100g}) = (V_c + M - 300)\ /3 \tag{8-4}$$

式中　M——以 14%水分为基础换算的实际称样量，g。

吸水率是反映小麦粉蛋白质和破损淀粉含量的重要参数，是衡量小麦粉品质的重要指标。小麦粉中的蛋白质有很强的水合能力，它能吸收其自身质量 2 倍的水。一般来讲，湿面筋含量越高吸水率越高。高筋小麦粉吸水率在 60%以上，弱筋小麦品种小麦粉吸水率小于 56%。破损淀粉的吸水量比未破损淀粉高 2~2.5 倍；正常未破损淀粉吸水量约为其自身质量的1倍；小麦粉中破损淀粉率越高吸水率越大。吸水率还与小麦粉中的纤维素、可溶性糖、戊聚糖等物质的含量有关，这些成分含量增高，其吸水率也增大。小麦粉的吸水率大小与其制品品质关系密切，由于蛋白质比淀粉有更多的吸水基团，为制成一个理想稠度的面团，蛋白质含量高的小麦粉比蛋白质含量低的小麦粉加水要多，出品率也高。另外，研磨细度对吸水率也有一定影响。研磨较细的小麦粉，因为小麦粉颗粒的总表面积加大，而且破损淀粉也增多。破损后的淀粉颗粒，使水分很容易渗透进去，过多水导致面团和面包发黏，面包体积减小。因此，吸水率较高的小麦粉，在制作面包一类食品时加水量大，不仅能提高单位质量小麦粉的出品率，而且面包质地也得到明显改善，能制作出疏松柔软、存放时间较长的优质面包。但也有吸水率大的小麦粉制作出的面包品质不良的情况，并非吸水率越高越好。美国要求面包粉的吸水率为（60±2.5)%。GB/T 17320—2013《小麦品种品质分类》规定强筋小麦粉吸水率≥60.0%，中筋小麦粉吸水率≥56.0%，弱筋小麦粉吸水率<56.0%。

2. 形成时间（Development Time，DT）

形成时间指从开始加水直至面团稠度（阻力）最大时所需揉混的时间。形成时间反映面团的弹性。面筋含量多且质量好的小麦粉形成时间较长，反之形成时间较短。一般软质小麦面团的弹性差，形成时间短，在1~4min，不适宜做面包。硬质小麦面团的弹性强，形成时间在4min以上。美国对面包粉形成时间的要求是（7.5±1.5)min。

3. 稳定时间（Stability Time，ST）

稳定时间指曲线首次穿过500 FU（到达时间）线和离开500FU（衰减时间）线之间的时间差，通常又称稳定性。稳定时间长短反映面团的耐揉性，即对剪切力降解的抵抗力。稳定时间越长，面团韧性越好，面筋的强度越大，稳定时间短的小麦粉适于加工糕点、饼干这类食品。面筋含量高或小麦粉稳定时间长的小麦粉可用来加工优质面包。美国面包粉的稳定时间要求为（12±1.5)min。我国新小麦粉标准对稳定时间规定为：强筋小麦粉≥7.0min，弱筋小麦粉<2.5min，北方型中筋小麦粉≥4.5min，南方型中筋小麦粉≥2.5min。

4. 弱化度（Degree of Softening，SD）

弱化度指面团稠度达到最大之后，12min内减小的程度。曲线最高点中心与达到最高点后12min曲线中心两者之差，即为面团的弱化程度，用FU表示。可见，弱化度表明面团在搅拌过程中的破坏速率，也就是对机械搅拌的承受能力。弱化度也表示面筋的强度，弱化度值越大，面筋强度越小，面团越易流变，加工处理性能越差，这样的面团在面包烘焙时容易导致品质不良。美国面包粉软化度要求为20~50FU。高筋小麦粉的理想软化度应小于50FU，弱筋小麦粉弱化度则大于100FU。

5. 粉质质量指数（Farinograph Quality Number，FQN）

粉质质量指数的数值为从加水搅拌开始直至面团最大稠度降低30 FU时曲线横坐标以毫米表示的长度。由于曲线横坐标记录速度为10mm/min，最大稠度降低30 FU时即到达断裂时间点，也可以理解为断裂时间乘10即等于粉质质量指数。强筋粉粉质质量指数较高，弱筋粉粉质质量指数较低。一般情况下，根据粉质质量指数可将普通小麦粉分为：强筋小麦粉（>180），中筋小麦粉（50~180），弱筋小麦粉（15~49）。

（二）拉伸特性

由拉伸仪测得的面团特性称为拉伸特性。拉伸仪（Extensograph）由德国布拉本德公司于20世纪20年代发明生产，是各种标准方法规定使用的测定延伸性的仪器。拉伸仪由湿面团样品揉团器、搓条器、三种时间的醒发箱、精确的机械杠杆系统、面团拉伸机构及记录系统等组成。揉团器方框和搓条器都有夹层，醒发室内有环流管，管内有30℃恒温循环水通过以保持恒温。平衡杠杆系统零件都经过称重，系统动作经过加砝码调试平衡。3个醒发室分别用3个定时时钟控制醒发时间。在规定条件下用粉质仪将小麦粉、水和盐制备成为面团。从该面团中分出测试面块。将测试面块用拉伸仪的揉团器揉圆，用搓条器搓条使其成为标准形状。放置一定时间后，拉伸测试面块直至断裂并记录所需的拉伸阻力。第一次拉伸完成后，立即用同一面块再成型、放置并拉伸，重复操作进行第2次测试所得曲线的形状和大小，可以表征影响烘焙品质的小麦粉面团的物理特性。

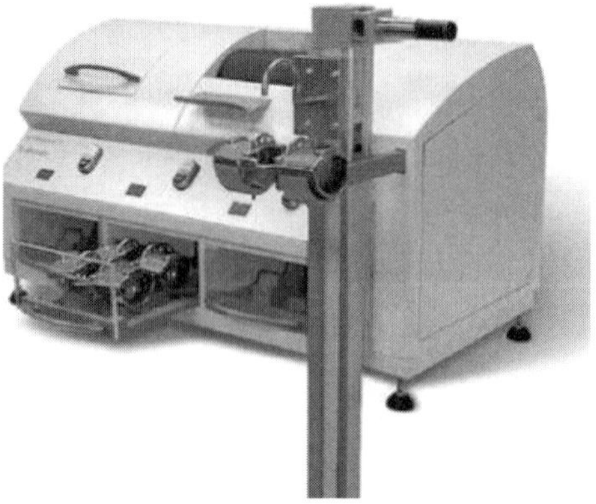

图8-3 面团拉伸仪

面团拉伸仪及面团拉伸曲线图如图8-3、图8-4所示。

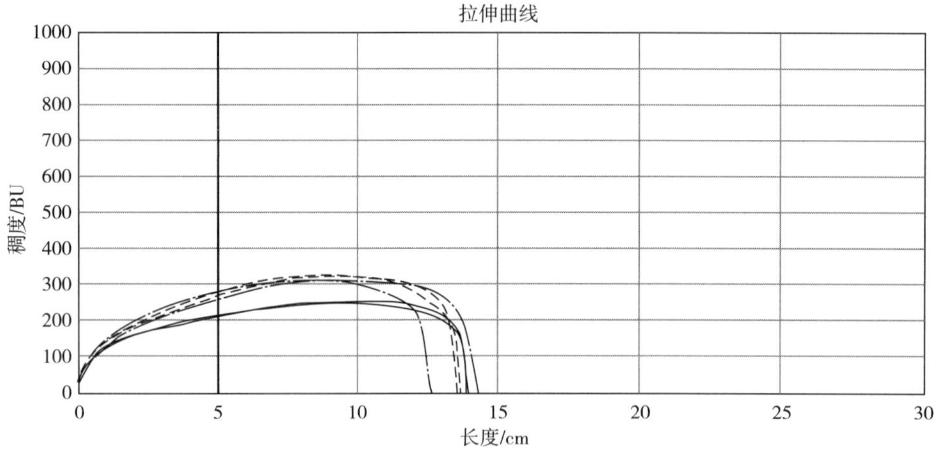

图8-4 面团拉伸曲线图

①能量：拉伸曲线所包含的面积。表征拉伸测试面块时所做的功。

②延伸性：拉伸曲线从开始上升至面团被拉断时的最长变形量。

③恒定变形拉伸阻力 R_{50}：拉伸曲线开始上升后 5cm 处拉伸曲线的高度。

④最大拉伸阻力 R_m：拉伸曲线最高点到曲线横坐标的高度，即面团试样断裂时的拉伸阻力。

⑤R/E 比值：恒定变形拉伸阻力或最大拉伸阻力与延伸度的比值，是评价面团质量的一个辅助因素。

（三）揉混特性

揉混仪（Mixograph）测得的面团揉和特性称为揉混特性。揉混仪是通过测定面团搅拌过程中流变学特性变化来检测小麦品质的一种重要仪器，自 20 世纪 30 年代发明以来，通过不断改进改善，美国 National 揉混仪在西方发达国家的小麦品质育种和小麦粉面制品工业中发挥了重要的作用。它主要由搅拌器、阻尼臂、记录仪和数据收集分析器组成。其工作原理是通过搅揉面团，测定并记录面团的抗揉混阻力，得到揉混曲线图谱（Mixogram），揉混仪图谱的各项指标反映了小麦面团的流变学特性和品质。揉混仪能测定和记录面团揉混时的阻力，小麦粉在揉混过程中，随着面筋的形成，揉混面团所需的力逐渐增加，增加的力由旋转的搅拌头探测，经杠杆系统传递，最后由连续记录器记录下来。揉混仪可反映小麦粉的强度，因此可用来分析小麦粉面筋质量。从得到的揉混曲线可分析出面团揉混特性指标，包括中线峰值时间、中线峰值高度、中线曲线面积、8min 图谱宽度和衰落角。

美国 National 电子型揉混仪及小麦粉揉混曲线图如图 8-5、图 8-6 所示。

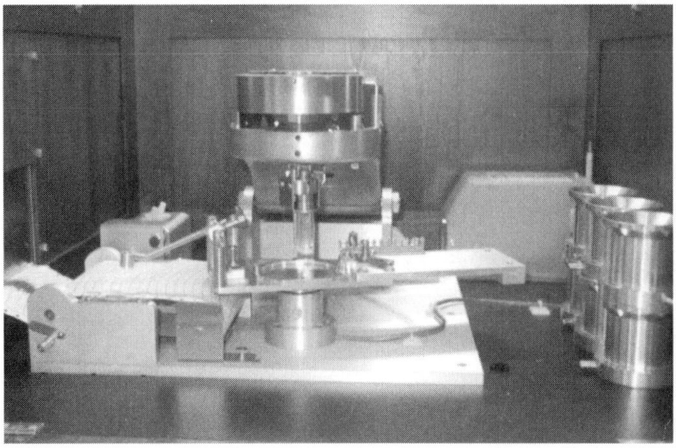

图 8-5　美国 National 电子型揉混仪

①中线峰值时间：揉混曲线中线到达最高点时所用的时间，也称为面团的最佳形成时间，单位为 min。

②中线峰值高度：揉混曲线中线达到最高点时的高度，表示面团抵抗揉混的最大阻力，单位为%。

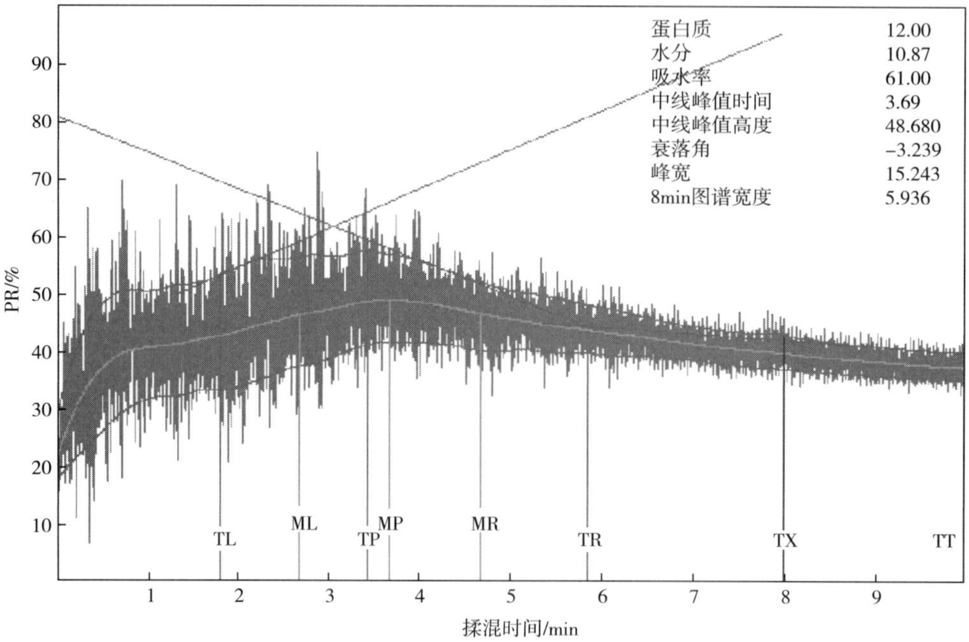

图 8-6 小麦粉揉混曲线图

③中线曲线面积：揉混曲线中线从起始点到最高点曲线下面所包围的面积，代表形成面团过程中所需做的功，单位为%·min。

④8min 图谱宽度：揉混曲线在 8min 时的图谱宽度，单位为%。

⑤衰落角：衰落角是指峰值后曲线下降所呈的直线与由峰值中心引发的水平线所呈的角度，可表示面团的耐揉性，其值取决于面筋蛋白受机械剪切力的程度，角度越小，面筋强度越大。

揉混曲线可以显示面团对和面的最佳要求，即和面时间最佳和耐揉性最佳。和面时间为曲线峰值对应的时间，此时面团流动性最小，可塑性（弹性）最大。耐揉性也称稳定性，它可用中线峰值高度、中线曲线面积等参数来表示。

二、小麦粉糊化和流变学特性

（一）小麦粉糊化特性测定

根据 GB/T 24853—2010《小麦、黑麦及其粉类和淀粉糊化特性测定快速黏度仪法》，采用快速黏度仪对小麦粉的黏度进行分析。在规定的测试条件下，试样的水悬浮物在加热和内源性淀粉酶的协同作用下逐渐糊化（淀粉的凝胶化）。此种变化由快速黏度分析仪连续监测。根据所获得的黏度变化曲线，即可确定其糊化温度、峰值黏度、峰值温度、最低黏度、最终黏度并计算其衰减值和回生值等特征数据。

快速黏度分析仪及糊化特性分析如图 8-7、图 8-8 所示。

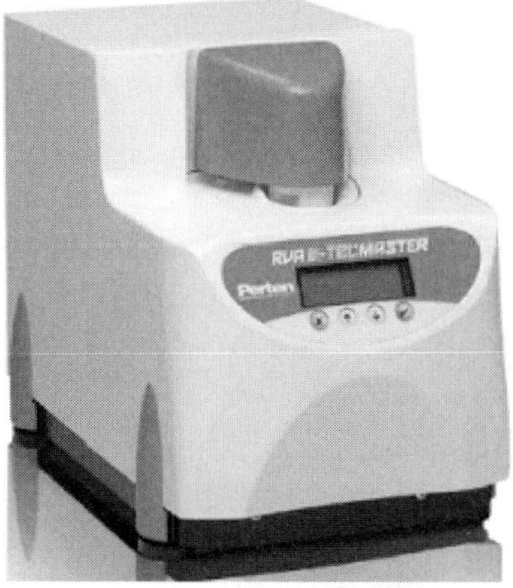

图 8-7　快速黏度分析仪

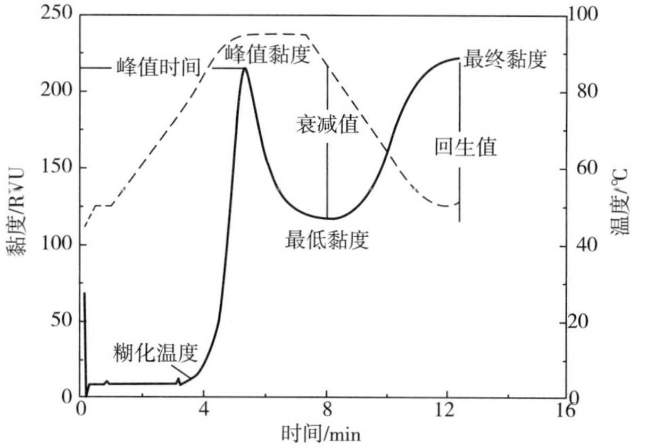

图 8-8　糊化特性分析

①糊化温度：试样加热后，试样黏度开始增大时的温度。

②峰值黏度：在规定条件下，加热使试样开始糊化至冷却前达到的最大黏度值。

③峰值时间：在规定条件下，试样测试开始至达到峰值黏度的时间。

④最低黏度：在规定条件下，试样达到峰值黏度后，在冷却期间的最小黏度值。

⑤最终黏度：在规定条件下，测试结束时的试样黏度值。

⑥衰减值：峰值黏度与最低黏度的差值。

⑦回生值：最终黏度与最低黏度的差值。

（二）小麦粉面团流变学特性测试——混合试验仪法

Mixolab 谷物综合特性分析仪通过测量样品搅拌时两个搅拌臂的扭矩变化，分析样品的蛋白质品质特性、淀粉特性、酶活性和添加剂对样品品质的影响。其测定原理为在规定条件下，将小麦粉和水倒入揉面钵。通过扭矩传感器自动记录两个对向旋转搅拌刀下的面团在恒温阶段形成和扩展，在升温和高温维持阶段面筋弱化及淀粉糊化，以及在最后降温和低温维持阶段淀粉回生的变化曲线。结果表示小麦粉的吸水率、面筋的强度、淀粉的糊化和回生特性，酶的活性以及小麦粉各组分间的相互作用等信息，即小麦粉的综合流变学特性。

Mixolab 仪器在搅拌钵的加热部分和搅拌钵底部装有两个温度传感器：可同时测定搅拌钵温度和样品表面温度。Mixolab 测量的数据可进行实时分析，设定温度、时间、升温速度、扭矩等参数，实时计算出结果并传输、显示到屏幕上。其主要测试参数如下。

①吸水率：面团达到按照一定设定程序测试得到的目标稠度 C_1 所需要的加水量，以占 14%湿基小麦粉的质量分数表示。

②初始最大稠度 C_1：混合试验仪曲线形成期间面团初始最大稠度值，单位为 N・m。

③C_1时间 T_1：面团揉和过程中，稠度维持在 $C_1-11\%\times C_1$（即 89% C_1）稠度值之上

的连续时间，单位为 min。

④稳定性 T_{stab}：面团稠度大于 $C_1-11\%\times C_1$ 所持续的时间，单位为 min。

⑤最小稠度 C_2：混合试验仪曲线形成期间的最低稠度，即 C_1 点后揉面钵温度在上升过程中曲线上的最低值，单位为 N·m。

⑥峰值黏度 C_3：淀粉糊化作用下得到的最大黏度值，即 C_2 之后出现的峰值黏度，单位为 N·m。

⑦最低黏度 C_4：淀粉糊化作用下得到的最小黏度值，即 90℃ 搅拌阶段 C_3 值出现之后，黏度下降到最低点的值。

⑧C_5：面团最终黏度值，测试结束时的面团黏度值，检测冷却阶段糊化淀粉的回生特性，单位为 N·m。

Mixolab 谷物综合特性分析仪及混合试验曲线如图 8-9、图 8-10 所示。

图 8-9 Mixolab 谷物综合特性分析仪

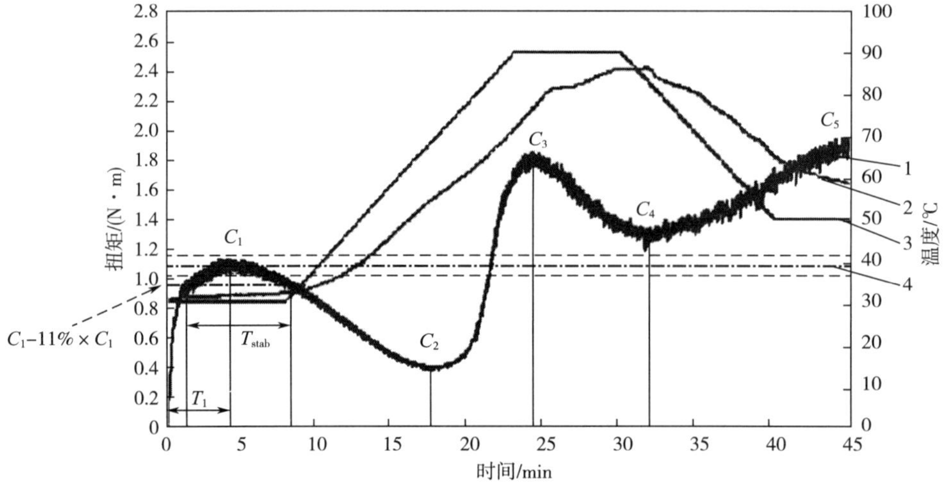

图 8-10 混合试验曲线

图中曲线 3 表示揉面钵温度，单位为℃；曲线 2 表示面团温度，单位为℃；曲线 1 表示扭矩，单位为 N·m。水平线 4 表示曲线中心稠度区域（1.10±0.05）N·m，在面团吸水过程中到达此区域。

三、面团发酵特性

面团发酵特性指面团在一定外力作用下变形所表现出来的延展性和抗延性。延展性表示面团变形的量，抗延性则表示面团抵抗变形所表现的阻力或使面团变形需要施加的外力大小，测定面团发酵特性的仪器有吹泡仪和流变发酵测定仪。

（一）吹泡仪示功特性

吹泡仪是用来检测面团流变学特性的专用检测仪器，该仪器通过模拟实验室发酵和烘烤阶段中面团变形情况，检测分析面团的黏弹性、延展性和烘焙性能等。吹泡示功仪（Alveograph）的测定原理与拉伸仪类似，但是它以吹泡的方式使面团变形。具体测定方法参考国家标准 GB/T 14614.4—2005《小麦粉面团流变特性测定　吹泡仪法》规定的方法，其主要测试参数如下。

图 8-11　吹泡仪

吹泡仪及吹泡曲线如图 8-11、图 8-12 所示。

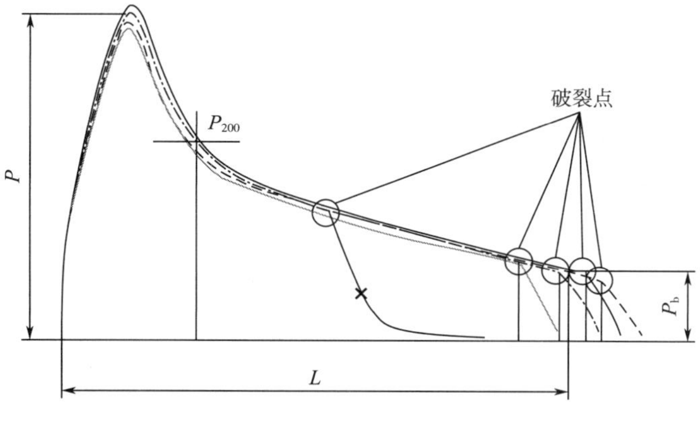

图 8-12　吹泡曲线（有×符号是异常曲线，应剔除）

①最大压力 P：P 值与面泡内最大压力值成正比，与面团形变阻力有关，P 值等于曲线最大纵坐标值乘以压力记录器的系数 $k=1.1$（对于 K2 型的压力记录器，系数 k 为 2.0）。P 值代表着吹泡过程中面团的最大抗张力。P 值也随面团的稠度、面团的弹性抗力而变化。也就是说 P 值和面团的韧性及面团的稠度相联系。

②破裂点横坐标 L：在基准压力线上测量出每根曲线 P 压力值骤然下降的横坐标值，以平均值表示 L 值。L 值体现了面团的两种能力：蛋白质纤维的延展能力和面筋网络的保气能力。

③充气指数 G：G 值是由破裂点横坐标值 L 换算而得，该数值是充气体积的平方根（不包括试样脱黏所用的空气体积），可从相关表中查出与 L 值相应的 G 值。

④破裂压力 p_b：p_b值与破裂点压力值成正比，等于破裂点纵坐标平均值乘以压力记录器的系数 k=1.1（对于 K2 型的压力记录仪，系数 k 为 2.0）。

⑤弹性指数 I_e：I_e是 P_{200}与 P 的百分比值（P_{200}/P）。P_{200}是当面泡内注入 200mL 空气时面泡内部压力，即横坐标 40.4mm 处（G=14.1）纵坐标平均值乘以压力记录仪的系数 k=1.1（对于 K 型的压力记录仪，系数 k 为 20）。

⑥曲线形状比值 P/L：P/L 值，表示曲线的形状。表示韧性和延展性的相互关系，P/L>1 表明面团的韧性过强，而缺少延展性。P/L 过小（低于 0.3）表明延展性过强，可能会造成加工机械操作方面的问题。

（二）面团流变发酵特性

小麦粉制作面包时，其面团的揉和特性、延伸特性，发酵性能以及烘焙时的热胀性能等对面包的质量和面包生产过程中的工艺适应性等都具有重要影响。因此，研究配制面包专用小麦粉，要评价其烘焙品质，除了检测面团的揉和、延伸特性外，还要进行面团的流变发酵特性试验，检测面团的产气性能与持气性能。

流变发酵测定仪如图 8-13 所示。

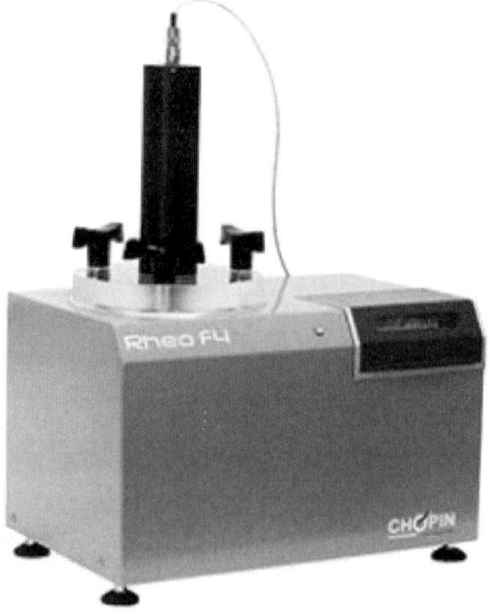

图 8-13 流变发酵测定仪

面团流变发酵特性是由流变发酵测定仪测量出的，流变发酵测定仪能测定面团发酵过程中面团的体积，产生二氧化碳的体积，面团的保气性和弹性等特性。F4 由恒温发酵室、二氧化碳吸收反应池、压力位移传感器和电子控制系统等组成，外接电脑直接控制，可实时观察发酵过程曲线变化，储存和比较有关测定数据。用于流变发酵测定仪测试的面团需用粉质仪或稠度仪制备，否则没有可比性。标准配方是：小麦粉 300g，酵母 8g，食盐 5g。面团温度 30℃，稠度控制 500 FU。由于面团稠度能影响产气能力，故需使供试面团调制为稠度 500 FU。仪器自动记录面团中酵母产生二氧化碳随时间变化的产气曲线、二氧化碳留存在面团中或逸出面团的变化曲线和面团体积的变化曲线。得出二氧化碳逸出面团的起始时间、数量和比例；面团膨胀速率、最大体积、达到最大体积的时间及体积下降速率等指标。

流变发酵测定仪测试结果标准曲线如图 8-14、图 8-15 所示。

流变发酵仪 F4 在恒温控制条件下，周期性的测定盛有面团的密闭发酵篮的压力值。测试分为直接周期和间接周期，在直接周期中，仪器测定总的二氧化碳气体生成情况，

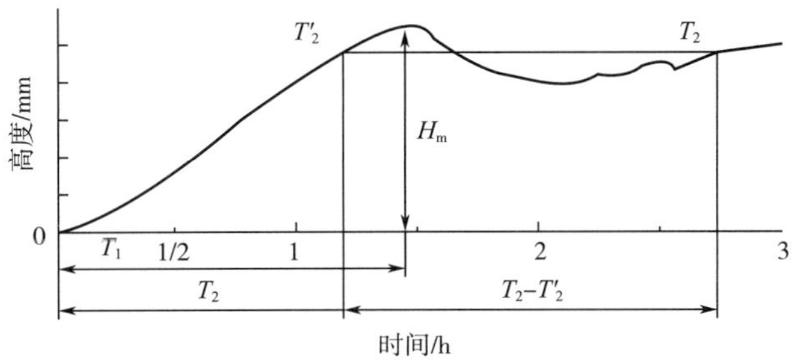

图 8-14　面团发酵曲线

H_m——面团发酵达到的最大高度，单位为 mm；

T_1——面团达到最大发酵高度的时间，与酵母的活动有关，单位为 h；

$T_2-T'_2$——面团的稳定时间，发酵最高点与面团的稳定性和面团的最佳入炉时间有关。

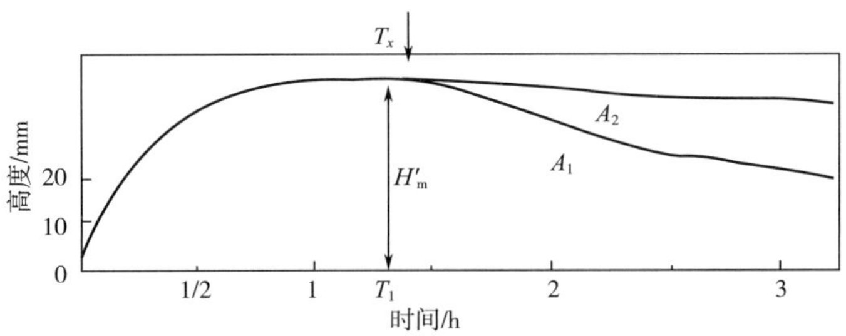

图 8-15　气体释放曲线

H'_m——气体释放曲线最大高度，单位为 mm；

T_1——达到气体释放曲线最大高度的时间，单位为 h；

T_x——面团出现孔洞的时间，即面团开始泄露 CO_2 的时间，单位为 h；

总体积——释放气体的总体积，单位为 mL；

A_2——CO_2 总损失体积，测定面团在发酵过程中总的二氧化碳气体的溢出，单位为 mL；

A_1——气体保留体积，测试结束时仍保留在面团中的二氧化碳体积，单位为 mL。

即酵母活动。在间接周期中，仪器测定二氧化碳气体保持在面团中的情况，即面团的漏气情况。位于面团上方的位移传感器可精确测定面团的发酵情况和稳定性，面团的发酵流变曲线和气体释放情况的曲线会实时地记录下来，直到最终的设定时间，由此可以确定面团的最佳发酵时间。

通过这些曲线和指标可以科学地评价面团面筋网络的保气能力、面筋弹性等各种特性。该仪器的测定结果可以用于：①正确地评价小麦粉的内在质量、面筋的筋力、保气性、弹性等；②选择小麦粉添加剂（氧化剂、还原剂、乳化剂或酶制剂）的种类，检测其功效和确定合理添加量；③了解酵母产气能力，不同工艺和配方对酵母活动的影响，如速冻面团工艺；④决定各种食品品种的合理的科学配方和发酵工艺。

第二节 面制品的烘焙与蒸煮品质分析

一、面包烘焙品质

面包为欧美国家主食，随着我国经济的发展和对外交流的频繁，小麦粉的面包烘焙品质也日益受到重视。面包在烘焙试验中占有独特的地位。各国对试验方法、仪器设施、品质指标等都有一些客观的、统一的标准。烘焙试验可为检验小麦粉质量或衡量烘焙工艺优劣提供可靠的、客观的评价。

（一）烘焙试验

面包烘焙试验可分为直接发酵法、中种发酵法和快速烘焙法三种，前两种国标法焙烤的面包为100g小麦粉的小面包，采用小型的烘焙设备，例如LYHP-1型烘焙设备，使用小麦粉样品少，设备占地面积小，比较适合农业研究部门采用，然而这种方法对较差的面包专用粉烤出的小面包不会出现塌陷现象。但当焙烤450g小麦粉的大面包时，这种方法对较差的面包专用粉烤出的大面包就会出现塌陷现象，所以焙烤450g小麦粉的大面包更能反映小麦粉的面包烘焙品质。焙烤450g小麦粉的大面包使用的烘焙设备有美国产的MILL型烘焙设备、国产的LYHP-2型烘焙设备等。下面就这两类烘焙设备和使用情况做以介绍。

1. LYHP-1型烘焙设备

LYHP-1型小麦粉烘焙品质测定仪由实验型电动和面机、压面机、醒发箱、焙烤炉、发面钵、面包听等组成。其性能和技术要求完全符合GB/T 14611—2008《粮油检验　小麦粉面包烘焙品质试验　直接发酵法》、GB/T 14612—2008《粮油检验　小麦粉面包烘焙品质试验　中种发酵法》。

①电动和面机：每次和面量为200~300g小麦粉，具有低、中、高三挡速度，搅拌头有钩型、框型、网型三种。钩型搅拌头适用于和面，框型搅拌头适用于拍打揉和面团，网型搅拌头适用于打蛋和面糊，用于做蛋糕。

②恒温恒湿醒发箱：温度控制范围在5℃至75℃任意可调，控温精度±0.5℃；相对湿度控制范围在5%至95%任意可调，控湿精度±1%。

③压面机：辊径9.5cm，辊宽15cm，转速70r/min，轧距在0.4~0.8cm可调；既可用于压面片，也可用于压面条。

④面包听：铝合金材料制成，上口内径13.0cm×7.3cm，底部内径11.5cm×5.7cm，听深5.8cm。适合烤制100g小麦粉的面包。

⑤烤炉：电热式带有水平烘烤面的转动式烤炉。带有控温定时器，炉内温度分布比较均匀，在正常烘烤温度下（210~230℃）控温精度在±8℃。

2. LYHP-2 型烘焙设备

LYHP-2 型小麦粉烘焙品质测定仪由实验型电动和面机、压面机、醒发箱、培烤炉、发面钵、面包听等组成。其性能和技术要求完全符合 GB/T 14611—2008《粮油检验　小麦粉面包烘焙品质试验　直接发酵法》、GB/T 14612—2008《粮油检验　小麦粉面包烘焙品质试验　中种发酵法》，以及 LS/T 3205—1993《发酵饼干用小麦粉》、LS/T 3206—1993《酥性饼干用小麦粉》、LS/T 3207—1993《蛋糕用小麦粉》。

①电动和面机：每次和面量为 1000～3000g 小麦粉，具有低、中、高三挡速度，搅拌头有勾型、棒针型两种。勾型搅拌头适用于和面，框型搅拌头适用于拍打揉和面团。

②恒温恒湿醒发箱：温度控制范围在 5℃至 75℃任意可调，控温精度±0.5℃；相对湿度控制范围在 5%至 95%任意可调，控湿精度±1%。

③压面机：辊径 9.5cm，辊宽 15cm，转速 70r/min，轧距在 0.4～0.8cm 范围内可调；既可用于压面片，也可用于压面条。

④面包听：不锈钢材料制成，上口内径 23cm×13cm，底部内径 19.5cm×11.5cm，听深 10.0cm。适合烤制 450～500g 小麦粉的面包。

⑤烤炉：电热式带有水平烘烤面的转动式烤炉。带有控温定时器，炉内温度分布比较均匀，在正常烘烤温度下（210～230℃）控温精度在±8℃。适合烤制 450～1000g 小麦粉的面包，450～800g 小麦粉的蛋糕。

3. 面包烘焙品质试验

采用 GB/T 14611—2008《粮油检验　小麦粉面包烘焙品质试验　直接发酵法》的方法。

（1）方法提要　本实验以 200g 或 300g 小麦粉为基础，可供制作 2 个或 3 个含 100g 小麦粉的面包。将各种面团配料一次混合制成面团，面团发酵 90min 后分割成型，经过 45min 醒发，炉烘烤。面包出炉后测定体积，称量质量，对面包外部与内部特征指标进行感官鉴定，做出面包烘焙品质评分。

（2）配方与材料　以 300g 试验小麦粉为例。

实验面团配方表如表 8-1 所示。

表 8-1　实验面团配方表

项目	小麦粉（14%湿基）	即发干酵母	盐	糖	脱脂乳粉	起酥油	水	麦芽粉	抗坏血酸
小麦粉总量的百分比/%	100	1.8	1.5	6.0	4.0	3.0	适量	0.2	0.004～0.005

注：1. 加水量可参照面团粉质吸水率根据面团软硬进行调整，原则为面团尽可能柔软而不粘手影响操作。
2. 也可以用适量的商品化的 α-淀粉酶代替麦芽粉，添加量根据酶的活性而定，调整小麦粉的降落数值为 225～300g。

①小麦粉：符合 GB/T 1355—1986《小麦粉》的规定。

②即发干酵母：符合 GB 31639—2016《食品安全国家标准　食品加工用酵母》的规定。

③盐：符合 GB 2721—2015《食品安全国家标准 食用盐》的规定。

④糖：符合 GB/T 317—2018《白砂糖》的规定。

⑤脱脂乳粉：符合 GB 19644—2010《食品安全国家标准 乳粉》的规定。

⑥起酥油：符合 GB/T 38069—2019《起酥油》的规定。

⑦水：符合 GB/T 6682—2008《分析实验室用水规格和试验方法》中三级水的要求。

⑧麦芽粉（或α-淀粉酶）：自制，具有适合的α-淀粉酶活力（商品α-淀粉酶应符合 GB 1886.174—2016《食品安全国家标准 食品添加剂 食品工业用酶制剂》的规定）。

⑨抗坏血酸：符合 GB 14754—2010《食品安全国家标准 食品添加剂 维生素 C（抗坏血酸）》的规定。

（3）操作步骤

溶液配制步骤如下。

①盐-糖溶液：分别称取 1090.0g 糖和 272.7g 盐，放在 2L 的烧杯中，加蒸馏水并不断搅拌使糖、盐全部溶解，最后稀释到 2L。100g 小麦粉中添加 1.0mL 此溶液，相当于加入 1.5g 盐、6.0g 糖和 6.7mL 水。此溶液在室温下可保存数周，只要无浑浊沉淀出现仍可使用。

②抗坏血酸溶液配制：称取 0.4~0.5g 抗坏血酸用蒸馏水定容至 100mL。此溶液需要当天配制。

称样：按照表 8-1 的配料比例，准确称取小麦粉、即发干酵母、麦芽粉、脱脂乳粉，放在发酵钵中拌匀，然后称取起酥油放在混匀的干物料表面，将发酵钵盖好备用。

和面：用移液管吸取盐-糖溶液和抗坏血酸溶液，放入和面缸中，用量筒加入剩余部分水，再加入小麦粉等其他配料；开动和面机，先用低速和面约 20s，然后用高速和面，使面团达到面筋充分扩展状态。此时，面团表面光洁，无断裂痕迹，手感柔和，一般可拉成均匀的薄膜。和好的面团，温度应为（30±1）℃。面团温度主要通过调整和面的水温和室内温度来调整和控制。

发酵与揉压步骤如下。

①将调制好的面团从和面缸中取出，若是 200g 小麦粉则分成两等份，用手捏圆面团，使其光面向上放在稍涂有油的发酵钵中，送入发酵箱发酵 90min。发酵箱温度为（30±1）℃，相对湿度 85%，发酵时间从面团和面开始时刻计起。

②当面团发酵进行到 55min 和 80min 时，分别进行两次揉压。揉压步骤为：从发酵箱中取出面团，将面团轻轻地揉光滑并拉长，调整压面机轧距为 0.6cm 将面团压成长片，再将长片折成三层或对折两次折缝向下放入发酵钵，重新送回发酵箱。

分割：当面团发酵到 90min 时将面团从发酵钵中取出，用剪刀将面团分成两等份（对于 200g 小麦粉）或三等份（对于 300g 小麦粉），并用天平进行校正成型。将面团轻轻揉光并适当拉长，用压面机将面团压两次，压成长片，第一次轧距为 0.7cm，第二次轧距为 0.5cm，用手将面片从小端开始卷起，卷片时应尽量压实以排出气体，然后将面团轻轻液压数次，使其与面包听的大小一致，将面团接缝向下，放在稍涂有油的面包听之中。

醒发：面团成型装听后，送入发酵箱进行醒发，发酵箱温度为（30±1）℃，相对湿度为85%~90%，醒发时间为45min。

烘烤：醒发结束，立即入炉烘烤，烘烤温度一般为215℃，烘烤时间一般为20min。面包入炉前，先在炉内放一小盆清水，以调节炉内湿度。

（二）品质评价方法

目前，关于面包感官品质的评价大多采用国际国内通用的感官评价体系，或在此基础上根据实际需要稍加修改（主要是针对各指标所取的权重）。我国面包品质评分标准中偏重视觉特征，而国外偏重味觉特征，随着人民生活水平的提高，对食品口味的要求越来越高，口味的权重将增加，将更趋向于国外的评分标准。

参照GB/T 35869—2018《粮油检验　小麦粉面包烘焙品质评价　快速烘焙法》进行。主要评价指标包括百克质量、体积、比容、表皮色泽、面包芯色泽、面包芯质地、面包芯纹理结构、弹柔性、口感、总评分。

（1）面包体积、质量与比容　面包出炉后5min，称量其质量，用LYT-1型面包馒头体积测定仪测定面包体积，分别以克和毫升表示面包质量和体积值。取双试验样品的平均值。面包比容为面包体积与面包质量之比，由式（8-5）计算：

$$\lambda = V/W \tag{8-5}$$

式中　λ——面包比容，mL/g；

V——双试验样品面包体积平均值，mL；

W——双试验样品面包质量平均值，g。

（2）面包外部与内部特征评价　面包在室温下冷却后，放入塑料袋或以其他形式密封保存，或放在恒温恒湿的储存箱内。18h后对面包外部和内部特征进行感官评价，主要包括面包外观、面包芯色泽、面包芯质地和面包芯纹理结构等。评价时先对外观进行评分，切开面包，按面包芯质地、色泽和纹理结构的顺序进行评价。

（3）面包烘焙品质评分。

面包烘焙品质评分如表8-2所示。

表8-2　面包烘焙品质评分

项目	评分标准	满分/分
面包体积	面包体积小于360mL得0分；大于900mL得满分；体积在360~900mL，每增加12mL得分增加1分。也可按公式计算体积得分：$S_V=\frac{V-360}{12}$ 式中　S_V——面包体积得分； V——面包体积测定值，单位为mL； 360——得分为0分面包体积测定值，单位为mL。	45

续表

项目	评分标准	满分/分
面包外观	面包表皮色泽正常，光洁平滑无斑点，冠大；颈极明显，得满分 5 分。 冠中等，颈短，得 4 分。 冠小，颈极短，得 3 分。 冠不显示，无颈，得 2 分。 无冠，无颈，塌陷，得最低分 1 分。	5
面包芯色泽	表皮色泽不正常，或不光洁不平滑，或有斑点，均扣 0.5 分。 洁白、乳白并有丝样光滑，得最高分 5 分。 洁白 、乳白但无丝样光滑，得 4.5 分。 黑、暗灰得最低分 1 分。 介于最高分和最低分之间色泽由白-黄-灰黑，分数依次降低。	5
面包芯质地	面包芯细腻平滑，柔软面富有弹性，得最高分 10 分。 面包芯粗糙紧实，弹性差，按下不复原或难复原，得最低分 2 分。 质地介于最高分和最低分之间，得分 3~9 分。	10
面包芯纹理结构	面包芯气孔细密、均匀并呈长形、孔壁薄，量海绵状，得最高分 35 分。 面包芯气孔大大小小，极不均匀，大孔洞很多，坚实部分连成大片，得最低分为 8 分。 面包芯纹理结构介于最高分和最低分之间，得分为 9~34 分。	35

（4）允许差　以面包体积值的平均偏差作为面包烘焙试验允许差的评价指标。对于含 100g 小麦粉的面包，双试验面包体积值的平均偏差应小于或等于 15mL，由式（8-6）计算：

$$\delta = \frac{1}{n}\sum_{i}^{n} |V_i - \bar{V}| \tag{8-6}$$

式中　δ——面包体积值平均偏差，mL；

V_i——面包体积测定值，mL；

$\bar{V}$——双试验样品面包体积平均值，mL；

n——双试验面包样品数。

例如，第一次试验面包体积值为 860mL、880mL，第二次试验面包体积值为 855mL 和 890mL，则双试验面包体积平均值为：

$$V = (860 + 880 + 855 + 890)/4 = 871(\text{mL})$$

双试验面包体积平均偏差为：

$$\delta = 1/4 \times (1860 - 871 + 1880 - 871 + 1855 - 871 + 1890 - 871) = 14(\text{mL})$$

烘焙的优质面包应是体积大，面包芯孔隙小而均匀，壁薄，结构匀称，松软有弹性，洁白美观；面包皮着色深浅适度，无裂缝和气泡，美味可口。对小麦及小麦粉要求是蛋白质及面筋含量高，吸水率高，弹性大，耐揉性强，不粘机器，发酵和烘烤状况良好。但外界条件和加工工艺对面包烘焙也有影响，如加水不当，揉和时间过长或过短，小麦粉蛋白质含量过低且质量低劣；淀粉破损较少或发酵糖数量不够导致产生气体有限，发酵时间不适合，烘焙温度过高或偏低等均会使面包质量变劣。因此，烘焙试验要严格控制烘焙与发酵的各种条件，尽量消除这些不利因素。

（5）烘焙品质指标很多，主要有面包体积、比容、面包芯的纹理结构、面包评分等。

①面包体积：不同小麦品种面包体积差异很大，同一品种不同烘焙条件下面包体积也有一定的差异。具有良好加工品质的优质小麦粉所烤制的面包，不仅其内部质地良好，而且体积较大。面包体积间接地反映了小麦粉组成上的差异。所以，小麦粉的烘焙品质最客观的衡量标准首先是面包体积。一般100g小麦粉烤制体积在600cm^3左右，达到800cm^3的不多，但个别春小麦品种可达900cm^3以上。我国小麦品种面包体积在433.3~867.5cm^3，平均586.4cm^3。

面包体积过小会使内部组织紧密，缺乏弹性，易老化，但面包体积也不是越大越好，体积过大会使内部出现过多气孔，组织不均匀，粗糙。

对于面包体积测定，先进的方法可用仪器测量，一般用菜籽置换法，将待测面包放进体积测量装置中，再装进菜籽，利用菜籽排空原理测得面包体积，以立方厘米（cm^3）或毫升（mL）表示。

②比容：比容是面包体积（cm^3）与质量（g）之比，也是评价面包烘焙品质的重要指标之一。面包体积越大，比容越大。国外面包比容一般在4.0~5.0cm^3/g。我国小麦品种面包比容为2.9~5.1cm^3/g，平均3.9cm^3/g。

③面包芯的纹理结构：主要指烤成的面包被切开断面的质地状况及纹理变化。质地优良的面包其面包芯应平滑细腻，气孔细密均匀并呈扁长状，胞壁细而薄，无明显大孔洞和坚实部分，呈海绵状。面包芯的纹理结构变化受面团的黏弹性影响和制约，因此要求面团本身富有弹性而且黏性较大或适中。

我国小麦粉面团弹性（抗延伸性）和黏性（延伸性）均较差，大部分小麦品种的面团缺乏耐揉性，以致烤出的面包纹理结构差，表现为面包芯粗糙，气孔过大或过小，不均匀，有大孔洞和坚实部分。

④面包评分：面包评分是根据面包体积、皮色、形状、芯色、面包切面的平滑度、面包芯的弹性、纹理结构、口感等多项指标决定的。世界各国的评分标准虽很不一致，但均以体积为主，墨西哥国际玉米小麦改良中心则以面包体积、质量及面包芯色泽、纹理结构等综合起来评价其品质；美国的评分标准是：面包的外形占总分的10%，面包颜色占15%，面包结构占20%，面包体积占55%；澳大利亚的评分原则是：面包体积占30%，面包皮有无裂纹情况、面包皮色泽和面包芯色泽各占10%，面包芯的平滑程度和面包蜂窝状结构各占20%；我国面包评分标准：总分100分，体积为45分，面包外观为5分，面包芯色泽为5分，面包芯质地为10分，面包芯纹理结构为35分。

二、饼干、蛋糕等烘焙品质

除面包外，烘焙食品还有饼干、酥饼、蛋糕等，这类食品以软质小麦为原料，要求小麦蛋白质含量低，面筋弹性差，筋力弱，灰分少，粉色白，颗粒细腻。饼干评价标准是以饼干直径与饼干厚度比值或直接以饼干直径为标准，饼干直径越大，越薄，口感越好。蛋糕要求体积大，内部孔隙小，皱纹密而均匀，壁薄，柔软，湿润，瓤色白亮，味美纯正，要求小麦粉要细。酥饼品质的直接评价是测量其直径、厚度、质地和外观。要求直径大，径/厚比值（扩展指数）大，表面裂缝适中，均匀，质地酥脆，口感好。

（一）烘焙试验

饼干、酥饼、蛋糕等的烘焙试验各不相同，但可采用焙烤面包相同的小型的烘焙设备，例如 LYHP-1 型烘焙设备，或较大的 LYHP-2 型烘焙设备。下面分别介绍饼干、酥饼、蛋糕等的烘焙试验。

1. 发酵饼干烘焙试验

采用 LS/T 3205—1993《发酵饼干用小麦粉》的方法。

（1）第一次调粉　将试验小麦粉 300g 中的 135g 小麦粉，加入预先用 65mL 的温水溶化的 2g 鲜酵母液在和面机中慢速搅拌 4min，形成面团。

（2）第一次发酵　将调制好的面团盛入塑料盒，放入恒温恒湿醒发箱内发酵，温度调至 28℃，相对湿度为 70%左右，发酵 5h。

（3）第二次调粉　在第一次发酵的面团中，再加入 135g 小麦粉、40. 5g 油脂、1. 1g 饴糖、12. 5g 乳粉、1. 25g 精盐、1. 0g $NaHCO_3$、0. 7g NH_4HCO_3 以及 30mL 的温水等辅料，慢速搅拌 5min。

（4）第二次发酵将面团盛入塑料盒，放入恒温恒湿醒发箱内发酵，温度调至 28℃相对湿度为 70%左右，发酵 3~4h。

（5）调制油酥　将 30g 小麦粉加 4. 2g 精盐、11g 油脂，搅拌均匀，调制油酥。

（6）辊轧、成型　面团用手工辊轧。油酥均匀地包在面片中，经过数次折叠、辊轧包酥（每次变换 90°方位），使面片具有数层均匀的油酥层次。手工辊轧 10~14 次。用两片 2. 5mm 厚的铝片放在压辊两端压制，使面片厚 2. 5~3mm 用有花纹和针孔的印模手工压模成型（用力要均匀）。

（7）焙烤用电热式烤炉焙烤，焙烤饼干的炉温为 220℃，时间为 8min。

2. 酥性饼干烘焙试验

采用 LS/T 3206—1993《酥性饼干用小麦粉》的方法。

（1）称取白砂糖 85. 5g 并加水约 15mL（加水量随小麦粉吸水率而变）加热溶解，冷却至 30℃左右，加入饴糖 13. 8g。

（2）将称好的起油酥 45g 和奶油 6g 一起加热溶化，再冷却至 30℃左右，向其中加入柠檬酸 0. 012g。

（3）将称好的小苏打 0. 21g 溶解于 5mL 冷水中，将称好的食盐 0. 9g 和碳酸氢铵 0. 9g 起溶解于 5mL 冷水中。

（4）将油、糖混合在一起，用和面机慢速搅拌 10s，再加入鸡蛋 50g 搅拌直至均匀（中挡搅拌速度 20s）。

（5）再加入小苏打溶液，用低速挡搅拌均匀，然后再加入食盐和碳酸氢铵的混合液，低速挡搅拌均匀，约 1min。

（6）将乳粉 13. 8g 和小麦粉 300g 预先混合均匀，然后再加入上面搅拌均匀的配料，调制成面团，约 1min，调制好的面团温度为 22℃左右。

（7）将调制好的面团取出，静置 5~10min，使面团用手捏时不感到粘手，软硬适度，面团上有清晰的手纹痕迹，当用手拉面团时，感觉稍有黏结力和延伸性，拉断的面团没有缩短的弹性现象。这说明面团的可塑性良好，可以判断面团调制已达到终了阶段。

（8）手工压片，用两片 2. 5mm 厚的铝片放在压辊两端压制，使面片厚为 2. 5~3mm。

（9）用有花纹的印模手工压模成型（用力要均匀）。

（10）焙烤。用电热式烤炉焙烤，焙烤饼干的炉温为 200℃，时间约为 9min，具体时间可视饼干颜色而定。

3. 海绵蛋糕烘焙试验

采用 GB/T 24303—2009《粮油检验　小麦粉蛋糕烘焙品质试验　海绵蛋糕法》的方法。

（1）称量　准确称取通过 CQ7 号筛的小麦粉 100g，用鲜鸡蛋制备的蛋液 130g 和绵白糖 110g：称量蛋糕模具并编号。精确至 0. 01g。

（2）制备蛋糊　在室温为 20~25℃时，将称量好的蛋液和绵白糖放入打蛋机搅拌缸中，以慢速（60r/min）搅打 1min 充分混匀，再以快速（200r/min）搅打 19min。

（3）制备面糊　将称量的小麦粉均匀倒入蛋糊中，慢速（60r/min）搅拌 10s 停机，拿下搅拌头，快速将搅拌缸内壁蛋糊刮至缸底，装上搅拌头再用慢速（60r/min）搅拌 20s 停机，取下搅拌缸，以自流淌出方式将面糊分别倒入两个蛋糕模具中。每个模具中的面糊为 150g 精确到 0. 01g。黏附在搅拌缸内壁的面糊不应刮入模具中。

（4）烘烤　把装入面糊的模具立即入炉烘烤。若使用平面烤炉，设定烤炉上火为：180℃，下火为 160℃；若使用旋转烤炉，设定炉温为 190℃。烘烤时间为 18~20min。

从蛋糊拌好到面糊入炉焙烤全过程应避免碰撞、振动盛有蛋糊、面糊的容器。全过程要按程序操作，不间歇、不停顿并即时入炉焙烤。

蛋糕出炉在室温下稍冷脱模并在室温冷却 30min 后测定比容（用感量 0. 1g 天平称重，用面包馒头体积测定仪测体积）。取 3 次测定的平均值。

（二）品质评价方法

目前，关于饼干、蛋糕感官品质的评价大多采用国际国内通用的感官评价体系，或在此基础上根据实际需要稍加修改（主要是针对各指标所取的权重）。我国饼干、蛋糕品质评分标准中偏重视觉特征，而国外偏重味觉特征，随着人民生活水平的提高，对食品口味的要求越来越高，口味的权重将增加，将更趋向于国外的评分标准。

（1）发酵饼干和酥性饼干品质的评价方法相同主要评价指标包括表面花纹、形态、粘牙度、酥松度、口感粗糙度、组织结构等，总分为75分。评价时，每种试验饼干在冷却后任意抽取10块，由一定评分能力和评分经验的评分人员（每次5~7人）按饼干品质评分标准进行评分（取算术平均值），然后将评分折算成百分制，取整数，平均数中若出现小数则采用四舍、六入、五留双的方法取舍。

饼干品质评分标准如表8-3所示。

表8-3　饼干品质评分标准

项目	扣分内容	扣分标准每块扣分/分	满分/分
花纹（表面状态）	明显，清晰	0	10
	无花纹	1	
	不明显	0.5	
形态	不完整	0.2	10
	气泡	0.2	
	不端正	0.2	
	凹底1/3	0.2	
	凹底1/5	0.1	
粘牙度	轻微粘牙	0.25	10
	较粘牙	0.5	
酥松度	很酥松	0	20
	较酥松	0.5	
	不酥松	2	
口感粗糙度	很粗糙	1.5	15
	较粗糙	0.5	
	细腻	0	
组织结构	均匀	0	10
	轻微不均匀	0.25	
	较不均匀	0.5	
	不均匀	1	

（2）海绵蛋糕的品质评价方法参照GB/T 24303—2009《粮油检验　小麦粉蛋糕烘焙品质试验　海绵蛋糕法》进行。主要评价指标包括比容、表面状况、内部结构、口感等，总分为100分。评价时，每种试验蛋糕在冷却后用锯齿形刀从蛋糕横向分切成3块，由一定评分能力和评分经验的评分人员（每次5~7人）按蛋糕品质评分标准（表8-4）进行评分，取算术平均值，平均数中若出现小数则采用四舍、六入、五留双的方法

取舍。

海绵蛋糕比容评分如表 8-4 所示。

表 8-4　　海绵蛋糕比容评分表　　单位：cm^3/g

比容	得分	比容	得分	比容	得分	比容	得分
2.5	7	3.4	16	4.3	25	5.2	26
2.6	8	3.5	17	4.4	26	5.3	25
2.7	9	3.6	18	4.5	27	5.4	24
2.8	10	3.7	19	4.6	28	5.5	23
2.9	11	3.8	20	4.7	29	5.6	22
3.0	12	3.9	21	4.8	30	5.7	21
3.1	13	4.0	22	4.9	29	5.8	20
3.2	14	4.1	23	5.0	28	5.9	19
3.3	15	4.2	24	5.1	27	6.0	18

海绵蛋糕品质评分标准如表 8-5 所示。

表 8-5　　海绵蛋糕品质评分标准

项目	评分标准	满分/分
表面状况	表面光滑无斑点、环纹，且上部都有较大弧度：8~10 分 表面略有气泡 、环纹，稍有收缩变形，上部都有一定弧度：5~7 分 表面有深度环纹，收缩变形凹陷，上部弧度很小：2~1 分	10 分
内部结构	亮黄、淡黄有光泽，气孔较均匀、光滑细腻：23~30 分 黄、淡黄色无光泽，气孔略大稍粗糙，不均匀、无坚实部分：16~22 分 暗黄，气孔较大且粗糙、底部气孔紧密、有少量坚实部分：8~15 分	30 分
弹柔性	柔软有弹性，按下去后复原很快：8~10 分 柔软较有弹性，按下去后复原较快：5~7 分 柔软性 、弹性差，按下去后难复原：2~4 分	10 分
口感	味纯正、绵软、细腻，稍有潮湿感：16~20 分 绵软略有坚韧感、稍干：12~15 分 松散发干、坚韧、粗糙或较粘牙：6~11 分	20 分

（三）饼干的卫生标准

GB 7100—2015《食品安全国家标准　饼干》中对常见饼干的原料、感官要求、理化指标、污染物限量、微生物限量、食品添加剂和食品营养强化剂等进行了规定，感官要求应符合表 8-5 的规定，理化指标应符合表 8-6 的规定，污染物限量应符合 GB 2762—2017《食品安全国家标准 食品中污染物限量》的规定，致病菌限量应符合 GB 29921—2021《食品安全国家标准 食品中致病菌限量》中熟制粮食制品的规定，微生物限量应符合表 8-7 的规定。除此之外，饼干中添加的食品添加剂和营养强化剂分别应符合 GB 2760—2014《食品安全国家标准 食品添加剂使用标准》和 GB 14880—2012《食品安全国家标准 食品营养强化剂使用标准》的规定。

感官要求、理化指标和微生物限量如表 8-6、表 8-7、表 8-8 所示。

表 8-6 感官要求

项目	要求	检验方法
色泽	具有该产品应有的色泽	将样品置于白瓷盘中，在自然光下观察和状态，检查有无异物。闻其气味，用温开水漱口后品其滋味
滋味、气体	无异味、无异臭	
状态	无霉变、无生虫及其他正常视力可见的外来异物	

表 8-7 理化指标

项目		指标	检验方法
酸价（以脂肪计）（KOH）/(mg/g)	≤	5	GB 5009.229—2016《食品安全国家标准 食品中酸价的测定》
过氧化值（以脂肪计）/(g/100g)	≤	0.25	GB 5009.227—2016《食品安全国家标准 食品中过氧化值的测定》

注：酸价和过氧化值指标仅适用于配料中添加油脂的产品。

表 8-8 微生物限量

项目	采样方案及限量				检验方法
	n	c	m	M	
菌落总数/(CFU/g)	5	2	10^4	10^5	GB 4789.2—2016《食品安全国家标准 食品微生物学检验 菌落总数测定》
大肠菌群/(CFU/g)	5	2	10	10^2	GB 4789.3—2016《食品安全国家标准 食品微生物学检验 大肠菌群计数》平板计数法
霉菌/(CFU/g) ≤	50				GB 4789.15—2016《食品安全国家标准 食品微生物学检验 霉菌和酵母计数》

注：样品的采样及处理按 GB 4789.1—2016《食品安全国家标准 食品微生物学检验 总则》执行。

三、馒头蒸煮品质

馒头是我国的传统主食，在北方人民膳食结构中约占到 2/3。据统计，馒头用粉量占小麦粉总消费量的40%左右。随着人民生活水平的迅速提高及市场经济的进一步完善，馒头加工的商业化程度日益提高。传统主食的工业化生产对小麦品质及小麦粉品质提出了更高的要求，对食品品质评价方法、评价指标及其质量控制提出了更高标准。目前馒头品质评价方法、评价指标很不统一，且大多采用感官评价，近年来，研究人员探讨了运用质构仪测试对馒头品质进行综合评价的方法，并筛选出了主要的评价指标，为馒头的客观评价提供了一定的参考依据，加快馒头品质评价标准体系的建立与完善。

（一）蒸煮试验

馒头蒸煮试验可参照 GB/T 35991—2018《粮油检验　小麦粉馒头加工品质评价》进行。称取1.6g即发干酵母溶于50mL 38℃的蒸馏水中备用。称取质量相当于200g水分含量为13.5%质量分数的小麦粉样品，精确至0.1g，倒入搅拌机中，加入备用的酵母溶液，并补加适量的蒸馏水，即粉质吸水率的70%~80%（一般补加水量为40~60mL，并根据面团的实际吸水状况进行调整）。启动搅拌机，搅拌至面团形成，取出，记录和面时间。和好的面团温度应为30±1℃。将和好的面团在压片机面辊间距为0.5cm处由上至下辊压10次赶气，然后分割成两块，分别手揉20~30次，至面团滋润成型，制成馒头坯，成型高度约为6cm，底围直径约为5cm。将成型的馒头坯放在蒸纸上置于恒温恒湿醒发箱中醒发，醒发温度为（30±1）℃，湿度为80%~90%，醒发时间为30min。向不锈钢蒸锅内加入1.5L自来水［水温控制在（30±5）℃］，将醒好的馒头坯同蒸纸一起放在锅屉上，将电磁炉功率定为1600W蒸制25min。取出馒头，盖上纱布冷却60min后测量。

（二）馒头品质评价方法

有关馒头品质的评价指标与方法还处于初期探索阶段，目前，馒头大多借鉴面包的评价指标与方法进行品质评价。馒头评价常采用感官评价，评价指标包括馒头的体积、比容、表皮色泽、外形的对称性、瓤的色泽、内部结构、咬劲、香味、柔韧性等，也有一些报道用质构仪测定馒头品质（TPA全质构测试），并认为评价馒头品质特性的感官评分与质构仪测定的相应参数有很好的相关性，两者反映馒头品质的关系是一致的。

馒头的感官评价是对产品质量的一个基本界定，因而对生产是极其重要的标准。然而，由于馒头品种的多种多样，以及各地人民口味的不同，不可能像对面包的评价那样对馒头给出一个统一的标准，但是对于北方主食馒头来说，还是有一定的标准可循，总体上讲，馒头的感官质量包括外观形态、内部组织、口感、滋味和气味等。

（1）馒头品质要求　GB/T 21118—2007《小麦粉馒头》对小麦粉馒头感官质量要求如下。

①外观：形态完整，色泽正常，表面无皱缩、塌陷，无黄斑、灰斑、黑斑、白毛和黏斑等缺陷，无异物。

②内部：质构特征均一，有弹性，呈海绵状，无粗糙大孔洞、局部硬块、干小麦粉痕迹及黄色碱斑等明显缺陷，无异物。

③口感：无生感，不粘牙，不牙碜。

④滋味和气味：具有小麦粉经发酵、蒸制后特有的滋味和气味，无异味。

需要说明的是，进行馒头品尝评分时，必须趁热完成，因为馒头放凉后硬度增大，试样间差异明显变小，不易评分。由于馒头原料以及面团发酵剂品种多样，馒头评价标准并非一成不变，需要随着馒头制作工艺的不同而相应修改，例如，若在馒头制作过程中加碱的话，则需要在评价标准中着重强调关于馒头碱味大小的评价指标。

（2）馒头品质评价　主要有以下几个方面。

①馒头用小麦粉中馒头品质的评价：LS/T 3204—1993《馒头用小麦粉》规定了馒头用小麦粉的技术要求、试验方法、检验规则和标志、包装、运输、储存，其中在附录中规定了小麦粉馒头制作与评分方法。多年以来，我国采用的小麦粉馒头制作与评分方法很多都是援引 LS/T 3204—1993《馒头用小麦粉》中所规定的方法。

在 LS/T 3204—1993《馒头用小麦粉》标准中，要求称取 100g 小麦粉原料制作馒头，冷却 40~60min 后将待测的馒头切成数块，然后按照馒头评分项目和标准表中的内容逐项品尝打分，品尝小组由 4~5 名经训练并有经验的人员组成。评分项目及分数分配如下。

总分：100 分。

外部 35 分，其中：比容 20 分，外观形状 15 分。

内部 65 分，其中：色泽 10 分，结构 15 分，弹韧性 20 分，黏性 15 分，气味 5 分。

馒头评分项目和标准如表 8-9 所示。

表 8-9　馒头评分项目和标准

项目		满分/分	评分标准
外部（35 分）	体积/cm^3		计算比容
	高/cm		外观形状评分依据之一（6.5cm 以下酌情减分）
	质量/g		计算比容
	比容/(cm^3/g)	20	2.30mL/g 为满分，每少 0.1 扣 1 分
	外观形状	15	表皮光滑，对称，挺：12.1~15 分；中等：9.1~12 分；表皮粗糙，有硬块，形状不对称：1~9 分
内部（65 分）	色泽	10	白、乳白、奶白：8.1~10 分；中等：6.1~8 分；发灰、发暗：1~6 分
	结构	15	纵剖面气孔小均匀：12.1~15 分；中等：9.1~12 分；气孔大而不均匀：1~9 分
	弹韧性	20	用手指按复原性好，有咬劲：16.1~20 分；中等：12.1~16 分；复原性、咬劲均差：1~12 分

续表

项目		满分/分	评分标准
内部（65 分）	粘牙	15	咀嚼爽口不粘牙：12. 1~15 分；中等：9. 1~12 分；咀嚼不爽口、发黏：9 分
	气味	5	具麦清香、无异味：4. 1~5 分；中等：3. 1~4 分；有异味：1~3 分
总分		100	

②小麦粉馒头加工品质评价：近年来国外主要小麦出口国为了扩大在中国的市场份额，纷纷增加了对我国主食馒头的研究力度，例如澳大利亚已经对馒头进行了几十年的研究，他们在馒头的制作和评价方法等方面也有很多值得我们借鉴的地方。随着人们对小麦粉食用品质研究的逐渐深入，以及实验设备的改进和实验条件的变化，馒头用小麦粉中的馒头品质评价和操作方法均不能完全适应科研与生产发展的需要，在此基础上，GB/T 35991—2018《粮油检验　小麦粉馒头加工品质评价》利用针式和面机以及压片机，对馒头品质评价方法进行了改进，但是 LS/T 3204—1993《馒头用小麦粉》标准也没有废止，仍然有效。

GB/T 35991—2018《粮油检验　小麦粉馒头加工品质评价》规定了小麦粉馒头加工品质评价的原理、原料、仪器和设备、操作步骤、样品编号和感官评价条件、感官评价方法及结果表述。按照标准规定，馒头制作时以小麦粉和水为原料，以酵母为发酵剂混合制成面团，经过成型、醒发、蒸制熟化后制成馒头，然后对馒头成品进行质量、宽高比及体积测定，并对外部和内部特征指标、食味、韧性和黏性进行感官评价，按照标准规定逐项确定评分值，汇总计算得到馒头加工品质评分，评分值越高，表明小麦粉的加工品质越好。这个标准考虑了小麦粉的含水量等因素，而且对操作步骤和评价过程给予了更为详细严谨的说明，在最后也给出了馒头品质评分标准。在这个标准里，馒头品质评分项目包括：比容、宽高比、弹性、表面色泽、表面结构、内部结构、韧性、黏性、食味，其中馒头内部结构分为优（18~20 分）、良（13~17 分）、中（10~12 分）、差（5~9 分）四个档次评分，可见，新标准中的评价项目有所增加，更为全面。

小麦粉馒头加工馒头评分表如表 8-10 所示。

表 8-10　小麦粉馒头加工馒头评分表

项目	评分标准
比容/(cm^3/g)（20 分）	比容≥2. 8 得满分 20 分；比容≤1. 8 得最低分 5 分；比容在 1. 8~2. 8，每下降 0. 1 扣 1. 5 分
宽高比（5 分）	宽高比≤1. 40 得最高分 5 分；>1. 60 得最低分 0 分；在 1. 40~1. 60 每增加 0. 05 扣 1 分

续表

项目	评分标准
弹性（10分）	手指按压回弹性好：8~10分；手指按压回弹弱：6~7分；手指按压不回弹或按压困难：4~5分
表面色泽（10分）	光泽性好：8~10分；稍暗：6~7分；灰暗：4~5分
表面结构（10分）	表面光滑：8~10分；皱缩、塌陷、有气泡或烫斑：4~7分
内部结构（20分）	气孔细腻均匀：18~20分；气孔细腻基本均匀，有个别气泡：13~17分，边缘与表皮有分离现象，扣1分；气孔基本均匀，但有下列情况之一的：过于细密，有稍多气泡，气孔均匀但结构稍显粗糙，10~12分；气孔不均匀或结构很粗糙：5~9分
韧性（10分）	咬劲强：8~10分；咬劲一般：6~7分；咬劲差，切时掉渣或咀嚼干硬：4~5分
黏性（10分）	爽口不粘牙：8~10分；稍黏：6~7分咀嚼不爽口，很黏：4~5分
食味（5分）	正常小麦固有的香味：5分；滋味平淡：4分；有异味：2~3分

③小麦品种品质分类中馒头品质评价：在对小麦食品加工特性进行评价时，GB/T 17320—2013《小麦品种品质分类》也以馒头制作与评价为对象进行了规定。这个标准主要是规定了专用小麦品种的品质类型、品质指标、检验方法以及检验规则，适用于小麦品种的选育、品种（品系）的品质鉴定、品种审定和推广，也适用于加工用专用小麦品种的收购、销售和加工。

GB/T 17320—2013《小麦品种品质分类》对馒头的感官评价、品尝方法与判定规则等进行了说明。在对馒头进行评分时，分为外部和内部两部分，分别对馒头高、馒头质量与体积、外观品质和品尝品质进行评价，其中，将比容和馒头的高度列在了外部指标中。结果表示时，各项品评得分合计后保留至整数位，总的评分判定等级分为四等：优（≥90分）、良好（80~89分）、一般（70~79分）和差（<70分）。

小麦品种分类中馒头评分项目及分数分配如表8-11所示。

表8-11　小麦品种分类中馒头评分项目及分数分配

项目		满分/分	得分标准
外部	比容/(cm^3/g)	15	比容≥2.8，15分 比容≤1.5，2分 比容在2.8~1.5，每下降0.1扣1分
	高/cm	5	高≥7.0cm得满分5分 高≤5.0cm得最低分1分 高在7.0~5.0cm，每下降0.5cm扣1分

续表

项目		满分/分	得分标准
外部	表面色泽	10	白、乳白，8~10 分 浅黄、黄，6~8 分 灰暗，2~6 分
	表面结构	10	光滑，8~10 分 皱纽、塌陷、有气饱、有凹点或大块烫斑，3~8 分
	外观形状	10	对称、挺、有球形感，7~10 分 扁平或不对称，4~7 分
内部	结构	15	气孔细小均匀，12~15 分 气孔过于细密但均匀，8~12 分 有大气孔、结构粗糙，5~11 分 边缘与表皮有分离现象，8~12 分
	弹性	10	回弹快、能复原、可压缩 1/2 以上，7~10 分 手指按压回弹弱或不回弹，3~7 分 手指按压困难，感觉较硬，2~6 分
	韧性	10	咬劲强，7~10 分 咬劲弱且掉渣或咀嚼干硬，无弹性，4~7 分
	黏性	10	爽口不粘牙，8~10 分 稍粘牙或粘牙，3~7 分
	气味	5	具有麦香、无异味，4~5 分 味道平淡，3~4 分 有异味，1~3 分
总分		100	

（三）理化指标

在 GB/T 21118—2007《小麦粉馒头》中，馒头的理化指标包括比容、pH 和水分，下面对其测定方法进行介绍。

理化指标如表 8-12 所示。

表 8-12 理化指标

项目	指标
比容/(cm^3/g)	≥1.7
水分/%	≤45
pH	5.6~7.2

（1）小麦粉馒头比容测定

①称量：将冷却 1h 的馒头称取质量，精确到 0.1g。

②体积测量：使用馒头体积测量仪测定馒头的体积，精确到 $5cm^3$。

采用式（8-7）计算馒头比容。

$$\lambda = V/m \tag{8-7}$$

式中 λ——馒头比容，cm^3/g；

V——馒头体积，cm^3；

m——馒头质量，g。

两次独立重复测定结果的绝对差值不应超过 $0.1cm^3/g$。如果没有馒头体积测量仪，可采用菜籽置换法的基本原理进行测定，取两个容积相等的容器，将菜籽装满一个容器，将待测馒头放入另一个容器内，然后将装满菜籽容器内的菜籽倒入到装有待测馒头样品的容器内，装满摇实整平后，测定剩余的菜籽体积，即为馒头体积。

（2）小麦粉馒头 pH 的测定

①试样制备：将待测馒头样品置于高速组织捣碎机中切碎，然后称取 50.0g 置于捣碎杯中，并加入 150mL 经煮沸后冷却的蒸馏水，接着再捣碎均匀。

②试样的测定：将校正后的 pH 复合电极插入制备的试样中，待读数稳定后，读取 pH。

完成两次独立重复测定，取两次结果的平均值作为结果，精确到 0.01。两次独立重复测定结果的绝对差值应小于平均值的 2%。

（3）小麦粉馒头水分测定

①试样制备：将待测馒头样品置于高速组织捣碎机中切碎，置于样品瓶中备用。

②测定方法：准确称取 2.00~5.00g 试样置于称量瓶中，在 60~80℃ 的条件下干燥 2h，然后按照 GB 5009.3—2016《食品安全国家标准　食品中水分的测定》中规定的方法（直接干燥法）进行测定。

采用式（8-8）计算馒头样品中水分含量。

$$X = (m_1 - m_2)/(m_1 - m_3) \times 100 \tag{8-8}$$

式中 X——馒头样品中的水分含量，%；

m_1——样品和称量瓶的质量，g；

m_2——样品和称量瓶经过两次干燥后的质量，g；

m_3——称量瓶的质量，g。

计算结果保留 1 位小数。

（四）卫生指标

（1）卫生指标标准　按照《中华人民共和国食品安全法》的规定，食品安全标准的内容应当包括食品、食品相关产品中的致病性微生物、农药残留、兽药残留、重金属、污染物质以及其他危害人体健康的物质，以及食品添加剂的品种、使用范围、用量等。

馒头作为主食，其食品安全性显得尤为重要。GB/T 21118—2007《小麦粉馒头》中馒头的卫生指标要求主要包括微生物和金属离子，大肠菌群不超过30MPN/100g，霉菌计数不超过200CFU/100g，致病菌（沙门氏菌、志贺氏菌、金黄色葡萄球菌等）不得检出，总砷（以As计）和铅（以Pb计）含量均须小于等于0.5mg/kg。

在GB/T 21118—2007《小麦粉馒头》中，未分别列出直接食用馒头和复热食用馒头的微生物指标区别，而且对菌落总数、黄曲霉毒素、锡、亚硫酸盐及铝含量也均未作明确规定，为了向有关单位和部门提供参考，河南工业大学的刘长虹教授给出了推荐值。从消费者利益出发，立足长远发展，为了保证馒头产品质量安全，生产企业应参照其他食品安全标准，对其他卫生指标制定更为严格的标准，例如小麦粉、水、食品添加剂和营养强化剂等应符合国家质量和卫生的最新规定。

卫生指标如表8-13所示。

表8-13　　卫生指标

项目	指标	
	直接食用馒头	复热食用馒头
菌落总数/(CFU/g)	≤2000	≤50000
锡（以Sn计）/(mg/kg)	≤200	—
亚硫酸盐（以SO_2计）/(mg/kg)	≤30	—
黄曲霉毒素B_1/(μg/kg)	≤5	—
铝（以质量计）/(mg/kg)	≤100	—

（2）生产加工过程的技术要求和检验　馒头生产过程的卫生规范应符合GB 14881—2013《食品安全国家标准　食品生产通用卫生规范》的规定，生产过程中不得添加过氧化苯甲酰、过氧化钙等非法的添加剂，不得使用硫黄熏蒸、添加吊白块、二氧化钛等非法方式增加馒头白度。

馒头的出厂检验组批量以个数计，按照规定方法在成品仓库内随机抽取样品。

抽样数量如表8-14所示。

表8-14　　抽样数量　　单位：个

组批量（最小包装数）	样本量（包装个数）	组批量（最小包装数）	样本量（包装个数）
2~50	2	501~35000	5
51~500	3	≥35001	8

抽检后，进行小麦粉馒头质量评判，全部质量指标符合GB/T 21118—2007《小麦粉馒头》规定时，则判定抽检批次的产品为合格。小于两项指标不符合标准规定时，那么可以在同批次的产品中双倍抽样复检，复检结果全部达到规定时，可判定该批产品合

格，如果复检结果中仍有一项指标不合格，该批产品则被判定为不合格。当抽检批次产品中的卫生指标有一项不符合国家标准规定时，则判定该批产品不合格，不得供人食用。在进行检验“感官质量要求”时，如果发现馒头有异味、霉变、污染、外来物质时，则判定该批产品不合格，不得供人食用。小麦粉馒头的检验方法、标签以及包装、运输和储存等要求可参考 GB/T 21118—2007《小麦粉馒头》。

四、面条类品质评价

世界上的面条种类很多，根据生产和食用地域的不同，可主要分为通心面类（Pasta）和面条类（Noodle）两种，前者主要集中在意大利、德国、美国等西方国家，后者主要在中国、日本、新加坡和韩国等亚洲地区。面条种类不同，对品质的需求也不同。另外，不同消费人群不同，对面条品质需求也不同，很难用统一的标准来评价面条的品质。如日本和韩国的挂面（白盐面）要求软和弹的口感，而中国的挂面一般要求具有咬劲；方便面要求具有咬劲、不发黏，泡水后能保持很好的产品状态等。

（一）鲜湿面

目前我国所使用的 GB/T 35875—2018《粮油检验　小麦粉面条加工品质评价》以感官评价为主，即便是经过训练的 3~5 人组成的评分小组对面条进行评价也难免造成较大的误差，因此面条品质的量化评价是今后研究的发展方向。面条品质评价，不仅要采用感官评价，如面条的坚实度、弹性、光滑性、食味、表面状态、色泽等，而且面条的蒸煮品质可用最佳蒸煮时间、蒸煮损失、面条吸水率、总有机物测定值、蛋白质损失率来测定、并将面条的评价结合仪器如质构仪、测色仪等检测来综合评价面条的品质，具有一定的客观性。研究得出：感官质地参数和仪器质地参数（表面硬度、TPA、拉伸力等）具有很强的相关性；生面条的颜色、拉伸力、煮熟面条表面硬度、咀嚼感、面条的色泽等都可以用仪器来测定。面条的微观品质检测采用凝胶层析技术、偏光显微镜、扫描电子显微镜技术等。

面条感官评价表如表 8-15 所示。

表 8-15　面条感官评价表

项目	满分/分	评分标准
坚实度	10	软硬合适（8~10 分）；稍软或稍硬（7 分）；很软或很硬（4~6 分）
弹性	25	弹性好（21~25 分）；弹性一般（16~20 分）；弹性差（10~15 分）
光滑性	20	光滑爽口（17~20 分）；较光滑（13~16 分）；不爽口（9~12 分）
食味	5	具有麦香味（5 分）；基本无异味（4 分）；有异味（2~3 分）

续表

项目	满分/分	评分标准
表面状态	10	表面光滑、有明显透明质感（8~10分）；表面较光滑、透明质感不明显（7分）；表面粗糙，明显膨胀（4~6分）
色泽	30	亮白或亮黄（26~30分）；亮度一般或稍暗（20~25分）；灰暗（14~19分）

面条的感官评价指标的种类、评价标准以及各指标得分在总评分中所占比值等都在不同国家的评价体系存有较大的差异。日本对于面条的品质评价指标及其分值分别为：色泽25分、表面状态20分、适口性（软/硬）10分、弹性25分、光滑性10分、口感10分，总分为100分；中国鲜湿面的品质评价指标及其分值分别为：坚实度10分，弹性25分，光滑性20分，食味5分，表面状态10分，色泽30分，总分为100分；中国黄碱面条的品质评价指标及其分值分别为：刚煮出时的面条色泽10分、煮后放置24h后面条色泽20分、面条表面斑点20分、刚煮出时的面条质构20分、口感10分、煮后放置7min后的面条质构20分，总分100分。

那些软硬适中，咀嚼时弹性大，食用时嘴唇、舌头及口腔内感觉光滑的面条，一般在相应指标上被赋予最高分值，但是，不同国家、不同地域的人们对各指标进行评价时的得分标准有所不同。由于受评价者主观因素影响较大，面条的感官评价结果在不同国家之间很难达成共识。于是，人们逐渐倾向于追求能够对面条品质评价结果进行量化的评价方法。对面条进行量化的品质评价指标主要有：煮后面条的白度和断裂强度、煮后面条的表面硬度、切断力、抗压力、煮面质量、煮面吸水率和煮制时干物质损失率等。

（二）挂面品质评价方法

有关挂面品质评价方法的专门研究较为少见，面条品质评价方法主要包括感官评价、化学测定、仪器分析和微观结构等。早期，人们对面条品质的评价多依赖于感官评价；后来，随着质构分析仪器的不断诞生与改进，对面条品质进行分析，化学分析法和仪器测定法也逐步发展和完善起来。

1. 挂面品质分析

行业标准LS/T 3212—2021《挂面》中对挂面的质量要求、检验方法、检验规则、标签标识，以及包装、运输和储存等要求进行了规定。其中挂面感官要求：色泽、杂质、气味检测按GB/T 5492—2008《粮油检验　粮食、油料的色泽、气味、口味鉴定》执行，口感按规定的方法进行测定。水分含量按GB 5009.3—2016《食品安全国家标准　食品中水分的测定》执行；酸度按GB 5009.239—2016《食品安全国家标准　食品酸度的测定》执行。除此之外，挂面的品质分析主要还包括以下几个方面。

（1）平均长度　随机抽取完整的10根挂面，测量取平均值。

（2）自然断条率　一定量的挂面样品中，长度不足平均长度2/3的部分占样品的质量分数，单位为%。

（3）熟断条率　一定根数的挂面样品在规定条件下煮熟后，被煮断的根数占样品根数的百分数，单位为%。

（4）烹调损失率　一定量的挂面样品在规定条件下煮熟后，溶解和脱落到煮面水中的固形物部分占样品的质量分数，单位为%。

感官要求及理化指标如表 8-16、表 8-17 所示。

表 8-16　感官要求

项目	要求	项目	要求
色泽	均匀一致	气味	无酸味、霉味及其他异味
杂质	无肉眼可见的异物	口感	煮熟后口感不黏，不牙碜

表 8-17　理化指标

项目	指标	项目	指标
水分含量/%	≤14.5	熟断条率/%	≤5.0
酸度/(mL/10g)	≤4.0	烹调损失率/%	≤10.0
自然断条率/%	≤5.0		

2. 面条用小麦粉中挂面品质的评价

LS/T 3202—1993《面条用小麦粉》目前仍然有效，本标准主要是以小麦为原料制成的挂面为考察对象，评价面条用小麦粉的品质，在此标准中规定了面条用小麦粉的技术要求、试验方法、检验规则和标志、包装、运输、储存等。标准中关于面条品尝项目和评分标准，一直被用来评价原辅料、加工工艺等对挂面品质的影响，评分项目包括挂面的色泽、表观状态、适口性（软硬）、韧性、黏性、光滑性和食味。

挂面品尝项目和评分标准如表 8-18 所示。

表 8-18　挂面品尝项目和评分标准

项目	满分/分	评分标准
色泽	10	指面条的颜色和亮度，面条白、乳白、奶黄色，光亮为 8.5~10 分，亮度一般为 6~8.4 分，色发暗、发灰，亮度差为 1~6 分
表观状态	10	指面条表面光滑和膨胀程度，表面结构细密、光滑为 8.5~10 分，中间为 6~8.4 分，表面粗糙、膨胀、变形严重为 1~6 分
适口性（软硬）	20	用牙咬断一根面条所需力的大小。力适中得分为 17~20 分，稍偏硬或软 12~17 分，太硬或太软 1~12 分
韧性	25	面条在咀嚼时，咬劲和弹性的大小，有咬劲、富有弹性为 21~25 分，一般为 15~21 分，咬劲差、弹性不足为 1~15 分

续表

项目	满分/分	评分标准
黏性	25	指在咀嚼过程中，面条粘牙的强度，咀嚼时爽口、不粘牙为 21~25 分，较爽口、稍粘牙为 15~21 分，不爽口、发黏为 10~15 分
光滑性	5	指在品尝面条时口感的光滑程度，光滑为 4.3~5 分，中间为 3~4.3 分，光滑程度差为 1~3 分
食味	5	指品尝时的味道，具麦清香味 4.3~5 分，基本无异味 3~4.3 分，有异味为 1~3 分

3. 蒸煮特性测定

蒸煮特性分析是通过测定在煮制过程中，从干挂面中流失成分的多少来评价面条的煮制品质和感官品质，其结果反映了面条中蛋白质基质和淀粉颗粒在煮制过程中的变化情况，测定指标主要有以下几种。

（1）烹调时间测定　用可调式电炉加热盛有样品质量 50 倍沸水的 1000mL 烧杯或锅，保持水的微沸状态。随机抽取挂面 40 根，放人沸水中，用秒表开始计时。从 2min 开始取样，然后每隔 30s 取样一次，每次取一根，用两块玻璃板压扁，观察挂面内部白硬心线，白硬心线消失时所记录的时间即为烹调时间。

（2）挂面口感测定　用可调式电炉加热盛有样品质量 50 倍沸水的 1000mL 烧杯或锅，保持水的微沸状态。随机抽取挂面 40 根，放入沸水中，用秒表，开始计时。达到所测烹调时间煮熟后，用筷子挑出挂面分别放入 5 个烧杯中，自然冷却 1min。由 3 个专业检验人员各自品尝并将结果记录。如果有 1 人认为煮熟后口感有发黏、牙碜现象则认为不合格。

（3）熟断条率的测定　用可调式电炉加热盛有样品质量 50 倍沸水的 1000mL 烧杯或锅，保持水的微沸状态。随机抽取挂面 40 根，放入沸水中，用秒表开始计时。达到所测烹调时间后，用竹筷将面条轻轻挑出，数取完整的面条根数，按式（8-9）计算熟断条率。

$$S = \frac{40 - N}{40} \times 100 \tag{8-9}$$

式中　S——熟断条率，%；

N——完整面条根数；

40——试样面条根数。

（4）烹调损失率测定　称取约 10g 样品，精确至 0.1g，放入盛有 500mL 沸水（蒸馏水）的烧杯中，用可调式电炉加热，保持水的微沸状态，按测定的烹调时间煮熟后，用筷子挑出挂面，面汤放至常温后，转入 500mL 容量瓶中定容、混匀，取 50mL 面汤倒入 250mL 烧杯中，放在可调式电炉上蒸发掉大部分水分后，再加入面汤 50mL 继续蒸发至近干，放入 105℃烘箱内烘至恒重，按照式（8-10）计算烹调损失率：

$$P=\frac{5M}{G\times(1-W)}\times 100 \tag{8-10}$$

式中 P——烹调损失率,%；

M——100mL 面汤中干物质质量，g；

W——挂面水分含量；

G——样品质量，g。

4. 化学测定法

化学测定法主要包括总有机物测定和脂肪酸值测定，总有机物测定值主要用来反映面条表面冲洗水中的有机物含量，脂肪酸值主要用来反映挂面的储藏稳定性等特征。化学测定法是通过测定在煮制过程中，从面条中流失成分的多少来评价面条的煮制品质和质构品质，测定指标主要有以下两种。

（1）总有机物测定值（TOM） 用煮后面条表面冲洗水中干物质含量来评价面条品质。它是以 $K_2Cr_2O_7$和浓 H_2SO_4混合液及 Fe（NH_4）$_2$（SO_4）$_2$为氧化剂，以二苯胺磺酸钠作指示剂，通过化学反应的方法来测定面条表面冲洗水中的有机物含量，面条表面黏附的物质越多，TOM 值越大。TOM 值对煮面用水的硬度非常敏感，所以在煮面时务必要将水的硬度调整在同一标准水平上（实际上，这种冲洗水除去了煮后面条表面的黏附物，它反映了面条的黏性）。TOM 值可以代替感官方法对面条煮制品质进行评价，它与面条煮制品质的总体感官评价和黏性间具有很好的相关性。

TOM 值能否代表面条整体煮制品质评价结果，不仅取决于样品的表面黏性，也取决于样品在制备过程中所采用的干燥系统。实际上，经低温干燥的面条黏性与感官评价结果间的相关性最大，在此条件下，TOM 值是面条整体煮制品质很好的代言词，而在高温干燥条件下，只有在所测硬度能代表整体煮制品质的情况下，TOM 值才可以很好地用于评价面条的黏性。

（2）脂肪酸值测定 脂肪酸值指中和 100g 试样的脂肪酸所需的氢氧化钾毫克数。用天平称取样品 20g（精确到 0.01g），倒入 150mL 具有瓶塞的三角瓶中，加入苯 50mL，加塞振摇 40min 后，用滤纸过滤（过滤时加盖，防止苯挥发）。过滤后吸取滤液 25mL，加入 1%酚酞指示剂 3 滴，以 0.01mol/L 的氢氧化钾（或氢氧化钠）乙醇标准溶液滴定至橙红色 30s 不消失为止。记下消耗氢氧化钾（或氢氧化钠）乙醇标准溶液的用量。

$$\text{脂肪酸值}(\%)=\frac{V\times N\times 56\times 25/50}{W}\times 100 \tag{8-11}$$

式中 V——滴定消耗氢氧化钾（或氢氧化钠）标准溶液毫升数，mL；

N——氢氧化钾（或氢氧化钠）标准溶液浓度，mol/L；

W——试样质量，g；

56——氢氧化钾的克当量。

（三）方便面品质评价指标与方法

方便面的感官评价方法较为复杂，方便面的种类不同，其品质评价指标也各不相同。方便面的食用品质参照 GB 17400—2015《食品安全国家标准　方便面》和 GB/T 25005—2010《感官分析　方便面感官评价方法》进行，国家标准对方便面的色泽、表观状态、气味、弹性、光滑性等感官指标，净含量、水分含量、酸价、过氧化值、碘呈色度、氯化钠含量和复水时间等理化指标，以及菌落总数、大肠菌群数量等卫生指标做了规定。

1. 感官评价

方便面感官评价包括外观评价和口感评价两个过程。外观评价即在面饼未泡（煮）之前，由评价员主要利用视觉感官评价方便面的色泽和表观状态；口感评价即在规定条传下将面饼泡（煮）后，由评价员主要利用口腔触觉和味觉感官评价方便面的复水性、光滑性、软硬度、韧性、黏性、耐泡性等。评价的方法可采用标度（评分）法。评价的结果采用统计检验法处理异常值后进行分析统计。

（1）评价环境　方便面感官评价应在符合 GB/T 13868—2009《感官分析　建立感官分析实验室的一般导则》规定的感官分析实验室中进行。

（2）评价员　参加感官评价的评价员均应符合 GB/T 10220—2012《感官分析　方法学　总论》、GB/T 16291. 1—2012《感官分析　选拔、培训与管理评价员一般导则　第 1 部分：优选评价员》和 GB/T 16291. 2—2010《感官分析　选拔、培训和管理评价员一般导则　第 2 部分：专家评价员》的要求，并接受关于方便面感官评价相关知识的专门培训，尤其是感官评价方法标度法（见 ISO 4121）的培训。

（3）评价小组　每次感官评价应由 5 位及以上专家评价员或 10 位及以上优选评价员组成评价小组。评价小组的成员应具有相同的资格水平与检验能力，均为专家评价员或优选评价员。感官评价小组组长由感官分析师担任。

（4）评价器具　盛放样品的容器应白色、无味，尺寸应大于所评价的面饼本身，不会以任何方式影响评价结果。

（5）评价时间　评价时间宜安排在早上 9 点～10 点、下午 3 点～4 点或者饭前或饭后 1h 进行。

（6）评价步骤

①样品提供：每组样品提供的时间间隔应不少于 0. 5h，每组样品的数量不应超过 5 个。提供的样品应保持完整性并用三位数字随机编码。同一轮次评价中每个样品的编码应不同，评价员之间的编码也宜不同。

②外观评价：在规定的照明条件下（见 GB/T 21172—2007《感官分析　食品颜色评价的总则和检验方法》），评价方便面面饼的色泽和表观状态。根据评价结果进行标度评价（打分），评分规则如表 8-10 所示。

③口感评价：用量杯量取面饼质量约 5 倍（保证加水量完全浸没面饼）以上体积的沸水（蒸馏水）注入评价容器中，加盖严（对于泡面的面饼）；或者用量杯量取面饼质量约 5 倍（保证加水量完全浸没面饼）以上的蒸馏水，注入锅中，加热煮沸后将待评价面饼放入锅中进行煮制（对于煮面的面饼），用秒表开始计时。达到该种方便面标识的

冲泡或煮制时间后（如泡面一般 4min），取用适量的面条，由评价员主要利用口腔触觉和味觉感官评价方便面的复水性、光滑性、软硬度、韧性、黏性、耐泡性等。根据评价结果进行打分。

（7）结果的分析与表达　对评价员的评分结果可参考狄克逊（Dixon）检验法、Q 检验法或格鲁布（Grubbs）法等进行异常值的分析剔除。对剔除异常值处理后的方便面面饼各感官特性的评价结果，按式（8-12）计算感官特性单项平均得分，精确至小数点后两位。

$$\overline{X_i} = \frac{\sum_{i=1}^{n} X_i}{n} \tag{8-12}$$

式中　$\overline{X_i}$——某单项平均得分；

$\sum_{i=1}^{n} X_i$——某单项得分加和；

n——处理后的参加评选人数。

根据得出的各单项评分平均结果，按式（8-13）依照单项结果的加权平均得出综合评价结果（在此，各评价项目权重均为 1）。

$$Y = \sum_{i=1}^{n} \overline{X_i} \tag{8-13}$$

式中　Y——综合评价得分；

n——感官指标项的个数；

$\overline{X_i}$——某单项平均得分。

方便面感官特性评价标度及感官要求如表 8-19、表 8-20 所示。

表 8-19　方便面感官特性评价标度

感官特性	评价标度		
	低	中	高
	1~3 分	4~6 分	7~9 分
色泽	有焦、生现象，亮度差	颜色不均匀，亮度一般	颜色标准、均匀、光亮
表观状态	起泡分层严重	有起泡或分层	表面结构细密、光滑
弹性	弹性差	弹性一般	弹性好
光滑性	很不光滑	不光滑	适度光滑
软硬度	太软或太硬	较软或较硬	适中无硬心
韧性	咬劲差、弹性不足	咬劲和弹性一般	咬劲合适、弹性适中
黏性	不爽口、发黏或夹生	较爽口、稍发黏或稍夹生	咀嚼爽口、不粘牙、无夹生
耐泡性	不耐泡	耐泡性较差	耐泡性适中

表 8-20　　感官要求

项目	要求	检验方法
色泽	具有该产品应有的色泽	按食用方法取适量被测样品置 500mL 无色透明烧杯中，在自然光下观察色泽、形态，闻其气味，用温开水漱口后品其滋味
滋味、气体	无异味、无异臭	
状态	外形整齐或一致，无正常视力可见外来异物	

2. 食品添加剂和食品营养强化剂

食品添加剂的使用应符合 GB 2760—2014《食品安全国家标准　食品添加剂使用标准》的规定；食品营养强化剂的使用应符合 GB 14880—2012《食品安全国家标准　食品营养强化剂使用标准》的规定。

3. 微生物限量

致病菌限量应符合 GB 29921—2021《食品安全国家标准　预包装食品中致病菌限量》中方便面米制品的规定。

微生物限量还应符合表 8-21。

表 8-21　　微生物限量

项　目	采样方案及限量				检验方法
	n	c	m	M	
菌落总数/(CFU/g)	5	2	104	105	GB 4789.2—2016《食品安全国家标准　食品微生物学检验　菌落总数测定》
大肠菌群/(CFU/g)	5	2	10	102	GB 4789.3—2016《食品安全国家标准　食品微生物学检验　大肠菌群计数》平板计数法

注：1. 样品的采样及处理按 GB 4789.1—2016《食品安全国家标准　食品微生物学检验　总则》执行。
2. 仅适用于面饼和调料的混合检验。

4. 理化指标

（1）净含量的测定　净含量偏差用感量为 0.5g 天平，分 3 次称量 10 包净面块，净含量偏差按式（8-14）计算：

$$P = \frac{W - G}{G} \times 100 \tag{8-14}$$

式中　P——净含量偏差，%；

W——10 包净面块总量，g；

G——10 包样品面块标志量总和，g。

（2）复水时间　取面块一块置于带盖保温容器中，加入约 5 倍于面块质量的沸水，立即将容器加盖，同时用秒表计时。当用玻璃片夹紧软化面条，观察糊化状态无明显硬心时，记录所用复水时间。LS/T 3211—1995《方便面》规定油炸面的复水时间需≤4min，风干面的复水时间需≤6min。

（3）氯化钠含量测定　用天平称取样品 20g（准确到 0.01g），倒入三角瓶中，加入蒸馏水 100mL，振摇 40min，用滤纸过滤。过滤后吸滤液 25mL，加入 5%碳酸钾溶液 1mL，0.1mol/L 硝酸银标准溶液滴定至出现橘红色为止。同时做空白试验。氯化钠含量按式（8-15）计算：

$$\text{氯化钠}(\%) = \frac{(V_1 - V_2) \times 0.0585 \times 100/25}{W} \times 100 \tag{8-15}$$

式中　V_1——滴定消耗硝酸银标准溶液毫升数，mL；

V_2——空白试验中滴定消耗硝酸银标准溶液毫升数，mL；

W——试样质量，g；

0.0585——1mol/L 硝酸银标准溶液 1mL 相当氯化钠的克数，g/mL。

（4）碘呈色度　试料的制备按 GB/T 5009.56—2003《糕点卫生标准的分析方法》中规定的方法将样品中的脂肪提取干净，取约 5g，立即研磨，并全部通过 CB36 号（100 目）筛绢，备用。提取脱脂研磨后制备的试料 2.0000g 于 150mL 三角瓶中，加入 20.0mL 蒸馏水，置于（50±1）℃恒温振荡器中振荡 30min，摇匀后倒入离心管，以 3000r/min 的转速离心 10min。定容取上清液 1.00mL，置于 50mL 容量瓶中，加入 5mL 缓冲溶液（pH 5.8 磷酸二氢钾-磷酸氢二钾缓冲溶液）和 1.00mL 0.05mol/L 碘-碘化钾溶液，用蒸馏水定容，摇匀。同时取 1.00mL 蒸馏水代替上清液制备空白溶液，用分光光度计在波长 570nm 处，用 1cm 比色皿，以空白溶液调整零点，测定上清液吸光度。

碘呈色度按式（8-16）计算：

$$I_{OD} = 2 \times A \tag{8-16}$$

式中　I_{OD}——碘呈色度；

A——吸光度；

2——稀释倍数。

理化指标如表 8-22 所示。

表 8-22　理化指标

项目	指标	检验方法
水分/(g/100g) 油炸面饼 非油炸面饼	 ≤10.0 ≤14.0	GB 5009.3—2016《食品安全国家标准　食品中水分的测定》
酸价（以脂肪计）（KOH）/(mg/g) 油炸面饼	 ≤1.8	GB 5099.229—2016《食品安全国家标准　食品中酸价的测定》
过氧化值（以脂肪计）/（g/100g） 油炸面饼	 ≤0.25	GB 5009.227—2016《食品安全国家标准　食品中过氧化值的测定》
碘呈色度（IOD）	≥1.0	LS/T 3211—1995《方便面》
氯化钠含量/%	≤2.5	LS/T 3211—1995《方便面》

第三节
面制品质构和色泽评价方法

一、质构仪在面制品评价中的应用

质构分析仪是用于客观评价食品品质的主要仪器之一，所反映的主要是与力学特性有关的食品质地特性，其结果有较高的客观性，并可对结果进行准确的数量化处理，从而避免人为因素对食品品质评价结果的主观影响。目前全球生产质构仪的公司有瑞典泰沃公司、英国 LLOYD 公司、美国 Brookfield 公司、美国 FTC 公司、英国 CNS Farnell 公司和英国 Stable Micro System 公司等。以英国 Stable Micro System 公司生产的 TA-XT 系列质构仪为例，介绍质构仪在面包、馒头、面条，蛋糕和饼干等面制品中的应用。

1. 质构仪在面条评价中的应用

（1）A/LKB-F 轻型切刀　AACCI 美国谷物化学协会指定的探头，应用于仿真刀片切割，为 AACCI 66-50 标准，主要测定弹性（Springiness）、柔软度（Tenderness）、咀嚼性（Chewiness）以及黏着性（Adhesiveness）；适用于测试意大利面和乌冬面等较粗面制品。

A/LKB-F 轻型切刀如图 8-16 所示。

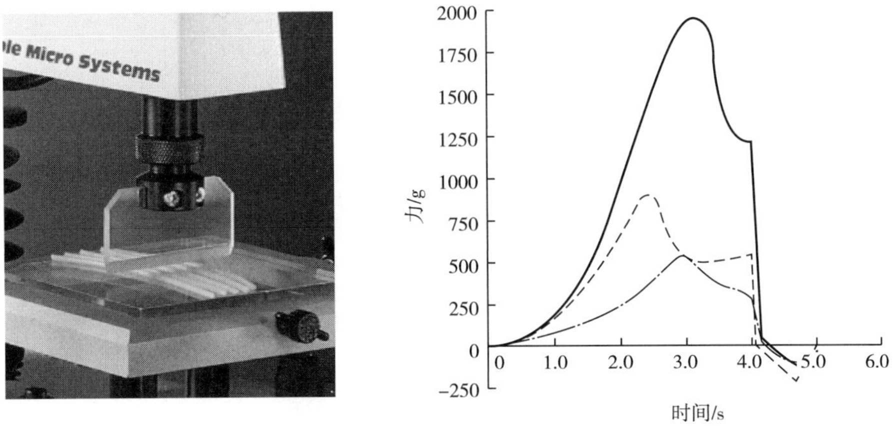

图 8-16　A/LKB-F 轻型切刀

（2）HDP/PFS 黏着测试装置　含方型平底探头，将样品固定于平板上避免样品移动；主要测试面条、面片等样品的黏聚性（Cohesiveness）、黏着性（Adhesiveness）、坚实度（Firmness）等。

HDP/PFS 黏着测试装置如图 8-17 所示。

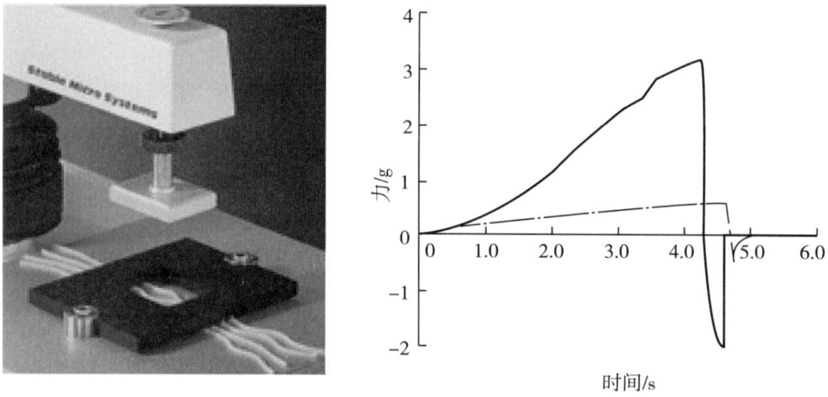

图 8-17　HDP/PFS 黏着测试装置

（3）A/SPR 滚轮拉伸测定装置　主要用于面条弹性（Elasticity）、抗张强度（Tensile Strength）及延展性（Extensibility）测试，将样品缠绕于防滑滚轮上，避免在两侧被夹断或折断；适用于具延展性的产品，例如面条、拉面等。

A/SPR 滚轮拉伸测定装置如图 8-18 所示。

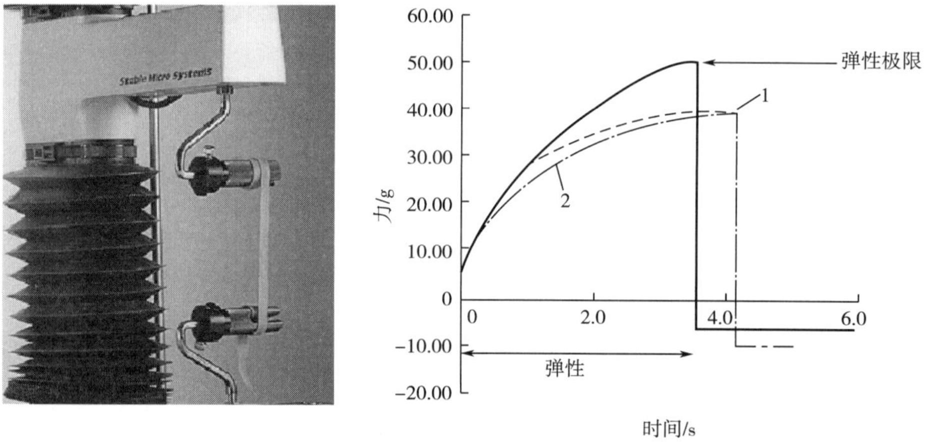

图 8-18　A/SPR 滚轮拉伸测定装置

（4）A/KIE 拉伸测定装置　主要测定面条和面团等样品的延展性（Extensibility）和抗张力（Resistance）；样品用量少、测定方便，适用于观察配方和工艺上的差异性，并作为产品改善之依据。

A/KIE 拉伸测定装置如图 8-19 所示。

（5）A/SFR 两点弯曲测试装置　用于测定挂面样品的弯曲强度（Bending strength）、易损性（Weakness）等，了解挂面等干面条制程，干燥均质性，以及在运输过程中的抗压能力选择合适的包装。

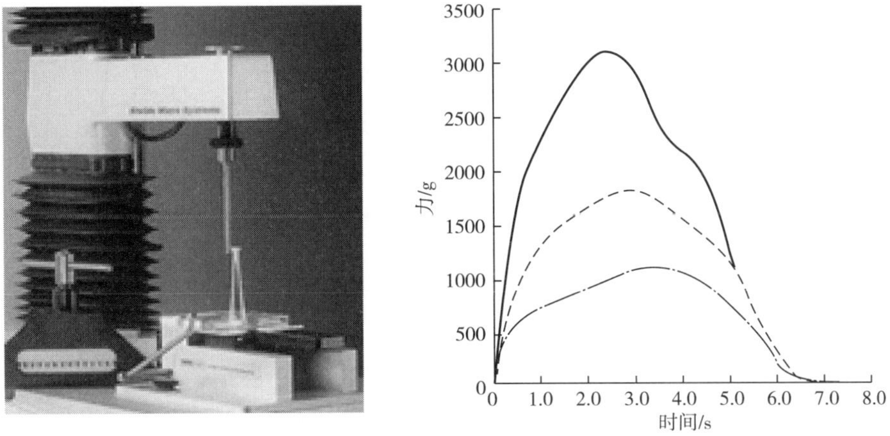

图 8-19　A/KIE 拉伸测定装置

A/SFR 两点弯曲测试装置如图 8-20 所示。

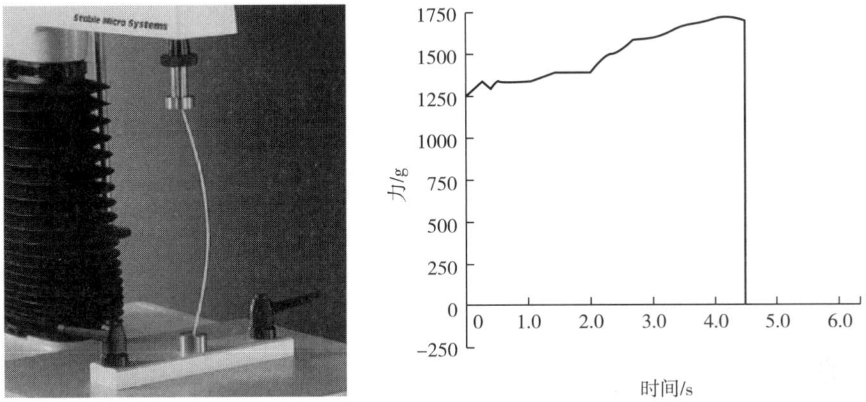

图 8-20　A/SFR 两点弯曲测试装置

（6）A/TRCS 三环剪切测试装置　依照样品需求灵活变换一环至三环，在一定大小的装置中提供增加表面积进行剪切。适用于几何形状不规则样品的批量测试。包含方便面、弯曲类面条、螺丝面或通心粉等的硬度（Hardness）、蓬松度（Bulkiness）与咀嚼性（Chewingness）等指标。

A/TRCS 三环剪切测试装置如图 8-21 所示。

2. 质构仪在烘焙食品中的应用

（1）P/36R 直径 36mm 圆边圆柱探头　可避免因柱形周边锐角的剪力效应造成压缩力干扰；适用于测试海绵蛋糕、吐司等样品的硬度（Hardness）、弹性（Springiness）以及新鲜度（Freshness）等，符合 AACCI 74-09 标准测试方法。

P/36R 直径 36mm 圆边圆柱探头如图 8-22 所示。

（2）HDP/3PB 三点弯曲折断装置　主要于评估饼干的硬度（Hardness）和酥脆性（Fracturability/ Brittleness），也可用于膨发等棒状食品，根据样品大小可调整中间跨距

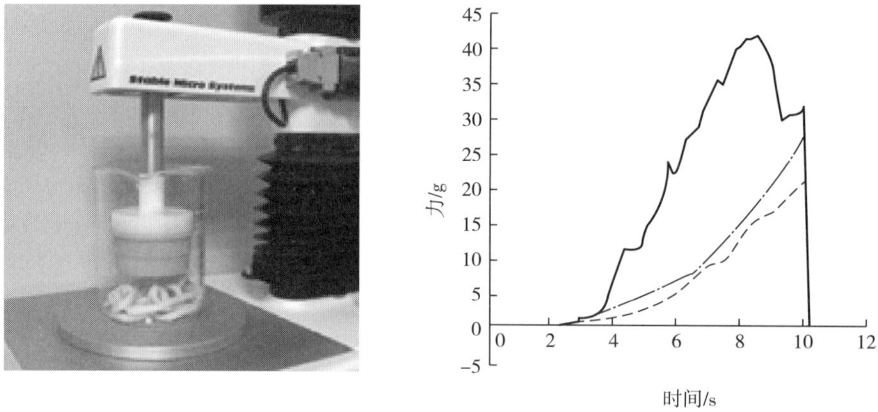

图 8-21 A/TRCS 三环剪切测试装置

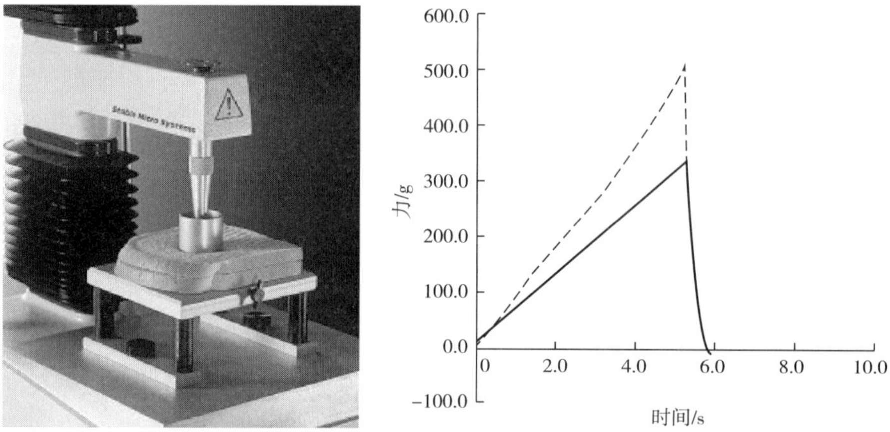

图 8-22 P/36R 直径 36mm 圆边圆柱探头

离，符合 AIB 标准测试方法。

HDP/3PB 三点弯曲折断装置如图 8-23 所示。

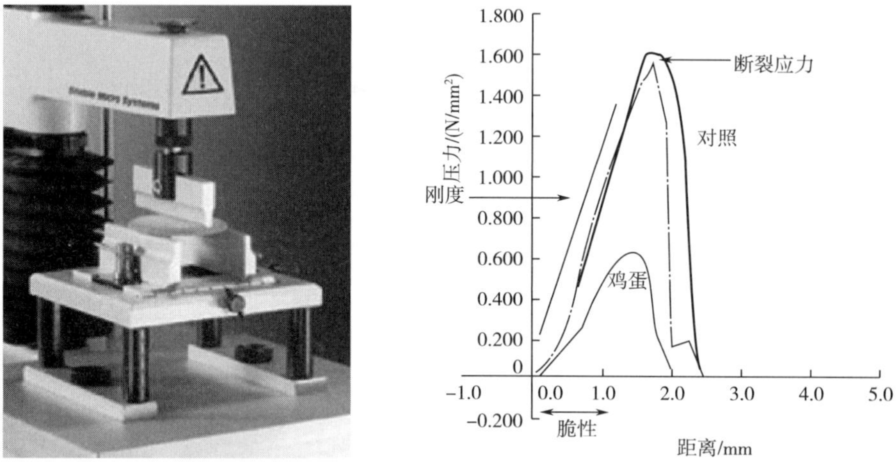

图 8-23 HDP/3PB 三点弯曲折断装置

（3）P/1SP 1 英寸聚甲醛球型探头　适合样品质地比较柔软样品，包含胶体、奶油、蛋糕、面包等的硬度（Hardness）及弹性（Springiness）等质地。也可进行蛋糕蠕变性测试，评估样品与时间因子的关系。

P/1SP 1 英寸聚甲醛球型探头如图 8-24 所示。

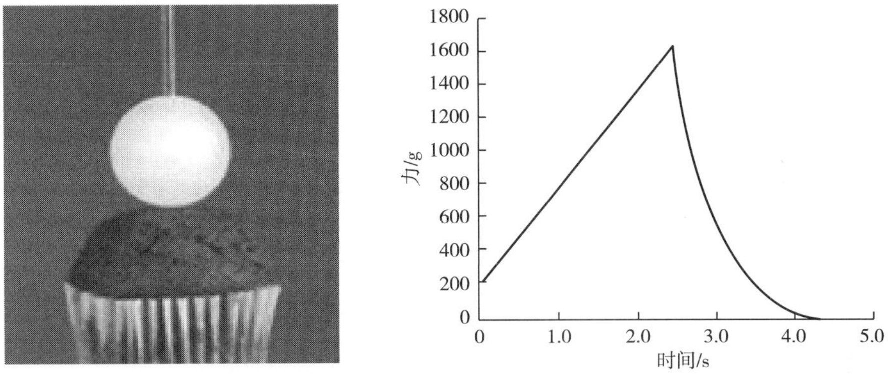

图 8-24　P/1SP 1 英寸聚甲醛球型探头

（4）P/100 直径 100mm 圆盘型探头　大面积的圆盘型探头可进行面包、馒头以及米糕、年糕等米面制品的硬度（Hardness）、弹性（Springiness）、黏弹性（Viscoelastic）、回复性（Resilience）等评估，符合 TPA（全质构分析）测试。

P/100 直径 100mm 圆盘型探头如图 8-25 所示。

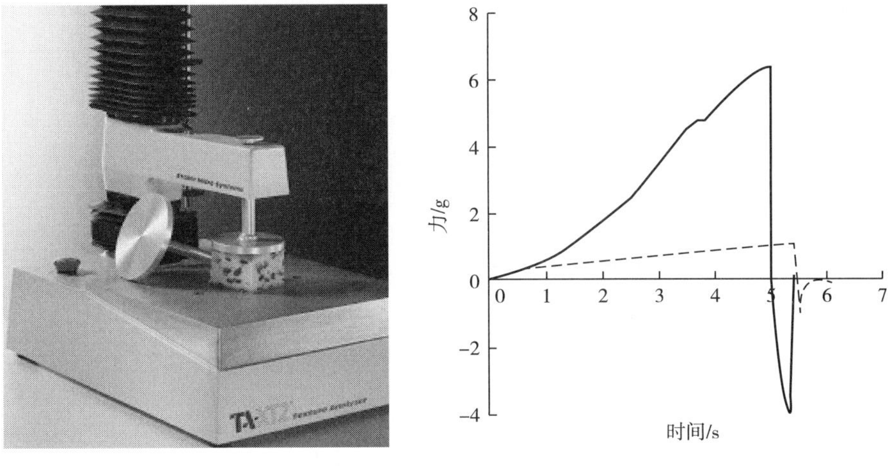

图 8-25　P/100 直径 100mm 圆盘型探头

（5）P/2，5 直径 2~5mm 不锈钢柱型探头　透过直径较小的圆柱型探头进行穿刺；测试饼干外层到内部不同层次的质地特性，如硬度（Hardness）、酥性（Crispy）、脆性（Crunch）及致密性等指标，如此就可测得与口感质地关联较强的参数。

P/2，5 直径 2~5mm 不锈钢柱型探头如图 8-26 所示。

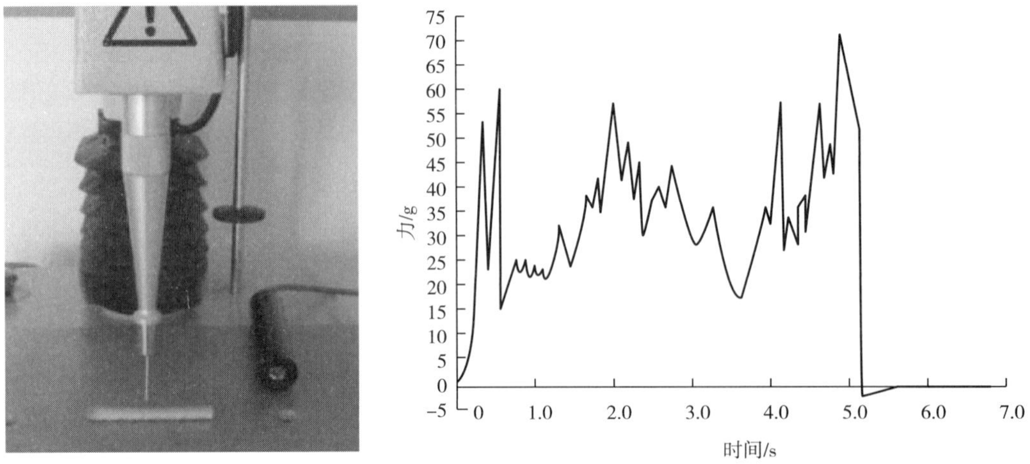

图 8-26　P/2，5 直径 2~5mm 不锈钢柱型探头

（6）A/OTC Ottawa 挤压测试装置　根据样品破裂形态选择不同底座，包含平底活塞、线型、圆孔网状型等不同的筛板模块；适用于规则或不规则形状之样品，包括蛋卷等膨发食品，以批量挤压方式测试样品平均硬度（Hardness）及脆度（Crispness）。

A/OTC Ottawa 挤压测试装置如图 8-27 所示。

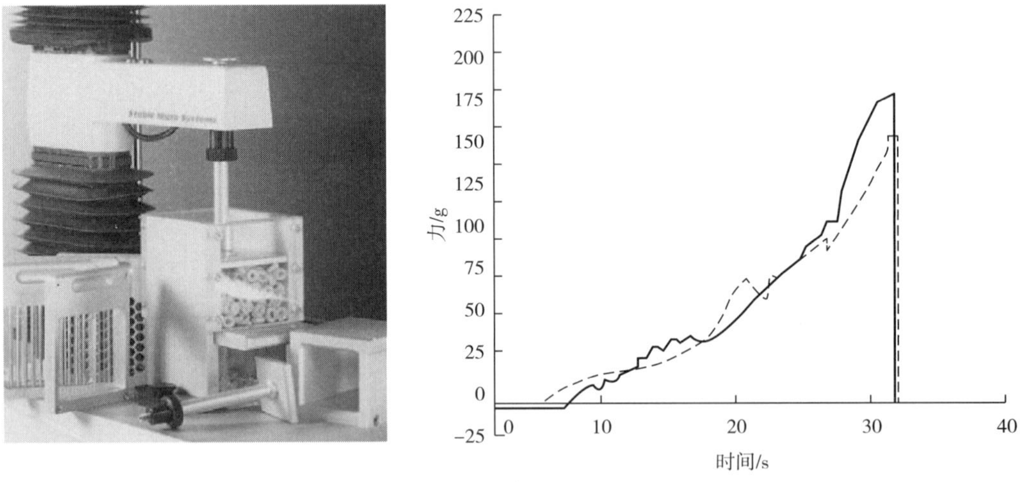

图 8-27　A/OTC Ottawa 挤压测试装置

此外，馒头等中国传统蒸制面制品的质构评价方法，与面包等烘焙食品的评价方法相似，主要对其进行全质构的分析。

二、面制品色泽测定及表示方法

面制品的评价指标包括很多，其中，色泽是面制品特别是中国传统面制品加工品质的一个重要指标。影响面制品色泽的因素有很多，归结起来分两类：一类是小麦粉本身的因素，包括蛋白质含量、灰分含量、多酚氧化酶（PPO）和脂肪氧化酶含量等；一类是面制品制作过程及后续处理中的因素，包括加盐量、加水量、添加剂、压延、包装方式、储藏方式等。许多面制半成品和成品在加工与储藏过程中，经常出现表面颜色加深的现象，我们称之为褐变或返色。这种变化使消费者在心理上感到产品品质较差，也会给厂家和商家带来一定的经济损失。为了防止面制品在加工和储藏过程中出现褐变等颜色变差的现象，目前常用的途径有：①通过适量添加剂抑制 PPO 活性，例如有机酸，抗氧化剂，磷酸盐，氯化钠等；②通过物理方式抑制面制品的褐变，例如微波处理等。

目前，国际上广泛借助 Minolta CR-300 系列色度仪分析鉴定小麦粉及面制品的颜色，表示方法多采用 CIE（Commission International de L'Eclairage）颜色体系。CIE 在 1931 年规定，对比两种颜色需要分别鉴定其三色值 X、Y、Z，称为 XYZ 或 Yxy 颜色体系，其中 Y 表示亮度，x、y 表示色调和色度；1976 年发展为 $L^*a^*b^*$ 颜色体系（L^* 表示亮度，a^* 和 b^* 表示色调和色度）和 $L^*C^*H°$颜色体系（L^* 表示亮度，C^* 表示色度，$H°$ 表示色调）。除分别用 L^* 值、a^* 值、b^* 值表示亮度和白度、红绿度、黄蓝度外，Oliver 报道 FCI（Flour Color Index，L^*-b^*）也可作为简单有效的颜色评估指标。

L^* 值、a^* 值、b^* 值对应的颜色系统如图 8-28 所示。

近年来，近红外线射仪（NIRs）和可视近红外线反射仪（VIR-NIRS）在分析测试方面得到了广泛应用。后来 Corke 等和 HatCher 还引入了计算机控制的自动化平台和图像分析技术，将褐变斑点对消费者的视觉影响进一步量化和特征化。

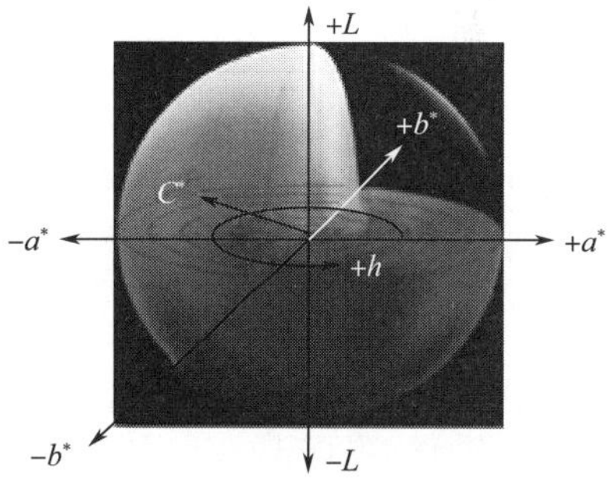

图 8-28　$L^*a^*b^*$ 值对应的颜色系统

我们以生鲜面为例，介绍 CR-400 色彩色差计在面制品色泽评价中的应用。

将压延之后的生鲜面片切成 90mm×120mm，使用 CR-400 色彩色差计同一白纸板为背景，每次测量分别在面片正反面不同位置连续测 6 次，记录 L^*、a^*、b^* 三项指标并计算各自平均值。之后将面片放于透明自封袋中置于 25℃恒温箱中避光保存。采用 CIE 1976 颜色体系，以 L^* 值、a^* 值、b^* 值评价面片色泽，其中 L^* 值表示面片颜色的亮度值（0 代表黑色，100 代表白色），a^* 值表示面片的红绿色值（$+a^*$ 代表红色趋势，$-a^*$ 代表绿色趋势），b^* 值表示面片的黄蓝色值（$+b^*$ 为黄色增加，$-b^*$ 为蓝色增加）；以 ΔE^* 值表征面片在某时间段的总体褐变程度，计算公式如下：

$$\Delta E^{*}=\sqrt{(\Delta L^{*})^{2}+(\Delta a^{*})^{2}+(\Delta b^{*})^{2}} \quad (8-17)$$

$$\Delta L^{*}=L^{*}(0h)-L^{*}(24h) \quad (8-18)$$

$$\Delta a^{*}=a^{*}(24h)-a^{*}(0h) \quad (8-19)$$

$$\Delta b^{*}=b^{*}(24h)-b^{*}(0h) \quad (8-20)$$

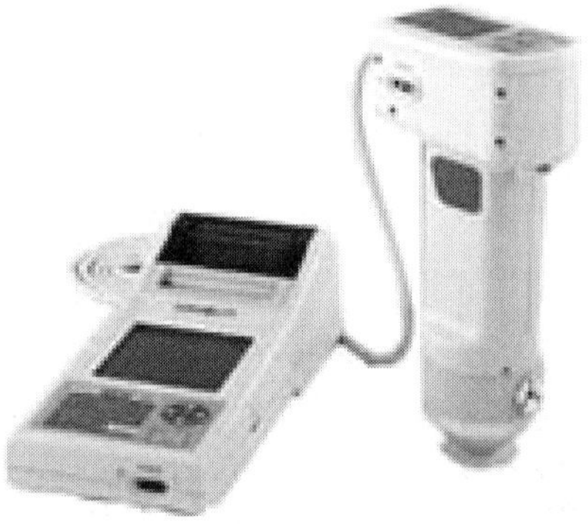
图 8-29　色彩测色仪

ΔE^{*}值与人眼观察感觉之间的关系是：当ΔE^{*}值处于 0~1.5 时，感觉无差异；当ΔE^{*}值处于 1.5~3.0 时，可以感觉微小差异；当ΔE^{*}值处于 3.0~6.0 时，感觉到较显著的差异；当ΔE^{*}值处于 6.0 ~ 12.0 时，差异很明显；当ΔE^{*}值大于 12.0 时，感觉颜色完全不同。

色彩测色仪如图 8-29 所示。

第四节
小麦粉各组分及微观结构与面制品品质的关系

蛋白质、淀粉作为组成小麦粉的主要物质，对面制品的营养品质和加工品质都有重要的影响。显微技术已在面制品微观结构的观察方面得到了广泛应用。这一技术使人们能够定性地估计与形状、大小和粒子间排列（几何特性）有关的样品质构特性。实际上，它使人们能够直观地观察到与面制品品质相关的蛋白质和淀粉组织在加工、蒸煮和储藏等过程中的变化情况。面制品的加工品质与面团中蛋白质的行为变化密切相关。面团形成过程中伴随面筋的形成，这种黏弹性的网状结构是小麦粉可以加工成各种面制品的基础。面团发酵过程中蛋白质的降解对改善面团结构、增加面制品风味、提高其营养价值甚至抗真菌性方面都具有至关重要的作用。分析面制品生产过程中小麦蛋白质的结构和组成变化规律，对于控制面团的性能和成品质量起到关键作用，目前聚丙烯酰胺凝胶电泳、凝胶渗透色谱技术、液相色谱-质谱联用技术以及近红外光谱和拉曼光谱等技术被用来分析面筋蛋白的亚基组成、分子量大小、相互作用和结构的变化。

此外，水分对面制品的加工和储藏等品质有重要影响，目前差示扫描量热法、动态热机械分析、动态力学热分析等热分析技术被广泛应用于食品中水分的分析研究中，但对大多数食品而言，其分析结果往往不能真实地反应食品中的水结合状态，但低场核磁共振是近年来兴起的一种快速、无损、无污染、非侵入式的检测技术。众多研究证实该技术在面制品加工和储藏过程中对水分迁移和水分流动性进行定量研究的有效性。

一、面制品微观结构的测定

小麦粉由于在加水和面过程中，其中的麦谷蛋白和麦醇溶蛋白通过形成分子间或内的二硫键以及氨基酸残基间由于一定的离子键、氢键和疏水相互作用力能产生三维面筋网络结构，从而赋予面团良好的黏弹特性，成为小麦粉制作各类面制品的物质基础。而面筋网络结构是决定小麦面团流变学特性的最重要的物质基础，应用不同类型显微镜可以直观反映面筋骨架和淀粉分子的微观结构，为面团的特性做出一定解释。本部分主要介绍三种显微观察技术在面制品品质方面的应用，主要包括扫描电子显微镜、激光共聚焦显微镜和原子力显微镜等。

1. 扫描电子显微镜（Scanning Electron Microscopes，SEM）

扫描电子显微镜是一种介于透射电子显微镜和光学显微镜之间的一种观察手段。其利用聚焦的很窄的高能电子束来扫描样品，通过光束与物质间的相互作用，来激发各种物理信息，对这些信息收集、放大、再成像以达到对物质微观形貌表征的目的。一般情况下，将面团、面条等制品进行冷冻干燥，将所得样品取截面进行喷金处理后置于扫描电子显微镜下观察其微观结构变化，例如面团的截面扫描电子显微镜。

面团截面的扫描电子显微镜图如图 8-30 所示。

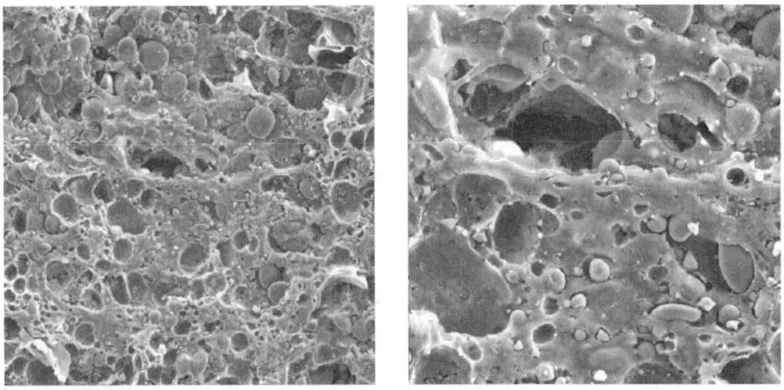

图 8-30　面团截面的扫描电子显微镜图（左图放大 300 倍，右图放大 1000 倍）

2. 激光扫描共聚焦显微镜（Laser Scanning Confocal Microscope，LSCM）

激光扫描共聚焦显微镜可以实现对荧光样品的观察，只要能用荧光探针进行标记的样品就可用其观察。一般利用 0.25%（w/w）异硫氰酸荧光素和 0.025%罗丹明 B 荧光染液分别对淀粉和面筋蛋白进行染色，静置 2min 后盖上盖玻片用于显微镜观察。异硫氰酸荧光素和罗丹明 B 的激发波长分别为 488nm 和 568nm，二者发射波长则为 518nm 和 625nm，可以实现对面制品中面筋网络结构的清晰观察。

激光扫描共聚焦显微镜图如图 8-31 所示。

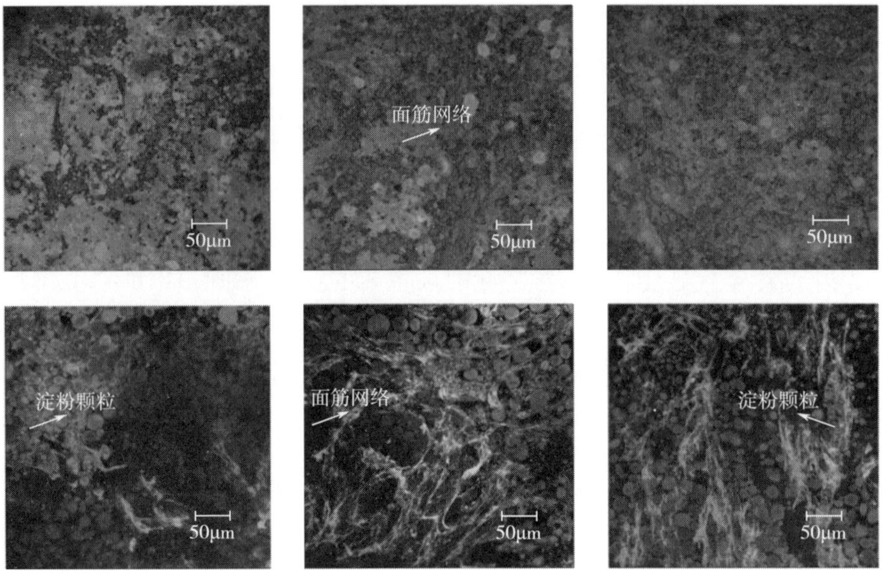

图 8-31　激光扫描共聚焦显微镜图

3. 原子力显微镜（Atomic Force Microscopy，AFM）

原子力显微镜是一种可用来研究包括绝缘体在内的固体材料表面结构的分析仪器。它通过检测待测样品表面和一个微型力敏感元件之间的极微弱的原子间相互作用力来研究物质的表面结构及性质，目前一些研究已经开始运用原子力显微镜观察面筋蛋白表面结构的形貌。一般方法为，将 1mg 粉碎的冻干面筋蛋白溶解在 0.5mol/L 乙酸溶液中，涡旋 10min，10000rpm 离心取上清并用乙酸溶液稀释，制备浓度为 0.01μg/mL 的溶液。将稀释的蛋白溶液滴在新切割的云母片上。然后将云母片放置在一个受控的环境中快速风干 3~5min 使溶剂蒸发。最后用原子力显微镜观察面筋蛋白的形貌。

面筋蛋白的原子力显微镜形貌图如图 8-32 所示。

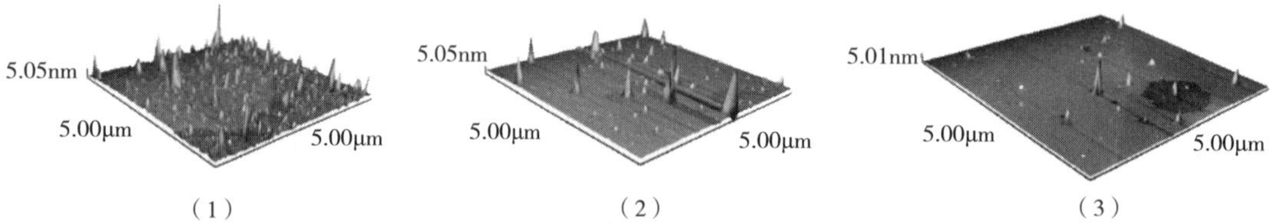

图 8-32　面筋蛋白的原子力显微镜形貌图

（1）面筋蛋白　（2）麦谷蛋白　（3）麦醇溶蛋白

二、面制品加工过程中水分迁移变化的测定

水分是许多食品的主要成分，每种食品都具有特定的水分含量，并以适当的数量、

特定的定位定向存在于食品之中。其对食品的结构、外观以及对腐败的敏感性有着很大的影响，并影响食品相应的加工特性。目前，传统的研究水分的方法无法对水分的流动性以及在食品中的分布状态进行检测，而核磁共振及其成像技术是一种有效的研究分析扩散的方法，可用于食品体系中的水、脂肪或糖等分子的研究，这些分子在各类食品中又往往携带了重要的信息：结构信息，分子所处环境信息以及在加工、储藏中内部变化的信息等。核磁共振技术的无损检测特点使其应用于食品科学的研究具有明显的优势。现在，核磁共振技术已被成功地应用在食品科学研究、食品工业质量监控体系中等。目前在面制品研究中，核磁共振及其成像技术可以从微观上研究食品内部水分的分布和迁移情况，T2 反演谱可间接反映体系中水分结合状态、相对含量和迁移。

研究发现面团等的弛豫时间一般分为 3 个峰，分别位于 1~5ms、8~50ms、100~200ms，表明面团中主要存在 3 种状态的水：深层结合水（T21）、弱结合水（T22）和自由水（T23），T21 表示与蛋白质和淀粉紧密结合的水，分子自由度最小；T22 多处于面条网络结构和大分子物质周围，有一定的流动性；T23 非常容易流动，自由度最高。T22 的峰为主峰，其信号幅值占总信号的 80%左右，表明在面筋形成较为完善的面团中，水分的主要存在形态为弱结合水。核磁共振成像彩带表示氢质子密度，值越大表示含水率越高。

小麦粉制作面团水分横向弛豫时间 T_2 反演图及面团 MRI 图像如图 8-33、图 8-34 所示。

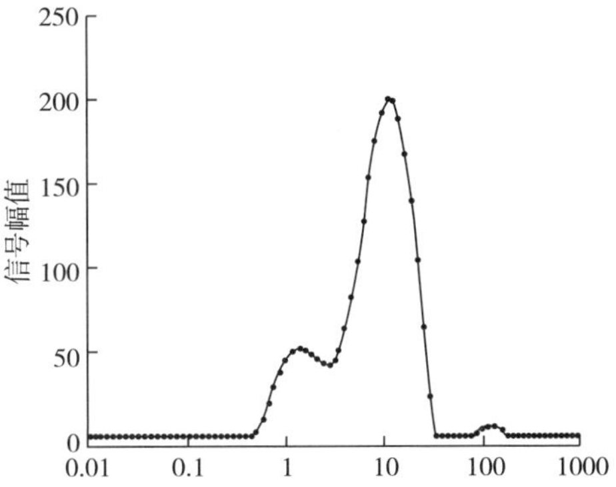

图 8-33　小麦粉制作面团水分横向弛豫时间 T2 反演图

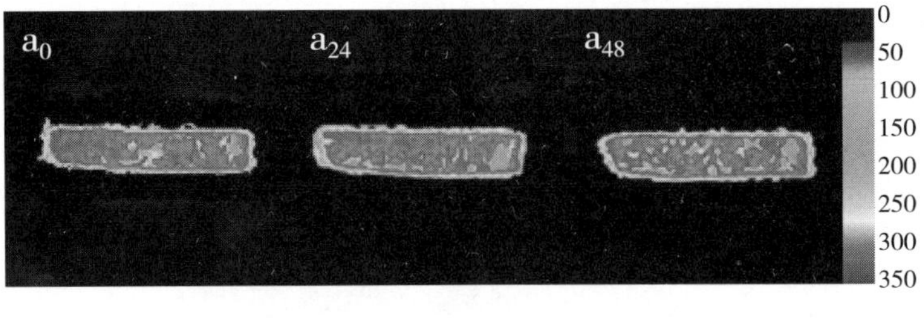

图 8-34　面团 MRI 图像

三、面制品面筋蛋白组成和结构变化的测定

小麦粉中的主要成分是淀粉和蛋白质。蛋白质是小麦籽粒中的第二大组分，Osborne 根据蛋白质的溶解性差异将小麦粉中的蛋白质分为以下几种：溶于水的麦清蛋白，溶于

稀盐的麦球蛋白，溶于乙醇的麦醇溶蛋白和溶于稀酸或稀碱的麦谷蛋白。以上4类蛋白中，麦清蛋白和麦球蛋白分别占小麦蛋白质的9%和5%左右，分子质量较小。麦谷蛋白和麦醇溶蛋白为小麦种子储藏蛋白，占小麦蛋白质总量的80%~85%，是决定面团的黏弹性的重要组分。小麦以及小麦粉的粉质和加工品质在一定程度上由麦谷蛋白和麦醇溶蛋白的含量和比例决定，只有当二者的含量和比例合适时，才能形成理想的面团。

麦谷蛋白是一种大分子聚合体，呈纤维状，易发生聚集，包括高分子质量麦谷蛋白亚基（High Molecularweight Glutenin Subunits，HMW-GS）和低分子质量麦谷蛋白亚基（Low Molecular Weight Glutenin Subunits，LMW-GS）两种组分，共同形成维持面团弹性的结构，决定面团性质和最终用途。HMW-GS虽只占麦谷蛋白总量的10%左右，但在面筋蛋白中起到"网络骨架"作用，显著影响面筋的结构和功能。麦醇溶蛋白是单体蛋白，分为α-、β-、γ-和ω-麦醇溶蛋白，相对分子质量较小，主要赋予面团延展性，麦醇溶蛋白对麦谷蛋白有增塑剂的作用，增加麦谷蛋白网络的黏度，降低麦谷蛋白网络的高弹性。

基于面筋蛋白在面制品加工过程中的重要作用，了解面制品生产过程中小麦蛋白质结构和组成变化规律，对于控制面团的性能和成品质量起到关键作用。

（1）面筋蛋白组成和亚基的变化　小麦籽粒蛋白质是影响面制品品质的主要因素之一。根据Obsborne提出的分类方法，小麦蛋白质分为溶于蒸馏水的麦清蛋白（albumins）、溶于稀盐的麦球蛋白（globulins）、溶于70%乙醇的麦醇溶蛋白（prolamins）和溶于稀酸或稀碱的麦谷蛋白（glutenins）4种。根据分子质量大小，将蛋白质亚基分为3部分，包括高分子质量麦谷蛋白亚基（>84kD）、低分子质量麦谷蛋白亚基和麦醇溶蛋白（29~84kD）、麦清蛋白和麦球蛋白（<29kD）。根据面筋蛋白电泳条带之间的差异，判断蛋白质亚基组成的变化。

小麦粉中面筋蛋白亚基SDS-PAGE结果如图8-35所示。目前体积排阻高效液相色谱法也被广泛应用到对面筋蛋白组成分析的研究中，如图8-36所示，峰1（6.0~7.5min）和峰2（7.5~10.8min）分别对应大分子质量聚合体蛋白质和小分子质量聚合体蛋白质，主要为麦谷蛋白；峰3（10.8~13.2min）对应大分子质量单体蛋白质，主要为麦醇溶蛋白；峰4（>13.2min）对应小分子质量单体蛋白质，主要为麦清蛋白和麦球蛋白，可以用来分析加工工艺，添加剂等对面筋蛋白组成的影响。

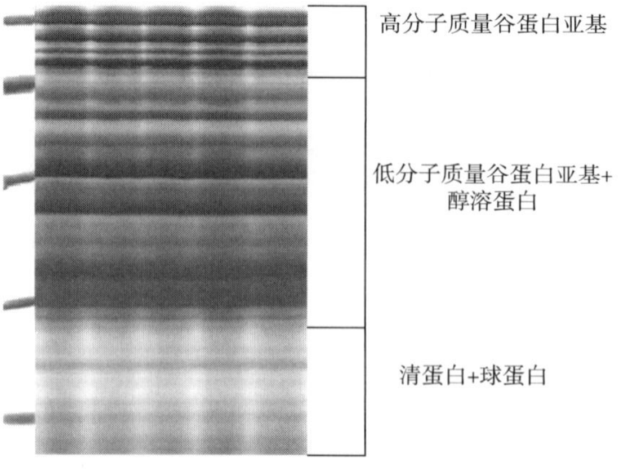

图8-35　小麦粉中面筋蛋白亚基SDS-PAGE结果

（2）面筋蛋白结构的分析　红外显微成像技术（Fourier Transform

Infrared spectroscopy micro-imaging）是将光谱分析技术和图像技术结合到一起，得到的红外光谱图像即物体空间各个点的光谱，通过对各个点的光谱分析就能得到不同化学官能团及化合物在微区分布的三维立体图或平面图，并以彩色图像的形式显示。不同颜色代表该区域某一基团的吸光度不同。衰减全反射测量模式，具有红外吸收强度高、信噪比高、不破坏样品等特点，适用于需进行表面成分分析的样品。因此，傅里叶变换衰减全反射红外显微成像（ATR-FTIR）作为一种无损、可视化、高精度、高灵敏度的检测技术，也是分析面制品中面筋蛋白结构变化的有效手段。小麦蛋白、小麦淀粉和面条面团某一点的红外光谱图如图 8-37 所示。小麦蛋白存在有明显的酰胺Ⅰ区和酰胺Ⅱ区的特征吸收谱带，特征峰分别位于 1650cm^{-1}和 1540cm^{-1}附近。酰胺Ⅰ区的吸收主要来自 C＝O 的伸缩振动，蛋白质二级结构中的 α-螺旋、β-转角、β-折叠、无序结构等在酰胺Ⅰ带都有不同的吸收频率。酰胺Ⅱ区的吸收主要来自 N—H 的弯曲振动和 C—N 的伸缩振动，酰胺Ⅰ和Ⅱ区（1715～1484cm^{-1}）的积分面积用于表示蛋白质数量。而小麦淀粉在 1180～953cm^{-1}区间存在一系列吸收值较大的重叠谱峰。目前红外成像技术和面筋蛋白二级结构分析被广泛应用到面制品的评价体系当中，也是反映面制品品质的主要参数之一。

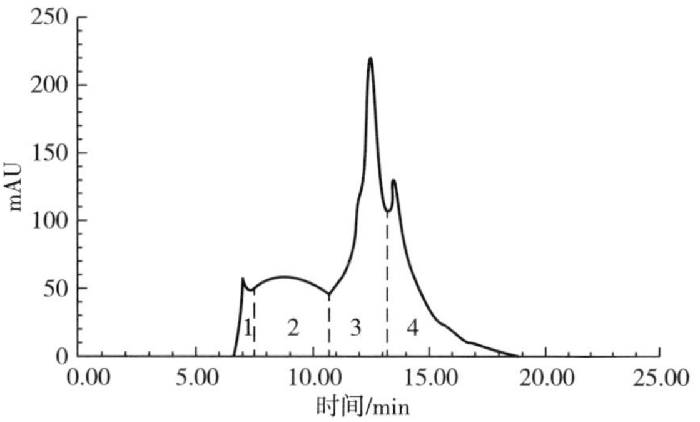

图 8-36　体积排阻高效液相色谱图

1—大分子质量聚合体蛋白　2—小分子质量聚合体蛋白
3—大分子质量单体蛋白　4—小分子质量单体蛋白

小麦蛋白、小麦淀粉和面条面团某一点的衰减全反射红外谱图、某一面条面团的表层蛋白质数量分布的红外显微成像 3D 图及面筋蛋白酰胺Ⅰ区去卷积图谱如图 8-37、图 8-38、图 8-39 所示。

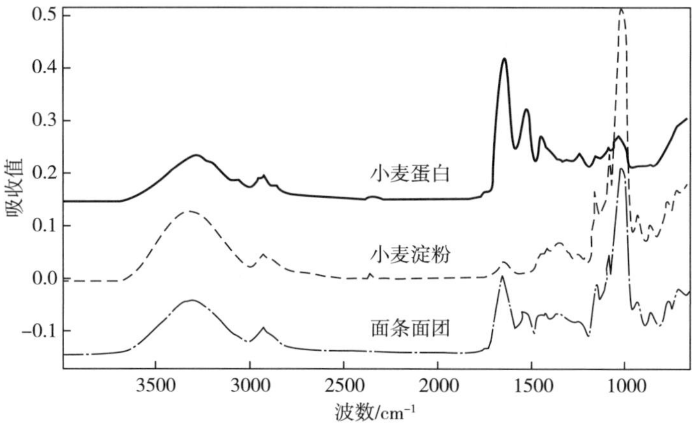

图 8-37　小麦蛋白、小麦淀粉和面条面团某一点的衰减全反射红外谱图

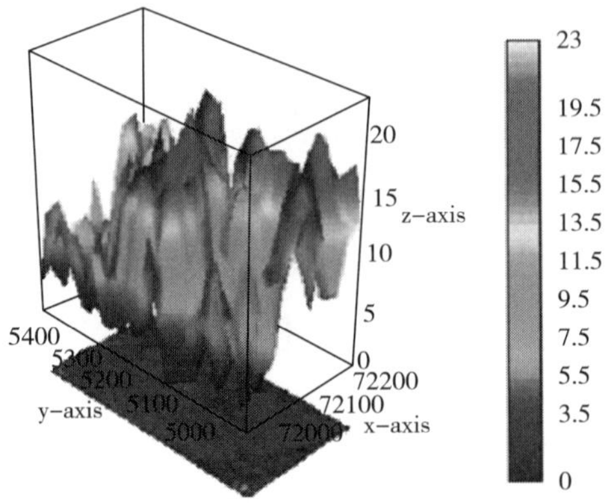

图 8-38　某一面条面团的表层蛋白质数量分布的红外显微成像 3D 图

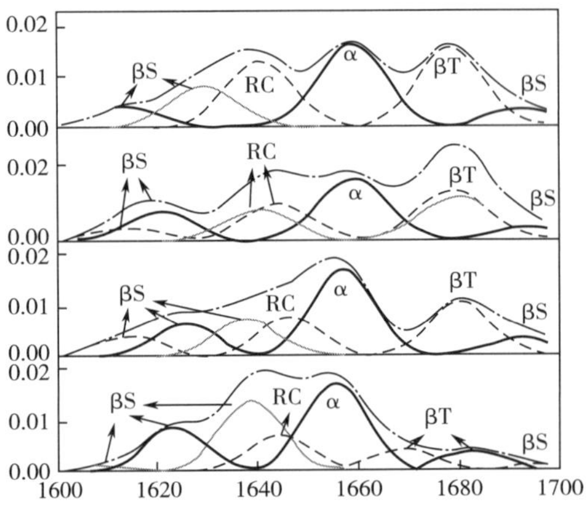

图 8-39　面筋蛋白酰胺Ⅰ区去卷积图谱

总之，中国目前对面制品的评价尚未建立严格统一的标准。一些企业虽然沿用国外的评价体系来评价中国传统面制品的加工品质，然而由于国外面条、面包食用形态和口感与中国面制品差异较大，这些评价方法虽有指导意义，但也需要因地制宜。对于面制品的品质，应考虑不同地域、不同产品的共性，制定传统面制品的国家标准，主要规范原辅料、共有品质特征、卫生等指标。然后，各企业根据自己产品的独特性如烹调特性分析评价指标和嗜好性评价指标（评价筋道口感的黏弹性分析方法等），在国家标准的基础上制定相应的企业标准。这样组成的国家标准、行业标准与企业标准的标准体系，才能符合中国面制品多样化、地域性强的特征，加强制粉、机械、制面等相关企业之间系统的协同合作，使面制品行业得以快速发展。在今后的面制品生产中，我们应加强生产过程的各种工艺参数进行连续动态检测、静态检测和产品质量对比分析系统等，提高企业的技术设备水平，增强面制品的竞争能力，使传统面制品的生产向着机械化、工业化方向发展，这样有利于面制品质量的稳定和安全性。同样，为了提高面制品加工业的技术水平，还应重视面制品品质改良剂和面制主食的保鲜技术的研究开发，提高食品质量。采用和加强现代生产、检测新技术的应用，生产技术如常温与低温超细粉碎技术、微胶囊技术、挤压技术、现代生物技术（酶技术、微生物发酵技术等）、真空和面技术、活性包装技术等。检测技术如近红外光谱测定技术、凝胶层析技术、扫描电子显微镜技术和微应力应变测试技术等。

第九章

面制品质量控制与安全生产

第一节
面制品工厂的设计与设施卫生

面制品工厂的设计需适应和满足国内外食品相关法规和标准的要求，应该满足技术先进、经济合理及设施卫生；生产出既安全卫生又优质的面制品；确保工厂生产环境和废物排放符合国家环境保护法规的要求。

一、厂址选择与厂区环境

（一）厂址的选择

面制品工厂选址不当会导致周围环境对面制品质量和安全造成不良影响。面制品工厂应该选择交通运输方便、有动力电源及周围环境较好的城镇郊区建设。这有利于降低面制品工厂的原辅料和成品的运输成本。厂区要有充足的水源，水质符合国家生活饮用水水质标准。如果使用深井水和河塘水，必须事先进行水质检测，为选址和水质处理提供依据。厂区应该便于处理面制品生产中排出的废水、废气及废弃物。厂区要远离污染场所，包括污水处理厂、化工厂、垃圾场、水泥厂和医院等，这些场所会扩散有害气体、粉尘、异味及烟雾等，从而对面制品造成污染。一些散发花粉的植物也会在一定程度上污染面制品。面制品工厂不宜建在人口稠密的居民区，若周围有居民，应建在居民区的下风侧，河流的下游；应该建在地势较高、不易发生洪涝灾害的地区，以及地面平坦、土质坚实、有利于排水的地方，避免水的倒流。

（二）厂区规划

厂区布置的基本原则：

（1）建筑物（供人生产、生活及从事其他活动的房屋，如车间、仓库、员工宿舍、食堂、办公室等）与构筑物（人不直接在内生产、生活的建筑物，如水塔、水池等）的设置与分布应满足面制品生产工艺的需要，保证生产过程的连续性，使作业线最短、生产最方便。

（2）厂房应按生产工艺流程及所要求的洁净级别进行合理布局。

（3）布局合理，划分生产区、生活区和厂前区。生活区（包括宿舍、食堂、浴室、托儿所等）应位于生产区的上风向。厂前区（包括传达室、化验室、医务室、车库、文化娱乐场所等）要与生产区分开。

（4）原料库、成品仓库、动力车间应设置在与它直接联系的主要车间附近，以缩短货物运输路线。

（5）更衣室、消毒间应设置在靠近非污染作业区，确保进入清洁生产车间的工人能通过更衣、消毒间。

（6）主要车间的厂房纵轴线应与夏季主导风向相垂直，使厂房有良好的自然通风，避免夏季日光曝晒使车间温度升高。

（7）厂区建筑物之间的距离应符合防火、卫生、防尘、防震、防噪声、采光、通风、交通运输的需要。有特殊规定的，必须符合其规定。

（8）相互有影响的车间，尽量不要放在同一建筑物内，要考虑生产工艺对温度、湿度及其他工艺参数的要求，防止毗邻车间受到干扰。

（9）厂区主要通道既要注意直线性，又必须有环路，便于消防及其他车辆可直接到达厂区各建筑物。

（10）物流道路和产尘量大的建筑（如锅炉房），宜建在厂区常年主导风向的下风侧。锅炉如在洁净厂房的上风向，该厂房与烟囱之间的距离应大于烟囱高度的 12 倍。生产车间与垃圾箱、牲畜圈、厕所、工厂外公路必须相距 25m 以上。

（11）建筑物、设备布置与工艺流程要衔接合理，建筑结构完善，能满足生产工艺和产品质量卫生要求。

（三）厂区道路

厂区道路的具体要求：

（1）厂区道路应通畅，便于机动车辆通行，有条件的应修环形道路，方便车辆调头和消防车到达各车间。

（2）厂区道路、停车场和堆场要使用便于清洗的混凝土、沥青及其他硬质材料铺设，防止土路尘土飞扬。路面应稍有斜坡，两侧有排水沟，防止地面积水。

（四）绿化

保持厂区清洁卫生最重要的一项要求是生产区内及周围无裸露地面，除道路外，主要通过绿化等手段来实现。

绿化具有以下作用：降低有害气体灰尘危害，消除噪声，调节温度，美化环境，绿化布置。不应妨碍生产操作，物料储运，植物生态习性与防污能力。

二、厂房设计与建筑特点

（一）设计的基本考虑

规范化厂房的设计是一项技术性很强的工作，必须以食品良好操作规范（GMP）为基础，同时符合有关技术规范的要求。新建厂房或实施食品 GMP 改造的设计过程中都应考虑到下列因素：

（1）设计合理，而且达到生产所要求的质量标准。厂房要规定一定的卫生要求，这种要求应与所实施的操作相一致。

（2）生产区应有足够的平面与空间，而且要考虑与邻近操作的联络与适合程度。

（3）生产厂房的设计与布局应使食品污染的危险性降到最低。

（4）一般来说，要有相应措施以防止同一地区同时进行不同操作。

（5）人流和物流应该简单、合理。

（6）不同生产工序的生产区，最好按工序的先后次序合理连接。

（7）车间管道一般采用明装，主要便于维修。

（8）下水管道大小合适。

（9）墙面易于清洁。

（10）地面应耐受压力和撞击、防漏，可设有下水道或其他除水设施。

（11）照明与通风适度，温度维持在适当水平。

（12）在保证产品质量和工艺要求的前提下，应使厂房的维持与维修费用最低。

（13）厂房能防鼠、鸟、虫及其他动物。

（14）应根据所加工产品和具体工艺的性质，考虑操作人员的劳动保护设施。

（15）应设置事故报警系统，安排好避灾路线，设置紧急出口。

（二）主要设计特点

面制品工厂规范化厂房设计具有以下特点：

（1）为了保证面制品的安全性，设计时需采取各种可能的措施，使厂房的内外部环境对原料、生产、成品及包装等污染的可能性降到最低。

（2）必须按食品 GMP 的要求设计一系列卫生设施，如消毒设施、洗手及操作人员更衣室等。

（3）面制品生产品种多，需具备一定的灵活性，即充分考虑变换产品，甚至大产量的可能性。

（4）面制品工业的原料来自农、副及工业，品种繁多，为了食品安全与卫生的需要，防止交叉污染，需设计出最佳的物流和最少的横向运输。

（三）建筑特点

规范化厂房建筑应在以下各方面都能满足生产工艺、生产卫生以及保持清洁卫生的要求。

1. 高度

生产厂房的高度应能满足工艺、卫生要求，以及设备安装、维护保养的需要。在工厂设计时，根据产品、设备的工艺需要，选择合适的跨度、开间。工厂高度可根据需要设单层或多层建筑，层高一般为5~6m，可局部多层。设备较高的可几层上下直接贯通。

2. 占地面积

生产车间人均占地面积（不包括设备占地）不能少于1.5m^2，高度不低于3m。车间的工作空间必须满足生产的实际需要，便于设备的安装与维修，面制品的存放、搬运，防止工作人员的衣物与墙体、设备、工作台的接触及人员的互相碰撞而造成食品污染。

3. 地面

生产车间地面应使用不渗水、不吸水、无毒及防滑材料铺砌；地面平整、无裂缝，略高于道路路面，便于清扫和消毒。仓库地面要考虑防潮，在浇混凝土时加隔水材料。厂区道路、场地应浇混凝土，既要不积水，又要耐压。

4. 屋顶

面制品工厂屋顶有平顶房和尖顶房两种。平顶房屋顶通常采用防腐涂料粉刷，而尖顶房在生产车间常用三合板等材料作天花板。对屋顶要求是不积水、不渗漏及隔热，天花板则要求表面光洁，用不吸水、耐腐蚀、耐温及浅色材料涂覆或装修，适当有些坡度，防止凝结水滴，防止虫害和霉菌滋生，防止积尘。

5. 墙壁

面制品工厂的生产车间、原辅材料及成品仓库等用房的墙壁要用浅色、不吸水、不渗水、耐受清洗和消毒、无毒材料涂覆；墙壁的表面应平整光滑，无缝隙，不脱落、散发或吸附尘粒，四壁和地面交界面要呈弯形，一般圆半径不少于5cm，便于洗刷和吸尘机作业，防止污垢积存。

6. 门窗

门、窗、天窗要严密不变形，防护门能两面开，自动关闭。生产车间经常开启的门必须装纱门、气帘、金属网、气浴等，防止昆虫随生产人员进入车间；直接对外的门不能留缝隙，在门的下方与地面交接处钉上橡皮，防止老鼠进入。生产窗台要设于地面1m以上，防止车辆碰撞和室外飞溅的水、地面灰尘进入室内。窗台内侧和外侧一律下斜45°角，防止工人在窗台上放杂物，便于洗刷，不积尘。

使用空调的车间，宜用较密闭的铝合金窗；非全年使用空调的车间，门窗应有防蝇防尘设施，安装的纱门和纱窗等必须便于拆下洗刷。靠近炉灶、油炸锅处应装金属网防蝇。

7. 通道

面制品车间的通道应实行人流、物流分开，从原料、加工到成品入库，其物流通道应在一条生产线上；楼梯、电梯、输送通道、输送带及输送管道等要便于清洗、打扫、消毒，方便维修，不得有低于地面的地池，避免积水积灰。

三、规范化厂房所要求的设施

（一）空气处理系统

食品工业最低限度的空气处理要求是在允许新鲜空气进入的同时，防止鼠等啮齿动物和昆虫的进入，还要尽量避免人们肉眼不能直接看到的空气中浮游细菌和落下细菌对食品的污染。

面制品工厂需根据食品安全与卫生的要求以及工艺要求，在不同工段采取不同的空气处理系统，常用的空气处理系统如下。

1. 自然通风

进入的空气不通过过滤器，也不需要作任何处理。优点是省能源、造价低、适合老厂房的过渡，缺点是不能控制空气中的粒子。因此，有时不能保证食品微生物指标达到要求。

2. 机械换气

使用机械装置排出污浊空气，引入新鲜空气（即换气）是十分必要的。换气好坏直接影响到面制品工厂的车间环境。换气应该是吸气和排气同时进行。

3. 空气净化

需要在面制品工厂的某些区域（如包装车间、成品车间及微生物培养室等）进行空气净化。

空气净化是特别设计的一个车间，不论外在空气条件如何变化，室内均能维持原先所设定要求洁净度、温湿度及压力等性能。将一定空间范围内空气中的微粒子、有害气体、细菌等污染物排除，并将室内温度、洁净度、室内压力、气流速度、气流分布、噪声振动及照明、静电控制在要求范围内。采用洁净厂房净化设计，设计方案主要有整体式、装配式、局部净化三种类型。

4. 无菌室

无菌室应设有无菌操作间和缓冲间，无菌操作间洁净度应达到 10000 级，室内温度保持在 18~24℃，湿度保持在 45%~65%。

无菌室内的地面、墙壁必须平整，不易藏污纳垢，便于清洗。工作台的台面应该处于水平状态。无菌室和缓冲间都装有紫外线灯，无菌室的紫外线灯距离工作台面 1m。无菌室应保持清洁，严禁堆放杂物，以防污染。无菌室应备有工作浓度的消毒液，如5%的甲酚溶液、75%的酒精和 0. 1%的新洁尔灭溶液等。无菌室应定期用消毒液灭菌清洁，以保证无菌室的洁净度符合要求。需要带入无菌室使用的仪器，器械，平皿等一切物品，均应包扎严密，并应经过适宜的方法灭菌。无菌室使用前必须打开紫外灯辐照灭菌 30min 以上，并且同时打开超净台进行吹风。操作完毕，应及时清理无菌室，再用紫外灯辐照灭菌 30min，凡带有活菌的物品，必须经消毒后，才能在水龙头下冲洗，严禁污染下水道。

工作人员进入无菌室应穿灭过菌的服装，戴帽子。工作人员进入无菌室前，必须用肥皂或消毒液洗手消毒，然后在缓冲间更换专用工作服、鞋、帽子、口罩和手套（或用75%的乙醇再次擦拭双手），方可进入无菌室进行操作。

（二）防鼠、 防虫设施

老鼠、苍蝇及蟑螂携带病菌、传播疾病，给食品带来寄生虫、病毒或者难闻的气味，严重危害食品安全。因此，面制品工厂必须具备防鼠、防虫设施。

1. 防鼠设施

防鼠必须采取综合措施，堵死环境中和建筑物内的鼠穴，断绝鼠食来源。对老鼠进入建筑物的通道，如地板下的水道、风扇入口、通风孔及地基下水道口都应设防鼠网。

2. 防蟑螂设施

消除蟑螂的生活环境，即堵塞各种洞、孔和缝，特别要注意水池、热水器周围的洞、孔和缝，因为这些地方离水源近，温度也较适宜，是最容易滋生蟑螂的地方。在车间、食堂等场所的下水道中安置金属丝网，防止蟑螂自下水道侵入。建立严格物品清扫洗刷制度，保管好食品和垃圾，不给蟑螂提供生活栖息和觅食场所。

3. 防蝇设施

面制品工厂应在车间设置纱窗、纱门和防蝇风帘，以防苍蝇随货物进入车间。有条件的安装灯光诱蝇装置及电动捕蝇装置。防蝇措施的关键就是消除蝇类的滋生源。

（三）供电设施

1. 供电性质

面制品工厂的用电性质属于Ⅲ类负荷，即临时停电也不会导致重大事故，一般使用单一电源供电就能满足要求。但是实际上很多面制品工厂都会因为临时停电而造成较大的经济损失。因此，面制品工厂应该根据厂址所在地区的供电条件使用两个电源供电，或者设有发电设备，尤其是冷藏库应采用专用供电线路并配置备用电源，避免因停电而造成经济损失。

2. 供电设备

供电设备包括配电变压器、高压开关柜、低压配电屏、静电电容柜等。配电变压器一般采用三相双线圈油浸自冷式，常用型号为 SJ 或 SJL 型两大系列，从节能的角度考虑，应选用低损耗系列的变压器；高压开关柜一般采用 GG-1A 型；低压配电屏一般有 BDL 型和 BSL 型两大系列；静电电容柜一般采用 BJ（F）-3 型。

3. 车间配电

面制品工厂车间一般温度较高、湿度较大、有的还有酸、碱及盐等腐蚀介质，电气设备和器材应按湿热条件（TH 型）配置。车间的总配电装置最好设在一个单独的小房间内，车间的分配电装置和自动控制设备应能防酸、碱及水汽等的腐蚀，并尽可能集中于车间较干燥的区域。

面制品工厂的一些生产车间，如粉碎间、以氨作为制冷剂的冷冻机房等均有防爆要求，电器设备和器材应选用防爆型，供电应按防爆标准设计，所有机械设备均应接地保护。

车间配电线路布置要求整齐美观，最好使用暗管沿墙或隔板上部敷设，某些走地板的电线要用套管，并注意安全防护。

4. 照明

车间和其他建筑物的照明电源必须和动力线分开，并留有备用回路。车间应有充足的照明，能够向所有工作台面提供光源，光线不应改变被加工物的本色。潮湿、低温及水雾多的车间应使用防潮灯具；防爆车间应该使用防爆灯具。

(四)消毒、洗涤与卫生设施

1. 车间入口消毒通过池

为保持车间卫生，减少地面尘土污染，一般食品车间入口处要设有消毒通过池。池的大小要和车间工人人数和进出的频度相适应。消毒通过池的卫生要求，根据生产品种和生产工艺的不同，其要求也有很大的差异。

2. 更衣室

更衣室应设置在便于操作人员进入各车间的位置，男女分开，一般为边房式或脱开式，在入口处装纱门或风门来防尘防蝇，对外的纱门应向外开启。在更衣室内设储衣柜，配备穿衣镜，供工作人员自检用。更衣室内应通风、采光、安装紫外线灯。

3. 淋浴室

为了保证食品生产过程的卫生条件，直接从事安全性要求高的面制品生产的操作人员应在进入车间前洗澡。因此，生产车间内应设置淋浴室。

淋浴室可分散或集中设置，一般设置在男、女更衣室旁边，用小门相通。淋浴器的数量按每班工作人员计，每 20~25 人设置一个。淋浴室应设置在通风、采光较好的位置，设备通风排气设施也可设置天窗。为便于冬季洗澡，必须有采暖设备（如装暖气）。

4. 厕所

厕所的地面常被带有大肠菌群和杂菌的脏水污染，工作人员进出不使用专门的鞋子或穿工作服去厕所，以及苍蝇在食品车间与厕所之间来回飞，都可将污染物带到食品上。

（1）位置　厕所的设置应根据工厂的大小等具体情况确定，厂区公厕应设置在生产车间的下风侧，如是坑式厕所，应距生产车间 25m 以上。车间的厕所应设置在车间外，其出入口不正对车间门，可将它建在淋浴室旁边的专用房内。

（2）设施　便池坑应用不透水的陶瓷卫生器具，也可贴瓷砖，地面用防滑的地砖铺设，有排水明沟和地漏，厕所内还应设洗污池，要便于清扫和保洁；便池应为水冲式，其数量根据生产需要和人员情况设置。一般要求男厕所 100 人以下，每 25 人设一蹲位，100 人以上每 50 人设一蹲位；女厕所 100 人以下 20 人设一蹲位，每增加 35 人增加一蹲位。男厕所内按每个蹲位设一个小便器具或长形的小便槽，并装冲水设施。

（3）备有洗手设施和排臭装置，如装排风扇或开天窗、对流窗。

（4）厕所的排水管道与车间排水管道分开，避免废水溢出或倒流造成车间污染。厕所的排水管不得位于操作台或设备的上方，以防滴漏。

（5）安装防蚊防蝇设施，并采取消毒杀菌措施，指定专人对厕所每天每班定期清洗消毒。

5. 洗手、消毒设施

污染手指的细菌中与食品卫生有关的主要是金黄色葡萄球菌和肠道菌。在健康人的鼻腔分布较多的金黄色葡萄球菌，手指接触鼻部或擤鼻涕时受到污染。据调查，食品从业人员皮肤受此菌污染的占30%~40%。志贺氏菌、伤寒杆菌、沙门氏菌等肠道病原菌对手指的污染主要是大便后所用卫生纸数较少。在食品从业人员的手指大肠菌群检出率高达50%以上。所以，面制品工厂设置洗手消毒设施十分重要，要求做到以下几点。

（1）洗手设施应分别设置在车间进口处和车间内适当的地点，一般将洗手设施设置在更衣间和生产车间之间的过道内。在配料、包装和加工等工序处，应设置一定数量的洗手设施。

（2）要配备冷热水混合器，便于冬季使用，其开关采用非手动式，或用肘开关或脚踏式，避免洗净的手受开关的二次污染。

（3）水龙头设置以每班人数在200人以内者，按每10人一个；200人以上者每增加20人增加一个。

（4）配备干手设备，如热风、消毒干毛巾、消毒纸巾。有些车间还应配备消毒手套。

（5）在洗手处配备足够数量的指甲刀、手指刷、消毒肥皂、消毒液、纸巾，也可用暖风干燥机来代替纸巾，单纯的流水洗手，细菌数并不减少，相反，因反复洗手把手指甲缝和皮肤凹陷部的细菌洗出来而增加手上的细菌。所以，必须勤剪指甲，洗手时用指甲刷，洗净后用含氯消毒液浸泡消毒，直接接触食品的从业人员应用酒精对手指进行消毒。

（6）在设计时就要考虑存放清洁工具的小室。这样的小室应位于被清洁的厂房内，能保持清洁工具的干燥，而且与其他室完全分离，避免不同生产区域内清洁工具混用。

（五）供水设施

供水设施应能够提供工厂各部所需的充足水量，以及有适当压力的合格的水。必要时，应有储水设备，并在需要的工段提供适宜温度的热水。储水槽（塔、池）应以无毒、不致污染水质的材料建成，并应有防护污染的措施。

在食品GMP要求中，生产用水及制冰的水卫生要求很严格。面制品生产用水应符合饮用水水质标准。如果使用自来水，在面制品工厂应设置净水或消毒设备。

不与食品直接接触的非饮用水（如冷却水、污水或废水等）的管路系统与食品生产用水的管路系统应无交叉污染，必要时以颜色明显区分，并以完全分离的管路输送，不得有逆流或相互交接的现象。

地下水源与污染源（化粪池、废弃物堆置场所等）的距离应保持15m以上，避免污染。

（六）废水、废弃物处理设施

面制品工厂在生产加工过程中产生的废水、废弃物会对环境造成污染，其排放应符合国家关于“三废”排放的有关规定。

厂区内应设置密闭或带盖的废弃物收集设施，其容积与废弃物的产出量相适应，车间中可放置垃圾桶或箱，但要防止废弃物外溢、有害气体逸出以及有害动物集聚滋生。收集的废弃物应及时清除，日产日清，在24h内运出厂区，送到规定的集散地，保持厂区内清洁、卫生和整齐。

第二节 面制品加工设备的安全控制

加工设备对食品质量与安全的影响很大，因此，在食品GMP要求中明确规定了对食品加工设备的要求。

一、面制品加工设备的安全管理

（一）设备结构上的要求

（1）设备结构设计时必须有安全保护措施。
（2）设备必须安装紧急停止装置。
（3）将设备旋转部分的部件等突出物进行覆盖。

（二）根据设备的种类采取的措施

1. 混合及破碎等的设备

为了不让人接触旋转着的翼和刃部，必须设置安全保护装置、原料供给装置等。像混合容器那样上下或左右方向运动的设备装置，必须采取措施避免工人被夹住。

2. 滚筒和压伸设备

必须在滚筒等处设置安全保护装置，从结构上避免操作人员被误伤。

3. 成型和压缩设备

在进行往复运动和旋转运动的部分，必须安装安全保护装置。

4. 切割和切削设备

进行加工的装置必须用安全保护装置覆盖；必须安装原料供给装置；必须用安全保护装置遮盖刃部。有刃物旋转的设备要求在停止操作后，必须迅速停止旋转。

5. 进行原料和产品的供给、输送等部分的装置

投料口的构造设计必须考虑避免手指碰到设备内部的危险，或者设置盖子和安全保护装置。材料投入口的开闭式盖或加料斗打开后，设备必须停止旋转。

6. 传送带

传送带的驱动部分必须设置安全保护装置。

7. 热（烧、煮等）加工设备

在高温部分必须用绝热材料等覆盖。燃气装置必须设置切断燃料输送的安全装置。

（三）设备安装的注意事项

（1）设备安装时必须确保作业所需的空间。

（2）必须在稳定的条件下进行设备安装。

（3）必须把设备的操作盘安装在合适的位置。

（4）必须确保设备电线配线的安全。

（5）设备安装好后，必须确认其运转状况。

（四）设备使用的注意事项

（1）设备工作时操作人员要穿合适的作业服。

（2）设备操作时要确认危险防制装置。

（3）制定设备操作作业规章。

（4）完备设备作业的工作环境。

二、面制品加工设备与用具清洁

在清洗加工设备之前，先切断设备的电源，将需要放水的设备部件遮盖好，除去残留在设备上的半成品和边角料，然后用水枪冲洗设备表面。设备表面经过初次冲洗后，用刷子蘸上洗涤剂，对设备表面进行刷洗。所用洗涤剂要符合国家有关卫生标准要求，不得含有荧光增白物质，并在正常使用的条件下，能有效地清除污物和食品残渣，利于用水冲洗掉，并且不会腐蚀设备和造成环境污染。刷洗时要刷尽设备与产品接触面的每一个部位，特别注意沟缝和直角处，必要时可将设备部件拆卸下来清洗。产品残渣和各种污物必须刷洗干净，否则任何有机物残留都会明显降低消毒剂的杀菌效果。

刷洗应该使用非木质柄、非动物毛和金属丝毛的刷子，以便用后对其进行清洗消毒，并且不会对设备产品接触面造成污染和损失。用于不同工序和不同设备的刷子应分开使用，对此可通过利用不同的颜色和相应编号对其加以区分。用过的刷子应清洗干净并进行消毒，然后放在通风处晾干。用于不同工序的刷子要分开存放，避免相互污染。用工器具刷洗后，用清水将设备表面的洗涤剂冲洗干净。

第三节 面制品生产过程的安全控制

在面制品加工过程中，必须采取各种措施，通过控制车间环境、人员及加工过程的卫生来防止微生物污染、化学污染和物理危害，保证面制品的质量与安全。

一、车间环境卫生

面制品工厂对生产环境卫生的要求包括：

（1）环境卫生划片分工，责任到人，每天按保洁区进行卫生清扫，保持内外环境整齐。

（2）面制品工厂具备防尘、防蝇及防鼠设施，并与有毒、有害场所保持规定的距离。

（3）设备布局合理，存放整齐有条理。机械设备、工具、容器及台面等应保持清洁。

（4）室内无积尘、无蛛网，地面不湿、不滑、无油泥，保持干燥清洁，墙壁和房顶无油污、无霉斑、无滴水。

（5）垃圾和废弃物应存放在专用容器中，加盖密封，并及时处理。

二、人员卫生

加工人员与产品处于同一空间，人员卫生的好坏，将直接影响到产品的安全。为了保证产品的质量与安全，每道工序的操作人员都应该严格按照良好操作规范（GMP）和危害分析与关键控制点（HACCP）的规定去做。

面制品工厂应该制定合理的《员工卫生管理规定》，还可以开展一些卫生培训项目。

（一）个人健康

员工必须每年由卫生防疫站进行健康检查，检查的项目包括化验血和粪便、听心脏、测血压。检查合格的人员方可持证上岗，并建立职工健康档案。定期对加工人员与检验人员进行卫生培训，使其养成良好的习惯，并且自觉遵守公司的规章制度。建立严格的疾病及外伤逐级汇报制度，生产中出现患有影响食品卫生的疾病的患者，必须及时调离工作岗位，不准患有食品行业禁止疾病的人参与直接接触食品的加工，病愈经体检合格后方可重新上岗。

（二）手的卫生

在面制品生产过程中，员工的手直接接触产品，是交叉污染最严重的环节。员工手的卫生情况可以由化验室用棉拭子涂擦取样检测。员工在以下情况下必须进行洗手消毒：①开始工作前；②上厕所之后；③接触头发、鼻子、嘴或者吃饭之后；④接触垃圾、废弃物、脏的器具之后；⑤任何原因离开工作区返回后。洗手消毒设施应设于车间入口、卫生间入口和车间内。工作过程中每半小时进行一次洗手消毒，正在工作的员工在流动消毒车的洗手槽中洗手、消毒，以防止加工过程的微生物繁殖，从而污染食品。

（三）人员卫生要求

面制品工厂加工人员在工作过程中必须做到：①保持衣、工作靴、帽及口罩的清洁；②重视操作卫生，不许佩戴首饰，进入车间前不宜化妆，上班时不许抓头皮、吃零食，操作人员手部受到外伤时不得直接接触食品和原料，不要将个人物品带入车间；③养成良好的卫生习惯，做到四勤，包括勤剪指甲、勤洗手、勤洗澡、勤理发，并且保持工作场所的整洁；④工作衣、帽穿戴整齐，工作帽应采用披肩式，将头发全部遮住；⑤外来人员未经允许严禁进入生产车间，经允许进入车间的参观者必须更换专门参观服装，并进行灭菌消毒。

三、加工过程卫生

（一）防止交叉污染

各类面制品的生产加工应根据具体的工艺要求进行合理的组织和安排，做到便于生产和操作，避免交叉污染。应根据产品不同要求按不同工序的清洁程度划分清洁区和非清洁区，采用必要的隔离措施，对不同区域之间的人员和物品的流动实施相应的限制。凡由非清洁区进入清洁区的物料，应须先除去外包装，再经杀菌通道，然后才能在清洁区内打开包装。不同工序使用的器具应通过不同的标志加以区分，不可混用。盛放产品的容器不能直接与地面接触，放置下脚料和废料的容器应有明显的标志，在加工不同的产品时可能发生污染，根据情况可采用不同车间、不同时间隔离或封闭等方式有效避免产品间的相互污染。卫生要求严格的产品加工车间或包装间在开始工作前应使用紫外线或臭氧进行灭菌消毒。

（二）温度控制

面制品加工中对加工时间和温度要进行必要的控制，防止时间长和环境温度高导致病菌繁殖和产毒，必要时，应安装空调降温设施和对加工过程的半成品进行加冰保鲜。冷冻产品的速冻过程应实施温度监控，以确保冷冻的效果和质量。需作冷冻处理的产品，预冷库温度应在0~4℃，速冻库的温度应达到-35℃以下。用冷冻品作原料的工厂，原料应采用吊挂或搁架式的解冻方法，解冻过程中要注意避免造成新的污染。经过蒸煮和漂烫处理的原料必须迅速冷却至适当的温度，并尽快转入下道工序。各工序需要根据品种制定相应的时间和温度控制限值，以免产生积压造成湿热性细菌的繁殖。采用加热杀菌的产品，应严格控制影响杀菌效果的因素和操作。对加热设备应进行热分布测定，证明杀菌效果，并应配备温度自动控制和记录装置。杀菌人员应经培训合格后上岗操作，并如实记录操作情况。

（三）密封质量控制

密封容器包装的产品，容器必须按照有关规定进行密封质量的检验，防止造成二次污染。

（四）安全危害分析与控制

工厂要对加工过程中可能出现和存在的安全卫生危害进行分析，找出危害的关键控制点，并制定相应的监控计划，即 HACCP 计划，使各关键控制点得到连续有效的监控。面制品工厂对加工的产品要制定相应的生产操作规程或作业指导书，具体说明每一工序的操作方法和各项工艺技术要求，以便对生产作业实施有效的技术指导和规范化管理。

第四节 食品加工技术的安全控制

在面制品加工过程中常会用到一些干燥技术、焙烤用的氢化油技术、发酵技术和清洗技术等，利用这些技术的过程或多或少都会对食品安全产生一定的影响。

一、干燥技术

食品工业中，干燥技术发展迅速，应用越来越广泛。空气对流干燥、真空干燥、冷冻干燥等技术的应用已经十分普及，但是这些技术均存在着一些安全问题。

传统的干燥方法是利用自然条件进行干燥（如晒干和风干），但此方法干燥时间长，易受到外界条件影响，特别是遇到阴雨天气时产品容易霉烂；选择地点不当时，还会沾染灰尘、碎石以及众多腐败微生物，尤其是易吸引蚊虫，造成食品的污染。

采用机械设备干燥时会大大降低污染的概率，但是仍然有可能出现安全问题。静态干燥时，可能存在切片搭叠而形成的死角；动态干燥时，干燥速率加快，对于一些内阻较大的物料，干燥至一定程度时，由于其内部水分扩散较慢，干燥速率会降低，干燥时间延长。这样食品中的酶或微生物不能得到及时地抑制，可能引起食品风味和品质发生变化，甚至变质，这在油脂含量较高的食品中显得尤为突出。另外食品加热干燥，控制不当可能会发生美拉德反应，甚至会发生焦化。

已得到广泛应用的真空冷冻干燥技术，在我国由于机械设备方面存在着一些不足，如因为隔板温度的不均一而造成食品的干燥程度不均一，使食品局部水分过高，有可能引起微生物的生长。同时由于冷冻干燥的食品很快会吸潮和氧化，所以必须进行适当的包装（在包装中注入氮气）以防止其吸收空气中的水分和氧气，从而影响食品的储存稳定性。

干燥设计时考虑干燥空间加热的均匀性，使物料能够均匀干燥。同时要适当控制干燥的速率，使物料尽快干燥，避免微生物的繁殖及酶的变化。干燥后尽快包装，防止物料吸潮，影响干燥物料的品质。

二、焙烤用的氢化油技术

面包、饼干以及奶油蛋糕等面制品都是消费者十分喜爱的食品，然而近期研究发现这些产品中长期使用的类似奶油的原料（称为“起酥油”和“人造奶油或氢化植物油”）中含有较多的反式脂肪酸。反式脂肪酸是碳链上含有一个或以上非共轭反式双键的不饱和脂肪酸及所有异构体的总称。由顺式双键形成的不饱和脂肪酸室温下一般呈现液态，熔点较低；然而反式双键形成的不饱和脂肪酸室温下一般呈现固态或半固态，熔点较高。面包、饼干、奶油蛋糕、咖啡伴侣和冰淇淋等产品加工中，就是利用了这种高熔点的固态或半固态特点。天然的反式脂肪酸仅存在于反刍动物体内，或者产生于经过加工处理的油脂中，比如氢化油脂、烹调油脂。

目前，医学已确认反式脂肪酸对人体的主要危害有：干扰婴幼儿生长发育、增加患动脉硬化的风险、诱发妇女患Ⅱ型糖尿病、造成大脑功能衰退、减少男性荷尔蒙分泌等。

降低氢化油危害的措施：

（1）改良氢化工艺，降低氢化油中反式脂肪酸的含量。

（2）采用非氢化技术生产食品专用油脂，包括以下几点。①利用固体脂与液体油进行酯交换反应，制备不含反式脂肪酸的油脂；②使用高含固体脂的天然油脂进行分提，制备不含反式脂肪酸的油脂；③进行油料育种改良，制备不含反式脂肪酸的油脂；④制备油脂代用品。

三、发酵技术

发酵是面制品制作中重要的技术，在发酵过程中，影响发酵的因素很多，如温度、pH、通气量（氧的供应）、补料等。要使发酵食品向着有利的方向发展，必须适当地控制影响发酵的各种条件，及时掌握发酵动态，加强发酵过程的质量管理和控制。如果不加控制或控制不当，不但不能制备成理想的发酵食品，还会造成微生物污染，使食品腐败变质。另外，为保证发酵产品质量，发酵室、池及菌种培养室的设备、工具、管路、墙壁、地面应保持清洁，避免生长霉菌或其他杂菌。培养容器、器皿及培养基在使用前须严格灭菌。菌种应定期筛选、纯化，必要时进行鉴定，防止杂菌污染、菌种退化和变异产毒。发酵过程的控制主要包括以下几个方面：①发酵温度；②酸度；③通气量（氧的供应）；④补料。

四、清洗技术

面制品加工过程中，清洗对象包括面制品原料、添加剂、盛装容器、包装材料、加工设备、输送管道及生产环境等。清洗技术不加以控制，将直接危害到食品质量与安全。

首先，采用清洁度符合标准要求的水源进行清洗是最基本的要求。但单纯使用清水只能去除加工设备表面残留的污垢。要想有效清除加工设备与管道内残留的油水污物和蛋白质污物，还要加入适量的洗涤剂。洗涤剂属于表面活性剂，可以增大油污的分子张力，达到去除油污的目的。而且洗涤剂还可以有效抑制微生物的滋生。另外，在抑制微生物一次污染的基础上，还要注重抑制微生物的二次污染。所谓微生物的二次污染，是除微生物自体繁殖以外的污染源，如制造机械携带污染源、生产工具携带污染源、生产环境携带污染源等，面制品工厂需要定期对加工设备、生产工具以及操作环境实行消毒杀菌。

第五节
面制品原辅料及成品安全控制

面制品原辅料和成品带来的危害主要是以下三大类：化学性危害、生物性危害和物理性危害。化学性危害主要来源于：小麦粉和油脂等原料中的农药残留，包括有机汞、有机磷、有机氯及有机砷等农药，以及由于环境污染引起重金属超标；乳制品和鸡蛋等原料中的兽药残留，包括抗生素、呋喃类及磺胺类等药物的残留；用氧化变质的油脂作为原料；抗氧化剂、小苏打及香精香料等食品添加剂的超标和滥用等。包装材料、容器在与面制品接触时，化学成分可能污染面制品带来化学性危害。生物性危害主要来源于：小麦粉和油脂容易受到霉菌的污染，其中致病霉菌主要包括黄曲霉、禾谷镰刀菌、麦角菌及寄生曲霉等，它们可引起霉菌性食物中毒。特别是潮湿和温暖的条件有利于霉菌的生长，从而产生毒素。乳制品和鸡蛋容易受到金黄色葡萄球菌、沙门氏菌等细菌的污染。昆虫也容易引起生物性危害，昆虫除作为病原体和中间寄主外，多数昆虫在飞翔和爬行过程中污染面制品原辅料或者成品，食用后会引起肠道疾病。物理性危害主要来源于面制品原辅料中一些异物，包括砂石、金属及油污等，对人体造成物理性危害。

一、面制品原辅料

（一）采购食品原辅料的一般原则

（1）负责具体采购工作的人员熟悉本企业所用的各种食品原料、食品添加剂、食品包装材料的品种及卫生标准和卫生管理方法，了解各种原辅料可能存在的卫生问题。

（2）采购食品原辅料时，应对其进行初步的感官检查，对卫生质量可疑的应随机抽样进行质量检查，合格方可采购。

（3）采购食品原辅材料，应向供货方索取同批产品的检验合格证或化验单，采购食品添加剂时，还必须同时索取定点生产证明材料。

（4）采购的原辅料必须验收合格后才能入库，按品种分批存放。

（5）原辅料的采购应根据企业食品加工和储存能力有计划地进行，防止一次采购过多，短期内用不完而造成积压变质。

（二）采购符合卫生标准的原料

在订购、采购食品原料、包装材料时，应尽量按国家卫生标准执行；无国家标准的，依次执行行业标准、地方标准、企业标准；无标准的原材料，可参照类似食品的标准及卫生要求。执行标准时，在内容上应项目齐全，包括质量、营养、卫生指标，不得以某几项指标来代替该原料的全部指标内容，即不得以某几项指标检验合格来判断该批原料的全部指标均为合格。原料包装上应有品名、产地、生产期、保质期及验收标准代号。对合格、不合格、待验的原辅料和包装材料应严格分开，按批次存放，并有明显标记。

（三）食品原料的验收

验收各种原辅料时，除了向供货方索取产品的检验合格证或化验单外，还必须通过对原辅料色、香、味、形等感官性状的检验来判定其新鲜程度，必要时采用理化或细菌学方法来判断。同时，检验原辅料是否受有毒有害物质污染也很重要。

1. 感官检验

感官检验简单易行、结果可靠。不同的食品原料，其感官性状都有各自固有的特征，检验时应抽取有代表性的样品，在充足的自然光下，对照该原料的感官指标进行检验。

2. 理化检验

理化检验常用于食品表面的检查，如水产品表面弹力测定、农产品色调测定。常用导电特性方法测定电阻、电容量等来判定食品的新鲜度。

3. 微生物学检验

以蛋白质为主的食品，因细菌污染而使原料的新鲜度下降甚至变质，主要表现为细菌总数、大肠菌群的增多，有时甚至检出致病菌。

4. 检验原辅料受有毒有害物质污染情况

食品应该是无毒无害的，但在食品的种植/养殖、收获、采集、加工、运输、销售、储存等环节上，往往受到不同程度的工业有害污染物、化学农药、致病菌、霉菌毒素等污染。在采购食品原料时，必须了解是否受有害、有毒物污染的可能，对可疑的原料需要进一步检验，必要时抽样检验，以排除污染的可能性，对已受污染的食品原料不得采购。

（四）常用原辅料的保护性措施

1. 洗涤

洗涤是最常用的保护性措施。洗涤剂包括水、表面活性剂水溶液及含氯消毒液等。

（1）水　洗涤用水必须符合生活饮用水卫生标准，为提高水的去污能力，可借助于热能、搅拌产生的滚动摩擦、加压喷射等物理能量来帮助洗涤。

（2）表面活性剂　在水中加入少量的表面活性剂，如肥皂、合成洗涤剂等，能有效去污。洗涤剂要求无毒，不使食品变质，不破坏食品的营养，不影响食品原料的色、香、味，无色透明，对食品的浸透、吸附、残留量少，使用量小、去污效果好。

（3）含氯消毒液 对污染较重的果蔬原料在洗涤后浸泡，可有效地降低微生物的污染程度。一般选用对人体毒性小、无异味、刺激小的二氧化氯溶液。

2. 其他保护性措施

农副产品原辅料采购后，必须分类、分批按质量等级进行筛选，分开堆放，及时剔除已变质及质次的原料。同时，可根据食品原料的种类、加工及储存的需要，选择合适的方法进行保护性处理。

（五）原辅料的包装物或容器应符合卫生要求

食品原料、食品添加剂及其他辅料应根据其是固体、半固体、液体还是粉末状等具体情况选择适当的包装物或容器，用于制作这些包装物、容器的材质应符合食品包装材料、容器、工具等各自的卫生标准，不得随便使用包装用品，严防污染食品原材料。

（六）原辅料储存应符合卫生要求

（1）应有堆放场地和仓库。

（2）原辅料进库前必须严格检验，发现不合格或无检验合格证书又无化验单者，拒绝入库。

（3）原辅料库内必须通风良好，经常清扫，定期消毒，保持洁净；应有防潮、防鼠、防霉、防虫设施。

（4）储存固态原辅料应离地 20~25cm、离墙 30cm 以上，分类、定位码放，并有明显标志。储存液态原料应使用密封罐，管道输送易污染的辅料（如果酱、馅等）应与其他原料分开存放，防止交叉污染。

（七）原辅料运输应符合卫生要求

（1）运输工具应符合卫生要求，面制品原辅料必须使用专用的车、船等运输工具，严禁与农药、化肥、化工产品及其他有毒有害化学物质混载，也不得使用运输过上述物品的车、船及其他运输工具。为防止运输途中雨淋、灰尘，使面制品包装及面制品原辅料受潮，车、船应设置顶篷，最好采用封闭式的车厢和舱，不具备上述条件的运输工具应用油布覆盖。

（2）选择合适的运输工具。

（3）防止原辅料污染和受损伤，轻装轻卸，不散不漏。

（4）保持运输工具洁净卫生。

（八）面制品主要原辅料的安全卫生控制

面制品生产的主要原辅料包括小麦粉、油脂、水、鸡蛋、乳制品以及食品添加剂。

投料前小麦粉、鸡蛋及糖等主要原辅料应过筛、过滤。

1. 小麦粉

小麦粉作为面制品生产的主要原料，在原材料进货检验时应严格按照 GB/T 1355—1986《小麦粉》中的相关规定，对小麦的原产地、小麦粉的品质、供应商、包装和运输等进行考察评估，确保小麦粉的安全卫生情况满足生产需要。同时，从小麦粉的理化指标和流变学指标评价小麦粉的质量，理化指标包括湿面筋含量、灰分含量、蛋白质含量及水分含量等；流变学指标包括面团的形成时间、降落数值、弱化度、搅拌能力、稳定时间、延伸性、弹性及韧性等。

2. 油脂

油脂的品质在面制品质量控制中起着重要作用，尤其油脂的酸败问题是影响面制品质量与安全的主要因素之一。生产面制品选择油脂时，应该从油脂的新鲜度、稳定性、色泽及风味等方面考虑。对油脂质量的评价不仅仅局限于酸价、熔点和过氧化值，还必须评价杂质含量、脂肪酸的分布等。同时，应该根据面制品的保质期选择油脂，如果面制品要求保质期较长，应该选择熔点高、杂质少及不饱和脂肪酸含量少的油脂，比如棕榈油。

对面制品加工用油脂的进货检验，应根据 GB/T 1534—2017《花生油》、GB/T 1535—2017《大豆油》、GB/T 1536—2021《菜籽油》、GB/T 10464—2017《葵花籽油》、GB 2716—2018《食品安全国家标准 植物油》等国家标准的要求向供应商索取相关的进货检验报告。

3. 水

面制品生产中水所起的作用：一是溶剂作用，在面团调制过程中，水的溶剂作用显示其独特功效，例如白砂糖、膨松剂等一般以水为溶剂，完全溶解后投料；二是参与面团形成，只有在水的参与下，才能赋予面团各种流变学特性，如弹性、韧性、可塑性、延伸性、黏合性和软硬度等。

大多数面制品工厂均使用自来水，但也有少数工厂使用天然水。天然水中的地表水（江河及湖泊水源）通常不被直接使用，地下水则成为主要的水源。面制品生产中所需的生产用水必须符合 GB 5749—2006《生活饮用水卫生标准》的指标要求。

地下水含有多种矿物质，使水质有不同程度的硬度，即使是自来水，也按不同地区和处理方法而有一定的硬度。水质根据无机盐含量的多少和酸碱度的差异，可分为硬水、软水、含盐水及碱性水等。水中的钙离子、镁离子能使面筋强韧、弹性增大，但也使蛋白质凝固变性，阻碍了面团的延展性和可塑性的演化过程，从而增加了后期压片的难度。水中铁离子除造成机械设备变色外，也会给面制品的色泽带来不良影响。在面制品生产中，淀粉表面会吸附铁离子，然后在高温下迅速氧化成铁的氧化物，使面制品色泽变暗，严重时会变成棕褐色。此外，铁离子还是促进油脂氧化酸败的催化剂，从而缩短面制品的保质期。

4. 鸡蛋

鸡蛋是面制品生产的重要辅料之一，提供多种营养物质，其中最为突出的是鸡蛋的蛋白质含有人体生长发育所必需的各种氨基酸，而且氨基酸组成的模式与合成人体组织蛋白质所需的模式十分相近。

鸡蛋出现安全卫生问题的原因主要来自于三个方面：一是鸡蛋的污染；二是鸡蛋的变质；三是农药、抗生素的残留问题。

鉴于以上情况，鲜蛋的储存一般要求采用1~5℃的冷库进行保存，并保持空气中相对湿度在87%~97%，一般储存时间不应超过4~5个月。

采购用于面制品加工的鸡蛋应对其卫生、品质进行评价，主要是通过感官检验、理化检验和微生物检验来判断其质量的优劣，严防沙门氏菌污染。

5. 乳制品

乳制品包括鲜乳、炼乳、乳粉、奶油、酸乳和干酪，它们也是面制品的主要辅料之一。

乳制品的安全卫生方面的问题主要存在以下三个方面：一是微生物的污染；二是产乳的奶牛饲料或其生活的环境如果受到霉菌、农药、重金属、放射性物质的污染，牛乳中会存在霉菌毒素、农药、重金属、放射性等物质的残留，如果产乳奶牛是病牛，乳制品中会存在抗生素残留，这些物质对消费者的健康都会起到不良影响，采用这样的牛乳或制品生产面制品，势必将上述污染物引入面制品；三是牛乳人为掺伪。

6. 各种食品添加剂

面制品生产使用的食品添加剂必须符合GB 2760—2014《食品安全国家标准　食品添加剂使用标准》，如果在面制品生产过程中超量、超范围使用食品添加剂或者甚至添加非食品级添加剂，将会对人体健康造成危害。因此，面制品生产过程中严格按照使用范围和使用剂量要求使用食品添加剂，是确保食品安全的重要措施之一。食品添加剂按照以下方法进行管理。

（1）采购食品添加剂应当查验供货者的许可证和产品合格证明文件。食品添加剂必须经过验收合格后方可使用。

（2）运输食品添加剂的工具和容器应保持清洁、维护良好，并能提供必要的保护，避免污染食品添加剂。

（3）食品添加剂的储存应有专人管理，定期检查质量和卫生情况，及时清理变质或超过保质期的食品添加剂。仓库出货顺序应遵循先进先出的原则，必要时应根据食品添加剂的特性确定出货顺序。

二、成品包装材料

（1）包装面制品成品用的包装纸、塑料薄膜、纸箱必须符合GB/T 30768—2014《食品包装用纸与塑料复合膜、袋》。严禁使用再生纸（包括板纸）包装面制品。

（2）小包装面制品应在专用包装室内包装。室内设专用操作台、专用库及洗手、消毒设施。

（3）盒装、袋装及其他小包装面制品的包装标准，必须符合GB 7718—2011《食品

安全国家标准　预包装食品标签通则》的规定。

三、成品储存与运输

面制品成品的储存、运输是保证产品质量与安全的重要环节。生产出来的面制品要经储存、运输后送到经营部门。储存过程不仅有中转的作用，而且还有检验产品稳定性的作用。

（一）成品储存

成品储存的卫生要求主要有以下内容。

（1）储存各类面制品成品，应与原料、半成品分库存放。

（2）对入库面制品要做好验收工作，并有记录，保证变质产品不入库。定期对库存产品进行卫生质量检验，发现问题及时处理。

（3）各类面制品应标识明显，分类存放。

（4）堆放面制品应做到离地。

（5）对库存面制品做到先进先出，尽量缩短储存期。

（6）需冷藏储存的面制品应分架堆放。一般冷藏产品不宜储存时间过长。如需长期冷藏，温度应保持在-18℃以下。

（7）严禁在存放面制品的仓库内堆放农药、化肥或者其他有毒物品，以防污染产品，引起中毒。

（二）成品运输

（1）运输成品时须用专用防尘车。车辆应随时清扫，定期清洗、消毒。成品专用车不得运输其他物品。

（2）其他运输车辆一律禁止进入成品库。

四、卫生与质量检验管理

（1）面制品工厂必须设有与生产能力相适应的卫生、质量检验机构，配备经专业培训、考核合格的检验人员。

（2）检验机构应设置检验室、化验室，并应具备检验、化验工作所需要的仪器和设备。生产面制品的企业应当具备下列必备的产品出厂检验设备：分析天平、干燥箱、灭菌锅、无菌室（或超净工作台）、微生物培养箱及显微镜等。

（3）检验室和化验室应按国家规定的检验方法（标准）进行物理、化学、微生物等方面的检验。凡不符合标准的产品一律不得出厂。

（4）各项检验原始记录保存三年，备查。

第十章
面制品的流通与监管

面制品是我国的主食品，消费量巨大。面制品经过流通环节送达消费者，整个流通过程需要转运、换场、储存等环节，情况复杂，环境多变，对面制品品质影响大，不确定因素多，因此面制品的流通环节是重要的一环。面制品作为食品的主要类型，监管部门对其管理非常严格。我国于2018年成立国家市场监督管理总局，整合市场监管资源，形成市场监管权力，加强食品安全监管、提高市场监管水平。面制品的生产、流通、存储等各个环节都应接受各级市场监督管理局的监管，保证面制品的安全。

第一节 面制品的流通

我国对面制品流通施行许可制度，对流通环节经营者、流通过程进行规范，制定流通环节的相关标准和制度。在面制品供给消费者的餐饮环节也制定有餐饮服务的许可管理制度和规范要求。

一、我国面制品流通环节的现状

（一）流通环节

流通环节是“食品链”中重要一环，对于食品安全至关重要。近些年，食品安全问题一直是人民群众、政府等各方面关心的大事，国务院专门设立食品安全委员会，主任由国务院副总理兼任。在流通环节，市场监管部门接到的举报投诉数量在近些年呈明显增长态势，显示出消费者对食品安全的关注程度不断提高。先介绍一个概念，面制品流通环节是指构成面制品流通过程的每次买卖行为，由于面制品交换在时间和空间上的分离，在其流通过程中常常产生多次交换过程，其中每次交换过程就是买卖行为，由面制品的生产者与商业经营者、商人与消费者之间来进行。根据《中华人民共和国食品安全法》（以下简称《食品安全法》）中为各部门划分的监管职能看，面制品的生产环节简单来说是指工厂生产出各类食品，餐饮环节指各类大小餐馆饭店，而除两者之外的环节都是流通环节，此范围非常大。

（二）流通阶段

面制品的流通环节还可分为三个阶段：①批发环节，指面制品从生产厂出厂后转移到流通过程中的环节，它处于流通过程中的起始位置，是生产环节和流通环节的重要纽带，是面制品进入流通环节的第一环；②零售环节，指将面制品提供给消费者的环节，是流通环节的终端，也是衔接流通与消费两个环节的重要部分，当面制品通过零售环节交付给消费者时，销售行为终止；③储存环节，面制品在流通环节停留的阶段，形成面制品的储存环节，科学合理的面制品储存量和储存结构可显著提高面制品的流通效率，使经营者迅速回笼资金，降低流通成本等。

（三）流通管理

目前，大型面制品生产企业较少，而小型企业和作坊数量庞大，并且多是生产和流通经营集中于一体，预包装产品少，散装产品多，造成监管困难。面制品在流通过程中常常出现二次污染的问题，食品安全标准又缺乏有效的协调机制，流通市场管理体系也存在不足，生产企业由于把关不严可能留下安全隐患，对流通企业的激励和约束机制也不完善。国家市场监督管理总局和各级市场监督管理局承担流通环节面制品安全监管，严把流通环节市场准入关，建立并完善流通环节经营者的数据库，强化面制品抽样和快速检测，加强对面制品质量的检测监督。面对规模化生产的面制品工厂，积极推广面制品生产企业建立危害分析与关键控制点（HACCP）体系，构建良好操作规范（GMP）和卫生标准操作程序（SSOP）操作规范。面制品加工行业需要建成有效的安全标准协调机制，尽快出台面制品产品的安全标准和配套的规范。流通市场需要建立规范的管理体系，针对面制品销售和售卖环节灵活多变，不易监管的特点，制定更实用、操作性强的市场管理规范。对于日常消费量巨大的面制品，需要对面制品的生产者、流通环节经营者建立信用体系，尤其针对中小型企业和小商小贩从业者强化监管和治理。

二、面制品流通许可制度

（一）流通许可

面制品的流通许可归口于食品流通许可管理，食品流通许可是一种典型的行政许可形式，依照《食品流通许可证管理办法》，根据《食品安全法》《中华人民共和国行政许可法》《中华人民共和国食品安全法实施条例》（以下简称《食品安全法实施条例》）等有关法律的规定。从事流通环节面制品经营的企业，应当依法取得食品流通许可。根据《食品安全法》和《食品安全法实施条例》规定，从事流通环节经营的要求是“先证后照、证照分离”，面制品流通环节经营者依法取得许可后，才可向市场监管部门申请注册。面制品流通许可事项包括经营场所、负责人、许可范围等内容，还包含经营项目和经营方式。面制品的经营项目按照预包装食品、散装食品两类核定，经营方式按照批发、零售、批发兼零售三种类别核定。面制品经营者若获得食品流通许可，应当符合以下要求：①具备与所经营的面制品品种、数量相适应的食品原料处理和加工、包装、储存等场所，并保持场地环境整洁，并与有毒、有害场所以及其他污染源保持规定的距离；②具备与所经营的面制品品种、数量相适应的设备或者设施，有相应的采光、照明、通风、防腐、消毒、更衣、盥洗、防尘、防鼠、防虫、防蝇、洗涤以及处理废水、存放垃圾和废弃物的设备；③已制定关于食品安全专业技术人员、管理人员和保证食品安全的规章制度；④具备合理的设备布局和工艺流程，防止待加工食品与直接入口食品、原料与成品交叉污染，避免食品接触有毒物、不洁物。食品流通许可证的有效期为3年。

（二）流通许可实施

市场监督管理局是食品流通许可的实施机关，管理业务主要包括流通许可证管理业务和流通许可监督管理业务，管理业务主要包括设立许可，变更许可、延续许可、注销许可，增、减、补正申请和撤销许可等业务；监督管理业务主要包括日常检查、吊销许可等业务。面制品流通许可包括申请、受理、审查、批准等环节。一般申请程序是公民、法人或者其他从事面制品经营活动的组织，向市场监督管理局提出申请，提交相关材料和反映真实情况；受理程序是市场监督管理局收到申请时，进行审查并对申请人的材料是否满足要求和是否受理进行告知。审查程序是市场监督管理局审核申请人的材料是否符合《食品安全法》和《食品流通许可证管理办法》的相关要求，如有必要可对经营场所进行现场核查。批准程序是市场监督管理局对申请人提出的食品流通许可予以受理，在20日内作出是否准予许可的决定；若不予许可，应出具驳回申请通知书，并说明不予许可的理由。

三、面制品流通环节经营者管理

（一）经营者

面制品流通经营者是按照食品生产经营者规定管理的，从事面制品行业的生产经营者是指一切从事面制品生产经营的单位或者个人。面制品生产经营人员每年必须进行体检；临时参与面制品生产经营人员必须进行体检，取得健康证明后才可参加工作。凡患有伤寒、痢疾、病毒性肝炎等消化道传染病、活动性肺结核、化脓性或渗出性皮肤病以及其他有碍食品安全疾病的，不得参加直接入口面制品的生产工作。

（二）经营制度

根据《食品安全法》要求，面制品经营者必须实行以下制度：①经营者进货查验制度；②购销台账制度；③食品质量自检制度；④质量承诺制度；⑤工厂、场地挂钩协议准入制度；⑥不合格食品退市制度；⑦市场开办者食品质量责任制度。而且，面制品经营者应保证自己经营的面制品符合相关法律和法规的规定，以及符合食品安全标准要求，并对其承担相应的法律责任；此外必须严格执行法律法规中禁止性规定；建立严格的质量管理体系，使面制品的来源可追溯、过程可控制、信息可查询、责任可追究；建立完善的召回制度，在发现其经营的面制品不合格时，应立即停止销售，按照《食品召回管理办法》的规定执行召回计划；对抽检不合格的面制品，应按照法律法规规定停止销售，并接受市场监管部门的检查，经监管部门综合评估后才能恢复销售。

（三）经营者类型

面制品在流通领域的经营者主要指有固定经营场所，从事面制品经营活动的主体应当依法取得食品流通许可。经营者凭借食品流通许可证申请办理营业执照之后，方可从事经营活动。多地政府在对面制品经营者进行管理时，将经营者从高级别到低级别依次分为二级四类，A 级经营者经营预包装和散装面制品，A1 类适用于经营场所面积 $50m^2$ 以上，A2 类适用于经营场所面积 $50m^2$ 以下；B 级经营者为单一经营预包装面制品的经营者，B1 类适用于经营场所面积 $50m^2$ 以上，B2 类适用于经营场所面积 $50m^2$ 以下。面制品行业的经营者多是小作坊、小摊贩，为了与《食品安全法》所规定的法律责任相匹配，专家提出应对食品经营者给予明确界定。按照法律的处罚标准，在处罚小作坊、小摊贩的违规行为时，如果采用标准过高，违法者很难达标，处罚过重影响就业。所以应根据经营规模对食品生产经营者进行细化量化，如将小作坊、小摊贩等称为食品小微经营者。

四、我国面制品流通标准

（一）面制品流通标准

我国食品标准分为国家标准、行业标准、地方标准和企业标准。《食品安全法》颁布后，根据其要求对食品标准进行整理，由国务院卫生行政部门整合强制执行标准，并统一发布食品安全国家标准。其中与流通有关的标准仅有 100 余个。目前，并没有针对面制品的流通标准，而在各面制品产品的标准中有涉及流通、运输、存储的相关规范，如 GB 17400—2015《食品安全国家标准 方便面》、中国粮食行业标准 LS/T 3212—2021《挂面》、GB/T 21118—2007《小麦粉馒头》、中国农业行业标准 NY/T 1994—2011《农产品质量安全追溯操作规程 小麦粉及面条》等。面制品流通标准是保障消费者健康的关键，因为面制品流通中存在二次污染的可能性，通过实施面制品流通标准，可使面制品流通全过程标准化、规范化。切实保护消费者的权益。面制品标准也是提升面制品流通系统运作水平和效率的有效手段，各国都在积极建立适应食品流通体系的流通标准体系，针对面制品流通的小型化、流通快、分散广等特点制定合适的流通标准。面制品流通标准是面制品安全监督管理和规范市场秩序的重要依据，因为流通标准规定了面制品流通环节的基本要求和具体指标。

（二）标准修订

面制品流通的关键过程要素主要包含质量安全、检验检疫、购销、包装、仓储、流通加工、运输配送、信息管理等。面制品流通标准是一项综合性、多主体、复杂的系统工程，对面制品流通全过程各环节要素都需要制定标准，只有通过标准手段对全过程进行有效监控，才能保证和提高面制品流通的质量安全水平。市场监督部门作为流通环节的监管部门，在面制品流通标准的制定过程中参与制定标准规划及其实施计划，配合国家标准化管理委员会工作，开展流通领域食品安全风险监测工作，运用风险分析，根据分析结果制定和实施相应措施，形成标准建议和草案；对标准的执行情况进行跟踪评价，并根据评价结果适时修改。市场监督管理局在日常工作中掌握和积累了大量关于食品安全的市场信息，并对其进行了深入研究，取得一定的成果，为标准的改进和修订提供了理论基础。在大量的监管工作中，还会发现标准中存在的缺陷，并对面制品的安全风险进行检测和评估，并可通过提高监管技术手段推动标准的完善。工商部门在日常工作中为实现快速检测，常采用先进的检测技术，以实现快速、灵敏、准确地检测目标物质，通过技术力量推进标准的制定和修订。

五、餐饮服务许可管理制度

（一）餐饮服务

餐饮服务是指通过即时加工、商业销售和服务性劳动等，向消费者提供食品和消费场所及设施的服务性活动。其具有两大特征，一是服务性，即向消费者提供食品、消费场所和设施；二是即时性，即现场加工、商业销售和服务性劳动。餐饮服务许可遵从《餐饮服务许可管理办法》和《餐饮服务食品安全监督管理办法》的规定。市场监督管理局对餐饮服务活动进行监管，落实《食品安全法》，进一步规范餐饮服务活动，切实保障公众饮食安全。

（二）餐饮服务许可

餐饮服务许可的受理与审批由各省、自治区、直辖市市场监督管理局负责。在 2010 年国家食品药品监管局印发并实施《餐饮服务许可审查规范》，明确了餐饮服务许可审查按照 5 大类分别进行管理。餐饮服务许可需要进行书面审查和对经营现场核查，在现场核实时按其对食品安全的影响程度分为关键项、重点项和一般项。关键项对食品安全有重大影响，必须全数合格；重点项是有较大影响的；其余项目为一般项。

（三）管理办法

《餐饮服务许可管理办法》规定申请人向市场监督管理局提出餐饮服务许可申请，并具备申请的基本条件。市场监督管理局受理申请，审核申请资料，进行现场核查，作出准予许可或者不予许可的决定，若准予许可即颁发“餐饮服务许可证”。市场监督管理局应在受理申请之日起 20 个工作日内作出行政许可决定，许可证上载明单位名称、地址、法定代表人、类别、备注、许可证号、发证机关、发证日期、有效期限等。许可证应摆放在营业场地中消费者明显可见的地方。

第二节 面制品的监管

面制品作为食品的主要类型，监管部门对其管理非常严格。面制品的生产、流通、存储等各个环节都接受各级市场监督管理局的监管。在面制品的监管过程中，国家要求建立长效监管体系和诚信体系对面制品产品和加工企业进行监管，并尝试在面制品供应链和产业链中建立可追溯体系，对不合格产品实行召回制度，对面制品实现多方位的监管。

一、我国面制品流通环节监管体制

（一）面制品流通监管

面制品的流通监管遵循食品流通监管的相关规定，2018 年国家市场监督管理总局成立，作为食品流通环节的监管部门，在食品流通消费领域，分别从法律法规体系、标准体系、检测体系、市场准入体系和社会信用体系等方面建设监管体系。在具体的流通环节中，近几年形成了以《食品安全法》为首，以《食品安全法实施条例》《国务院关于加强食品等产品安全监督管理的特别规定》《无照经营查处取缔办法》等行政法规为主体，以部门规章《流通环节食品安全监督管理办法》《食品流通许可证管理办法》和地方政府的规章等为补充的食品安全法规体系。国家对食品流通环节安全监管特别重视，逐步推行流通环节主体准入、市场巡查、食品安全信用分类监管、食品安全公示等各类制度，并依托 12315 及 12331 消费者申投诉平台开展专项行动。流通环节面制品安全的主体由监管部门、经营者、消费者组成，而对经营主体的监管是重点，市场监督管理局作为面制品流通环节的监管部门对违法行为坚决予以查处，坚持以教育为主，处罚为辅的原则，维护良好的市场秩序。在日常监管中，市场监督管理局建立长效监管机制，提高流通环节食品安全监管制度化、规范化、程序化、法制化水平。

（二）监管执行

在流通环节占据重要地位的大型超市和餐饮门店监管方面，加强临近保质期食品的监管，面制品多是保质期较短的食品，如鲜面条、馒头等主食类面制品，也需要大型超市和餐饮门店配合市场监管部门工作，做到诚实经营。对于面制品品质的监管，监管人员需要快速检测手段，对面制品进行初步筛查。各地市场监管部门都配备了快速检测设备与仪器，可以对产品进行快速检测，特别适合面制品这类保质期较短、易腐败变质、消费量大的产品。由于面制品多采用预包装形式销售，而散装的消费量巨大，检测不能覆盖所有的面制品产品，因此监管部门根据包装上标签来监管流通环节面制品就直观、简单、可行。监管部门负责审核和监管食品标签，在流通环节中，依靠消费者举报平台及日常的巡查监管。

二、面制品流通环节长效监管体系

（一）市场监督管理制度

市场监督管理局作为面制品流通环节的监管部门，非常重视建立面制品流通长效监管机制，如面制品市场主体准入制度；面制品市场质量准入制度；面制品市场监管巡查制度；流通环节面制品抽样检验制度；面制品市场分类监管制度；面制品安全预警和应急制度；面制品安全广告监管制度；面制品安全监管执法协调协作制度。

（二）长效机制

为建立长效的监督机制，国家组建各级市场监督管理局，建立信息交流共享机制，及时采集、整理、交流、通报监管信息、政策文件；建立联合执法协作机制，建立联合执法维权联通网络，对食品安全事件紧急控制，必要时可联合异地办案；建立检验检疫互认机制，加强检验检疫技术合作，不再重复检测；建立区域食品产业协调发展机制，推动食品产业区域经济协调发展。《食品安全法》要求加强食品风险的监测力度，完善预警与防范制度，严格防范食品安全突发事件。预警是在预测基础上的预防和控制，预警机制是实施监测、跟踪、分析、预警、控制等功能，有效监控食品安全风险危机的运行管理。

（三）监督体系

要深入开展专项工作整顿流通环节的食品安全问题，维护市场秩序，把重点放在面制品存在突出问题的方面，集中开展关乎国计民生的面制品专项执法检查。市场监督管理局要按照建立健全经营者自我监督、市场监督管理局监管和社会监督的总体要求，严格按照食品安全法律法规进行监管，加强对食品退市的监管；实施食品质量安全责任追求制度，确保对面制品违法行为的高压打击；构建面制品质量安全的举报体系，充分利用社会举报、媒体举报、市场监督管理局举报、消费者协会举报等途径，对面制品安全实行群防群控。

（四）长效监管体系

对于面制品的长效监管需要，需要加强食品安全监管体系建设，加强组织领导，突出食品安全委员会的作用，加快食品质量安全检测体系建设，建立面制品安全信息收集和发布制度，建立严格的惩处机制，建立有效的社会监督制度。建立食品“四小”行业长效管理机制，政府牵头、上下结合、部门联动、依法行政、疏堵结合、科学监管。深入开展宣传、培训工作，提高公众和面制品从业人员食品安全知识掌握情况和自我保护能力。

三、面制品流通环节诚信体系

（一）企业诚信

诚信不仅是面制品生产者道德上的规范，更是企业长远发展的精神资本和道德资本，是企业的重要无形资产。目前我国食品企业的诚信不断改善，但是失信经营的事件仍屡屡发生，包括生产环节的失信事件如人为制造假冒伪劣产品、违规使用食品添加剂以及流通领域的失信事件如自我炒作行为、价格欺诈行为、价格混乱、销售过程中虚假宣传、售后保障制度缺乏完善等。出现如此失信事件的原因很多，有生产经营者片面追求经济利益、社会责任感缺失、诚信经营理念缺失；在政府监管层面，食品安全法律法规不健全、失信成本低、政府行为不规范、监管力度不足；从社会层面看，公民参与意识不高、社会监督不透明、市场经济条件下信息不对称。

（二）诚信体系

为建立完善的诚信体系，对于面制品加工企业、员工等生产者，首先要提高诚信文化素质，并培育企业内部诚信文化，塑造正确的价值观，坚持诚信经营理念。在政府监管层面，监管部门要健全食品安全相关法律法规，加强对面制品生产和经营者的约束力。完善食品安全监管、各地方统一监管机构、统一监管标准、消除监管盲区。建立面制品行业生产者和经营者的诚信档案，并报市场监督管理局备案。具体做法是可以充分利用网络、新闻等媒体的传播作用，收集企业诚信状况的相关信息，建立企业诚信档案，对企业诚信等级划分评定，随着监管部门的定期检查、随机抽查、市场抽样和民意调查等浮动，并建立企业诚信查询网站，及时发布信息，对于出现质量问题的面制品生产企业，列入黑名单，限制其产品销售。同时，应发挥行业协会、消费者协会的作用，向会员普及食品安全知识，推动食品行业发展。通过正确引导媒体舆论，宣传《食品安全法》以及食品安全标准，并披露一些违法企业和事件，开展舆论谴责。广泛开展宣传教育工作，举行针对消费者的面制品安全宣传活动，增强消费者的安全意识，对消费者进行正确引导，提高消费者的维权意识，通过多方协作，监督企业诚信。

四、面制品供应链的可追溯体系

（一）可追溯性

可追溯性是指通过标识的方法追溯和跟踪某个实物的来历、应用和位置的能力。可追溯体系是面制品安全保障体系的基础，可按照面制品整个供应链中的信息跟踪产品流向，查询召回存在安全风险的未消费产品。面制品可追溯体系分为强制性追溯和自愿性追溯，在强制性可追溯性系统中，法律法规强制要求企业的产品实施可追溯性；自愿性可追溯系统从企业自愿的角度出发，多由行业协会或行业龙头企业主导，整个供应链的上下游企业配合，共同建立并维持可追溯系统的运行。

（二）可追溯体系

面制品可追溯体系运用规模化生产技术和计算机、网络、自动识别等现代信息技术实现面制品安全信息的记录与安全控制，在数据库保存食品物流经过各环节的环境、加工、质量等信息记录，从而全面掌握面制品供应链各节点的质量安全状况。随着科技进步，面制品可追溯体系引入自动识别技术、传感器技术、移动通信技术、智能决策技术等。其中，关键技术有面制品的追溯编码、条码识别、非接触自动标识技术（RFID 技术）、无线传感网络（WSN）、时间温度指示器（TTI：化学型 TTI、微生物型 TTI、酶型 TTI）、机器视觉技术、二维码加密技术、GPS 防伪技术、生产环节多源信息采集技术（视频、图片）、物流仓储信息快速采集、生产过程预警、物流保质期预测、溯源数据交换与查询技术等。并可依托物流行业发展，构建面制品质量追溯系统，为面制品供应链监管提供技术基础。

（三）可追溯体系发展趋势

面制品可追溯体系未来发展的趋势主要有以下几方面：①可追溯单元从简单划分发展到通过风险分析和系统优化等理论方法对面制品可追溯单元从不同角度进行划分；②随着智能化的普及发展，面制品可追溯性的信息采集技术发展到智能化，提高准确性；③可追溯信息的传输趋于统一的、标准化的信息传输方式，供应链各主体的信息传输无缝连接，保证可追溯体系高效运转；④可追溯系统通过建模，集成生物识别技术，实现供应链从事后追查召回发展到面制品品质的预测与监控；⑤可追溯系统由最初的信息采集、记录、查询，发展成为人工智能、数据挖掘、大数据等技术集成的信息处理体系，为监管和食品安全管理人员提供决策支持。

五、面制品召回制度

（一）面制品召回

面制品的召回制度遵循食品召回制度，指面制品生产者按照规定程序，对由其生产原因造成的某一批次或类别的不安全食品，通过换货、退货、补充或修正消费说明等方式，及时消除或减少食品安全危害的活动。直到《食品安全法》颁布实施，食品召回制度才真正开始确立。

（二）召回与“三包”

召回制度与“三包”规定有着本质的不同，适用法律不同。“三包”规定依据《合同法》《产品质量法》《消费者权益保护法》等，而召回制度主要依据《食品安全法》《食品安全法实施条例》《食品召回管理规定》等；性质不同，“三包”是以合同为前提，是民事责任的承担方式，召回制度更多基于经济法和社会法上的责任，是企业的一项义务；两者启动方式不同，“三包”是由个别受害消费者针对个别产品提出主张，获得赔偿或补偿，召回是由生产者和销售者主动发起的，或者是由政府主管部门要求或责令其实施食品召回；补救的时间不同，“三包”规定是消费者受到损害后获得补救的措施，属事后补救，召回是食品检验未符合标准或对消费者的安全造成威胁时，召回缺陷食品，避免消费者损失，属事前预防；负责监管的行政部门不同，“三包”的投诉是由消费者向工商行政部门、技术监督部门或消费者协会提出，也可通过诉讼，主管机关包括行政机关和司法机关，食品召回的主管机关主要是国家质量监督检验检疫总局、国家卫生健康委员会等行政机关。目前，食品召回制度存在不足，如法律体系不健全，法律位阶低，无法规制、协调其他行政部门的召回行为；监管部门不健全，不同部门职责交叉、监管不力、难度大、处罚力度小，食品安全监管信息不灵通，信用档案不健全；检测系统落后，食品检验机构效率偏低；主动召回实践效果不佳，实施成本大、诚信氛围差、企业诚信意识弱，拒绝落实召回制度。

参考文献

［1］王慧．小麦与面粉［M］．成都：西南交通大学出版社，2014.

［2］李浪．小麦面粉品质改良与检测技术［M］．北京：化学工业出版社，2008.

［3］孙宝启，郭天财，曹广才．中国北方专用小麦［M］．北京：气象出版社，2004.

［4］赵会杰，段藏禄，毛凤梧．小麦品质形成机理与调优技术［M］．北京：中国农业科学技术出版社，2003.

［5］刘长虹．蒸制面食生产技术［M］．北京：化学工业出版社，2017.

［6］田建珍．专用小麦粉生产技术［M］．郑州：郑州大学出版社，2004.

［7］陆启玉．粮油食品加工工艺学［M］．北京：中国轻工业出版社，2013.

［8］石彦国，孙冰玉，易华西．食品原料学［M］．北京：科学出版社，2016.

［9］刘钟栋．面粉品质改良技术及应用［M］．北京：中国轻工业出版社，2005.

［10］石彦忠，张浩东．淀粉制品工艺学［M］．吉林：吉林科学技术出版社，2008.

［11］任顺成．食品营养与卫生［M］．北京：中国轻工业出版社，2019.

［12］杨月欣，中国疾病预防控制中心营养与健康所．中国食物成分表［M］．6 版．北京：北京大学医学出版社，2018.

［13］倪兆桢，万慕麟．小麦和面粉的储藏［M］．北京：中国财政经济出版社，1979.

［14］高新楼，邢庭茂．小麦品质与面制品加工技术［M］．郑州：中原农民出版社，2009.

［15］逄奉建．新型再生纤维素纤维［M］．沈阳：辽宁科学技术出版社，2009.

［16］于新，刘文朵．山西面制品加工技术［M］．北京：中国纺织出版社，2014.

［17］孙宝国．食品添加剂［M］．北京：化学工业出版社，2003.

［18］胡国华．食品添加剂在粮油制品中的应用［M］．北京：化学工业出版社，2005.

［19］刘钟栋．面粉制品的品质改良技术［M］．北京：化学工业出版社，2012.

［20］朱蓓薇．实用食品加工技术［M］．北京：化学工业出版社，2005.

［21］周家春．食品工艺学［M］．北京：化学工业出版社，2003 .

［22］于新，马永全．杂粮食品加工技术［M］．北京：化学工业出版社，2011.

［23］吴跃．杂粮特性与综合加工利用［M］．北京：科学出版社，2015.

［24］朱蓓薇，张敏．食品工艺学［M］．北京：科学出版社，2015.

［25］刘长虹．馒头生产技术（第三版）［M］．北京：化学工业出版社，2019.

［26］Ang C Y W，Liu K S，Huang Y W. Asian Foods：Science and Technology［M］. Technomic Publishing Co. Inc. Lancaster，PA，1999.

［27］Li Z G，Tan H Z. Traditional Chinese foods：production and research progress［M］. Nova Science Publishers，2009.

［28］王森．中式发酵面食制作技术［M］．北京：中国轻工业出版社，2011.

［29］于景芝．酵母生产与应用手册［M］．北京：中国轻工业出版社，2005.

[30] 贡汉坤．焙烤食品工艺学［M］．北京：中国轻工业出版社，2006.
[31] 赵宝平，武俊英．莜麦［M］．北京：中国农业科学技术出版社，2017.
[32] 汤兆铮．杂粮主食品及其加工新技术［M］．北京：中国农业出版社，2002.
[33] 张鹏．杂粮食品加工技术［M］．北京：中国社会出版社，2006.
[34] 李志建，王远辉．食品制作与品质分析［M］．郑州：郑州大学出版社，2017.
[35] 沈群．挂面生产配方与工艺［M］．北京：化学工业出版社，2008.
[36] 陆启玉，陈颖慧．面制方便食品［M］．北京：化学工业出版社，2008.
[37] 陆启玉．挂面生产工艺与设备［M］．北京：化学工业出版社，2007.
[38] Li Z，Tan H. Traditional Chinese foods：production and research progress［M］. Nova Science Publishers，2009.
[39] 吕长鑫，黄广民，宋洪波．食品机械与设备［M］．长沙：中南大学出版社，2015.
[40] 李里特，江正强．焙烤食品工艺学［M］. 3 版．北京：中国轻工业出版社，2019.
[41] 倪元颖．粮食制品安全生产与品质控制［M］．北京：化学工业出版社，2006.
[42] 张国治．食品加工机械与设备［M］．北京：中国轻工业出版社，2011.
[43] 陈洪华，李祥睿．面包制作工艺与配方［M］．北京：中国纺织出版社，2018.
[44] 苏东海，苏东民．面包生产工艺与配方［M］．北京：化学工业出版社，2008.
[45] 王云峰．面制食品加工一本通［M］．北京：化学工业出版社，2013.
[46] 张国治．焙烤食品加工机械［M］．北京：化学工业出版社，2005.
[47] 陆启玉，等．食品工艺学［M］．郑州：河南科学技术出版社，1998.
[48] 赵晋府．食品工艺学［M］．北京：中国轻工业出版社，1999.
[49] 李琳，李冰．现代饼干甜点生产技术［M］．北京：中国轻工业出版社，2001.
[50] 朱蓓薇，孙玉梅．食品加工实用技术与配方［M］．天津：天津科学技术出版社，1998.
[51] 林作楫．食品加工与小麦品质改良［M］．北京：中国农业出版社，1994.
[52] 袁惠新．食品加工与保藏技术［M］．北京：化学工业出版社，2000.
[53] 薛文通．新版饼干配方［M］．北京：中国轻工业出版社，2002.
[54] 张佰清，李勇．食品机械与设备［M］．郑州：郑州大学出版社，2012.
[55] 高海燕，曾洁．食品加工机械与设备［M］．北京：化学工业出版社，2017.
[56] 田晓玲．焙烤食品生产［M］．北京：化学工业出版社，2011.
[57] 李书国，张谦．食品加工机械与设备手册［M］．北京：科学技术文献出版社，2006.
[58] 杨公明，程玉来．食品机械与设备［M］．北京：中国农业大学出版社，2015.
[59] 刘晓杰，南浩太．食品机械与设备［M］．北京：中国轻工业出版社，2017.
[60] 顾林，陶玉贵．食品机械与设备［M］．北京：中国纺织出版社，2016.
[61] 马涛．饼干加工技术与实用配方［M］．北京：化学工业出版社，2014.
[62] 马涛．饼干生产工艺与配方［M］．北京：化学工业出版社，2008.
[63] Duncan Manley. Biscuit，Cookie and Cracker Manufacturing Manuals［M］. Woodhead Publishing，1998.
[64] Iain Davidson. Biscuit，Cookie and Cracker Production：Process，Production and Packaging Equipment［M］. Academic Press，2018.

[65] 尤玉如．食品安全与质量控制［M］.2 版．北京：中国轻工业出版社，2015.
[66] 刘金福，陈宗道，陈绍军．食品质量与安全管理［M］.3 版．北京：中国农业大学出版社，2016.
[67] 田惠光．食品安全控制关键技术［M］. 北京：科学出版社，2004.
[68] 夏延斌，钱和．食品加工中的安全控制［M］.2 版．北京：中国轻工业出版社，2008.
[69] 周菲，杨启善．HACCP 食品安全管理体系和 ISO9000 质量管理体系共同建立与实施：企业实用指南［M］. 北京：中国标准出版社，2005.
[70] 曾庆孝．GMP 与现代食品工厂设计［M］. 北京：化学工业出版社，2005.
[71] 金征宇，彭池方．食品加工安全控制［M］. 北京：化学工业出版社，2014.
[72] Li C，Dhital S，Gilbert R G，et al. High-amylose wheat starch：structural basis for water absorption and pasting properties［J］. Carbohydrate Polymers，2020，245：116557.
[73] Zhang B，Li X，Liu J，et al. Supramolecular structure of A-and B-type granules of wheat starch［J］. Food Hydrocolloids，2013，31（1）：68-73.
[74] Kumar V，Sinha A K，Makkar H P S，et al. Dietary roles of phytate and phytase in human nutrition：A review［J］. Food Chemistry，2010，120（4）：945-959.
[75] 张彦妮，王海滨．麦麸的综合利用与研究进展［J］. 粮食加工，2008，33（1）：24-26.
[76] 万萍，尹莉．小麦麸皮膳食纤维提取工艺研究［J］. 成都大学学报（自然科学版），2008（2）：8-11.
[77] 杨鹏程，陆启玉，袁添瑨．四种金属离子对面团品质的影响研究［C］. 中国食品科学技术学会，2019，257-258.
[78] 杨其林，陈海峰，罗晓影，等．维生素 C 对面团特性影响研究［J］. 粮食与油脂，2007（12）：27-29.
[79] 何雅蔷，马铁明，刘钟栋，等．复合维生素对面团流变学特性和馒头品质的影响研究［J］. 中国食品添加剂，2009（6）：37-44.
[80] 郑群，黄惠春．颗粒粉生产新技术［J］. 面粉通讯，2004（4）：25-27.
[81] Wrigley C W. Giant proteins with flour power［J］. Nature，1996，381（6585）：738-739.
[82] Donald A M，Kato K L，Perry P A，et al. Scattering studies of the internal structure of starch granules［J］. Starch-Starke，2001，53（10）：504-512.
[83] 陶华．面粉的营养强化工艺及应用研究［D］. 郑州：河南工业大学，2014.
[84] 姜培彦．淀粉-脂质复合物形成及其在食品中作用［J］. 粮食与油脂，2007，134（6）：7-9.
[85] 许粟，黎代权，余茜，等．面包复合改良剂的研究［J］. 食品研究与开发，2020，41（11）：47-52.
[86] 冯国华．对焙烤食品中酶制剂应用的有关探讨［J］. 现代食品，2019（12）：76-78.
[87] 王瑞琴，陈德昭，韦尚升，等．酶在食品工业中的研究进展及应用［J］. 中国调味品，2019，44（4）：184-186.
[88] 周中凯，邢同浩，孔宇．谷氨酰胺转氨酶在面筋和非面筋质制品中应用［J］. 粮食与油脂，2013（2）：9-11.
[89] 朱运平，伍少明，李秀婷，等．微生物葡萄糖氧化酶的生产及其在食品工业中应用的研究进

展［J］. 中国食品添加剂，2013（5）：165-172.

［90］贾洪锋，贺稚非，刘丽娜，等．微生物脂肪酶研究及其在食品中应用［J］. 粮食与油脂，2006（7）：16-19.

［91］付蕾．抗性淀粉对面团流变学特性及加工品质的影响［D］. 济南：山东农业大学，2008.

［92］董彬，郑学玲，王凤成．小麦粉组分特点和馒头品质的关系［J］. 粮食加工，2005，30（4）：39-42.

［93］Mills E N C，Wilde P J，Salt L J，et al. Bubble formation and stabilization in bread dough［J］. Food and Bioproducts Processing，2003，81（3）：189-193.

［94］Li Z J，Li H F，Song K D，et al. Performance of non-Saccharomyces yeasts isolated from Jiaozi in dough fermentation and steamed bread making［J］. LWT-Food Science and Technology，2019，111：46-54.

［95］杨敬雨．中国传统酵子的研究［D］. 郑州：河南工业大学，2007.

［96］张成东，杨立娜，吴昊桐，等．杂粮面条和馒头的研究进展［J］. 食品研究与开发，2019，40（10）：220-224.

［97］孟娇．物理改性杂粮对杂粮粉粉质特性及馒头品质的影响［D］. 大庆：黑龙江八一农垦大学.

［98］林金剑．多种谷物馒头粉的研究［D］. 无锡：江南大学，2008.

［99］汪姣．杂粮馒头的制作及其品质特性分析［D］. 合肥：安徽农业大学，2012.

［100］刘远洋，孙岩琳，林欣梅．超微杂粮粉复配制作杂粮馒头的配方研究［J］. 农产品加工，2019，478（8）：15-17.

［101］付蕾．抗性淀粉对面团流变学特性及加工品质的影响［D］. 泰安：山东农业大学，2008.

［102］徐丽萍．抗性淀粉对馒头的感官评价及物性的影响［J］. 食品科学，2007（6）：88-90.

［103］邓璀．传统发酵剂中酵母多样性及其在馒头制作中的应用研究［D］. 郑州：河南工业大学，2016.

［104］刘锐，魏益民，邢亚楠，等．小麦淀粉与面条质量关系的研究进展［J］. 麦类作物学报，2013，33（5）：1058-1063.

［105］李炜炜，陆启玉．小麦蛋白质与面条品质关系的研究进展［J］. 粮油加工，2008（2）：77-79.

［106］王淡兮，孙哲，于卉．研究面团发酵特性的新技术［J］. 现代面粉工业，2014（5）：26-28.

［107］刘锐．和面方式对面团理化结构和面条质量的影响［D］. 北京：中国农业科学院，2015.

［108］Han C，Ma M，Li M，et al. Further interpretation of the underlying causes of the strengthening effect of alkali on gluten and noodle quality：Studies on gluten，gliadin，and glutenin［J］. Food Hydrocolloids，2020，103：105661.

［109］Pei F，Sun L，Fang Y，et al. Behavioral Changes in Glutenin Macropolymer Fermented by Lactobacillus plantarum LB1 to Promote the Rheological and Gas Production Properties of Dough［J］. Journal of Agricultural and Food Chemistry，2020，68（11）：3585-3593.

［110］Liu S，Sun Y，Obadi M，et al. Effects of vacuum mixing and mixing time on the processing quality

of noodle dough with high oat flour content [J]. Journal of Cereal Science，2020，91.
[111] Hou G G. Asian noodles：science，technology，and processing [J]. Wiley，2010.
[112] 邵丽芳．制面工艺对冷冻熟面品质的影响及其机理研究 [D]．无锡：江南大学，2018.
[113] 沈再春．现代方便面和挂面生产实用技术 [M]．北京：中国科学技术出版社，2001.
[114] 张莹莹，陈园园，郭兴凤．面制品制作过程中蛋白质的行为及作用 [J]．粮食加工，2019，44（1）：9-14.
[115] 吴菡．从郑州市调味面制品事件看我国食品安全监管体制 [D]．郑州：郑州大学，2012.
[116] 王晶，岳慧丽．食品流通环节安全保障策略研究 [J]．科技管理研究，2017，37（8）：237-242.
[117] 孙玉玲．食品流通环节强化食品安全监督措施探讨 [J]．中国卫生产业，2017，14（7）：56-57.
[118] 张鸾．商超经营模式下的食品流通许可监管机制研究 [D]．长春：吉林大学，2015.
[119] 吴兵．食品生产经营主体自主法律责任强制化研究 [J]．法制与社会，2019（32）：68-70.
[120] 孙建新，卢华．论小微食品生产经营者食品违法行政处罚的法律适用及对策 [J]．中国市场监管研究，2016（6）：64-67.
[121] 李阳，郭焰．流通环节加工食品质量安全关键点风险评估 [J]．食品安全导刊，2017（6）：45.
[122] 库婷，刘永峰，解少勇，等．公众对餐饮服务食品安全知识、态度、行为的调查分析 [J]．食品安全质量检测学报，2019，10（20）：7077-7084.
[123] 冯朝睿．整体性治理视阈下的中国食品安全监管研究 [D]．昆明：云南大学，2015.
[124] 王虹宇．食品安全预警协调管理机制 [J]．食品安全导刊，2019（9）：16-17.
[125] 胥洪，张雪丹，许广友，等．监管视角下浅议食品“四小行业”之“罪与罚”[J]．农产品加工，2016（4）：59-63.
[126] 张琳琳，金江军．食品安全领域社会信用体系建设对策研究 [J]．中国食品药品监管，2019（2）：16-20.
[127] 胡传慧．食品加工企业诚信行为影响因素研究 [D]．哈尔滨：东北林业大学，2019.
[128] Antonucci F，Figorilli S，Costa C，et al. A review on blockchain applications in the agri-food sector [J]. Journal of the science of food and agriculture，2019，99（14）：6129-6138.
[129] Jin H，J Wu. Research on Food Supply Chain Risk and Its Management [J]. International Journal of Food Science and Biotechnology，2018，3（4）：102-108.
[130] 杨健，张星灿，华苗苗，等．稻米全产业链可追溯关键技术研究进展 [J]．粮油食品科技，2020，28（2）：43-48.
[131] 郑欢．缺陷产品召回制度研究 [D]．上海：华东政法大学，2015.